"十五"国家重点图书出版规划项目

新材料·新工艺·新技术系列丛书

Scandium and Its Alloys

Yin Zhimin　Pan Qinglin
Jiang Feng　Li Hanguang

Central South University Press

“十五”国家重点图书出版规划项目。研究工作得到国家自然科学基金项目(59874032 和 50371106)、科技部国家重点基础研究项目(G1999064911 和 2005CB623705)、国家863高技术研究项目(2002AA305104、2003AA305020 和 2006AA03Z523)、国家十五攻关项目、总装预研项目和科技部国际合作项目(2005DFA50550)的资助。

序

钪的原子序数为21，在元素周期表中与Ti，V，Cr，Mn等过渡族金属元素同周期，又与La，Ce，Pr，Nd等稀土元素同族。从外层电子组态来看，钪具有3d型电子结构。钪的晶格常数、密度和某些物理机械性能更接近周期表上近邻的铝和钛，与具有4f型电子结构的稀土元素的性能有较大的差别。钪的化合物、钪和含钪合金有一系列独特的性能，在国防和高技术领域有重要用途，受到国内外材料学界的广泛关注。

20世纪70年代初至90年代末，前苏联从有色金属钨、钛、铀、铝等的冶金废渣和尾矿中提取和回收了其中的钪，开展了大量的基础研究和主要为军工用途的应用开发，形成了比较完整的钪及其材料的研究、生产和应用开发体系。1994年莫斯科第一次国际钪冶金和钪材料科技会议以后，在世界范围内掀起了一轮钪的研究开发热潮。

我国钪资源丰富，是世界市场上钪冶金初级产品主要生产国和输出国，但其深加工及其应用研究开发仍然处在初级阶段。加强钪冶金和钪材料的研究、生产和应用开发，建立独具特色的钪冶金和钪材料工业体系，将钪资源优势转变为资源－技术优势是我国钪冶金材料科技发展的紧迫任务。

中南大学钪和含钪合金科研组在国家自然科学基金、国家重点基础研究项目(973)、总装预研项目、国家863高技术新材料项目和科技部国际合作基金的资助下，对钪和含钪合金进行了比较深入的研究。中南大学、东北轻合金有限责任公司、西南铝业集团公司紧密合作，形成了具有自主知识产权的钪中间合金、高性能铝钪合金板材、型材、锻件及其配用焊丝的制备技术，初步搭建了具有中国特色的铝钪合金研究开发应用平台，为铝钪合金在航天航空、舰船等领域的应用提供了材料和技术的支撑。

在上述研究成果的基础上，钪和含钪合金科研组的专家们收集和整理了20世纪80年代以来国内外在钪冶金和钪材料领域的研究成果，撰写了《钪和含钪合金》。这是一本系统阐述钪冶金和钪材料及其应用的专著，它的出版对从事这个领域实验研究和应用的工程技术人员有重要参考价值，对我国钪冶金材料科技发展也将产生很大的推动和促进作用。

中国工程院院士 黄伯云

2007年8月

前　言

钪的原子序数为21，从外层电子组态来看，钪为3d元素，其性能与外层有4f电子围绕的稀土元素有明显的差别，钪的晶格常数、密度和某些物理、机械性能更近似于元素周期表中近邻的铝和钛。

钪是典型的分散元素，它实际上不形成独立的矿床但在自然界中的分布相当广泛，在地壳中的丰度为6×10^{-4}(克拉克值)，与砷的丰度相近，比许多常见金属如锑、铋、金、银以及稀土元素如铕、镝、钬、铒、铥、镱、镥等还要丰富。钪在地球上主要以伴生矿的形式存在。

20世纪70年代到80年代，前苏联在军备竞赛和计划经济时期投入了大量的人力和物力，从有色金属钨、钛、铀、铝等的生产过程的副产品中综合回收钪，对钪的性质、生产和应用进行了比较全面系统的研究。他们不仅拥有湿法冶金提取钪和制备钪化合物的技术，而且可以生产出包括锭、丝、棒、箔、膜、粉末和单晶钪的各种材料，纯度达99.0%～99.9999%。在此基础上，俄罗斯还率先开展了含钪合金的研究，开发了许多实用的工业含钪合金，并在航空航天、舰艇、核能等许多高技术新材料领域获得了应用。1994年10月，在莫斯科召开的第一次钪国际科技会议成为钪发展史上的一个新的里程碑。此后，许多国家，包括中国，掀起了钪的生产和研究热潮。近年来，钪及其化合物的应用研究不断深入，随着钪生产和科技的发展，发现了其愈来愈多的潜在用途，钪及其化合物的实际应用领域迅速扩大。在西方国家，特别是日本和美国，钪在电光源中的应用研究取得了巨大进步，如钪钠灯得到了日益广泛的应用。

我国钪资源丰富，特别是我国的丰产矿物如铝土矿和磷块岩矿床、华南斑岩型和石英脉型钨矿床、华南稀土矿、内蒙古白云鄂博稀土铁矿床和四川攀枝花钒钛磁铁矿床等均含有钪。据估计，在铝土矿和磷块岩矿中的钪储量就约占所有含钪矿床总储量的51%，其含量通常为世界铝土矿钪平均含量(按 Sc_2O_3 计为 $38\mu g\cdot g^{-1}$)的1~4倍，有可能成为我国的钪提取的主要矿源。我国是世界钪市场上氧化钪初级产品的主要输出国，如何把我国钪资源优势转化为资源－技术优势是我国冶金材料科学工作者面临的重大课题。

在我国，钪冶金已经有相当的规模，铝钪合金的研究也已列入国家“十五”和“十一五”规划，我国钪冶金及含钪合金的研究与开发将迎来一个新的繁荣时期。但是目前国内外还没有一本从理论和实践上全面深入系统介绍钪和含钪合金的专著，从事钪资源研究、钪冶金和含钪合金研究与开发的科技工作者、厂矿技术人员及相关的大专院校师生希望有一本全面论述钪和含钪合金的专著。

作者意欲在自己多年学术研究和科研成果的基础上完成这一任务。本书收集了20世纪80年代以来钪和含钪合金的最新研究成果，其中包括了作者自己在几个国家项目资助下所取得的系列成果。全书在内容安排上，注重钪冶金和含钪合金制备过程的化学冶金和物理冶金基础，同时以应用为导向，对钪中间合金、含钪铝合金的化学冶金和物理冶金基础及其开发应用进行了重点阐述。在写法上突出理论原理和学术成就对生产实际和应用开发的指导作用。

本书第1章和第2章由李汉广编写，第3章由姜锋编写，第5章中的“Al－Mg－Sc系合金的实验研究”、第6章中的“Al－Zn－Mg－Mn－Sc－Zr合金”和“Al－Zn－Mg－Mn－Cu－Sc－Zr合金”、第7章中的“铝铜锂钪系合金实验研究”和第8章的“铝锂铜镁钪系合金”由潘清林编写，第4章、第9章、第5章以及第6章、第7章、第8章的其余部分由尹志民编写，第10章由宋练鹏编写。作者在编写本书的过程中参考了大量文献和资料。特别是俄罗斯专家几次应邀来华访问期间和作者赴俄罗斯留学和访问期间得到了莫斯科全俄轻合金研究院 V. Z. Zakharov 教授、Ju. A. Filatov 教授等的帮助，他们向我们提供了在国内无法得到的前苏联在钪和含钪铝合金方面的研究资料，作者从中获益匪浅。与此同时，作者在含钪合金研究过程中，得到了2项国家自然科学基金、2项国家973子项目、1项总装预研项目、3项国家863高技术新材料项目和1项科技部国际合作重点项目的资助，这些研究项目为本书的编著提供了丰富的素材。在此，谨向所有提供参考文献的作者和资助单位表示衷心的感谢。同时，也对在本书编写过程中提供过大量帮助的博士生和硕士生们表示谢意，他们是：博士生聂波、徐国富、彭勇宜、何运斌、梁文杰、雷学锋、何振波，硕士生高拥政、张永红、杨磊、尹松波、郭飞跃、朱大鹏、陈显明、白兰、朱朝明、杨进、王新宇、周昌荣、邹亮、刘元斐、陈苏里、肖静、牟申周、李雪、蒋春丽、蒋蓉蓉等，作者在此一并表示深深的谢意。

钪和含钪合金发展很快，内容也很丰富，但限于时间和作者水平，书中不妥之处在所难免，竭诚希望同行专家、读者批评指正。

作者

2007年8月8日

目　录

第5章 铝镁钪系合金

第 1 章　钪及其化合物的性质与资源

1.1　钪的发展简史

1869 年，门捷列夫根据元素周期律预见到应该存在一个 21 号元素，他称之为“Eka – B”(准硼)，1871 年，在俄罗斯化学协会的杂志上首先描述了尚未发现的这个元素可能应具有的性质。

1879 年，瑞典化学家 Nilson 在研究稀土元素镱时，从黑稀金矿和硅铍钇矿中发现了新的“稀土”，并了解到其碱性比稀土氧化物弱，当量较低，其光谱也与稀土元素不同，在性质上与预见的“准硼”性质相合。由于是首次在斯堪的纳维亚半岛的矿物中发现，Nilson 将此新元素定名为钪(Scandium)。

1883 年，Cleve 从钇铈榍石中制得钪的氧化物，并经提纯后制成了钪的硫酸盐、硝酸盐、草酸盐等化合物。1898 年 Vogt 首次估算了钪在地壳中的丰度。20 世纪初，Urbain 等人研究过钪的化合物。1908 年 Eberhard 等人采用光谱方法证实了在 800 多种矿物中有钪存在。由于纯钪制取的难度较大，此后的研究进展较慢。

1931 年 Goldschmidt 研究了钪的地球化学。到 1937 年，Fischer 采用熔盐电解法才首先制得较纯(94% ~98%)的金属钪。1942 年，Fischer 等人总结评述了钪的各种分离方法。1973 年，Spedding 制得纯度达 99.9% 的钪。

在 20 世纪 70 年代和 80 年代，前苏联在钪的生产和应用方面做了大量的研究和开发工作，并取得了巨大的进步。1994 年 10 月，在莫斯科召开了第一次钪国际科技会议，成为钪发展史上的一个新里程碑。90 年代起，许多国家，包括中国，掀起了钪的生产和研究热潮。现在，不仅可以从许多种丰产矿物中综合提取回收钪、生产出钪的各种化合物，而且可以生产出锭、丝、棒、箔、膜、粉末和单晶形式的金属，纯度达到99.0% ~99.9999%。俄罗斯已开发出许多种实用工业含钪铝合金，在许多高新技术部门得到了应用。在西方国家，特别是日本和美国，钪在电光源中的应用研究取得了巨大进步，钪钠灯得到了日益广泛的应用。目前，钪发展的最新动向是大力降低成本和包括军转民的全面应用研究和开发。在21 世纪，我们面临的将是一个充满生机的钪科技发展的新时代。

1.2 钪及其化合物的性质

1.2.1 物理性质

1. 原子性质

钪的原子序数 21，相对原子质量 44.9559，原子半径0.16406 nm，原子体积 15.041 cm^3/mol。

钪在自然界中只有一种稳定的同位素^{45}Sc，人工放射性同位素有 11 种。其中^{40}Sc ~ ^{44}Sc 发射 β^+，相应变成^{40}Ca ~ ^{44}Ca；^{47}Sc ~ ^{51}Sc 发射 β^-，相应变成^{47}Ti ~ ^{51}Ti；而^{46}Sc 可发射 β^+ 或 β^-，相应变成^{46}Ca 或^{46}Ti。7 种同位素有同质异能态：^{42m}Sc ~ ^{47m}Sc 和 ^{50m}Sc。它们的半衰期分别为^{40}Sc，0.179s；^{41}Sc，0.60s；^{42}Sc，0.68s；^{42m}Sc，61s；^{43}Sc，2.92h；^{44m}Sc，2.44d；^{44}Sc，3.92h；^{46m}Sc，20s；^{46}Sc，83.8d；^{47}Sc，3.43d；^{48}Sc，1.83d；^{49}Sc，57.5min；^{50m}Sc，0.35s；^{50}Sc，1.72min。

中性、游离和气体原子状态的钪的电子构型为 $1s^2$，$2s^2$，$2p^6$，$3s^2$，$3p^6$，$3d^1$，$4s^2$。钪有 3 个价电子，离子通常为 3 价。$Sc^0 \rightarrow$

$Sc^{+} \rightarrow Sc^{2+} \rightarrow Sc^{3+} \rightarrow Sc^{4+} \rightarrow Sc^{5+} \rightarrow Sc^{6+}$ 各状态的电离势分别为 6.54，12.80，24.76，73.47，91.66 和 111.1eV。

2. 晶体结构

金属钪具有金属光泽，银白色，有两种晶型。在标准状态下为六方密集晶格(hcp)的 α-Sc，加热至 1337℃时转变为体心立方晶格(bcc)的 β-Sc。α-Sc 的晶格常数：a_0 = 0.33085nm，c_0 = 0.52680nm。β-Sc 的晶格常数文献中尚未有报道。

3. 热力学和热学性质

图 1－1 为 0～800K 范围内钪的热容与温度的关系图。用方程式表示的热容为 $C_p = 6.00 + 1.1 \times 10^{-3} t$（$t$ = 0℃～1575℃）或 $C_p = 5.13 + 3 \times 10^{-3} T$。

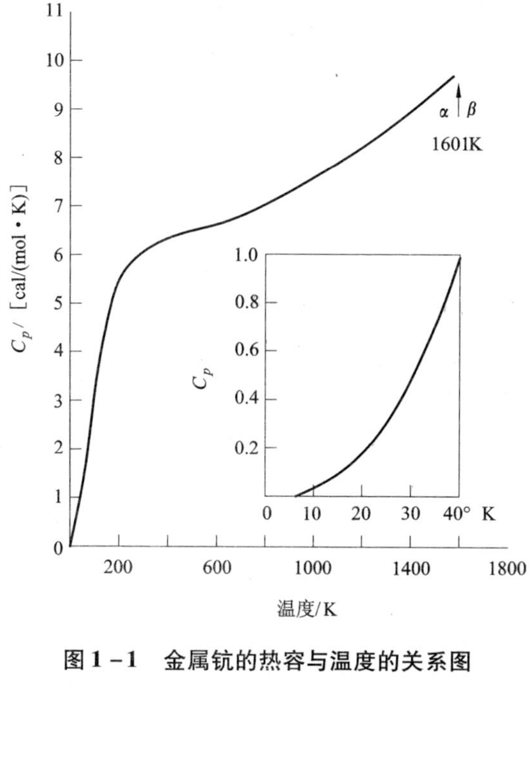

图 1－1　金属钪的热容与温度的关系图

气态钪原子Sc(气)在298K的$\Delta H_f^\ominus=389kJ/mol$，$S^\ominus=174.7J/(mol\cdot K)$，$\Delta G_f^\ominus=339kJ/mol$。气态中稳定的是双原子分子$Sc_2$(气)，其在298K的$\Delta H_f^\ominus=611kJ/mol$，$\Delta G_f^\ominus=556kJ/mol$，$S^\ominus=255J/(mol\cdot K)$。气态$Sc^+$，$Sc^{2+}$，$Sc^{3+}$，$Sc^{4+}$的生成热$\Delta H_f^\ominus$分别为1010，2246，4635和11723kJ/mol。Sc^{3+}(溶液)的$\Delta H_f^\ominus=-614.2kJ/mol$，$\Delta G_f^\ominus=-586.6kJ/mol$，$S^\ominus=-255J/(mol\cdot K)$。在温度1505K～1748K范围内钪的蒸气压$\lg p_{atm}=5.417-\frac{17177}{T}$。钪的主要热力学和热学数据见表1－1。

表1－1　钪的主要热力学数据和物理性质

性　质	数　值
原子序数	21
相对原子质量	44.9559($^{12}C=12$)
金属半径(CN=12)	1.6406
有效离子半径(CN=6)	0.745
原子体积	15.041cm^3/mol
结晶构造，α-Sc(hcp)，a_0	0.33085nm
c_0	0.52680nm
密度，α-Sc(X射线)	2.989g/cm^3
(比重瓶)	2.992g/cm^3
晶型转变温度(α-Sc→β-Sc)	1337℃①
熔点	1541℃①
沸点	2836℃①
热容(298K)	25.51J/(mol·K)
标准熵，$S_{298.15}^\ominus$	34.78 J/(mol·K)

续表 1－1

性　　质	数　　值
相变热（α-Sc→β-Sc）	4.01kJ/mol
熔化热，ΔH_m	14.10 kJ/mol
熔化热，ΔH_s（298K）	337.8 kJ/mol
沸腾热	314.2 kJ/mol
德拜温度，Θ_D（0K）	(346.7 ±0.8)K
电子比热常数，γ	(10.337 ±0.015)mJ/(g·at·K^2)
热膨胀系数，$\alpha_{a\cdot I}$	7.55×10^{-6}/℃
$\alpha_{c\cdot I}$	15.68×10^{-6}/℃
$\alpha_{平均}$	10.26×10^{-6}/℃
导热性系数	0.157W/(cm·K)
磁化率，χ_A^{300}（多晶）	3.72×10^{-3}(SI/mol)
χ_A^{300}(a)	3.74×10^{-3}(SI/mol)
χ_A^{300}(c)	3.64×10^{-3}(SI/mol)
χ_A^{300}（单晶，平均）	3.71×10^{-3}(SI/mol)
电阻率，ρ^{298}（多晶）	51.41μΩ·cm
ρ_a^{298}	64.22μΩ·cm
ρ_c^{298}	28.69μΩ·cm
ρ^{298}（单晶，平均）	52.38μΩ·cm
霍耳系数	-1.3×10^{-9}V·cm/AT
温差电势率	−9.8μV/℃
功函	3.5eV
硬度，显微硬度	50kgf/mm^2

续表 1－1

性　　质	数　　值
维氏硬度	$36kgf/mm^2$
白氏硬度	$40kgf/mm^2$
罗氏硬度	85H
压缩系数，等温	$17.5\times10^{-7}cm^2/kgf$
绝热	$17.3\times10^{-7}cm^2/kgf$
体积弹性模量	$0.578\times10^6kgf/cm^2$
杨氏模量	$0.767\times10^6kgf/cm^2$
切变模量	$0.300\times10^6kgf/cm^2$
泊松比	0.279
格临爱森常数	1.16
奈特移动（各向同性）	0.262%
（各向异性）	－0.024%
弛豫时间常数，T_1T（核－自旋）	1.2SK
T_2（自旋－自旋）	1.5ms

注：① 为 1968 年国际实际温度刻度（IPTS－68）值；除注明者外，表中数据为室温或标准态的值。

4．力学性质

单晶钪的硬度，基面$(000\bar{1})$要比法面$(10\bar{1}0)$高 2～3 倍。钪的硬度与试样中的杂质含量和机械处理方式有很大关系。氧含量最低并经过充分退火的钪的硬度值最低。氧含量小于 200μg/g 的钪容易进行冷加工，其轧制压缩率为 3%～20%。700℃下的轧制压缩率为 50%。在 400℃下退火 1h，可以完成其再结晶过程。表 1－2 列出了金属钪的强度、延伸率和面缩率。

表 1－2　金属钪的强度、延伸率及面缩率

温度/℃	极限强度/($N\cdot m^{-2}\times10^8$)	屈服强度/($N\cdot m^{-2}\times10^8$)	延伸率/%	面缩率/%	备 注
在 拉 伸 下					
25	1.36～1.58	1.35	1.0	1.5	浇铸
25	2.56	1.74	5.0	8.0	22%冷加工加退火
426	2.22	1.73	4.0	7.6	—
871	0.12	—	0.5	1.7	
在 压 缩 下					
25	5.54～5.77	2.64～4.36	6.1～15.6	—	浇铸

5. 电磁性质

钪的主要物理性质见表 1－1。钪的磁化率、电阻率、温差电势率和霍耳系数等均对杂质非常敏感。不同研究人员所采用的钪试样纯度不尽相同，测出的数据往往有出入。多晶钪的室温磁化率为$(2.76\sim4.65)\times10^{-3}$SI/mol，与单晶钪的磁化率相近。在钪的磁化率与温度的关系曲线上，在约 10K 和 20K 处磁化率相应出现"谷"值和"峰"值，随后随温度增加而下降。增加压力会降低钪的磁化率。在 1～1750atm(1atm＝101.325kPa)范围，每增加 1atm 磁化率降低 1.6×10^{-5}SI/mol。钪中含 Ta，Th，Nb，Hf，Zr，Ti，V 等高价金属杂质和 H，O 等非磁性杂质时，磁化率下降，但铁等磁性杂质会增加钪的磁化率。

在大气压下，多晶钪的室温电阻率为 50～90μΩ·cm。在 25℃ 和加压情况下，钪的电阻率先随压力的增加而增加，在约 6×10^3 MPa 时增加 4%，然后随压力增加而减少，在 14×10^3 MPa 时减少 1%。20.4K 温度下的单晶钪的电阻率随磁场强度(直至 7.16 ×

$10^6A/m$)增加而增加。钪的温差电势率和霍耳系数比较可靠的数值见表1－1。

钪一般不具超导性，但最近的研究表明，在约170kbar(1bar $=10^5Pa$)高压下，钪发生结晶转变，此高压新相(ScⅡ)具有超导性。此外，Cr，Ge和铂族金属的某些化合物具有超导性。

1.2.2 化学性质

钪在元素周期表中与钇、镧系元素和锕系元素同属于ⅢB族，是第1个过渡元素，其化学性质与稀土钇和铝相似。

钪是化学性质非常活泼的金属，易与空气中的氧、二氧化碳、水、卤素等反应。在空气中钪的表面会生成氧化膜阻碍金属被进一步氧化，但超过250℃(在纯氧中超过200℃)会剧烈氧化。潮湿空气加速钪的氧化过程。钪在室温下即与卤素反应，但与氮、磷、砷等的反应要在稍高的温度下进行，而与碳、硅、氢的反应则需要更高的温度。

钪易溶于除铬酸和氢氟酸外的矿物酸中，在铬酸中由于生成铬酸盐层因而反应较慢。钪在盐酸和硫酸中的溶解速度常数相同，而在硝酸中则只有其61/50。在0.05～0.1mol/L盐酸溶液中钪的溶解速度很快并随酸度的降低而减慢。

钪和浓氢氧化钠溶液的反应很慢，在2.8mol/LNaOH溶液中几乎不起反应。

钪与铝类似，具有两性性质。钪盐易水解，其溶液呈弱酸性。

钪在水溶液中的离子均呈三价。Sc^{3+}的离子半径为0.083nm，比三价稀土金属和钇的离子半径(0.088～0.103nm)小，因此，钪化合物比相应的稀土化合物具有更强烈的水解倾向。钪与阴离子及中性配位体生成复盐和络合物的倾向比稀土元素更强烈。在溶液中钪离子无色。钪盐有收敛性涩味。

1.2.3　钪的主要化合物及其性质

1. 含氧化合物

(1)氧化物

已确知的钪的氧化物为 Sc_2O_3，它可通过煅烧钪的氢氧化物、碳酸盐、草酸盐、硫酸盐和硝酸盐等制得。氧化金属钪时，初始可能生成 Sc_2O_{3-x}($x = 0 \sim 0.11$)，但在氧化性介质中进一步加热时，最终转化为 Sc_2O_3。图 1－2 示出了不同温度和保温时间下钪和氧、氮及空气的相互作用。

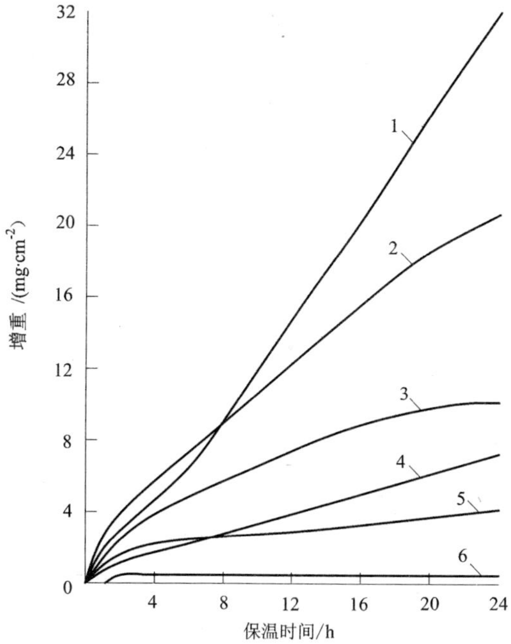

图 1－2　不同温度和保温时间条件下钪和氧、氮、空气的相互作用

1—O_2，800℃；2—$N_2 + O_2$，800℃；3—空气，800℃；

4—空气，600℃；5—N_2，800℃；6—空气，400℃

图 1－3 示出了 Sc－O 系相图。该体系的特点是：液态时二者完全互溶，在 1560℃ ±10℃ 和氧含量为 35%（摩尔分数）时生成 β-Sc 和 Sc_2O_3 的共晶体，而在 1130℃ ±10℃ 和氧含量为 16%（摩尔分数）时生成 α-Sc 和 Sc_2O_3 的共晶体。在 1560℃下，氧在 β-Sc中的溶解度值最大，达 33%（摩尔分数）；而氧在 α-Sc 中的最大溶解度在 1130℃时达到 11%（摩尔分数）。温度降低至室温时，溶解度下降到 2.5%（摩尔分数）。钪的熔化温度随氧含量的增加而增加，并在氧含量 8%（摩尔分数）时达到 1650℃，然后又随氧含量的增加而下降至共晶体温度 1560℃。

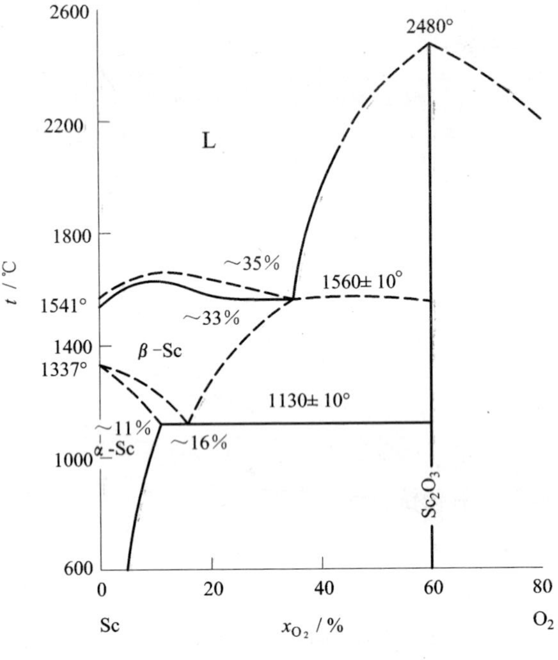

图 1－3 钪－氧系相图

Sc_2O_3为白色粉末，熔点2480℃，密度3.864g/cm^3，属立方晶系，晶格参数 $a=0.9845$nm。Sc_2O_3的晶体结构示于图1－4。Sc，O距为0.215nm，$Z=16$，O，O距为0.245nm，其中钪与相邻6个O原子相连，而在立方角上缺两个位置。氧化钪生成反应的热力学参数为：$\Delta H^{\ominus}_{298}=-1909.9$kJ/mol，$\Delta G^{\ominus}_{298}=-1820.59$ kJ/mol，$\Delta S^{\ominus}_{298}=299.8$J/(mol·℃)；$C_p=121.13+4.19\times10^{-3}T-29.81\times10^{5}T^{-2}$ J/(mol·℃)(25℃～1525℃)；蒸气压方程(1073～1373K) $\lg p_{atm}=0.16-0.3166\times10^{4}/T$。

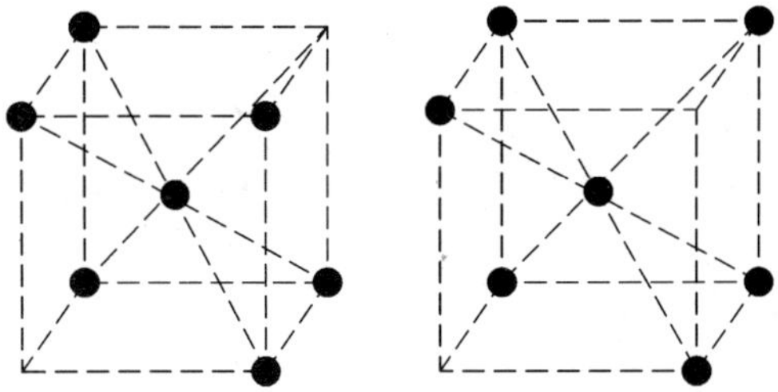

图1－4　Sc_2O_3的晶体结构

Sc_2O_3实际上不溶于水中。在冷的稀酸中难溶，但易溶于浓酸中。氧化钪在2300℃前不与铌、钨和钼作用，在2250℃前不与钽作用，在1900℃前不与碳作用。和难熔氧化物反应开始的温度分别为：BaO，1900℃；MgO，2100℃；Al_2O_3，1900℃；CaO，2025℃；ZrO_2，2250℃。氧化钪和碱金属氧化物生成$LiScO_2$，$NaScO_2$等，和氧化铁生成$ScFeO_3$，与氧化铝生成$ScAlO_3$。

Sc_2O_3的线性热膨胀系数为9.4×10^{-6}℃$^{-1}$，140℃时的热导率为0.067J/(cm·s·℃)，并随温度升高而降低。Sc_2O_3为弱抗磁性，室温时$\chi=-6.66\times10^{-5}$SI/mol，但Sc_2O_{3-x}是弱顺磁性。Sc_2O_3和Sc_2O_{3-x}是绝缘体，室温电阻率分别大于10^{20}和10^{12}Ω·cm。

(2)氢氧化物

氢氧化钪 $Sc(OH)_3$ 为两性化合物。干燥的氢氧化钪有结晶和非晶体两种。用浓 NaOH 处理，在160℃时，非晶体会转化为结晶氢氧化钪。$Sc(OH)_3$ 的晶体结构如图 1－5 所示，为体心立方晶格，空间群 $T_h^5 - Im_3$，$a = 0.7882$nm，$Z = 8$，密度 2.65g/cm^3。在250℃～1000℃和(9～10)×10^{3}MPa 下 $Sc(OH)_3$ 为菱形结晶，空间群 $P63/m$，$a = 0.584$nm，$c = 0.345$nm，$Z = 3$。

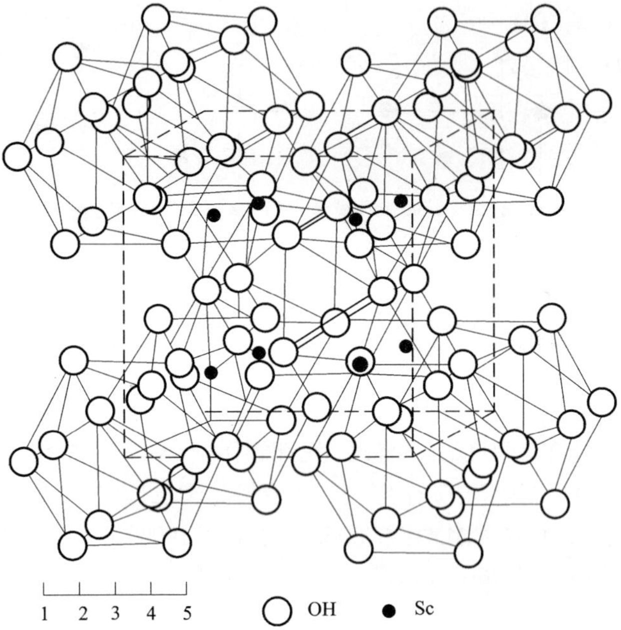

图 1－5 $Sc(OH)_3$ 的晶体结构

用氨水或 NaOH 稀溶液和钪盐溶液作用即沉淀析出白色半透明胶状沉淀。沉淀开始的 pH 为 4.8～4.9。在室温下和 pH = 7.1～

11.1 或 90℃和 pH = 7.1 ~ 9.2 时沉淀完全。沉淀时生成难溶的碱性化合物。例如，在 pH = 4.9 时由 0.1mol/L 的 $ScCl_3$ 溶液开始析出碱式盐 $Sc(OH)_2Cl$。在进一步增加 OH^- 浓度时，后者转变为 $Sc(OH)_3$，其组成一般用 $Sc(OH)_3$ 或 $Sc(OH)_3 \cdot nH_2O$，$Sc_2O_3 \cdot nH_2O$ 表示。钪的水合离子进行酸分解时 $[Sc(H_2O)_6]^{3+} \rightleftharpoons [Sc(H_2O)_5OH]^{2+} + H^+$ 伴随发生多聚化作用 $2[Sc(H_2O)_5OH]^{2+} \rightleftharpoons [Sc_2(H_2O)_{10}(OH)_2]^{4+}$，并进一步生成 $[Sc(OH)_2Sc]_n]^{(3+n)+}$ 离子。这些离子与 $[Sc(OH)]^{2+}$ 和 $[Sc(OH)_2]^+$ 单聚离子平衡。$Sc(OH)_3$ 与 OH^- 反应还生成 $[Sc(OH)_4]^-$，$[Sc(OH)_5]^{2-}$ 和 $[Sc(OH)_6]^{3-}$ 等。

氢氧化钪在空气中加热至 100℃时收缩成不透明块，然后迅速脱水并分步进行，在 550℃时完全脱水：

$$Sc(OH)_3 \cdot 40H_2O \xrightarrow{H_2O} \cdots\cdots \longrightarrow (HO)_2Sc(OH) + HOSc(OH)_2$$
$$\xrightarrow{H_2O} (HO)ScO—Sc(OH)_3 \xrightarrow{H_2O} ScO(OH) \longrightarrow \cdots\cdots \xrightarrow{H_2O} Sc_2O_3。$$

$Sc(OH)_3$ 的热力学数据：

$$\Delta H^{\ominus}_{f,298} = -1390.8kJ/mol,$$
$$\Delta G^{\ominus}_{f,298} = -1256kJ/mol,$$
$$\Delta S^{\ominus}_{298} = -90.0J/(mol \cdot K)。$$

ScO(OH) 为斜方晶型，易溶于浓 NaOH 溶液中。从这种溶液中可结晶出钠的六水钪酸盐，后者在 100℃ ~ 120℃下失去结晶水，然后分解成 $Na[Sc(OH)_4]$，在 256℃ ~ 300℃下分解得偏钪酸钠 $NaScO_2$。

ScO(OH) 的热力学数据：

$$\Delta H^{\ominus}_{f,298} = -1093.3kJ/mol,$$
$$\Delta G^{\ominus}_{f,298} = -1017.5 kJ/mol,$$
$$\Delta S^{\ominus}_{298} = 59.4J/(mol \cdot K)。$$

$Sc(OH)_3$的溶度积常数 $K_{sp}=1.9\times10^{-28}$，在水中的溶解度约为5×10^{-7} mol/L，并随溶液碱度的增加而增加。

氢氧化钪在碱和碳酸盐水溶液中的溶解度列于表1－3。

表1－3　25℃下氢氧化钪在MOH，M_2CO_3，$MHCO_3$水溶液中的溶解度

试剂	浓度 /$(mol\cdot L^{-1})$	溶液中的含量 /$(g\cdot L^{-1})$	固相组成
NaOH	8.1×10^{-2}	1.6×10^{-2}	$Sc(OH)_3\cdot nH_2O$
	0.22～0.29	0.5～3.2	$Na_3[Sc(OH)_6]\cdot 2H_2O$
$NH_3\cdot H_2O$	1.4×10^{-2}	5×10^{-5}	$Sc(OH)_3\cdot nH_2O$
	13.7×10^{-2}～0.36	$(0.1～0.2)\times10^{-3}$	$Sc(OH)_3\cdot nH_2O$
$(NH_4)_2CO_3$	4.16×10^{-4}～15.5×10^{-2}	0.15～11.23	$NH_4[Sc(CO_3)_2]\cdot nH_2O$
NH_4HCO_3	2.02×10^{-3}～15.7×10^{-2}	0.9×10^{-2}～1.15	$NH_4[Sc(CO_3)_2]\cdot nH_2O$
Na_2CO_3	6.6×10^{-3}～1.81	3×10^{-3}～1.50	可变组成碱式碳酸盐未测
$NaHCO_3$	8.8×10^{-2}～0.92	0.14～16.7	
K_2CO_3	5.72×10^{-2}～2.52	0.13～2.9	
Na_2CO_3 +NaOH	$Na^+:CO_3^{2-}=(1.5～2.5):1$	5.32～2.76	
	$Na^+:CO_3^{2-}=(3～3.5):1$	$(2.2～5.8)\times10^{-3}$	
KOH	13.5	$2.12(Sc_2O_3)$	

有不同作者研究过 $Sc(OH)_3-NaOH-H_2O$ 系中的溶解度，得到的数据不同(图1－6)。据推论，在碱溶液中氢氧化钪部分以胶体状态存在，而且胶溶剂可能是钪酸盐离子。许多杂质，如 SiO_2，$NH_3\cdot H_2O$，NaCl，在碱浓度低于400g/L前会促进氢氧化钪转入溶液。在有碳酸铵、氟化铵和草酸铵存在时，由于生成钪的可溶性络合物会降低氢氧化钪沉淀的完全程度。难溶性氢氧化物$Fe(OH)_3$，$Ca(OH)_2$等在任何碱度下都会急剧降低氢氧化钪的溶解度。由于生

成$[Sc(NH_3)_6]^{3+}$络离子，氨水不能使$Sc(OH)_3$沉淀完全。

钪的氢氧化物沉淀损失与其浓度和溶液中是否存在易生成难溶氢氧化物的元素(Fe，Mn，Ca 等)有很大关系。后者可能由于钪与它们产生共沉淀作用而可能完全避免钪随溶液的损失。

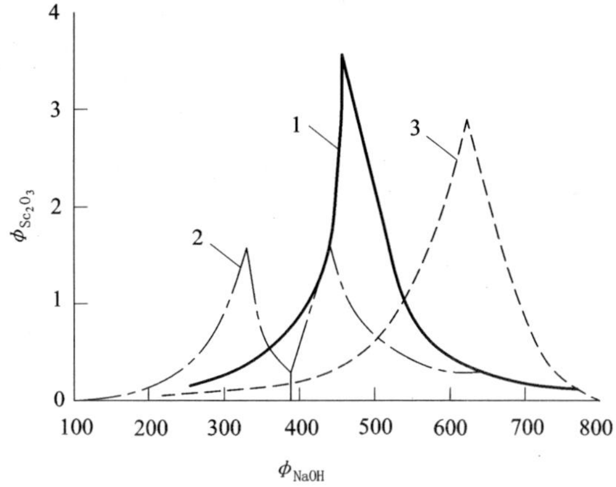

图 1－6　不同作者得到的 $Sc(OH)_3-NaOH-H_2O$ 系中 25℃时的溶解度数据

1—Б. Н. Иванов－Эмин 等；2—Л. Н. Комиссаровая；3—Л. В. Фаворский 和 С. А. Абубакиров

(3)碳酸盐

碳酸钪没有正盐。碱金属碳酸盐或碳酸铵和钪盐溶液作用生成的是$[Sc(OH)_m]_2(CO_3)_{3-m}\cdot 3H_2O$。例如，将碳酸钠溶液加入$ScCl_3$溶液或通过$Sc_2O_3$和碱金属碳酸盐$M_2CO_3$溶液的反应可得到$Sc(OH)CO_3\cdot 3H_2O$。在$Sc(NO_3)_3-M_2CO_3-H_2O$(M＝碱金属)体系中，因条件不同而得到不同的产物。钪的碱式碳酸盐比稀土元素同类化合物更易溶于$(NH_4)_2CO_3$和碱金属碳酸盐中，并生成$M[Sc(CO_3)_2]\cdot nH_2O$，$M_5[Sc(CO_3)_4]\cdot nH_2O(n=1\sim 8)$，$Sc_2Na_8(CO_3)_7\cdot$

$6H_2O$ 和 $Sc_4(NH_4)_2(CO_3)_7$等复盐。它们在水和弱酸性溶液中溶解度小，可用于分离钪和其他元素。20℃时的溶解度分别为(mol/L)：$Na_5[Sc(CO_3)_4]\cdot 11H_2O$，0.06；$K_5[Sc(CO_3)_4]\cdot 6H_2O$，0.40；$Rb_5[Sc(CO_3)_4]\cdot 6H_2O$，0.58；$Cs_5[Sc(CO_3)_4]\cdot 6H_2O$，0.64。

碱式碳酸钪溶于酸和碳酸铵及碳酸钠的浓溶液中。碳酸钪络合物的稳定性、组成和生成动力学取决于外层阳离子的性质、溶液的 pH、温度和 CO_3^{2-} 与 Sc^{3+} 的比值。

用碳酸气饱和溶液能提高碳酸钪的溶解度。例如，在 0℃ 和 CO_2分压为 0.033MPa 时，Sc_2O_3的溶解度为 85mg/L，而在分压为 0.1MPa 时，溶解度为 150mg/L。加热至 450℃ 以上时，碱式碳酸钪完全分解成 Sc_2O_3。

$Sc(OH)_3$ 溶解于含 CO_3^{2-} 的溶液中，生成 $[Sc(CO_3)_4]^{5-}$，$[Sc(CO_3)_3]^{3-}$ 和 $[Sc(CO_3)_2]^{-}$ 等络离子。在 pH = 3.0 ~ 5.6 时，倾向于生成 $[Sc_4(OH)_m\cdot(H_2O)_{n-m}]^{(12-m)+}$ (m = 1，2，4，6，8，10) 型络离子。在 pH > 7.0 时，则生成稳定的络合物 $[Sc(CO_3)_k]^{(2k-3)-}$ (k = 2，3，4)。

(4) 硝酸盐

用硝酸溶解 Sc_2O_3可得硝酸钪溶液。将所得溶液用 P_2O_5干燥则缓慢析出无色的，为单斜晶系的 $Sc(NO_3)_3\cdot 4H_2O$ 结晶。无水硝酸钪可通过 $ScCl_3$和 N_2O_4及 N_2O_5反应制得。硝酸钪易吸湿，可溶于水和有机溶剂，在水溶液中呈 $Sc(NO_3)_n^{3-n}$ (n = 1 ~ 6) 络离子。当钪盐浓度 < 0.1mol/L 时，其 NO_3^- 被 OH^- 和 H_2O 取代。当水溶液中 Sc^{3+}浓度为 $0.211\times10^{-3}\sim2.11\times10^{-3}$ mol/L 且含 KNO_3 0.1mol/L，pH = 3.693 ~ 5.097 和温度为 25℃ 时，呈一系列水解产物，多核羟基钪离子。其中只有 $[Sc(H_2O)_5OH]^{2+}$，$[Sc_2(H_2O)_n(OH)_2]^{4+}$ 和 $[Sc_3(H_2O)_n(OH)_5]^{4+}$ 是溶解形式，其生成平衡常数 ($-\lg\beta$) 分别为 4.840，6.096 和 17.567。

Комиссаровая Л. Н. 等人详细研究过 $Sc_2O_3-N_2O_5-H_2O$ 体系中的溶解度。在 0℃时依酸浓度的不同结晶出 $Sc(OH)(NO_3)_2\cdot3H_2O$，$Sc(NO_3)_3\cdot4H_2O$，$Sc(NO_3)_3\cdot3H_2O$，$Sc(NO_3)_3\cdot2H_2O$。在 25℃时结晶出 $Sc(OH)(NO_3)_2\cdot3H_2O$，$Sc(NO_3)_3\cdot4H_2O$，它们均能很好地溶解于水中。在中性和碱性水溶液中溶解时会发生水解。加热至 120℃以上生成 $Sc_4O(NO_3)_{10}\cdot8H_2O$，$Sc_4O_3(NO_3)_6\cdot6.5H_2O$，$Sc_4O_5(NO_3)_2$。在 390℃ ~ 425℃ 下生成 Sc_2O_3。不同温度下 $Sc(NO_3)_3\cdot4H_2O$ 的溶解度为[%，按 $Sc(NO_3)_3$ 质量计算]：0℃，56.34；15℃，61.27；25℃，62.36；30℃，64.25；40℃，66.96；50℃，67.60。

从 $MNO_3-Sc(NO_3)_3-H_2O$（M = 碱金属）体系中不能得到碱金属硝酸钪复盐，但从含游离 HNO_3（~65%）的浓硝酸溶液中可结晶出 $M_2Sc(NO_3)_5$（M = K，Rb，Cs）。

（5）硫酸盐

在硫酸中蒸发氢氧化钪或碳酸钪溶液可得到 $Sc_2(SO_4)_3\cdot nH_2O$（n = 2，4，5，6），其加热脱水分解过程：$Sc_2(SO_4)_3\cdot nH_2O \xrightarrow{100℃} Sc_2(SO_4)_3\cdot2H_2O \xrightarrow{250℃} Sc[Sc(SO_4)_3] \xrightarrow{550℃} Sc_2O(SO_4)_2 \xrightarrow{600℃} Sc_2O_3$。硫酸钪也可通过 Sc_2O_3 与 $Na_2S_2O_7$ 的反应制得，但与 $K_2S_2O_7$ 反应则得 $KSc(SO_4)_2$。

无水 $Sc_2(SO_4)_3$ 为菱形结晶，晶格参数 a = 0.904nm，α = 57.33°，密度 2.579g/cm³，熔点 990℃，$\Delta H^{\ominus}_{f,298}$ = −3686kJ/mol，$C_{p,298}$ = 259.4kJ/(mol·K)。

硫酸钪在水溶液中的溶解度随酸度的增加而减少。在不同浓度的酸中 25℃下 $Sc_2(SO_4)_3$ 的溶解度为（质量分数）：28.53（水）；29.50（H_2SO_4，24.5g/L）；19.87（H_2SO_4，49g/L）；8.36（H_2SO_4，121.5g/L）；1.32（H_2SO_4，243.3g/L）。

硫酸钪溶于浓硫酸形成 $Sc_2(SO_4)_3\cdot3H_2SO_4$，$H_3[Sc(SO_4)_3]$

或 $H[Sc(SO_4)_2]\cdot 2H_2O$ 等化合物。在温度为 25℃，硫酸钪浓度 0.5mol/L和 pH = 2.7 时，溶液中生成$[Sc(SO_4)]^+$,$[Sc(SO_4)_2]^-$和$[Sc(SO_4)_3]^{3-}$络离子，其生成常数分别为$(46\pm5)(mol/L)^{-1}$，$(1\pm6)\times10^2(mol/L)^{-2}$和$(10\pm7)\times10^3(mol/L)^{-3}$。当硫酸浓度≤0.1mol/L 时呈$[Sc(SO_4)]^+$和$[Sc(SO_4)_2]^-$存在。在温度为 25℃和离子强度 $I=0$ 时，$Sc^{3+}+SO_4^{2-}\rightleftharpoons[Sc(SO_4)]^+$反应的平衡常数 $K=10^{4.04}$，$\Delta H^{\ominus}_{298}=26.4kJ/mol$，$S^{\ominus}_{298}=-165.7J/(mol\cdot K)$；$[Sc(SO_4)]^++SO_4^{2-}\rightleftharpoons[Sc(SO_4)_2]^-$反应的 $\lg K=1.66$，$\Delta H^{\ominus}_{298}=16.57kJ/mol$，$S^{\ominus}_{298}=87.9J/(mol\cdot K)$。

硫酸钪溶液和氢氧化钠作用得碱式硫酸钪$Sc(OH)_x(SO_4)_y\cdot nH_2O$，和碱金属及铵的硫酸盐作用则生成 $M[Sc(SO_4)_2]$(M = Li，Na)和 $M_3[Sc(SO_4)_3]$(M = K，Rb，Cs，NH_4)。铵或钠与钪的硫酸盐复盐易溶于水和浓的$(NH_4)_2SO_4$，Na_2SO_4溶液中，和K，Rb 及 Cs 的硫酸盐的复盐则微溶于水及相应的 M_2SO_4溶液中。生成 $K_3[Sc(SO_4)_3]$可用于钪和钇族稀土元素的分离。$K_3[Y(SO_4)_3]$的溶解度比相应钪化合物的要高出 30 倍。它们的生成热分别为（kJ/mol）：$Sc_2(SO_4)_3$—3688 ± 38；$Cs[Sc(SO_4)_2]$—2592 ± 38；$Na_3[Sc(SO_4)_3]$—3954 ± 21；$K_3[Sc(SO_4)_3]$—4019 ± 17；$(NH_4)_3[Sc(SO_4)_3]$—3639 ± 19。

(6)磷酸盐

用磷酸或磷酸钠与钪盐溶液作用可制得白色细粒正磷酸钪 $ScPO_4\cdot 2H_2O$。它属斜方晶系，$a=0.543$nm，$b=1.025$nm，$c=0.894$nm。在 300℃下失水，无水 $ScPO_4$属四方晶系，$a=0.6578$nm，$c=0.579$nm，$Z=4$，密度 3.70g/cm^3。与稀土元素不同，磷酸钪从溶液中只析出二水合物。它难溶于水，室温溶解度为 3.4×10^{-6}mol/L。溶于过量磷酸则形成 $Sc(H_2PO_4)^{2+}$ 和 $Sc(H_2PO_4)_2^+$，还可以形成更高配位的钪络合物。已知存在酸性磷

酸盐 $Sc(H_2PO_4)_3$，它加热时分解，最后得无水正磷酸钪：$Sc(H_2PO_4)_3 \xrightarrow{200℃} [Sc(PO_4)]_m \xrightarrow{1200℃} ScPO_4$。

由 $ScCl_3$ 和 $Na_4P_2O_7$ 作用得焦磷酸钪 $Sc_4(P_2O_7)_3 \cdot 7.5H_2O$，同样难溶于水，微溶于过量的碱金属焦磷酸盐和氟化钠中，但溶于矿物酸中。用碱溶液处理刚沉淀的新鲜焦磷酸盐，则分解生成氢氧化钪。此外，钪的磷酸盐还有偏磷酸钪 $Sc(PO_3)_3$，连二磷酸钪 $Sc_4(P_2O_6)_3 \cdot 15H_2O$，酸式焦磷酸钪 $Sc(HP_2O_7) \cdot 3H_2O$ 等。

(7)草酸盐

草酸和钪盐的中性或弱酸性溶液作用生成草酸钪 $Sc_2(C_2O_4)_3 \cdot nH_2O(n=0\sim6, 12, 18)$。在通常条件下(在 60℃下沉淀)最稳定的为 $Sc_2(C_2O_4)_3 \cdot 6H_2O$。长时间煮沸得到十八水合草酸钪；在水浴上加饱和草酸溶液到钪盐溶液得十二水合草酸钪；在 8℃下从冷溶液中沉淀则得三水合草酸钪。在 260℃～280℃下对水合草酸钪进行脱水可制得无水草酸钪。它是无色结晶，属三斜晶系，$a=0.9252$nm，$b=0.6476$nm，$c=0.6173$nm，$\alpha=83.4°$，$\beta=100.1°$，$\gamma=104.6°$，吸湿性强，比热容 519J/(mol·℃)。加热至 600℃，则分解成 Sc_2O_3，其反应式为 $Sc_2(C_2O_4)_3 = Sc_2O_3 + 3CO + 3CO_2$。无水草酸钪不吸收 NH_3 或 CO_2，但能在湿气中吸收 6% 的 CO_2。在 25℃时，三或四水合草酸钪能与氨发生放热反应，生成 $[Sc(NH_3)_6]_2(C_2O_4)_3$，而十八水合草酸钪吸收氨，则生成 $[Sc(NH_3)_6]_2 \cdot (C_2O_4)_3 \cdot 12H_2O$。

草酸钪难溶于水和稀酸中，但有矿物酸、草酸铵和过量草酸存在时，其溶解度会明显提高。此时，在溶液中生成络合阴离子 $[Sc(C_2O_4)]^+$，$[Sc(C_2O_4)_2]^-$，$[Sc(C_2O_4)_3]^{3-}$，$[ScC_2O_4SO_4]^-$。例如，从浓度 $[Sc^{3+}]$ 为 1g/L 的溶液中，增加 $H_2C_2O_4$ 的量到理论量的 20 倍时会使钪的沉淀率由 88.9% 降至 59.1%。当 $C_2O_4^{2-}$ 离子的量不足化学反应计量时，则可能得到碱式草酸盐，如

$ScOHC_2O_4 \cdot 1.5H_2O$，其溶解度为 44.2mg/L(20℃)。草酸钪在水和矿物酸中的溶解度见表 1－4。

文献中报道的 $Sc_2(C_2O_4)_3 \cdot 6H_2O$ 的溶解度数据差别较大，由 7.4 到 15.6mg/L，溶度积为 $-\lg K_{sp}=27.4$，另有一些作者的数据为 $-\lg K_{sp}=14.5$。$Sc_2(C_2O_4)_3 \cdot 6H_2O$ 易形成过饱和溶液。

表 1－4　草酸钪的溶解度

酸浓度/%	温度/℃	溶解度(换算成 Sc_2O_3)/($g \cdot L^{-1}$)	酸浓度/%	温度/℃	溶解度(换算成 Sc_2O_3)/($g \cdot L^{-1}$)
	溶剂	水		溶剂	HNO_3
	25	0.061	10	25	8.17
	溶剂	HCl	20	25	17.36
1	25	0.413	10	50	32.8
10	25	7.54		溶剂	H_2SO_4
20	25	13.87	5	25	0.861
15	60	21.60	15	25	9.73
			5	50	7.05

草酸钪易溶于 M_2CO_3(M = Na，K)中，M_2CO_3∶$Sc_2(C_2O_4)_3 \cdot 6H_2O$ =4∶1 时溶解度最大。草酸钪易生成容易水解的 $M_3[Sc_2(C_2O_4)_3] \cdot 5H_2O$($M=NH_4^+$，Na，K)型化合物。这类化合物热分解分步进行：脱水，分解成单盐，依原始化合物组成的不同在 465℃～580℃下生成氧化钪和碱金属碳酸盐。对 $ScCl_3-M_2C_2O_4-H_2O$($M=NH_4^+$ 或碱金属)体系(25℃)的研究表明，当 $M_2C_2O_4/ScCl_3=n$，且 $n=0.75$ 时，固相为 $Sc_2O(C_2O_4)_2 \cdot 3H_2O$；$n=2$ 时，随 pH 增加得到 $MSc(C_2O_4)_2 \cdot 2H_2O$；再加大 n 值时则钪盐的溶解度急剧增加，可能生成其他可溶性络离

子。与 Na，Rb，Cs 形成的络合物为三斜晶系；与 K，NH_4^+ 形成的为单斜晶系；还有 $NaSc(C_2O_4)_2 \cdot mH_2O$($m$ = 0，2，3，6)，$M_3Sc(C_2O_4)_7 \cdot 7H_2O$ 等络盐。它们易失去结晶水，加热时分解成草酸钪和碱金属草酸盐并最终分解成 Sc_2O_3。

(8)酒石酸盐

用酒石酸铵或酒石酸和钪盐溶液作用生成非晶沉淀 $Sc_2(C_4H_4O_6)_3 \cdot nH_2O$，加热时转化为结晶酒石酸钪。酸性酒石酸钪 $ScH(C_4H_4O_6)_2 \cdot 3H_2O$ 可用硝酸钪和过量的酒石酸作用通过蒸发制得。酒石酸钪难溶于水，但易溶于矿物酸、碱和碱金属及铵的酒石酸盐溶液中。钪和铵作用生成难溶性酒石酸复盐 $NH_4CO_2(CHOH)_2CO_2Sc(OH)_2 \cdot nH_2O$，可用于分离钪和 Al，Fe(Ⅲ)，Ti，Zr，Hf，铈族稀土等化合物。

(9)碘酸盐

往碘酸盐溶液加入硝酸钪溶液得到 $Sc(IO)_3 \cdot 1.5H_2O$。与钍和锆的类似化合物不同，它易溶于水。

(10)碱式硫代硫酸盐

硫代硫酸钠和钪盐作用得 $Sc(OH)S_2O_3$，为微带黄色、过滤性能良好的结晶。在酸性介质(pH = 2)中沉淀时，稀土元素留在溶液中。

(11)钨酸盐

钪盐和仲钨酸铵作用，在 pH = 3.5 ~ 5.0 时可沉淀出白色结晶 $Sc_2(WO_4)_3 \cdot 10H_2O$。加热至50℃ ~ 150℃时，脱除七个结晶水；再加热至 300℃时，脱除最后的三个结晶水。钨酸钪的熔点 1620℃ ± 50℃，密度 3.48g/cm³。将 Sc_2O_3 和 WO_3 在 1000℃下烧结可得到无水钨酸钪。$Sc_2(WO_4)_3$ 的密度 4.49g/cm³，属斜方晶系，a = 0.9596nm，b = 1.330nm，c = 0.9512nm。可生成钨酸钪复盐 M[$Sc(WO_4)_2$](M = Li，Na，K，Rb)。

2. 卤化物

卤化钪的通式为ScX_3(X=F, Cl, Br, I)。低价卤化钪有ScX_2, ScX以及$ScCl_{1.5}$, $ScBr_{1.5}$等。金属钪和卤素直接反应,或在非水溶液中进行制备,可得到无水卤化钪。无水卤化钪易吸水,且除ScF_3外都易溶于水。卤化钪多呈二聚物$Sc_2X_6 \cdot 12H_2O$形式存在。用相应的氢卤酸和Sc_2O_3或$Sc(OH)_3$反应,则得到水合卤化钪。水合卤化钪直接脱水,除得到无水卤化钪外,还往往会夹杂有碱式盐和氧卤化钪。表1-5列出了卤化钪的某些物理化学性质。

表1-5 卤化钪的某些物理化学性质

卤化物	熔点/℃	沸点/℃	熔化热 ΔH_m/(kJ·mol^{-1})	蒸发热 ΔH_m/(kJ·mol^{-1})	升华热 ΔH_m/(kJ·mol^{-1})	蒸气压 $\lg p_{(atm)}=A-B/T$		
						温度范围/K	A	B
ScF_3	1552	1607	62.63	239.99	367.4	1335~1528	8.624	17930
$ScCl_3$	968	1342	67.4	192	274.8	1074~1227	10.729	13470
$ScBr_3$	970	(933)	(79)		285	1055~1199	11.47	13770
ScI_3	953	(912)	(75)		271	1013~1179	11.29	13330

最近,Гурвич Л. В. 等人在系统分析一卤、二卤和三卤化钪以及六卤化二钪分子实验数据和研究它们分子结构规律的基础上,估算出了这些化合物的分子常数值,并进而采用统计热力学方法计算出所有这些卤化钪的热力学性质。298.15K温度下这些化合物的热力学函数计算结果列于表1-6。

表1-6 298.15K温度下卤化钪的热力学函数

卤化钪	$C_p^\ominus$/[J/(mol·K)]	$\Phi^\ominus$/[J/(mol·K)]	$S^\ominus$/[J/(mol·K)]	$H^\ominus(298.15)-H^\ominus(0)$/(kJ·mol^{-1})
ScF	32.734	192.186	222.232	8.958
ScF_2	52.55	217.5	260.7	12.89

续表 1－6

卤化钪	$C_p^\ominus$/[J/(mol·K)]	$\Phi^\ominus$/[J/(mol·K)]	$S^\ominus$/[J/(mol·K)]	$H^\ominus(298.15)-H^\ominus(0)$/(kJ·mol^{-1})
ScF_3	67.79	242.9	295.7	15.77
Sc_2F_6	139.5	296.7	385.8	26.58
ScCl	45.782	203.351	237.356	10.138
$ScCl_2$	57.72	235.8	283.5	14.20
$ScCl_3$	75.29	270.2	330.0	17.83
Sc_2Cl_6	160.7	351.2	464.9	33.91
ScBr	49.449	215.090	252.783	11.238
$ScBr_2$	59.69	257.1	307.9	15.14
$ScBr_3$	78.19	299.8	364.1	19.17
Sc_2Br_6	169.0	404.3	532.7	38.27
ScI	42.605	227.517	268.635	12.259
ScI_2	60.89	273.8	327.3	15.93
ScI_3	80.55	323.7	392.5	20.50
Sc_2I_6	174.3	442.8	581.5	41.35

(1)氟化物

用氢氟酸或氟硅酸、碱金属氟化物和钪的氧化物或钪盐溶液作用，可得 $ScF_3 \cdot H_2O$ 沉淀，经干燥脱水，可制得 ScF_3。用钪的氧化物或金属钪和氟气或无水 HF，NH_4F 作用也可制得 ScF_3。

ScF_3属立方晶系，晶体结构见图 1－7。ScF_3结构中钪原子由六个 F 原子配位成畸变八面体。Sc 与 F 距离为 0.202nm，Sc 与 Sc 为0.402nm，F 与 F 为 0.271nm。在空气中加热超过 650℃时，ScF_3转变为氧化物。在 800℃ 下的潮湿氮气流中水解则生成 ScOF。在 430℃和 10^4 MPa 下，ScF_3 晶型会转变为属斜方晶系的 ScF(Ⅱ)介稳新相，此时配位数由 6 增加到 9。固体 ScF_3的某些物理化学性质和热力学性质见表1－5。气态低价卤化钪的一些热力学数据如下，ScF_2：$\Delta H_f^{\ominus} = -642.7kJ/mol$，$\Delta G_f^{\ominus} = -655.2kJ/mol$，$S_{298}^{\ominus} = 280.3J/(mol \cdot K)$，$C_p^{\ominus} = 48.1kJ/(mol \cdot K)$；ScF：$\Delta H_f^{\ominus} = -138.9kJ/mol$，$\Delta G_f^{\ominus} = -164.4kJ/mol$，$S_{298}^{\ominus} = 222.21J/(mol \cdot K)$。

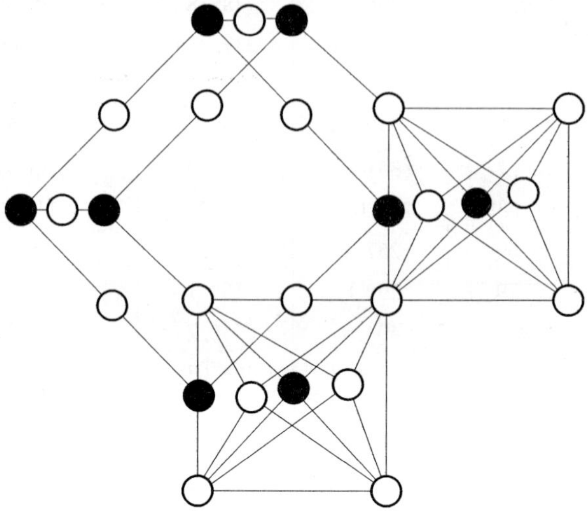

图1－7　氟化钪的晶体结构

ScF_3微溶于水和矿物酸中：$K_{sp, ScF_3} = 3 \times 10^{-20}$，但沉淀老化后溶解度减小。$ScF_3$在水和矿物酸中的溶解度比稀土元素氟化物的小。用浓硫酸处理，氟化钪在200℃～250℃下转变为硫酸盐；在20%～30% NaOH溶液中煮沸或和NaOH熔合则转变为氢氧化钪。ScF_3溶于氢氟酸、碱金属和铵的氟化物溶液中而生成络合物$M[ScF_4]$，$M_2[ScF_5]$，$M_3[ScF_6]$。钠和钾的氟钪酸盐微溶于水，但溶于稀酸中。

在浓度为0.5mol/L的过氯酸溶液中，钪氟化络合物平衡反应及其平衡常数列于表1－7。在25℃和0.5mol/L $NaClO_4$水溶液中氟化钪络合物$[ScF_n]^{(3-n)}$的生成常数为$\lg\beta_1 = 6.18 \pm 0.02$，$\lg\beta_2 = 11.52 \pm 0.05$，$\lg\beta_3 = 15.8 \pm 0.4$。$ScF_4^-$ 的生成热$\Delta H_{298}^{\ominus} = (-200.8 \pm 12.6)$ kJ/mol。这些钪的络合物比铁或铝的相应络合物更加稳定。

表 1-7　水溶液中 Sc^{3+} 的氟化物络合反应

平衡反应	K_{298}	$\Delta H_{298}^{\ominus}$ /(kJ·mol^{-1})	$S_{298}^{\ominus}$ /[J·(mol·K)$^{-1}$]
$Sc^{3+} + F^- \rightleftharpoons ScF^{2+}$	1.2×10^7	1.255	121 ± 13
$ScF^{2+} + F^- \rightleftharpoons ScF_2^+$	6.4×10^5	−6.3	79 ± 13
$ScF_2^+ + F^- \rightleftharpoons ScF_3$(溶液)	3.0×10^4	−3.3	67 ± 13
ScF_3(溶液) $+ F^- \rightleftharpoons ScF_4^-$	7.0×10^2		

对 $Sc^{3+}-MF-H_2O$ 体系研究表明，该体系中存在下列平衡反应(忽略水合 H_2O)：

$$Sc^{3+} + MF \rightleftharpoons ScF^{2+} + M^+$$

$$ScF^{2+} + MF + H_2O \rightleftharpoons ScOHF_2 + M^+ + H^+$$

$$ScOHF_2 + H^+ + F^- \rightleftharpoons ScF_3 + H_2O$$

$$ScF_3 + MF \rightleftharpoons MScF_4$$

$$MScF_4 + 2MF \rightleftharpoons M_3ScF_6$$

从溶液中可析出多种化合物，如 $ScF_3 \cdot 0.16H_2O$，$KScF_4 \cdot 0.11H_2O$，$NaScF_4 \cdot H_2O$，M_3ScF_6 ($M = NH_4^+$, Na)，$K_{2.5}ScF_{5.5} \cdot 0.2H_2O$，$Cs_2ScF_5 \cdot H_2O$。在 0℃ 的 ScF_3-HF-H_2O 体系中，ScF_3 的溶解度很小，结晶出 $ScF_3 \cdot 0.8HF$，$ScF_3 \cdot 1.85HF$ 和 $ScF_3 \cdot 2.85HF$等新相。$Sc_2O_3-HF-H_2O$ 体系则要在 0℃ 以下经 2.5 ~ 3d 才达到平衡，平衡后析出的固相为 $ScOF \cdot 2H_2O$，ScOF 和 ScF_3。

氟化钪和碱金属氟化物及碱土金属氟化物的二元和三元熔盐相图示于图 1-8 ~ 图 1-17。

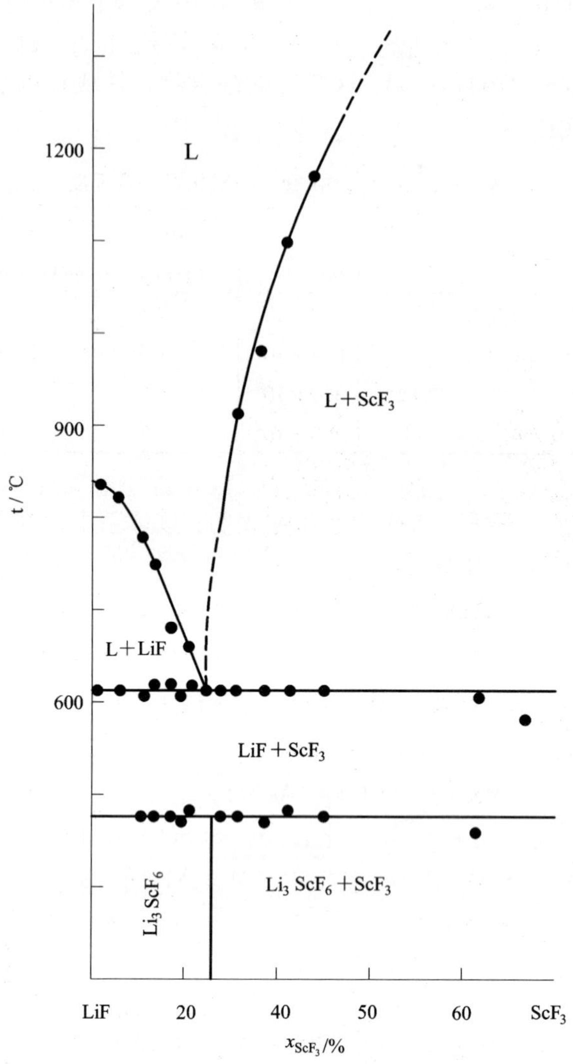

图 1-8 LiF - ScF_3体系

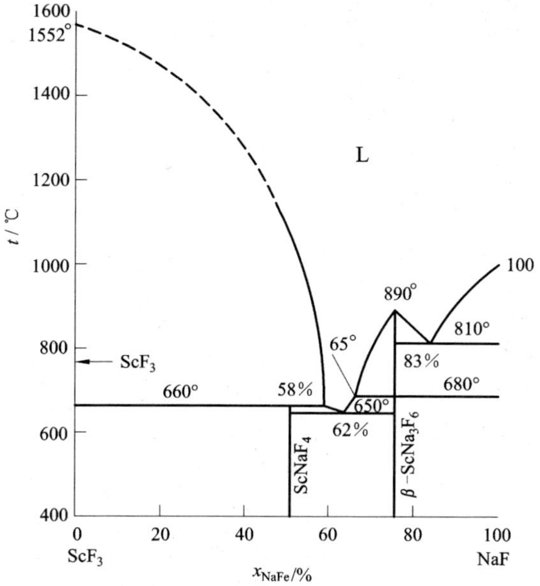

图 1-9　ScF_3-NaF 体系

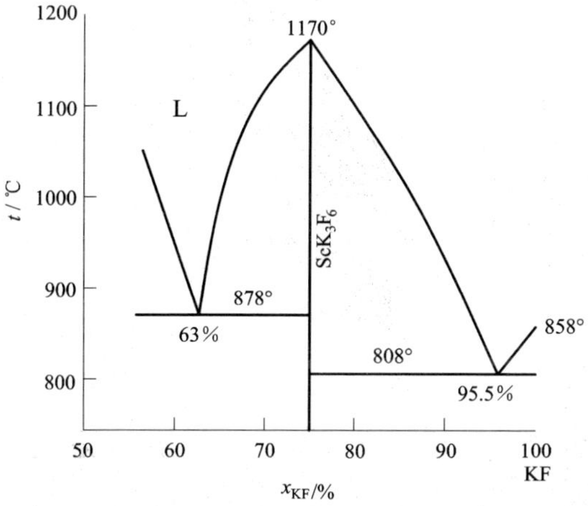

图 1-10　ScF_3-KF 体系

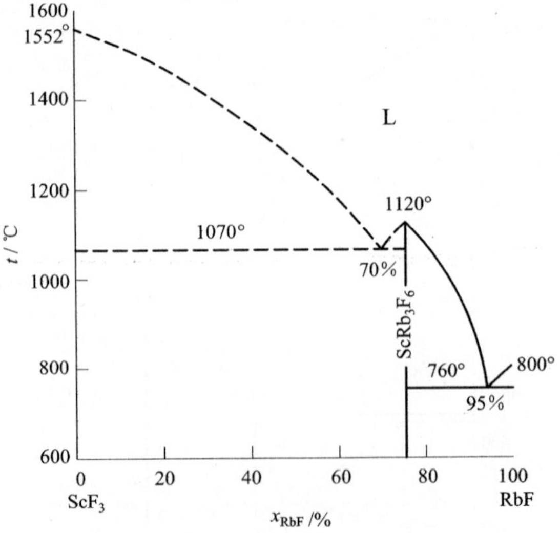

图 1-11 ScF_3-RbF 体系

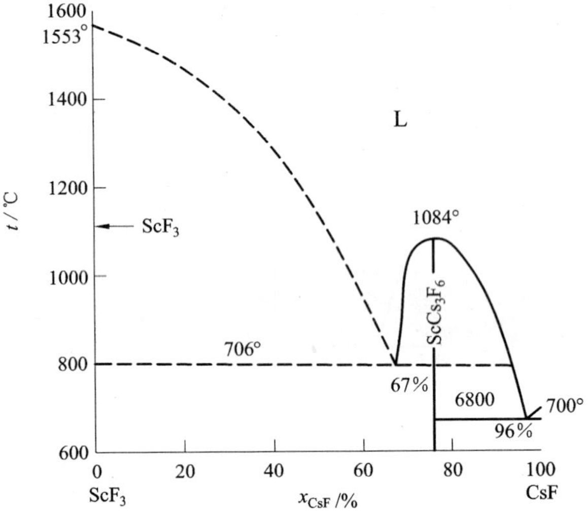

图 1-12 ScF_3-CsF 体系

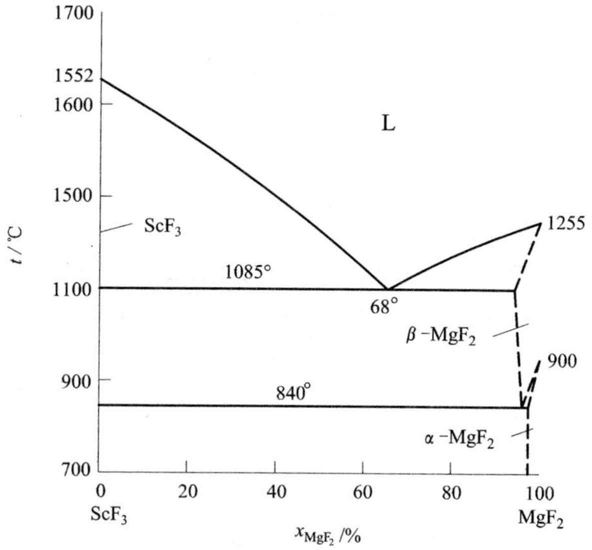

图1-13　ScF_3-MgF_2体系

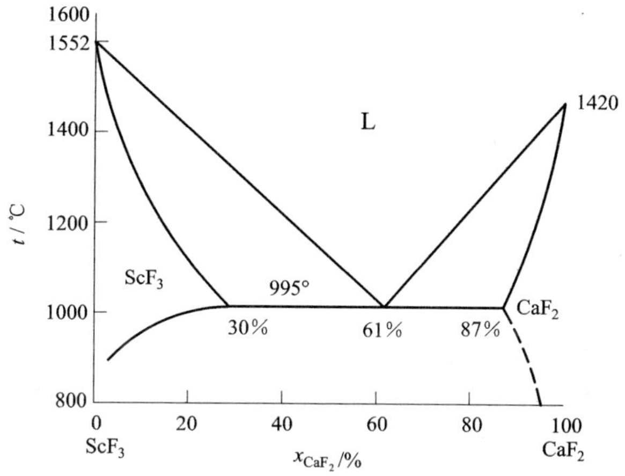

图1-14　ScF_3-CaF_2体系

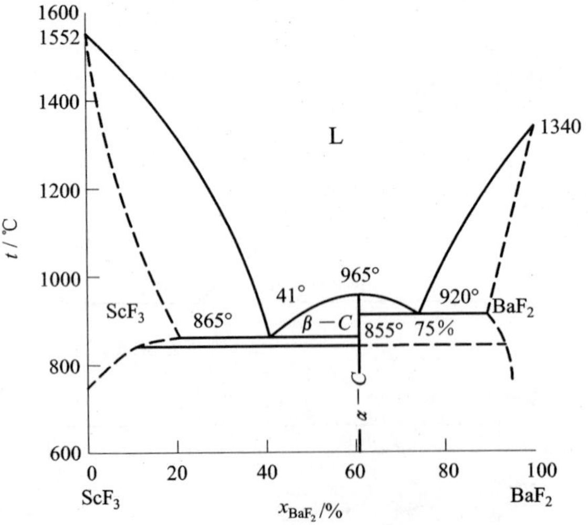

图 1 − 15　$ScF_3 - BaF_2$ 体系

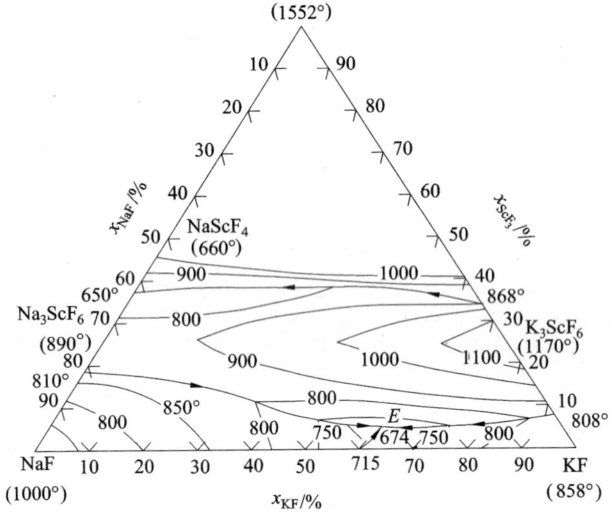

图 1 − 16　$ScF_3 - NaF - KF$ 液相体系

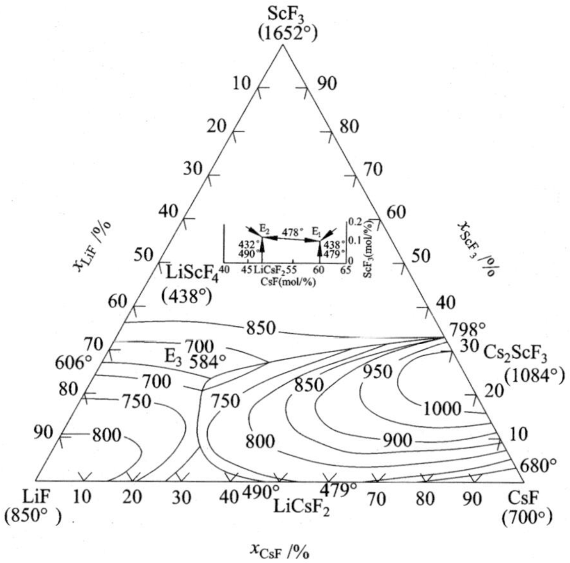

图 1 – 17　ScF_3 – LiF – CsF 液相体系，上部空白处表示 $LiCsF_2$ 中间相附近部分

不久前，研究人员采用放射结晶学方法研究了碱金属和铵的氟化物与氟化钪的二元体系中生成的化合物，并测定了这些化合物的晶体结构和参数。发现在 ScF_3 – MF(M = Li, Na, K, Rb, Cs, NH_4^+)体系中生成七种类型的化合物：①M_3ScF_6(M = Li, Na, K, Rb, Cs, NH_4^+)；②$MScF_4$(M = Na, K, Rb, Cs, NH_4^+)；③$M_5Sc_3F_{14}$(M = Na, K, NH_4^+)；④$M_9Sc_7F_{30}$(M = Rb)；⑤$M_2Sc_3F_{11}$(M = Rb, NH_4^+)；⑥MSc_2F_7(M = K)；⑦MSc_3F_{10}(M = Rb, Cs, NH_4^+)。

卤氧化物 ScOX(X = F, Cl, Br)由相应的卤化钪或碱式卤化钪在 600℃ ~700℃下反应制得。在 1000℃下加热 ScF_3和 Sc_2O_3的混合物或在 800℃下的湿氮气中加热 ScF_3亦可制得 ScOF。氟氧化钪在高温时为立方晶系，a = 0. 5575nm，低温时为单斜晶系，

$a=0.51673nm$，$b=0.51466nm$，$c=0.52475nm$，$\beta=99.70°$，密度 $3.05g/cm^3$。在1200℃和10^4MPa下，ScOF－ScF_3体系中ScF_3含量高时为Sc_3OF_7化合物，为六方晶系，$a=1.159nm$，$c=0.808nm$。碱式氟化钪$Sc(OH)_2F\cdot xH_2O$和$Sc(OH)_2F\cdot 0.5H_2O$在干燥空气中分两步脱水并在470℃转变为ScOF。

（2）氯化物

在含有碳还原剂存在时加热Sc_2O_3，Sc_2O_3和CCl_4，CCl_4+Cl_2或NH_4Cl反应或在氯气流中加热金属钪可得氯化钪。Sc_2O_3直接溶于盐酸，经过蒸发结晶析出水合氯化物$ScCl_3\cdot 6H_2O$，$ScCl_3\cdot 9H_2O$，水合氯化钪在HCl或Cl_2气流中脱水，也得到无水氯化物。

$ScCl_3$为白色结晶物质，生成热$\Delta H_{298}^{\ominus}=-943.8kJ/mol$，吉布斯自由能$\Delta G^{\ominus}=-865.0kJ/mol$。比热容[J/(mol·K)]：固态125.23（298K），110.32（1000K）；液态143.07（1241K）；气态82.77（1615K），82.86（2000K）。其相应的热函分别为[J/(mol·K)]：105.38，228.30，306.87，455.52，473.23。无水$ScCl_3$极易吸水，25℃时的溶解度为43.2%。由于水解，水溶液呈酸性。蒸发时，气相组分有$ScCl_3$，Sc_2Cl_6，Sc_3Cl_9和Sc_4Cl_{12}等。在873～1183K蒸发时，气相组分比例为$[ScCl_3]:[Sc_2Cl_6]:[Sc_3Cl_9]=0.01:1:0.001$。蒸发为二聚物时，$\Delta H^{\ominus}=265.3kJ/mol$，$\Delta S^{\ominus}=215.5J/(mol\cdot K)$。蒸发为单聚物时，$\Delta H^{\ominus}=268kJ/mol$，$\Delta S^{\ominus}=215.5J/(mol\cdot K)$。$ScCl_3$气体的$\Delta H_{f,298}^{\ominus}=-657kJ/mol$，$\Delta G_{f,298}^{\ominus}=-640kJ/mol$，$S_{298}^{\ominus}=320.1J/(mol\cdot K)$。298K温度下二聚反应$2ScCl_{3(气)}\rightleftharpoons(ScCl_3)_{2(气)}$的$\Delta H^{\ominus}=-199.2kJ/mol$。再聚合成三聚物的$(ScCl_3)_{3(气)}$的$\Delta H^{\ominus}=233.0kJ/mol$。$(ScCl_3)_{2(气)}$的$\Delta H_{f,298}^{\ominus}=-1572.8kJ/mol$，$\Delta G_{f,298}^{\ominus}=-1435kJ/mol$，$S_{298}^{\ominus}=495.8J/(mol\cdot K)$。$ScCl_3\cdot 6H_2O$的$\Delta H_{f,298}^{\ominus}=2810kJ/mol$。气体ScCl的$\Delta H_{f,298}^{\ominus}=112.5kJ/mol$，$\Delta G_{f,298}^{\ominus}=86.2kJ/mol$，$S_{298}^{\ominus}=234.3J/(mol\cdot K)$，$C_{p,298}^{\ominus}=35.14J/(mol\cdot K)$。气体$ScCl_2$的$S_{298}^{\ominus}=303.3J/(mol\cdot K)$，$C_{p,298}^{\ominus}=52.7J/(mol\cdot K)$。

$ScCl_3 \cdot 6H_2O$ 在空气中加热时转化为 $Sc(OH)_xCl_y$ 和 ScOCl。进一步加热则转变为氧化物 Sc_2O_3。氧氯化钪难溶于水、酸和碱中。ScOCl 的 $\Delta H^{\ominus}_{f,298} = -957.3kJ/mol$，离解热为 $\Delta H^{\ominus}_{d} = 359.8kJ/mol$，离解熵为 $S^{\ominus}_{d} = 262.3J/(mol \cdot K)$。$Sc(OH)_2Cl$ 和 $Sc_2(OH)_5Cl$ 的室温生成自由能分别为 -1156 和 -2240kJ/mol。$Sc(OH)_2Cl$ 的生成热为 -1268kJ/mol，标准熵为 109J/(mol·K)。氯化钪较易溶于盐酸中。从氯化钪在盐酸中的溶解度图（图 1-18）可见，在 $ScCl_3-HCl-H_2O$体系中，氯化钪的溶解度随 HCl 含量的增加而降低。在 25℃ 16% HCl(5.8mol/L) 中，氯化钪的溶解度达到 26% (2.26mol/L)。

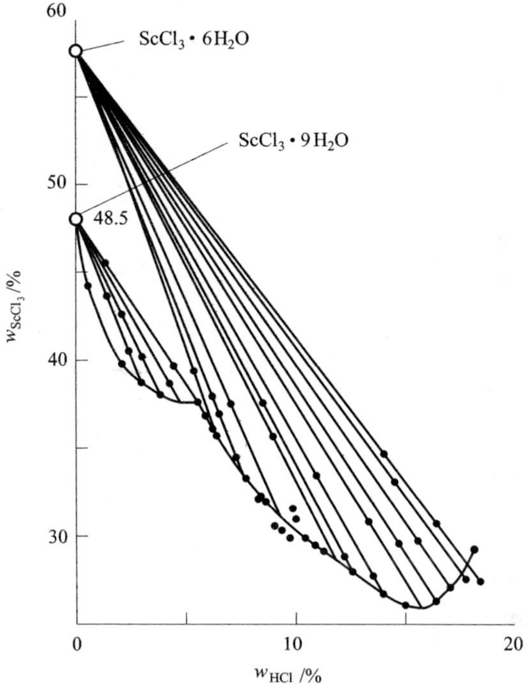

图 1-18　$ScCl_3-HCl-H_2O$ 体系的溶解度等温线(298K)

在进一步用 HCl 饱和溶液时，$ScCl_3$ 的溶解度则有一些增加。稳定的相，酸度范围在 0 ~ 5.6%（2.13mol/L）HCl 时为 $ScCl_3 \cdot 9H_2O$，在 5.6% ~ 19%（6.8mol/L）HCl 时为 $Sc_2Cl_6 \cdot 6H_2O$。

钪和铝、钇的氯化物在氯化氢饱和溶液中的溶解度见表 1－8。

表 1－8 在 0℃和 0.1MPa 下在 100mL 氯化氢饱和溶液中铝、钪和钇的氯化物的溶解度比较（换算成相应的氧化物 M_2O_3）

溶剂 \ 溶解度/g \ 氯化物	$AlCl_3$	$ScCl_3$	YCl_3
水溶液	0.0015	>1.5	0.024
乙醚水溶液	0.0003	>4	0.0015

Sc－$ScCl_3$ 相图见图 1－19。从图中可见，体系中除 $ScCl_3$ 外，还生成 $ScCl_{1.5}$。熔融氯化钪在 805℃下可溶 29%（摩尔分数）金属钪。

氯化钪和碱金属及碱土金属氯化物的某些熔盐体系相图见图 1－20 ~ 图 1－22。在 $ScCl_3$－NaCl 体系中生成 Na_3ScCl_6 化合物，其熔点 570℃。$ScCl_3$ 和 Na_3ScCl_6 的共晶点为 475℃，40%（摩尔分数）$ScCl_3$。Na_3ScCl_6 和 NaCl 的共晶点为 562℃，24%（摩尔分数）$ScCl_3$。在 KCl－$ScCl_3$ 体系中生成 $2KCl \cdot ScCl_3$ 和 $3KCl \cdot ScCl_3$ 化合物，有两个共晶点，分别为 674℃，4%（摩尔分数）$ScCl_3$（KCl + $3KCl \cdot ScCl_3$）和 452℃，49%（摩尔分数）$ScCl_3$（$ScCl_3$ + $2KCl \cdot ScCl_3$），还有一个转熔点，为 466℃，45%（摩尔分数）$ScCl_3$（$3KCl \cdot ScCl_3$ + $2KCl \cdot ScCl_3$）。

在图 1－23 中列出了 $ScCl_3$－NaCl－KCl 三元系熔点相图。从图可见，该三元系的液相由七个化合物或以化合物为基的固溶体的结晶区组成：NaCl，KCl，$ScCl_3$，Na_3ScCl_6，K_3ScCl_6，K_2ScCl_5，

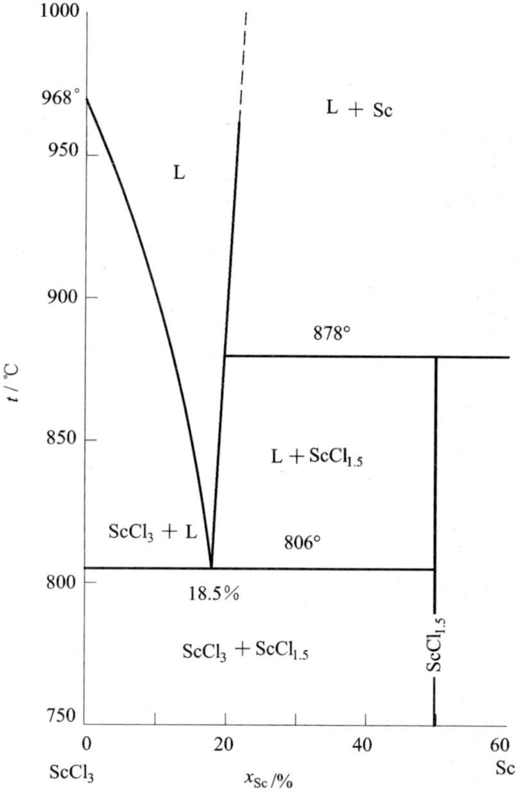

图 1 – 19　Sc – $ScCl_3$ 体系相图

NaK_2ScCl_6。体系中有三个共晶点和三个转熔点，其温度分别为 E_1，585℃（NaCl + KCl + K_3ScCl_6）；E_2，545℃（NaCl + NaK_2ScCl_6 + Na_3ScCl_6）；E_3，415℃（$ScCl_3$ + NaK_2ScCl_6 + Na_3ScCl_6）；P_1，422℃（$ScCl_3$ + K_2ScCl_5 + Na_3ScCl_6）；P_2，420℃（$ScCl_3$ + NaK_2ScCl_6 + K_3ScCl_6）；P_3，570℃（NaCl + NaK_2ScCl_6 + K_3ScCl_6）。

(3)溴化物

在加热的情况下，将溴和钪或溴化氢和 $ScCl_3$ 作用可得溴化钪。Sc_2O_3 和 NH_4Br 作用也可生成 $ScBr_3$。将 Sc_2O_3 溶于 HBr，再加 $NH_3 \cdot H_2O$ 使生成 $ScBr_5^{2-}$ 以防止 Sc^{3+} 水解，然后蒸干后在 P_4O_{10} 上干燥可制得无水 $ScBr_3$。

$ScBr_3$ 为白色结晶物质，吸水性强，生成热 $\Delta H_{298}^{\ominus} = -743.6$ kJ/mol。25℃时的溶解热为 230.5kJ/mol。$ScBr_3$ 的某些物理化学和热力学性质见表 1－5。

蒸发溴化钪溶液得六水化物 $ScBr_3 \cdot 6H_2O$，加热时分解，在 260℃时完全脱水。热分解过程与 $ScCl_3$ 相似：$ScBr_3 \cdot 6H_2O \xrightarrow{120℃} ScBr_3 \cdot 3H_2O \longrightarrow ScOBr \longrightarrow Sc_2O_3$。

在 Sc－$ScBr_3$ 体系中存在一系列介稳相：$ScBr_{1.5}$，$ScBr_{2.30}$，$ScBr_{2.24}$，ScBr 和 $ScBr_2$ 等。气态 $ScBr_2$ 的 $S_{298}^{\ominus} = 324.7$J/(mol·K)，$C_{p298}^{\ominus} = 54.4$J/(mol·K)。

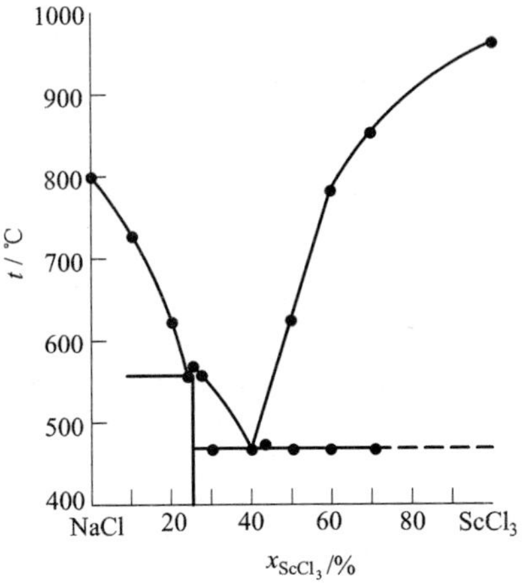

图 1－20 $ScCl_3$－NaCl 体系

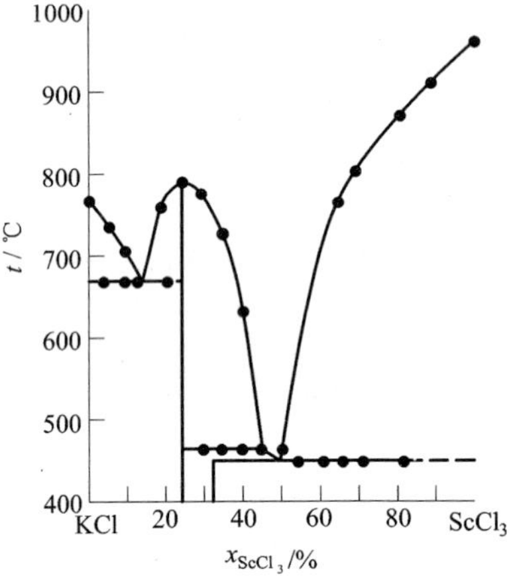

图 1－21 $ScCl_3$－KCl 体系

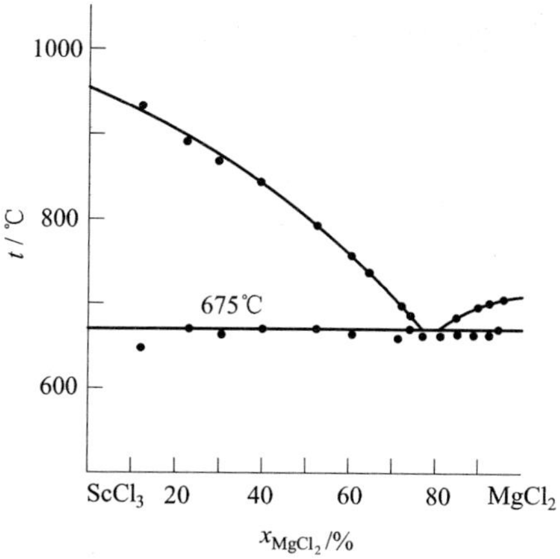

图1-22　$ScCl_3$ - $MgCl_2$体系

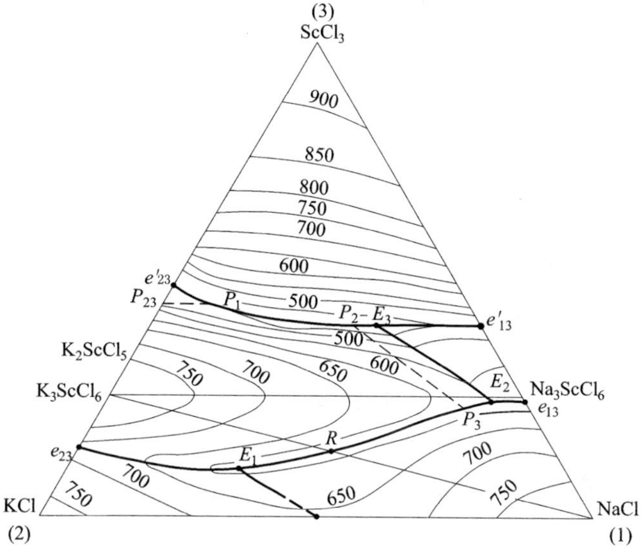

图1-23　$ScCl_3$ - NaCl - KCl 体系

$ScBr_3$和碱金属溴化物生成 M_3ScBr_6等类型的络盐。

(4)碘化物

$ScCl_3$和 HI 作用，或金属钪和 HgI_2或 I_2蒸发反应，或Sc_2O_3和 AlI_3反应均可得到 ScI_3。用 Sc_2O_3 + HI 水溶液反应则得$ScI_3 \cdot 6H_2O$，再加 NH_4I，蒸干脱水可制得无水 ScI_3。

ScI_3为吸水性很强的白色结晶物质，生成热 $\Delta H^{\ominus}_{298} = -531.7$ kJ/mol，其些物理化学和热力学性质见表 1－5。ScI_3和 I_2作用生成多碘化物 $ScI_3(I_2)_3$。

$ScI_3 \cdot 6H_2O$ 和 $Sc(OH)I_2 \cdot 5H_2O$ 的热分解过程分五步进行，最终在 400℃～430℃下转变成 Sc_2O_3。

$Sc - ScI_3$体系中存在 $ScI_{2.26}$，ScI，ScI_2，Sc_6I_{13}等化合物。

气态 ScI_3的 $\Delta H^{\ominus}_{f,298} = -276$kJ/mol，$S^{\ominus}_{298} = 432.2$J/(mol·K)。$Sc_2I_{6(气)}$的 $\Delta H^{\ominus}_{298} = -757$kJ/mol，$S^{\ominus}_{298} = 686.2$J/(mol·K)。$ScI_{2(气)}$的 $S^{\ominus}_{298} = 341.4$J/(mol·K)，$C^{\ominus}_{p298} = 55.6$J/(mol·K)。

ScI_3和碱金属碘化物生成 M_3ScI_6等类型络盐。

3. 其他化合物

(1)碳化物

在温度高于 1600℃下，将不同比例的氧化钪和碳混合在碳管炉中进行反应，可得到 Sc_3C，Sc_2C，Sc_4C_3，$Sc_{13}C_{10}$，ScC，$Sc_{15}C_{19}$等形式的碳化钪。除 Sc_2C 为菱形晶系，$Sc_{15}C_{19}$为四方晶系外，其余均为立方晶系，晶格参数分别为 $a = 0.467$nm；$a = 0.3337$nm，$c = 1.6347$nm；$a = 0.72070$nm；$a = 0.85268$nm；$a = 0.451$nm；$a = 0.750$nm，$c = 1.500$nm。ScC 研究得最多，它可以在 2000℃下用碳还原 Sc_2O_3或直接用元素合成制得。ScC 为具有金属光泽的暗灰色物质，熔点 1800℃，密度 3.39g/cm^3，线性膨胀系数 $11.4 \times 10^{-6}K^{-1}$，电阻率 274μΩ·cm，显微硬度2720kg/mm^2，比 ScB_2的约大 56%。TiC 中至少有 25% Ti 原子可被 Sc 原子取代。当 20%(摩尔分数)ScC 加入 TiC 中，所得合金的显微硬度可由 3000kg/mm

增加到 $5680kg/mm^2$，仅低于金刚石的硬度($8000kg/mm^2$)。在 1200℃～1400℃高温和(3～7)×10^3MPa 高压下，可合成碳化钪超导 bcc 相，其转变温度为 8.5K。ScC 与水反应，生成碳氢化合物并放出氢，留下 ScO(OH)和 Sc。某些碳化钪的热力学参数(对 1mol Sc 而言)如下表所示：

	Sc_2C	Sc_4C_3	ScC
T/K	1520	1615	1795
$\Delta H_T^\ominus$/(kJ·mol^{-1})	100.9	114.3	130.6
$-\Delta G_T^\ominus$/(kJ·mol^{-1})	93.4	103.4	108.0
$-\Delta S$/[J·(mol·K)$^{-1}$]	5.0	6.7	12.6

(2)氢化物

在 Sc－H 体系中，存在 α-$ScH_{0\sim0.5}$和 β-$ScH_{1.3\sim1.95}$相，前者为六方密集堆晶格，后者为面心立方晶格。Sc－H 系的温度－压力线的斜率为(3±1.5)×10^{-2}℃/MPa。在 600.9℃～1052.6℃温度范围和气压为 1atm 时，存在 $ScH_{0.55}$和 ScH_2两个相。在 450℃和常压下往金属钪中通氢气 16h，可制得 ScH_2。它为黑色立方晶体，a＝0.47851nm。气态 ScH 的 $\Delta H_{离解}$＝198.7kJ/mol。在 298K 时 ScH_2的离解压约为 7Pa。

(3)氮化物

在 900℃下钪和氮反应可得 ScN。ScN 为固体暗蓝色物质，属面心立方晶系，a＝0.4496 nm，熔点 2600℃±50℃，密度 4.2 g/cm^3，生成热 $\Delta H_{298}^\ominus$＝298.1 kJ/mol，吉布斯自由能 $-\Delta G_{298}^\ominus$＝253.3 kJ/mol，生成熵 $-\Delta S_{298}^\ominus$＝149.0 J/(mol·K)，比热容(173～2873K)$C_P=48.56+5.15\times10^{-3}T-8.70\times10^5T^{-2}$。ScN 具有半导体性质，25℃时的电阻率为 461μΩ·cm，热膨胀系数(20℃～1070℃) $8.4\times10^{-6}K^{-1}$，热导率 27 W/(cm·℃)，显微硬度 1.15 kPa。

在600℃以下 ScN 在空气中稳定，进一步加热则迅速氧化。在冷水和热水、稀酸和碱溶液中 ScN 稳定，但在浓矿物酸中迅速分解。

(4)硫氰酸盐

硫酸钪和硫氰酸钡作用可制得 $Sc(CNS)_3$，它和碱金属及铝的硫氰酸盐生成 $M_3[Sc(CNS)_6]$ 型络合物：$Sc_2(SO_4)_3+3M_2SO_4+6Ba(CNS)_2=2M_3[Sc(CNS)_6]+6BaSO_4$。

$M_3[Sc(CNS)_6]$为吸水性化合物，其溶解度随外层阳离子半径的减小而降低。例如，20℃时它们的溶解度分别为(质量分数，%)：$Li_3[Sc(CNS)_6]\cdot 13H_2O$，78.05；$Na_3[Sc(CNS)_6]\cdot 4H_2O$，75.71；$K_3[Sc(CNS)_6]$，73.00；$Rb_3[Sc(CNS)_6]$，71.82；$Cs_3[Sc(CNS)_6]$，70.48。这些化合物的热稳定性按阳离子系列依次增加：$Li^+<Na^+<K^+<Rb^+<Cs^+$，最终分解产物为 Sc_2O_3和M_2SO_4。碱金属(M^{I})和碱土金属(M^{II})还可形成$M^{I}[Sc(CNS)_4]\cdot nH_2O$ 和 $M^{II}[Sc(CNS)_4]_2\cdot nH_2O$ 型化合物。$[Sc(CNS)_6]^{3-}$型化合物比$[Sc(CNS)_4]^-$型化合物稳定，后者的稳定性依下列顺序增加：$Li<Mg<Ca<Sr<Ba<K<NH_4<Rb<Cs$。已知还存在化合物 $HSc(CNS)_4$。

1.2.4 钪的毒性

钪作为稀有分散性元素常伴生于其他矿物中，在钪生产的前期阶段，安全防护技术措施主要取决于主金属及其生产工艺，但在其生产的后期阶段，则取决于钪和化合物的性质及其生产工艺。因此，同样应十分注意钪及其化合物和它们辅助原材料的毒性并采取相应的安全防护措施。

目前有关钪及其化合物毒性的报道有限。研究表明，钪的毒性比 La，Gd，Sm，In，Nb，Hf 弱，但比 Al，Y，Na 强。钪与钇及稀土元素相似，可使家兔眼角膜长期模糊。用 $ScCl_3$注入鼠体内静脉或内腹膜，会沉积在肝和脾脏中，其 24h 致死剂量分别为 440mg/kg 和 24mg/kg。钪的放射性核素 ^{46}Sc，^{47}Sc，^{48}Sc 的放射性毒性按国际放射防护协会规定的四级标准认定均属于 C 级。人的内脏壁很少吸收钪，但一经吸收，钪即集聚于肝和肾脏中，且排除很慢。

1.3　钪的资源、应用开发和主要用途

国内外钪资源的主要分布情况列于表 1－9 和表 1－10 中。钪的主要应用领域列于表 1－11。

表 1－9　国外钪资源的主要分布区域及矿藏

国家	钪资源分布
独联体国家	科拉半岛和俄罗斯地台是最大的钪资源分布区，科拉半岛的磷灰石中含钪 $16\mu g \cdot g^{-1}$，整个矿床储量达 1.6 万 t；俄罗斯地台北部托姆托尔的风化壳淋滤型磷酸盐岩（Sc）矿床中，Sc_2O_3 平均含量为 $650\mu g \cdot g^{-1}$，最高达 $1400\mu g \cdot g^{-1}$
美国	科罗拉多高原的含铀砂岩（Sc）矿床中含 Sc_2O_3 $100\mu g \cdot g^{-1}$；Fairfield 含磷铝石矿床中 Sc_2O_3 含量为 300～$1500\mu g \cdot g^{-1}$，从中发现了水磷矿石和磷铝锶石，已作为矿床开采
马达加斯加，挪威	集中在富含钪钇石的花岗伟晶岩中
澳大利亚	镭山（Radfum Hill）热液铀钛磁铁矿（Sc）矿床的 Sc_2O_3 含量达 $3000\mu g \cdot g^{-1}$

表 1－10　国内钪资源的主要分布区域

含钪矿物	钪资源分布
铝土矿和磷块岩矿	主要分布于华北地台（主要包括山东、河南和山西）和扬子地台西缘（主要包括云南、贵州和四川），铝土矿的 Sc_2O_3 含量为 40～$150\mu g \cdot g^{-1}$；贵州开阳磷矿、瓮福磷矿、织金新华磷矿磷块岩的 Sc_2O_3 含量为 10～$25\mu g \cdot g^{-1}$

续表 1－10

含钪矿物	钪资源分布
钒钛磁铁矿	攀枝花钒钛磁铁矿是我国大型的钒钛铁矿床，其超镁铁岩和镁铁岩的 Sc_2O_3 含量为 13～40μg·g^{-1}，钪主要赋存于钛普通辉石、钛铁矿和钛磁铁矿中
黑钨矿	华南斑岩型和石英脉型钨矿具有较高的钪含量，黑钨矿的 Sc_2O_3 含量一般为 78～377μg·g^{-1}，个别达 1000μg·g^{-1}
稀土矿	华南地区储量巨大的离子吸附型稀土矿中发现了规模较大的富钪矿床，Sc_2O_3 在 20～50μg·g^{-1} 为伴生钪矿床，大于 50μg·g^{-1} 为独立钪矿床；白云鄂博稀土铁矿的岩石中 Sc_2O_3 平均含量为 50μg·g^{-1}
其他矿物	广西贫锰矿中含有相当数量的钪，含量约为 181μg·g^{-1}，以离子吸附形式赋存

表 1－11 钪的主要应用领域

类 别	用 途
氧化钪（纯度 >99.9%）	高效多功能激光器，固体电解质，特种陶瓷（如用于高温工作的透明陶瓷材料）等
Al－Sc 中间合金	铝、镁基合金最有效的改性剂；生产导弹和制造航天器、汽车、船舶等用特种合金
金属钪（纯度 >99.99%）	光学工程——大功率金属卤素灯，太阳能蓄电池，高能辐射用核能屏蔽等

钪的工业化生产和应用开发，当数前苏联走在最前端。他们从冷战时期大量处理的铀矿资源中，综合提取回收了其中的钪，并开展了大量的研究和在军事工业中的应用开发，具体情况外界了解甚少。但从 1994 年召开的莫斯科首届国际钪科技会议的资料来看，俄罗斯仍有许多研究单位和生产工厂从事钪的生产、研究和应用开发工作，形成了别的国家难以相比的比较完整的体系。莫斯科稀有金属研究院和莫斯科全俄化学工艺研究院等是研究钪提取工艺和生产钪及其化合物高纯产品的主要单位。他们制定了氧化钪和氟化钪的深度净化工艺、金属钪的电化学精炼和蒸馏净化工艺及其高效设备。他们按奥地利 SGS 标准（计算 24 种杂质元素）制得了纯度 >

99.995%的粉状金属钪。经过蒸馏净化，其纯度按 PTCB 标准达到 99.999%，除 O，H，C，N 外，按所有杂质计算，纯度仍达 99.998%。钪的提取原料，前苏联主要是在处理含铀磷灰石时综合回收钪。随着苏联的解体和核燃料生产的压缩，俄罗斯提取钪的原料已改用处理钛铁矿生产颜料二氧化钛时产生的废硫酸溶液。目前他们大力开展从含钪钒矿和从氧化铝生产残料赤泥中提取钪的新工艺的研究和开发。例如，俄罗斯乌拉尔铝厂与国家导弹中心等单位合作研究和制定了应用吸附法和膜萃取方法从乌拉尔铝土矿处理所得的赤泥中提取钪的新工艺，并已进入了半工业化规模生产。据称，该工艺能保证获得高质量产品并使成本降低 50% 左右。俄罗斯已开发出大量的含钪工业铝合金。在这方面，全俄轻合金研究院、全俄航空材料研究院和圣彼得堡中央结构材料研究院等单位起着重要的作用，而卡门斯克－乌拉尔冶金工厂则是前苏联和现今俄罗斯最大的含钪铝合金和铝锂合金半成品及制品的生产企业。所有开发的含钪铝合金强度性能都比未加钪时有明显提高，且同时具有很好的焊接性能。目前，俄罗斯正努力把钪的成本降低到用户能接受的水平。如含 2% 的 Al－Sc 中间合金的价格已降至约 10000 美元/t，即相当于每 1kg 钪约 500 美元，并进行推广应用，特别是军转民的应用开发。

美国与俄罗斯不同，其含钪资源很少开发。在美国只有两个企业生产金属钪，生产氧化钪的单位是 Boulder 公司，其原料为含钪钇石$(Sc, Y)_2Si_2O_7$矿物的萤石废料。由于价格高昂，美国只在无法替代的情况下才采用含钪材料。1972～1977 年美国共消耗 46kg 钪(按金属钪计算)，平均每年 7.7 kg。按平均每年消耗量增加 0.8% 估算，到 2000 年，每年消耗 11～22 kg，平均 17 kg。这种估算显然偏低，也没有估计近年来已大力进行的应用开发。

日本没有钪资源，但其利用先进的分离提纯技术，将进口的钪初级产品纯化和制成钪及其化合物的高纯制品，获得优厚的经济效益。例如，日本住友金属矿山公司和钇公司从中国和独联体国家进口氧化钪作中间原料，经过再加工制成99.999%的最终产品，在国际市场上很有竞争能力。日本对钪的需求量逐年增加，1990年约为15kg，1991约为20kg，1992年约为25kg。在日本，钪的最大用量是生产钪钠卤化灯，其次是生产显像管电子枪阴极和激光单晶。此外，还有少量钪（约10%）用于超导、汽车催化剂及特殊轻合金等方面。

我国钪的资源异常丰富，特别是我国的丰产矿物，如铝土矿和磷块岩矿床、华南斑岩型和石英脉型钨矿床、华南稀土矿、内蒙古白云鄂博稀土铁矿床和四川攀枝花钒钛磁铁矿床等均含有钪。据估计，在铝土矿和磷块岩矿中的钪储量就约有29万t，占所有含钪矿总储量的51%，其含量通常为世界铝土矿钪平均含量（按 Sc_2O_3 为 $38\mu g \cdot g^{-1}$）的1～4倍，将可能成为我国钪提取的主要矿源。

20世纪80年代后半期，在国际市场的刺激下，我国钪的研究和生产形成热潮，并迅速建成了多达三十多条钪的生产线，能够生产从氧化钪等化合物到金属钪的多种规格和纯度的产品，生产能力超过了1000kg（折合 Sc_2O_3 计算）。然而，我国钪的发展过于依赖国际市场和缺乏自己国内的钪的应用研究和开发，在国际钪市场80年代末90年代初疯涨后接踵而来的疲软时期，出现了很大的问题，不少刚上马不久的生产线下马，积压了大量产品。自从文献报道了钪在高技术新材料中的重要作用以后，国内许多人士越来越认识到降低钪的生产成本和强化国内自身应用开发的必要性和迫切性。近年来，国内许多单位进行了和正在进行着大量的研究和开发工作，并取得了显著成绩。相信作为钪的资源大国、生产大国的中国将迎来一个钪科学和技术的蓬勃发展时期。

近年来对钪及其化合物的应用研究不断加强。随着钪生产和科技的发展，特别是钪制品市场价格的降低，将不仅会发现愈来愈多的潜在用途，钪及其化合物的实际应用领域也会迅速而不断地扩大。

1.4　钪的地球化学

钪是典型的分散性金属元素。钪实际上不形成独立矿床，但其在自然界中的分布相当广泛。它在地壳中的丰度为6×10^{-4}(克拉克值)，与砷的丰度相近，比许多常见金属如锑、铋、金、银以及稀土元素如铕、镝、钬、铒、铥、镱、镥等还要丰富。钪在地球上主要存在于基性岩和超基性岩的铁－镁矿物中，通常含$(5\sim100)\times10^{-4}\%$的$Sc_2O_3$，其浓度随矿脉的酸度增加而降低。各类岩石中钪的丰度见表1－12。

表1－12　钪在岩石中的丰度

	含量/%	Sc原子/10^6Si原子
石陨石(球粒陨石)	6×10^{-4}	20.9
超基性岩(纯橄榄石等)	5×10^{-4}	16.4
基性岩(玄武岩、辉长岩等)	2.4×10^{-3}	62.3
中性岩(闪长岩、安山岩等)	2.5×10^{-4}	5.97
酸性岩(花岗岩、花岗闪长岩)	3×10^{-4}	5.77
沉积岩(黏土岩、页岩)	1×10^{-3}	26
两份酸性岩和一份基性岩	1×10^{-3}	24.6

钪的独立矿物稀少，只有下列几种：

①钪钇石$(Sc, Y, Ln)_2Si_2O_7$，含Sc_2O_3 33.8%～42.3%，莫氏硬度6～7，相对密度3.58，灰绿到近黑色，属单斜晶系，与独居石等矿物共存于伟晶岩中。它只产于挪威、马达加斯加和前苏联少数几个国家。

②水磷钪石$ScPO_4\cdot2H_2O$，含Sc_2O_3 39.22%，硬度4，相对密

度2.35，深蓝到铅灰色，属单斜晶系。

③铁硅钪矿 $Be_3(Sc, Al)_2Si_6O_{18}$，含 Sc_2O_3 约14.5%，硬度6.5~7，相对密度2.77，呈蓝色六角形结晶，只在意大利、瑞典和前苏联发现过。

④硅钪钡镁石 $KBa(Al, Sc)Fe^{2+}Mg_5F_2Si_6O_{20}$，含 Sc_2O_3 约2.1%，硬度约5，相对密度3.41，无色或呈粉红紫色，在中亚细亚热液矿床中发现过。

⑤钪－锰钽矿 $(Ta, Nb, Sn, Mn, Fe, Sc, \cdots)_2O_4$，含 Sc_2O_3 5%~6.1%，相对密度5~6，暗灰黑色，属斜方晶系，在莫桑比克和马达加斯加的伟晶岩中发现过。

⑥钪－钛硅钇铈矿 $(Ce, La, Ca)_4(Fe^{2+}, Sc)(Ti, Fe^{3+})_2Ti_2[O_4/Si_2O_7]_2$，含 Sc_2O_3 4.3%，相对密度4.25，呈黑色或黑而带红色，发现于哈萨克斯坦的长石－石英－萤石伟晶岩中。

这些独立矿物很稀少，没有实际的工业意义。

然而，钪以类质同晶杂质存在的矿物则比较普遍。这类矿物中钪 Sc_2O_3 的含量在0.005%~0.3%范围，分属五类矿物：氧化物类、钨酸盐类、磷酸盐类、硅酸盐类和碳酸盐类，未发现有硫化物、砷化物或自然金属的钪矿物。

这类矿物中大都含有 Ln^{3+}，Fe^{2+}，Mg^{2+}，Ca^{2+}，Mn^{2+}，Zr^{4+} 等离子。这些离子的特点是，在配位数相同(6)和其他结晶化学常数值相近的同时，具有与 Sc^{3+} 相近的离子半径(表1－13)。因此，在天然条件下，钪能够置换上述元素，生成同价的和异价的类质同晶矿物。正如 Борисенко Л. Ф. 认为的那样，钪的异价同晶现象有 $Sc^{3+} \rightarrow X^{2+}$（钪置换两价的铁等的矿物属这种类型）和 $Sc^{3+} \rightarrow Zr^{4+}$（锆英石属这种类型）两种类型。这些矿物中的电荷补偿按下式进行：

$$Sc^{3+} + Al^{3+} \rightarrow (Mg, Fe)^{2+} + Si^{4+}$$

$$Sc^{3+} + P^{5+} \rightarrow Zr^{4+} + Si^{4+}$$

表1－13　钪及其近似元素的地球化学常数

元素	原子序数	离子电荷	相对原子质量	配位数	离子半径* /nm	离子势**	电负性	离子置换系数	晶格能系数
Mg	12	2+	24.31	4,5,6,8	0.0720	2.78	1.23	0.14	
Al	13	3+	26.98	4,5,6	0.0535	5.60	1.47	0.23	1280
Ca	20	2+	40.08	6,7,8,9,10,12	0.100	2.00	1.04	0.09	477
Sc	21	3+	44.96	6,8	0.0745	4.02	1.2	0.20	1075
Fe	26	2+	55.85	4,5,6,8	Ls0.061 Hs0.0780	3.28 2.57	1.64	0.14	580
Y	39	3+	88.91	6,7,8,9	0.0900	3.34	1.11	0.14	967
Zr	40	4+	91.22	4,5,6,7,8,9	0.072	5.55	1.22	0.20	1980
La	57	3+	138.91	6,7,8,9,10,12	0.1032	2.91	1.08	0.12	900

* 离子半径为配位数6时的值，Ls——低自旋状态，Hs——高自旋状态；

** 离子势为电荷 Z 与离子半径 r 的比(Z/r)。

钨矿中钪大都富集于黑钨矿中。对钪在钨酸盐中的形式的研究表明，钪不仅可能以铌(钽)酸盐的形式进入[此时 Sc^{3+} 和 Nb^{5+} (Ta^{5+})部分取代黑钨矿中的 Fe^{2+} 和 W^{6+}：$Sc^{3+}+Nb^{5+}\rightarrow Fe^{2+}+W^{6+}$]，而且可能以钨酸盐的形式进入(可以假定是由于生成了反常的混合型结晶)。

钪广泛分布于含铁氧化镁的矿物中，如角闪石、辉石、云母、石榴石等。在矿物中，铁和镁的存在量要比钪高出2～4个数量级。由此可见钪的分散度之大。

在伟晶花岗岩中，钪和钇组稀土元素一起富集，成为稀土钛钽铌酸盐(黑稀金矿、铌钇矿、氯铝石等)和稀土硅酸盐(硅铍钇矿、钍钇矿等)的组成。在花岗岩岩浆气成－热液过程中，钪和铍、钨、钼及锡一起富集，进入绿宝石、黑钨矿、铁锂云母、锡石、铁白云母、钛铈铁矿等矿物的组成。在磷酸盐形成过程中，钪与稀土元素紧密地结合在一起。钪主要以鳞绿泥石和绿泥石的组成进入铝土矿中。

显然，已知的钪的独立矿物不可能成为冶炼的基本原料。工业提取钪只能是在处理有关的有色和稀有金属矿物时进行综合回收。从伴生矿中综合回收钪的合理性取决于钪在原料中的含量，主金属的生产规模和在半成品及残料中的富集程度。由于钪的分散度大，许多在矿物中含量比钪大得多的其他元素往往对钪在工艺流程中的行为有影响。因此，不能仅仅根据钪及其化合物的性质来判断钪在工艺过程中的行为。当把钪作为伴生元素组织钪的生产时，钪在主生产流程中的实际分布具有重要的意义。

第 2 章　钪及其化合物的提取冶金

2.1　含钪化合物的提取冶金

2.1.1　原料来源

如前所述，钪的独立矿物很稀少。只在马达加斯加等少数国家发现过有少量的钪钇石矿，但早在 20 世纪 50 年代就已经开采完毕。从 60 年代起，钪的主要来源开始是从铀矿中提取，后来是从钨矿、锡石和钛铁矿中提取，现在注意力转向从铝土矿等矿物处理的副产物中提取。表 2－1 列出了被开采矿物中钪的含有量。从表可见，每年随这些矿物被开采出来的钪的数量是相当大的，可达到千吨以上规模，但其中绝大部分并未能得到回收利用，因此加快建立这些含钪原料的合理的回收工艺是今后钪工业发展的前提和重要的研究课题。

表 2－1　每年被开采矿物中钪的含有量(前苏联的数据未计入)

矿物原料	原料处理量(kt/年)	钪的含量(Sc_2O_3)/%	Sc_2O_3(t/年)
铝土矿	71000	0.001～0.002	710～1420
铀矿	50000	0.0001～0.001	50～500
钛铁矿	200	0.001～0.002	20～40
黑钨矿和锡石	200	0.01	20
锆英石	100	0.005～0.01	5～10

(1)黑钨矿

黑钨矿中钪的含量波动范围很大，在0.005% ~1.0%间。我国是钨大国，黑钨矿是我国重要的提钪资源，俄、美、捷等国也从黑钨矿中综合提取钪。湿法处理黑钨矿精矿时，钪实际上全部留在渣中。湿法处理后的残渣，包括苏打焙烧料水浸分离钨酸钠后的残渣，统称为“钨渣”，含钪一般为0.1% ~0.3%。钨渣的主要成分为铁、锰氧化物和伴生元素铌、钽、稀土等以及脉石中含有的铝、钙、镁等。黑钨矿用于生产钨铁时，是在电弧炉中1550℃ ~1700℃高温下进行。在火法处理黑钨矿精矿过程中，钪完全进入渣中，其含量比原矿提高3倍。

(2)钛矿

钛矿中Sc_2O_3的含量为0.1%(钛铁矿)至0.3%(榍石)。考虑到钛颜料的生产规模为每年200万t，每年用于化工生产的钛铁矿中约含有20t钪。我国攀枝花钢铁公司有丰富的钒钛磁铁矿资源，其中含钪很丰富，是我国钪的重要资源。硫酸法湿法处理钛矿生产钛白(TiO_2)时，钛从溶液中水解析出，而钪则基本上留在水解废酸中。偏钛酸水解的废液是回收钪的重要原料。现今，为了提高钛的相对含量，将钛铁矿精矿进行还原性熔炼。此时，得到含钛(TiO_2)大于80%的钛渣和成分近似铁的金属。钪主要进入渣中，大约富集了10倍。在钛渣进行熔盐氯化时，大部分钪积聚在残留的熔盐中，钪的含量(Sc_2O_3)达0.01% ~0.03%。若在竖式电炉或沸腾炉中用氯化法处理(温度高达1000℃)，生成的氯化钪大部分转入气相，然后分布在冷凝设备的各个部分，其中大部分在氯化烟尘捕集室中，这种烟尘是提取钪的重要原料。

(3)铀矿

铀矿中钪的含量很低，通常只有$10^{-3}\%$ ~$10^{-4}\%$。根据矿物特性，采用酸法或苏打法处理铀矿。采用苏打法时，与处理钨矿时类似，钪主要富集在浸出渣中。用硫酸或硝酸进行酸法处理时，钪则转入溶液。由于用溶剂萃取法提取铀时，钪也一起被萃取，而且在后续工序中很容易进行分离，故美、澳等国均从铀矿中回收钪。在扩军备战期间，前苏联从大量处理的铀矿中提取钪并对钪的性质和应用进行了广泛的研究，大大促进了钪科学和技术的发展。

(4)铝土矿

钪在铝土矿中的含量(Sc_2O_3)为 0.001% ~0.1%。世界上铝土矿的开采量巨大，每年铝土矿的处理量达 8.0×10^8t 左右，从中可以回收 400 ~ 1600t Sc_2O_3。此外，霞石和明矾石中也发现有钪，但霞石中钪的含量比铝土矿和明矾中少一个数量级。一个很重要的问题是钪在铝土矿中的存在形态，一些人认为钪在铝土矿中的积聚与铝的矿物本身无关，钪是和绿泥石等一起进入铝土矿的。另一些人认为，由于 Sc^{3+} 和 Al^{3+} 的离子半径相近，钪是以类质同晶形态进入铝土矿中的氢氧化铝晶格的。因此，钪的含量随矿中铝的浓度增加而增加。同时，在商品氢氧化铝中，钪的含量比原始铝土矿中的高。例如，北乌拉尔铝土矿及由此制得的氢氧化铝中含钪量(Sc)分别为 0.005% 和 0.01%。但也有相反的数据，表明 Sc_2O_3 在氢氧化铝中的含量不超过 0.001%。在用拜耳法和烧结法处理铝土矿进行浸出时，钪很少进入铝酸盐溶液，大约 95% 残留在赤泥中，赤泥是工业上提钪的重要原料。在 Sc_2O_3 原始含量为 0.01% 时，其在赤泥中的含量大致增加 1 倍。在还原熔炼含 Sc 量 0.02% 的赤泥时，钪完全进入渣中，其含量为 0.012%。用苏打溶液浸出残渣时，95% ~98% 的钪留在固相白泥渣中。白泥渣中钪的含量比赤泥中大 1.65 倍。处理赤泥时钪在产物中的含量列于表 2-2 中。

表 2－2 处理赤泥时钪在产物中的含量

产 物	产出率/%	含 量	
		%	原始料的/%
团 块	100	0.015	100
矾土渣	52	0.023	80
生 铁	39	未发现	—
矾 土	15	未发现	—
白渣泥	51	0.025	85

(5)锆矿

锆英石和锆矿物通常含钪 0.001% ～0.08%。锆精矿在 180℃ ～200℃下加硫酸钠用硫酸进行硫酸化处理时，杂质进入溶液，而锆英石不变。根据 Фаворская Л. В. 的数据，用含 Sc_2O_3 0.029%和0.023%的精矿进行硫酸化时，分别有 62.1% ～75.9%和51.2% ～55.4%的 Sc转入溶液。钪的浸出选择性可以用钪进入锆英石的形式来解释。Нарсаев В. А. 认为，钪生成氢氧化物以化学吸附方式存在于吸附表面，因此，易于被酸浸出而不破坏锆英石本身。Горный Г. Я. 则认为，钪以正磷酸盐形式以类质同晶形态进入锆英石。因此，可以假设，在硫酸化时，转入溶液的只是位于锆英石颗粒表面的那部分钪。在 1100℃ ～1200℃下用石灰和氯化钙对锆精矿进行烧结。烧结块开始用稀盐酸(让大量的硅酸钙转入溶液)处理，然后用 18%盐酸浸出锆。钪分布于整个流程的所有产物中，但主要富集于析出锆的碱式硫酸盐以后的母液中(见表 2－3)。在析出碱式硫酸锆时，有 23%的 Sc 共沉淀。

表 2－3　钪在处理锆精矿的产物中的分布

指　标	原始烧结块	浸出 Ⅰ		浸出 Ⅱ		水解		富集度
		母液 Ⅰ	湿烧结块	母液 Ⅱ	二氧化硅凝胶	母液 Ⅲ	碱式硫酸锆	
钪的分率	100	6.8	88.0	83.6	0.7	61.0	23.4	—
钪的含量(Sc)/%（相对干料）	4.5×10^{-3}	1.2×10^{-3}	7.1×10^{-3}	8.4×10^{-3}	1.6×10^{-3}	7.2×10^{-2}	3.8×10^{-2}	16

对碳化料进行氯化，可以使过程在低温(450℃～550℃)下进行。锆英石在 2000℃～2200℃ 下进行预碳化时，钪转变为碳化物。氯化时，钪的蒸气压不高，留在氯化残渣中。

(6)稀土矿

由于钪与稀土元素的性质相近，可以预料，在处理稀土原料时，钪将与稀土元素伴行。可以在制取单一稀土时将钪制成单独产品。我国稀土矿资源丰富。内蒙古铌－稀土－铁矿床，矿石中含 Sc_2O_3 0.006%～0.016%。该矿床生产的混合稀土精矿，含 Sc_2O_3约 0.039%。采用硫酸化焙烧或碱煮处理，钪与稀土伴行，多采用萃取方法与稀土元素分离。我国有大量的含离子吸附型稀土精矿。稀土品位一般为 0.1%～0.2%。对仁居矿的测定表明，其风化壳矿石的 Sc_2O_3 含量平均为 12.68μg/g。这种矿物极易用水冶方法处理制取含钪和稀土的母液，再通过萃取或沉淀方法与稀土元素分离。有一些独居石中含钪量很高，达 0.03%～0.3%。硅铍钇矿中钪的含量可达 1.2%。独居石矿经过碱溶制得母液后，同样可以通过萃取方法使钪与稀土元素分离。

(7)锡矿

捷克某矿区的锡石矿含 Sc_2O_3 0.02%～0.22%。俄罗斯的波利亚尔诺耶矿区的锡石矿含 Sc_2O_3 0.07%。火法处理锡矿时，钪总在炉渣中富集，可按处理钨渣同样的方法回收钪。锡石也可用氯化法处理。让钪留在渣中富集，也可在600℃～1000℃高温下直接将$ScCl_3$馏出后再进行分离提纯。

(8)其他金属矿物

铁矿床中对钪的积聚最有利的是沉积型铁矿。在乌克兰的褐铁矿矿床中钪的含量为0.0005%。在含有稀土元素的磁铁矿中钪的含量为0.001%～0.005%。由于铁矿的开采量巨大，是钪的潜在的重要资源。但还不可能单独处理富钪铁矿，因此，目前利用铁矿业生产钪的前景还不大。

绿柱石含钪可达0.1%～0.2%，虽然有时候也可能完全不含钪。采用石灰石－硫酸法处理绿柱石精矿时，钪的提取率为91%。溶液中含Sc_2O_3约90mg/L。加硫酸铵结晶析出铝铵矾，母液蒸发结晶析出硫酸钠时，钪和铁留在溶液中。溶液用40% NaOH处理，钪和铁完全进入沉淀中。处理含Sc_2O_3 0.04%的绿柱石，得到的这种沉淀含Sc_2O_3 1.8%，比原料中钪的含量富集了40～50倍。采用氟硅化钠烧结法时，则与锆精矿采用氟硅化钾烧结法时类似，钪在浸出绿柱石烧结块后留在残渣中。

(9)煤

煤中钪的含量可达0.02%，但波动范围大，通常含量为$n \times 10^{-3}\%$～0.01%。由于煤量巨大，煤亦是钪的重要潜在资源。煤燃烧时，钪不生成挥发性化合物而残留在煤灰中。

(10)磷酸盐原料

磷灰石中发现含有钪，其平均含量为$n \times 10^{-3}\%$。在磷灰石中钪和稀土元素结合在一起，可以在从这些矿物中提取稀土元素时附带回收钪。

(11)非金属矿

在一些云母中也发现有钪。有一个铁白云母矿床含0.1% Sc_2O_3。在白云母矿中Sc_2O_3的含量可达0.2%～0.4%。这些矿物可用来单独回收钪。一些黏土也可能通过吸附作用富集钪。回收黏土中的钪最好是先把钪选择性地转入溶液中。

2.1.2　含钪原料的预处理

含钪原料通常只含万分之几到千分之几的钪，因此在制得纯钪化合物以前对含钪原料要首先进行富集。由于含钪原料的不同，含钪原料的预处理也不同。

含钪炉渣首先要磨碎。浸出时采用盐酸，将钪以草酸盐和氟化物等形式进行沉淀，如用磷酸三丁酯进行萃取，则盐酸是最合适的分解试剂。如果分解渣中含有大量的氧化钙，则钪进入溶液的转化率很高且含硅残渣的过滤性能很好。对锡生产过程中的含钪炉渣的矿物学研究表明，如果采用的炉渣在结晶过程中生成易被盐酸分解的矿物，如钙铝黄长石、假硅灰石和玻璃等，则钪进入溶液的提取率也比较高。当 CaO 含量为 38% ~40% 时，渣中的 SiO_2: CaO 的比值应该为 0.9。类似的原因，含钪氢氧化物通常亦采用盐酸浸出。

含钪氟化物则采用硫酸在 180℃ ~250℃ 下进行硫酸化或采用 15% ~30% 的苛性钠溶液在 80℃ ~90℃ 下进行分解。此时，氟化钪相应地转化为硫酸盐或氢氧化物。尽管钪的氢氧化物在碱中具有明显的溶解度，但由于氢氧化钪受铁、钙和其他元素氢氧化物沉淀所夹带而不会转入溶液，因此，碱溶液不会造成钪的实际损失。同样，尽管氢氧化钪能够生成易溶性碳酸盐络合物，但用苏打溶液处理氢氧化物时，钪亦不会转入溶液中。

许多含钪物料采用含还原剂的氯化方法进行分解。依氯化温度的不同，钪可能以 $ScCl_3$ ($t_{沸}$ = 967℃) 留在氯化残渣中或者部分被升华。

2.1.3　钪在湿法冶金水溶液中的形态

钪的提取和净化过程以湿法冶金为主，钪从溶液中析出的可能性及其过程的机制在很大程度上取决于钪在水溶液中的存在形式。因此，选择析出方法很重要。

钪在水溶液中只有 +3 的氧化态。Sc^{3+} 的离子半径不大（0.083nm），比稀土元素（0.088 ~0.103nm）的小，但比 Al^{3+}（0.0535nm）的大。因此，钪的化合物比稀土化合物具有更强烈的水解倾向。钪与阴离子和中性配位体生成复盐和络合物的倾向，也比稀土元素强烈。钪的水解作用、水合作用和聚合作用具有代表性，它易与矿物酸和有机酸的阴离子生成可溶性络合物。

Sc^{3+} 在水溶液中的配位数等于 6。钪盐稀释溶液的红外光谱证实在其中存在 $[Sc(H_2O)_6]^{3+}$ 离子。在钪的浓度 ≤10^{-3}mol/L 溶液中，钪以水合单核离子形态存在，但高于这个浓度时，有可能产生多离子聚合。

$[Sc(H_2O)_6]^{3+}$ 离子在 pH≤3 的范围内存在。随着溶液 pH 的增加，产生形成稳定的水合形态 $Sc(OH)_n^{3-n} \cdot mH_2O$ 的多级过程（图 2-1）。表 2-4 列出单核水解反应的各级平衡常数。由于在许多研究中采用的钪离子的浓度大于 10^{-3}mol/L，此时有可能产生多聚合过程，因此应用钪的这些单核水解常数的相应值时要慎重。

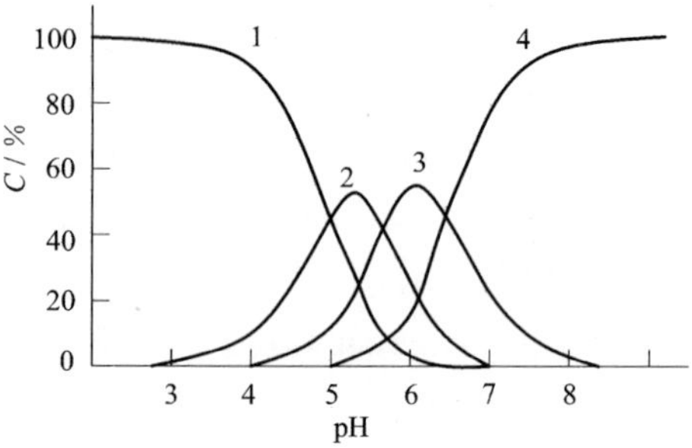

图 2-1　20℃ ~25℃和钪离子浓度为 0.1mol/L 条件下钪的羟基络合物的分配（*C*）与溶液 pH 的关系

1—Sc^{3+}；2—$Sc(OH)^{2+}$；3—$Sc(OH)_2^+$；4—$Sc(OH)_3$

表 2－4　钪离子的单核水解常数

钪离子浓度 /(mmol·L^{-1})	离子强度 [μ($NaClO_4$)]	温度/℃	测定方法	$-\lg K$
络合物[$Sc(OH)]^{2+}$				
1.25～10.0	1.0	25	电位法	4.93
1.25～10.0	1.0	10	电位法	5.09
1.25～10.0	1.0	40	电位法	4.41
1.25～5.02	0.5	25	电位法	4.90
1.25～2.50	0.1	25	电位法	4.74
1.25	0.01	25	电位法	4.61
0.26～2.6	0.1 *1	25	电位法	4.47
0.21～2.11	0.1 *1	25	电位法	4.84
0.05	0.5	22	分光光度法	5.0
1.25～20.0	1.0, 0.1	25	电位法	5.1
0.6	0.01	25	萃取法	3.82
0.015～0.065	0.1	20	分光光度法	4.90
1.0～0.1	1.0	25	电位法	4.74
1.0～0.1	0.1 *2	25	电位法	4.68
1.0～0.1	0.1 *1	25	电位法	4.85
0.05	0.05	25	电位法	4.55
	0	25		4.22
络合物[$Sc(OH)_2]^{+}$				
0.015～0.065	0.1	20	分光光度法	5.78
1.0～0.1	1.0	25	电位法	5.52
1.0～0.1	1.0 *2	25	电位法	5.47

续表 2-4

钪离子浓度 /($mmol \cdot L^{-1}$)	离子强度 [$\mu(NaClO_4)$]	温度/℃	测定方法	$-\lg K$
络合物$[Sc(OH)_2]^+$				
1.0~0.1	1.0*1	25	电位法	5.35
	0.05	25	电位法	4.21
	0	25	电位法	4.04
络合物 $Sc(OH)_3$				
0.015~0.065	0.1	20	分光光度法	6.59
1.0~0.1	1.0	25	电位法	6.27
1.0~0.1	1.0*2	25	电位法	6.5
1.0~0.1	1.0*1	25	电位法	5.5

*1 KNO_3，*2 KCNS

注：表中数据为不同研究人员所得。其来源见[1]中 P.42。

根据电位滴定法数据，钪的水合离子的稳定常数值β_i及其存在的 pH 范围和与 OH^- 基竞争的配位体(ClO_4^-，NO_3^-，SO_4^{2-}，SCN^-)的性质关系不大。羟基络合物的稳定性在按下列顺序的每一个水解阶段上大致降低一个数量级：$Sc(OH)^{2+} > Sc(OH)_2^+ > Sc(OH)_3$。根据$\mu=1$ 时钪的第一级水解 $K_{平衡}$与温度的关系曾经计算出 25℃ 时 $Sc(OH)^{2+}$ 离子生成的热力学函数：$\Delta G = 27.2$ kJ/mol，$\Delta H = 38.9$kJ/mol，$\Delta S = 37.7$J/(mol·K)。

在碱性介质中钪的阴离子型水合络合物的组成由 OH^- 离子的浓度决定，并且可能与外层阳离子的性质有关。$Sc(OH)_{3(S)} + nOH^- \rightleftharpoons Sc(OH)_{3+n}^{n-}$的混合生成常数可以说明这类络合物的相对稳定性。这些常数曾经根据 $Sc(OH)_3$在 NaOH 4~9mol/L 溶液中的溶解度数据计算得到。在 25℃ ±0.1℃时，这些数值为：$Sc(OH)_4^-$，1.3×10^{-5}；$Sc(OH)_5^{2-}$，8.4×10^{-6} 和$Sc(OH)_6^{3-}$，5.2×10^{-7}。

在浓度大于 10^{-3}mol/L 的钪化合物水溶液中，钪离子的水解过程由于多聚合而变得复杂起来。多聚离子的组成取决于钪和 OH^- 离子的浓度。如果被多聚合复杂化的水解过程用下列方程式表示，那么每一个多核水合络合物可以用一对参数(p, q)来表征。

$$pSc^{3+} + qH_2O \rightleftharpoons [Sc_p(OH)_q]^{(3p-q)+} + qH^+$$

根据大多数文献数据，在钪浓度为 $2\times10^{-4} \sim 1\times10^{-2}$mol/L 范围内存在(1，1)，(2，2)和(3，5)络合物。未发现含多于 3 个钪原子的多聚物。钪的多核羟基络合物生成反应的平衡常数列于表 2－5。

表 2－5　钪离子的多核水解常数(电位法)

钪离子浓度 /($\times10^{3*}$ mol·L^{-1})	离子强度 (μ)	温度 /℃	$-\lg K_{pq}$	
			(2，2)	(3，5)
1.25 ~ 10.0	1.0($NaClO_4$)	25	5.97,6.11	17.47
1.25 ~ 10.0	1.0($NaClO_4$)	10	6.66,6.63	18.77
1.25 ~ 10.0	1.0($NaClO_4$)	40	5.49,5.54	15.87
1.25 ~ 5.02	0.5($NaClO_4$)	25	5.90,6.08	17.26
1.25 ~ 2.50	0.1($NaClO_4$)	25	5.67,6.03	17.02
1.25	0.01($NaClO_4$)	25	5.35,5.45	16.02
1.25 ~ 80.0	1.0($NaClO_4$)	25	6.14,6.06*	17.33
0.26 ~ 2.60	0.1(KNO_3)	25	5.86	
0.21 ~ 2.11	0.1(KNO_3)	25	6.10	17.57

* $-\lg K_{3.4} = 13.00$

注：表中有两组数据者，为不同研究人员所得。其来源见[1]中 P.45。

有关钪水解过程中络合物的存在形态及其聚合过程，不同作者以及采用不同方法得到的结果不尽相同，存在一些争论。

采用滴定法和冰点降低法，曾经在 OH^-∶Sc 比值为 1∶1 或更高条件下的含 KNO_3 1mol/L 和 $1\times10^{-2}\sim1\times10^{-4}$mol/L 钪的溶液中发现有 $[Sc_2(OH)_2]^{4+}$ 二聚物的生成。根据文献数据，在 M^{3+} 阳离子的水解聚合作用过程中会生成 $M_2(OH)_2^{4+}$ 二聚物。

与 Sc^{3+} 离子相比，$[Sc(OH)]^{2+}$ 离子聚合度随其浓度的变化，曾在 pH = 3.0 ~ 4.5 的硫代氰酸盐溶液中进行过测定。所得结果如下：

$c_{Sc}/(mol\cdot L^{-1})$	1.0×10^{-1}	3.5×10^{-2}	1.0×10^{-2}
聚合度	2.00	1.66	1.17

在 $3.0\times10^{-2}\sim0.315$mol/L 浓度范围内，钪多核离子的生成和它们在各种矿物酸溶液中组成的变化，遵从由介质 pH 值决定的一般规律。采用电位滴定法、电导滴定法和高频滴定法曾经确定，在钪的氯化物、硝酸盐、硫代氰酸盐和硫酸盐水溶液中，主要生成四聚合羟基水合物，其组成可用 $[Sc_4(H_2O)_{n-m}(OH)_m]^{(12-m)+}$ 通式表示，并随其介质 pH 的改变而变化，但与阴离子的性质无关。随 pH 的增加 m 值具有下列数值：

pH	3.05 ~ 3.85	3.75 ~ 4.15	4.15 ~ 4.75	4.50 ~ 4.85	4.6 ~ 5.0	5.0 ~ 6.0	>6
m	1	2	4	6	8	10	12

含钪的工业溶液，在组成上是相当复杂的。这些溶液通常含有铁、钛、稀土元素和许多种其他金属。因此，最好是了解它们在共同水解中的行为。在水解程度和水合离子的稳定性方面，钪与稀土元素的区别很大，后者同类络合物的稳定常数要小 2 ~ 3 个数量级，并表现出与三价阳离子，如 Fe^{3+}、In^{3+} 等有相似的行为。

对钪和铁(Ⅲ)共同水解的研究表明，在 pH = 3 ~ 3.5 时，钪削弱铁的水解并阻碍溶液中铁的多核水合络合物的生成。铁(Ⅲ)

以多核水合络合物形式存在的份额随钪在溶液中浓度的增加而降低，且在 3×10^{-4}mol/L 时，钪完全抑制铁的多核水合络合物在溶液(pH = 3.0)中的生成。根据文献数据，在溶液中主要是在这些 pH 值条件下存在的阳离子 $[Sc(H_2O)_6]^{3+}$。在 pH = 3.5 ~ 6.0 范围内，钪的影响只表现在拓宽铁在溶液(硝酸盐溶液，钪的浓度 5×10^{-5} ~ 1×10^{-3}mol/L，铁 5×10^{-4} ~ 1×10^{-7}mol/L，渗析法)中以多核络合物形式存在的 pH 值范围。在这些条件下生成的络合物比钪的相应络合物要稳定。同时，添加钪不会对它们在溶液中的存在产生影响。在高氯酸盐溶液中($c_{Sc} = c_{Fe} = 3\times10^{-4}$mol/L，$\mu = 2$，分光光度法)，当 pH 由 3.1 增加到 4.2 时，削弱铁水解作用的效应消失，但在 pH > 4.2 时，铁的水解作用在有钪存在时比不存在钪时要强。pH 增加时，钪和铁在溶液中的相互作用特点的变化与钪的水解程度的改变有关：在 pH = 3 时开始生成络合物 $[Sc(OH)]^{2+}$，在 pH = 4 时，开始生成 $[Sc(OH)_2]^{+}$。考虑到，从 pH = −0.3 起，$[Fe(OH)]^{2+}$ 已经开始生成，部分水解的金属离子在它们之间通过共同的羟基产生桥键的同时即进行相互作用，这就导致生成相应的异质羟基络合物。同时，铁的存在会影响钪的水解，钪在无铁时以单核形式存在的 pH 范围内，在有铁存在时会转变为多核状态。有的研究人员认为，这与单核形态的钪和铁的多核羟基络合物的结合有关，或者与在有铁存在时钪的多核羟基络合物的热力学稳定性的增加有关。

对微量铁和钪的共沉淀的研究($c_{Fe} = 3.58\times10^{-7}$ ~ 1.25×10^{-3}mol/L，$c_{Cs} = 1.25\times10^{-3}$mol/L，底盐——$KNO_3$，0.25mol/L，$t$ = 20℃ ± 2℃)表明，铁在共沉淀开始的 pH 和出现固相钪的 pH 相合。微量铁和阳离子形态的钪的酸酐相互作用发生在铁(Ⅲ)被钪的氢氧化物(其酸性比微量组分铁的小一些)沉淀夹带以前。这种相互作用的始端与在溶液中初生态水解钪的出现相合。在溶液的 pH 小于生成固相钪的 pH 时，铁的沉淀率在有钪存在时比在无钪时要小。

钪和铬($c_{Sc}=c_{Cr}=1\times10^{-2}$mol/L)共同水解进行的分光光度法研究表明，它们与铁和钪的共沉淀一样具有同样的规律性。

在钪浓度$1.11\times10^{-2}\sim2.09\times10^{-5}$mol/L和$pH=0.8\sim4.5$范围内研究过钪在硫酸溶液中和钛共同水解过程中的共沉淀。钪的共沉淀和钛及钪的浓度呈指数关系(前者为负指数，后者为正指数)，且与溶液的pH值呈正比。钛的沉淀率与钪的浓度呈反比。在$pH=1\sim2.2$范围内，钪借助生成混合型硫酸盐络合物产生共沉淀。在$pH=2.2$时，由于生成钪的钛酸盐$Sc(OH)TiO_3\cdot nH_2O$，沉淀率急剧增加。

在许多钪的水溶液化学研究中，采用过钪的高氯酸盐水溶液。研究确定，与稀土元素类似，钪离子同样可能与高氯酸盐离子生成络合物。从浓度为0.1mol/L起，钪开始产生络合物的生成过程。研究证实，在高氯酸盐溶液中，钪以$[Sc(OH)_6]^{3+}$组成存在。在低浓度时，主要呈多核羟基络合物形态。对阳离子交换剂从盐酸溶液中吸附钪的研究曾经确定，钪从0.1~0.5mol/L的酸溶液中几乎100%的阳离子络合物形态被吸收。随着酸浓度的增加，钪的吸附降低，在浓度为5mol/L时，钪的吸附率降低至10%。在浓度为1~10mol/L的$HClO_4$溶液中，钪的阴离子吸附实际上不存在。因此，在高氯酸盐溶液中，钪是以阳离子络合物或中性络合物形式存在。

在氟化物溶液中，依$Sc^{3+}:F^-$比值的不同生成好几种络离子：ScF^{2+}，ScF_2^+，ScF_3，ScF_4^-，ScF_6^{3-}。在0.5mol/L的过氯酸溶液中，钪氟化络合物的平衡反应和平衡常数见表2-6。表2-7列出的是钪和无机配位体的络合物的稳定常数。

采用等摩尔系列法确定，在$\mu=0.01\sim0.05(HNO_3)$范围内只存在一种络合物——ScF^+，但根据电位法得到的实验数据，认为除上面所述外，还应假设生成$Sc_2F_3^{3+}$($\lg\beta_{2.3}=19.0$)。氟钪酸盐离子的高稳定性表现在，加入氟钪酸铵溶液中氨不会使氢氧化钪沉淀析出。钪的氟化物络合物比铝和铁的同类络合物更为稳定，是因为其生成焓值更负而不是熵的影响。

表 2－6　水溶液中 Sc^{3+} 的氟化络合反应

平衡反应	K_{298}	$\Delta H^{\ominus}_{298}$ /(kJ·mol^{-1})	$\Delta S^{\ominus}_{298}$ /[J·(mol·K)$^{-1}$]
$Sc^{3+} + F^- \rightleftharpoons ScF^{2+}$	1.2×10^{7}	1.255	121 ± 13
$ScF^{2+} + F^- \rightleftharpoons ScF_2^+$	6.4×10^{5}	－6.3	9 ± 13
$ScF_2^+ + F^- \rightleftharpoons ScF_{3(溶液)}$	3.0×10^{4}	－3.3	67 ± 13
$ScF_{3(溶液)} + F^- \rightleftharpoons ScF_4^-$	7.0×10^{2}		

表 2－7　钪和无机配位体的络合物的稳定常数

离子强度(μ)	温度/℃	测定方法	lgβ
络合物 ScF^{2+}			
0.5($NaClO_4$)	25	电位法	6.20 ±0.05
0.5($NaClO_4$)	25	萃取法	6.17
0.01(HNO_3)	18 ~ 20	分光光度法	7.14
0.5($NaClO_4$)	25		6.18 ±0.02
络合物 ScF_2^+			
0.5($NaClO_4$)	25	电位法	11.44 ±0.24
0.5($NaClO_4$)	25	萃取法	11.44
0.5($NaClO_4$)	25		11.52 ±0.05
络合物 ScF_3			
0.5($NaClO_4$)	25	电位法	15.53 ±0.71
0.5($NaClO_4$)	25	萃取法	15.46
0.5($NaClO_4$)	25		15.8 ±0.4

续表 2-7

离子强度(μ)	温度/℃	测定方法	$\lg\beta$
络合物 ScF_4^-			
0.5($NaClO_4$)	25	电位法	18.40
0.5($NaClO_4$)	25	萃取法	18.49
络合物 $ScCl^{2+}$			
0.02~0.05(HNO_3)	18~20	分光光度法	1.59
0.5($HClO_4$)	25	溶解度法	-0.24
0.5($NaClO_4$)	25	电位法	1.07
0.691($HClO_4$)	20	离子交换法	0.041
1.0(HCl)	20	离子交换法	-0.8
2.0(NaCl)	20	离子交换法	0.14
4.0($HClO_4$)	25	离子交换法	-0.12
6.0($HClO_4$)	20	萃取法	1.45
络合物 $ScCl_2^+$			
0.5($NaClO_4$)	25	电位法	2.11
0.691($HClO_4$)	20	离子交换法	-0.12
2.0(NaCl)	20	离子交换法	0.54
4.0($HClO_4$)	25	离子交换法	-0.84
6.0($HClO_4$)	20	萃取法	0.70
络合物 $ScCl_3$			
1.0(HCl)	20	离子交换法	0.16
4.0($HClO_4$)	25	离子交换法	-1.40
6.0($HClO_4$)	20	萃取法	-0.22

续表 2-7

离子强度(μ)	温度/℃	测定方法	lgβ
络合物 $ScCl_4^-$			
6.0($HClO_4$)	20	萃取法	-0.37
10.0($HClO_4$)	20	离子交换法	-1.88
络合物 $ScBr^{2+}$			
0.02~0.03(HNO_3)	18~20	分光光度法	1.76
0.5($NaClO_4$)	25	电位法	1.21
0.691($HClO_4$)	20	离子交换法	-0.16
络合物 $ScBr_2^+$			
0.5($NaClO_4$)	25	电位法	1.73
0.691($HClO_4$)	20	离子交换法	-0.40
络合物 ScI^{2+}			
0.02~0.04(HNO_3)	18~20	分光光度法	1.34
络合物 $ScClO_3^{2+}$			
1.0($HClO_4$)	25	萃取法	-0.022
络合物 $Sc(ClO_3)_2^+$			
1.0($HClO_4$)	25	萃取法	-1.10
络合物 $ScBrO_3^{2+}$			
1.0($HClO_4$)	25	萃取法	0.65
络合物 $Sc(BrO_3)_2^+$			
1.0($HClO_4$)	25	萃取法	0.75
络合物 $Sc(NO_3)^{2+}$			
1.0($HClO_4$)	20	离子交换法	0.34

续表 2-7

离子强度(μ)	温度/℃	测定方法	$\lg\beta$
络合物 $Sc(NO_3)^{2+}$			
1.0($HClO_4$)	25	萃取法	0.079
2.0($NaNO_3$)	20	离子交换法	0.55
4.0($HClO_4$)	25	离子交换法	0.28
络合物 $Sc(NO_3)_2^+$			
1.0($HClO_4$)	25	萃取法	-0.80
2.0($NaNO_3$)	20	离子交换法	0.079
4.0($HClO_4$)	25	离子交换法	-0.28
络合物 $Sc(NCS)^{2+}$			
0.01~0.02(HNO_3)	18~20	分光光度法	2.14
0.1($NaClO_4$)	20	电位法	-1.87
0.6($HClO_4$)	20	离子交换法	0.20
1.0($NaClO_4$)	20	萃取法	0.27
4.34($HClO_4$)	20	分光光度法	0.69
络合物 $Sc(SO_4)^+$			
0.01(HNO_3)	18~20	分光光度法	4.10
0.5($NaClO_4$)	25	离子交换法	2.59
0.5($NaClO_4$)	25	离子交换法	1.66
1.0($NaClO_4$)	20	离子交换法	2.57
络合物 $Sc(SO_4)_2^-$			
0.5($NaClO_4$)	25	离子交换法	3.96
0.5($NaClO_4$)	25	离子交换法	3.04

续表 2－7

离子强度(μ)	温度/℃	测定方法	lgβ
络合物 $Sc(SO_4)_3^{3-}$			
0.5($NaClO_4$)	25	离子交换法	4.0
络合物 $ScS_2O_3^+$			
0.01～0.02(HNO_3)	18～20	分光光度法	3.01
络合物 $ScSeO_3^+$			
0.01～0.02(HNO_3)	18～20	分光光度法	11.0
络合物 $ScSeO_4^+$			
0.5($NaClO_4$)	18～20	分光光度法	1.78
络合物 $Sc(SeO_4)_2^-$			
0.5($NaClO_4$)	25	离子交换法	2.64
络合物 $Sc(HAsO_4)^+$			
0.01(HNO_3)	18～20	分光光度法	8.64
络合物 $Sc(HPO_4)^+$			
0.01(HNO_3)	18～20	分光光度法	10.15
络合物 $Sc(H_2PO_4)^{2+}$			
0.6($NaClO_4$)	25	离子交换法	3.76
1.0～2.0($HClO_4$)	25	离子交换法	7.77 络合物
络合物 $Sc(H_2PO_4)_2^+$			
1.0～2.0($HClO_4$)	25	离子交换法	7.79

注：表中数据为不同研究人员所得。其来源见[1]中 P.50～53 和[2]中 P.37。

工艺中常常用盐酸从原料中浸出钪，钪再从盐酸溶液中用沉淀法、萃取法或离子交换法获得，所以研究钪的氯化物溶液在工艺中有重要意义。

有关钪在氯化物溶液中的状态的资料彼此矛盾的情况较多。Голутвин Ю. М. 等人采用等摩尔系列法，测定了 $ScCl_3-KCl-H_2O$ 系水溶液的折射率，曾经确定生成了 $[Sc_nCl_{(4n+2)}]^{(n+2)-}$ 型的阴离子多核络合物。在 25℃ 时，$n=4$；0℃ 时，$n=9$。采用 ^{45}Sc 磁共振的研究，确定钪氯络合物的存在区域为：4mol/L HCl 和 1.9mol/L $ScCl_3$ 时，主要生成 $ScCl^{2+}$；在 7mol/L HCl 时，生成 $ScCl_2^+$；在 $ScCl_3$ 的盐酸饱和溶液中，生成 $ScCl_4^-$。另一方面，电泳法的研究结果认为，在 1mol/L Cl^- 时，就实际上已经完全生成 $ScCl_2^-$。Melson G. A. 等人的研究认为，在 $ScCl_3$ 浓度小于 0.3mol/L 时，钪以水合羟基化物形式{包括 $[Sc(OH)]^{2+}$ 或 $[Sc(H_2O)_6]^{3+}$}存在。在 $ScCl_3$ 浓度为 0.3mol/L 的溶液中，钪的主要形式为 $[Sc(H_2O)_6]^{3+}$。在 $ScCl_3$ 浓度大于 1mol/L 时，会大量生成络合物，即生成 $ScCl^{2+}$，也生成 $ScCl_2^+$。钪氯化物络合物的稳定常数值列于表 2-7。看来，如果钪与氯离子也生成阴离子络合物，由于其稳定常数值很小，可能在氯离子浓度很高时其生成量也很少。

Sc^{3+} 与 Br^- 的络合反应有：$Sc^{3+}+Br^- \rightleftharpoons ScBr^{2+}$，稳定常数 $K_{298}=16.1$，$\Delta H^\ominus_{298}=-2.1kJ/mol$，$\Delta S^\ominus_{298}=(13\pm8)J/(mol\cdot K)$；$ScBr^{2+}+Br^- \rightleftharpoons ScBr_2^+$，稳定常数 $K_{298}=3.3$，$\Delta H^\ominus_{298}=-2.5kJ/mol$，$\Delta S^\ominus_{298}=(0\pm8)J/(mol\cdot K)$。高级络合物相对不稳定。

低浓度的碘化物溶液中存在 $[Sc(H_2O)_6]^{3+}$，高浓度下可能生成羟基络合物。

过去认为，氨水溶液不能完全沉淀氢氧化钪是由于在溶液中生成 $[Sc(NH_3)_6]^{3+}$ 离子。但后来研究表明，氨对水解氯化钪的饱和得到的是氢氧化钪和 NH_4Cl 的混合物，在这种混合物中并不存在钪和配位的 NH_3 的化合物。因此，在水溶液中，氨对钪配位的可能性很小。

在钪的硝酸盐溶液中生成 $Sc(NO_3)_n^{3-n}$ 型（$n=1\sim6$）的络离子。当钪盐浓度小于 0.1mol/L 时，其 NO_3^- 被 OH^- 和 H_2O 取代。在 Sc^{3+} 浓度为（0.211 ～ 2.11）×10^{-3} mol/L，KNO_3 浓度为 0.1mol/L，pH = 3.695 ～ 5.097，温度为 25℃的水溶液中，钪呈一系列水解产物多核羟基离子形式：$[Sc(H_2O)_5OH]^{2+}$，$[Sc_2(H_2O)_n(OH)_2]^{4+}$ 和 $[Sc_3(H_2O)_n(OH)_5]^{4+}$。这些离子的生成平衡常数（$-\lg\beta$）分别为 4.840，6.096 和 17.567。

Cac T. M. 等人采用电位法、分光光度法和萃取法确定，在 Sc^{3+} 和 NCS^- 的水溶液中形成 $Sc(NCS)_n^{(3-n)+}$ 型络合物，其中最稳定的络离子是 $Sc(NCS)^{2+}$，其稳定常数在离子强度为 1.0 和 0.1 时分别为 0.54 和 1.35×10^{-2}。

在钪的硫酸盐溶液中可以生成相当稳定的阳离子和阴离子络合物（表 2－7）。随着水溶液中硫酸盐浓度的增加，钪主要以阴离子形式存在。在 pH = 2.7 的 0.5mol/L 硫酸钪（25℃）溶液中，生成 $[Sc(SO_4)]^+$，$[Sc(SO_4)_2]^-$ 和 $[Sc(SO_4)_3]^{3-}$ 络离子，其稳定常数分别为 46 ± 5（mol/L）$^{-1}$，（11 ± 6）×10^2（mol/L）$^{-2}$ 和（10 ± 7）×10^{-3}（mol/L）$^{-3}$。当硫酸浓度 ≤0.1mol/L 时呈 $[Sc(SO_4)]^+$ 和 $[Sc(SO_4)_2]^-$ 存在。在温度 25℃和离子强度 $I=0$ 时，反应 $Sc^{3+}+SO_4^{2-} \rightleftharpoons [Sc(SO_4)]^+$ 的平衡常数 $K=10^{4.04}$，$\Delta H_{298}^{\ominus}=26.4$ kJ/mol，$\Delta S_{298}^{\ominus}=-165.7$J/(mol·K)；反应 $[Sc(SO_4)]^+ + SO_4^{2-} \rightleftharpoons [Sc(SO_4)_2]^-$ 的 $\lg K=1.66$，$\Delta H_{298}^{\ominus}=16.57$kJ/mol，$\Delta S_{298}^{\ominus}=87.9$J/(mol·K)。一些研究人员认为，在钪的硫酸盐溶液中生成 $[Sc_2(SO_4)_n]^{(6-2n)+}$ 型络合物。在中性盐水溶液中 $n\leqslant3$，而在酸溶液中，该值可能增加至 6。在钪和硫酸根离子的络合物生成过程中，硫酸根逐步转换为水合络合物 $[Sc(H_2O)_6]^{3+}$ 中的水分子。Довыдов Ю. П. 等人认为，除硫酸根络合物外，还可能生成混合

型阴离子羟基络合物$[Sc(OH)_n\cdot(SO_4)_m]^{(3-n-2m)}$。

钪在碳酸盐溶液中生成的络合物的组成取决于碳酸根、氢氧基和钪的浓度的比值，并进行到各种络合物之间建立起动态平衡。在溶液中钪的浓度为$3.3\times10^{-3}\sim0.315$mol/L 和 M_2CO_3含量为 0.10 ~ 0.95mol/L（M—碱金属或铵）时生成羟基络合物$Sc_4(OH)_n^{12-n}$（$n=2, 4, 6, 8$）。增加CO_3^{2-}浓度会使OH^-基逐步被碳酸根取代。同时，在$CO_3^{2-}:Sc^{3+}>1$时生成混合型络合物$[Sc_4(OH)_m(CO_3)_p]^{12-(m-p)}$，具有$OH^-$和$CO_3^{2-}$的不同比值（$m\leqslant10$和$p>1$）。在$CO_3^{2-}:Sc^{3+}>8.35$时生成碳酸根络合物$[Sc(CO_3)_n]^{2n-3}$，式中$n=2, 3, 4, 6$。用冰点下降法和电位法研究阴离子交换剂从碳酸盐溶液中吸附钪时也证明生成稳定的$[Sc(CO_3)_4]^{5-}$。碳酸根络合物的稳定性，它们的组成和生成动力学同样完全取决于外壳层阳离子的性质、溶液的 pH 值和温度。

在$\mu=0.01\sim0.05$范围内，钪和$S_2O_3^-$，SeO_3^{2-}，$HAsO_4^{2-}$和HPO_4^{2-}生成组成为1∶1的络合物。在$\mu=0.5$，pH $=4.0\sim4.5$和钪的浓度≤0.16mol/L 时生成络离子$[ScSeO_4]^+$和$[Sc(SeO_4)_2]^-$。在含微量钪的溶液中，磷酸盐离子的存在（$10^{-3}\sim10^{-5}$mol/L）会使钪出现吸附和假胶体性质的区域移向更低 pH 值一侧：无PO_4^{3-}时的 pH 区 >4.0 移至 pH 区 >3.0。电迁移的研究表明，在溶液中有PO_4^{3-}存在时 pH 区在 1 ~ 3 范围内，钪以正电荷形式存在。等摩尔系列法（测定溶液的电导率、密度、pH 值）确定，在25℃下和组分浓度为 0.001 ~ 0.1mol/L 时，在$Sc(NO_3)_3-Na_5P_3O_{10}-H_2O$系中生成比值$P_3O_{10}^{5-}:Sc^{3+}=1:1$和$2:1$的可溶性络合物以及比值为$3:5$的低溶性化合物。

无机配位体和钪生成络合物的能力有如下顺序：$HPO_4^{2-}>OH^->HAsO_4^{2-}>F^->H_2PO_4^-\geqslant SO_4^{2-}\gg BrO_3^->NCS^->NO_3^->Br^->Cl^-\geqslant ClO_3^->I^->ClO_4^-$。

2.1.4　含钪化合物的分离提纯方法

提取工艺中含钪溶液的特点：一是钪的浓度很低，二是与钪的含量相比，杂质的含量很高，而且许多杂质会与钪生成混合型络合物，对钪在水溶液中的行为有很大的影响，使钪往往丧失自己的“化学个性”。因此在实际工艺中，如何提高钪的提取率和杂质的分离率，是非常重要的问题。从溶液中析出钪的方法主要有沉淀法、有机溶剂萃取法和离子交换法等，下面分别进行讨论。

1. *沉淀法*

应用^{46}Sc放射性同位素得到的各种沉淀剂沉淀钪的有关数据见表 2－8。

表 2－8　不同沉淀剂沉淀钪时，钪浓度对其沉淀率的影响

沉淀剂	不同 Sc_2O_3 浓度(g/L)时的沉淀率					
	1	5	10	50	75	100
NaOH	80	90	—	98	98	—
KOH	80	—	100	—	—	—
NH_4OH	60	69	—	82	—	65
Na_2CO_3	不沉淀	—	10	—	—	16
K_2CO_3	50	—	72	—	85	—
$H_2C_2O_4$	不沉淀	12.5	27	—	37	52
$Na_2C_2O_4$	不沉淀	—	—	25	—	61
HF	90.5	—	95	94	—	96
NaF	35	42	—	55	—	72
KF	86	—	—	90	92	92
NaH_2PO_4	90	90	—	95	—	97
Na_2HPO_4	99	—	100	100	—	100

续表 2-8

沉淀剂	不同 Sc_2O_3 浓度(g/L)时的沉淀率					
	1	5	10	50	75	100
Na_3PO_4	53	—	76	—	82	84
$K_2H_2P_2O_7$	95	—	97	—	99	—
$Na_2H_2P_2O_7$	96	—	—	98	—	99
KIO_3	不沉淀	—	—	—	—	不沉淀
菲丁(植酸钙镁盐)	98	100	—	100	—	100
酒石酸铵	81	92	—	96	99	—
$Na_2B_4O_7$	98	—	—	99	—	99
丹宁酸	85	—	86	—	90	—
茜素	89	91	99	—	—	100

(1)碳酸盐沉淀法

钪的碳酸盐溶于过量的苏打和碳酸铵溶液中并生成络合物:

$$Sc^{3+} + 4Na_2CO_3 = Na_5[Sc(CO_3)_4] + 3Na^+$$

$$Sc^{3+} + 4(NH_4)_2CO_3 = (NH_4)_5[Sc(CO_3)_4] + 3NH_4^+$$

煮沸时，这些络合物被破坏并沉淀出成分可变的难溶碳酸盐。该法可用于净化稀土元素、铁、锰和钙。以固态析出的碱式碳酸盐的组成见表 2-9。

表 2-9 碱式碳酸盐的组成

CO_3^{2-} : Sc^{3+} 的原始比例	pH	沉淀物组成
1.0	4.69	$Sc_4(OH)_{10}CO_3 \cdot nH_2O$
1.5	5.20	$Sc_4(OH)_6(CO_3)_3 \cdot nH_2O$
2.0	7.77	$Sc_4(OH)_4(CO_3)_4 \cdot nH_2O$

在 CO_3^{2-} : Sc^{3+} > 8.35 时，碱式碳酸钪完全溶解并生成 $[Sc(CO_3)_n]^{(2n-3)-}$ ($n \geq 2$) 型的碳酸盐络合物。依条件不同，可能存在的络合物有 $[Sc(CO_3)_2]^-$，$[Sc(CO_3)_3]^{3-}$，$[Sc(CO_3)_4]^{5-}$ 和 $[Sc(CO_3)_6]^{9-}$。增加溶液中 Sc^{3+} 的浓度，会使较复杂的多聚形态的羟基络合物更加稳定。

如前所述，碳酸盐络合物的稳定性、组成及其生成动力学取决于外层阳离子的性质、溶液的 pH 值和温度。例如，在碳酸钠溶液中，主要是四碳酸盐；而在碳酸铵溶液中，则主要是二碳酸盐。在 M_2CO_3 溶液中钪浓度随温度的变化见表 2-10。可见在 K_2CO_3 溶液中出现的络合物的稳定性最高。

表 2-10 在 M_2CO_3 溶液中钪浓度随温度的变化

t/℃	溶液中 Sc_2O_3 的含量(质量分数)/%		
	$(NH_4)_2CO_3$, 1.71mol/L	Na_2CO_3, 2.08mol/L	K_2CO_3, 1.95mol/L
0	1.24	—	—
25	0.94	0.11	0.17
30	0.47	—	—
50	0.00	0.04	1.02

与钇和其他稀土元素比较，钪化合物的碳酸盐络合物具有更大的溶解度。因此，为了使钪的提取更加完全，建议采用换算为氧化钪浓度为 15~25g/L 的起始溶液。加入苏打或氨，将溶液中和至 pH=2。然后，在室温搅拌下将该溶液加入到等于 20% 体积的苏打溶液中。除去杂质沉淀物后再用盐酸酸化、沸腾除去 CO_3^{2-}，并用氨水沉淀析出钪的氢氧化物。

碳酸盐沉淀法的缺点是需要采用大量的苏打或碳酸铵溶液，

沉淀物的过滤性能也不好。

(2)氢氧化物沉淀法

$Sc(OH)_3$在 pH =4.9 ~5.5 沉淀，在碱中难溶，沉淀氢氧化钪可以除去碱金属和碱土金属。中和0.1mol/L 的酸性溶液时，钪在 pH =4.8 ~4.9 时开始析出碱式盐，而后析出氢氧化物。在用氨水从含碳酸铵或氟化铵溶液中沉淀钪时，发现钪随滤液的损失很大。因此，可以采用20% $(NH_4)_2CO_3$溶液浸出氢氧化物沉淀物的方法分离钪中的钙和镁。

在含有大量铁的溶液中用氨水沉淀时，钪与铁的氢氧化物产生共沉淀。此时，钪从溶液开始沉淀的 pH 值比从纯溶液中沉淀时的更低。钪的共沉淀率也随两元素浓度的增加而增加(表2－11)。

表2－11　钪的沉淀率与溶液中铁和钪浓度的关系

起始溶液中的浓度/$(g\cdot L^{-1})$		沉淀 pH	钪的沉淀率/%
Fe_2O_3	Sc_2O_3		
5.7	1.0	4.1	40
10.0	1.0	3.7	62
20.0	1.0	3.5	75
10.0	0.1	3.5	10
10.0	0.45	3.7	55
10.0	1.0	3.7	62

在处理人造金红石生产中得到的溶液时，在 pH =4.0 ~4.5 时转入沉淀物的有 Sc，V(Ⅳ)，Ti，Ga，Fe(Ⅲ)。这些元素在溶液中的总量不超过0.01g/L。

氢氧化钪在苛性碱溶液中有明显的溶解度，但是，只有在伴随元素氢氧化物[如 $Be(OH)_2$，$Al(OH)_3$]也溶于碱中时，钪才转入溶液。在氢氧化物中含有大量铁时，转入溶液中的钪急剧减少。对这种含有大量不溶于碱溶液的杂质的氢氧化物进行碱处理，可以分离大部分铝而不会造成钪随碱溶液损失。

(3)草酸盐沉淀法

草酸可沉淀钪和稀土元素，并能有效地分离铁、铝及钛元素，但在草酸、铵盐和碱金属过量时，由于生成$[Sc(C_2O_4)_3]^{3-}$络合物，沉淀不完全。Fe，Al，Mn，U 和 V 的草酸络合物也影响草酸钪的完全沉淀。钙能起载体作用，使钪的沉淀更加明显。例如，在钙含量为 2.5g/L 时，加入能使所有钙沉淀的沉淀剂时，实际上能从含 50mg/L 钪的溶液中将钪完全沉淀下来。如从组成为(%，质量分数)：SiO_2，2.1；Fe，75.0；TiO_2，5.13；MnO，2.8；CaO，0.4；MgO，14.4；Sc_2O_3，1.9 的盐酸溶液中与草酸钙共沉淀时，有 86% 的钪析出。为此，每 1g Sc_2O_3添加了 100g CaO。所得产物含 30% Sc_2O_3。在这种情况下，需要消耗很多昂贵的草酸。因此，通常要在工艺的最后阶段采用。用草酸沉淀的最佳条件：pH =2 ~3，温度 90℃，时间少于4h，共沉淀剂的数量和草酸耗量依溶液的组成由实验确定。镧和钇也是钪的共沉淀剂，但其效果差一些。

采用相当于 110% 理论量的 $H_2C_2O_4$作沉淀剂时，沉淀率和钪的浓度有如下关系：

$Sc/(g \cdot L^{-1})$	0.23	1.00	5.00	50.00	100.0
沉淀率/%	21.9	87.5	96.8	99.6	99.7

在 $C_2O_4^{2-}$ 不足理论量时，由于钪的水解倾向而可能得到碱式草酸盐。应用络合物稳定性的差异可以除净稀土元素。为此，将钪和稀土元素的草酸盐溶于 pH =6 的乙二胺四乙酸($H_4\partial$)的水溶液中：

$$Sc_2(C_2O_4)_3 + 2H_4\partial = 2HSc\partial + 3H_2C_2O_4$$

将溶液煮沸即可破坏稳定性较小的稀土元素络合物。冷却后加入10%的草酸溶液，稀土元素以沉淀物析出，钪则以稳定络合物的形式留在溶液中。这样的过程经过三次重复可以富集全部钪，对稀土元素有相当深度的净化。往溶液中加入固体草酸，钪以沉淀析出，但由于试剂昂贵限制了该法的应用。

(4)氟化物沉淀法

碱金属氟化物和硅氟化物、氢氟酸和氟硅氢酸或氟硅酸盐可用作从稀溶液中析出钪的沉淀剂，此时生成氟化钪或氟硅酸钪沉淀，与生成可溶性氟化物络合物的Zr，Al，Ti，Fe和Mn等元素分离，这是富集钪的一种重要方法。但为了使钪能完全沉淀，需要大量过量的沉淀剂。表2－12列出了采用硅氟化钠从氯化物溶液中沉淀钪的有关数据。该氯化物溶液含(g/L)：Al，2.5；Fe，5；Ca，12.5；Mn，21；Sc，21。沉淀的工艺条件为pH＝2，温度90℃，沉淀时间2h。

表2－12　钪沉淀率与硅氟化钠耗量的关系

硅氟化钠耗量					
$Sc/(g\cdot g^{-1})$	42	78	200	300	400
Ca 理论耗量/%	7	13	33	50	67
钪沉淀率/%	4.9	10.5	83.4	99.6	99.8

氟化物易溶于NH_4F溶液中并生成$(NH_4)_3[ScF_6]$，而稀土元素和钍的氟化物(同时是沉淀钪的载体)则不溶解。利用这种差异，可以分离稀土元素和钍。为此，可以蒸发含过量NH_4F的溶液(此时，稀土元素和钍的氟化物析出的沉淀夹杂有近10%的Sc)，或者采用钪－铵氟化物复盐分步结晶的方法。另一种可以

得到较好结果的方案是用氢氟酸处理，使钪以 $H_3[ScF_6]$组成转入溶液，而稀土元素和钍留在沉淀中。

沉淀钪时，过量的沉淀剂不仅用来生成氟化钙，而且消耗在生成冰晶石($3NaF \cdot AlF_3$)上，冰晶石也是氟化钪的共沉淀剂。表 2－13 给出了溶液中铝的浓度对钪和冰晶石共沉淀的影响(钪的浓度 32mg/L，pH＝1.3，温度 95℃，时间 2h，沉淀剂为硅氟化钠)。

表 2－13　铝浓度对钪的共沉淀率的影响

铝在溶液中的浓度/($g \cdot L^{-1}$)	0.5	0.7	1.0	1.5	2.5
钪的共沉淀率/%	30.8	44.4	57.3	77.1	87.6

从含铝浓度高的溶液中沉淀钪是不合算的，因为在生成的冰晶石中钪的含量并不高。从浓度较高的溶液中用硅氟氢酸或硅氟化钠沉淀钪可以得到含钪量较高的沉淀。试验表明，从分解富钪黑钨矿滤渣得到的溶液中沉淀钪时，可以得到含 Sc_2O_3约 40% 的产物。从含锆的溶液中沉淀钪时，最好采用钾的硅氟化物或氟化物，因为此时生成的锆氟酸钾在温度为 100℃以下的水中的溶解度约为 25%。

在沉淀稀土元素和钪时，可以采用钙盐作载体。共沉淀时生成混合晶体 $CaF_2 + ScF_3$，其中钙和钪的质量比例为 1∶0.104。采用氟化钙沉析钪的最佳条件是质量比 Ca∶Sc＝10∶1，温度 80℃～100℃，沉淀时间 2～3h。

氟化物沉淀法的缺点是很难将沉淀物转化为可溶状态。为此，建议采用浓硫酸(硫酸化)在 180℃～250℃或 20%～30% 的苛性钠溶液在 60℃～80℃下处理 2～3h。在硫酸化时，由于生成钙和钪的难溶性复盐，钪可能被石膏残渣夹带而造成损失。在碱溶液处理氟化物产物时，必须长时间进行洗涤以除去生成的氟化钠，因为 $Sc(OH)_3$ 中存在的氟化钠在后续工序用酸进行溶解时会产生 ScF_3 沉淀。

(5)其他化合物沉淀法

用无机化合物作钪的沉淀剂的方法还有磷酸盐、次磷酸盐、焦磷酸盐等含磷试剂以及硫代硫酸盐、硼酸盐和碘酸盐等。有机化合物沉淀剂还有酒石酸盐、碱式羧酸盐、茜素磺酸盐、茜素、丹宁、8-羟基喹啉、肉桂酸、苯次膦酸等。这些方法有的沉淀剂需大大过量，有的主要在分析中应用。例如，菲丁与焦磷酸钠需分别比化学计量过量 4000% 和 2000%。前者沉淀物难转化为可溶状态，后者沉淀物过滤性能差。以酒石酸复盐 $NH_4CO_2(CHOH)_2CO_2Sc(OH)_2 \cdot nH_2O$ 沉淀可以除许多杂质，如 Fe，Ti，Zr，Hf，铈组稀土元素，Al，Th 等，可以使钪中的杂质含量降低到百分之零点几，但该法不能净化钇族稀土元素。

2. 萃取法

溶剂萃取法在钪的湿法冶金中占有重要地位。由于它具有选择性高、生产率高和易于组织闭路循环工艺，因而近年来发展得特别快。

(1)中性含氧化合物萃取

1)醚、醇和酮萃取

用二乙醚萃取钪时，在硫氰酸盐-氯化物介质中钪按水合-溶剂化机理以 $H[Sc(NCS)_4]$ 形态被萃取。随着水相中 HCl 浓度的增加，氯离子逐步取代萃合物中的 NCS^- 离子：$[Sc(NCS)_4]^- + Cl^- \rightarrow [Sc(NCS)_3Cl]^- + NCS^-$，使钪的分配系数逐步降低。这个过程可以一直进行到硫氰酸离子完全被氯离子取代。从盐酸溶液中用乙醚萃取钪的分配系数很小，$D_{Sc} < 10^{-2}$。从单纯硝酸盐溶液中，乙醚、异己酮或醇不能萃取钪；但在有大量盐析剂($LiNO_3$)存在时，乙醚对钪的萃取率可达 84%。从用 $LiNO_3$ 饱和的 1mol/L 的硝酸溶液中，乙醚对钪的萃取分配系数 $D_{Sc} \approx 5$。

醇和酮比醚具有更高的碱性，它们按溶剂化机理萃取钪。例如，甲基异丁基酮是以溶剂化物形态从硫氰化物溶液中提取钪。这种溶剂化物的无机物部分为 $Sc(NCS)_3$。用脂肪醇(戊醇至辛醇系列)从硝酸溶液萃取时，认为在有机相中存在 $Sc(NO_3)_3 \cdot 2S \cdot 2H_2O$(S——醇分子)型水合溶剂化物。用异戊醇从硫氰化物溶液中萃取时，钪以 $Sc(OH)_2NCS \cdot C_5H_{11}OH$ 络合物形态被萃取。

β - 二酮被广泛用作萃取钪的螯合剂。例如，最常用的噻吩甲酰三氟丙酮(HTTA)溶于苯、环己烷或二甲苯的溶液在 pH = 1.2 ~ 2.5 时能定量地萃取钪；而在 pH < 1.5 时，能使钪与许多金属离子分离。此外，0.1mol/L 乙酰丙酮或丙酰丙酮(BA)的苯溶液，在 pH = 3 ~ 4 时完全萃取钪。甲基乙基酮、甲基异丁基酮或 1 - 苯基 - 3 - 甲基 - 4 - 苯酰吡唑 - 5 - 酮等也能萃取钪。

表 2 - 14 列出了某些醚、醇和酮以及磷酸三丁酯(TBP)从硫氰酸盐溶液中萃取钪的性能。在所研究的条件下，萃取钪最有效的萃取剂为 TBP，其次为酮、醇、酯和醚。

表 2 - 14　某些中性含氧萃取剂从硫氰酸盐溶液萃取钪的性能

萃取剂	pH = 2		c_{NH_4SCN} = 3.6mol·L^{-1}	
	c_{NH_4SCN} /(mol·L^{-1})	$E_{最大}$/%	pH	$E_{最大}$/%
100% TBP	0.3 ~ 9	100	1 ~ 5	~ 100
25% TBP 氯仿溶液	1.5 ~ 9	100	1 ~ 4	~ 100
甲基异丁基酮	6 ~ 9	100	2 ~ 4	85
异戊醇	9	98	2 ~ 4	80
异丁基乙酸酯	9	95	2 ~ 4	27
二乙醚	9	87	1.5 ~ 4	30

2）TBP 和其他中性含氧化合物萃取

TBP 能从盐酸、硝酸、硫酸等矿物酸介质中萃取钪。从盐酸，特别是从硝酸介质中 TBP 对钪的萃取研究得最详细。研究表明，从盐酸和硝酸溶液中均可用萃取法除去钪中的许多金属杂质。表 2－15、图 2－2 和图 2－3 中给出了用 TBP 从矿物酸溶液中萃取微量钪的研究结果。

表 2－15　100％TBP 从矿物酸中对微量钪的萃取

水相组成/（$mol \cdot L^{-1}$）	D_{Sc}	水相组成/（$mol \cdot L^{-1}$）	D_{Sc}
$2HNO_3$	0.44	3HCl	0.04
$4HNO_3$	0.95	6.4HCl	32
$6HNO_3$	2.0	8HCl	50
$8HNO_3$	5.75	$2HClO_4$	0.8
$10HNO_3$	17.4	$4HClO_4$	10
$2.4Al(NO_3)_3 + 0.2HNO_3$	$>10^3$	$6HClO_4$	~29
$10NH_4NO_3 + 0.2HNO_3$	$>3 \times 10^3$	$8HClO_4$	~90

用 TBP 萃取时，对钪的络合物组成的研究结果不同的研究者不尽相同。但根据一些专家的看法，最有可能的组成是：在 HNO_3 介质中为 $Sc(NO_3)_3 \cdot 3TBP$；在 HCl 介质中为 $ScCl_3 \cdot nTBP$（$n=2$，3）；在 H_2SO_4 介质中为 $[H(H_2O)_m \cdot TBP][Sc(SO_4)_3^-]$；在 $HClO_4$ 介质中为 $[Sc(TBP)_i(H_2O)_{6-i}](ClO_4)_3$（$i=2$，3，4）。

Листопадов А. А. 等人对含宏量钪（0.2～1.2mol/L）时 $Sc(NO_3)_3 - HNO_3 - H_2O - TBP$ 体系的研究表明，在硝酸浓度 2～6mol/L 范围时，钪的萃取化学过程产生了实质性的变化。这从图 2－4示出的钪萃取等温线可以明显看出来。他们的研究表明，

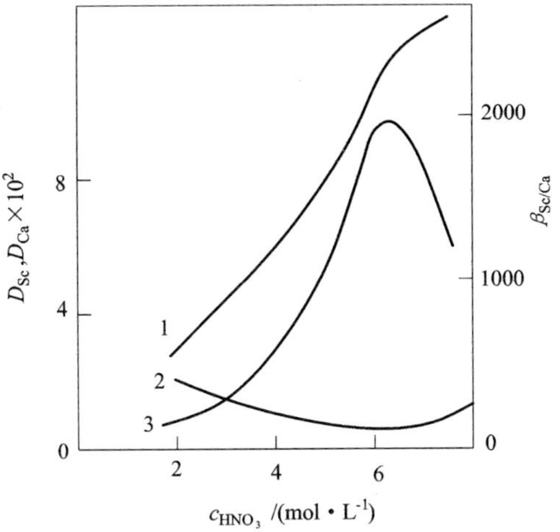

图2-2 用100%TBP萃取时，钪和钙的分配系数D及钪和钙的分离系数$\beta_{Sc/Ca}$与水相硝酸浓度的关系

($c_{Sc}=7\times10^{-3}$mol/L；$c_{Ca}=1.95$mol/L)

1—D_{Sc}；2—$D_{Ca}\times10^{-2}$；3—$\beta_{Sc/Ca}$

HNO_3进入萃合物的组成，将萃合物的通式写成$Sc(NO_3)_3\cdot mHNO_3\cdot 3TBP$，硝酸浓度为5～8mol/L时，$m=1\sim2$；而在硝酸浓度为10～12.3mol/L时，$m=4\sim5$。

采用不稀释的TBP从碱金属和碱土金属氯化物水溶液以及盐酸溶液中萃取的研究发现，盐酸和氯化物盐类的作用是降低水相中水的活度使$[Sc(H_2O)_6]^{3+}$离子脱水并生成被提取进入有机相的未离解分子$ScCl_3$。而且发现，在HCl存在条件下提取率最高。由从氯化物和硝酸盐溶液中萃取钪的研究确定，盐析剂的效应与盐析剂阴离子的关系较小，而主要取决于盐阳离子的半径和电荷值。

为了分析不同酸溶液中钪的萃取性能不同的原因，根据钪和

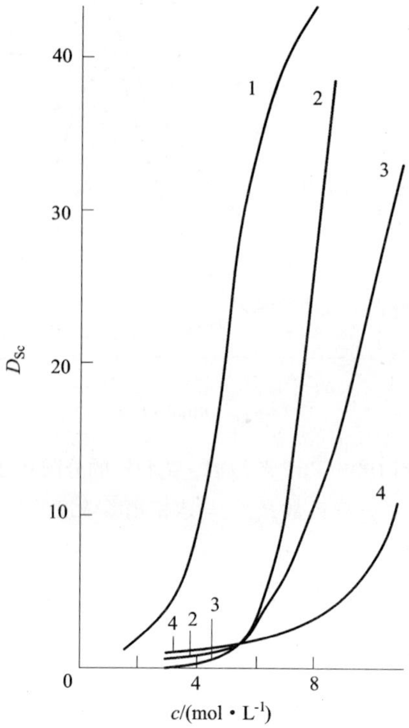

图 2-3　用 100%TBP 萃取钪时的分配系数与水相中酸的浓度的关系

1—$HClO_4$；2—H_2SO_4；3—HCl；4—HNO_3；

1，3，4—$c_{Sc}=0.0145mol/L$；2—$c_{Sc}=7.25\times10^{-3}mol/L$

酸的分配以及相体积变化的有关资料（忽略钪在有机相中浓度的微小变化），计算了钪萃取的浓度常数 $\widetilde{K}_{Sc}$。把 $\widetilde{K}_{Sc}$ 看做是钪萃取性能的特性，可以估计同名离子和游离萃取剂浓度对钪萃取性能的影响。采用水的活度（$a_w=0.87$）相同的溶液计算 $\widetilde{K}_{Sc}$ 并对此 $\widetilde{K}_{Sc}$ 进行比较，可以一次近似地估计酸对钪的活度系数的影响并能揭

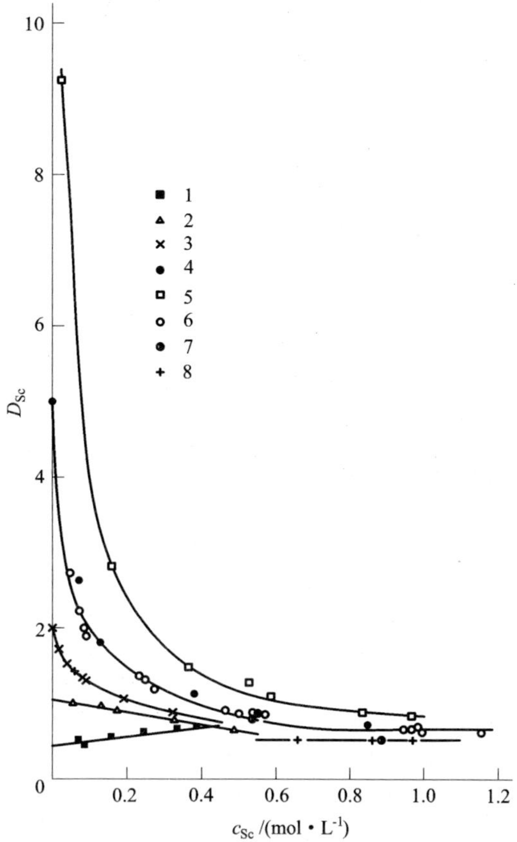

图 2－4　硝酸溶液中 100%TBP 对钪的萃取等温线

硝酸浓度(mol/L)：1—2，2—4，3—6，4—8，5—11.6，6—8，7—6.5，8—2.8，
1～4—Резник А. М. 等人数据，5～8—Листопадов А. А. 等人数据

示 $\widetilde{K}_{Sc}$ 与被萃取化合物性质(阴离子性质)的关系。根据各别离子的水合能($\Delta G^{\ominus}_{水合}$)可以计算出进入有机相的含钪化合物离解成离子的水合能的总和(表 2－16)。

表 2-16 $\widetilde{K}_{Sc}$，$\sum\Delta G^{\ominus}_{水合}$和钪与阴离子络合物稳定常数($\beta_2$)的关系

($c_{Sc}=0.0145mol\cdot L^{-1}=const$)

水相组成 /($mol\cdot L^{-1}$)	$\lg\widetilde{K}_{Sc}$	萃取化合物	$-\sum\Delta G^{\ominus}_{水合}\times10^{-3}$ /($kJ\cdot mol^{-1}$)	β_2
2.64H_2SO_4	-1.60	$HSc(SO_4)_2$	1.37	31.3
2.50$HClO_4$	-1.66	$Sc(ClO_4)_3$	4.53	
3.07HNO_3	-2.60	$Sc(NO_3)_3$	4.77	0.52
2.75HCl	-4.87	$ScCl_3$	4.89	0.14

根据中性萃取剂的萃取机理，萃取过程是通过离子缔合和以萃取剂分子组成不带电荷的络合物转入有机相来实现的。因此，$\widetilde{K}_{Sc}$和$\sum\Delta G^{\ominus}_{水合}$之间应该有相关关系。从表 2-16 可以看出这种关系是确实存在的。

如果从 $HSc(SO_4)_2$，$\sum\Delta G^{\ominus}_{水合}$数值出发，那么，$\widetilde{K}_{Sc}$值应该比实验值高出许多。看来，从硫酸溶液中萃取钪时的溶剂化吉布斯自由能要比从其他酸溶液中萃取时小很多。这个结论可从下面事实中得到证实。与其他酸溶液不同，硫酸溶液中钪是按水合-溶剂化机理被萃取的，即膦酰基氧配位的是离子 H_3O^+，而 $P=O\cdots Sc^{3+}$键能大大高于 $P=O\cdots H_3O^+$键能。

从矿物酸溶液中萃取钪的可萃性顺序和$\sum\Delta G^{\ominus}_{水合}$计算值的变化顺序一样，与钪和阴离子络合物的稳定常数的变化顺序相符，证明了上面确定的钪萃取的浓度常数和被萃钪化合物离解的离子的总水合能之间的相关关系的重要性。

文献对钪在生成第三相（有机相）条件下的萃取性能进行了研究。在盐酸溶液中萃取时，在 0.015～0.56mol/L 范围，改变 c_{Sc} 对第三相存在的界面和体积没有影响。在这种情况下是 HCl 的萃取引发出第三相的生成并在 $c_{HCl}>6.2mol/L$（正癸烷中 TBP

0.73mol/L)时发生。c_{TBP}在 0.23 ~ 2.93mol/L 范围内观察到分层现象。在 H_2SO_4溶液中萃取钪时，产生分层的硫酸浓度要比无钪时低 0.5mol/L。在这种情况下，钪影响萃取体系分层的原因是水合 - 溶剂化机理对第三相生成起决定性影响作用。

对钪的萃取能力，萃取剂磷酸三甲酯(TMP)、磷酸三丙酯(TPP)和磷酸三丁酯(TBP)可排成如下序列：TMP < TPP < TBP，这与溶剂化物中生成键强度的增加顺序相合。

分子式为$(R'O)_2R(PO)$的二烷基膦酸盐(DAAP)是一类比 TBP 更有效的萃取剂，这类萃取剂的萃取性能，按下列顺序依次增加：$(RO)_3PO < (RO)_2RPO < (RO)R_2PO < R_3PO$。

曾经有人用$(C_nH_{2n+1}O)_2C_mH_{2m+1}PO$ 型($n=3$，4，5，8；$m=4$，5，8，12)化合物从盐酸和硝酸溶中液萃取钪进行了研究，它们的萃取性能大致是一样的。不同的稀释剂 D_{Sc} 按下列顺序降低：辛烷 > 煤油 > 二氯乙烷 > CCl_4 > 苯 > 二丁醚 > 异戊乙酸 > 辛醇。研究人员认为，从盐酸溶液中钪是以络合物形态被萃取，并具有如下经验式：$ScCl_3 \cdot nHCl \cdot m(DAAP)$，式中 $n=2$ 或 3；$m=4$。采用等摩尔系列法确定的溶剂化物数为 4。萃取液的红外光谱研究数据表明，在有机相中盐酸和 $ScCl_3$ 共存时，光谱上有相应于$P=O \rightarrow Sc$键的吸收带。这些带和相应于盐酸和 DAAP 水合溶剂化物的 $P=O \rightarrow H_3O^+$键的吸收带同时出现。因此，在被萃络合物中，DAAP 分子是直接和钪原子键合的。这样，未能证明 HCl 分子进入了被萃络合物，看来在氯化物介质中，还是以 $HCl \cdot xH_2O \cdot y(R'O)_2RPO$型 HCl 溶剂化物和 $ScCl_3 \cdot n(R'O)_2RPO$ 型 $ScCl_3$溶剂化物独立进行的萃取。如果注意到 $\lg D_{Sc}$和 $\lg c_{DAAP}$关系曲线的倾角正切值为 3，那么，被萃络合物的组成完全可能是 $ScCl_3 \cdot 3(DAAP)$。

在采用 DBBP 时，钪以 $ScCl_3 \cdot 2(DBBP)$形式被萃取；而在用 DAMP 时，溶剂化数由 2 变为 3。在萃取性能更高的情况下，DAMP 从硫酸介质中萃取钪时的萃取机理与采用 TBP 时的一样。

二配位基有机磷化合物的萃取性能比单一功能团有机磷化合物更高。例如，用0.02mol/L EBOPO 的苯溶液从硝酸溶液中萃取时 D_{Sc}的最高值为70，而用100% TBP 在相同的酸度范围内萃取时 D_{Sc}的最高值约为10。EBOPO 也是较 TOPO 更有效的萃取剂。用0.1mol/L EBOPO 从硝酸溶液中萃取钪时 $D_{Sc}=16.7$；而用0.1mol/L TOPO 萃取时为6.7。稀释法和等摩尔系列法的研究确定，有2个 EBOPO 分子进入被萃化合物。根据红外光谱的研究数据表明，被萃化合物的组成为 $(1-x/2)[Sc(NO_3)_3\cdot xHNO_3]\cdot 2EBOPO$，但这里并没有考虑硝酸被独立萃取的可能性，因此络合物组成的确定尚需进一步研究。

烷基磷酸酰胺也比三烷基磷酸盐具有更高的萃钪性能。例如，TAHP（四乙基二酰胺庚基磷酸）的萃取性能大大超过 TBP，这是因为在 TAHP 中有胺基功能团，使 P═O 基氧上的电子密度增加：

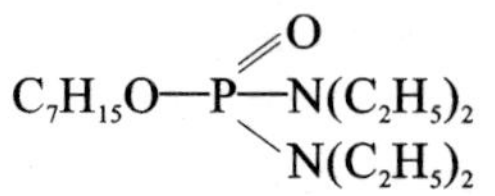

文献研究了 TAHP 从 HNCS，HCl 和 HNO_3溶液中对钪的萃取。根据红外光谱数据，在所有情况下钪和 TAHP 分子都是通过磷酰基的氧键合的。在萃取钪的硫氰化物时，溶剂化数等于3，而在萃取氯化物时为2。在硝酸盐溶液中萃取时，单溶剂化物和二溶剂化物同时被萃取。在萃取钪的硫氰化物时，平衡进行得很快，在2min 内即达到平衡；而从盐酸和硝酸溶液中萃取钪时，达到平衡的时间要长得多，需30～40min。最有效的是从硫氰化物溶液中萃取钪。在采用0.02mol/L TAHP 苯溶液萃取时，在 pH 为1～3时钪的提取率就已经达到100%。为了能有效地萃取钪的氯化物，必须把萃取剂的浓度提高10～20倍，同时，在这种情况下要在 $c_{HCl}=6$mol/L 时 E_{Sc}值才开始增加。采用硝酸溶液时，在低酸

浓度(0.1～0.2mol/L)下钪开始被萃取。在1mol/L HNO_3时，钪的提取率达到60%。有人提出用二烷基磷酸N，N－取代酰胺：

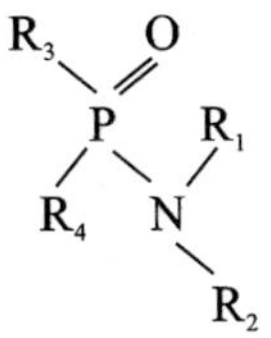

式中：R_1和R_2基为H—基，$C_{1\sim6}$烷基，$C_{1\sim2}$烃氧基，环己基；R_3和R_4基为C_3H_7O—基，C_4H_9O—基和$C_5H_{11}O$—基。例如，从含钪10^{-2}mol/L的水溶液，在70℃下用二(2－羟基乙基)二异丙基磷酸酰胺的联苯溶液萃取时，钪的萃取率达100%。

还可用胂化氧萃取钪，其D_{Sc}依萃取剂的碱性按下列顺序下降：$Oct_3AsO > PhAs(O)Oct_2 > Ph_2As(O)Oct > Ph_3AsO$。根据红外光谱数据，胂化氧是通过$\equiv As=O$基的氧对钪进行配位的。在pH＝2～4的硫酸介质中，钪以组成为$[R_3AsO\cdot H(H_2O)_m]^+[Sc(SO_4)_2]^-$的络合物被萃取。从盐酸和硝酸溶液中萃取时，钪的被萃化合物的组成分别为$ScCl_2(OH)\cdot 2R_3AsO$和$Sc(NO_3)_2(OH)\cdot 2R_3AsO(R=C_8H_{17})$。在pH＝2～4范围，胂化氧的萃取率达最大值。膦化氧的最大萃取率则在更高的酸度范围0.3～0.5 mol/L HNO_3。由于酸的竞争作用使钪的萃取率，在酸浓度为10^{-3}～0.05mol/L的硝酸溶液中用三辛胂化氧的甲苯溶液进行萃取时，$D_{Sc}=100$。在酸性介质中钪的萃取率按下列顺序下降：$HNO_3 > H_2SO_4 > HCl$。

20世纪70年代初报道过采用亚砜萃取钪的结果。含硫氰化铵和高氯酸的水溶液被二辛基亚砜萃取时，D_{Sc}值最高；从盐酸水溶液中萃取时，效果较差；低于7mol/L HCl时D_{Sc}增加，然后急剧下降；在硝酸溶液中萃取时，D_{Sc}值最低。采用石油亚砜(PSO)时也得到类似结果。10% PSO甲苯溶液从盐酸溶液中萃取钪的能力是很小的。随着 c_{HCl} 的增加，D_{Sc} 由0.1mol/L HCl的 10^{-3} 增加到8mol/L HCl 时的 3.2×10^{-3}。用2.5mol/L 的 PSO 间二甲苯溶液萃取时，D_{Sc} 在 HCl 为5mol/L 时可达到1，然后便随 c_{HCl} 的增加而明显降低。用 PSO 萃取钪时，同时生成二和三溶剂化物。萃取剂萃取钪的能力有如下序列：DAMP > PSO > TBP。用 PSO 萃取 Sc 的研究还表明，从盐酸溶液中萃取时，D_{Sc} 值比从硫酸溶液中萃取时高。从硫酸溶液中萃取时，其选择性比用 TBP 时差。PSO 的萃取能力比 TBP 大约高出一个数量级。采用 PSO 邻二甲苯溶液萃取时，钪的分配系数和它在平衡水相中的浓度的关系见图 2-5。

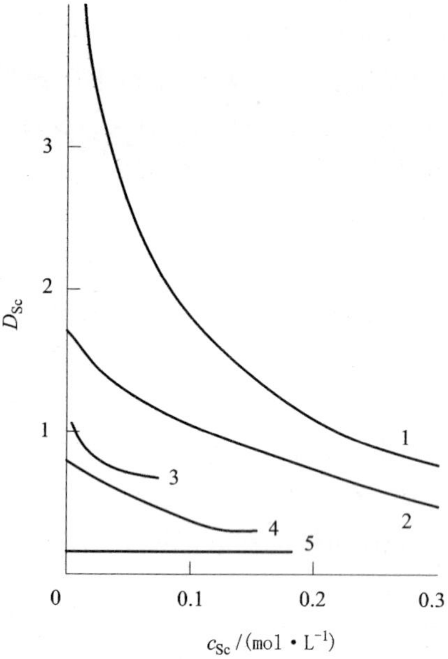

图 2-5 1.75mol/LPSOz 邻二甲苯溶液萃取时钪的分配系数 D_{Sc} 和它在平衡水相中的浓度的关系

c_{HCl}(mol/L)：1—5.0；2—4.0；$c_{H_2SO_4}$(mol/L)：3—5.5；4—5.0；5—4.0

含钪的工业废液组成复杂，不仅含有大量盐类，还含有多种酸分。因此，从混合酸中萃取钪的研究具有重要的实际意义。曾经注意到，往硝酸盐或氯化物溶液加入高氯酸保持离子强度恒定，采用 TBP 萃取时，D_{Sc}会增加。此时，进入有机相的是高氯酸钪。在溶剂化物组成中还含有高氯酸。随着混合酸中盐酸或硝酸含量的增加，在萃液组成中还会分别萃入氯化物或硝酸盐。根据$\lg D_{Sc}$和水相氯化物离子或硝酸盐离子对数浓度的关系，曾经得出有关 TBP 萃取钪的氯化物和硝酸盐机理的结论。稍后有人提出，从这类溶液中被萃取的只有组成为 $H_{a+b-3}Sc(ClO_4)_aA_b \cdot nTBP$（A 为 Cl^- 或 NO_3^-）的络合混合酸。在一定的酸浓度范围内，这类混合络合物比具有单一形式阴离子的络合物更易于被萃取。因此，高氯酸并不是不重要的电解质，它同样参加络合物的生成过程，往水相中加入 $HClO_4$ 会导致 D_{Sc} 和该相中 $c_{ClO_4^-} : c_{A^-}$ 比值的反常关系。

D_{Sc}和水相中 $HClO_4$与 HNO_3（HCl）比值的关系曲线有一个相应于生成 $Sc(A)_i(ClO_4)_{3-i} \cdot xTBP$（A 为 Cl^- 或 NO_3^-）型混合络合物的最大值。有关有机相组成的研究也证明了这一点。因此，一些研究人员认为，从 $HClO_4 + HNO_3$和 $HClO_4 + HCl$ 混合溶液中萃取的是混合络合物。考虑到从单一酸溶液萃取时钪是以盐溶剂化物组成被萃取，因此认为被萃取的是络合混合酸的假设是缺乏足够根据的。

Розен А. М. 认为，如果从 HA 和 HA′型酸混合液中 TBP 萃取的是元素络合物的混合物，即 $MeA_n \cdot xTBP$ 和 $MeA'_n \cdot yTBP$，那么，在改变水相组成（HA 和 HA′混合物）时，D_M关系曲线应该通过最低值。D_{Sc}和 c_{HNO_3}与 c_{HCl}比值关系的实验曲线和计算曲线均通过一个最低值证明，从 $HNO_3 + HCl$ 混合液中 TBP 萃取的是络合物的混合物，而不生成混合型络合物。纸上反相色层法表明，由 $HNO_3 + HCl$ 混合液中用石油亚砜萃取钪时，D_{Sc}值会降低。但根据另一研究的数据，如果用硝酸盐离子换成水相中的氯化物离子，在浓度低于3mol/L时，用TBP从HNO_3溶液中萃取钪时的D_{Sc}实际上没有影响。

含有硫酸的二元系是特殊的一类。$H_2SO_4+HClO_4$(HNO_3，HCl)与其他类型的混合酸体系的不同点在于，在硫酸溶液中，钪是按水合溶剂化机理，即以阴离子形式被萃取的；而在其他酸溶液中，钪则是以溶剂化机理，即以阳离子形式被萃取的。这种情况妨碍了在萃取时生成混合络合物。实验和计算以及有机相分析的结果证明，从含硫酸的酸混合物中萃取钪时，被萃取的是从各单一酸溶液萃取时具有代表性的络合物的混合物。

有趣的是，在由含离子H^+，NH_4^+，Cl^-，HSO_4^-的溶液中用甲基乙基酮和用甲基异丁基酮萃取钪时，D_{Sc}和c_{Cl^-}与$c_{HSO_4^-}$比值的关系曲线有一个最大值，所得结果说明生成$K_tH+ScCl_i(HSO_4)_{4-i}^-$型混合络合物。虽然有关酮从盐酸溶液中萃取钪的资料没有以及在Cl^-浓度不高时在盐酸溶液中不存在钪的阴离子络合物，使我们怀疑在阴离子络合物中用Cl^-离子置换HSO_4^-离子的可能性。

在许多情况下，元素共存时伴随共同萃取和抑制萃取的现象。这些现象常常是由于在有机相中产生的络合物生成作用和缔合作用。因此，研究元素在共同萃取时的相互影响作用既对非水介质的络合物化学，也对它们的分离和净化过程都是很有意义的。

在用TBP从HBr溶液中萃取钪时，含有宏量铟能把D_{Sc}提高三个数量级($c_{Sc}=n\times10^{-4}$mol/L，$c_{In}=1.1$mol/L，$c_{HBr}=5$mol/L)。在HBr浓度0.5~7mol/L范围均发现钪和铟有共同萃取作用。在有铟存在时，其他微量元素的萃取受到抑制。钪和其他宏量元素如Bi，Cd，Sn(Ⅳ)，Tl(Ⅲ)也有共同萃取作用，而且共萃率随Tl(Ⅲ)($D_{Sc}=n\times10$)至Bi($D_{Sc}=n\times10^2$)的顺序增加。上述所有元素均在 HBr 溶液中生成酸式配位化合物。看来，能进行共萃作用的宏量元素生成金属卤化物络合物是钪共萃的必要条件。

在有元素铟和 HBr 存在条件下用二异丙醚萃取时，钪不被共萃，但此时发现有其他元素共萃。有的研究人员将钪的这种独特行为解释为钪萃取的溶剂化机制，而其他研究过的微量元素则以金属卤酸盐形式按水合溶剂化机理被萃取。

电泳法研究结果曾经提出如下萃取机理，钪以弱离解成 $ScBr_2^+$ 和 Br^- 的 $ScBr_3$ 溶剂化物形式被萃取。在宏量铟存在时生成混合型三联物 $InBr_4^- ScBr_2^+ InBr_4^-$。这种化合物也就是在电泳时钪移向阳极的原因。

用 β，β'二氯二乙基醚、TBP 和异戊基醇从 HCl 溶液中萃取时，镓(0.33mol/L)和铁(Ⅲ)(0.5mol/L)的存在在很宽的酸度范围内对钪的萃取没有影响。相反，另一些研究人员却发现，用 TBP 从盐酸溶液中萃取时，钪不仅与镓，也与铁(Ⅲ)产生共萃作用。在水相中铁的浓度低($c_{Sc}:c_{Fe}=1:1$)以及由氯化物溶液中萃取时亦发现钪和铁(Ⅲ)有共萃作用。钪和铁(Ⅲ)共萃的原因是生成混合型络合物。这种结论是根据钪和铁在溶液中具有相同的化学形态得出的。在钪和铝共同萃取时，D_{Al}值和 D_{Sc}值同时增加。

研究还确定，钪的分配系数在有镓存在时比不存在镓时要高出一个数量级，而且在 HCl 浓度 0.1 ~ 4mol/L 的整个范围内钪的共萃率大致是一样的。镓和钪的分离系数与平衡水相的 HCl 浓度的关系曲线上有一个最大值[在 $c_{HCl}=2.0 \sim 2.5$mol/L，$\beta_{Ga/Sc}=1900$ 位置上(见图 2-6)]。

既然 TBP 由盐酸溶液中对钪的萃取是 $ScCl_3 \cdot 3TBP$ 形式的溶剂化机理，而镓的萃取是离子缔合物$[H_3O^+ \cdot (H_2O)_n \cdot 3TBP][GaCl_4]^-$形式的水合溶剂化机理，那么，钪和镓的共萃作用的一个可能原因是生成组成为 $ScCl_{3-n} \cdot (GaCl_4)_n \cdot m$TBP 的混合型络合物。为了使共萃作用能够按这种机理进行，必须使共萃元素以络

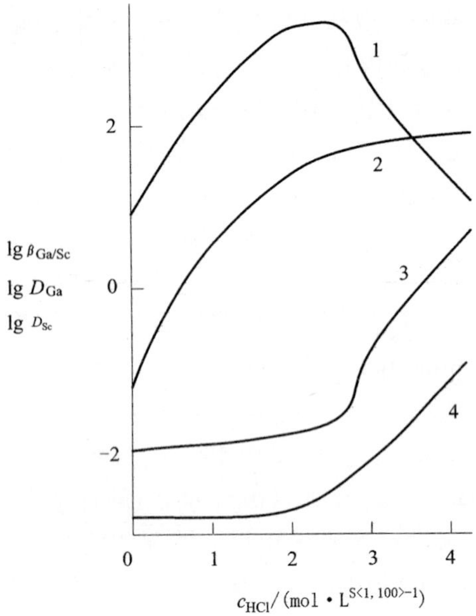

图 2-6 在 $c_{Sc}=c_{Ga}=0.009$mol/L

用 100%TBP 萃取时，平衡水相盐酸浓度对钪和镓的共萃取的影响

1—$\beta_{Ga/Sc}$；2—D_{Ga}；3—D_{Sc}；4—D_{Sc}($c_{Ga}=0$)

合酸形式转入有机相中并且比钪更容易被萃取。

TBP 萃取剂对分离钪中的宏量和微量杂质有很好的应用价值，因此，有许多研究人员用 TBP 对钪和其他元素的萃取分离进行了研究。

早在 20 世纪 50 年代就有一篇美国专利(US No2824783)介绍了从 Th，Y 和稀土元素中用 TBP 分离出指示剂量钪的方法。为了保证具有水不溶性性质，在三烷基磷酸酯的分子中必须至少有 12 个碳原子。从含钍和稀土元素的溶液中分离出钪的最佳条件为 HCl 浓度 6~8mol/L。例如，从 8mol/L 的 HCl 溶液中进行萃取时，钪、钇和钍的 D 值分别为50，0.05 和0.08。钪的反萃取应采用浓度小于2mol/L 的 HCl 溶液。用6.5～8.0mol/L 的 HCl 洗除有机相中的钍、钇和稀土元素。添加正磷酸可增加钍的反萃率。在含 HNO_3 0.4mol/L 和 $Al(NO_3)_3$ 2.4mol/L 的硝酸溶液中用 TBP 萃取时，D_{Sc} 达1890，而 $D_Y=800$。

若为宏量浓度时，钪的萃取净化效率下降。例如，在含8mol/L HCl 的溶液中用70% TBP 的煤油溶液进行萃取时，1g/L Sc_2O_3 和 ThO_2 时的 $\beta_{Ga/Sc}$ 只有28.6，而在指示剂量的情况下 $\beta_{Ga/Sc}=625$。在硫酸溶液中萃取分离钪和钍的效率不高：$\beta_{Ga/Sc}\leq 6.2$。从硫酸溶液中用 TBP 萃取分离钪和其他元素的选择性相当好（图2－7）。用 TBP 从6mol/L 的硫酸溶液中萃取时，钪和相应金属的分离系数为：Y－48.8；Nd－65.0；Eu－55.7；Dy－48.8；Er－49.4；Yb－26.0；Zr－24.3；Ti－217；Fe－244；Al－177。

图2－8 给出了用100% TBP 萃取时钪和伴生元素的分配系数 D 和高氯酸平衡水相中的浓度间的关系，由图可见，也可以采用浓度为3～4mol/L 的高氯酸溶液用 TBP 萃取分离钪和镧系元素及锆。此时，钇、镧、钕、钐、钆、铒和镱的 $\beta_{Sc/M}$ 值为 $n\times 10^2$，$\beta_{Sc/Zr}=n\times 10^3$。在钪和镧共存时，水相中 La/Sc 比值由0.5 增加到1300 时，$\beta_{Sc/La}$ 由20 增加到1940。有人进行过两阶段萃取分离钪和铁、钛的模拟研究。在第一阶段用50% TBP 邻二甲苯溶液萃取，相比 A∶O＝1∶0.5，水相组成：HCl，4mol/L；Sc_2O_3，0.95g/L；Fe_2O_3，5.70g/L；TiO_2，3.78g/L。结果除去了99%铁，约99%的钪留在水相中。在第二阶段水相的 HCl 含量增加到8mol/L，采用40% TBP 邻二甲苯溶液在 A∶O＝1∶0.6 条件下萃取钪，结果得到含44.1% Sc_2O_3 的产品，收率为85.7%。

曾研究过在 Sc∶Fe 为1∶10 至1∶200 的盐酸溶液中用50% 和70% TBP 的煤油溶液萃取分离钪和铁。过程的最佳相比 $V_{有}:V_{水}=1:3$。进一步增加水相体积是不可取的，因为这样会降低钪的提

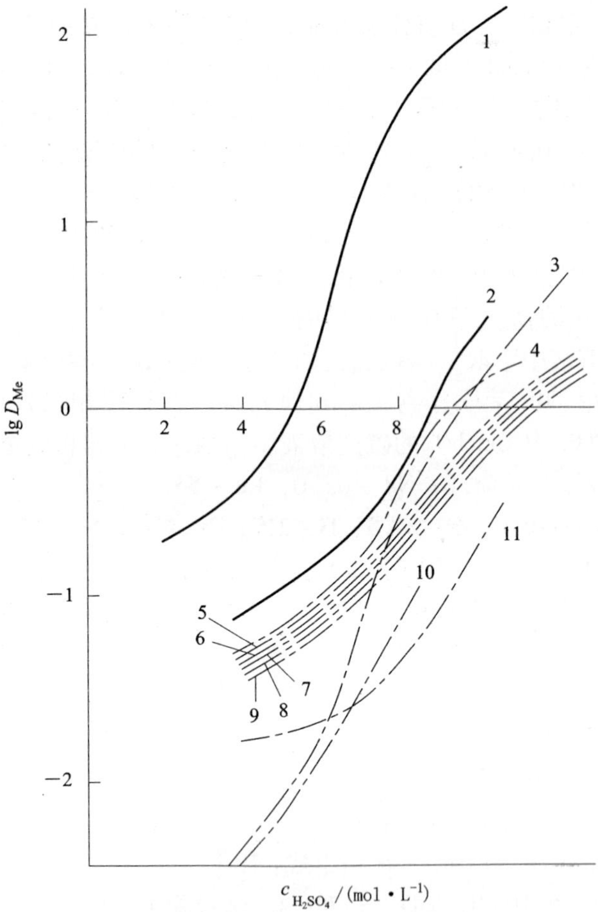

图 2-7 用 100%TBP 萃取时钪和伴生元素的分配系数和平衡水相中的硫酸浓度的关系

括号内为元素在平衡水相中的浓度(mol/L)：1—Sc(7.25×10^{-3})；2—Zr(0.0244)；3—Ti(0.0238)；4—Yb(5.08×10^{-3})；5—Er(5.23×10^{-3})；6—Dy(5.36×10^{-3})；7—Y(8.86×10^{-3})；8—Eu(5.68×10^{-3})；9—Nd(5.95×10^{-3})；10—Fe(0.0125)；11—Al(0.0392)

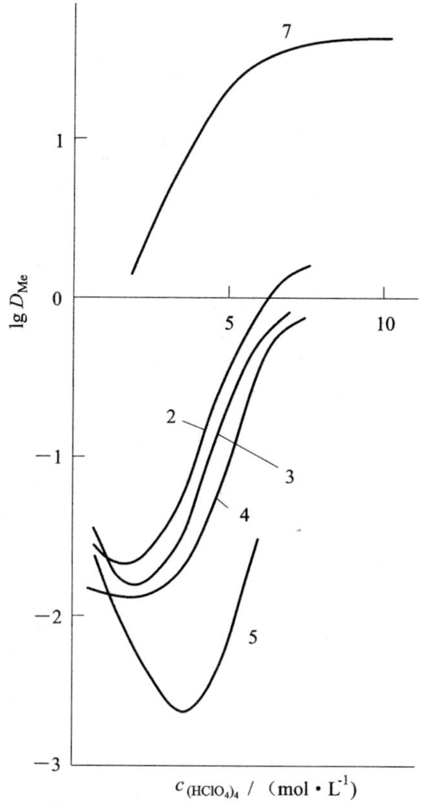

图 2-8　100%TBP 萃取时钪和伴生元素的
分配系数 *D* 和高氯酸平衡水相中的浓度间的关系

1—c_{Sc} = 0.0111mol/L；2，3，4—c_{Ln} = 0.030mol/L；
2—La；3—Y；4—Yb；5—c_{Zr} = 0.080mol/L

取率并生成生成乳浊液。$\beta_{Sc/Fe}$值随酸度的增加而增加，在 8mol/L 时 $\beta_{Sc/Fe} \approx 2$。从 8mol/L HCl 溶液中用 50% TBP 萃取并接着用 4mol/L HCl 反萃时，钪的除铁净化率为 80%，其中萃取阶段为 5.5%，反萃阶段为 74.5%。

用 TBP 从 HCl 和 HNO_3 的混合酸溶液中萃取钪还可以用来净化铁和钛。TBP 萃取还用来分离钪和钙。在这些金属为指示剂量时，分离效果最好的条件为 $c_{HCl}=7\sim9mol/L(\beta_{Sc/Ca}=200)$。随着水相金属浓度的增加，由于 D_{Sc} 降低和 D_{Ca} 增加，$\beta_{Sc/Ca}$ 减少。当钙为2.5mol/L，钪为指示剂量时，钪钙分离最佳的水相酸度为 HCl $4\sim6mol/L$。此时，$D_{Sc}>20$。为了除去痕量钙，需用 9mol/L 的 HCl 洗涤有机相。

曾研究过用 TBP 在 $c_{HNO_3}=2\sim7mol/L$ 的硝酸溶液中对宏量钪和钙的共萃取过程。在有钙存在时可以增加钪向有机相的转移。当 c_{Ca} 由 0.15mol/L 增加到 3mol/L 时，D_{Sc} 大约增加一个数量级；在 $c_{Ca}=3mol/L(c_{HNO_3}=4.5mol/L,\ c_{Sc}=7\times10^{-3}mol/L)$ 时，可达到约 13。对 D_{Sc} 值的研究表明，钙是一个有效的盐析剂。在萃取体系中有钪时，由于减少了游离萃取剂的浓度而抑制了钙的萃取。从图2-2也可以看出，在同时存在钪和钙时，与单一化合物萃取比较，钪的萃取增加，而钙的萃取却受到了抑制。

$\beta_{Sc/Ca}$ 和 c_{HNO_3} 的关系曲线在 $c_{HNO_3}=6.2mol/L$ 和 $c_{Ca}=1.95mol/L$ 时有一个最大值($\beta_{Sc/Ca}=1950$)。这种现象可以由钙的萃取特性加以解释：D_{Ca} 在 $HNO_3<5.5\sim6mol/L$ 时减少，然后又开始增加，而此时 D_{Sc} 只是单调地增加。有趣的是，D_{Ca} 和 c_{HNO_3} 关系的这种特点对微量浓度钙时也同样存在。$\beta_{Sc/Ca}$ 值随 D_{Ca} 的增加而增加是由于 D_{Sc} 值和 D_{Ca} 值减少的结果。应该指出，此时，在平衡有机相中钙的浓度减少，同时，由于萃取化合物的影响，钙的萃取等温线的形状是相当异常的。根据研究所得结果可以确定钪钙分离最佳的钙和硝酸的浓度范围为 HNO_3 6mol/L，钙大于 1mol/L。

烷基磷酸酰胺可用于分离钪和钍、锆。胺基的存在可以使萃取剂比三烷基磷酸酯具有更高的对钪的萃取选择性。在 9mol/L 的 HCl 溶液中用 0.02mol/L DAHP 苯溶液萃取可从锆、钍和钪的混合物中分离出锆，在 $4\sim7mol/L$ 的 HNO_3 溶液中用 0.05mol/L

DAHP 萃取可分离出钍，而钪完全留在水相中。

(2)有机酸萃取

1)含磷有机酸萃取

加有稀释剂的烷基磷酸(APA)从除氢氟酸外的所有介质中均能萃取钪。钪从其低浓度溶液进入有机相的萃取率接近100%，而且水相中的矿物酸浓度和稀释剂中萃取剂的浓度对其影响不大。与其他元素一样，APA 按阳离子交换机理萃取钪。但是，由于钪原子和 P＝O 基的相互作用，还可能产生 APA 分子的附加的溶剂化作用。采用 D2EHPA 萃取时，D_{Sc}与 $HClO_4$，HCl，H_2SO_4 和 HNO_3浓度的关系曲线有一个最低值，这些最低值的酸浓度分别为5.5，5，4.5 和 9mol/L。这与钪的 D2EHPA 的萃取机理的变化有关。在水相酸度低时，由阳离子交换机理控制；而在高酸度时，由溶剂化机理控制。例如，在盐酸浓度为 2mol/L 时，钪按阳离子交换机理和溶剂化机理被萃取。根据 D_{Sc} 和 c_{HCl} 及 c_{Cl^-} 的关系曲线和红外光谱数据可找到，在 HCl 为 5mol/L 时，钪以同等程度按阳离子交换机理和溶剂化机理被萃取，而在 HCl 为 10mol/L 及更高时，钪按溶剂化机理被萃取。根据红外光谱等方法的研究结果可知，萃合物中不存在水分子。

二烷基磷酸以 ScA_3 和 $Sc(HA)_3$ 组成萃取钪。对 D_{Sc} 和 c_{H^+} 及 c_{HA}关系曲线的分析表明，采用二－正丁基磷酸的苯溶液，D2EHPA 和二－正辛基磷酸的正辛烷溶液从 $HClO_4$ + $NaClO_4$ 和 HNO_3 + $LiNO_3$溶液萃取钪时，萃合物的组成为 $ScA_3(HA)_3$。当 c_{HClO_4} >5mol/L 时，离子交换机理改变为溶剂化机理。络合物的组成为 $Sc(ClO_4)_3 \cdot (HA)_3$。研究表明，钪和 D2EHPA 可能生成两种类型的化合物：当大于 50% 的 D2EHPA 处于游离萃取剂形态时生成 $Sc(HA)_3$，而在接近饱和条件下则生成 ScA_3。

在用 D2EHPA 萃取时，存在有少量 $C_2O_4^{2-}$ 或 PO_4^{3-} 离子会明显降低 D_{Sc}；而且在有草酸盐离子情况下，这种效应更大一些。体系中有磷酸盐离子时还会降低萃取速度。在这种情况下，要几个小时才能建立平衡；而在没有 PO_4^{3-} 时，则在几分钟内即可达到平衡。钪的萃取速度常数按阳离子交换机理为 0.0293 cm/min，按溶剂化机理为 0.0415 cm/min。在其余条件相同的情况下，体系达到平衡的时间首先取决于起始溶液中钪的浓度和萃取剂的浓度。

在有大量钪以及萃取体系中有其他金属存在时，在一定条件下，由于体系被烷基磷酸盐 MA_n，首先是 ZrA_4 饱和，有可能出现第三(有机)相。往 D2EHPA 中添加 TOPO 或 EBOPO 可以在不生成第三相的情况下增加有机相中钪或其他金属的浓度。

在 20℃ 下 D2EHPA 按阳离子交换机理和溶剂化机理萃取钪(HCl 0.5mol/L 和 8.0mol/L)的吉布斯自由能变化分别为 −33.1 和 −31.2kJ/mol。它们属同一个数量级。但是，在按阳离子交换机理萃取时，过程焓的变化为正值，同时 ΔG 值主要由取决于被交换离子水合和脱水过程的熵项决定。在按溶剂化机理萃取时，在萃取络合物中产生钪和 D2EHPA 磷酰基氧的供体－受体键，过程焓的变化为负值，同时萃取的 ΔG 由焓项决定。在用 D2EHPA 从 1.045mol/L $HClO_4$ 萃取钪时，吉布斯自由能变化值为 −46.1 kJ/mol，并同样由焓项决定。

对 D2EHPA 在煤油中的聚合程度的研究表明，在 0.5 ~ 3mol/L 的浓度时，酸处于二聚状态。随着浓度的降低，聚合程度下降，但一直到 8×10^{-2}mol/L，主要的仍然是二聚状态。在浓度 $\leqslant6\times10^{-3}$mol/L 时，D2EHPA 以单体形式存在。

文献研究了 APA 结构对其萃取钪能力的影响，结果表明 D_{Sc} 随置换烷基碳氢键长度的增加而增加，而随着它的分叉 D_{Sc} 降低。与 TBP 时的情形一样，由 $HClO_4$ + HNO_3 混合物中萃取时未发现 D_{Sc} 的增加。

钪很难从 APA 反萃出来，只有采用碱、氢氟酸及其盐类的溶液反萃才有可能。而且，在用碱时，钪的反萃不完全。固体 NaF

对钪的反萃最有效。此时，可以得到过滤性能好的结晶沉淀。与碱或氢氟酸反萃相比，钪的损失有所减少，最佳 NaF 量为生成 Na_3ScF_6 理论必需量的 6 ~ 7 倍。在这些条件下，钪由有机相转入反萃液的回收率达 98% ~ 99%。

有一些文章报道了正己基、正癸基和正辛基苯基磷酸酯对钪的萃取。从 2mol/L 的 HCl，$HClO_4$，HNO_3 和 H_2SO_4 溶液中，钪以 $ScX_3 \cdot (HA)$ 形式被萃取。由强酸性溶液中萃取的形式为 $ScX_3 \cdot (HA)_n$（X 为 ClO_4^- 或 Cl^-）或 $Sc_2(SO_4)_3 \cdot (HA)_n$。但后一种络合物形成的可能性不大，因为对于钪，在浓 H_2SO_4 介质中具有代表性的是阴离子络合物。在浓度为 HCl 8 ~ 9mol/L；$HClO_4$ 5 ~ 6mol/L；H_2SO_4 8mol/L 时，D_{Sc} 和酸的活度关系曲线有最小值。

在硝酸介质中，甚至在 11mol/L 时均未能发现有最小值。从 $\lg D_{Sc}$ 和有机相 HA 浓度对数值的关系曲线发现，由 2mol/L 的 H_2SO_4 溶液中，钪是以 $ScA_3(HA)_2$ 形式被萃取。置换烷基的长度对萃取剂在有机相中的溶解度和二聚化有很大的影响。随着其长度的增加，在苯中的溶解度增加，二聚化和 OH 基的酸性变差。

在 0.01mol/L 的 HNO_3 溶液中用 0.2mol/L $DBTPACCl_4$ 溶液萃取钪时，D_{Sc} 值超过 10^2。

不仅是纯 APA，即使是工业混合物也能有效地萃取钪。用于合成萃取剂的产物通常含有 50% ~ 60% 的醇，其中约 85% 为异构醇。醇的主要部分（85%）为 C_5 ~ C_{22} 的醇。添加 1% ~ 0.5%（体积）丁醇或异戊醇可以破坏萃取过程中生成的乳浊物。建议采用下列最佳萃取参数：相比 A : O = (5 ~ 10) : 1；萃取剂浓度 5% ~ 10% APA 煤油溶液。采用丁醇作合成的起始物料时，钪的提取率为 97.6%；采用辛醇的约为 100%；采用 C_5 ~ C_{22} 工业混合物时亦约为 100%。

2）羧酸萃取

就化学本质而言，钪的羧酸溶液萃取与 APA 一样属于阳离子交换。这些羧酸盐在有机溶剂中比在相应的水溶液中具有更好的溶解性能。例如，曾经发现醇和酯可以萃取钪的苯甲酸盐和水杨酸盐。

有关钪的羧酸萃取机理研究的报道有限。稀释法对油酸(异丁醇溶液)萃取钪的研究表明，被萃络合物的分子式组成为 ScA_3 (HA 为酸)。用癸酸萃取钪，在苯中酸的浓度范围为 0.1 ~ 1.0 mol/L 时，萃取络物合物的聚合度等于 6，水分子不进入有机相中，生成的形式为$(ScA_3)_6$的络合物。

人们研究过高级羧酸熔体对钪的萃取富集。在 $c_{Sc} = 10^{-2}$ ~ 10^{-5}mol/L 范围，在 70℃ ~90℃ 下和水相 pH >2.5 时，发现熔体能对钪定量提取，在 1min 内可使钪达到 100 倍的富集。研究确定被萃络合物不含有羧酸配位分子。

这种萃取过程与浮选非常近似。曾研究过用辛烷酸、癸烷酸和月桂酸的钾盐浮选富集工业废水中的钪，结果表明，在 pH = 4.0时，钪的提取率达 95.6% ~98.0% 。

已研究过钪和水杨酸、苯甲酸、苯基醋酸和二苯基醋酸的络合物进入氯仿的萃取过程，稀释法的数据表明萃取按下列方程进行：

$$Sc(OH)^{2+} + 2HA_{有} \rightleftharpoons [ScA_2(OH)]_{有} + 2H^+$$

研究表明，水杨酸通过羧基和酚基的氧来配位钪的。

萃取法对指示剂量钪的研究表明，和 0.5 ~ 1.0mol/L $HClO_4$ 溶液处于平衡状态的正庚烷溶液中的二壬基萘磺酸(DNNSA)以含七个酸分子的聚集体状态存在，说明钪以 $Sc(H_4A_7)$ 形式被 DNNSA 萃取。但另一研究认为，聚集体中二壬基萘磺酸的分子数为 15，萃取络合物的形式为 $Sc(H_{12}A_{15})$。随着稀释剂介电常数的增加，D_{Sc}降低。这是由稀释剂极性对 Sc^{3+} 和 DNNSA 阴离子间离子对生成常数的影响引起的。DNNSA 对钪的萃取吉布斯自由能变化值为 -16.7kJ/mol。3，5 - 二硝基苯甲酸和 DNNSA 对钪的萃取用于测定水相中钪和无机配位体的络合物的稳定常数。

3)有机酸萃取分离钪的伴生元素

1% D2EHPA 苯溶液萃取可以分离钪和钙。此时，$E_{Sc}=99.5\%\sim90.8\%$，而 $E_{Ca}=0.07\%$。2.3×10^{-7} mol/L D2EHPA 的煤油溶液由 $\mu=2$ 的 $HClO_4$ 介质中萃取 2.25×10^{-4} g/L Sc 时，含量在 1～3 g/L的 Fe(Ⅱ)，La，Y，UO_2^{2+} 对萃取没有影响。此时，$D_{Sc}=49.8$。在钍的浓度由 0.1 增加到 0.5g/L 时，D_{Sc} 由 31.4 降低到 16.2。锆对钪萃取的抑制程度更大：c_{Zr} 由 2×10^{-3} 增加到 0.5g/L，D_{Sc} 由 40 降到 2.1。$c_{Sn}=1.0$g/L 时，$D_{Sc}=8.7$。由 1.0mol/L $HClO_4$ 溶液中萃取时的 $\beta_{Sc/M}$ 值如下：Fe(Ⅱ)，$>5\times10^5$；Fe(Ⅲ)，5×10^4；La，$>5\times10^5$；Y，5×10^4；U(Ⅳ)，5×10^3；Th，1245；Sn，710；Zr，3.1。

用下列溶液试验过 D2EHPA 对钪的萃取。溶液 No.1 含硫酸盐(g/L)：Fe，5；Y，3；Mg，28；Mn，5；Al，6；Th，2；U，1；Sc，0.001和 H_2SO_4，49。c_{HA} 由 1×10^{-3} mol·L^{-1} 增加到 1×10^{-2} mol·L^{-1} 时，D_{Sc} 由 5.5 增加到 300。溶液 No.2 除上述化合物外，还含 $ZrOSO_4$ 0.6g/L。这导致钪的萃取抑制作用，D_{Sc} 由 0.52 变至 47.2。溶液 No.3 为独居石酸分解后的溶液附加 0.02g/L 钪。它含有(g/L)：$Ln_2(SO_4)_3$，63；$Th(SO_4)_2$，8；H_3PO_4，24；H_2SO_4，130。c_{HA} 由0.02增加至 0.1mol/L 时，D_{Sc} 由 12.7 变至 82.1。溶液 No.4 为磷灰石分解后得到的溶液，它含(g/L)：$Ca(NO_3)_2$，635；Na_2SiF_6，15；$Ln_2(SO_4)_3$，5；H_3PO_4，220；HNO_3，30。c_{HA} 由 0.05 增加到 0.1mol·L^{-1}时，D_{Sc} 由 0.01 变至 1.76。

从 0.01mol/L 钪的硝酸溶液中用 0.2mol/L 二丁基硫代磷酸(DBTPA)的 CCl_4 溶液萃取，可以分离碱金属、碱土金属、稀土金属，Cr，W，Mo，Co，Ni 和 As。

用正油酸从 pH=1.6，经 NH_4NO_3 饱和，金属离子浓度为 $10^2\sim10^3$ mol/L 的水溶液萃取时的 D 值如下：稀土元素，0.003；Sc，

0.17；Th，1.3；U，7.3。用这种溶液萃取可以分离钪，除去铀和在较小程度上除钍。为了除去稀土元素，最好在 pH =2.35 下进行。此时 $D_{Sc}=32$，$D_{RE}=0.027$。在 pH =1.5 ~3.5 的溶液中萃取钪和钍时，发现有机相会强烈浊化一直到在界面上生成油酸盐沉淀。提高 pH 或加入氯仿可使沉淀消失。

已研究过采用0.3% ~1.5%钾的癸酸盐、十一烷酸盐、桂酸盐和三癸烷酸盐水溶液作捕集剂对钪和镧进行浮选分离的可能性。起始溶液含 0.1g/L Sc 和 La，pH =2.5 ~5.0。将捕集剂溶液碱化至 pH =11.6 并加入到起始溶液中，捕集剂和钪、镧的离子的相互作用伴随生成相应难溶皂的稳定的胶体溶液。用空气进行 30min 的浮选处理，从表面用机械方法除去相应盐的薄膜。主要是钪进行浮选，其皂的溶解度小于镧皂的溶解度，借助十一烷酸钾可以将 95.8%Sc 和 1.3%La 转入薄膜。在 pH =3.5 ~4.5 和 20℃下可以有效地分离钪和镧。提高温度对分离过程的作用不利。添加捕集剂后溶液的搅拌时间及其往溶液中的添加速度对过程的效率没有明显的影响。浮选过程中转变为薄膜的体积不超过原先的 0.1% ~0.5%。

(3)有机碱萃取

用有机碱萃取钪，对于不同的水溶液介质萃取效果是不一样的。

对于盐酸和硝酸水溶液介质，有机碱对钪的萃取很弱，而且按下列顺序增加：伯胺 < 仲胺 < 叔胺 < 季胺。用伯胺(Primene JMT)和仲胺(Amberlite LA -1)从盐酸介质中萃取时，$D_{Sc}\approx10^{-3}$。往盐酸中添加氯化锂，钪的萃取效果会好一些。尽管钪从盐酸溶液中的萃取率不高，但还是比稀土元素的高。用叔胺(Adogen 364)萃取时，$D_{Sc}\approx10^{-2}$；而用季胺萃取时，$D_{Sc}\approx10^{-1}$，随着 NO_3^- 离子浓度的增加，D_{Sc}稍有增加。

对于金属离子能形成络合物阴离子的水溶液介质，例如在硫酸盐、氟化物和碳酸盐介质中，有机碱对钪的萃取能力明显提高。此时，对钪的萃取能力按下列顺序增加：叔胺 < 仲胺≪伯胺。伯胺类萃取剂以离子缔合形式萃取溶液中的阴离子，而且选择性较好，是有机碱中萃取钪效果最佳的萃取剂。在有机碱中，叔胺和仲胺实际上不能从氢氟酸溶液中萃取钪。与此同时，伯胺(正十二烷基胺)对钪的萃取率却相当高。

我国生产的伯胺萃取剂 N_{1923}，对 Sc(Ⅲ)和 Fe(Ⅲ)的萃取率较高，而对 Ti(Ⅳ)，Fe(Ⅱ)，Mn(Ⅱ)等离子的萃取率较低。采用 N_{1923} 从钨渣的硫酸浸取液中萃取钪，可获得良好效果。研究表明，N_{1923} 的反萃效果较好，只要用 2mol/LHCl 作反萃剂即可达到比较满意的效果。盐酸浓度和反萃时间对反萃率的影响见图 2－9 和图 2－10。

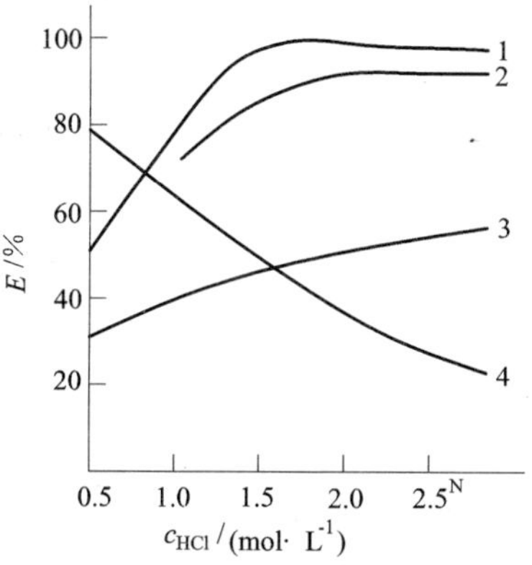

图 2－9　盐酸浓度对反萃率的影响

1—Sc；2—Mn；3—Fe；4—W；

[N_{1923}]/煤油 = 15%；$V_0 : V_a = 1:1$；$t = 10$min；

$[Sc^{3+}]_a = 571$mg/L；$[Fe^{2+}]_a = 439$mg/L；

$[Mn^{2+}]_a = 63.6$mg/L；$[W^{6+}]_a = 55.7$mg/L

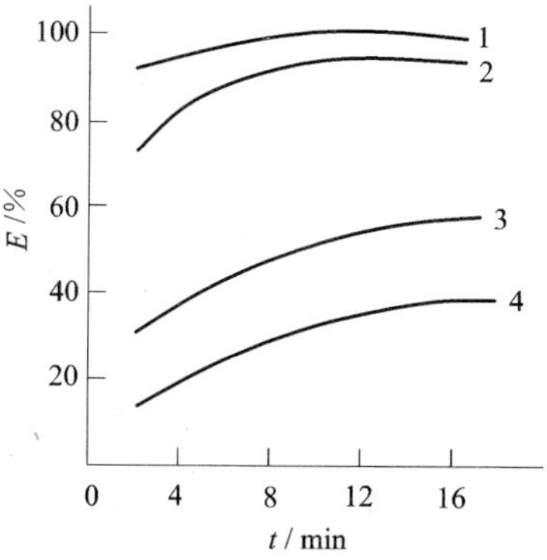

图 2－10　反萃时间对反萃率的影响

1—Sc；2—Mn；3—Fe；4—W；

$[HCl]_{反萃} = 2.0$mol/L，

其他条件同图 2－9

我国学者采用上升单液滴法对伯胺 N_{1923} 从硫酸介质中萃取 Sc(Ⅲ)的动力学进行了研究，测定了不同萃取条件对萃取速率的影响。伯胺的界面活性很强，在 N_{1923} 较低浓度范围($<2.0\times10^{-3}$ mol/L)进行实验时，$\lg R \sim \lg c^0_{(RNH_3)_2SO_4}$ 呈简单的线性关系，萃取速率对 RNH_3^+ 呈一级反应。SO_4^{2-} 在水相中的浓度为 0.25 ~ 4.00 mol/L 时，SO_4^{2-} 的浓度变化对萃取速率没有影响。在 SO_4^{2-} 浓度较低时($1.0\times10^{-1.7}\sim10^{2.9}$ mol/L)，$\lg R \sim \lg c^0_{SO_4^{2-}}$ 呈简单的线性关系，萃取速率对 SO_4^{2-} 呈二级反应。H^+ 在水相中的浓度为 $1.0\times10^{-5}\sim10.0$ mol/L 时，萃取速率与 H^+ 离子浓度的变化无关，萃取速率对 H^+ 离子呈零级反应。

由此，得到 $c^0_{SO_4^{2-}}$ 为 $1.0\times10^{-1.7}\sim10^{-2.9}$ mol/L 范围的萃取速率方程为：

$$R = k[Sc^{3+}][RNH_3^+]_{(o)}[SO_4^{2-}]^2$$

25℃时，萃取速率常数为 4.78×10^{-6}。

根据上述结果，萃取反应可能是由多个基元反应组成的。由于有机胺萃取反应一般为界面萃取反应，以(i)代替(o)表示，其反应历程可能为：

$$RNH_{2(i)} + H^+_{(i)} \longrightarrow RNH_3^+{}_{(i)}$$

$$Sc^{3+}_{(a)} + 2SO_4^{2-}{}_{(a)} \rightleftharpoons Sc(SO_4)^-_{2(a)}$$

$$Sc(SO_4)^-_{2(i)} + RNH_3^+{}_{(i)} \longrightarrow [RNH_3^+][Sc(SO_4)_2^-]_{(i)}$$

$$[RNH_3^+][Sc(SO_4)_2^-]_{(i)} + 2(RNH_3)_2SO_{4(o)} \longrightarrow (RNH_3)_3Sc(SO_4)_3\cdot(RNH_3)_2SO_{4(o)}$$

用正癸基硝酸胺从碳酸盐溶液中萃取钪时的最佳 pH 值为 6.5 ~ 8.2。在$[CO_3^{2-}]=9\times10^{-2}$mol/L 和 $pH_{平衡}=7$ 时，钪的萃取率达 94%。从硫氰化物溶液中用正十八烷基苯二甲胺的氯化物能明显萃取钪，萃取率在 10% ~ 100%。从硫酸盐水溶液中用双胺的(3，5，5－三甲己基)硫酸盐的氯仿溶液萃取钪时，从有机相析出组成为$[(C_6H_{19})_2NH_2]_4 \cdot Sc(OH)(SO_4)_3$的络合物。

根据杂环碱对钪的硫氰化物萃取的研究结果确定，钪和二配位基胺生成螯合物，和单配位基胺生成离子缔合物。钪和二氮菲在萃取时生成$[Sc(OH)(Phen)_2NCS]NCS$络合物。采用氯仿和二氯乙烷作溶剂时，苯、四氯甲烷和饱和烃实际上不萃取钪的胺－硫氰化物络合物。在用 0.136mol/L 的二氮菲氯仿溶液从含 NCS^- 3.65mol/L和含钪 7×10^{-5} mol/L，pH = 4.2 ~ 5.5 的水溶液萃取时，$E_{Sc} = 94\%$。用 0.75mol/L 的喹啉溶液从 pH 为 0.5 ~ 1.1 和 4.3 ~ 4.8 的介质中萃取时，$E_{Sc} = 97\%$。从 pH = 5.5 ~ 5.6 的溶液中用吡啶萃取时，$E_{Sc} = 8\%$。将萃取剂浓度增加到 1.2mol/L 时，E_{Sc}达到 50%。用 0.1mol/L HCl 或 0.1mol/L 的 HNO_3溶液可以进行定量反萃。

采用 10% 仲胺 Amberite LA－2 的二甲苯溶液，可对钪和一些伴生元素进行分离。从含 0.1mol/L H_2SO_4和 0.1mol/L $(NH_4)_2SO_4$的水溶液萃取时，不萃取 Al，Cd，Co，Cu，Ga，Mg，Mn(Ⅱ)，Ni，RE，Y，而定量萃取 Sc，Th，U(Ⅵ)和 Zr。In，Fe(Ⅲ)和 V(Ⅳ)则分离不完全。用 1mol/L H_2SO_4溶液进行钪的反萃时，钍亦被反萃，钽、铀和锆留在有机相中。这些金属可用 5mol/L HCl 和 10% Na_2CO_3溶液进行反萃。钍的行为与钪的类似，是最难分离的金属。在研究过的条件下，采用 0.5mol/L H_2SO_4时分离效果最好，此时 $E_{Sc} = 4.4\%$，$E_{Th} = 79.2\%$。

采用 SO_4^{2-} 型 Amberite LA－2 浸渍过的硅胶柱，可用反相萃取色层法对稀土、铀和锆进行分离，起始溶液含 0.025mol/L H_2SO_4和 1.0mol/L $(NH_4)_2SO_4$。吸附后用起始溶液 1.5 倍体积的 0.025mol/L H_2SO_4 + 1.0mol/L $(NH_4)_2SO_4$溶液淋洗稀土，用起始溶液 2.5 倍体积同样组成的溶液淋洗钪，1.5 倍体积的 1mol/L $HClO_4$溶液淋洗锆和铀(Ⅳ)，钪的平均回收率为 98.7% ~ 100%。

胺萃取有一些缺点，其中包括伯胺及其在稀释剂中的溶液会和水溶液生成稳定的乳浊液，必须采用专门的措施来消除它，这使得难以采用连续对流萃取。

(4)协同萃取

协同萃取可用于改善钪与杂质的萃取分离，提高钪的萃取效率。萃取时的协同效应通常与生成混合型的螯合物－溶剂化物有关。例如，在从硝酸溶液中进行萃取时，往 HTTA 煤油溶液中添加 DBBP 或 DOOP 会显著增加对钪的萃取性能，这是由于生成了 $Sc(TTA)_3 \cdot DBBP$ 或 $Sc(TTA)_3 \cdot 2DOOP$ 的缘故。用 δ－喹啉酚和 TBPO或 DBBP 己烷溶液的混合物从盐酸溶液中萃取钪时，由于生成 $ScCl(O_x)_2 \cdot TBPO$ 或 $ScCl(O_x)_2 \cdot 2DBBP$ 混合型螯合物－溶剂化物，也产生明显的协同萃取效应，添加 TBP 却不产生协同效应。TBP 和 HTTA(或 MIBK 和 HTTA)的混合萃取剂对钪的萃取能产生协同效应。例如，往 0.1mol/L HTTA 的 CCl_4 溶液中加入 0.1mol/L TBP 或 MIBK 时，D_{Sc}可提高约 100 倍。此时生成的螯合物－溶剂化物为 $Sc(TTA)_3 \cdot TBP$，$Sc(TTA)_3 \cdot 2TBP$ 和 $Sc(TTA)_3 \cdot MIBK$。在研究添加 TBP 和 TOPO 对从 $HClO_4$溶液中萃取 $Sc(AA)_3$ 的影响时发现，TBP 不产生协同效应，而 TOPO 却可以增加 D_{Sc}10 倍以上。此时，在有机相中存在 $Sc(AA)(ClO_4)_2 \cdot 2TOPO$ 和 $Sc(AA)_2(ClO_4) \cdot 2TOPO$ 等溶剂化物。

用 β－双酮－四乙基二酰胺－庚磷酸盐的混合物萃取钪时的协萃作用很大。采用平衡移动法，确定了用 β－双酮 HBA，HTTA，HPMBP 从 HNO_3，$HClO_4$ 和 HCl 溶液中萃取的化合物为 $ScA_nX_{3-n} \cdot mDAHP_{(P-m)} \cdot H_2O$，式中 X——$NO_3^-$，$ClO_4^-$ 或 Cl^-。式中的系数值列于表 2－17 中。

从表 2－17 中可见，从硝酸溶液中萃取钪时，萃合物分子式中的 n 值较小。这是由于钪和 NO_3^- 离子的络合生成常数比和 Cl^- 及 ClO_4^- 离子的大。在从浓度大于 4～5mol/L 的酸溶液中萃取时，D_{Sc}值按下列顺序增加：HBA < HTTA < HPMBP 和 HNO_3 < HCl <

$HClO_4$。在这些萃取体系中，萃合物中的组分比例对所有的酸都是一样的：Sc∶HA∶DAHP＝1∶1∶2。

表2－17　β－双酮＋DAHP混合物萃取钪时萃合物分子式中的系数值

水相组成	β－双酮	n	m
$HClO_4$	HBA	3	2
$HClO_4$、HCl	HTTA，HPMBP	3	1
HNO_3	HBA，HTTA	1	2
HNO_3	HPMBP	1	1

从硝酸溶液中萃取时，往萃取剂中加入DAHP会使pH_{50}比只有HPMBP单独萃取时移向更高的酸度范围。在强酸性溶液中没有协萃作用，用来稀释萃取剂的溶剂按其D_{Sc}的大小有如下顺序：

环己烷＞正己烷＞苯＞二氯乙烷＞四氯甲烷≈氯仿

对于强酸性HCl溶液，用苯萃取钪的效果最好。

当有DAHP存在时，钪和SA，BA，PAA和DPAA的络合物的萃取研究表明，往含芳香族羧酸和钪的萃取体系中加入DAHP会增加D_{Sc}值，并使D_{Sc}和pH的关系曲线移向酸度更高的范围。在pH＝3.5～5.8范围，钪萃取的D值最高：$D_{SA}=0.2$；$D_{PAA}=1.6$；$D_{DPAA}=2.7$；$D_{BA}=5.0$。平衡移动法测得的萃合物中组分的化学计量比例为：Sc∶HA∶DAHP＝1∶2∶2（对BA，PAA）和1∶3∶2（对SA）。

当用HOPPA（$5\times10^{-4}\sim10^{-3}$mol/L的苯溶液）和TOPO或TAPO（$10^{-4}\sim10^{-2}$mol/L的苯溶液）混合萃取剂从2mol/L HCl，HNO_3和H_2SO_4溶液中萃取钪时未发现有协同效应。在有10^{-3}mol/L或更高浓度的TBPO存在时，发现有反协同效应，D_{Sc}可降低两个数量级，其原因是HOPPA和TBPO的相互作用降低了游离HOPPA的浓度。

用 TBP + PSO 和 TBP + TABAC 混合物萃取钪时，协同效应不大。从 1 ~ 3mol/L HCl 溶液中用添加有 3×10^{-2} mol/L DAHP 的 0.02mol/L HPMBP 苯溶液萃取时，Fe(Ⅲ)，Hf，Zr 的提取率达 85% ~90%，而 Ce(Ⅲ)，Sc，Ge，In，Co(Ⅱ)不被萃取。从含 $c_{Zr}=4\times10^{-5}$ mol/L 的 7mol/L 的 HNO_3 溶液中，在有 10^{-2} mol/L DAHP 存在下用 5×10^{-4} mol/L HPMBP 萃取，同样可分离锆和钪。在Zr∶Sc = 1∶(1 ~ 10)时，$E_{Zr}=88\%$，而 $E_{Sc}=0.4\%\sim0.2\%$。

(5)萃淋剂萃取

20 世纪 80 年代后期，俄罗斯的一些学者进行了萃淋剂(固体萃取剂)萃取钪的研究，并且已将萃淋剂实际应用于从钛镁生产附产物中提取钪的工艺过程。同一时期，我国也开始了对萃淋剂萃取钪性能和应用萃淋剂制取高纯氧化钪的研究，取得了良好效果。萃淋剂是一种新型萃取剂材料，它是在颗粒型惰性吸附剂合成过程中，将液体萃取剂以液滴态微小颗粒负载于吸附剂基体(载体)中，萃取剂液滴均匀分布于基体颗粒的整个体积内。这种多聚物基体会对钪萃合物的状态和组成，对钪的萃取过程产生影响，能够增加钪的萃取容量，显著提高钪萃取过程的效率。萃淋剂特别适于在矿浆萃取中应用。由于它能够有效地把吸附剂的工艺性能与液体萃取剂的高效和动力学性能结合起来，是一种很有应用前景的新型萃取剂材料。

1)萃淋剂 TBЭKC - TBP 在硫酸溶液中对钪的萃取

TBЭKC - TBP 为苯乙烯二乙烯苯基体负载有 TBP(质量分数 50%)萃取剂的球形颗粒萃淋剂。颗粒尺寸为 0.63 ~ 1.3mm。TBЭKC - TBP 具有孔隙结构。孔径为 5 ~ 100nm，比表面 281 m^2/g，孔隙总体积 1.1cm^3/g。TBЭKC 基体内输送孔隙能够保证颗粒内目标成分高速度地扩散传递。研究证明，在含 6mol/L H_2SO_4和 0.23mol/L Sc 溶液中对钪进行萃取时，经过 1 ~ 2h，钪的提取率即达平衡值的 80% ~90%。在设定溶液搅拌良好条件下计算出的 TBЭКС－TBP 颗粒内钪的扩散系数值 $D_{扩} = 4.05 \times 10^{-12}$ m^2/c。这与磷酸型离子交换树脂吸附提取 Sc 时的 $D_{扩}$ 值在可比范围内。

图 2－11 示出了 TBЭКС－TBP 与硫酸溶液之间钪的分配系数 D_{Sc} 与硫酸浓度的关系。所得结果与采用 100% TBP 萃取时的情况相同，只有在溶液酸度大于 5mol/L H_2SO_4 时，才能观察到 D_{Sc} 的急剧增加。以往的研究表明，在小于 6mol/L H_2SO_4 溶液中用 TBP 萃取时，钪以 $[TBP \cdot H \cdot (H_2O)_m]^+[Sc(SO_4)_2]^-$ 离子对形式按水合溶剂化机理被萃取；而在硫酸浓度高于此值时，硫酸分子进入溶剂化物组成。最近，用核磁共振法确定，在萃合物中不存在P－O－Sc配位键。在 6mol/L H_2SO_4 溶液中，TBЭКС－TBP 按水合溶剂化机理萃取钪，在有机相中生成 $[Sc(SO_4)_3]^{3-}$ 络合物。

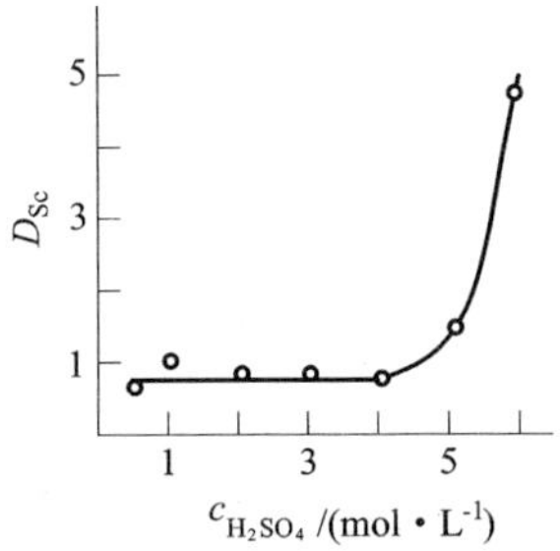

图 2－11　钪在 TBЭКС－TBP 中的分配系数与硫酸浓度的关系

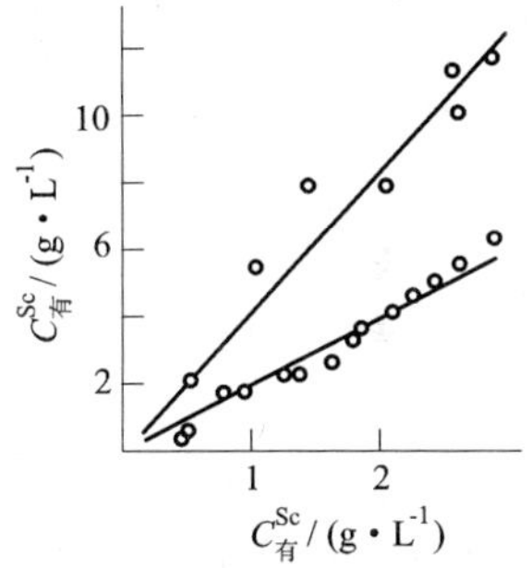

图 2－12　钪的萃取等温线 (6mol/L H_2SO_4)

α—TBЭКС－TBP；δ—TBP

图 2－12 示出了 TBP 和 TBЭКС－TBP 萃取钪的等温线。由于水溶液浓度低，得到了分配系数恒定的等温线区段并可用直线方程进行描述。由于苯乙烯二乙烯苯基体并不提取钪和硫酸，因

此，从图可见，TBЭКС 基体中萃取剂的平衡容量比液体 TBP 的要高出 1 倍。看来，出现这种情况，多半是由萃合物在 TBЭКС 多聚体中的状态特性决定的。在 TBЭКС 基体内萃取剂处于液滴状态，一部分还以单分子层形态被表面吸附。TBP 分子的直径为 0.8nm。如果取一个被吸附 TBP 分子占据的面积为该直径圆的面积，可以估算出处于单分子层形态萃取剂的分率。对 TBЭКС－TBP，该分率为 50%。就是说，有一半萃取剂处于被吸附状态；而且，它们多半以活性基团形式存在。TBЭКС 中萃取剂的这种状态必然有利于被提取金属的溶剂化作用。

2）萃淋剂 TBЭКС－TBP 在盐酸溶液中对钪的萃取

采用前面介绍过的 TBЭКС－TBP 萃淋剂，在 8mol/L HCl 溶液中的可比条件下，研究了 100% TBP 和 TBЭКС－TBP 对钪的萃取过程。萃取温度为 25℃，钪的浓度范围为 $2\times10^{-4}\sim0.36$mol/L。实验所得的萃取等温线示于图 2－13。

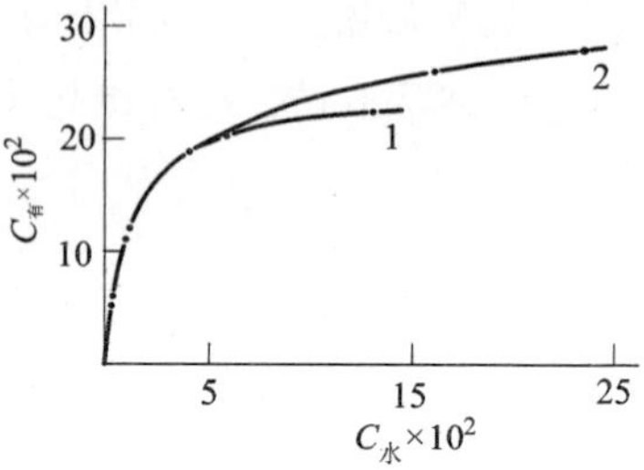

图 2－13 在 8mol/LHCl 溶液中 100%TBP(1)和 TBЭКС－TBP(2)萃取时钪的萃取等温线[$C_{有}$和 $C_{水}$分别为有机相和水相浓度(mol/L)]

由图 2－13 可见，在平衡浓度值低时，两种情况下的萃取等温线实际上是重合的；但在高值时，TBЭКС 基萃淋剂的容量就变得更大了。

根据核磁共振法的研究表明，钪在 $TBP-HCl-ScCl_3$ 体系中，钪存在多种形态的络合物，其萃取方程可描述如下：

$$[Sc(H_2O)_3Cl_3]_{水}+3TBP_{有}=\!=\!=[Sc(TBP)_3Cl_3]_{有}+3H_2O_{水}$$

$$[Sc(H_2O)_4Cl_2]^+_{水}+2TBP_{有}=\!=\!=[Sc(TBP)_2(H_2O)_2Cl_2]^+_{有}+2H_2O_{水}$$

$[Sc(H_2O)_4Cl_2]^+_{水} + 3TBP_{有} = [Sc(TBP)_3(H_2O)Cl_2]^+_{有} + 3H_2O_{水}$

$[Sc(H_2O)_4Cl_2]^+_{水} + 4TBP_{有} = [Sc(TBP)_4Cl_2]^+_{有} + 4H_2O_{水}$

$[Sc(H_2O)_4Cl_2]^+_{水} + 4TBP_{有} = [Sc(TBP)_4(H_2O)Cl]^{2+}_{有} + 3H_2O_{水} + Cl^-_{水}$

$[Sc(H_2O)_4Cl_2]^+_{水} + 3TBP_{有} = [Sc(TBP)_3(H_2O)_3]^{3+}_{有} + H_2O_{水} + 2Cl^-_{水}$

研究结果表明有如下规律：在 100% TBP 萃取时，平衡由生成 +1 价电荷的络合物移向生成 +3 价电荷的络合物，同时主要为在钪配位层带水分子形式的络合物。但是，在 TВЭКС－TBP 萃取时，疏水的 TВЭКС 聚合物基体会影响 TBP 的萃取过程，使钪络合物的平衡比例移向低电荷和含水分子少的络合物一侧。看来，存在多聚疏水基体会妨碍水分子和 Sc^{3+} 离子一起进入有机相。就是说，TВЭКС－TBP 萃淋剂在盐酸溶液中萃取钪时能够改变 TBP 萃取络合物的组成和数量比例关系，是萃淋剂能够增加萃取容量的主要原因。

3. 离子交换法

工业含钪溶液中，钪的浓度通常只有 20～70mg/L。这些溶液不仅含有大量的伴生杂质，而且这些杂质的浓度比钪的浓度通常要高出几百甚至几千倍。随着科学和技术的发展，离子交换法已成为富集和分离钪的一种重要方法。特别是在钪和难分离元素的分离方面，离子交换法的分离效果尤为显著。例如，钪与稀土元素的分离因素，通常方法一般不超过 20，而离子交换法可达几百至几千。根据钪在溶液中的存在形态，可采用不同类型的离子交换剂分离或富集钪。

(1) 阳离子交换法

阳离子交换法是分离提纯钪的主要的离子交换方法。该法采用的离子交换剂有磺酸型、羧酸型和磷酸型等阳离子交换剂。阳离子交换剂很容易吸附稀盐酸、硫酸或硝酸溶液中的钪。

磺酸型阳离子交换剂属于强酸性树脂，是用于钪与其他元素分离的首批离子交换剂之一。这类离子交换剂，对包括钪在内的大多数阳离子的选择性较小，通常只有在采用络合生成剂或水－有机物溶液时才能得到满意的结果。

我国的732树脂、俄罗斯的KY－1和KY－2、美国的Dowex－50等牌号属于磺酸型阳离子交换树脂。采用国产732聚苯乙烯型强酸性阳离子交换树脂的研究表明，用不同组合的 NH_4SCN，HCl，HNO_3，H_2SO_4 等洗脱剂，可使Sc与Ca，Mg，Fe，Al，Ti，Mn等元素的双组分体系进行有效分离。从图2－14～图2－19可见，分离效果良好，无拖尾现象。对Sc－Fe－Ti－Mg四组分体系的分离研究亦表明，可达到同样效果。

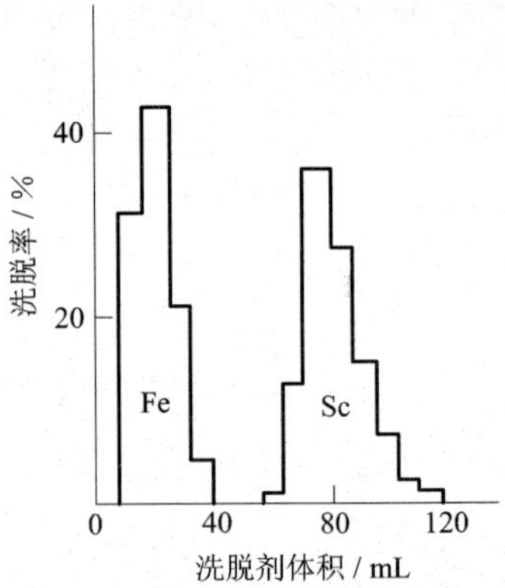

图2－14 钪与铁的洗脱曲线

Fe洗脱剂：0.5mol/L NH_4SCN +0.5mol/L HCl；

Sc洗脱剂：2mol/L NH_4SCN +0.5mol/L HCl

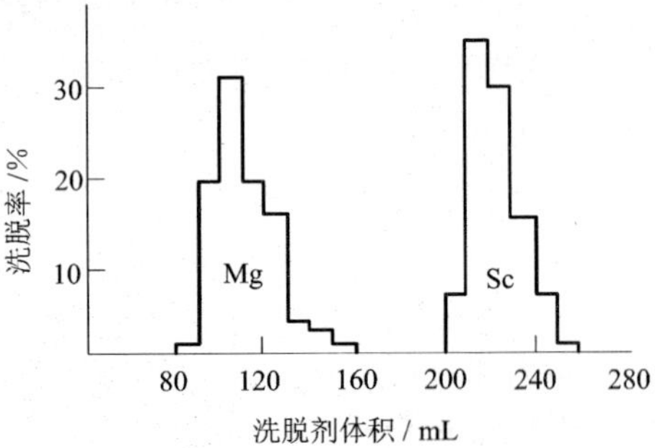

图2－15 钪与镁的洗脱曲线

Mg洗脱剂：0.5mol/L NH_4SCN +0.5mol/L HCl；

Sc洗脱剂：2mol/L NH_4SCN +0.5mol/L HCl

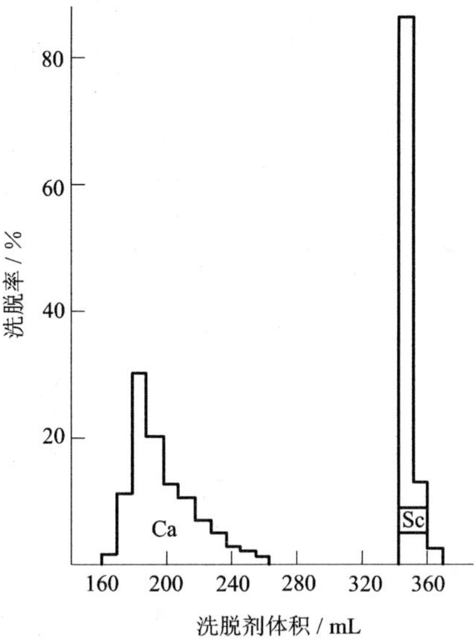

图 2 – 16　钪与钙的洗脱曲线

Ca 洗脱剂：1mol/L HNO_3；Sc 洗脱剂：1.5mol/L H_2SO_4

Кудрявский Ю. П. 等人的研究表明，采用弱酸性离子交换树脂从含大量碱金属、碱土金属、Fe，Cr，Mn，Al 等金属离子的溶液中吸附钪具有很高的选择性，但采用羧酸型和磷酸型阳离子交换树脂和两性电解质却不能很好分离钪和钍。在动力学条件下采用磺酸型阳离子交换树脂 KY – 2 ×6П 和 KY – 2 × 12П 的研究表明，在原始溶液 pH =2.5 ~3.5，钍和钪的含量均为 1 ~ 15g/L 时，钍以水合离子的形式存在于交换剂相，而在交换剂相中钪却以非水合离子存在。钍的吸附容量大大超过钪的吸附容量。溶液通过交换柱时，钍置换钪，钪由树脂转入溶液中并产生进一步的水解作用。采用碱金属或铵的氯化物溶液，可将残余钪从树脂相洗脱出来。采用实验设计方法确定的钍钪分离的最佳条件为：pH =3.3，钍的浓度6.4g/L，

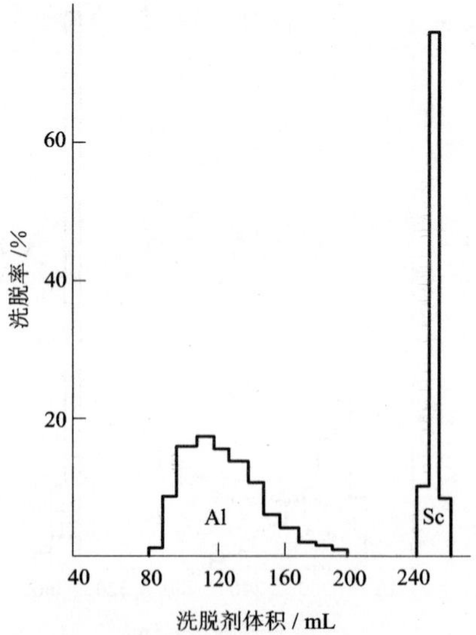

图2－17　钪与铝的洗脱曲线

Al 洗脱剂：1.5mol/L HCl；Sc 洗脱剂：1.5mol/L H_2SO_4

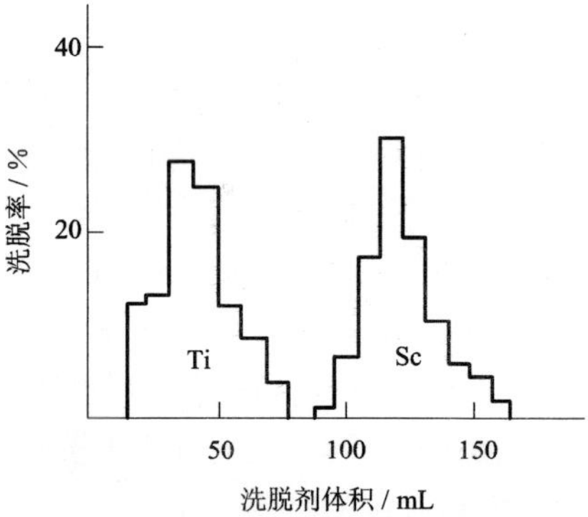

图2－18　钪与钛的洗脱曲线

Ti 洗脱剂：0.5mol/L NH_4SCN + 0.5mol/L HCl；

Sc 洗脱剂：2mol/L NH_4SCN + 0.5mol/L HCl

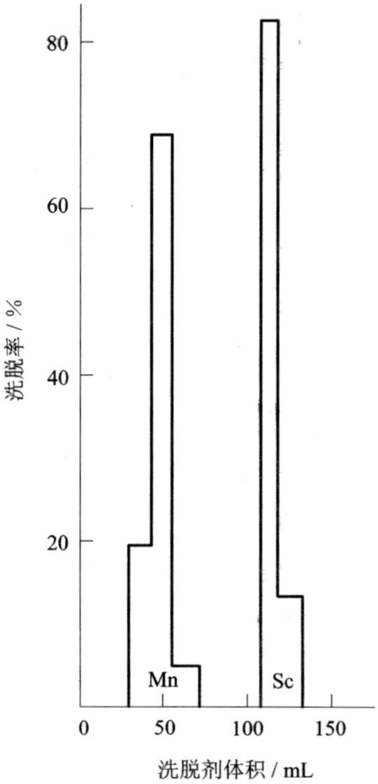

图 2 – 19　钪与锰的洗脱曲线

Mn 洗脱剂：2mol/L NaCl；Sc 洗脱剂：1.5mol/L H_2SO_4

溶液流速 0.2mL/(min·cm^2)，树脂层高径比 10。在上述条件下，钪的除钍净化系数的最大值可达 2600。

在静力学条件下研究磺酸型阳离子交换剂对钪的吸附发现，在硫酸或硝酸的低酸度(0.5 ~ 2mol/L)溶液中，*D* 值随酸度的增加而降低。这与在这两种介质中生成钪的阴离子络合物有关。进一步增加水相的酸度会增加离子交换剂对酸的吸附。这有利于在离子交换剂相中生成离子对，如[$H^+Sc(SO_4)_2^-$]，并在酸的浓度大于 6mol/L 时使 D 值增加。这可能与盐析效应有关。但是，在 HNO_3 和 H_2SO_4 溶液中，在酸浓度 5 ~ 10mol/L 范围，钪的吸附值并不比在高氯酸溶液中时高出多少，这与在这些酸溶液中水的活度值不同有关。在硝酸和硫酸溶液中，水的活度的降低没有像在高氯酸溶液中那么强烈。

采用 Dowex - 50w × 8 分离钪和其他元素时，洗脱剂的效率有如下顺序：H_2SO_4 > NH_4Ac > NH_4Cl > NaCl > HNO_3 > HCl > NH_4NO_3。

采用络合生成剂，其中包括有机络合剂[柠檬酸，EDTA，氮川三乙酸(NTA)等]可用于钪和其他元素的分离。用 EDTA 洗脱 Dowex - 50 树脂上的 Sc，Yb，Y，La 和 Th 时，钪首先被洗脱出来。在有乙酸存在的 0.5mol/L 乙酸铵溶液中(pH = 4.6)进行吸附时，与稀土元素不同，钪不被 NH_4^+ 型阳离子交换剂 Dowex - 50 × 12 吸附。这可用于钪和这族元素的分离。Dowex - AG50w × 8 在 0.05mol/L 的乙二酸溶液也不吸附钪。在这些条件下稀土元素被吸附，可用 5mol/L 的盐酸或硝酸溶液洗脱出来。Dowex - 50w × 8 从 5% 的柠檬酸溶液中可吸附分离钪与钛、锆、铪和锡。在 pH = 2.2 时，这些元素与柠檬酸生成负电荷络合物，不能被阳离子交换树脂吸附。在此 pH 下，钪不生成络合物。因此，钪能以高 D 值转入离子交换剂相。

在吸附阶段还可能分离钪和那些在水溶液中以络阴离子形式存在的元素。KY - 2 × 8 阳离子交换树脂从二乙酸、柠檬酸和酒石酸溶液中吸附时，钪的提取率随着有机酸浓度的增加而降低。这与在溶液中产生的与离子交换反应竞争的元素与酸的络合物生成反应有关。这些酸与钪生成络合物的能力的顺序为：

乙二酸 > 酒石酸 > 柠檬酸

往浓硝酸或浓硫酸溶液中加入有机溶剂(乙醇、乙酸)可大大增加钪在 Остион KS - 8 阳离子交换树脂上的吸附。这种效应在

往有机酸溶液中加入有机溶剂时也可以观察到。按溶剂对钪的吸附的影响，其序列为

二甲基甲酰胺(DMP) > 丙酮 > 蚁酸 > 乙酸 > 甲醇 > 丙醇

供电子能力比水更小的溶剂不参加过溶剂化过程。在这些混合溶液中可以观察到吸附随有机溶剂浓度的增加而增加。供电子能力比水大的溶剂，例如DMP，在产生稳定性较小的正电荷络合物——酒石酸盐和柠檬酸盐的溶液中产生过溶剂化作用。采用KY－2×8吸附分离钪和钛时，在含60%（体积）DMP的0.02 mol/L $H_2C_2O_4$溶液中，钪的吸附率达100%；而在这些条件下，钛实际上不被吸附。可以用4 mol/L的HCl解吸钪。在Dowex－50w×8树脂上从含12 mol/L HNO_3，TOPO和下列溶剂之一的溶液中进行吸附时，D_{Sc}值为：乙酸2150，甲醇731，氧戊环(THF)445，甲基乙二醇241，丙酮204。

钪和其他元素的分离常常在淋洗阶段进行。有人曾经确定，在磺酸型阳离子交换剂AG50w×8上可以洗脱色层分离钪、镧系元素和钡、锶及许多其他元素。从0.1～0.5 mol/L HNO_3溶液中对钪和镧系元素进行吸附时，用2 mol/L HNO_3溶液淋洗将这组元素和Ba，Sr，Ca，Mg，Pb(Ⅱ)，Bi(Ⅲ)，Zn，Mn(Ⅱ)，U(Ⅵ)分开。根据已知的D值，这样一些元素，如Cu，Co(Ⅱ)，Ni(Ⅱ)，Cd，Hg(Ⅱ)，Tl(Ⅰ)，Ag，Be，Ti和碱金属应该跟在钡后面。钪和镧系元素的淋洗采用4mol/L的盐酸或硝酸溶液，不能分离Zr，Hf，Th，In，Ga，Al和Fe(Ⅲ)。在用4mol/L HCl淋洗时钍留在柱上。在氢型Dowex－50w×8上分离钪和其他元素时，淋洗剂对钪的效率按下列顺序降低：$H_2SO_4 > CH_3COONH_4 > NH_4Cl > NaCl > HNO_3 > HCl > NH_4NO_3$。

低浓度钠的氯化物和硝酸盐以及所有浓度的柠檬酸、草酸、抗败血酸对钪的效率不大。最好的淋洗剂为1.5mol/L H_2SO_4。柠檬酸是第一批用来净化钪除稀土杂质的解吸剂之一。很多络合

物，其中也包括柠檬酸盐，稳定性按下列顺序增加：La < Y < Yb < Sc。在解吸时，络合物生成剂首先洗提出钪。净化过程包括将含被分离混合物(pH = 1.8)的起始盐酸溶液通过含铵型或氢型阳离子交换剂 Dowex - 50 的交换柱，续后在 pH = 2.7 ~ 3.0 下用 5%的柠檬酸溶液解吸。结果从含 7% 稀土杂质的氧化钪得到含稀土杂质 <0.5% 的产品。

但是，用作解吸剂更有效的是氨基聚乙酸，氰基三乙酸，乙二胺四乙酸(EDTA)等。与柠檬酸比较，采用氨基聚乙酸可以提高起始溶液和洗脱液中钪的浓度，即可以增加过程的生产率。从 pH = 1.8 的盐酸溶液中吸附是在氢型 Dowex - 50 阳离子交换树脂上进行的。为了避免溶解度小的氨基聚乙酸析出沉淀，在解吸前将树脂通过 5% 的氯化铵溶液，将交换剂转为铵型。用水淋洗过交换树脂后，用上述络合物生成剂在 pH = 4 条件下解吸。

从乳酸铵和甲酸铵溶液中用氢型阳离子交换剂 Dowex - 50w ×8 吸附可分离钪和许多放射性核素。分离分两个阶段进行。在第一阶段从 pH = 7 的 1mol/L 乳酸铵溶液中进行吸附，分出 Sc，Sr，Y，Ce，Eu 和 Ba，Cs。而且，首先洗提出的是第一组元素。洗提液经过蒸发，然后溶于 1mol/L 甲酸铵和 1mol/L 蚁酸的混合液(pH = 3.8)中，通过吸附将 Sc 与 Sr，Y，Ce，Eu 分开。

一种对钪最有效的洗涤剂是 α - 羟基异丁酸铵盐(α - HIBA)，它在分配系数上超过其他羟基羧酸，如乳酸或柠檬酸，在淋洗速度上超过 EDTA。

用含 95% 四氢呋喃(THF)，5% 的 6mol/L HCl 和 0.1mol/L 三辛基氧膦(TOPO)混合物的溶液进行淋洗，可以使分离钪和稀土的 β 值超过 4000。采用阳离子交换剂 DowexAG - 50w × 8 可以达到钪和稀土的完全分离。研究过用 TBP 或 D2EHPA 代替 TOPO 的可能性。它们在提取效率方面的顺序为：TOPO > D2EHPA > TBP。

磷酸型和羧酸型阳离子交换剂属于中等酸性和弱酸性离子交换剂，其中磷酸型离子交换剂对钪的选择性更大。

含苯基磷酸和苯基膦酸的纤维酯交换剂对钪具有更高的吸附性能。钪和铁(Ⅲ)吸附分离的最佳条件为：Sc_2O_3 0.35～0.45 g/L，在酸度最低时每 50g 溶液的交换剂质量为 0.1g。在这些条件下铁的被吸附量不超过分析测定误差值。

可以用纤维磷酸盐从硫酸溶液中吸附分离钪和钛。为了抑制铁的吸附，少量过氧化氢能选择性地与钛结合成稳定的络合物 $[TiO(H_2O_2)]^{2+}$。随着酸浓度的增加，由于生成了 $[Sc(SO_4)_2]^-$ 阴离子，减少了溶液中钪阳离子络合物的含量，使吸附变坏。在酸的浓度为 0.5mol/L 时，约有 32% 被吸附的钪是以 $[Sc(SO_4)]^+$ 组成被吸附的。采用磷酸型阳离子交换剂从硫酸溶液(H_2SO_4，1.2mol/L，阳离子交换剂 KPΦ－5)中吸附时，钪是按离子交换机理以 $[Sc(SO_4)]^+$ 形式被吸附。钪和钛吸附分离的最佳条件：吸附时间 55min，硫酸浓度 0.05 mol/L，钪和钛的浓度分别为 0.23g/L和 0.3g/L。此时，在 $E_{Sc}=92\%$ 时的 $\beta_{Sc/Ti}$ 值达 20。

用磷酸型阳离子交换剂 KΦП－8 吸附钪并用 0.5～1.0 mol/L NH_4F 进行洗涤，可以定量地分离 5～100 倍钪的 Y，La，Al，Fe^{3+}，Ca 和 Mn^{2+}。用 KΦП－12 型树脂吸附钪并用 Na_2CO_3 进行洗涤，可以从钛氯化渣浸出液中完全分离碱金属、碱土金属以及铝和锰。

将聚乙烯醇(Ⅰ)、酚甲醛树脂(Ⅱ)和苯乙烯与二乙烯苯的氯代甲烷互聚物经过磷酸化处理得到的磷酸型交换剂可以从矿物酸溶液中吸附钪。在 $HCl+HNO_3$ 溶液中用离子交换剂Ⅰ和从 HNO_3 溶液中用离子交换剂Ⅱ吸附钪时，随介质酸度由 0.1mol/L 增加到 2.0mol/L，D_{Sc} 下降，但在进一步增加酸度至 10mol/L 时，D_{Sc} 值增加。这是因为离子交换剂的烷基磷酸基的吸附具有溶剂化特性。在强酸性溶液中用这些离子交换剂吸附时，可以将钪和

Fe, Al, Sn 分离，因为在溶液酸度大于2mol/L 时这些元素不被吸附。

在含磷离子交换剂 Дуолит ES63 上用6mol/L HCl 溶液选择性淋洗可以分离钪和碱金属，Ag(Ⅰ)，Ca，Sr，Ba，Cu，Zn，Co(Ⅱ)，Ni(Ⅱ)，Mn(Ⅱ)，In，Y。

Кудрявский Ю. П. 等人研究了钪及其伴生金属离子和各种离子交换剂的相互作用及在盐组成复杂的溶液中钪的吸附行为。这是制定从钛渣氯化后所得废氯化物溶体富集钪的吸附工艺的先决条件。在弱酸性溶液（pH = 2 ~ 5）中决定钪的离子交换行为的主要因素是钪离子的水解及其与离子交换剂的络合物的生成。在吸附过程中钪的羟基络合物的组成产生深刻的变化。被吸附离子最终的组成由溶液的 pH、树脂的孔隙度和离子化基团化合物的稳定性决定。得到了钪和阳离子交换剂 K6 - 2 及 KΦΠ 的络合物的稳定常数与溶液的组成和树脂的结构特性的关系，这种关系可以为制定吸附制度提供理论依据。

在强酸性溶液（0.1 ~ 10mol/L 酸）中，钪和离子交换剂相互作用的主要特点是和酸的阴离子及离子化基团的络合物的生成。这时，离子交换在很大程度上受到抑制。

钪在弱酸性和强酸性溶液中的吸附过程可以用下列方程表示（u 表示离子交换剂相）：

$$(3p-q-r)\,RSO_3H_u + 3Sc_p(OH)_q^{3p-q} + rH_2O \rightleftharpoons [RSO_3]_{3p-q-r}Sc_p(OH)_{q+ru} + (3p-q)H^+$$（磺酸型阳离子交换剂吸附）

$$(3-x)\,RPO(OH)_{2u} + ScCl_3 + (x+y-3)\,HCl \rightleftharpoons [RPO(OH)O]_{3-x}\cdot ScCl_x \cdot yHCl_u$$（磷酸型阳离子交换剂吸附）

钪吸附的这些特点决定了它有很高的被吸附性能，在 pH = 3.5 ~4.5 的大多数情况下大大超过离子交换剂的交换容量，就是在浓酸溶液中，在 KΦΠ 阳离子交换剂上也接近其交换容量。但是，用盐溶液解吸钪很困难；就是用酸溶液，从磷酸型树脂解吸也很困难。

大部分二价和三价的伴生金属被吸附的量比钪要少。与此同时，它们可以用盐溶液从磺酸型和羧酸型离子交换剂以及用酸溶液从磷酸型离子交换剂被完全洗涤下来。

钪和伴生元素在离子交换行为中的这些差异，是制定应用粗孔羧酸型和磷酸型离子交换剂分离钪和 Ca，Mg，Y，Al，Fe(Ⅲ)以及从盐组成复杂的溶液中提取和富集钪的方法的基础。例如，在动力学条件下对在磷酸型阳离子交换剂 КФП－8 上钪和某些伴生元素的吸附的研究表明，钪的吸附性能与溶液的酸度关系不大(硝酸、盐酸和硫酸的浓度(H^+)为 0～5mol/L)，比 Y，La，Al，Ca 的吸附性能要高出 3～30 倍。

为了解吸钪可采用 HF 和碱金属或铵的氟化物溶液。伴生元素被吸附的量不大，用 1～3mol/L 的酸溶液很容易从离子交换剂中洗涤出来。

钪和 5～100 倍量的伴生元素的分离方法如下：含 0.3～0.5g/L钪和总和为 2～50g/L Y，La，Al，Fe(Ⅲ)，Ca，Mn 的 1mol/L 硝酸溶液以 1～2mol/min 的速度通过交换柱。阳离子交换剂用水和 1～3mol/L 的 HCl 溶液洗涤以洗出杂质。钪用0.5～1.0 mol/L 的 NH_4F 溶液解吸。这样可以定量分离钪和杂质，收率达 95.7%。

对采用含 4.7% 和 12% ДВБ 的羧酸型阳离子交换剂从 pH＝4.5的硝酸溶液中吸附和分离钪及伴生元素的水解离子的研究确定，钪的被吸附离子的羟值与吸附溶液中的不同，而且随着树脂中 ДВБ 含量增加从 1.64(КБ－2×4П)减少至 1.16(КБ－2×12П)。这是因为在增加树脂的交联度时减少了阳离子交换树脂的孔隙度和离子化基团的离解率。

表 2－18 列出了阳离子交换剂分离钪和伴生元素的例子。

表 2-18 阳离子交换剂分离钪的方法

离子交换剂	淋洗液/$(mol \cdot L^{-1})$	分离元素
732	HNO_3 1	Ca
	NH_4SCN 0.5 + HCl 0.5	Mg, Fe, Ti
	HCl 1.5	Al
	NaCl 2	Mn
Dowex-50w×8	$(NH_4)_2SO_4$ 0.3	Al, Cd, Ca, Co, Cr, Cu
	H_2SO_4 0.025	Ge, In, Mg, Ni, Mn, Zr, Y, RE
	H_2SO_4 1	RE
	NaCl 1	Co, Ni
	NaCl 2	Mn, Pb
	HCl 0.5	碱土金属, V(Ⅳ), U, Bi(Ⅲ)
	HCl 1	Fe(Ⅲ), Zr, Cd, Hg(Ⅱ), Cu, In, Al
	$NaNO_3$ 0.5	Ag
	HNO_3 1	碱土金属
	H_3PO_4 0.5	Al, Ga, In, Fe, Y, La, Ce, Mn, Th
	双硫腙 0.01 溶于 HNO_3 1 + THF	Al, Bi, Ca, Cd, Co, Cu, Fe, Na, Pb, Th, U, Zn, RE
	TBP 0.1 溶于 HNO_3 12	Ce, Yb, Th, U
Dowex-50w×4	氯代乙酸 + $NH_3 \cdot H_2O$, pH = 2.0 ~ 2.2 或 H_2SO_4 0.2	Y, La
Dowex-50	HCl 3	从硅酸盐矿中分离 Y, La, Co, Nd
	5% 柠檬酸	RE
	5% 联氨二乙酸	Y, La, Yb, Tb
DoweAG50w×8	95% THF, 5% HCl 6TTOPO 0.1	Ce, Yb
Bio Rad AG50w×8	H_2SO_4 1	Y, La, Ce, Er, Sm, Yb
	HCl 3	碳酸岩矿中的 RE
	HNO_3 2	Ba, Sr, Ca, Mg, Pb, Bi, Zn, Mn, U, Cu, Co, Ni, Cd, Hg, Tl(Ⅰ), Ag, Be, Ti, 碱金属
	50% 乙醇 3	硅酸盐生成元素

续表 2-18

离子交换剂	淋洗液/(mol·L^{-1})	分离元素
Diaion SKI	NH_4SCN 1, HCl 0.5	Ca, Al, Fe, Th, Ti, Zr
AmberliteIR-100H	5%柠檬酸	Y, La
Zookarb225	5%联氨二乙酸	Th
КФП-8	HCl 1~3	Ca, Al, Y, La, Fe(Ⅲ), Mn
Дуалит	HCl 6	碱金属
ES63		Ag, Ca, Sr, Ba, Cu, Zn, Co, Ni, Mn, In, Y, La

(2)阴离子交换法

钪的阴离子交换法分离其效果不及阳离子交换法。

对于盐酸溶液，钪的阴离子络合物不具有代表性。从钪浓度不高的盐酸溶液中，钪不被强碱型阴离子交换剂 GRA=400 吸附。发现，预先用 7mol/L 盐酸处理过的 GRA-400 从 7mol/L 盐酸溶液中可以完全吸附铀、铁等金属，而此时，钪和钍留在溶液中。同样，在阴离子交换剂上能从盐酸溶液吸附的其他金属有，铜、钴、锌，同样达到与钪分离。

在强碱型离子交换剂上，钪只能从浓盐酸溶液被少量吸附，而且淋洗时首先被洗出。因此，钪的低吸附率，特别是在 12mol/L 盐酸溶液中，钪既能和不被离子交换剂吸附的元素分离，也能和被离子交换剂强吸附的元素分离。硝酸盐型 Dowex-1 不吸附钪，但 Dowex-1 在 12mol/L 盐酸溶液中吸附钪。在 Al, Sc, Y, RE 序列中，钪是被阴离子交换剂吸附的唯一的三价元素。

钪生成阴离子氟化物络合物，因此，从含不同量盐酸的氢氟酸稀溶液中能够很好被 Dowex-1 吸附。在 0.5mol/L HCl 时，D_{Sc} 值为 3000；在 15mol/L HCl 时，D_{Sc} 值为 4。

从 0.5mol/L HCl 的 2mol/L NH_4SCN 溶液，硫氰化物型

Dowex－1 溶液能很好吸附以阴离子硫氰化物络合物形式存在的钪，此时，D_{Sc}值大于10^4，而相应的D_{RE}和$D_Y<1$。

硫酸盐型 Dowex－1 从稀硫酸溶液中能很好吸附钪。在0.25mol/L H_2SO_4时的D_{Sc}值最大，等于40。D_{Sc}的最小值($D_{Sc}=3$)则是在0.5mol/L H_2SO_4时。从离子交换剂相洗离杂质采用0.025 mol/L 的H_2SO_4溶液，而洗离钪则采用0.25mol/L 的H_2SO_4溶液。

研究过碳酸盐型阴离子交换剂 AB－17，AB－16 和 ЭДЭ－10 对钪的吸附。随着颗粒直径的减少，离子交换剂的动力学吸附容量增加，证明这样更容易接近其活性基团。但是，当直径减少到0.25mm，交换柱的滤过性能变差。增加起始溶液的酸度由于中和了一部分CO_3^{2-}离子，对离子交换剂的容量有负面影响。另一方面，过于提高溶液的 pH 也是不利的，这样会产生钪离子的水解。吸附的最佳条件：pH＝2.5，颗粒直径0.25～1.0mm。

对钪的吸附动力学的研究表明，在流速为60～150mL/min 范围时，钪的吸附速度由物料的给料速度决定，但是最佳的流速是1mol/min。按动力学吸附容量值阴离子交换剂按下列顺序增加：ЭДЭ－10＜AB－16＜AB－17。

由于钪能够在碱溶液中生成阴离子络合物，阴离子交换剂能从这些溶液中吸附钪。在阴离子交换剂 ЭДЭ－10 上从 NaOH 溶液中钪吸附的完全程度与时间、交换剂的数量和起始溶液的浓度有关。钪的吸附速度不大，在 96h 内吸附 82.2% 钪。在最初 3～4h 内吸附量最大。在阴离子交换剂数量增加 1 倍时，在过程 2.5h 时间内钪的吸附率由 5.8% 增加到 65.0%。在Sc_2O_3的起始含量0.012～0.02g/L 时，每 1g 干阴离子交换剂可吸附$(8\sim12)\times10^{-5}$ g Sc_2O_3。在过程时间为 72h 时，C_{Sc}由 0.012g/L 增加到 0.02g/L，会使E_{Sc}由 75% 增加到 81.5%。采用 7mol/L 的盐酸溶液，可使钪100% 解吸。

在有机酸——乙二酸、酒石酸和柠檬酸中，采用$C_2O_4^{2-}$型阴离子交换剂 AB－17－8 时，钪的吸附在乙二酸中最大。前面所说的采用 H^+ 型阳离子交换剂 KY－2×8 同样从这种溶液进行吸附时，钪的吸附量却最少，其原因是钪和乙二酸离子生成的阴离子络合物的稳定性不大。

在酒石酸盐型强碱性阴离子交换剂 AB－16 和 AB－17 及弱碱性阴离子交换剂 AH－2ΦΓ 上对钪的吸附的研究发现，动力学吸附容量随溶液流线速的增加而减少。在 AB－16 上吸附时，动力学吸附容量随酸度的增加而减少，而在采用 AB－17 时变为零。增加酸度会造成动力学吸附容量降低的原因是钪的酒石酸盐络合物受到破坏以及 Cl^-（在加入 HCl 的情况下）的竞争性影响。按动力学吸附容量的大小，阴离子交换剂有如下顺序：AB－16 > AB－17 > AH－2ΦΓ。在采用 AB－16 时，起始溶液的最佳 pH 值等于 2。吸附剂的层高度在很大程度上影响动力学吸附容量值。随着层高度的减少，动力学吸附容量值会急剧减少。钪在上述酒石酸盐型阴离子交换剂上吸附的控制阶段为树脂颗粒内部的扩散。

为了提高吸附选择性，也像是采用阳离子交换剂时那样，吸附在水－有机溶液中进行。例如，采用 Cl^- 型阴离子交换剂 Dowex－2×8 处理含 Mo，Zr，Nb，Mn，Co，Fe，Zn，Cu，Ba，Cs，Sr，Y，Sc，Ce 和 Eu 的起始溶液。开始是用含 7mol/L HCl 和 40% 丙酮的溶液吸附分离 Mo，Zr 和 Nb。含其余金属的滤液蒸发至干后，溶于 1.5mol/L HCl 和 75% 丙酮的混合液中并通过装有阴离子交换剂的第二个交换柱以分离 Cu，Mn，Co，Fe 和 Zn。进一步的分离则按前述采用 Dowex－50×8 阳离子交换剂分离含 Ba，Cs，Sr，Y，Sc，Ce 和 Eu 的混合物。

大量文献报道了采用洗提离子交换色层分离法研究钪的阴离子交换剂相的解吸和钪与伴生元素的分离。Dowex－1×8 从 2～3mol/L 的 $Mg(NO_3)_2$ 溶液吸附后，用 $Mg(NO_3)_2$ 溶液洗提钪，使钪与钍、铀分离。铀和钍用2.4mol/L HCl 洗离。在 Dowex－1×8 从含0.1mol/L SO_4^{2-}，pH≥3 的溶液吸附后，用0.4mol/L H_2SO_4 溶液淋洗分离钪和铪，然后再用2mol/L H_2SO_4溶液进一步洗离。

在研究过的交换剂中，就其动力学吸附容量而言，碳酸型阴离子交换剂 AB－17 是最有效的。AB－17 对钪的解吸的最佳淋洗速度为5mL/min。高于此速度会产生对吸附面的明显冲刷。试验过 NH_4OH，NaOH，Na_2CO_3，$(NH_4)_2CO_3$ 和 HCl 作淋洗剂。1.5mol/L Na_2CO_3和 HCl 溶液可以定量洗离钪、钇和镧。3mol/L NH_4OH 溶液不能解吸 Sc，Y 和 La，因此可以将它们与 Cu，Zn，Cd，Al 分离。钪和钇、镧的分离可用 10mol/L NaOH 溶液淋洗。在表 2－19 中列出了钪和许多元素的分离方法。

由酒石酸盐型 AB－16 阴离子交换剂相洗提钪的最佳速度为5mL/min。用1～4mol/L HCl 或20% NaOH 溶液可定量洗提钪。钪实际上不被5% NaOH 溶液解吸。用这种溶液可以快速和定量洗离钒(Ⅳ)、锆和铪。

采用 Dowex－1×4 阴离子色层分离法可以分离钪、钇和重稀土元素。用5mol/L NH_4SCN，pH＝3.5 的溶液淋洗时，镱的洗出率为70%～80%。对钇和钪的净化系数为10^3。采用磷酸介质分离钪和钇，稀土元素更为合适。用1mol/L H_3PO_4溶液淋洗可以达到钪和这些元素的完全分离。用无水乙酸淋洗时，钇和稀土元素实际上不会留在交换柱上。在改变乙酸和丙酮组成的整个范围内，钪都会被离子交换剂强烈吸附。钇和轻稀土元素用40% 丙酮＋60% 乙酸的混合液洗离。此时，镱和钪留在交换柱上。镱用100% 乙酸洗离，而钪用乙酸稀溶液或水洗离。

曾经试验过用 HNO_3＋有机溶剂的混合物洗提 Dowex－1×8 相中的钪。试验过的有机溶剂有甲醇、乙醇、异丙醇、甲基乙二醇、THP、丙酮、乙酸、二甲基亚砜等。

表2－19 列出了阴离子交换剂分离钪和伴生元素的例子。

表2-19　阴离子交换剂分离钪和伴生元素实例

离子交换剂	淋洗液/(mol·L^{-1})	分离元素
Dowex-1×8	$(NH_4)_2SO_4$ 0.1	Mg, Be, Cd, Co, Cu, Ni
	H_2SO_4 0.025	Zn, Mn, Al, Ga, Ge, V
	H_2SO_4 0.4	Hf
	HCl 8	Ba, Ca, Na, K, Rb, Cs, In, Zr, Cr
	HNO_3 12+丙酮	Y, Yb, Ce
	CH_3COOH∶HNO_3∶H_2O=8∶1∶1	Y, Yb, Ce
Dowex-1	HCl 12	Y
Dowex-1×4	NH_4SCN 5, pH=3.5	Yb
	H_3PO_4 1 或 100% CH_3COOH	Y, RE
BioRad AG1×8	H_2SO_4 0.05	Th, U, RE
AmberliteCG4B	HCl 9~11.4	Th, U
AmberliteA-21	KSCN 0.6, HCl 0.5	Th
AB-16	HCl 4	W
	5% NaOH	Zr, Hf, V(Ⅳ), W
AB-17	$(NH_4)_2CO_3$ 0.25	Mo, W, Th, Zr
	Na_2CO_3 1.5	Fe
	$NH_3·H_2O$ 3	Cu, Zn, Cd, Al
	NaOH 10	Y, La
AB-17×8	$H_2C_2O_4$, 70%甲醇	Ti

(3)无机离子交换剂

有关无机离子交换剂吸附钪的报道非常有限。

沸石能够吸附钪，在含 3×10^{-5} mol/L 钪和 pH=1.9 的溶液中，丝光沸石上钪吸附的分配系数为560。毛沸石更为有效，$D_{Sc}=2700$。据研究，沸石对元素选择性吸附的一个原因是沸石的补偿离子和被吸附阳离子在电子结构上的相似性。

蛭石，一种复杂的含镁铁的铝代硅酸盐，也能吸附钪。研究

过一种 Na^+ 型蛭石，它从纯 $ScCl_3$ 溶液吸附钪的最大容量为 0.59mmol/g。这大大超过该蛭石试样的静力学交换容量 (0.37mmol/g)。研究表明，钪以水解形式被吸附。在增加盐本底 (NaCl) 浓度时，钪的吸附大大降低。从能量上讲，钪的吸附比一些其他金属，例如镍，更为有利(活化能分别为 29.8 和 54.2 kJ/mol)。然而，平衡建立得很慢。25℃时要在 5h 内才能建立平衡。被吸附的钪和蛭石基体结合得很牢固，因此，解吸比较困难。在研究过的解吸剂中，最有效的是 NaCl，其最大解吸率为 63%。KCl 能解吸 45%，NH_4Cl 则解吸 40%。不能采用酸进行解吸，因为在浓度大于 0.01mol/L 时，吸附剂的基体就已经受到破坏。

天然吸附剂在酸性介质中的不稳定性是限制其应用的一个很重要的因素，但一些合成的吸附剂，例如磷酸锆就没有这种缺点。研究过锆、钛、锡的无定形磷酸盐以及锡和铬的混合磷酸盐从弱酸性的 NaCl 和 KCl 溶液中对钪的吸附。磷酸锆对钪的吸附容量值很高，达 0.15～0.77mmol/g。其他吸附剂对钪的吸附不大：磷酸钛和磷酸锡为 0.03mmol/g；锡和铬的磷酸盐混合物为 0.05～0.1mmol/g。磷酸钛和磷酸锡从 1mol/L NaCl 溶液中对低浓度钪(5×10^{-5}g/L)的吸附很弱。这是由于吸附剂的活性功能基团受到钠的水解离子的钉扎造成的位阻困难。在无盐本底的情况下，钪的显微吸附增加，磷酸锆表现出对钪的高亲和力，这种亲和力与电解质的类型和浓度关系不大。0.5g 磷酸锆可以完全提取 0.511mol/L NaCl 溶液中的 0.5mg 钪。12mL 6mol/L HNO_3 或 6mL 8mol/L HCl 可以解吸 97% 的 Sc。

曾研究过采用无定形磷酸氧锆、无定形、部分结晶和结晶磷酸钛及含于碳基物中的磷酸氧锆对钪和一系列其他三价阳离子的吸附。从阳离子分配系数(K_d)，水溶液 $MHPO_4^+$ 络合物的稳定常数与阳离子的离子半径(r)的关系得出，$\lg K_d$ 和 $pK_{MHPO_4^+}$ 不是由阳离子的离子电位决定的，而是取决于几何因素：存在一个相应于最佳 $r=$

0.083nm 的最大值。在这个条件下可能生成最不受应力影响的四项环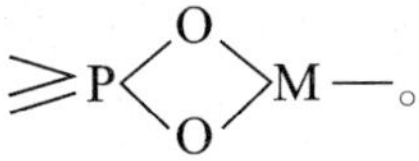。因此，三电荷阳离子从强酸性介质中被磷酸盐交换剂吸附的选择性就取决于该阳离子生成四项环的可能性。磷酸盐吸附剂在吸附钪时有较高的选择性是由钪的离子半径接近上面提到的最佳 r 值决定的。三电荷阳离子的吸附可用下列方程式描述：$\lg K_d = \text{const} + \gamma \mathrm{p}K_{MHPO_4^+}$，式中 γ 为灵敏度系数。

应用离子交换法在许多情况下，可以从溶液中高选择性地提取钪，避免水溶液中试剂造成的污染，从而制取钪的高纯度化合物。离子交换法和萃取法的合理结合可以建立不同形式原料提取钪的工艺流程。

4. 其他方法

应用升华法和离子浮选法可以对钪进行分离提纯。

升华法可以采用氯化物或乙酰丙酮化物进行分步提纯，其分离效率通常比沉淀法好。

$ScCl_3$ 沸点为 967℃。控制温度可以分步升华分离低沸点和高沸点化合物，如沸点温度低于 350℃ 的 Fe，W，Ti，Al，Zr，Hf，Be，Nb，Ta，Mo，Sn 等氯化物和升华温度高于 1200℃ 的稀土金属氯化物。该法较难分离的是 $ThCl_4$ 和 $MnCl_2$，它们的升华温度与 $ScCl_3$ 接近。

钪的乙酰丙酮化物 $Sc(acac)_3$ 的熔点 187.0℃ ~ 187.5℃，升华点 157℃，分解温度 360℃，可溶于乙醇、醚、氯仿和苯中。经过重复升华提纯，可分离挥发性较差或易受热分解的稀土金属、锆和铪等的乙酰丙酮化物，制得光谱纯钪。

2.1.5　附属矿产品中提取钪的方法

钪属于稀散元素，实际上不存在独立的钪矿物。它不仅伴生于多种其他矿物中，而且矿物中的原始含量相当低，每吨不超过几十克，最好的情况也不超过几百克。因此，不可能把钪作为主元素来处理这些矿物。在其他元素作为主元素处理矿物时，钪富集于废渣、废液或其他冶金中间产物中。这些废渣、废液及某些冶金中间产物正是钪的提取原料。

钪提取工艺的特点，一是它总是与矿物的综合处理和综合利用密切相关，二是初步富集总是一个必需的步骤。任何一种方法都不能把钪完全分离出来，加上含钪原料类型、组成和性质的多样性，必须为每一种具体原料制定最适合的工艺流程。

我国含钪较富的丰产矿物有黑钨矿、锡矿和钛磁铁矿等，它们是我国综合回收钪的主要原料。

1. 从钨和锡的生产附产物中回收钪

我国黑钨矿中通常含钪0.01% ~0.09%，是我国综合回收钪的重要原料。

在黑钨矿精矿的碱法处理工艺中，钪实际上完全留在苏打烧结块的水浸残渣或碱煮滤渣中。钪在渣中的含量增加到原来的2 ~2.5倍，含钪量可达0.1% ~0.3%。钨渣中除钪外，还含有大量的铁和锰的氧化物以及钨、铝、镁、钙、钛、锆、铌、钽、稀土金属和放射性元素等。在火法处理黑钨矿精矿制取钨铁时，钪转入炉渣中。此时，渣中的钪富集至原来的3倍。

在锡精矿进行还原熔炼时，钪同样转入炉渣中。含钪的钨滤渣和炉渣，通常采用盐酸或硫酸浸出，将钪转移到水溶液中。从酸浸出液中分离和富集钪的方法很多，可采用沉淀法、溶剂萃取法和离子交换法等。近年来，溶剂萃取法得到了越来越广泛的应用。

在提取钪的萃取工艺中，得到广泛应用的是烷基磷酸萃取剂，例如D2EHPA。早期D2EHPA煤油溶液实用萃取工艺是0.3 ~1mol/L D2EHPA，水相：0.15 ~0.3g/L Sc，1 ~2mol HCl，用浓HF溶液反萃，续后进行硫酸化。研究表明，由于生成锆、钛和锡的烷基磷酸盐，萃取过程中容易在相界面上出现第三相，反萃困难；由于受到酸性溶液的破坏，萃取剂的损失量大；同时分离锆、钍和钒的效果不好。因此，D2EHPA萃取通常用于预富集和初步净化除铁、钛、铝和部分稀土杂质。

硫酸法处理黑钨矿滤渣回收钪的代表性工艺流程见图2－20。该工艺采用98% H_2SO_4分解滤渣，经过碳酸盐沉淀法除去铁、锰和钛杂质。这样得到含40%～70% Sc_2O_3的富集物，再经过硫氰化物二乙醚萃取和草酸沉淀法进行净化，最终得到纯度99.99%的氧化钪。钪的回收率为80%～88%。

在图2－21和图2－22上分别列出了有代表性的由钨铁熔炼炉渣提取钪的硅氟化物工艺流程和由锡生产炉渣提取钪的工艺流程。

20世纪80年代，我国对钨渣综合处理和回收钪的实用工艺进行了大量研究。这些研究大致集中在以下三个方面。

(1)盐酸浸出－P_{204}萃取工艺

该工艺的出发点是盐酸相对比较便宜，P_{204}化学性能稳定，萃取速率快，负载容量大，在水中的溶解度小和价格相对低廉。

采用我国某钨冶炼厂钨渣进行研究，其主要成分(质量分数，%)：氧化钪(Sc_2O_3)，0.02～0.04；铁(Fe)，27.9；锰(Mn)，15.7；钨(以WO_3计)，2.5～5；二氧化硅及其他不溶物，15～20。

钨渣经过水洗至中性，除去其中的游离碱，再烘干，粉碎，过150目筛，在固液比1∶2.5(相对密度1.18的盐酸计量)，料温100℃～105℃温度下，浸出5h，浸出率达78%～85%。萃取剂采用P_{204}＋仲辛醇的煤油溶液。仲辛醇的作用是提高P_{204}在煤油中的溶解度，以避免出现第三相。萃取的最佳工艺条件如下：

萃取剂组成：	12% P_{204}＋3%仲辛醇＋85%煤油
料液酸度：	2.5～4mol/L
料液含钪量：	＜100mg/L
萃取级数：	1级
萃取时间：	5min

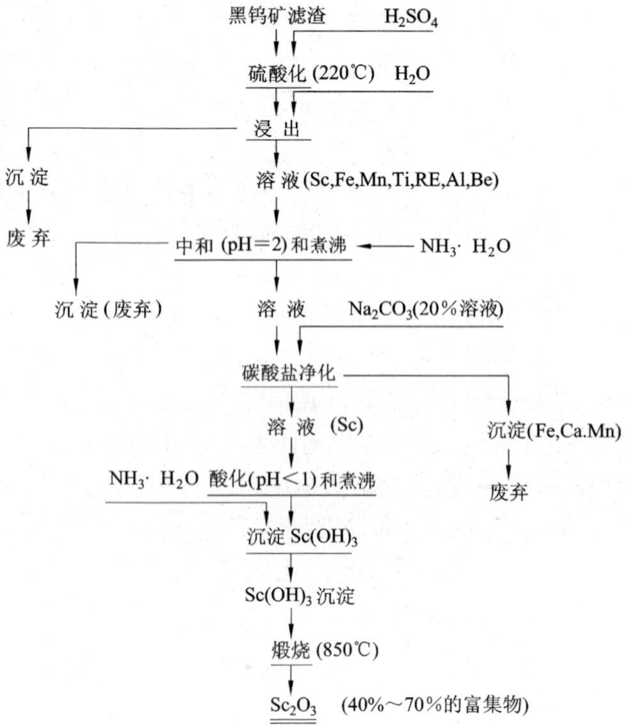

图2-20 硫酸法处理黑钨精矿滤饼的工艺流程

萃取温度: ~30℃

P_{204}皂化条件: 2mol/L NaOH

采用6mol/L HCl溶液进行五级洗提除铁，可除去95%铁，然后再用温度高于30℃的2.5mol/L NaOH进行钪的反萃取。从反萃液中沉淀出粗$Sc(OH)_3$。经过过滤、洗涤、烘干和灼烧后，得到含Sc_2O_3 70%的粗制品，收率为0.314g/kg钨渣。粗制Sc_2O_3经过两次盐酸溶解-草酸沉淀，可制得纯度>99%的精制Sc_2O_3，得率为0.176g/kg钨渣。钪的最终回收率约50%。工艺流程见图2-23。

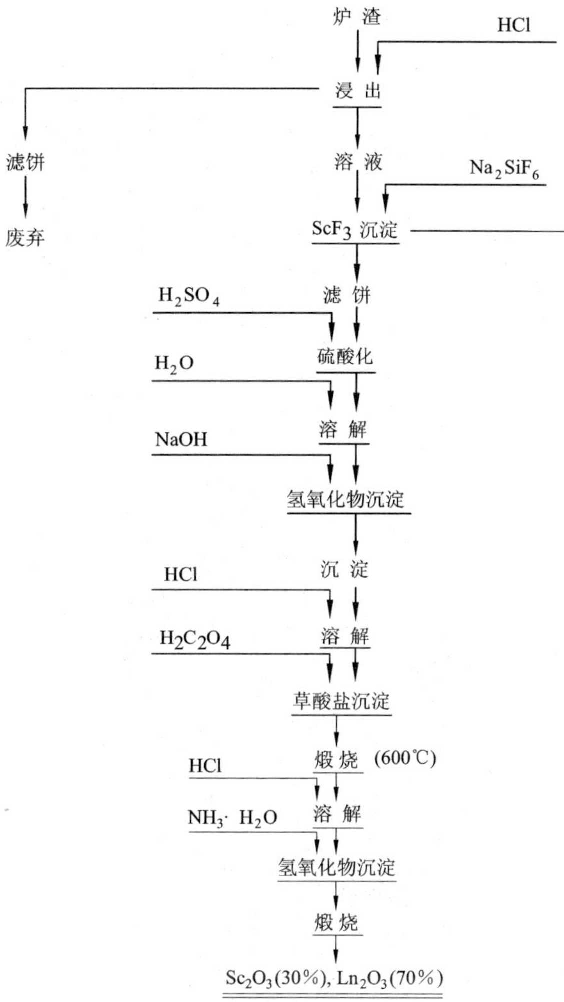

图 2-21　由钨铁熔炼炉渣提取钪的硅氟化物流程

(2)硫酸浸出 - N_{1923} 萃取工艺

由于盐酸酸雾大，有机磷萃取剂萃取工艺中反萃操作困难，对

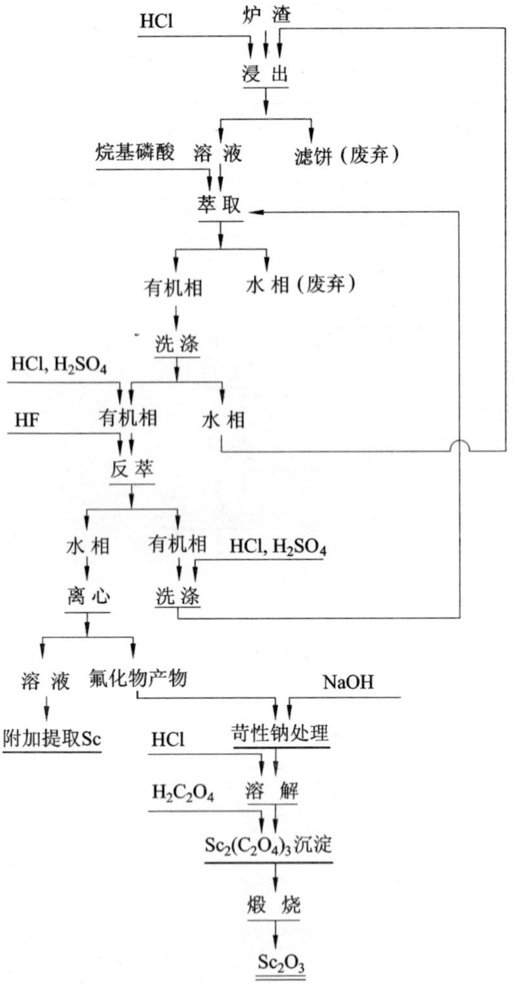

图 2－22　由锡生产炉渣提取钪的工艺流程

硫酸浸出－N_{1923}（伯胺萃取剂）萃取工艺从钨渣中回收钪进行了研究。研究表明，最佳的浸出条件为：2.5 mol/L H_2SO_4，100℃，

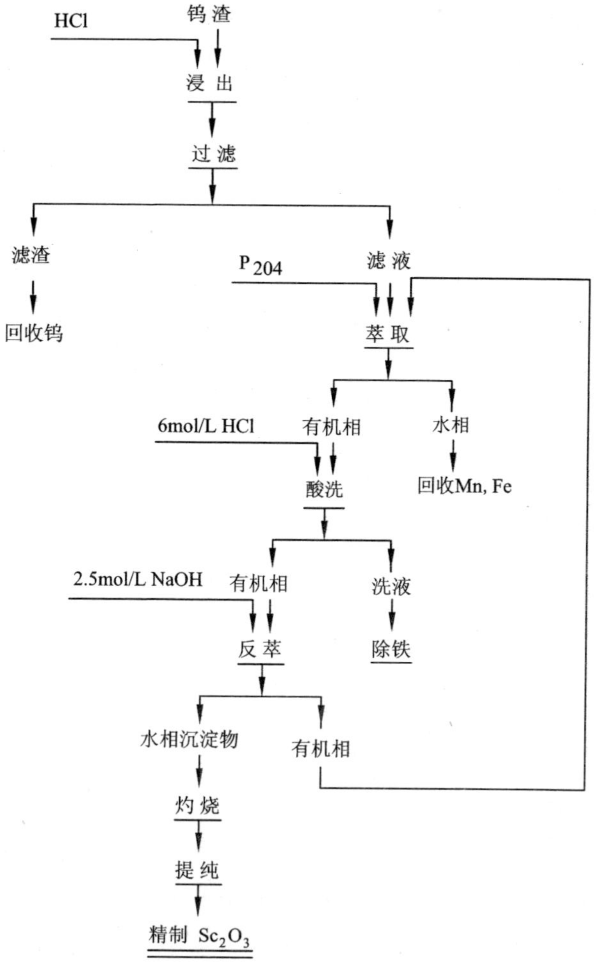

图2-23　钨渣盐酸浸出-P_{204}萃取提纯工艺流程图

60min，固液比=1g∶5mL。这样得到的硫酸浸出液可直接用于萃取，其酸度和主要金属含量为：H_2SO_4，约2.0mol/L；Sc，61.7mg/L；

W，64. 0mg/L； Fe（Ⅱ，Ⅲ），37.6g/L；Mn(Ⅱ)，15.5 g/L。N_{1923}煤油溶液对 Sc^{3+} 的萃取率较高，对 W^{6+} 一般，对 Fe^{2+}，Mn^{2+} 几乎不萃取。根据研究结果，较好的萃取条件为：萃取剂，15% N_{1923}煤油溶液；相比，$V_{有}:V_{水}=1:10$；萃取时间，10min；反萃取液，2.0mol/L HCl；反萃取时间，10min。硫酸浸出 - N_{1923}萃取工艺流程图见图 2 - 24。

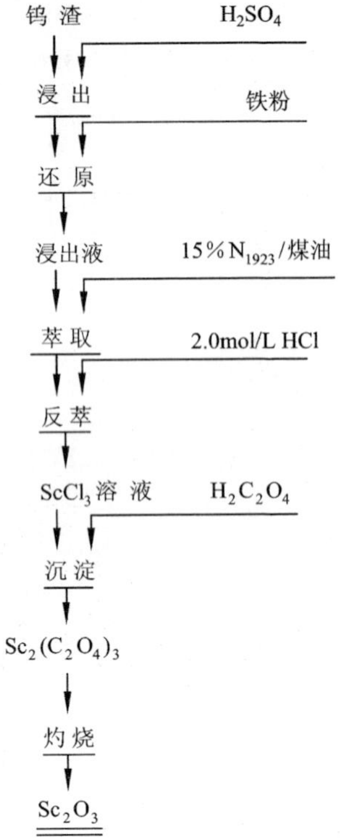

图 2 - 24 钨渣硫酸浸出 - N_{1923}萃取提钪工艺流程图

经 N_{1923}萃取分离后，Sc：Fe：Mn：W 由萃取前的 1：603：262：1.04变为1：0.405：0.105：0.022，达到了比较理想的分离效果。按上述工艺得到的 $ScCl_3$反萃液，经 NaOH 调节酸度，进行二次草酸沉淀，灼烧后，可制得纯度为 99.0% 以上的白色氧化钪。

(3)盐酸浸出 - 腐植酸沉淀工艺

有人指出，可以采用廉价的腐植酸作沉淀剂，将钪从含大量铁锰等杂质的溶液中分离出来。腐植酸属有机弱酸，是植物残体腐解后形成的产物，一般可从土壤、泥炭、褐煤等物料中用稀碱提取出来。腐植酸具有吸附作用、离子交换作用、螯合作用和缓冲作用，不挥发，无毒，不会产生环境污染。研究表明，在 pH = 5，室温和腐植酸：Sc_2O_3 = 17：1 条件下，可以将盐酸溶液中 97% 以上的钪沉淀下来。根据 Sc - H_2O 系电位 pH 图，当 pH 值在

4.93以前或其附近，溶液中只存在 Sc^{3+} 或 $ScOH^{2+}$（主要是 Sc^{3+}）。Sc^{3+} 与腐植酸中的—COOH 基发生下列反应：

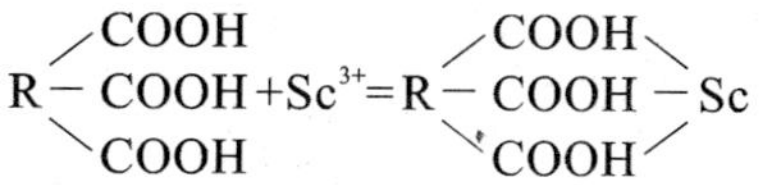

式中代表腐植酸分子式。但是，腐植酸的结构比较复杂，有必要进行进一步的研究，才能弄清腐植酸与钪的作用机理。

试验表明，在室温和腐植酸∶钪 = 20∶1 条件下，将腐植酸钠溶液加入到经铁粉还原（Fe^{3+} 被还原至 Fe^{2+}）的酸浸液中，用稀 NaOH 把溶液的酸度调至 pH = 5，使腐植酸钪沉淀。过滤后用蒸馏水洗涤至无铁离子为止。这样一次沉淀的沉淀率可达 95% 左右，而铁锰的除去率分别可达 95% 和 99%。Sc∶Fe∶Mn 可由原来的1∶349∶67 下降至 1∶18∶0.68。钪和铁、锰基本达到分离。盐酸浸出 – 腐植酸沉淀的工艺流程见图 2 – 25。

该工艺所得产品纯度不够高，实际工艺中还有一些问题需要进行研究和改进。

我国还对从电炉钨渣中提取钪进行了研究。在电炉熔炼时，放射性元素一起进入钨渣。Sc，U 和 Th 在炉渣中均富集 3 倍。采用软锰矿作氧化剂，在盐酸中对炉渣进行氧化浸出。浸出液用仲辛醇除铁，有机相用 HCl 处理使其进入水相。用三烷基甲基氯化胺（Aliquat 336）从萃余液中萃取 U 并用 H_2SO_4 溶液反萃。下一步是除 Th。为此，用少量 HNO_3 调节除 U 后的萃余液的酸度，用 P_{350} 萃取，并用 Na_2CO_3 溶液反萃，得到 Th 的富集物。这样除去了 Fe，U，Th 的萃余液，即可按前述工艺用 D2EHPA 萃取钪。

根据热力学分析，我国还报道过一种用硫酸直接处理黑钨矿提取钨和钪的新方法。黑钨矿和硫酸的主要反应和这些反应的自

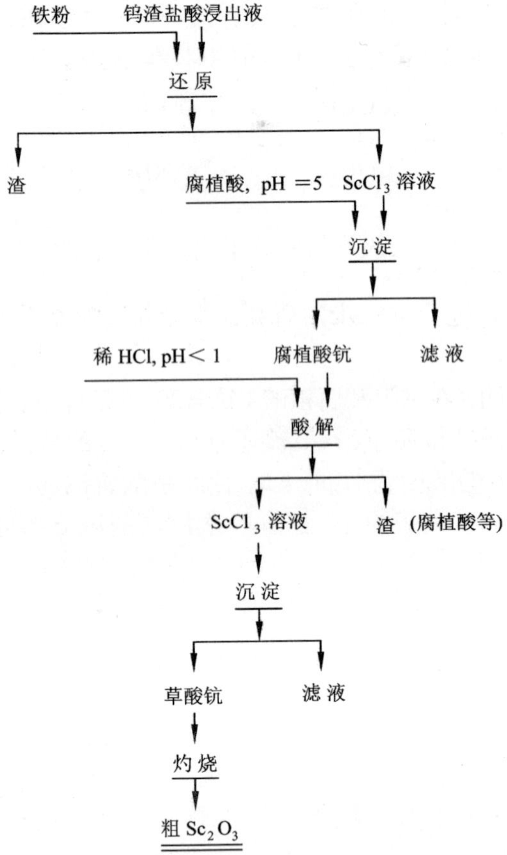

图 2－25　盐酸浸出－腐植酸沉淀提取钪的工艺流程

由能变化(图 2－26)如下：

$$MnWO_4 + H_2SO_4 = MnSO_4 + H_2WO_4 \quad (1)$$

$$\Delta G_T^{\ominus} = -78.07 + 0.048T \quad (kJ)$$

$$FeWO_4 + H_2SO_4 = FeSO_4 + H_2WO_4 \quad (2)$$

$$\Delta G_T^{\ominus} = -57.06 + 0.028T \quad (kJ)$$

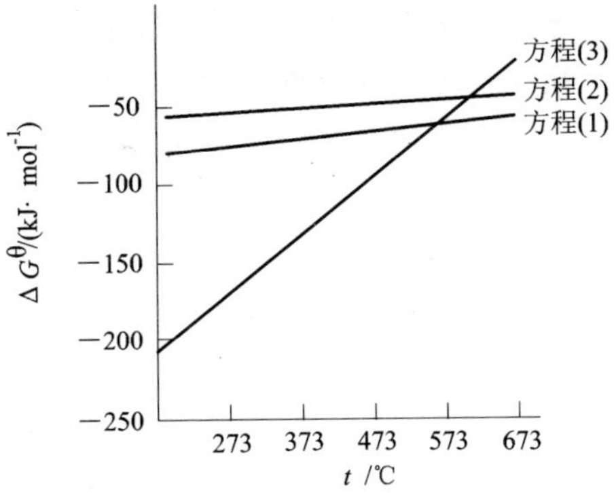

图 2-26　硫酸浸出黑钨矿主要反应的自由能变化与温度的关系

$$Sc_2O_3 + 6H^+ = 2Sc^{3+} + 3H_2O \qquad (3)$$

$$\Delta G_T^{\ominus} = -201.56 + 0.35T \qquad (kJ)$$

计算表明，黑钨矿中的主要元素 W，Fe，Mn 和 Sc 均能在很宽的温度范围内和硫酸反应。温度越高，Sc_2O_3在水溶液中的稳定性越大，而高浓度硫酸有利于黑钨矿的浸出分解。

黑钨矿的组成（质量分数，%）为 WO_3，69.3；Sc_2O_3，0.0395；Fe，11.61；Mn，4.81，硫酸分解试验表明，在最佳条件下，Sc 的浸出率达 94.86%。采用 EHPAEH((2-乙基己基)-2-乙基己基膦酸酯)作萃取剂(比二-2-乙基磷酸好)萃取钪，可以直接在硫酸介质中分离其他元素。在有机相中，钪生成配位化合物 $ScA_3 \cdot 3HA$(A 为 EHPAEH 的阴离子部分)。钪的萃取率达 98.3%，而铁的萃取率，如果将其预先还原至二价时，则只有 0.43%。负载有机相可用硫酸处理除铁，用氢氧化钠反萃钪。铁的洗除率达 99.2%，钪的反萃率达 98.8%。钪的氢氧化物可转化为纯度 95% 的 Sc_2O_3，可用草酸沉淀法进一步纯化。

2. 从钛的生产附产物中回收钪

含钛原料的处理通常采用两种方法：一种是硫酸法，在硫酸法从溶液中水解析出颜料二氧化钛过程中，钪富集于水解废酸液中；另一种是氯化法，在高钛渣进行熔盐氯化时，约有3/4以上的钪留在熔盐中，而在团块氯化或沸腾氯化时，钪则分配于所有冷凝装置中，其中在收尘室收集的氯化烟尘含钪量最高。

含钪的熔盐废料、氯化烟尘和水解硫酸废液为湿法提取钪提供了有利条件。采用水或稀盐酸浸出就可以很容易地将氯化物熔渣或氯化升华物中的钪转移到水溶液中。

前苏联对从硫酸法生产颜料二氧化钛废弃水解酸液提取钪的方法进行过研究。在处理含0.008% Sc_2O_3的钛铁矿精矿后，在水解酸（24% H_2SO_4）中钪的含量为0.018g/L Sc_2O_3。用0.4mol/L D2EHPA煤油溶液，相比$V_{有}:V_{水}=1:100$萃取时，钪几乎与钛、铁和钙完全分离。如果在原始溶液中Sc_2O_3:杂质的比例为1:3500，那么在有机相中则为1:(3~5)。就是说，富集了~700倍。钪用固体NaF反萃。在液固比=25:1，用3% H_2SO_4浸洗沉淀时，沉淀中钪富集至原来的10.8倍，其主要成分Na_3ScF_6的含量可达61%。在工艺流程实验室扩大试验中，三个工序（萃取、反萃和浸出）钪的直接回收率为85%~90%。

从有机相反萃钪时采用碱溶液的效果比用NaF差。例如，在用D2EHPA从含（g/L）：H_2SO_4，300；Sc，0.02；Ti，2.5；Fe（Ⅱ），22的溶液中提取钪时，经过用酸洗涤有机相和用2mol/L NaOH溶液反萃钪后得到的富集物，仅含8%~10%的Sc_2O_3。

曾经有人用TBP从蒸发过的水解酸液中提取钪和钒。原始钛铁矿精矿的组成为（%）：TiO_2，47.1；Fe_2O_3，7.8；FeO，39.4；P_2O_5，0.1；V_2O_5，0.16；Sc_2O_3，0.013。表2-20列出了钪在钛铁矿精矿处理产物中的分布情况。

表2-20 硫酸法处理钛铁矿精矿时钪在各产物中的分布

原料和产物	质量或体积 /t或m^3	Sc_2O_3含量	Sc_2O_3 提取率/%
处理钛铁矿精矿	1.0	$13\times10^{-3}\%$	100
得到:			
粗滤渣泥	0.09	$8\times10^{-3}\%$	5.5
七水硫酸铁	1.56	$0.6\times10^{-3}\%$	7.2
颜料二氧化钛	0.45	$0.2\times10^{-3}\%$	0.7
一水硫酸铁	0.60	$1\times10^{-3}\%$	4.6
蒸发水解酸	1.40	71mg/L	76.4

在从含量(g/L)为：0.071Sc_2O_3；0.905V_2O_5；8.2Fe；8.73 H_2SO_4，相比为$V_{有}:V_{水}=1:2.5$的溶液中进行提取时，钪、钒和铁的提取率分别为92%，90%和<5%。在相比$V_{有}:V_{水}=6\sim8$条件下用12.5%氨溶液进行2~3级反萃，在pH=6~8条件下用氨水沉淀钪和铁的氢氧化物。此时，钒以VO_3^-形式留在溶液中。湿的氢氧化物溶于盐酸中，并将酸度调至2mol/L，用TBP萃取铁。用沉淀法从萃余液中可制得下列组成的钪富集物(%)：Sc_2O_3，45.0；Fe_2O_3，46.8；TiO_2，0.8；V_2O_5，0.001。采用草酸盐净化很容易除去铁。在实验室实现此过程，从水解酸得到钪富集物的提取率为90%。

我国西南地区许多矿区，特别是攀枝花钒钛铁矿等矿区的主要矿物相中均含有钪，其中含钪量最高可达27~32g/t，是我国提钪的一个重要资源。

我国从20世纪70年代末起就对这些矿物的综合利用，其中包括综合回收钪进行了广泛的研究。这类矿物在选钛过程中，钪富集到钛精矿(~38g/t)和选钛尾矿(~42g/t)中。钛精矿电炉冶炼制取高钛渣时，钪富集到高钛渣中，其含量达 80～100g/t。在高钛渣进行沸腾氯化制取四氯化钛时，钪分布于氯化渣和收尘渣中。氯化渣中钪的含量约为 50g/t，而收尘渣中则可达 230～330g/t。根据国际上的一般认定，钪含量达到 20～50g/t 的矿物便有利用价值。因此，我国攀枝花铁矿石、钛精矿、选钛尾矿、电炉冶炼高钛渣以及沸腾氯化的氯化渣和收尘渣均为具有工业回收价值的提钪资源。其中最有价值进行工业回收的是所谓收尘渣的氯化烟尘。

20 世纪 80 年代初，我国就开始了从氯化烟尘中回收钪的广泛研究。这些研究都采用萃取工艺，主要差别是采用不同的萃取剂。

(1)水浸－TBP 萃取工艺

高钛渣在 1000℃以上进行高温氯化时，钛、钪和锰、铁、铝、硅、钙等均生成氯化物。$ScCl_3$ 的沸点为 967℃，在收尘器内(900℃～600℃)优先冷凝而与 $TiCl_4$ 等分开。表 2－21 中列出高钛渣和氯化烟尘的化学成分。从表中可看出，钪在氯化烟尘中的含量富集了 5 倍左右。

表 2－21　高钛渣和氯化烟尘的化学成分(质量分数，%)

	Sc	Fe	Mn	Si	Ti	Mg	Al	Ca	Na	K	Cu
收尘(1)	0.102	11.05	12.28	7.42	3.80	1.80	0.96	0.74	0.95	0.10	0.013
收尘(2)	0.132	16.90	15.00	2.70	2.34	2.02	1.25	0.69	1.09	0.15	0.013
高钛渣	0.024	2.00	1.40	1.11	52.4	—	1.70	0.15	0.84	0.04	—

水浸－TBP 萃取工艺从氯化烟尘中回收钪的工艺流程见图 2－27。各种氯化物的水浸出过程大都为放热反应，浸出液的温度可升高到 40℃。但在 20℃～80℃范围内，温度对钪的浸出过程

没有明显的影响。钪的平均浸出率为 80% 左右。由于氯化烟尘中夹带有氯气，在水浸出过程中会生成少量盐酸，因此，实际上已为稀酸浸出。浸出后溶液的酸度升至 0.2mol/L 左右。浸出固液比对钪的浸出率亦没有明显影响。浸出 1 ~ 2h 后，浸出液的代表性组成见表 2 – 22。

表 2 – 22　浸出液的化学组成(质量分数，%)

	Sc	Mn	ΣFe	Al	Ca	Si	Ti	K	Na	Cu	Cl^-
1# 收尘浸出液	0.80	93.8	60.1	8.2	3.6	1.3	0.8	0.53	0.56	0.017	~300
2# 收尘浸出液	0.85	104.2	92.0	8.2	3.3	0.06	0.028	1.11	1.40	–	~300

TBP 按溶剂化机理以 $ScCl_3 \cdot HCl \cdot n TBP$ ($n = 2 \sim 3$) 萃取钪。水相氯离子浓度对钪的分配系数的影响见图 2 – 28。因此，TBP 对钪的萃取必须在高酸度或高氯离子浓度下进行。为此，浸出液的起始液固比要尽量小，如 1∶1。此时，浸出液的黏度增大，料浆过滤速度很慢。可考虑采用板框压滤机压滤或在小批量生产时采用澄清倾析法分离上清液。

采用纯 TBP 萃取时，分相较慢，需要 10min 以上。但 TBP 浓度太低时，有机相又会出现黏滞现象，也会减慢分相速度。最好的萃取剂为 50% TBP 的煤油溶液。此时，分相时间为 5min。当相比 O/A = 1/2 时，一级萃取钪的萃取率为 75%，二级萃取可达 90%。TBP 萃取后，用酸洗涤负载有机相时，会出现有机相分层现象。为避免这种情况，需添加仲辛醇，但仲辛醇会降低 TBP 对钪的萃取效果，因此，仲辛醇的添加量以不超过 20% 为宜。

TBP 萃取时氯离子浓度对铁的萃取率的影响见图 2 – 29。从图中可看出，虽然 TBP 对 Fe^{2+} 的萃入量很小($<5\%$)，但 Fe^{3+} 的萃取率却随水相中氯离子浓度的增加而增加，不能达到钪与 Fe^{3+}

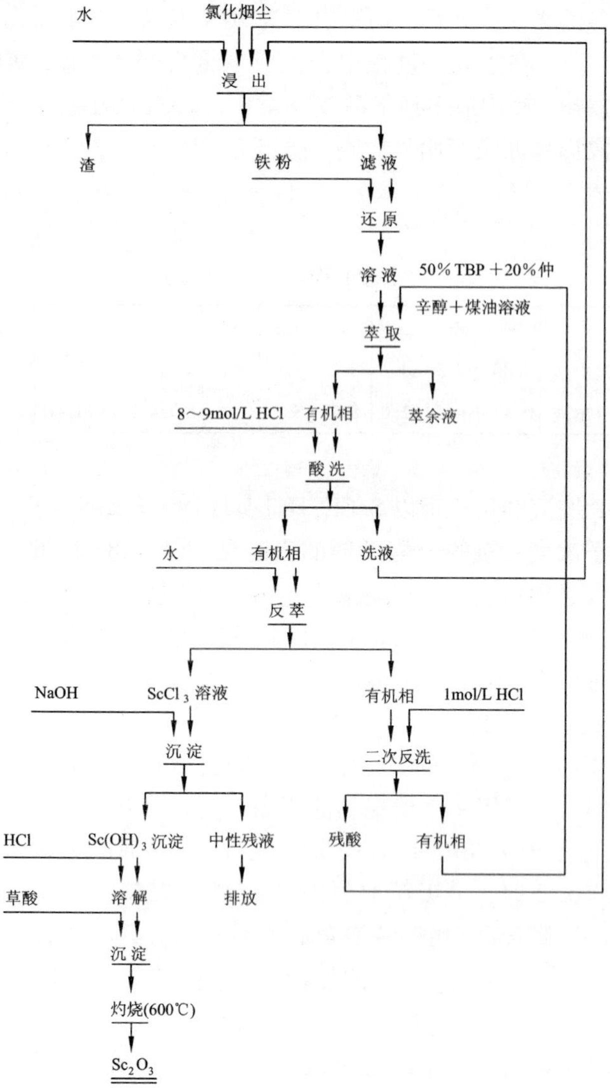

图 2－27 氯化烟尘水浸－TBP 萃取提钪工艺流程图

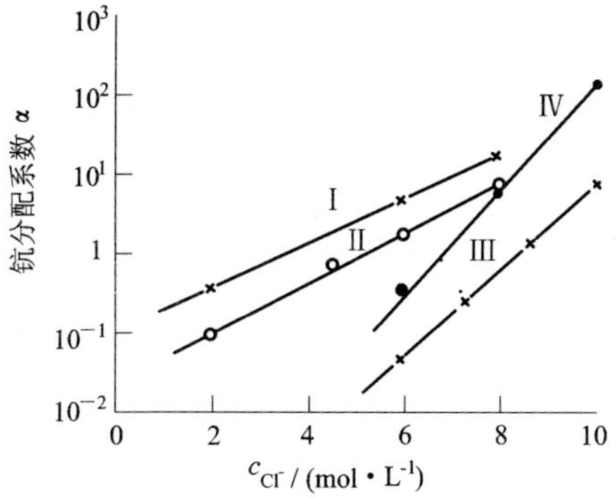

图 2-28　氯离子浓度对钪分配系数的影响

Ⅰ—$MgCl_2$ 溶液含 Sc 100mg/L，纯 TBP 萃取；

Ⅱ—HCl 溶液含 Sc 100mg/L，纯 TBP 萃取；

Ⅲ—实际浸出液，50% TBP 煤油溶液萃取；

Ⅳ—$MgCl_2$ 溶液含 Sc 1.0g/L，50% TBP 煤油溶液萃取

的有效分离。为此，在萃取前必须添加铁粉，把溶液中少量的 Fe^{3+} 还原成 Fe^{2+}。

在萃取过程中，锰和钛的萃取率分别为 5% 和 12.5% 左右。用 8mol/L 或 9mol/L 洗涤负载有机相，可以除去有机相中夹带和萃入的一部分杂质。例如，在相比 O/A = (3 ~ 5)∶1 时，经过四次酸洗，可除去有机相中 99% 的锰、88% 的钛和 81% 的铁。酸洗过程中钪的损失量约为 3%，此酸洗液可返回回收。

有机相用水进行反萃，水相 HCl 浓度对 Sc 反萃率的影响见图 2-30。由图可以看出，反萃液的酸度以 2 ~ 3mol/L 为宜。酸洗时进入有机相中的 HCl 在反萃时又转入水相，控制好反萃液的酸度至关重要。控制好酸度，钪的反萃率最高可达 95% 左右。

经过萃取、酸洗和反萃后，杂质大幅度减少。典型的反萃取液成分(g/L)为：Sc，20；Mn，0.003；Fe，0.024；Ca，0.001；Cu，0.021；Ti，0.070。钪与杂质元素的分离系数列于表 2-23。从表

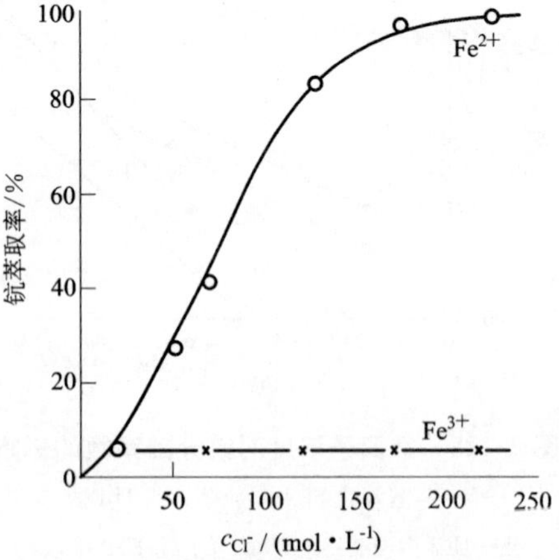

图 2 -29 氯离子浓度对 TBP 萃取铁的影响

相比 O/A = 1/1，有机相：50% TBP + 20% 仲辛醇 + 30% 煤油

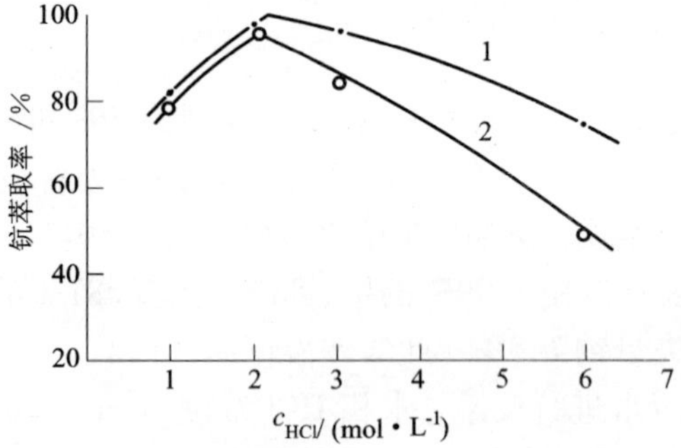

图 2 -30 水相 HCl 浓度对 Sc 反萃取率的影响

相比 O/A = 1/1，有机相中钪的浓度 1.17 g/L

1—有机相为 50% TBP + 20% 仲辛醇 + 30% 煤油；

2—有机相为 50% TBP + 50% 煤油

中可见，该萃取工艺对主要杂质锰、铁和钙的分离效果很好，但对钛和铜则较差。氯化烟尘中原来含铜就不高，但少量$TiCl_4$会在收尘时夹杂于烟尘中，在浸出时与钪一起进入溶液。在用铁粉还原Fe^{3+}时，Ti^{4+}也被还原成Ti^{3+}。TBP同样萃取Ti^{3+}。同时，在用NaOH溶液从反萃液中沉淀氢氧化钪时，氢氧化钛在pH = 1.5 ~ 2时会首先生成胶状沉淀，大量吸附钪造成损失。因此，氯化烟尘最好是先存放冷却，待$TiCl_4$自然挥发后再进行处理。

表2-23　钪与杂质元素的分离系数

元　素	Mn	Fe	Ti	Ca	Cu
浸出液中[Sc]/[Me]	0.008	0.013	1.0	0.22	47.0
反萃液中[Sc]/[Me]	667	83	29	2000	90
分离系数	83400	6390	29	9090	1.91

反萃液用NaOH沉淀，沉淀率为99.75%。可用草酸沉淀法进一步提纯，此时钪的沉淀率为97.6%。经过煅烧，可得纯度约99%的Sc_2O_3。如果再一次用草酸沉淀法处理，则可将Sc_2O_3的纯度提高到99.5%。从水浸处理到制得Sc_2O_3产品，钪的总回收率约为60%。该工艺进行过扩大试验，同样可以制得纯度达99.5%的Sc_2O_3，总回收率仍然接近60%，证明该流程的适应性较好。所得氧化钪产品经光谱分析，其杂质含量如下(%)：Si，0.057；Al，Sb，Ti，Cr，Ca，As，均小于0.01；Fe，0.10；Mn，0.0035；Mg，0.03；W，<0.03；Pb，Sn，Ni，Bi，Mo，V，Cd，Cu，Co均<0.003。

(2)酸浸-烷基磷酸(P_{204}或P_{507})萃取工艺

TBP萃取的优点是反萃取可以在室温下用水进行，但必须采用高酸度或高氯离子浓度(300g/L)溶液，同时必须用铁粉将溶液中的Fe^{3+}还原至Fe^{2+}。烷基磷酸类萃取剂则可以在酸度较宽的范围($3\sim6.5mol/L\ HCl$)内萃取钪，不需要高浓度氯离子，可以在有大量 Fe^{3+} 存在的情况下直接进行萃取。

该工艺对我国攀枝花高钛渣氯化烟尘进行过小型试验研究。氯化烟尘用5% HCl浸出后，浸出液的含量(g/L)为：Sc_2O_3，0.046～0.053；Zr，0.007～0.025；Ti，0.4；Fe，19～25。溶液含酸 H^+，2～3mol/L。图2－31和图2－32分别给出了萃取剂浓度和水相盐酸浓度对金属萃取率的影响。

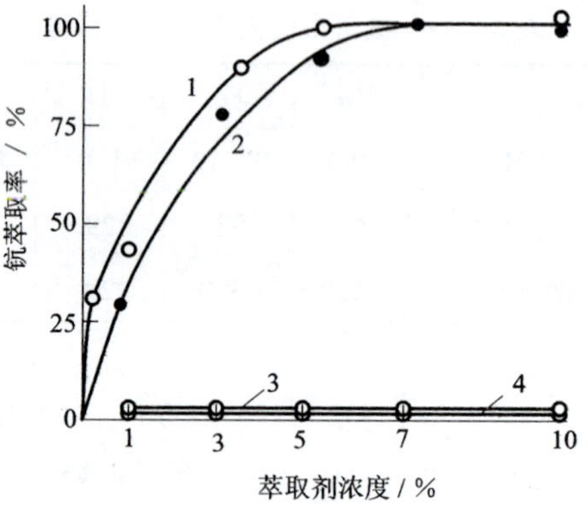

图2－31　萃取剂浓度对钪和铁的萃取率的影响

水相含 Sc_2O_3 69mg/L，Fe 29.73g/L，H^+ 3.7mol/L；相比 O/A＝1/10，

1—P_{204}，Sc；2—P_{507}，Sc；3—P_{204}，Fe；4—P_{507}，Fe

由图2－31可见，采用5% P_{507} 或3% P_{204} 时，钪的萃取率可达90%以上，而铁的萃取率只有0.4%～0.6%，表明利用烷基磷酸类萃取剂的强萃取能力，采用低浓度和小相比的方法避免其选择性差的弱点，不仅可以富集钪，而且可以分离铁。从图2－32可以看出，虽然不能借助酸度来分离锆，但可以通过酸度的控制使钪与铁、钛得到较好的分离。由于浸出液中铁和钛的含量远比钪高，它们分别高出422倍和7.7倍，因此，还有一部分铁和钛被

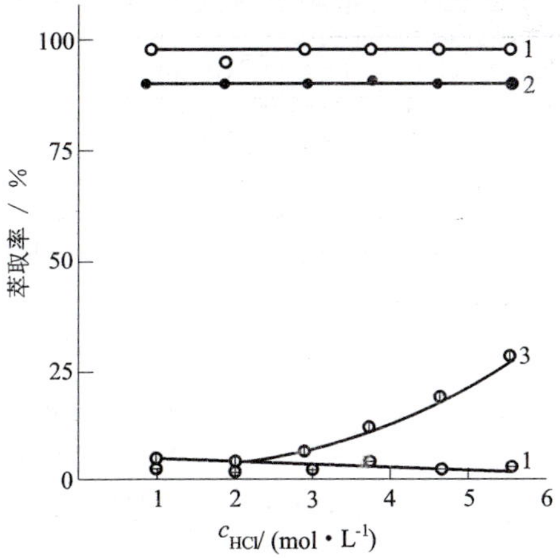

图 2-32　盐酸浓度对金属萃取率的影响

有机相含：5% P_{507}；相比 O/A = 1/10，1—Sc；2—Zr；3—Ti；4—Fe

萃入有机相。为此，有机相需要进行盐酸洗铁，并在洗铁的盐酸中加入适量的 H_2O_2，使 H_2O_2 与铁生成过(氧)钛酸，而将钛一并洗除。由于锆的萃取行为与钪的相似，分离十分困难。据报道，研究出一种高效洗锆剂。当用 0.4% ~0.5% 洗锆剂，在相比 1∶1 条件下对 5% P_{507} 或 3% P_{204} 的煤油负载有机相进行洗涤时，其分离因素 β_{Zr}^{Sc} 分别可达 1893 和 400。

采用烷基磷酸类萃取工艺时，反萃相当困难，必须采用强腐蚀性的浓氢氟酸或加热后的 NaOH。这给实际操作带来许多困难。为此，研究人员采用乙醇作为助反萃剂，加到 2.5mol/L 的 NaOH 溶液中，经过室温下进行的两级错流洗涤可使反萃完全。相比 O/A = 2/1 时乙醇浓度对钪反萃率的影响见表 2-24。由表可见，P_{507} 比 P_{204} 更容易反萃。

表 2-24 乙醇浓度对钪反萃率的影响

乙醇/%	5	10	20	30	40
钪反萃率/%，1#	68.5	84.5	86.6	95.0	—
2#	19.0	23.5	40.0	74.3	81.9

注：1#—有机相 5% P_{507} - 煤油，Sc_2O_3，540mg/L；2#—有机相 3% P_{204} - 煤油，Sc_2O_3，526mg/L。

根据上述研究制定的工艺流程曾经对我国攀枝花矿高钛渣氯化烟尘原料进行过小型流程试验，试验的工艺流程示于图 2-33。试验工艺条件分别为：萃取剂 5% P_{507} - 煤油，相比 O/A = 1/10；铁、钛洗涤剂用 2mol/L HCl + 适量 H_2O_2，相比 O/A = 1∶1，2～3 级错流；洗锆剂浓度 0.5%，相比 O/A = 1∶1，2～3 级错流；反萃剂 2.5mol/LNaOH - 10% 乙醇，相比 O/A = 2∶1，二级错流。试验结果表明，各工序钪的收率分别为(%)：萃取 96～98，洗涤 99，反萃 96～98，酸溶 95，草酸沉淀 90。整个工艺的直收率 > 50%。经过两次草酸沉淀得到的 Sc_2O_3 产品的 ICP 分析结果为(%)：SiO_2，0.13；Fe_2O_3，0.0017；MnO_2，0.0017；HfO_2，0.0025；MgO，0.033；V_2O_5，0.020；CaO，0.018；TiO_2，0.0013；Y_2O_3，< 0.001；CuO，0.0028；ZrO_2，0.028；Al_2O_3，0.011；ThO_2，0.12*（*为化学分析结果）。按 14 种杂质的减量计算，钪的纯度≥99.5%。产品的 α 比放射性活度为 23.31×10^3 Bq/kg，未超过国家标准。

(3) 水浸 - P_{5709} + N_{235} 萃取工艺

磷(膦)类和胺类萃取剂对钪的萃取性能均较好。但是，如前所述，TBP 对 Sc^{3+} - Fe^{3+} 的分离效果不佳，P_{204} 反萃困难。酸性磷(膦)类萃取剂从盐酸介质萃取钪时，相分离不好。为此，有人提出加入叔胺改进萃取体系的相分离性能和进一步提高分离杂质的选择性。从经济和钪的提取率考虑，较佳的萃取体系为 1% P_{5709}

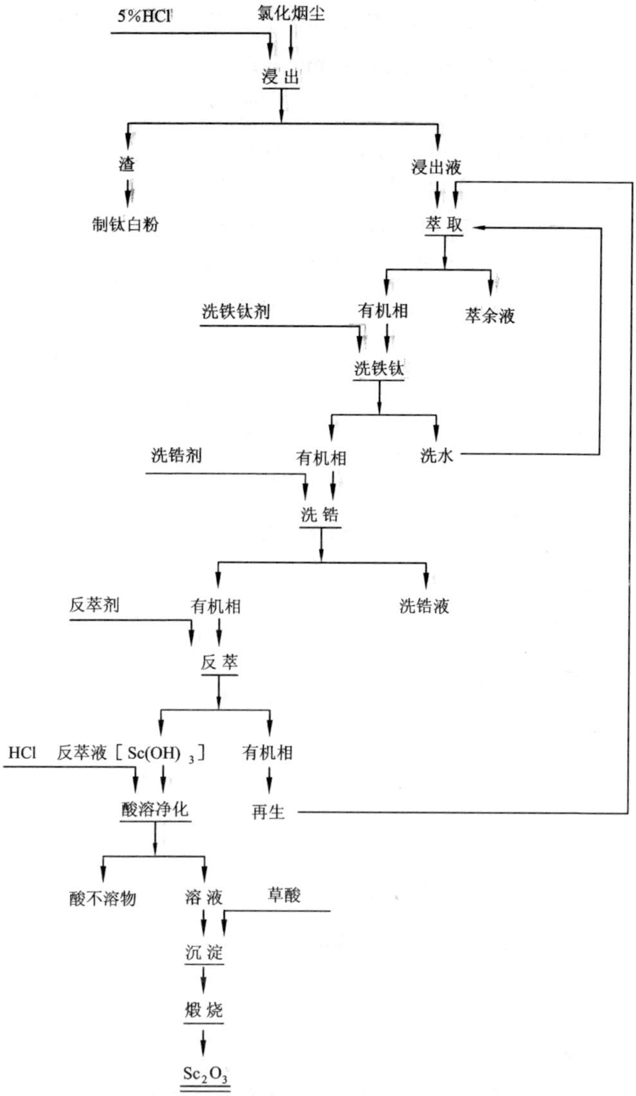

图 2－33　酸浸－烷基磷酸萃取工艺提钪原则流程图

-1.1% N_{235} -97.9% 磺化煤油（体积分数）。即使料液中钪的浓度高达 1.2g/L，该体系对钪仍有很高的萃取率。

图 2－34 示出该体系萃取率与 pH 的关系。该图表明，钪的萃取率随酸度的增大而降低，钪在 pH＞5 时产生水解，但在 pH＝1.5～5 范围内降低不明显，只有在 pH＜1.5 时萃取率才随酸度的增加而明显地或急剧地降低。从图 2－35 示出的钪的萃取等温线看出，该体系单级萃取就能够萃取含钪 0.3g/L 的水相中的钪。该萃取体系在上述 pH 范围内属阳离子交换型，氢离子浓度对萃取平衡有很大影响。该体系可以在钪不产生水解的低酸度范围萃取，在高酸度范围反萃。由于钪的分解沉淀，也可以在弱碱性溶液反萃，但此时碱类反萃剂容易乳化，造成相分离困难。

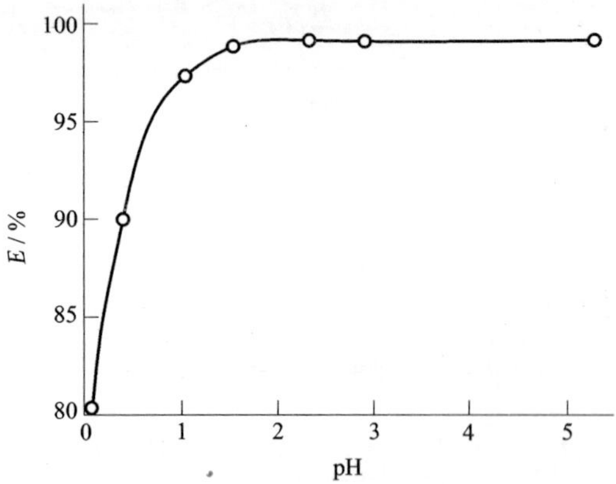

图 2－34　钪萃取率与水相 pH 的关系

有机相：1% P_{5709} $+1.1\%$ N_{235} $+97.9\%$ 磺化煤油，

$C_{Sc}=0.02$g/L；O/A＝1/1；$t=24$℃；$\tau=10$min

图 2－36 示出反萃剂采用 HCl 溶液时，HCl 浓度与钪的反萃率的关系。反萃曲线在 5mol/L 处有一峰值。这是因为酸性磷（膦）类

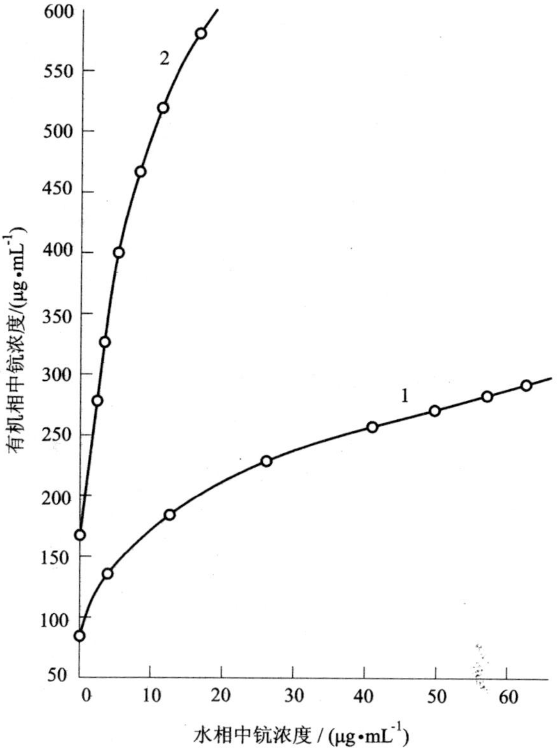

图 2－35　钪的萃取等温线

1—0.5% P_{5709} +0.6% N_{235} +98.9%磺化煤油；

2—1% P_{5709} +1.1% N_{235} +97.9%磺化煤油

萃取剂的萃取，在低酸介质中按阳离子交换机理进行，而在高酸度下则按溶剂化机理进行。同时，N_{235}在高酸度下也萃取钪。

对杂质萃取行为的研究表明，控制好萃取和反萃条件，该体系可以对一些主要杂质有较好的分离作用。图 2－37 和图 2－38 分别示出了水相 pH 值对 Fe^{3+}萃取率和反萃取率的影响。根据已

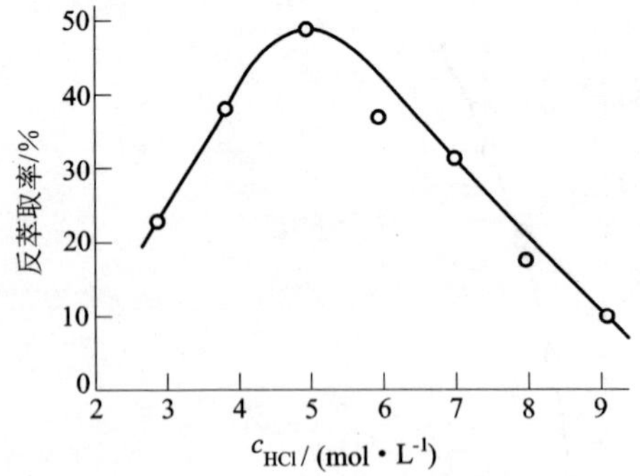

图 2-36 反萃剂浓度对钪的反萃率的影响

O/A = 1/1；t = 30℃；τ = 10min

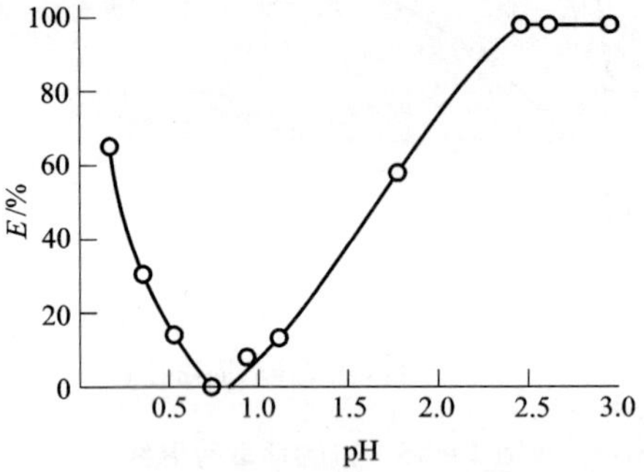

图 2-37 pH 对 Fe^{3+} 萃取率的影响

O/A = 1/1；t = 22℃；τ = 10min；负载有机相 $C_{Fe^{3+}}$ = 0.05g/L

知资料，N_{235} 对 Fe^{3+} 的萃取性能较好，在 1mol/L HCl 时，Fe^{3+} 的萃取率可达 100%。P_{5709} 酸性较弱，Fe^{3+} 的萃取率随 pH 降低而减小。研究结果表明，Fe^{3+} 的萃取率在水相 pH = ~0.8 时几乎等于零，而此时 Sc^{3+} 的萃取率仍保持 ~98%。因此，如果采用 pH = ~0.8 的水溶液进行萃取，反萃取则采用 5mol/L HCl 在 60℃

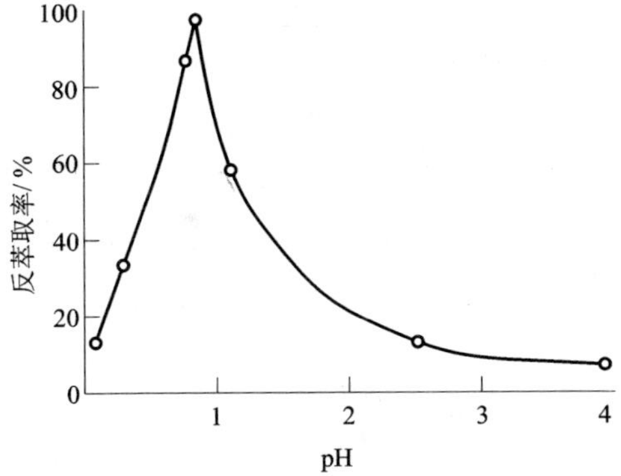

图 2－38　pH 对 Fe^{3+} 反萃率的影响

O/A＝1/1；t＝24℃；τ＝10min；负载有机相 $C_{Fe^{3+}}$＝0.05g/L

下进行，可以预期 Fe^{3+} 与 Sc^{3+} 的分离能够达到良好的效果。此外，该萃取体系对 Al^{3+}，Mn^{2+}，Fe^{2+}，Ca^{2+}，Ti^{4+} 基本不萃取，也可以得到良好的分离效果。

当氯化烟尘浸出料液组成(g/L)为：Sc 0.30，Mn 149，Fe 44，Al 3.6，Ca 3.1，Ti 0.03，Cl^- 333 时，按图 2－39 示出的工艺流程进行萃取试验。工艺条件：萃取剂 1% P_{5709} －1.1% N_{235} －97.9% 磺化煤油；料液 pH＝0.79，相比 O/A＝1，温度 10℃；单级萃取；反萃取剂 5mol/L HCl，反萃液温度 60℃，三级反萃。试验结果表明，三级总反萃率＞99%，经过单级萃取、三级反萃，钪的回收率＞90%。反萃液中的 Ca^{2+} 小于 0.003g/L，Al^{3+} 小于0.005g/L，Ti^{4+}，Fe^{2+}，Fe^{3+}，Mn^{2+} 等杂质离子均在分析灵敏度范围内。第二次萃取和反萃循环后，钪的总收率＞80%。该工艺的另一个优点是，萃取剂的浓度低，98% 为煤油，成本低，经过一定时间循环使用后，仍可作为燃料，不存在三废处理问题。

除上述从氯化烟尘中提取钪外，近年来我国已开始从攀枝花选钛尾矿中提钪的研究工作。如前所述，在这类矿物选钛过程

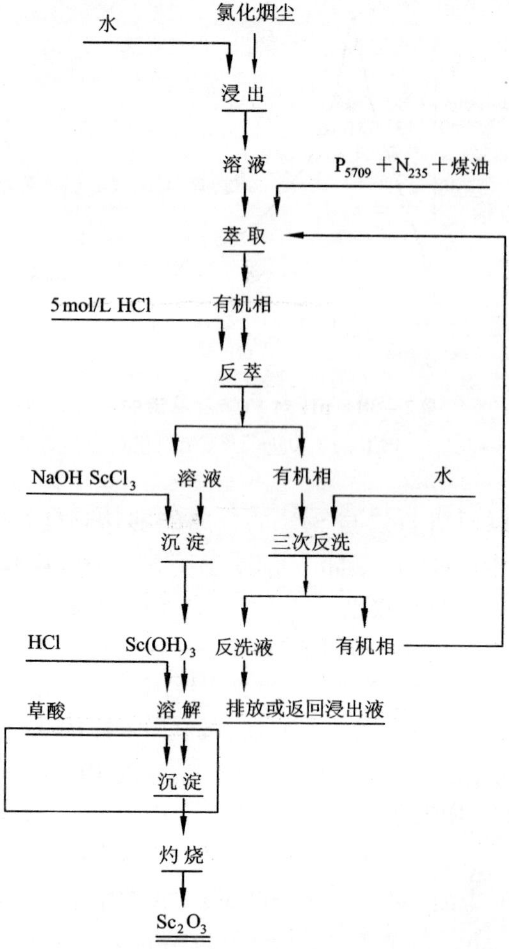

图 2－39　水浸－$P_{5709}+N_{235}$萃取工艺提钪原则流程图

中，钪富集到钛精矿和选钛尾矿中，而且选钛尾矿中钪的含量往往还高于钛精矿，因此，选钛尾矿也是提钪的一个重要资源。

研究采用的是攀枝花密地选钛厂正常生产得到的粗、细两种粒级的选钛尾矿，经过预处理 - 磁选和加剂处理电选工艺，得到含 121g/t 和 114g/t 的钪精矿。用盐酸(4 ~ 6mol/L)加助溶剂进行浸出，浸出率为 93.64%。得到的浸出液组成为(g/m^3)：Sc，40.00；Ti，973.50；V，10.07；Ca，2.90；Mg，0.22；Al，0.08；Si，165.00；Fe，0.20。可见，主要杂质为 Ti，V，Si。

研究表明，磷酸和磷酸酯类萃取剂对钪均有良好的萃取性能。在盐酸溶液中，TBP 对钪的萃取率达 98.90%，其萃钪性能较 P_{204} 和 P_{507} 更好。TBP 萃取过程中出现的第三相现象，可以通过加入改良剂仲辛醇或异戊醇得到解决。

TBP 在盐酸体系萃取钪时，影响的萃取作用因素有如下顺序：酸浓度≫金属浓度≫TBP 浓度 > 相比。盐酸浓度的影响作用最大，通常是萃取率随酸度的增加而显著增加。酸度为 8mol/L 时，萃取率达 97.10%。钪的萃取率随 TBP 浓度的增加而增加。当 TBP 浓度为 30% 时，萃取率达 90.60%。进一步增加 TBP 浓度时，萃取率增加得很缓慢。因此，没有必要采用过大的 TBP 浓度。

为进一步改进 TBP 的萃取效果，研究人员还采用了助萃剂氯化铵。试验表明，加入氯化铵可以显著提高 TBP 对钪的萃取率。例如，在 200mL 还原浸出液中添加 10g 氯化铵时，钪的萃取率由未加氯化铵时的 22.10% 提高到 42.70%；而在加了 80mL 浓盐酸的 200mL 还原浸出液中，再加入同量的氯化铵时，钪的萃取率由未加时的 90.50% 提高到 100%。

用水作反萃剂，可以得到满意的反萃效果。

为了更好地分离铁和钛，通常萃取前在浸出液中加入铁屑和适量的双氧水。同时萃取后用浓 HCl 对负载有机相进行酸洗。试验表明，酸洗对钪的损失率不大，第一次为 3%，第二次为 0.3%，第三次后，几乎不再有损失。

对这种 TBP - HCl 萃取体系进行过 10kg 级的扩大试验。扩大试验的工艺条件如下：有机相为 50% 的煤油溶液，水相酸度为

7.6mol/L，相比 O/A =1∶2，单级萃取，萃取率达98.9%；酸洗液为9.64mol/L盐酸，相比 O/A =3∶1，钪损失率3.1%；反萃剂为蒸馏水，相比 O/A =1∶1，反萃取率为91.80%。

得到的反萃液经氢氧化钠-草酸盐精制法处理，得到了纯度为99.96%～99.98%的 Sc_2O_3，分析结果含杂质(%)：CuO，0.001；Fe_2O_3，0.004；Al_2O_3，0.002；CaO，0.001；MgO，0.005；MnO，<0.001；TiO_2，0.005。

前苏联早期研究过从钛铁矿团粒炉料氯化后的升华物中用浸出-萃取工艺制取钪的富集物。一个方案是用1% HCl浸出含0.04% Sc_2O_3的升华物后用70%的TBP处理。从反萃液析出的氧化物总量中含有2%的 Sc_2O_3。为了分离主要杂质铁，采用浓盐酸洗涤萃液并采用2～3mol/L的HCl对钪进行2～3级反萃。这样从反萃液中得到含10%～17% Sc_2O_3的氢氧化物，可以采用氢氧化物沉淀和草酸盐净化法，不难得到纯度为99%的 Sc_2O_3。另一个方案是从含0.4g/L $ScCl_3$和400g/L其他金属氯化物的浸出溶液中用TBP萃取。为了除去大量的铁和铝，用2.3～3.0 mol/L $MgCl_2$进行洗涤。在用2mol/L HCl反萃时，铁(Ⅲ)主要留在有机相中。这样，从含0.02% Sc_2O_3的原始产物可制得含20%～30% Sc_2O_3的钪富集物，其主要杂质为MgO。

目前俄罗斯生产 $TiCl_4$的主要原料是钛铁矿精矿。在矿热炉对钛铁矿精矿进行还原熔炼时，几乎所有伴生金属均残留在炉渣中。在炉渣续后进行熔盐氯化时，钪和其他稀有金属和放射性金属一起在废熔盐渣和升华物中富集。每生产1t工业 $TiCl_4$通常产生250～300kg氯化物废料。

前苏联早期曾经掌握了从这种钛生产废料中提取钪的TBP萃取工艺。根据这种工艺，钪从盐酸反萃液中以草酸盐形式析出，经过干燥和煅烧得到含40%～60% Sc_2O_3的富集物。该工艺比较简单但易燃，金属回收率较低，并生成大量含有机物质的废水。

多年来，Кудрявский Ю. П. 等人对从这类生产废料中提取钪的离子交换过程的原理和工艺进行了大量研究。他们研究了钪和伴生元素的离子与羧酸型、磷酸型和磺酸型阳离子交换树脂，与含羧氨基及含磷氨基的多聚两性电解质的相互作用，研究了离子生成基的类型、溶液的酸度和温度对被吸附的钪、钛、锆、铪、钍、铝、铁的羟基络合物和酸基络合物的组成以及钪与离子交换剂的化合物的稳定性的影响。研究确定，КФ，КФП，АФИ，АНКФ 类型的磷酸型离子交换剂能够在很宽的溶液酸度范围内吸附钪(图 2－40)。与钪不同，这些离子交换剂对Ⅰ和Ⅱ族的元素、镧系元素、铝、铁(Ⅱ)、锰(Ⅲ)、铬(Ⅲ)等的吸附能力却很小。对于 КБ－2，КБ－2П，АНКБ 类型的羧酸型离子交换剂，钪和其他金属的吸附行为在 pH＝2.0～4.5 时的差异最大。与此同时，磷酸型离子交换剂对钛、锆、铪和钍的吸附性能与钪的差别不大。因此，不能在吸附阶段将它们分离。

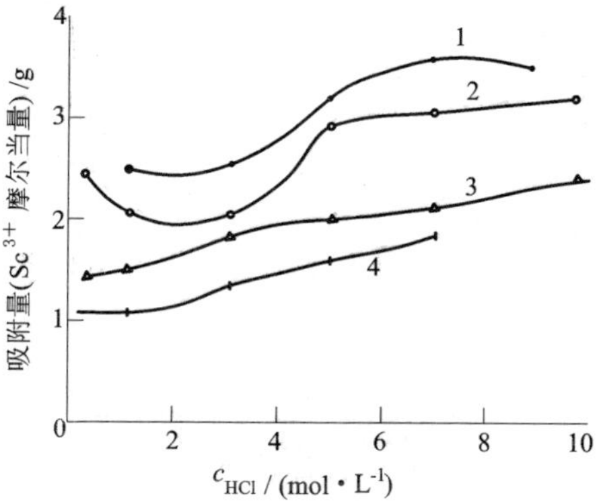

图 2－40　磷酸型离子交换剂 АНКФ－3(1)，КФП－12(2)，АФИ－22(3)和 ПД－1(4)在 0.1mol/L 的钪盐溶液中对钪的吸附性能与酸度的关系

由于萃淋剂能够有效地把离子交换剂的工艺性能和萃取剂的高效动力学性能结合起来，他们对磷酸型萃淋剂 TBЭKC 的萃钪能力进行了广泛的研究。采用模拟的浸出废料得到的工艺性氯化物溶液和氯化物－硫酸溶液进行的 TBЭKC 提取钪的试验表明，D2EHPA 为基的 TBЭKC 对钪的吸附容量最大，但反萃困难。只有用氢氟酸才能反萃。以 ΦOP 和 ΦOP－TBP 为基的 TBЭKC 从 1～5mol/L HCl 溶液中萃取钪的容量特性也比较好，但在工艺溶液中有氯化铁(Ⅲ)存在时实际上会不适于用来萃取钪。看来，从组成复杂的多组分溶液中提取钪，最有效的是以 TBP 和 TBP 与 Гексаран 为基的 TBЭKC。

图 2－41～图 2－44 示出了溶液的酸度、浓度、组成和相比对钪提取率的影响。研究表明，在给定酸度下，对钪的萃取作用影响最大的是原始溶液的组成，其中包括溶液中的盐析剂。

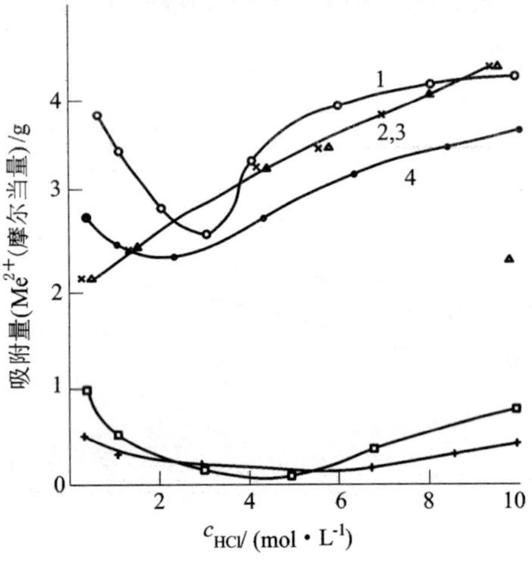

图 2－41　离子交换剂 KΦΠ－12 在 0.05mol/L 盐溶液中对钪(1)，钛(2)，锆(3)，钍(4)，钇(5)，镧(6)的吸附性能与酸度的关系

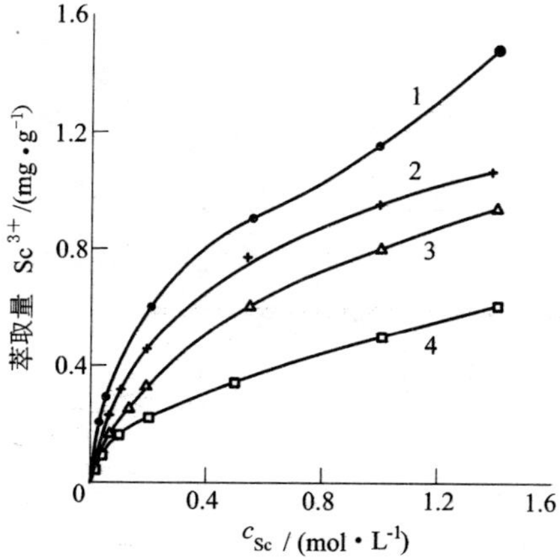

图 2－42　不同溶液中萃淋剂 TBЭКС－TBP 对钪的萃取等温线

g/L：1—200NaCl＋40HCl；2—0NaCl＋$40H_2SO_4$；

3—200NaCl＋$40H_2SO_4$；4—0NaCl＋40HCl

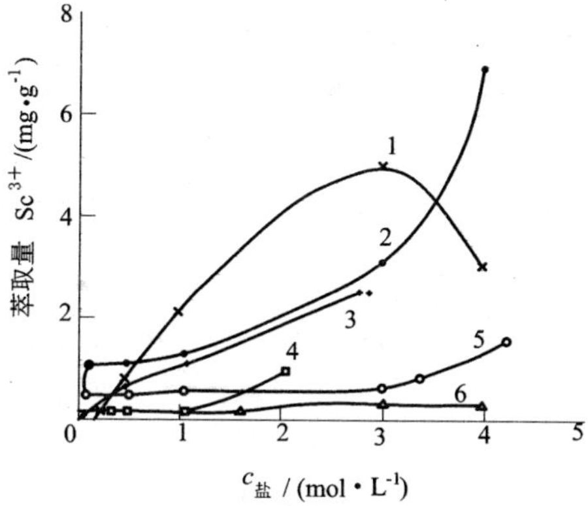

图 2－43　从金属氯化物溶液(1.5g/L Sc，40g/L HCl)中

TBЭКС－TBP 对钪的萃取

1—氯化铁(Ⅲ)；2—氯化锰；3—氯化铬(Ⅲ)；4—氯化铝；5—氯化钠；

6—氯化钪。TBЭКС∶溶液(g∶mL)＝1∶10，接触时间：1h

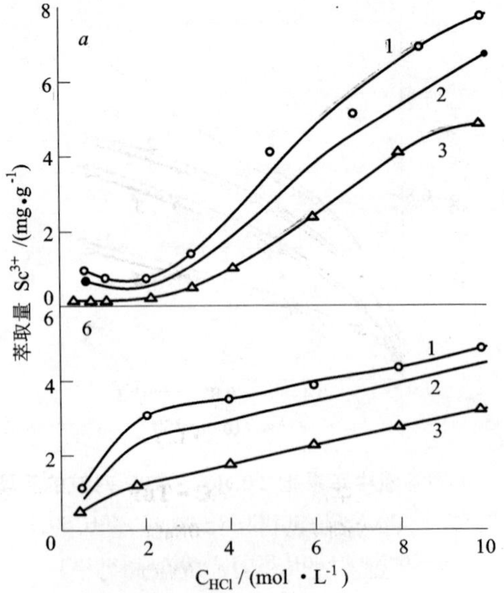

图 2-44 从盐酸溶液(1.5g/L Sc)中
TBЭKC-TBP 和 TBЭKC-ΦOP 对钪的萃取

TBЭKC∶溶液(g∶L)：1—1∶100；
2—1∶50；3—1∶10；溶液和 TBЭKC 的接触时间：1h

从钛氯化器废料提取钪时的最大困难是其中存在钍（达 0.03%），它在原始溶液中的浓度达 40～80mg/L。由于钍和钪在化学冶金过程中的行为十分相似，氯化钍在钪富集物中的含量通常可达 10%～30%。选择性净化原始溶液的研究表明，往溶液中加入 40～80mg/L 氯化钡和 5～10g/L 硫酸，使钍和钡、钙的硫酸盐产生共沉淀，其净化率可达 99.5%。此时，钪仍留在溶液中。

根据以上的研究结果，前苏联先期进行了工业规模试验，并掌握了直接从水浸出或返回溶液浸出废熔盐渣得到的溶液中提取钪的工艺（图 2-45）。该工艺曾经采用过 KΦП-12 类型的以苯

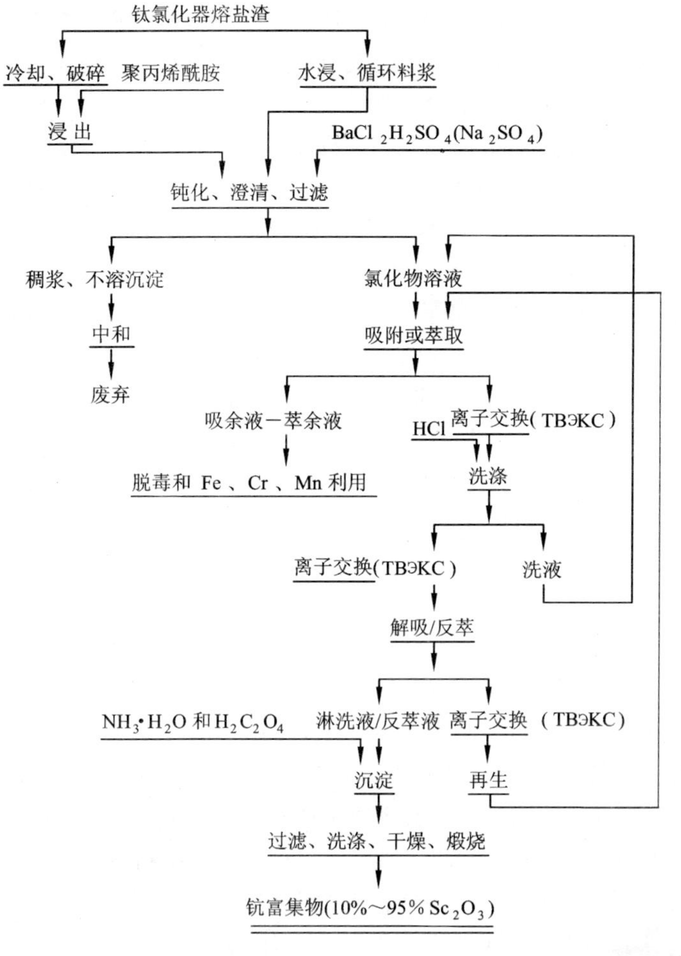

图 2－45　吸附和/或萃取法从熔盐渣浸出液中提取钪的工艺流程

乙烯及 ДВБ 为基的大孔磷酸型阳离子交换剂，以聚乙烯多胍胺为基的氨基磷酸两性电解质(AHKΦ－13 等)，KБ－2×7Π 类型的大孔羧酸型阳离子交换剂，萃淋剂 TBЭKC－TBP 等。该试验装置是由 4 个容积为 0.5 ~ 2m^3 的吸附 – 萃取柱组成。离子交换剂（TBЭКС）层的高度与直径比范围为 2 ~ 5。试验溶液含 0.028 ~ 0.066g/L钪，0.07 ~ 0.85g/L 锆，0.005 ~ 0.02g/L 钍以及钛、铁、铬、锰、铝和其他金属离子。处理了约 3000m^3 上述溶液。溶液的温度为 60℃ ~ 90℃，以 0.2 ~ 2 $m^3/(m^2 \cdot h)$ 的速度通过柱子。钪饱和后，用弱盐酸溶液淋洗磷酸型离子交换剂和 TBЭКС 以除去主量杂质。用 1 ~ 1.5 mol/L Na_2CO_3，$(NH_4)_2CO_3$ 或 Na_2CO_3 + NH_4Cl溶液从磷酸型离子交换剂；用 1 ~ 3mol/L HCl 从羧酸型离子交换剂；用水或0.1 ~ 0.3 mol/L HCl 从 TBЭКС – TBP 上解吸（反萃）钪。整个进行了 50 个“吸附（萃取）– 洗涤 – 解吸（反萃）– 再生”循环。每个循环（对一个柱子）的时间为 6 ~ 12 昼夜。

试验结果表明，КФП – 12，АНКФ – 13 等磷酸型离子交换剂在饱和情况下对钪的吸附容量为 12 ~ 20g/kg，但经过一些循环周期后逐渐降低至 3 ~ 6g/kg。因此，要用专门试剂处理进行再生。钪由溶液进入离子交换剂的提取率为 95% ~ 98%（在两个交换柱工作的情况下），而其在树脂酸洗时的损失率不超过 5%。钪由碳酸盐淋洗液进入富集物的提取率依淋洗液处理方法的不同为 70% ~ 98%。富集物中氧化钪的含量本身既与原始溶液，也与淋洗液的制备和处理方法的特点有关，可以在很宽的范围内，在 5% ~ 10% 至 80% ~ 95% 间变化。例如，在原始溶液不进行专门处理直接进行钪吸附，后续通过长时间(4 ~ 6h)煮沸从碳酸盐淋洗液中析出时，干燥和煅烧后的富集物中的氧化钪含量不大于 10%。在废料浸出时用 H_2SO_4（Na_2SO_4），NaCl 对料浆进行预处理并用 Na_2SO_3或铁屑将 Fe(Ⅲ)还原至 Fe(Ⅱ)，可以使钪对钍和铁的净除率大大提高。

此外，钪在富集物中的含量在很多方面取决于其从碳酸盐淋洗液中析出的方法和制度（pH、温度、时间）。这与钪和杂质元素的碳酸盐络合物和羟基络合物的稳定性不同有关。例如，研究确定，煮沸 0.5 ~ 1.5h，钛、铬和铁的碳酸氢盐进入沉淀的析出率达80% ~95%。此时，钪、锆和钍留在溶液中。要使它们进入沉淀，必须：①煮沸淋洗液4 ~6h；②中和至pH =4 ~6并煮沸1 ~2h；③开始时中和至pH =0.5 ~1.0，接着进行短时间的煮沸以分解碳酸盐离子，用Na_2SO_4，$BaCl_2$处理，然后用NaOH调至pH =1.8 ~2.1，分离钛、锆和钍的沉淀，再从溶液中沉淀钪的草酸盐。最后一种方法，结合吸附前对原始溶液的预处理，可以保证制得氧化钪含量达95%的富集物。

试验结果还表明，用多孔羧酸型和氨基羧酸型离子交换剂（КБ -2 ×7П，АНКБ -2，ВПК等）提取钪的工艺在大多数指标上都比用磷酸型树脂更为有效。其中，上述离子交换剂的吸附容量[在还原原始溶液中的铁(Ⅲ)的条件下]比磷酸型离子交换剂要高得多，而钪的解吸用1 ~3mol/L的盐酸溶液很容易进行。此时，钪在洗出液中的浓度高出碳酸盐淋洗液中的5 ~20倍。简化了淋洗液的处理，可制得含75% ~95%的氧化钪富集物。

但是，该工艺难用于处理生产条件下的大量溶液。这与羧酸型离子交换剂只能从弱酸性介质（生产溶液的最佳pH值为2.2 ~2.8）中才能提取钪有关。大量铝、铁(Ⅲ)、钛、锆等易水解离子的存在会使这类溶液很不稳定，在溶液制备和使用过程中会产生钪氢氧化物和羟基盐类沉淀。

与此同时，КБ -2 ×7П型大孔羧酸型阳离子交换剂可用于从含0.5 ~2.5mol/L盐酸的溶液中预先选择性提取锆。在这种情况下可以大大提高后续用磷酸型离子交换剂或ТВЭКС提取钪的选择性。但是，这种两阶段的溶液吸附处理过程会增加材料和试剂的消耗和设备维护的劳力消耗。

上述方案是从钛生产废料浸出时直接生成的含钪很稀的溶液（0.04 ~0.08g/L）中进行钪的吸附提取，因此，流程长，需要大量的投资和操作消耗。例如，为制得1kg（富集物中的）氧化钪，通过吸附柱的原始溶液不得少于30m^3。而且，吸附后的溶液和酸性洗涤液还必须进一步处理和脱毒。该工艺的另一个缺点是没有考虑同时回收和利用铁、铬、锰等化合物。

为了克服上述缺点，俄罗斯采用了改进后的综合处理工艺。如图 2 – 46 所示，沉淀吸附(或沉淀 – 萃取)法提取钪是该工艺的核心组成部分。该工艺规定预先用钡和钙的硫酸盐共沉淀法析离出钍废料，从所得溶液中以铬、铝、钪等的氢氧化物形式沉淀出铬富集物。用次氯酸钠的碱溶液处理铬富集物得到铬溶液和钪的初始富集物。后者溶于浓盐酸中并用磷酸型离子交换剂或 TBЭKC – TBP 从这种溶液中提取钪。从洗涤液或反萃液中沉淀出较富的钪富集物。

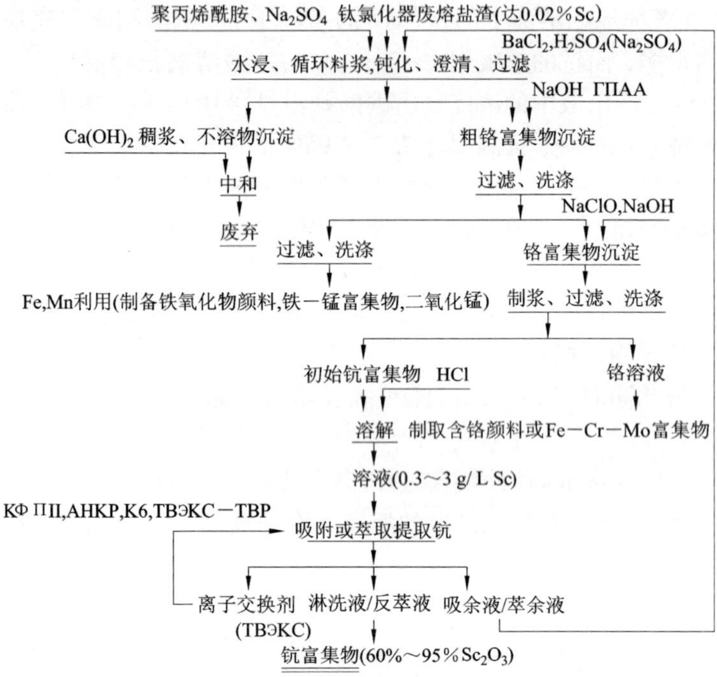

图 2 – 46　吸附和/或萃取法从熔盐渣中提取钪的改进工艺流程

该工艺试验结果表明，从起始溶液到初始富集物，钪的回收率为 90% ~99%。100℃ ~150℃下干燥的初始富集物的产出率为每 1m^3起始溶液达 3 ~ 5kg。该富集物含（质量分数）：Sc，0.5 ~ 1.5；Th，<0.1；Ti，1.5 ~5.0；Zr，1.0 ~3.0；其余为 Fe，Cr，Mn 等。从初始富集物到盐酸溶液，钪的回收率为 98% ~100%。含钪 0.5 ~3.0g/L的盐酸溶液的产出率为每 1m^3起始溶液达 10 ~40L。在最佳条件下处理洗水液或萃余液得到的富钪富集物含 80% ~ 95% 氧化钪，氧化钍小于 0.1%。

该工艺能高效进行的必须条件是要还原好起始溶液中的铁。在采用萃淋剂 TBЭKC－TBP 时，在盐酸溶液中要有盐析剂。最有效的盐析剂是光卤石和镁电解槽的废电解质。

试验结果分析表明，该工艺尽管增加一些附加工序，如共沉淀和次氯酸盐处理等，但与直接从废料浸出液提取钪的工艺比较，具有很大的优越性。该工艺大大减少了吸附（萃取）阶段溶液的处理量（减少到原来的 1/20 ~1/50），大大提高了钪富集物制取阶段的生产率。此外，提高处理溶液中钪的浓度也使离子交换剂和 TBЭKC－TBP 的容量分别提高到原来的 1.5 ~2 倍和 5 ~10 倍。同时，该工艺还考虑了综合利用。目前，俄罗斯已建成了四氯化钛生产废料综合处理的工业试验厂并投入了生产，掌握了该工艺的全套工程技术，同时生产出了铁氧化物原料，粗铬富集物和氧化钪。

3. 从氧化铝生产附产物中回收钪

铝土矿中含钪 0.001% ~0.01%。由于铝土矿的开采量很大，随铝土矿被开采出来的钪，其量是最大的，每年达 710 ~1420t（不包括独联体国家）。但是，一直没有工业规模的从铝土矿附产物中回收钪的报道。事实上，世界各国多年来都是从处理铀矿、钛铁矿和钨矿等的附产物中回收钪。在军备竞赛期间，或者说 20 世纪 90 年代以前，由于竞相生产核燃料，相当部分的钪都是从处理铀矿(例如含铀磷灰石)的附产物中提取的。90年代以来，由于铀燃料生产的紧缩，大量工作转向从钛铁矿处理附产物中回收钪，同时开始转向了从铝土矿附产物中回收钪的大量研究，这方面步伐迈得较快的是俄罗斯。例如，在1994年第一届钪科技国际会议上报道了乌拉尔铝厂采用吸附和膜萃取工艺处理赤泥回收钪的新工艺。据称，这种综合处理的工艺流程可以制得高质量的工业半成品并使成本降低一半左右。

在拜耳法处理铝土矿生产氧化铝的工艺中，有95% ~100%的Sc留在赤泥中。在赤泥还原熔炼成生铁和钙铝渣时，钪转入渣中。用苏打溶液浸出渣时，有95% ~98%的Sc留在生成的固相即白泥中。可以采用硫酸化的方法回收白泥中的钪、钛、镁、铝、镧等。根据 Поротникова Т. П. 等人的研究，认为用硫酸进行硫酸化的最佳条件为200℃，1h。在50℃和液固比等于10的条件下，可用1.25mol/L H_2SO_4浸出。

Комиссарова Л. Н. 等人建议的方法是，采用成分为(%)：Fe_2O_3，3.2；TiO_2，4.3；CaO，33.0；Na_2O，3.9；Al_2O_3，13.6；SiO_2，15.5；MgO，2.73；Sc_2O_3，0.008 ~0.01的白泥，经破碎后用硫酸进行硫酸化并在固液比为1∶2的条件下进行水浸出。钪在该工序中的浸出率为90%。滤液用过量的10% NaOH溶液处理以分离铝。所得氢氧化物用5% NaOH溶液洗涤。为了分离钛和其他元素周期表中Ⅳ ~ Ⅵ族的元素，取过理论量20%的硫酸溶解碱滤饼。生成的硫酸盐在700℃下煅烧3 ~4h，然后在室温下以固液比为1∶10的水处理30min。由于在该温度下硫酸钪是稳定的，而许多其他元素的硫酸盐被分解并在水浸出时留在沉淀物中。沉淀物为含$TiO_2$70% ~80%的钛富集物，其中同时富集Th，Ta，Nb，Zr，B等。进入溶液的有稀土元素、钠、少量的钍、锰、镁以及95% ~96%钪。在pH =5.3时沉淀出铁、钪和一部分锰的氢氧化物和碱式碳酸盐。镁、钠和锰留在溶液中，含钪的碱式碳酸盐沉淀溶于

HCl 中。除去硅酸沉淀后，将溶液中和至 pH = 1 ~3 并在 20℃ ~30℃下用同体积的 20% Na_2CO_3 处理。除去含铁滤渣后，滤液用 HCl 酸化并用氨水沉淀出氢氧化物。该工序钪的产出率为 96%。沉淀物溶于 HCl 中并将 pH 调至 2.5，然后用氟化钠沉淀出钪和钠的氟化物络盐。该沉淀再用硫酸处理，硫酸钪溶于水中并用氨水沉淀出氢氧化物。氢氧化物沉淀再溶于 HCl 并进行钪的硫代氰酸盐的乙醚萃取。最后经萃取净化法得到纯度大于 99.7% 的 Sc_2O_3，产出率为 60% ~80%。

这种典型的沉淀法工艺流程长，过于复杂，生产效率低，乙醚易燃。赤泥的还原熔炼要求大量的基建投资，能耗大，湿法过程中试剂消耗大。因此，用矿物酸直接分解赤泥的方法很有前途。在实际中将赤泥处理成用于废水净化的铁铝凝结剂很有意义。用黑色冶金工厂的废酸洗液或酸浸出赤泥会生成凝结剂和可用于制造建筑材料的含硅沉淀。进入溶液的钪含量约为 10mg/L，可作为提取钪的原料。

不久前，Смирнов Д. И. 等人研究了从俄罗斯斯尼古拉耶夫氧化铝厂附产物赤泥中提取钪的离子交换工艺。该厂用改进的拜耳法处理从圭亚那、几内亚、牙买加、澳大利亚等国进口的铝土矿，每年产出 140 万 t 赤泥，积聚在专门的废料堆放场。赤泥中含有 60 ~120g/t Sc（相当于 84 ~168t/年）和其他有价元素。他们认为合理的方法应该是采用矿物酸直接分解赤泥，之后结合离子交换方法来回收其中有价的成分。

采用硫酸分解赤泥得到的溶液［赤泥成分为（%）：Sc，0.006；Al，6.3 ~6.6；Fe，39.5 ~45］，研究了各种离子交换剂对钪的吸附能力。发现磷酸型离子交换剂 CФ −4，CФ −5 和两性电解质 AФИ −21，AФИ −22 对钪的吸附能力最大，其吸附容量分别为 0.14，0.28，0.18 和 0.12mg/g。这些离子交换剂在 pH =1 ~3 时，对钪的提取率达到最大值，在温度小于 60℃时，温度对钪的提取率没有影响。由于当时 CФ－5 还没有进行工业生产，选用了 AФИ－22 进行试验。实验室研究还表明，最有效的解吸剂为 150g/L Na_2CO_3溶液。

根据实验室研究结果，制定了图 2－47 所示的从尼古拉耶夫铝厂赤泥提取钪的酸分解－离子交换工艺流程。半工业试验采用的赤泥成分为(%)：Sc，0.0035；Al_2O_3，11.84；Fe_2O_3，55.0；CaO，10.0；SiO_2，2.8。送往离子交换的液相料浆中主成分的含量(mg/L)为 Sc，1.5～2.0；Al_2O_3，4.5～6.0；Fe_2O_3，2.5～3.5。采用了 190kg(460～500L) AФИ－21。交换设备为对流连接，由 10 个容积为 0.3m^3的交换柱组成，每个平均装入 10～20LAФИ－21(交换柱体积的 3%～7%)。料浆产率为 200L/h。料浆在设备中的停留时间为1.5～1.4h，离子交换剂的停留时间为 1.7～2.0h。过程在 pH＝1.3～1.5 条件下进行。整个处理了 60m^3料浆，产出 1.83m^3饱和 AФИ－21，然后进行解吸。饱和 AФИ－21 中钪的含量为0.2～0.23 mg/g，吸附后钪在液相料浆中的平均含量为 0.3mg/L，相当于 AФИ－21 对钪的提取率为 76%。饱和的 AФИ－21 用浓度为 150 g/L的碳酸钠，以 200～250 L/h 的速度由下向上给料。解吸时间 5～18h。解吸液中含钪 68～72 mg/L，主要杂质含量为(g/L)：Al_2O_3，1.1～1.2；Fe_2O_3，1.5；TiO_2，2.1～2.7；SiO_2，0.3～0.4。采用沉淀和萃取净化方法可得到 OC－99 型号的氧化钪(含氧化钪大于 >99%)。解吸后，钪在 AФИ－21 上的残余含量为 0.01%～0.04%，可返回吸附工序。经过这个工艺处理，钪的浓度可提高 35 倍。如果采用 CФ－5 离子交换剂，还可以再提高 2 倍。

我国有大量铝土矿资源，其钪的含量约为 100g/t。以年处理 600 万 t 铝土矿计，我国每年产生 380～400 万 t 赤泥。随着铝土矿的大量开采，我国也开始了从赤泥中回收钪的研究。采用的方法中，一种是先行还原熔炼产生铝钙渣，再用酸溶－萃取法(或离子交换法)回收白泥中的钪。另一种是直接用矿物酸，例如硫

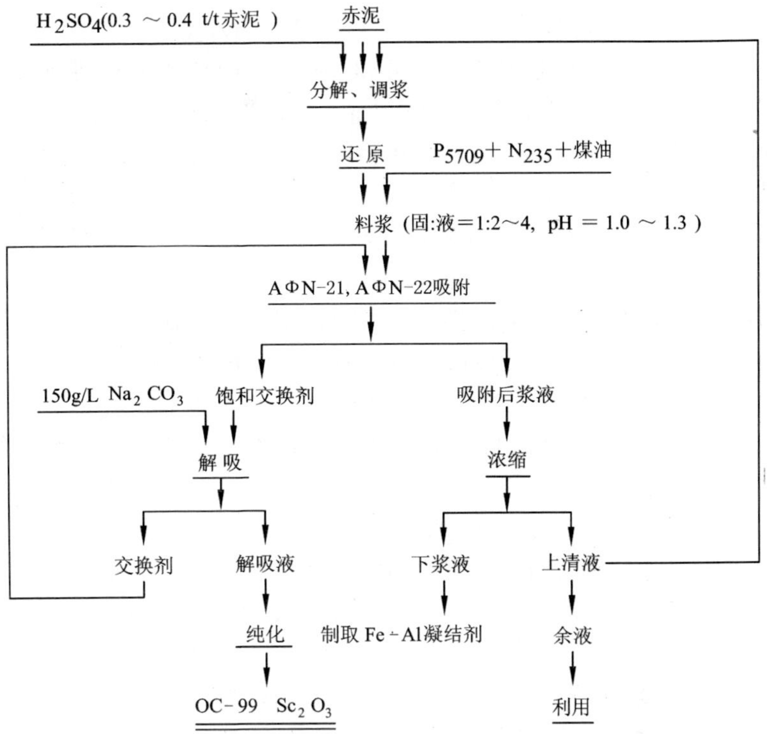

图 2-47　从赤泥中提取钪的酸分解-离子交换工艺流程图

酸或盐酸浸出赤泥中的钪。浸出液用 P_{204} + 仲辛醇 + 煤油萃取，用 NaOH 溶液反萃得到氢氧化物沉淀。经过进一步化学处理，可以得到其他形式的钪化合物。

4. 从处理铀矿附产物中回收钪

铀矿用酸法或苏打法处理，文献中没有有关苏打法处理铀矿时钪的行为的资料，但根据有关湿法处理黑钨矿时钪的行为的资料可以假定钪残留在浸出滤渣中。铀矿物的酸分解是采用硫酸或硝酸，此时钪转入溶液。例如，盐湖城(美国)一个工厂处理铀矿时，钪转入溶液中(按 Sc_2O_3计)，可达0.001g/L。

美国在生产中还从含 Sc_2O_3 10^{-3} g/L 的硫酸废液中提取钪。在采用0.1mol/L 十二烷基磷酸煤油溶液萃取铀和续后用10mol/L HCl 反萃时，钪留在有机相。由于有机相要返回使用，在有机相中会积聚钪(近0.1mol/L)以及钍、钛和部分稀土。用 HF 反萃和碱处理富集物后得到的氢氧化物溶解于 HCl 中并用水解法除去大部分钛、锆和铁杂质，从含钪和杂质铀、铁的滤液中沉淀出草酸钪。最后用TBP 从 HCl 溶液中萃取或二乙醚从氯化物－硫氰化物溶液中萃取净化。结果得到纯度为99.5%的 Sc_2O_3。

在用0.1mol/L 十二烷基磷酸煤油溶液萃取铀时，钪和钒、钍、钛一起转入有机相，铀用10mol/L HCl 反萃，钪在有机相并和钍、钛一起得到富集(Sc_2O_3约为0.1g/L)。萃取剂进行再生。用氢氟酸洗出钪和钍。钪钍滤渣按图2－48 所示流程处理。

硫酸法浸出含钪、钛、铈、铁矿精矿(澳大利亚)时，钪同样转入溶液中。除铀和钪外，溶液还含(g/L)：ThO_2，0.05；TiO_2，0.2；Al_2O_3，8.0；Fe_2O_3，5.0；FeO，15；V_2O_5，0.4；Cr_2O_3，0.25；CaO，0.7；MgO，2.5；Y_2O_3，0.22；La_2O_3，0.05；CeO_2，0.3。采用0.1mol/L D2EHPA 煤油溶液萃取钪。为了避免生成乳浊液萃取剂中添加4%的壬醇。为了不使Fe(Ⅲ)和钪一起转入到有机相，加入铁屑，使Fe(Ⅲ)被还原至Fe(Ⅱ)。三级萃取可使钪实际上完全转入有机相中。转入有机相的杂质钍、稀土、钒，用9mol/L硫酸反萃。然后用2.5mol/L的 NaOH 溶液处理有机相，以 $Sc(OH)_3$形式从溶液中析出钪。按此流程(图2－48)可回收80%的钪；Sc_2O_3纯度为99.8%。

美国专利(Moore I.D. 等，U.S.A No.3146063，1964)介绍了从含5%～20%Sc 和10%～40%Th 的钪钍氟化物滤渣提取钪的方法。像上述情况一样，从铀的萃取－反萃取的几个循环后的十二烷基磷酸煤油溶液进行反萃得到上述滤渣。但是，在介绍过的

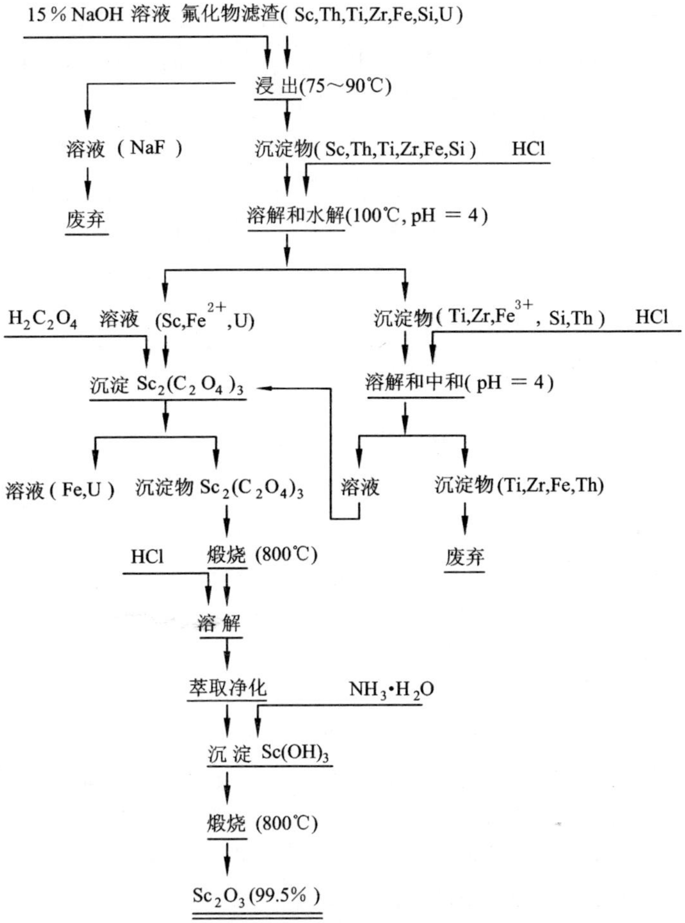

图 2－48　由钪－钍滤渣中提取钪的工艺流程

流程方案中，铀用浓 HCl 反萃，而钪、钍和其他在铀反萃后留在有机相中的金属用 $NH_4F \cdot HF$ 化合物反萃。用 6mol/L KOH 处理后所得氢氧化物在 3mol/L HNO_3 中溶解，往溶液中加入过量 50%

的碘酸钾饱和溶液。此时，钍以 $4Th(IO_3)_4 \cdot xKIO_3 \cdot 18H_2O$ 形式转入沉淀。在分离钍以后，溶液用氨水中和至 pH = 6 ~ 9，并在有 NH_4Cl 存在下沉淀氢氧化物。在 70℃ ~ 90℃ 下将沉淀溶于1.5 mol/L HCl 中，并在煮沸情况下沉淀草酸钪。为了分解残留的 KIO_3，必须 100% 过量草酸，将溶液保持 8h，沉淀会更加完全。草酸盐在 800℃ 下煅烧 1h，制得氧化钪。钪的提取率为 85%，最终产物的纯度为 99%。

美国专利 No. 3013859(1961 年)介绍了从铀生产的废硫酸溶液(Sc_2O_3约 0.04g/L)提取钪的工艺：加入硝酸盐，用醚提取铀，然后酸化，用 TBP 萃取钪，洗涤除铁，用水反萃钪和稀土。用醚从硫氰化物溶液中萃取进行最终净化。所得氧化钪纯度为 99.5%；提取率为 69%。从萃取钪以后的萃余液中还可制得副产品稀土富集物。

在美国矿务局的工艺流程中，直接采用含 0.14% Sc 的铀－铁滤渣作起始物料，用 5mol/L H_2SO_4溶液分解起始原料，钪转入溶液中。用伯胺(10% Праймен IMT 的煤油溶液)萃取实现钪的初步富集，这里钪的富集度约等于 30，提取率 $E = 98\%$。钪与 Fe(Ⅱ)，Ti，Mn，Al，Zr 分离(图 2－49)。用 2mol/L HCl 进行反萃，用氨溶液沉淀氢氧化物和在 HCl 中溶解后在阴剂上离子交换分离铀。最后用 MIBK 从硫氰化物溶液中萃取钪，从反萃液中沉淀草酸钪并煅烧。该流程可制得纯度为 99.6% 的氧化钪，提取率为 90%。

5. 从处理锆精矿附产物中回收钪

锆精矿依其质量和用途的不同可用以下几种方法处理。

锆英石精矿进行硫酸化时，大部分钪转为可溶状态。水浸时，钪和铁、铝、钛和其他杂质转入溶液中。处理不同矿床锆英石精矿时钪的提取率是不同的。在 180℃ ~ 220℃ 下用硫酸进行 30 ~ 120min 硫酸化时，其变化范围为 51.2% ~ 75.9%。在用硫酸进行硫酸化时，钪的提取率取决于锆英石精矿的磨碎情况：精矿

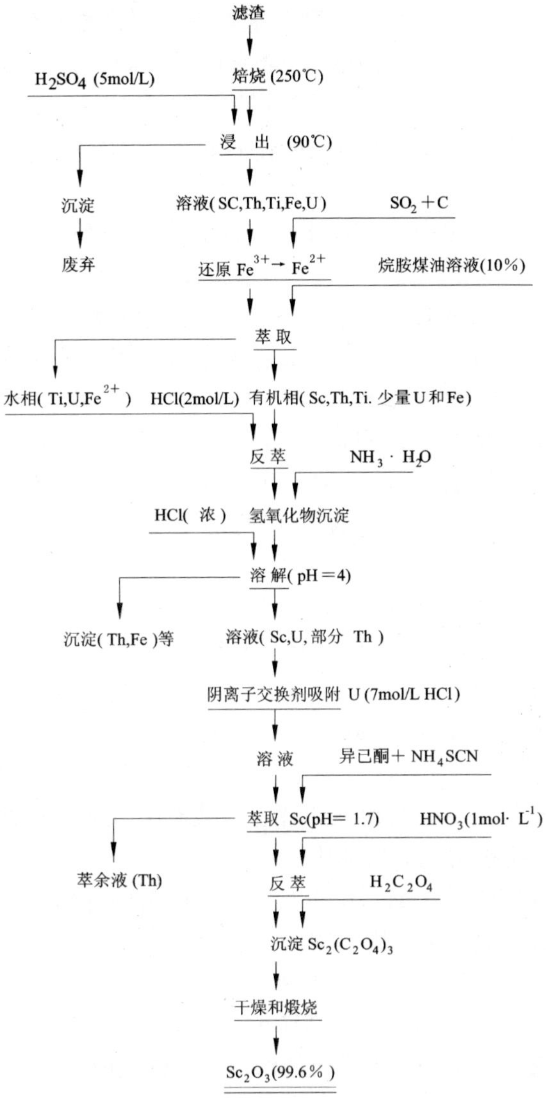

图 2－49　从铀矿处理产物中提取钪的工艺流程

不磨碎时为29% ~45%；预磨碎提取率可提高至59% ~61%（过程温度200℃ ~220℃）。在用碱金属焦硫酸盐对锆英石精矿进行硫酸化(650℃ ~670℃)时，钪的提取率为65% ~80%，且与精矿的磨碎情况无关。从锆英石硫酸化后的水浸溶液中沉淀出氢氧化物，钪的含量比原始精矿富集5 ~6倍。

按石灰－氯化物工艺处理锆英石精矿时，钪在流程的所有中间产物中分配，但主要富集于碱式硫酸锆析出后的母液中。钪和碱式硫酸锆的共沉淀率为14% ~23%。这个差异看来与碱式硫酸锆的沉淀条件有关。富集率与工艺操作条件有关。母液中锆的残留浓度较大时，共沉淀的钪少一些，而在第一次和第二次浸出时，钪进入溶液的提取率随酸度的增加而增加。调节酸度和锆在母液中的残留浓度，可以提高析出碱式硫酸锆后母液中钪的提取率，从这些溶液中，钪可以在不破坏基本工艺流程的情况下得到利用。

氯化法处理锆英石精矿时，正如上面所指出的，钪比锆被氯化得差一些。此时，大部分钪转入升华物。烧渣中残留的氯化钪，易被水浸出。从该溶液中沉淀出的氢氧化物含1% ~1.3%的Sc_2O_3，即钪被富集40 ~50倍。和氯化锆一起进入升华物的那部分钪，在650℃下对氯化锆进行蒸馏净化时容易与锆分离。此时，氯化钪与其他杂质一起留在非挥发性残渣中。采用盐滤器净化氯化锆时，氯化钪留在盐熔体中。

硅氟化钾烧结法最适用于富集生产废料中的钪。在用其他方法处理锆英石精矿时，废料中钪的含量提高20倍，而且，它在这些产物中以易溶于水或弱酸溶液的化合物形式存在。

用石灰－氯化物工艺处理锆英石精矿时可以从碱式硫酸锆沉淀后的母液中提取钪。由于钪的浓度低，在主成分ZrO_2平均含量为0.7g/L时，这些溶液中的Sc_2O_3为2.1×10^{-3}g/L。直接从这些溶液中萃取钪是不合适的，因为此时可能造成萃取剂的大量损失。钪可以在废弃母液中和过程中得到初步富集。用放射性同位素[46]Sc 研究从这些溶液中用白垩沉淀全部金属氢氧化物的试验表明，99.8% Sc 转入沉泥中，沉泥组成为(%)：Sc_2O_3，0.032；ZrO_2，13.5；$ZrO_{2不溶}$，0.3；Fe_2O_3，0.6；TiO_2，0.25；CaO，3.2；Al_2O_3，8.8；H_2O，73.3。

由于钪化合物在硫酸溶液中的溶解度不高，硫酸溶液不适于用萃取法提取钪。此外，生成的 $CaSO_4$ 对过程的进行造成困难。研究表明，TBP 能够从 HNO_3 溶液萃取分离钪和铁、钛、铝、钙，因此，可以用硝酸溶解渣泥并用 100% TBP 从所得溶液中萃取钪。

从表 2 - 25 数据可见，从盐底浓度($C_{盐底}$)3.40mol/L 溶液中萃取时，钪的分配系数值比从含微量和宏量钪的 HNO_3 溶液萃取时的 D_{Sc} 要低得多(最少低一个数量级)。D_{Sc} 值小是因为锆抑制了钪的萃取。此时，锆为宏量组分且能较好地被萃取。减少原始溶液中的 $C_{盐底}$ 值 D_{Sc} 值增加就是证明(见表 2 - 25)。但该萃取体系不容易分层。

表 2 - 25　从复杂组成($C_{Sc}=1.5\times10^{-5}C_{盐底}$)溶液中用 100%TBP 萃取时各因素对钪萃取率的影响

c_{H^+} /(mol·L⁻¹)	$c_{盐底}$ /(mol·L⁻¹)	$V_水/V_有$	D_{Sc}	E_{Sc}/%	相分层特性
HNO_3					
6.5	3.40	3.0	0.0647	2.1	不分层
6.5	1.66	2.5	0.312	11.1	100%(体积)乳浊(相对 $V_有$)
8.3	1.66	2.5	0.417	14.3	50% *1
8.3	1.66	2.5	2.75	52.3	0 *2
6.5	0.792	3.0	0.943	23.9	80%
6.5	0.422	3.0	1.56	34.2	50%

续表 2－25

c_{H^+} /(mol·L⁻¹)	$c_{盐底}$ /(mol·L⁻¹)	$V_水/V_有$	D_{Sc}	$E_{Sc}/\%$	相分层特性
HNO_3					
6.5	0.422	1.0	1.41	58.5	15%
6.5	0.422	1.3	0.902	73.0	10%
6.5	1.92	1.0	1.17	53.9	0 *2
HCl 溶液萃取					
6.5	0.422	1.0	5.60	84.8	80%
6.5	0.422	$V_轻:V_重:V_水=2.3:1:1$	$D_总=3.80$ $D_轻=1.57$ $D_重=8.92$	92.6	$V_重$的 20% *4

注：轻——轻有机相；重——重有机相；*1——串联萃取，第一级；*2——串联萃取，第二级；*3——聚丙烯酰胺处理；*4——30%（体积）TBP 煤油溶液处理；$C_{盐底}$——盐底浓度。

随着平衡水相 HNO_3 浓度的增加，分层情况变好（见表 2－25），D_{Sc} 稍有增加。在增加相比 $V_有/V_水$，降低 $C_{盐底}$ 可以得到最好的结果。但甚至在盐底浓度为 0.422mol/L 和 $V_有:V_水=3:1$ 时，乳浊液相对于有机相总体积的含量为 10%。在用新鲜 TBP 串联萃取时，乳浊液在第二级萃取时消失，但第一级萃取的相分层仍然不合格。

聚集困难的原因之一可能是萃取体系中存在硅，为了除硅，原始溶液用 5% 聚丙烯酰胺溶液（ΠAA）处理，并接着将生成的固体产物过滤。从这种溶液中萃取，过程可在完全无乳化情况下进行。

在研究锆的二－2－乙基己基磷酸盐的相间膜对萃取体系中乳浊液分层速度的影响时发现，随着酸度的减少和锆浓度的增加，聚集时间增加直到聚集过程完全停止。此外，还发现，添加辛醇和提高温度并不能加速聚集过程。各种因素对聚集过程的类似影响可以假定在所研究的体系中生成了恶化乳浊液聚集过程的锆的烷基磷酸盐，因为，我们知道，由于各种因素，TBP 会以不同速度水解并生成二丁基和单丁基磷酸。硅和锆的烷基磷酸盐可能会影响体系中乳浊液的生成。

为了研究钪和体系中最难分离的宏量组分锆的行为，编制了以 100% TBP 为萃取剂（$V_{水}:V_{有}=2.5$）两阶段连续萃取和水反萃（$V_{水}:V_{有}=1:3$）阶段钪和锆二者分配的物料平衡。以原始溶液中钪和锆的量为 100% 计，$C_{盐底}=1.66mol/L$；$c_{HNO_3}=8.3mol/L$（表 2－26）。

表 2－26　钪和锆在连续萃取阶段的分配　　%

产物	萃取 I		萃取 II	
	Sc/%	Zr/%	Sc/%	Zr/%
萃余液	85.7	7.2	40.8	3.2
有机相	14.3	92.8	44.9	4.0
反萃液：				
一次	5.0	25.4	10.1	0.6
二次	4.5	43.4	11.2	2.3
三次	1.9	19.9	9.7	1.1
四次	1.2	4.1	5.6	未发现
五次	—	—	1.4	未发现
反萃后有机相	2.9	—	6.3	—
平衡误差	1.2	—	0.6	—

从表 2－26 可见，第一阶段，进入体系的锆有 92.8% 进入有机相。第二级开始萃取钪（44.9%）。这证明了上述控制钪萃取原因的假设。从表 2－26 中还可见，在 4～5 级内大部分钪和全部的

锆从有机相被反萃。反萃钪或锆的量不随反萃液编号增加而单调地减少是由于硝酸被反萃。因此，所得结果证明，采用硝酸体系用 TBP 提取钪，在锆含量不高(不高于 0.05mol/L)时是合理的。

另一种处理沉淀碱式硫酸锆后析出的金属氢氧化物的方法是将其溶于盐酸并用 100% TBP 从所得溶液中萃取钪。在 $V_{水}:V_{有}=2$，$c_{Mg}=5mol/L$，$C_{Sc}=1.73g/L$，$C_{Zr}=7.59g/L$ 条件下，从 $MgCl_2$ 溶液中萃取钪和锆的研究表明，从盐酸溶液中萃取钪要好一些，$\beta_{Sc/Zr}=4.2$(见表 2－27)。

表 2－27　100%TBP 从 $MgCl_2$ 溶液中萃取钪和锆的结果

指标	单独萃取		共同萃取	
	Sc	Zr	Sc	Zr
水相中的含量/($g·L^{-1}$)	1.40	7.18	0.104	7.06
有机相中的含量/($g·L^{-1}$)	0.665	0.811	3.27	1.05
D	0.475	0.113	31.4	0.149
$\beta_{Sc/Zr}$	4.20	211		

共同萃取的数据表明，与从硝酸溶液的萃取不同，锆不抑制钪的萃取，而是相反，增加 D_{Sc} 值。即是说，对于钪来说是盐析剂。此时，分配系数 $\beta_{Sc/Zr}$ 达到 211(见表 2－27)。从母液萃取钪的结果证明了有关钪和锆协同萃取的数据。从盐酸溶液中萃取时，D_{Sc} 值比从硝酸溶液萃取时大得多，达到 5.6。此时，钪的提取率为 84.8%(见表 2－25)。为了抑制乳浊液的生成，同样必须加入 ΠAA。

用 TBP 煤油溶液萃取是有意义的。由于此时生成了三相体系，发现重有机相中钪得到很高的富集(见表 2－25)。应用三相体系提取钪可以建立高度富集有价成分的简单而有效的工艺流程。下面列出该流程的主要工序：

①在保证生成重有机相的条件下进行萃取。

②含钪重有机相与几乎是纯稀释剂的轻有机相（在本情况下为煤油）的分离，这种分离由于减少了液流可大大简化后续过程。

③重有机相洗涤，以除去杂质净化钪。应用相应设备，可有效应用重有机相的生成提取和富集钪。

因此，不同于硝酸萃取体系、盐酸萃取体系可以在提取钪过程开始时就将钪与宏量锆分离。

Сажина В. А. 等人应用实验数学设计方法揭示了用盐酸处理上述渣泥，所得溶液用 TBP 萃取选择性提取钪的条件。选择的优化参数为钪的提取率 E_{Sc}，分离系数 $\beta_{Sc/Fe}$ 和 $\beta_{Sc/Al}$。根据对优化参数的影响，独立变数有如下顺序：酸浓度≫金属浓度 > TBP 浓度 > 相比。在 $c_{HCl}=8mol/L$ 时，$E_{Sc}=99.4\%$，$\beta_{Sc/Fe}=2460$ 和 $\beta_{Sc/Al}=2634$。

6. 从稀土矿及其附产物中回收钪

我国有丰富的稀土资源，它们大都含有钪，也是我国提取钪的重要的矿物资源。其中最著名的有内蒙古铌－稀土－铁矿床，其各类矿石中含有 0.006% ~0.016% 的 Sc_2O_3。这种混合型稀土精矿的主要矿物为独居石、氟碳鈰矿和易解石，其次为铌铁金红石、萤石、赤铁矿、石英和磷灰石等。内蒙独居石、氟碳鈰矿、易解石和铌铁金红石分别含 Sc_2O_3 0.024%，0.047%，0.023% 和0.154%。

我国还有大量的离子吸附型稀土矿资源。该矿为花岗岩、花岗斑岩、酸性火山岩，经风化作用后其中含稀土和钪的造岩矿物被分解，使稀土和钪原子转变为游离的阳离子并被风化后形成的黏土矿物吸附和附集而构成矿床。据我国仁居矿的分析测定，Sc_2O_3的含量分别为，花岗斑岩原岩 8.98μg/g，其风化壳矿石 12.68μg/g（平均），比原岩富集 1.41 倍。

从稀土矿及其附产物中提取钪的工艺的报道很少。我国专利(CN 85106255，1987)报道了从稀土矿及其附产物中提取钪的工艺。该工艺包括用湿法冶金浸出方法制备提钪母液；用环烷酸、P_{204}，P_{507}，P_{350}，TBP 和伯胺等萃取剂萃取富集钪；然后选用草酸、草酸铵、氨水、烧碱、次磷酸、浓缩结晶、碳酸钪煮沸分离沉淀法从母液、萃余液、反萃液中回收钪的氧化物或盐。图 2－50～图 2－52 分别列出了由离子型稀土矿、内蒙混合型稀土精矿和独居石碱溶饼提取钪的原则工艺流程图。

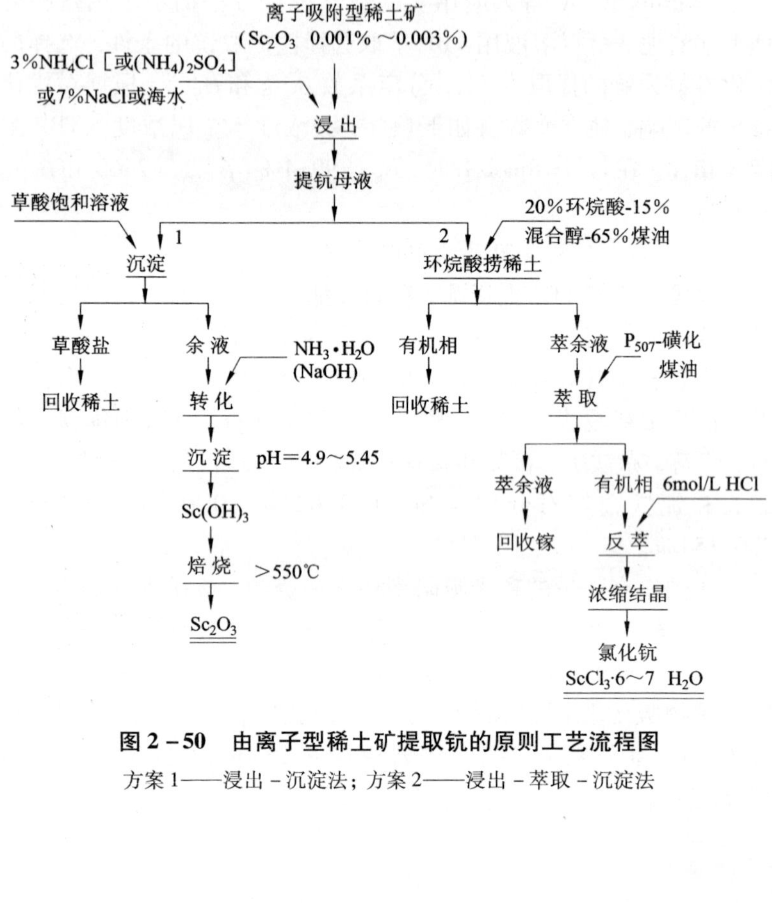

图 2－50　由离子型稀土矿提取钪的原则工艺流程图

方案 1——浸出－沉淀法；方案 2——浸出－萃取－沉淀法

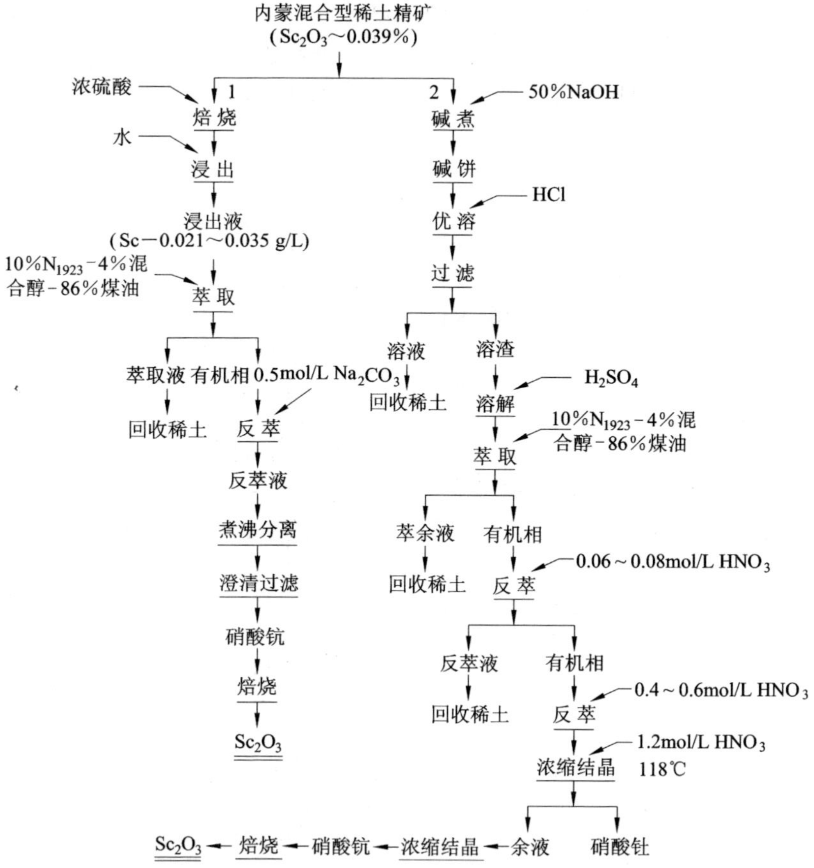

图 2－51　由内蒙混合型稀土精矿提取钪的原则工艺流程图

方案 1——硫酸化焙烧－浸出－萃取－沉淀法；

方案 2——碱煮－浸出－萃取－沉淀法

7. 从处理其他原料产物中回收钪

在还原熔炼铁矿或氧化铁含量高的物料时，钪完全转入渣中，这在不同物料熔炼制取生铁时钪的行为的数据证明了这点，

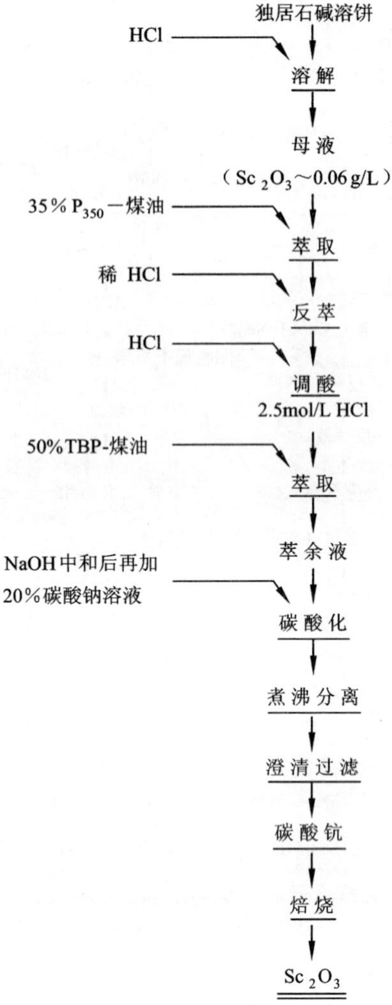

图 2－52　独居石碱溶饼盐酸浸出－萃取－沉淀法提取钪的原则工艺流程图

由于渣量比物料量少，渣中钪的含量比原始物料中的要高。

某些类型的生铁生产炉渣含 0.06% Sc_2O_3，主要杂质为钙、铝、锰、铁与硅的氧化物。流程中工艺顺序与处理黑钨矿滤渣制取氧化钪是一样的。原始产物在 220℃（固：液 =1：1）下用 98% H_2SO_4分解。为了从分解所得的溶液中分离铝杂质，用 NaOH 沉淀钪（铝留在溶液中）。在硫酸溶液中溶解（约 1% Sc_2O_3）氢氧化物后，溶液用钠或铵的碳酸盐处理，即进行碳酸盐净化，然后进行钪的硫氰化物萃取和续后的草酸盐沉淀。所得氧化物 >99.99%，提取率≈85%。

类似的工艺流程可以用于从辉岩中提取钪。辉岩含（%）：SiO_2，50；Fe_2O_3，10；MgO，15；CaO，20；Al_2O_3，1.5；Sc_2O_3，0.016。为了分解辉岩，将其与苛性钠混合烧结，烧结块溶于 18% 的盐酸中，所得溶液用氨溶液中和至 pH =2，并加入到 20% 的苏打溶液中。酸化苏打溶液，沸腾除去 CO_2，这时沉淀出氢氧化物。产物含 4% ~7% Sc_2O_3，回收率 80% ~90%，其中含有的主要杂质为铝、钙、钛和锆。通过硫氰化物萃取和草酸盐沉淀，可制得纯度为 99.99% 的氧化钪。从原始辉岩的总回收率为 70% ~75%。

从石煤煤灰中提取钪的方法是先碱分解，所得熔体用 18% 盐酸处理，后续处理同上。所得氧化钪纯度为 99.6%。

含量为（%）：Sc_2O_3，0.012；SiO_2，65.8；Fe_2O_3，12.1；MgO，1.0；Al_2O_3，18.8；TiO_2，0.88；CaO，0.7 的褐煤煤灰在 600℃下用碱熔融 2h 进行分解。熔体在 70℃和固：液 =1：5 条件下水浸，除去大量铝和部分硅。残渣中含（%）：Sc_2O_3，0.011（原始物料中的 90%）；NaO_2，4.2；MgO，1.40；Al_2O_3，2.55；TiO_2，1.22；CaO，0.98；基体为 SiO_2和 Fe_2O_3。下一工序是用 CO_2对残渣悬浮液处理。主要量的钙和镁以及 Ti，Al，Ga，Fe，Si，Cu，Y 和 RE 与钪一起转入碳酸盐溶液。溶液用硫酸酸化至 pH =1，在磷酸化纤维素上对钪进行离子交换富集。用 10% 的碳酸铵溶液解

吸钪。用盐酸酸化所得溶液，煮沸，然后用氨水溶液沉淀出氢氧化物。煅烧后氧化钪含量为 94.4%，3% 的 TiO_2 以及百分之零点几的 Y_2O_3 和 SiO_2。钪的回收率为 64%。应该指出，由于文献中没有有关含钪煤及煤的燃烧制度的有关资料，因此作为钪的原料还是不能确定的。

有几篇文献介绍了从钪钇石提取钪。钪钇石用碱熔融分解，在严格控制的条件下浸出和氢氧化物或草酸盐沉淀。有的在1800℃下用碳对矿石进行碳化，所生成的碳化物混合物用盐酸进行分解，得到氯化物溶液。固体残留物含碳、二氧化硅和碳化硅。有的在 800℃ ~850℃ 下对矿石和煤的混合物进行氯化，残留物用稀盐酸溶液进行浸出。这样可提取 98% Sc_2O_3 和 96% Ln_2O_3，并可用离子交换法进行净化。

已经制定出了以氟化物形式从钪钇石提取钪的方法。例如，将矿物和 MgF_2 混合，添加 KCl 和 HCl 溶液，所得糊剂在一定温度下加热生成 $MgCl_2$ 和水溶性六氟钪酸钾，后者能从反应料中浸出。钪以氢氧化物沉淀，可以进行进一步净化。另外一种方法是将钪钇石和 NH_4HF_2 混合并在干燥空气流中加热至 400℃。硅以 SiF_4 形式除去，钪和其他金属氟化物和钙混合并在钽坩埚中加热至1400℃。生成的富钪熔体易溶于盐酸中。然后连续用二乙醚萃取硫氰化物和离子交换法进行净化。

实验规模从钪钇石精矿（2.3% Sc_2O_3）中提取钪的工艺流程为：将精矿和烧碱熔合，熔体用水浸出，然后将氢氧化物沉淀在盐酸中溶解并用 $NH_3 \cdot H_2O$ 处理进行再沉淀。沉淀物重新溶于 HCl 中，将酸度调至 6 ~8mol/L，并用二乙醚萃取回收铁。钪和其他杂质的分离采用盐酸 – 硫氰化物溶液（0.5mol/L HCl）乙醚萃取。含钪的萃液和浓 HCl 混合并在水浴上除醚。从盐酸溶液中沉淀钪 – 铵碱式酒石酸盐，钪的提取率为 96%。酒石酸盐煅烧得到的氧化钪中含 3% 的 Y_2O_3。

我国的研究人员最近研究了长江三峡库尾重庆段淤泥矿物的化学组成和矿物组成，该淤沙以硅质岩屑和石英为主，含钪 6.60 g/t，其中钛铁矿含钪 101 g/t，钛辉石含钪 121 g/t。研究表明，采用螺旋抛尾，粗精矿磨矿精选的重选－磁选－电选流程，可以得到品位为 96.23 g/t，回收率为 62.11% 的钪精矿。采用盐酸加助溶剂浸出，浸出率为 80.36%。采用 TBP 萃取钪，钪的萃取率为 90.27%。净化提纯后，可以制得纯度为 99.85% 的 Sc_2O_3。

2.2　金属钪的制取

制取金属钪的方法主要有金属热还原法和熔盐电解法两种。这两种方法的工业原料主要是钪的氟化物和氯化物，而制备氟化物和氯化物的基本原料则是处理各种含钪工业附产物得到的氧化钪。

2.2.1　制取金属钪的工业原料

1. 工业氧化钪

1991 年我国制定了氧化钪的国家标准(GB/T 13219—1991)，氧化钪产品按用途分为高纯氧化钪和粗氧化钪两大类。它们的牌号和化学成分列于表 2－28 和表 2－29。

2. 氟化钪的制备和纯化

制备氟化钪的原料通常采用纯度为 99.9% 的工业氧化钪，其杂质含量除氢、碳和氮外一般在 0.1% ~1.0%（质量分数）范围，900℃下的灼烧失重为 0.44% ~3.83%（质量分数），粒度不超过 100μm。

NH_4HF_2熔盐（熔点 126℃）对氧化钪进行氟化也可制得氟化钪。虽然转化率可达 >97%，但没有净化作用，含氧量达 0.1% ~0.5%

表 2－28　粗氧化钪产品牌号及化学成分表

产品牌号	灼减(1000℃不大于)/%	化学成分										
		REO(不小于)/%	Sc_2O_3(相对纯度不小于)/%	杂质含量(不大于)/($\mu g \cdot g^{-1}$)								
				稀土杂质	非稀土杂质							
				$(La+Ce+Pr+Nd+Sm+Eu+Gd+Tb+Dy+Ho+Er+Tm+Yb+Lu+Y)_xO_y$	SiO_2	Fe_2O_3	CaO	ZrO_2	Al_2O_3	TiO_2	CuO	V_2O_5
Sc_2O_3-1	1	99	99.95	0.05	0.01	0.005	0.015	0.03	0.003	0.005	0.002	0.002
Sc_2O_3-2	1	98	99.9	0.1	0.015	0.015	0.03	0.05	0.01	0.01	—	—
Sc_2O_3-3	1	97	99.5	0.5	0.02	0.02	0.1	0.1	0.05	0.05	—	—
Sc_2O_3-4	1	95	99	1	0.03	0.03	0.15	0.15	0.05	0.1	—	—

表 2－29　高纯氧化钪产品牌号及化学成分表(质量百分数)

产品牌号	灼减(1000℃不大于)/%	化学成分																		
		REO(不小于)/%	Sc_2O_3(相对纯度不小于)/%	杂质含量(不大于)/($\mu g \cdot g^{-1}$)																
				稀土杂质	非稀土杂质															
				$(La+Ce+Pr+Nd+Sm+Eu+Gd+Tb+Dy+Ho+Er+Tm+Yb+Lu+Y)_xO_y$	Si	Fe	Cs	Ti	Cu	Al	Mg	Mn	Zr	W	V	Cr	Ni	Co	Na
Sc_2O_5-055	1	99	99.9995	5	5	3	5	1	1	2	2	1	5	1	1	1	1	1	2
Sc_2O_3-05	1	99	99.999	10	10	5	10	3	2	5	5	5	10	3	3	3	2	2	5
Sc_2O_3-04	1	99	99.99	100	20	10	30	10	5	10	5	5	30	3	5	5	5	5	10

* 以稀土总量为百分之百，减去表中所列稀土杂质总和之差为相对纯度。

(质量)，原始氧化物中的金属杂质全部转入氟化物中。同时，该法在操作上不易控制，不适于工业上采用。

用氢氟酸与钪盐的水溶液作用可得到 $ScF_3 \cdot H_2O$ 沉淀，经过干燥脱水制得无水 ScF_3。

目前工业上采用的多为 HF 气体氟化法。将工业 Sc_2O_3 置于铂舟中，在 600℃ ~750℃ 下通无水 HF 16h，可制得纯 ScF_3。提高温度可以降低 ScF_3 的含氧量，但会增加 ScF_3 的升华损失。这种方法也不能制得高纯度的氟化钪。

最新的研究表明，采用氢氟酸溶液氟化和洗涤处理法可制得高纯氟化钪。研究表明，氧化钪的氟化率、氟化钪的产出率及其杂质含量取决于试剂的比例和氢氟酸的初始浓度和最终浓度。要达到超过 99.9% 的氟化率，氢氟酸必须 2 ~3 倍于化学计量，HF 初始浓度应为 27 ~28mol/L，最终浓度应不低于 16mol/L。氟化过程可以在氟塑料、聚乙烯或碳玻璃容器中进行。干燥后的氟化钪沉淀在氟气流中煅烧。最佳的煅烧制度为：1.0 ~1.5h 内加热至 420℃，在 420℃ ~460℃ 保温 1.0 ~1.5h，然后在 0.6 ~1.0h 内冷却至 200℃ ~250℃。如果烧舟内氟化钪的厚度不会超过 60mm，残留氧的含量不超过 0.2%(质量分数)。这种方法可以得到氧含量最低的产物，而且可以对一些金属杂质进行净化。例如，铁和硅在氟化钪中的浓度就比原始氧化物中的低。氟化钪的产出率在 1 ~5kg 规模下为 97% ~98%。

如果先将氧化物溶入盐酸，过滤后再倒入浓氢氟酸中，然后再按上述工艺进行，可以得到更好的净化效果($n \times 10^{-3}\%$，质量分数)：

杂质	Ba	Fe	Ni	Y	Yb
氧化物中的含量/($10^{-3}\%$)	5	1	7	20	6
氟化物中的含量/($10^{-3}\%$)	0.5	0.4	0.5	5	2

该法的缺点是所得氟化物-氯化物母液难于再生利用。

ScF_3沸点高（1600℃），水溶性小（20℃和80℃下分别为0.17g/L和2.34g/L）。难于用蒸馏法或再结晶法进行净化。但是，ScF_3的净化有时候是必要的。研究发现，采用氢氟酸洗涤处理可以得到很好的效果。先将原始氟化钪在溶液中加热制浆，离心过滤，干燥，最后在氟气流中煅烧。表2-30列出了采用不同溶液进行洗涤处理的结果。结果表明，这种方法不仅能净化生成的易溶性氟化物的杂质元素，而且能净化生成的低溶性氟化物的杂质，如稀土元素等。

表2-30 氟化钪的洗涤净化处理效果

处理方法	杂质含量（$n\times10^{-3}\%$，质量分数）						
	Al	Cu	Fe	Mg	Si	Y	Yb
（原始氟化物）	0.8	0.5	1.0	1.5	4.5	<2	5
$HF+C_2H_5OH$	1.0	<0.5	0.85	1.0	<2	<1	<1
HF+HCl	1.0	<0.5	0.7	4	<2	<1	<1
$HF+H_2C_2O_4$	0.2	<0.5	<0.5	<1	<0.1	<1	<1
HF	0.1	<0.5	<0.5	<1	<0.1	<1	<1

3．氯化钪的制备和纯化

将Cl_2+ScCl_2气体，通过赤热的Sc_2O_3+C的混合物，可制得$ScCl_3$，然后再在高温下加碳通氯进行升华提纯。总实收率可达90%～95%。也可用CCl_4+N_2，在700℃～800℃下对氧化钪进行氯化。制得的氯化钪然后在900℃～950℃下于氮气流中进行升华提纯。更简便的方法是将Sc_2O_3直接溶于盐酸溶液中，但此时得到的是$ScCl_3\cdot6H_2O$，再蒸发脱水：

$$ScCl_3 \cdot 6H_2O \xrightarrow[180℃]{2H_2O} ScCl_3 \cdot 4H_2O \xrightarrow[216℃]{2H_2O} ScCl_3 \cdot 2H_2O \xrightarrow[252℃]{} \begin{cases} H_2O \cdot ScCl_3 \\ ScOCl \xrightarrow[553℃]{} Sc_2O_3 \end{cases}$$

有一部分钪会倒过来生成氯氧化物和氧化钪。

在金属热还原中，$ScCl_3$中的杂质，包括上述过程带进的含氧的钪化合物，不仅会污染还原所得的金属，而且会阻碍还原过程中金属晶粒的长大，最终得到具有大比表面的细分散性金属粉末。这种细颗粒粉末在后续处理过程中又会吸附大量氧等杂质，最终给含钪材料带来不利影响。

为了避免带入含氧的钪化合物，可以将 $ScCl_3 \cdot 6H_2O$ 在 HCl 或 Cl_2气流中进行脱水，或将 Sc_2O_3和碳混合后在氯气中反应，再经过升华净化制取纯 $ScCl_3$。还有一种方法是将 Sc_2O_3 溶入含 NH_4Cl的盐酸溶液中，将所得复盐进行脱水制得无水 $ScCl_3$：

$$ScCl_3 \cdot 3NH_4Cl \cdot 6H_2O \xrightarrow[103℃]{-H_2O} ScCl_3 \cdot 3NH_4Cl \cdot 5H_2O \xrightarrow[144℃]{-4H_2O}$$

$$ScCl_3 \cdot 3NH_4Cl \cdot H_2O \xrightarrow[208℃]{-H_2O} ScCl_3 \cdot 3NH_4Cl \xrightarrow[334℃]{-NH_4Cl} ScCl_3 \cdot 2NH_4Cl$$

$$\xrightarrow[389℃]{-NH_4Cl} ScCl_3 \cdot NH_4Cl \xrightarrow[429℃]{-NH_4Cl} ScCl_3$$

也可以用固体氧化钪与固体氯化铵直接作用制取氯化钪和氯化铵的复合物：Sc_2O_3（固）+ 12HCl（气）+ $6NH_3$（气）→ $2(NH_4)_3ScCl_6$（固）+ $3H_2O$（气），$(NH_4)_3ScCl_6$（固）本身是吸水性物质。另外，在338℃下，氯化铵分解产物 NH_3和 HCl 的压力达到 1atm。加热超过此温度时，在反应的固体产物中不存在氯化铵。由于反应产物本身存在水蒸气，它在没有及时排除和进一步加热过程中有可能对氯化钪产生氧化作用。

在实际生产中更稳妥的办法是生产氯化钪、氯化铵和碱金属氯化物的复合物。例如，在钠热法制取金属钪时采用 $ScCl_3 - NH_4Cl - Na(K)Cl$ 复合物。$ScCl_3 \cdot 3KCl \cdot 3NH_4Cl$ 的分解过程如下：

$$ScCl_3 \cdot 3KCl \cdot 3NH_4Cl \xrightarrow{328℃} ScCl_3 \cdot 3KCl \cdot 2NH_4Cl + NH_4Cl \xrightarrow{345℃}$$
$$ScCl_3 \cdot 3KCl \cdot NH_4Cl + NH_4Cl \xrightarrow{383℃} ScCl_3 \cdot 3KCl$$

尽管这类复合物的应用可以减少或避免应用单一氯化钪时带来的吸水及氧化问题，但是，在实际应用于金属钪制取时，这类氯化物复合物熔盐还需要进一步净化，因为这类熔盐本身还含有相当数量的杂质，并且在复合物熔盐制备过程中还可能由选用的反应杯或坩埚材料带进新的杂质。研究表明，制备这类复合物熔盐的结构材料最好采用铌和钼。这样，结构材料带进复合物熔盐的杂质含量可以减少到最低程度。

至于复合物熔盐的杂质净化，目前比较实用有效的方法是置换法。该法过程如下：将钪和碱金属的复合氯化物熔块预先加入到铌或钼反应杯中，将反应杯放入不锈钢反应器内。用钼屏封盖反应杯上部。整个装置密闭后在抽真空下加热至150℃ ~200℃，然后通入氩气。在700℃ ~800℃下，往熔体表面加入3% ~5%化学计量的高纯金属钠。此时，杂质的主要部分沉于反应杯底。冷却后将所得产物分为上部和底部。上部产物用于高纯钪的制取，底部产物则可返回进行重复净化除杂。研究表明，经过一次净化，上部产物中的铁含量可降低两个数量级(例如，由0.21%降低至0.002%)，含钪氧化物含量降低一个数量级(例如，不溶性钪的含量由3.0%降低至0.3%)。熔点低于930℃(除钇外)和密度小于6.77g/cm^3，原子序数小于59的稀土元素Y，La，Ce，Pr在钠热还原中会留在熔盐中，而对熔点高于1000℃，密度大于7g/cm^3(除Eu外)的稀土元素Nd，Sm，Gd，Tb，Dy，Ho，Er，Yb，Lu，有很好的净化效果。Nd的净化率达77%，而其他元素净化后在熔体中已实际上不存在。

对含钪复合物熔盐置换法处理过程中杂质行为和净化机制的研究表明，将金属钠加至被搅拌的含钪氯化物复合物熔盐表面时，杂质的净化过程可分为下列平行进行或串接进行的阶段：

(1)氯化钪被钠热还原至具有纯化活性表面的金属钪($3Na + ScCl_3 \rightarrow 3NaCl + Sc \downarrow$)；

(2)金属钠将杂质氯化物热还原至金属形态($nNa + MeCl_n \rightarrow nNaCl + Me \downarrow$)；

(3)生成的金属钪将杂质氯化物热还原至金属形态($Sc + 3/n\ MeCl_n \rightarrow ScCl_3 + 3/nMe \downarrow$)；

(4)生成的金属钪和处于金属形态的杂质相互作用，生成Sc_3Me，Sc_2Me，ScMe型金属间化合物($nSc + Me \rightarrow MeSc_n \downarrow$)；

(5)金属钪、金属间化合物或单体杂质由于其与熔体密度的差异而沉淀于反应杯底部。

因此，含钪复合氯化物熔盐的除杂机理取决于钠和钪还原杂质氯化物反应的热力学可能性、生成金属间化合物的热力学可能性、杂质的熔点和密度以及氯化物熔体与设备结构材料的相互作用。净化过程可图解如下：

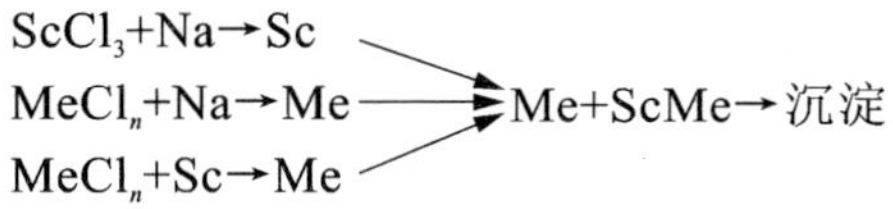

4. 还原剂金属的纯化和精炼

金属热还原制取钪的还原剂主要有钙、钠和镁。它们的工业产品均含有相当量的杂质，不宜直接用作还原剂。因此，在使用前，必须对它们进行纯化或精炼。

工业钙采用多次蒸馏精炼法，除去其中大部分的易挥发和难挥发杂质。例如，俄罗斯“阳光”科研生产联合体采用多次蒸馏精炼法，制得能满足高纯钪生产要求的高纯钙，按9种主要杂质(Si，Fe，Mn，Mg，Cu，Ti，Al，Cr，Ni)计算，其纯度达99.999%。

工业钠中的主要杂质为以氧化物、氢氧化物和碳酸盐形式存在的氧、电解质组分和钙。铁、铬、镍、铜、硅和其他金属在钠中实际上是不溶的，它们在钠中主要以机械杂质的形式存在。

钠净化的难度在于对氧有很强的反应能力。可以在110℃～130℃下通过不锈钢和镍耐腐蚀网和填料过滤器对钠进行精炼。斜纹编织的不锈钢网过滤器（孔洞尺寸50～75μm）能对杂质作粗净化。然后，通过金属陶瓷过滤器（孔洞尺寸10～20μm），除去更微细的杂质。还试验过在内筒中充填钛粉的填料过滤器。这里，上下层为0.1～0.25mm粒级粉，而中间层充填更小的0.05～0.1mm的粒级粉。如果过滤在高温（700℃～800℃）下进行，那么，在钠得到“物理”净化的同时，钠经过具有高比表面的密实钛粉层时还产生“化学”净化——钛起吸气剂作用。经过网过滤器和金属陶瓷过滤器以及钛粉充填过滤器双重过滤净化的钠含杂质量为（%）：氧0.005～0.007，铁0.0004－0.0010，硅<0.001，铬0.0001。这样的钠完全适于制取高纯钪作氯化钪的还原剂。

可以采用多种方法对镁进行净化除杂。应用得最广泛的是渣化法和沉淀法。采用渣化法时，镁的氧化物和氮化物被氯化镁附聚并从熔融金属中除去。镁的沉淀净化法是最简单的操作。高纯镁可以借助于含钛助熔剂制得。在和它接触时，镁将二氯化钛和三氯化钛还原，生成的金属钛和杂质相互作用并沉入坩埚底。与此类似，镁也可以借助四氯化钛得到净化。

2.2.2 热还原法制取金属钪

金属钪的制取过程，可以用下列方程表示：

$$ScX_n + m\mathrm{Me} \rightarrow Sc + m\mathrm{MeX}_{n/m}$$

热力学分析表明，钪的卤化物容易被碱金属和碱土金属还原。氧化钪难被还原。溴化钪更易被还原，但价格昂贵。表2－31中列出了钪的氯化物、氟化物和氧化物用锂、钠、镁、钙及铝还原过程的热力学性质。钪的氧化物、氟化物和氯化物的金属热还原 $\Delta G^\ominus - T$ 曲线见图2－53。

表 2-31　1100K 下金属钪制取过程的主要热力学性质

原料	热力学性质	还原剂				
		Li	Na	Mg	Ca	Al
	还原剂熔点/℃	181	98	649	839	660
	还原剂沸点/℃	1324	882	1090	1484	2520
ScF_3	ln$K$	2.81	0.27	0.04	3.29	-3.56
$ScCl_3$	ln$K$	6.88	6.73	1.39	6.49	-2.32
Sc_2O_3	ln$K$	-2.29	-4.69	-1.41	1.69	-2.63

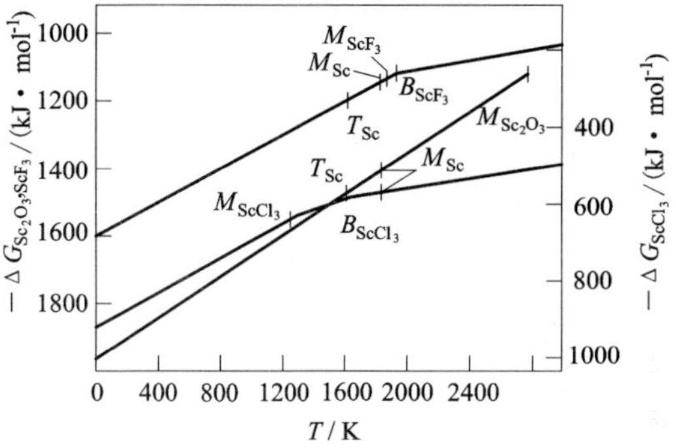

图 2-53　氧化钪、氟化钪和氯化钪的生成自由能与温度的关系

M—熔点；B—沸点；T—相变；

1—ScF_3；2—Sc_2O_3；3—$ScCl_3$

碱金属是更强的还原剂，可以降低还原温度，从而可以降低反应器材料对金属钪的污染。但这类金属活性大，运输和操作不便，容易带入气体杂质，特别是氧对金属钪的污染；反应激烈，过程条件不易控制。

$ScCl_3$ 容易制备，还原温度更低，操作更加简便但容易吸湿，在操作过程中容易被气体介质中含有的氧和水分氧化成不易被还原的氯氧化物和氧化物。近年来出现了一些有关氯化钪脱水及其防止吸水和氧化的研究，取得了一些有应用前景的突破。由于该法具有一系列优点，成本更加低廉，近年来，相应地也出现了一些有关氯化钪钠热还原的文献和专利。

ScF_3不吸湿，易提纯，是目前工业上制取金属钪的主要原料。目前工业上制取金属钪广泛采用的是ScF_3钙热还原法：$2ScF_3 + 3Ca = 2Sc + 3CaF_2$。近年来出现一些关于$ScF_3$钙热还原设备及其工艺改进的专利文献。

1. 氟化钪钙热还原法

氟化钪钙热还原法制取金属钪的原则工艺流程图示于图2－54。

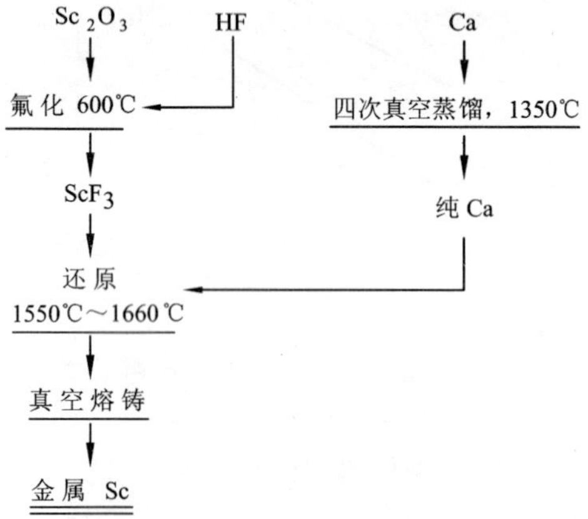

图2－54 氟化钪钙热还原法制取金属钪的原则工艺流程

ScF_3钙热还原在氩气或氮气保护的感应炉中于1550℃～1600℃下进行。用四次蒸馏的精制高纯钙作还原剂（过量10%），还原得到的液体钪，滴入钽坩埚底部，上部则生成CaF_2渣层。还原产物CaF_2熔渣熔点高，蒸气压低，反应平稳，过程容易控制；

分层良好，冷却后容易与金属分离。图 2 – 55 为 50 ~ 100kVA 的还原设备高频真空感应电炉的示意图。

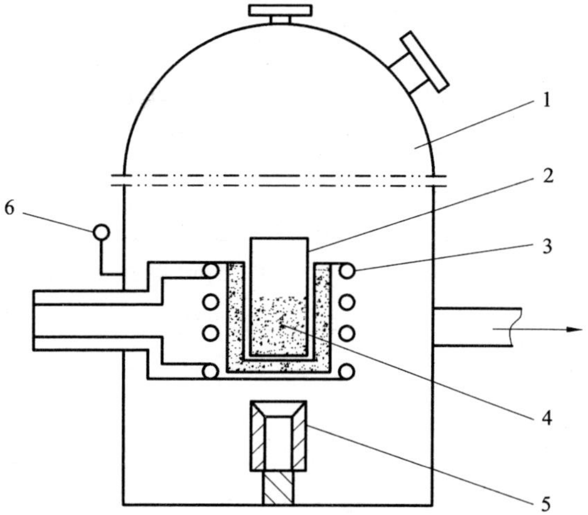

图 2 – 55　氟化钪钙热还原高频真空感应电炉示意图

1—炉壳；2—钽坩埚；3—感应圈；4—反应物料；
5—浇铸模；6—真空计；7—接真空系统

还原所得金属钪含有杂质钽和钙。特别是在还原温度过高时，由于钽和钙在钪中的溶解度增加，使钪容易被坩埚材料钽和还原剂钙所污染。该法的另一个缺点是生产率低和昂贵金属钽的耗量大。向炉料中加入能与 CaF_2 生成共晶物的 LiF 和能制得 Sc – Zn – Ca合金的低熔点锌，可将还原温度降低至 1100℃。除渣后在真空中加热合金得到海绵钪，然后在真空电弧炉内重熔。钪中金属杂质的含量为 0.3%。根据北京有色金属研究总院李作顺等人的研究，ScF_3 的钙热还原可制得纯度 99% 的金属钪。金属钪中含杂质量为(%)：Fe，0.037；Ca，0.0036；Mg，0.0015；Si，0.002；Ta，0.32。经过净化后得到纯度 99.98% 的钪。

20 世纪 90 年代初，Готовчиков В. Т. 等人获得了一系列专利，针对传统的 ScF_3 钙热还原方法存在的生产率低、产品钪易受钽污染和钽耗量大等缺点，在工艺和设备上提出了一系列改进措施。根据他们的方法，将氟化钪和钙分别进行熔融和加热：在抽真空和加热后，块状金属钙取过量 30% ~75%，在钢制容器中于 850℃下熔融；氟化钪则在 1260℃下在锆坩埚中熔融。然后，在水冷旋转铜圆盘上进行融合。反应产物以 80 ~350℃/min 的速度降温进行结晶。试验表明，反应在瞬间进行，能够保证反应完全和还原钪与渣的分离。由于融合和反应瞬间完成、温度较低，实际上观察不到钪和反应容器表面的相互作用。因此，可以提高生产率和降低钽的消耗，还可以大大减少钽对还原产物钪的污染。与采用直径 90mm，高 200mm 的钽坩埚，在 ИСВ－0. 016 型感应电炉中进行的传统方法比较，钪的生产率由 0. 2 ~0. 3kg/h 提高到 0. 4kg/h，还原金属钪中钽的含量由 3% ~6. 3% 降低至 0. 009% ~0. 01%。

2. 氯化钪钠热还原法

钪、铝、镁、钠及其氯化物的热力学性质见表 2－32，氯化钪还原反应平衡常数和温度的关系见图 2－56。

表 2－32 钪、铝、镁、钠及其氯化物的热力学性质

化合物	状态	$-\Delta H^{\ominus}_{生成}$/(kJ·mol^{-1})	$S^{\ominus}$/(J·mol^{-1})	$C_p^{\ominus}$/[J·(mol·K)$^{-1}$]	$\Delta H_{相变}$	
					熔化/(kJ·mol^{-1})	蒸发/(kJ·mol^{-1})
Sc	结晶(六方)	0	34.8	25.5	14.1	31.5
	气体	－379	174.7	22.1	—	—
Sc_2O_3	结晶	1905	77.0	94.1	—	—
$ScCl_3$	结晶	919	—	92.0	67.4	157
	气体	671	337	75	—	—
Al	结晶	0	28.3	24.3	10.5	293
	气体	－329	164.4	21.3	—	—

续表 2－32

化合物	状态	$-\Delta H^{\ominus}_{生成}$/(kJ·mol^{-1})	$S^{\ominus}$/(J·mol^{-1})	$C_p^{\ominus}$/[J·(mol·K)$^{-1}$]	$\Delta H_{相变}$ 熔化/(kJ·mol^{-1})	蒸发/(kJ·mol^{-1})
$AlCl_3$	结晶	704.2	109.3	91.0	35.3	—
	气体	585	314	72	—	—
Mg	结晶	0	32.7	24.9	8.5	123
	气体	－147.1	148.5	20.8	—	—
$MgCl_2$	结晶	644.8	89.6	71.3	43.1	165
	气体	403	272	55.6	—	—
Na	结晶	0	51.3	82.5	2.6	81.2
	气体	108.8	153.5	37.5	—	—
NaCl	结晶	412.8	72.2	45.9	28.1	170.4
	气体	181.5	229.8	65.9	—	—

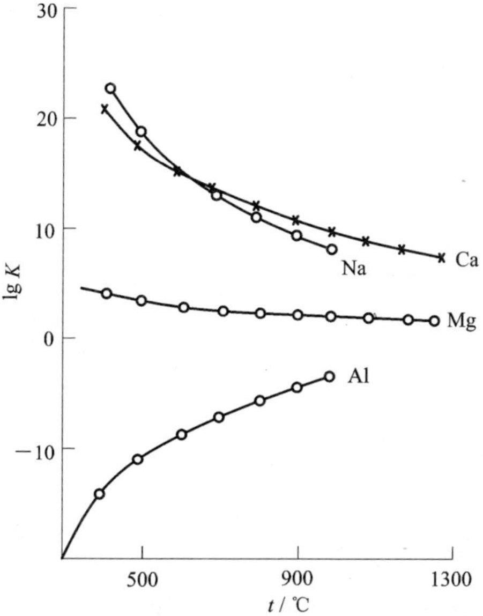

图 2－56　氯化钪还原反应平衡常数与温度的关系

钠热法制取钪的工艺流程见图 2－57。

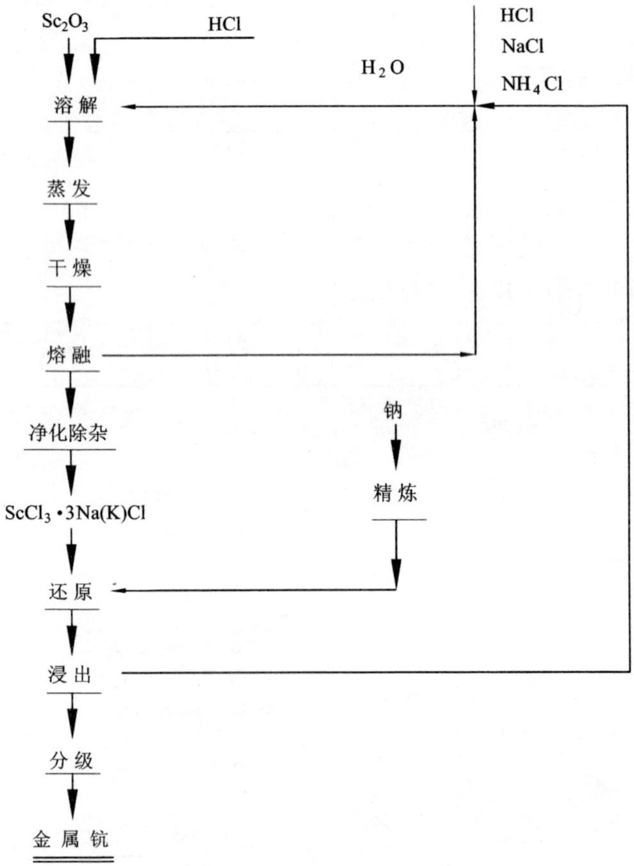

图 2－57 钠热还原法制取金属钪的工艺流程

主要的原辅材料采用纯度大于 99.9% 的氧化钪、碱金属氯化物和金属钠。将氧化钪溶于盐酸并添加钠、钾和铵的氯化物以制取无水氯化钪。添加这些氯化物可以制得结合牢固的络合化合物

$ScCl_3 \cdot 3MeCl$(Me 为钾和钠)为基的熔体。该熔体的熔化温度比单一氯化钪的低。这可以减少钪以升华物形式的损失，还减少了氯化钪对空气中湿气的吸收，从而免除了含氧化合物的生成，而且这种熔体较之 $ScCl_3$ 对结构材料的腐蚀性更小。在盐混合物脱水过程中有氯化铵存在可以避免在 $ScCl_3 - H_2O$ 体系中产生水解过程，因为 NH_4Cl 加热时分解为 NH_3 和 HCl，后者较高的分压可以抑制水解反应的进行。

盐混合物脱水后，得到的产物在 800℃ ~850℃ 下熔化。将少量金属钠加到氯化物熔体表面，对熔体进行净化。生成的金属钪具有活性表面，对杂质产生置换作用并沉淀于反应器的底部。在 820℃ ~920℃ 温度和约 3 g/(min·cm^2) 金属钠的连续加料速度条件下，对净化好的含钪熔体进行还原。还原产物经过浸出和干燥后对金属钪进行分级。

金属钪制取装置如图 2 –58 所示。它由镍铬丝加热竖式炉，不锈钢密封反应器，金属钠净化装置和钽或铌反应杯组成。在还原设备的平板盖上安装有用于钠加料和配量用的装置。

还原过程工艺优化研究表明，过程的温度对杂质的含量有一定影响。在 870℃ ~920℃ 下进行的试验表明，金属钪中铁的浓度比在 850℃ 下进行的试验有一些增加，这是由于铁从反应罐的壁和盖通过气相转入到了钪中。在 850℃ ~920℃ 范围内还原过程的温度对金属钪的粒度组成没有影响。与此同时，增加钠的加料速度有利于降低细粒级(–100μm)的产出率和相应地增加粗粒级(+600μm)的数量。

氯化钪钠热还原中生成的金属具有下列不同的结构形态：结晶体、片状体和烧结成海绵状不规则的细晶粒。在长晶体表面上有个别规整生成的菱形(斜方)和六面体结晶。片状体表面上发现有解理面。在较大的放大倍率下，可以看到呈 60°角的斜影线和沟纹。海绵料为各种构形的无定形晶粒，放大时在个别晶粒上可

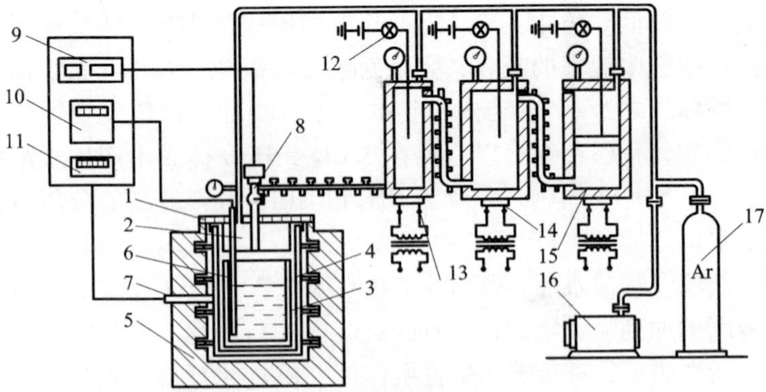

图 2-58　金属钪制备装置图

1—盖；2—屏；3—反应杯；4—反应罐；5—电炉；6，7—热电偶；
8—波纹管阀；9—磁控阀电路；10—温度自动记录装置；
11—温度调节装置；12—接触式水平计量器；13—钠计量器；14—钠容器；
15—精密净化过滤器；16—真空泵；17—氩气

以观察到阶梯。

采用 PQ-2TURBO 质谱仪就 71 种元素的存在情况对钪进行了定量分析，其中特别注意根据 SGS 标准需要要求严格控制的 24 种杂质元素的行为。分析结果见表 2-33。没有发现元素 P，S，As，Ge，Se，Br，Rb，Ru，Rh，Pd，Ag，In，Sb，Te，I，Cs，Gd，Ho，Er，Lu，Hf，Re，Os，Ir，Pt，Au，Tl，U，Bi。

应该指出，金属钪的结构形态对杂质的分布有实质性的影响。海绵体的杂质含量比较高，其 24 种控制杂质为 $313\times10^{-4}\%$；不同粒度结晶体的杂质含量比海绵体要少 1/3（$204\times10^{-4}\%$）；质量最高的为片状体钪，其控制杂质的含量为 $78\times10^{-4}\%$。作为主杂质，我们应注意反应物料氯化物中的杂质元素 Na，K，Ca，Ba 和由不锈钢反应器转入的杂质元素 Fe，Ni，Ti，

Cr，Co，Mn，Si。

表 2－33　各种结构形态金属钪中杂质的含量

元素	含量/($\times 10^{-4}$%)			
	海绵体	结晶体	片状体	经过处理的钪
Na	5	12	12	10
Mg	2	6	7.5	0.7
Al	—	12	—	—
Sc	50	25	7	2
Cl	300	260	75	50
K	50	12	7.5	3
Ca	15	9	5.6	2
Ti	4	2.5	1.5	0.7
V	1	1.5	1.2	0.6
Cr	15	6	1.7	1.2
Mn	10	12	1	0.5
Fe	90	75	20	1.2
Co	3.3	2	1.3	0.7
Ni	12	6	2.5	1
Cu	35	15	14	2.6
Zn	2	2	2	1.5
Ga	6.7	3	1.6	—
Sr	1	4	3	—
Zr	2.8	1.8	—	—

续表 2－33

元素	含量/(×10^{-4}%)			
	海绵体	结晶体	片状体	经过处理的钪
Y	4	0.3	—	0.2
Nb	9.5	1	—	0.9
Mo	5	2.6	2	—
Cd	—	—	—	—
Ba	6	9	—	3
La	12	0.6	0.5	0.5
Ce	6	8	0.3	0.5
Pr	2	3	—	1.5
Nd	20	5	0.7	0.7
Sm	1	—	—	—
Eu	2	2	—	—
Tb	—	—	—	—
Dy	—	—	—	—
Yb	4	—	—	—
Ta	—	—	—	—
W	—	—	—	
Pb	7	3	2	1.5
$\Sigma_{(24)}$	313.1	204.4	77.8	20.7
Σ_{RE}	4	2	—	—

对不同粒级粉末的分析表明，细粒级粉末所受污染较大，因为在它们的制取过程中高比表面的微细粉末极易吸收杂质并最终导致它们的脆化。

表 2－34 列出了各种类型杂质在钠热法制取金属钪的产物中的分布。

表 2－34　金属钪制取过程不同阶段上产物中的杂质含量

物料	含量/($\times 10^{-4}$%)						
	Σ_{24}	Σ_{KM}	$\Sigma_{盐}$	Σ_{RE}			$\Sigma_{其他}$
				$\Sigma_{RE总}$	$\Sigma_{RE轻}$	$\Sigma_{RE重}$	
含钪氯化物熔体							
原始	3494	1189	1547	1286	132	1154	866
净化后	997	435	288	410	250	160	485
钪							
结晶金属	204	108	42	17.9	10.9	7	71.8
进一步净化后	20.7	5.9	18	3.4	2.7	0.7	8.3
控制杂质	20.7	5.9	8.0	—	—	—	6.8

注：Σ_{KM}——由结构材料转入的杂质总量(Fe, Ti, V, Cr, Mn, Co, Ni, Mo, Nb)；$\Sigma_{盐}$—以卤盐形式在钪表面上吸附的杂质量(Na, K, Ca, Ba)；$\Sigma_{RE总}$，$\Sigma_{RE轻}$，$\Sigma_{RE重}$—分别为稀土元素总量，轻稀土元素(Y, La, Ce, Pr)总量和重稀土元素(Nd, Eu, Gd, Tb, Dy, Ho, Er, Yb, Lu)总量；$\Sigma_{其他}$——其他杂质含量。

在含钪熔盐净化的第一个工艺阶段，控制杂质的含量减少到原来的 1/3.5。在钠热还原时约有 20% 杂质进入金属钪。续后对结晶体进一步处理(分类，磨碎和过筛，在酸和乙醇溶液中洗涤等)可以将杂质含量降低一个数量级(至 20×10^{-4}%)。

从设备结构材料进入钪产物的元素约为所有杂质含量的1/3。在还原时，由氯化物熔体约有 25% 的杂质进入金属钪。进一步的处理可以使这些元素的含量降低至原来的 1/20。

应该指出，在金属表面吸附有大量的碱金属和碱土金属氯化物。进一步处理不能得到像对其他杂质那样的处理效果：处理后这些杂质的含量只降低至原来的 1/2。

其他控制杂质(Al, Cu, Pb 等)能够相当成功地通过置换方法从熔体中除去。杂质不多于 15% 的量转入结晶钪。粉末的分级和过筛可以将这些杂质的含量降到 6.8×10^{-4}%。

在原始熔盐中含有大量的稀土(表2-34)时。熔盐的净化可以使稀有金属降低至原来的1/3，而它们在金属钪中的含量减少至$3.4\times10^{-4}\%$。必须指出，在置换过程中，与轻稀土(Y至Pr)相比，会更有利于重稀土(Nd至Lu)的净化。在最终产品中，没有发现技术条件中要求控制的稀土杂质(Tb，Dy，Yb)。

在氯化物钠热还原过程中，最重要的杂质来源是不锈钢坩埚。如果采用钼、铌或钽，则可以减少许多杂质进入金属钪。通过水冶法处理反应料并应用超声波处理，可以减少被吸附的碱金属和碱土金属盐的含量。

根据研究结果，可以确定氯化物钠热还原时金属钪结晶过程的主要规律性。在熔体表面加入第一批钠时，还原剂直接与氯化钪作用，由此生成微细分散性金属。在细晶粒钪的表面上，氯化物熔体中的杂质被置换并生成金属间化合物；后者以海绵料形式富集在反应杯的壁和底上。在续后的阶段上，在反应空间的上部有一层氯化钠。还原过程在扩散制度下进行：进入反应器的钠溶于生成的氯化钠中，并向位于反应杯下部的含钪氯化物熔体的方向扩散。此时，含杂质量最少的单晶结晶体、片状体和树枝状体的生长过程得到发展。含10%～15%溶解钪的氯化物熔体具有相当高的热稳定性，对高纯钪的结晶过程产生正面影响。因此，氯化物钠热还原过程进行的结果，生成了含杂质量最低的单体结晶、树枝状晶体和片状晶体形式的金属钪。这种方法采用最佳的工艺流程和工艺条件，可以制得高纯的晶体钪，其纯度可以达到99.998%。

2.2.3 熔盐电解法制取金属钪

熔盐电解法的优点是不需要用还原剂，过程连续化，生产成本较低。

按所用电解质的不同，熔盐电解法可分为卤化物熔盐电解法和氧化钪卤化物熔盐电解法两类。卤化物多采用碱金属和碱土金属的氯化物和氟化物以及它们的混合物。当采用氟化物熔池时，会产生结构材料腐蚀的严重问题。采用结壳(渣衬)型电解槽可以减少腐蚀，但这会增加电解槽的成本和操作问题。按采用的阴极材料分，可分为液体阴极(锌、铝、镁等)和固体阴极(钨、钼等)两类方法。固体阴极方法难于进行连续化操作而且要周期性地更换阴极，一些工艺参数不理想，如电流效率等偏低。液体阴极多采用液锌，所得锌钪合金易于通过蒸馏升华进行净化。熔盐电解法还可用于粗钪的精炼和含钪中间合金的制取。

1937 年，Fischer W 等人首次采用熔盐电解法制得金属钪。熔盐电解法电解槽结构见图 2－59，电解质体系含 5g $ScCl_3$，18g KCl，15g LiCl，化学纯锌作液体阴极。

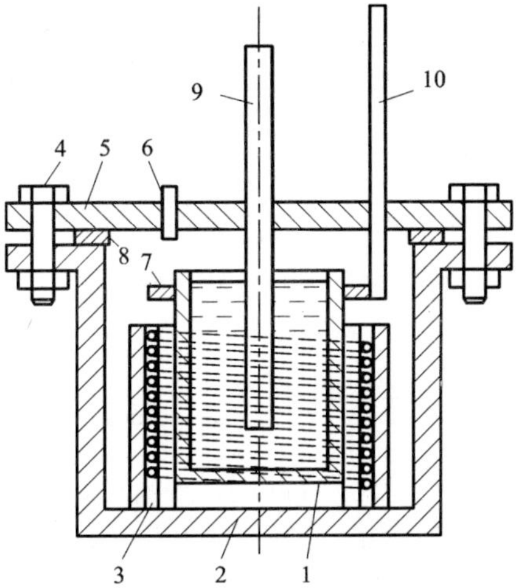

图 2－59　制取钪的熔盐电解槽

1—石墨坩埚；2—电解槽外壳；3—电热器绕组；4—紧固螺栓；5—槽盖；6—氩气导管；7—套环；8—密封圈；9—石墨电极；10—导电母线

氯化钪由氧化钪氯化法制得，原料为氧化钪（Yb 和 Lu 含量 <0.1%，Zr，Hf 和 Th 含量 0.5%），用 $ScCl_2$ 和 Cl_2 混合物作氯化剂，氯化在石英管中于 1200℃下进行，所得氯化钪再经过蒸馏升华净化制得。

采用经过真空蒸馏净化的金属锌（40g）作阴极，钨棒作阳极并同时作搅拌棒。电解温度 700℃，电极电压 3～3.5V，电流 2～3A。1h 即析出～90% Sc。电解结束后，将电解质温度提高到 800℃并静置澄清，最后得到含 2% Sc 的锌合金，将锌合金在 1250℃下进行真空蒸馏净化，除去锌和少量的钾和钠。将熔体在氢气氛中通过钨过滤器进行过滤，得到烧结形态的亮灰色金属钪。经化学分析金属钪含量为 94%～98%，含 Si 和 Al 0.3%～0.5%，含 Fe 0.2%～0.5%。

用氧化钪作原料时，熔盐电解法采用 $Sc_2O_3-Na_3ScF_6$ 体系。Sc_2O_3 在 Na_3ScF_6 中的溶解度（质量分数）为 2%，随着氧化钪在电解质熔盐中浓度的降低，往电解质中加入新的氧化钪，这种方法与氧化铝－冰晶石的熔盐电解法相似。电解在密封充氩的设备和于 800℃下进行。槽电压 6V，电流效率 50%～70%。所得金属钪纯度达 97%，杂质主要为 C，Ca，Al，Si，Fe，O 等。

2.3 高纯金属钪的制取

钪主要用于高新尖端技术部门。随着高新技术的发展，对钪的纯度要求越来越高。然而到目前为止，高纯金属钪产品还没有统一的国际标准和质量鉴别方法，目前多采用奥地利 SGS 标准鉴定金属钪的纯度。该标准分析 24 种金属杂质，即 Mg，Al，Si，K，Ca，Ti，V，Cr，Mn，Fe，Co，Ni，Cu，Zn，Sr，Mo，Cd，Ba，Tb，Dy，Yb，Ta，W，Pb。俄罗斯国立稀有金属研究院的质谱和气相色谱实验室将金属钪的分析范围扩展到除基体钪、稀有气体和超铀元素(它们的含量低于检测极限，即 $<0.001\mu g/g$)以外的几乎元素周期表上所有的元素。即，除 SGS 标准规定的 24 种金属元素外，还包括下列金属和非金属杂质：H，Li，Be，B，C，N，O，F，Na，P，S，Cl，Ga，Ge，As，Se，Br，Rb，Y，Zr，Nb，Ru，Rh，Pd，Ag，In，Sn，Sb，Te，I，Cs，La，Ce，Pr，Nd，Sm，Gd，Ho，Er，Tm，Lu，Hf，Re，Os，Ir，Pt，Au，Hg，Tl，Bi，Th，U。

钪的化学活性高，易受各种类型的接触介质污染，如原辅材料、气体介质以及反应器结构材料等，其中非金属杂质如 O，N，Cl，C 通常超过 1%。因此，首先要求制备钪的原料，例如氧化物、卤化物要有足够的纯度，生产过程中用溶剂萃取和离子交换等现代净化提纯方法制取纯氧化钪。其次对还原剂的要求也很高。如还原剂钙，俄罗斯"阳光"科研生产联合体提供钙热还原钪用的还原剂钙的纯度达 99.999%(需要分析 9 种杂质。即 Si，Fe，Mn，Mg，Cu，Ti，Al，Cr，Ni)。再就是必须采用不与反应物料起作用的材料作反应器材料。反应空间往往须用高纯惰性气体，如氩气等保护。目前通过净化提纯，已经能够制得 5N 级左右的氧化钪等钪化合物和金属钪。它们的纯度通常采用质谱分析法、电子活化分析法和测定钪锭的剩余电阻($R_{剩}$)进行测定控制。目前，制备高纯金属钪的主要方法有：真空蒸馏法、熔盐电解精炼法、固相电解法和区熔－电迁移精炼法。

2.3.1　真空蒸馏法

真空蒸馏法是目前提纯金属钪的主要方法，其原理是在一定的温度下依据钪和杂质的蒸气压及蒸发速度的不同而达到钪和杂质分离的目的。根据各元素的蒸气压曲线可以看出，在 1550℃，即在接近钪的熔点温度下，蒸气压比钪高的元素依次为 Cd，As，Zn，Mg，Ca，Bi，Pb，Mn 等，比钪低的元素依次为 Ti，Mo，Zr，Nb，Ta，W 等，而与钪相近的元素有 Al，Cu，Co，Cr，Fe，Ni，Si

等。显然，蒸气压与钪相近的元素，是钪真空蒸馏除杂过程中应该特别注意的杂质元素。影响真空蒸馏提纯的因素很多，主要有蒸馏温度、原料的纯度、杂质的性质和含量、炉内气体残压和组成、挥发表面积及搅拌作用、冷凝器的温度及结构、蒸馏装置结构等。

生产实践中蒸发设备常采用真空感应电炉或真空电阻炉(图2－55和图2－60)。采用钨、钼或石墨冷凝器。蒸馏温度通常为1450℃或1750℃～2000℃。在较低温度1450℃下蒸馏时，对于除去易挥发性杂质更有效，但蒸发速度慢，只有1～4g/(cm^2·h)。将温度提高至1750℃以上时，可加速蒸发速度，达到33g/(cm^2·h)，但此时宜将冷凝器加热至1200℃～1300℃，以减少冷凝钪中杂质的含量。为此，最好将真空蒸馏分两步进行：第一步在1550℃～1600℃下进行真空浇铸，除去Ca，ScF_3等易挥发杂质；第二步再在1750℃～2000℃下蒸馏钪锭。

北京有色金属研究院总院李作顺等人曾经采用ScF_3钙热还原得到的纯度为99%的金属钪进行真空蒸馏纯化，制得纯度为99.98%的金属钪，其主要杂质含量为(μg/g)：RE，4.05；Mg，1.0；Al，5.0；Fe，35；Co，10；Ni，25；Mn，0.20；Cu，10；Zn，10；Ba，5.0；Ca，30；Pb，2.0；Th，0.10；Ti，1.0；Cr，4.0；Mo，6.0；Si，10；V，1.5；Zr，1.0；W，0.80；Ta，1.0；K，2.0；Sr，0.20；Be，0.10。

据报道，纯度98%的金属钪在1450℃和真空度(2.3～3.8)×10^{-6}Pa下，经二次蒸馏处理，纯度可提高到4N～5N级，$R_{剩}$由10Ω上升到23Ω。表2－35和表2－36列出了真空蒸馏前后钪中杂质含量的变化和二次蒸馏后4N级钪中的杂质含量的一些研究结果。

最近，李国栋等人对金属钪的真空蒸馏过程进行了热力学分析。表2－37中列出了他们的实验结果。

表2-35　真空蒸馏条件和蒸馏前后钪中杂质含量的变化(μg/g)

升华温度 $t_{升}$/℃	冷凝温度 $t_{冷}$/℃	蒸馏速度 /[g·(cm²·h)⁻¹]	O	N	H	C	Fe	Cu	Ni	Mn	Cr	Zn	Pb	Bi	Ti
1750 ~2000	1300	>50	前 4000 后 10	700 7	570 7	390 160	73 5	200 3	18 未发现	10 2	9 2	10 2	18 未发现	10 未发现	2 未发现

注：真空度为 10^{-6} Pa。

表2-36　1650℃~1700℃下二次蒸馏后4N级钪中的杂质含量(μg/g)

H	7.5~357	C	3 0~386	N	18~38	O	129~393	Ti	0.1~2	Cl	1~9
F	10~900	Si	2~6	Fe	9.7~19.3	Y	2.2~4.5	Cu	6~16	Mg	0.4~2
Nd	0.4~0.8	La	0.6~4.9	Gd	0.5~2.4	Tb	0.3~0.8	Mn	0.4~2		
Dy	1.1~3.9	Sm	0.08~0.20	Ce	0.4~8	Tm	0.06~0.2	Ca	0.3~15		
Yb	0.2~0.5	Ho	0.6~6	Er	0.9~1.7	Ta	3~100	Co	0.1~0.6		
W	0.3~20	Lu	0.5~41	Pr	0.3~0.6	Al	1~3	Ni	38~107		

注：真空度为 10^{-6} Pa。

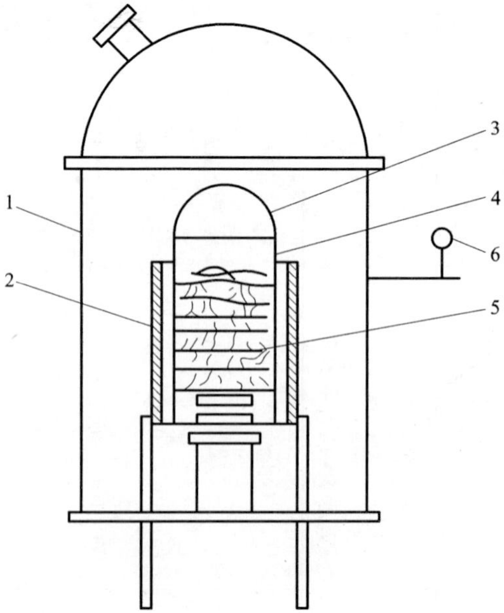

图 2-60　真空碳管炉示意图

1—罩壳；2—石墨电阻片；3—冷凝罩；4—坩埚；5—物料；6—真空计

表 2-37　金属钪中不同杂质在 1550℃时 y_i，α_i，β_i，γ_i^0 的实验值

杂质	Al	Cu	Cr	Co	Fe	Ni	Si
蒸馏前含量/($\mu g \cdot g^{-1}$)	35	27	18	3	163	41	24
蒸馏后含量/($\mu g \cdot g^{-1}$)	5	10	8	1.5	45	26	11
y_i/%	10.41	26.30	31.56	35.50	19.60	45.02	32.54
X_{Sc}/%	71.05	71.05	71.05	71.05	71.05	71.05	71.05
α_i	0.086	0.246	0.306	0.354	0.176	0.483	0.318
$\sqrt{M_i}/M_{Sc}$	0.774	1.188	1.075	1.144	1.114	1.142	0.790
β_i	0.067	0.292	0.329	0.405	0.196	0.551	0.251

续表 2－37

杂质	Al	Cu	Cr	Co	Fe	Ni	Si
$p_{Sc}^{\ominus}/p_i^{\ominus}$	0.1217	0.2275	1.167	1.167	4.943	7.981	34.53
γ_i	0.0082	0.0664	0.3839	0.4726	0.9688	4.398	8.667

y_i——i 杂质元素的蒸发率，$y_i = 100 - 100(1 - X_{Sc}/100)^{\alpha i}$；

X_{Sc}——主体元素钪的蒸发率；

α_i——i 杂质元素的挥发系数；

M_i——i 杂质原子的原子质量；

M_{Sc}——钪原子的原子质量；

β_i——i 杂质的分离系数，$\beta_i = \alpha_i \sqrt{M_i}/M_{Sc}$；

$p_i^{\ominus}$——i 杂质的纯元素蒸气压；

$o_{Sc}^{\ominus}$——钪的蒸气压；

γ_i——粗钪中 i 杂质元素的活度系数，$\gamma_i = \beta_i \gamma_{Sc} p_{Sc}^{\ominus}/p_i^{\ominus}$。

从表 2－37 中可见，这些难分离杂质的挥发系数 α_i 均小于 1，说明在金属钪的蒸馏过程中，它们会或者部分留在蒸发渣中，或者部分在冷凝塔之外凝结，从而可以使钪得到一定程度的净化。从分离系数 β_i 看，除铝外，其他杂质元素的 β_i 均对 1 的偏离不大，因此不能获得很大程度的分离。从活度系数 γ_i 看，$\gamma_{Fe} \approx 1$，说明铁和钪的分离难度很大；铝、铜、铬和钴的 γ_i 均小于 1，因此 $p_i < N_i p_i^{\ominus}$，说明此时这些杂质元素的蒸气压降低了，从而有利于钪的提纯净化；镍和硅的 γ_i 则大于 1，它们的实际蒸气压 $p_i > N_i p_i^{\ominus}$，说明有利于蒸发而不利于钪的提纯净化。这些数据说明，为了提高钪的真空蒸馏提纯效果，应对传统工艺和设备进行改进。

颜世宏等人研究了真空蒸馏法净化高纯金属钪中杂质铁的行为。他们的研究结果表明，只要制定出合理的蒸馏工艺条件，是能够有效地净化金属钪中杂质铁的。他们认为，根据 Sc－Fe 相图，存在一个高熔点中间相 Fe_2Sc。如果金属钪除杂的蒸馏温度很高，例如 2000℃，则以 Fe_2Sc 形态存在的部分就会熔化并被蒸馏出来，而能有效地除去金属钪中的铁。但是，如果将蒸馏温度降低至1550℃，即低于Fe_2Sc的熔点，这样便不能够有效地除去杂质铁。他们对含铁110μg/g的高纯金属钪，经真空蒸馏提纯后得到结晶状高纯金属钪，其铁的含量降低至30μg/g，金属钪的纯度达到Sc/REM＞99.995%，Sc含量≥99.98%。金属钪产品的直收率为91.1%。

李国栋等人认为，上述低温真空蒸馏法虽然可以明显降低钪中铁的含量，但对钪中的硅、钴、铬杂质的净除效果不明显，而对钪中的镍甚至没有净化作用。因此，他们提出在熔融金属钪中添加少量高纯金属钨的新工艺，利用钨对这类杂质的大溶解度特性来净化钪中的这类杂质。他们的方法是在蒸馏用钽坩埚内壁和底部衬上一层厚度为0.2mm的高纯金属钨片，或必要时加入适量的高纯金属钨碎片进行蒸馏。加钨和不加钨对杂质净化的实验结果列于表2-38。由表可见，加钨净化法对上述杂质的净化率至少可提高10%以上。实验还表明，粗钪中的上述杂质含量愈高，加钨的净化效果愈显著。

表2-38　W对金属钪中Ni，Co，Cr，Fe，Si杂质的净化作用

杂质	Ni	Co	Cr	Fe	Si
$X_1/(\mu g \cdot g^{-1})$	240	3.0	380	24	41
$X_2/(\mu g \cdot g^{-1})$	26	1.5	75	11	10
η/%	89	50	80	54	75
$X_3/(\mu g \cdot g^{-1})$	58	2.0	110	15	18
η/%	75	33	71	37.5	56

X_1——钪原料中的杂质含量；X_2——加钨后钪中的杂质含量；

X_3——不加钨时钪中的杂质含量；η——净化率。

2.3.2　熔盐电解精炼法

熔盐电解精炼法具有生产周期短，易于连续化，产能高，能有效净化蒸气压低的金属杂质，可以处理不合格金属钪和各种钪废料，可以得到各种结构和形态如粉末，枝晶，致密镀层等的高纯钪等许多优点，近年来有进行强化开发的研究趋向。

采用散料阳极进行钪熔盐电解精炼的设备结构见图 2－61。该设备为密封容器，充惰性保护气体，常用钼板或钨板作槽衬以防槽壁材料对钪的玷污。电解质有氯化物和氟化物两大类。据报道，有实例采用的电解质为 94.6% LiCl－5.4% $ScCl_3$，温度 710℃，制得的钪晶体在真空中加热(750℃)以除去夹带的电解质。另实例电解质采用 75% LiF－15% ScF_3－10% BaF_2，温度 850℃，阴极电流密度 0.8 A/cm^2。添加 BaF_2 是为了改善钪的沉积动力学过程，使钪更易凝聚成大晶粒。电解结束后，还可采用反向电解法进一步净化阴极产物中的碳杂质，可使其含量降低至 2.2×10^{-5} μg/g。表 2－39 列出了电解精炼前后杂质含量的变化。

表 2－39　电解精炼前后钪中杂质含量的变化(μg/g)

杂质	H	N	O	Fe	Ta	Y
电解前	60	80	800	30	9200	80
电解后	50	20	80	10	10	10

1991 年第一次钪科技国际会议上的报告资料表明，最有前途的熔盐电解精炼方法是采用氯化物－氟化物电解质和固态或液态阴极。采用固态阴极时，电流效率不到 50%，沉积物为树枝状结晶。采用液态阴极时可采用高电流密度，电流效率可达 100%。电解后所得液态阴极经过蒸馏提纯后，可得到按 SGS 标准纯度为

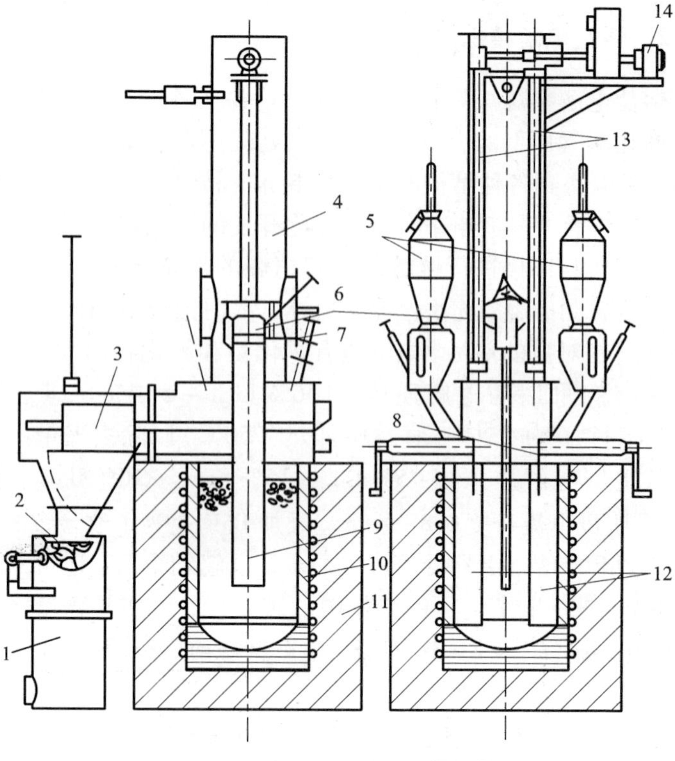

图 2-61　带散料阳极的电解槽

1—接收槽；2—气密阀门；3—小车；4—冷却室；5—加料槽；
6—横梁；7—刀具；8—疏松器；9—阴极；10—坩埚；
11—加热炉；12—阳极容器；13—阴极升降螺杆；14—电动机

99.996%的金属钪。据报道，俄罗斯开发的这种工艺，产量每月可达3~10kg。

在俄罗斯叶卡捷琳堡“金属电化学工艺”和“乌拉尔稀有金属”等公司开发的一种制取高纯钪的电化学专利工艺，采用的是设计有供熔盐和粗金属装料用溜槽装置的封闭型电解槽。电解质为碱金属，碱土金属的卤化物或它们的混合物和钪的卤化物。钪在电解质中的含量为0.5%～6.0%(质量分数)。加入电解质和粗钪后，电解槽抽真空至不低于10mmHg。然后，充入惰性气体并加热至所要求的温度，保温5～6h后输入直流电。电解一段时间后，取出含结晶钪沉积的阴极并换上新的阴极。所得阴极沉积送往熔盐分离处理工艺。随着原辅材料的消耗，通过溜槽室加入粗钪和电解质。这样，可以实现制取高纯金属钪的连续过程。该工艺最合适的电解质是以氯化锂和氯化钾为基的熔盐。最佳工艺参数为：温度450℃～800℃，阳极电流密度0.05～0.5A/cm^2，阴极电流密度低于1.5A/cm^3。该过程的主要指标为：电流效率90%～98%，产出率80%，盐耗按所得金属不超过12%。可以制得结晶和粉末形态的金属钪。还可在金属和陶瓷(石英，刚玉等)基片上制取几个微米至几个毫米厚的致密镀层。该法的一个主要特

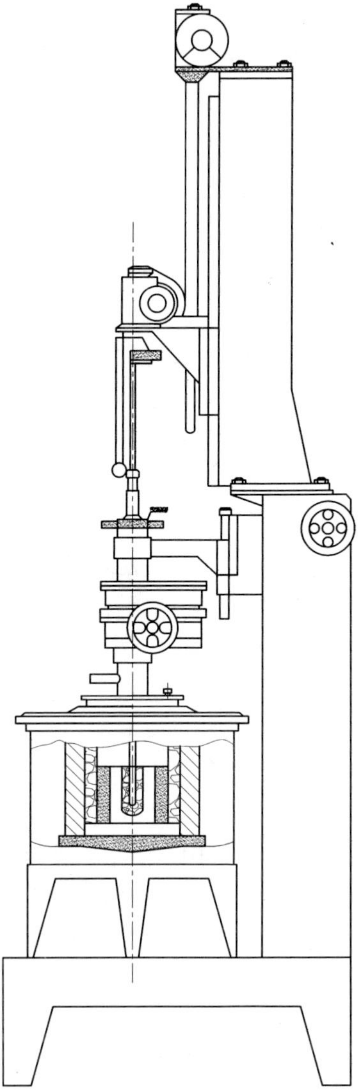

图2－62　钪熔盐电解精炼电解槽

点是产品的杂质含量和粒度组成相当稳定。

俄罗斯国立稀有金属科学研究院多年来一直在从事高纯金属钪的开发工作。在开发深度净化氧化钪和制取高纯卤化物工艺和设备的基础上，也开发出金属钪的电解精炼工艺和高产能电解设备。应用他们的钪熔盐电解精炼工艺，杂质的净化系数可达 100 ~ 10000，能很好地净化稀土金属、放射性金属和 Ca，Mg，Al，Fe，Cu，Si 等这样一些常见杂质。钪熔盐电解精炼装置见图 2 – 62。

电解精炼装置由密闭电解槽，真空 – 氦系统，冷却系统，供电系统和过程参数自动控制系统组成。电解槽为装入电阻炉内不锈钢保护罐内的铌制柱形容器，槽盖有槽口，在槽口凸缘部配置有阴极室，阴极室装配有连接铌阴极的可以上下移动的拉杆。在铌制容器中装有由打孔铌板制的阳极笼，阳极笼与容器壁间的环形空间装填粗金属，而内部空间则充填电解质，电解质为 40% 氯化锂和 60% 氯化钠的混合物，氯化钪再加入到这种混合物电解质中。为了避免氯化钪在空气中水解，预先配制成含 30% 氯化钪和 70% 氯化钠的盐富集物。电解槽在 150℃ 下抽真空至 ~ 10^{-4} mmHg 后，送入纯氦并加热电炉。待电解质熔融后，将阴极通过移动拉杆插入到电解质熔体中并通入直流电进行电解，电解周期为 6 ~ 10h。电解结束后，提起含沉积阴极的阴极室，用挡板关闭，冷却后在空气中提取沉积。枝晶沉积物在室温、搅拌下用 1% ~ 2% 的醋酸溶液处理 30 ~ 60min 后，再用蒸馏水搅拌洗涤 5 次并用丙酮干燥，产品在密封包装容器中保存。研究了各种因素对阴极沉积物的质量、电流效率和沉积物结构的作用，研究表明，随电解质中钪浓度的增加会降低电极极化和接近金属 – 电解质体系中的平衡条件。这有利于阴极金属杂质的净化。但浓度太高会强化电解质中含钪组分的挥发，从而造成钪的损失，钪的最佳浓度为 1% ±0.25%。温度控制应权衡电解质的挥发损失和熔体中的离子有足够的迁移率以保证净化过程的有效进行。实验表明，温度取 730℃ ±5℃ 为宜。阴极电流密度会影响沉积金属的结构，阴极电流密度愈高，阴极钪的颗粒愈细。为了制得长度达50～60mm的棱面规整的针状粗晶，初始阴极电流密度应为(0.2±0.02) A/cm^2。研究了粗金属处理程度对阳极极化的影响，作者应用电流与电极电压的比例(I/U)为电解质的标称电导系数，阳极极化会反映在阳极电位的增加和电解质标称电导系数的降低上。在长期电解过程中，随着粗金属的处理，其表面积减少，阳极电流密度，从而使阳极极化增加，I/U 值下降。实验确定，在730℃、工作电流10A、阳极金属2.5kg和阳极金属处理率80%条件下，电解质的标称电导系数由35～40A·V变化至10～15A·V。不能超过这个范围，否则会增加阴极金属中铁、镍、铜、钛和其他一些杂质的含量。电解质的标称电导系数在相同条件下取决于原始金属的纯度：阳极金属愈纯，该系数值愈高。如果必须提高阳极金属的处理率，为了保持最佳的电解质标称电导系数，即保持精炼金属的纯度，就必须降低工作电流。根据长达26昼夜的试验得出如下的技术经济指标：钪的直接回收率为92.64%，考虑氧化钪返回利用后钪的总回收率为99.22%，粗钪的利用率为96.5%，平均电流效率为92.5%，阴极沉积中的金属含量55.7%，钪的损失小于1%。表2－40列出了该工艺原始金属和精炼后金属钪中杂质的含量和相应的净化倍数。从表2－40可见，不考虑间隙杂质，精炼金属钪的纯度可达99.9994%。

表2－40　熔盐电解精炼前后金属钪中的杂质含量

杂质	原始金属/%	精炼金属/%	净化倍数，$C_{原始}/C_{精炼}$
铝	3.6×10^{-3}	$<2\times10^{-6}$	1800
钡	2×10^{-5}	$<7\times10^{-6}$	>3
钙	1.3×10^{-3}	8×10^{-6}	160
镉	1×10^{-4}	1×10^{-4}	无
钴	3×10^{-5}	$<1\times10^{-5}$	>3

续表 2-40

杂质	原始金属/%	精炼金属/%	净化倍数，$C_{原始}/C_{精炼}$
铜	3.5×10^{-3}	$<4\times10^{-6}$	>875
铬	3×10^{-3}	$<3\times10^{-6}$	>1000
铁	2.76×10^{-2}	4×10^{-6}	>6900
镁	3.1×10^{-4}	2×10^{-4}	1.5
锰	2.7×10^{-4}	2×10^{-6}	135
钼	1×10^{-4}	$<1\times10^{-5}$	>10
镍	1.1×10^{-2}	7×10^{-6}	>1800
钾	2×10^{-3}	2×10^{-5}	100
铅	5×10^{-4}	$<8\times10^{-6}$	>62
硅	2.65×10^{-3}	3×10^{-6}	>880
锶	1×10^{-5}	$<3\times10^{-6}$	>3
钽	1×10^{-4}	$<1\times10^{-5}$	>10
钛	7×10^{-4}	3×10^{-6}	230
钒	1×10^{-5}	$<3\times10^{-6}$	>3
钨	5×10^{-5}	$<2\times10^{-5}$	>2.5
钇	1×10^{-3}	$<2\times10^{-6}$	>500
镱	2×10^{-5}	$<3\times10^{-5}$	>1
锌	2×10^{-4}	6×10^{-5}	3.5
铽	1.5×10^{-3}	$<6\times10^{-6}$	>250

2.3.3 固相电解法

固相电解法的原理是在直流电作用下，杂质离子在金属晶格中产生有序的迁移，非金属杂质移向阳极一端而金属杂质则移向阴极一端，从而达到纯化金属的目的。净化效率的主要参数为杂质迁移率和扩散系数，二者与温度和试样长度有关。提高温度和增加试样长度可以提高净化效率。由于间隙式杂质的迁移率比金属原子的迁移率大 100 倍以上，该法能有效地除去钪中 O，N，C 等非金属杂质。

图 2－63 是固相电解法的设备示意图。通常采用大直流电通过试样直接进行加热。钪固相电解的工艺参数：电流密度 $1240A/cm^2$，温度(0.8～0.9)×1541℃[$t_{熔点(Sc)}$]，真空度 $10^{-7}Pa$。经过固相电解，钪中的氧可由 0.33% 降至 0.034%，氮由 0.051% 降至 0.009%。该法的缺点是由于离子迁移速度很慢，电解时间特长(120h 以上)，造成生产周期长，产能低，成本高。

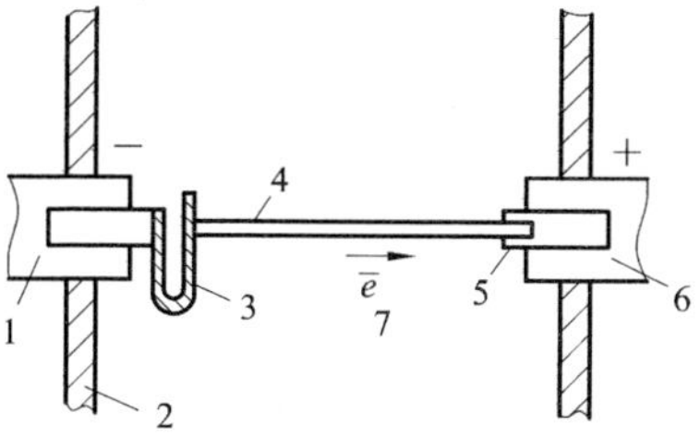

图 2－63　固相电解示意图

1—阴极；2—净化室外壁；3—温差补偿；4—钪棒；5—钽夹头；6—阳极；7—负离子迁移方向

2.3.4　区熔－电迁移联合法

区域熔炼是利用金属中杂质元素在固相与液相中分配系数不同进行的纯化方法，可以和固相电解法结合，提高提纯的效果和效率。杂质被净化的途径包括杂质依在固液两相中溶解度和分配系数的不同在样品端部富集，间隙杂质和大多数金属杂质($K_{分配}$ 小于 1)向阳极迁移，以及 Mg，Zn，Pb，Ca 等易挥发杂质在熔区内和高真空(10^{-6}～$10^{-7}Pa$)下被蒸发除去。表 2－41 列出了在电场作用下区域熔炼前后钪锭端部的杂质含量。

表 2－41 电场作用下区域熔炼前后钪锭端部的杂质含量

（6 次区熔，熔区移动速度 0.5mm/min） %

杂质元素	Fe	Si	Al	Cu	Mg	C	O	N	H
区熔前	0.01	0.065	0.12	0.12	0.003	0.072	0.4	0.2	0.045
区熔后	0.0066	0.011	0.002	0.0005	0.002	0.031	0.14	0.04	0.027

第 3 章　钪中间合金

3.1　概述

钪是铝合金铸造晶粒组织最强的变质剂和加工半成品最强的再结晶抑制剂，添加微量钪，能大幅度改善传统铝合金的综合性能。工业铝钪合金生产过程中钪必须以中间合金的形式加入，铝钪中间合金是生产工业铝钪合金的关键原材料。

为使中间合金加入铝液时能较快熔解，要求中间合金熔点尽量与铝合金的熔化温度接近，钪中间合金中钪的含量一般为 2% ~4%（质量分数，以下同）。中间合金还要求成分均匀，化验结果准确。为了更好地发挥钪中间合金的晶粒细化作用，中间合金中的金属间化合物颗粒不宜过大且应均匀分布。此外，中间合金的杂质含量也有一定要求。实践表明，中间合金的质量对工业铝钪合金性能有很大影响。

国内外文献报道的铝钪中间合金制备方法及其特点见表 3－1，铝钪中间合金的生产方法可分为对掺法、熔盐电解法、真空及非真空铝热还原法几类。研究者主要集中在俄罗斯、美国和中国，这可能与这些国家较早开始铝钪合金研究，而且都是钪资源大国有关。

表 3-1 铝钪中间合金制备方法及其特点

方法	工艺特征	制备温度/℃	钪收率/%	合金含钪/%
对掺法	氩气保护下直接熔合	950~1000		3.0~11.0
热还原	真空铝热还原,氟化钪-铝粉压团	950~1200	96.4	1.5~30
	铝液还原,氧化钪-铝粉压团	750~900	92.8	—
	NaF-KCl 熔盐中铝热还原氟化钪	790~850	92	2
	nNaF·AlF_3-KCl-NaCl 熔盐中铝热还原氧化钪	780~820	80	1
	NaCl-KCl 熔盐铝镁合金还原无水氯化钪	820~850	>95	2
	氟化物熔盐铝镁合金液还原氟化钪	830~1100	80	1.9
	氧化钪-铝粉机械活化热压等离子火花烧结还原	—	80	0.55
熔盐电解	nNaF·AlF_3-ScF_3-Sc_2O_3 熔盐电解	800	—	1.5
	LiF-ScF_3-Sc_2O_3 熔盐电解	900~1000	—	—
	nNaF·AlF_3-Sc_2O_3 熔盐电解	980	68*	7
	nNaF·AlF_3-LiF-Al_2O_3-Sc_2O_3 熔盐电解	900-990	-	0.1~3
	NaCl-KCl-$ScCl_3$ 熔盐电解	750~900	85*	8

注:* 电流效率。

3.2 对掺法制取钪中间合金

3.2.1 对掺法原理

对掺法也称直接熔化法，它是高温下金属钪与铝直接熔合制备钪中间合金的一种方法[5~13]。对掺法制备铝钪中间合金所依据的原理可用 Al-Sc 二元相图来说明。高温下，铝和钪可形成成分均匀的合金熔体，当钪含量小于34%(质量分数)，熔体冷却过程中会形成相组成为 α(Al)+Al_3Sc 的铝钪中间合金。对掺法制备的铝钪中间合金钪含量可达10%或更高，但考虑到其熔点应尽量与铝合金的熔化温度接近，钪含量一般控制在3%以下较好。

3.2.2 对掺方法

对掺法原理虽然简单，但由于金属钪的熔点与纯铝的熔点相差很大，铝和钪的熔合及均匀化比较困难，用这种方法熔制铝钪中间合金时有许多工艺诀窍。首先，将高纯铝(99.99%)在坩埚中熔化并过热到950℃～1100℃，然后将用纯铝箔包裹的高纯金属钪在氩气保护下压入铝熔体中并保温足够时间，充分搅拌，然后浇铸到铁模或铜模中。熔铝可用高纯石墨坩埚或再结晶的氧化铝坩埚，加热炉可采用电阻炉或中频感应电炉。

对掺法熔制温度高，铝和钪熔合生成的Al_3Sc金属间化合物颗粒较大，分布也不均匀，在基体Al中夹杂的条块状金属间合物长度为50～70μm，铸锭偏析严重，并形成了树枝状结构，这些都会影响铝－钪中间合金的应用效果，见图3－1。

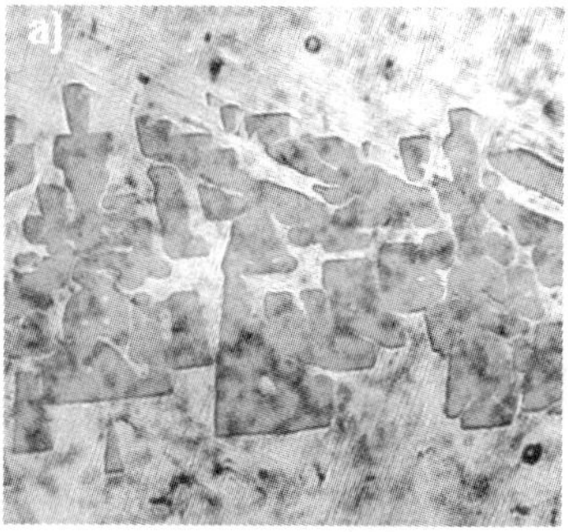

图3－1 对掺法制备的铝钪中间合金金相组织

对掺法熔制钪中间合金时要用到高纯金属钪，高纯金属钪价格昂贵，用这种方法熔制的中间合金价格偏高。文献介绍了一些改进的方法。例如，把高熔点金属钪与分散剂(盐类、树脂等)、铝粉和熔剂等事先混匀，压成团块，再压入熔融的金属中制备铝钪中间合金。分散剂在高温下蒸发为气体，团块会自动粉碎，这样制得的合金成分较均匀，这种方法能有效降低高熔点金属钪的烧损。

3.3 金属热还原法制取钪中间合金

3.3.1 钪化合物金属热还原体系的热力学分析

金属热还原反应制备钪中间合金研究应首先确定还原体系，包括钪原料与金属还原剂的选择。因此应根据热力学基本原理对还原反应进行热力学分析，通过计算常用含钪原料与金属热还原剂之间还原反应的吉布斯自由能变化，排除热力学上很难进行的还原反应，初步确定反应条件；通过热力学计算结果分析，估算还原反应的平衡转化率，确定制备钪中间合金的还原体系，寻找提高钪收率的可能途径。钪原料价格一般较高，为了降低中间合金的生产成本，应尽量提高还原过程中钪原料的利用率，这可以考虑从以下两方面来提高。

一个途径是寻找适当的化学反应，使还原反应产生的金属钪生成稳定性更高的化合物，增大还原体系的熵变，促进还原反应的进行，使原料中的钪得到充分利用。这可以通过分析钪－金属相图资料进行。如果还原体系中生成了更稳定的钪－金属间化合物，热力学计算时应同时考虑还原反应和生成金属间化合物两个过程。

另一个途径是采用适当的金属熔剂和熔盐体系来减少还原产物（金属钪及相应的无机盐）的活度，进而使反应物的平衡浓（活）度降低，提高钪原料的平衡转化率。而且，采用适当的熔盐体系还能降低高熔点原料的熔点，使固－固（或固－液）还原反应改变为在液－液相界面上进行，从化学动力学角度来看，更有利于还原反应的进行。这样在进行热力学计算时还需要考虑金属钪与还原剂金属间的相互作用、熔盐体系中钪原料及还原生成的无机盐在熔盐体系中的行为，对反应物及生成物的活度系数进行修正。

稀土冶金一般采用与稀土原料具有共同阴离子的碱金属及碱土金属无机盐构成金属热还原熔盐体系，例如氯化钪的金属热还原可以考虑在以 NaCl，KCl 为基的熔盐体系中进行，但当采用 Ca，Mg 为还原剂时，熔盐体系中还要考虑还原产生的 $CaCl_2$ 及 $MgCl_2$。氟化钪的金属热还原可以考虑在以 NaF－KF 为基的熔盐体系中进行，但当采用 Ca，Mg，Al 为还原剂时，熔盐体系中还要考虑还原产生的 CaF_2，MgF_2 及 AlF_3 的行为。而氧化钪的金属热还原需要采用较复杂的熔盐体系，热力学计算比较困难。

(1)热力学计算方法

温度 T 时，制备钪中间合金的金属热还原反应为

$$ScL_n + \frac{n}{m}M \rightleftharpoons Sc + \frac{n}{m}ML_m \qquad K_{a1} \qquad (3-1)$$

式中：ScL_n 为钪化合物原料（L = O，F，Cl）；

M 为金属还原剂（M = Al，Mg，Ca，Na）；

ML_m 为还原产生的金属化合物。

根据钪冶金的实际，热力学计算时主要考虑 Sc_2O_3，ScF_3，$ScCl_3$ 三种钪原料及 Na，Ca，Mg，Al 四种常用的金属还原剂。它们之间可能存在的反应分别为

①$3Na + ScCl_3 = Sc + 3NaCl$

②$3/2Mg + ScCl_3 = Sc + 3/2MgCl_2$

③$3/2Ca + ScCl_3 = Sc + 3/2CaCl_2$

④$Al + ScCl_3 = Sc + AlCl_3$

⑤$3Na + ScF_3 = Sc + 3NaF$

⑥$3/2Mg + ScF_3 = Sc + 3/2MgF_2$

⑦$3/2Ca + ScF_3 = Sc + 3/2CaF_2$

⑧$Al + ScF_3 = Sc + AlF_3$

⑨$3Na + 1/2Sc_2O_3 = Sc + 3/2Na_2O$

⑩$3/2Mg + 1/2Sc_2O_3 = Sc + 3/2MgO$

⑪$3/2Ca + 1/2Sc_2O_3 = Sc + 3/2CaO$

⑫$Al + 1/2Sc_2O_3 = Sc + 1/2Al_2O_3$

根据热力学数据手册可计算出不同温度下所有反应物和生成物的标准吉布斯生成自由能 $\Delta_f G^{\ominus}_{m_i}(T)$；再根据相应的反应方程式计算出各还原反应的标准吉布斯自由能变化 $\Delta_r G^{\ominus}_m(T)$。

不同温度下还原反应的标准平衡常数$K_a(T)$可利用计算出的$\Delta_r G_m^\ominus(T)$按下式计算：

$$\ln K_a(T) = -\frac{\Delta_r G_m^\ominus(T)}{RT}$$

式中：T为还原反应温度，K；

R为气体常数。

标准平衡常数考虑的是标准态下的化学平衡，它是用反应中各组分的活度来表示的。钪中间合金制备时为了提高钪原料的利用率还需采用一些其他措施，因此还原反应平衡常数的计算应结合实际体系进行计算，得出经验平衡常数。这就需要从以下几个方面对标准平衡常数进行修正。

(2) Al_3Sc吉布斯生成自由能估算

钪与各种金属合金体系的研究数据还很不全面，钪与钙、钠的相互作用尚没有报道。但Al－Sc，Mg－Sc相图研究表明，Sc在Al中的溶解度不大，Al－Sc系中存在Al_3Sc，Al_2Sc，AlSc，$AlSc_2$四种化合物。Sc，Mg液相互溶，固相中Sc与Mg形成固溶体。因此如果使还原反应在过量的Al，Al－Mg熔体中进行，由于Al－Sc金属间化合物的生成，能够降低金属还原反应的吉布斯生成自由能变化，增大还原反应进行的热力学趋势。

这样，中间合金的制备在过量铝熔体中进行时，热力学计算时应同时考虑钪原料的还原和铝钪金属间化合物的生成。根据应用要求，钪中间合金中Sc含量应控制在2%以下，相图资料表明在此条件下只需要考虑Al_3Sc金属化合物的生成。

根据Al－Sc平衡相图可以看出，在富Al角形成共晶型相图，钪能与铝形成金属间化合物Al_3Sc。

$$Sc + 3Al \rightleftharpoons Al_3Sc \qquad K_{a2} \tag{3-2}$$

Al_3Sc在铝中的溶解度不大，1023K时，Sc在Al熔体中的溶解度（质量分数）仅为0.85%，过量的钪将以Al_3Sc形式析出。因此，在金属热还原时，有过量金属 Al 存在时，由于 Al_3Sc 的生成，还原反应可能按下列反应式进行：

$$ScL_n + \frac{n}{m}M + 3Al \rightleftharpoons Al_3Sc + \frac{n}{m}ML_m \qquad K_{a3} \tag{3-3}$$

Al_3Sc 的吉布斯生成自由能文献中未见报道，并且文献中报道的 Al_3Sc 的生成焓差别很大。Петрашкевич 等计算出共晶温度下钪在熔融铝中的极限活度系数为 4.5×10^{-7}，并据此估计 Al_3Sc 的 Gibbs 生成自由能为 -128kJ/mol；而根据文献测定的高温下 Sc 溶于 Al 中的焓、熵及活度与温度的关系，可以估算出 Al_3Sc 的 Gibbs 生成自由能为 -147kJ/mol。

拟利用Ⅳ～Ⅵ过渡族金属相应热力学数据，用类比法估算 Al_3Sc 的吉布斯生成自由焓。

综合Ⅳ～Ⅵ过渡族金属二硼化物、三铝化物、碳化物及氮化物标准生成焓，应用最小二乘法处理得到下述线性关系

$$\Delta_f H_m(MAl_3) = 0.505406 \times \Delta_f H_m(MB_2) + 3.957268 (kJ/mol)$$

假设这种类推关系也适合第Ⅲ过渡族金属，则可以利用已知的 ScB_2 标准生成焓[(-307 ± 15)kJ/mol]，计算 Al_3Sc 的标准生成焓。

计算采用的数据和计算结果列于表 3-2。表中数据表明，计算值和参考值的差值为 2～20kJ/mol，金属间化合物生成焓的测定值一般约为 15kJ/mol，因此可以认为 Al_3Sc 标准生成焓的估算误差也约为 20kJ/mol。

根据过渡族金属三铝化物生成熵的平均值估算 Al_3Sc 的生成熵为 22.0J/mol，不考虑 Al_3Sc 热容随温度的变化，只考虑铝的熔化焓和熔化熵，估算出共晶温度下 Al_3Sc 的标准吉布斯生成自由能为 -138kJ/mol，这接近文献的平均值。

表 3-2 某些过渡金属二硼化物和三铝化物的标准生成焓 kJ/mol

元素	二硼化物	三铝化物	
		参考值	计算值
Ti	-280	-147	-155
Zr	-323	-182	-178
Hf	-336	-185	-185
V	-204	-108	-114
Nb	-175	-119	-99
Ta	-209	-112	-117
Gd	-82	-44	-45
Sc	-307	-168	-159

(3)热力学计算结果与讨论

不考虑生成 Al_3Sc 的情况进行初步计算，反应①、②、③、⑤、⑥、⑦的 $\Delta_r G_m^\ominus(T)<0$，反应能自发进行，反应④、⑧、⑨、⑩、⑪、⑫的 $\Delta_r G_m^\ominus(T)>0$，还原反应不能自发进行。即 $ScCl_3$，ScF_3能分别被金属 Na，Ca，Mg 还原，但不能被金属 Al 还原；Sc_2O_3不能被金属 Na，Ca，Mg，Al 这四种金属还原剂还原。反应①、②、③、⑤、⑥、⑦的 $\Delta_r G_m^\ominus(T)$随温度变化不大，298 ~ 1200K 范围内仅增加 10 ~ 20kJ/mol。

初步计算结果表明，制备钪中间合金时应选择 $ScCl_3$，ScF_3为钪原料，Na，Ca，Mg 为金属热还原剂。

对于热力学自发进行的金属热还原反应，如果在过量 Al 熔体中进行，考虑 Al_3Sc 生成反应的吉布斯自由能变化 $\Delta_r G_m^\ominus(T)$后，对还原反应①、②、③、⑤、⑥、⑦的吉布斯自由能变化进行了重新计算。由于 Al_3Sc 的生成，还原反应的 $\Delta_r G_m^\ominus(T)$减少了 138kJ/mol。

利用重新计算的 $\Delta_r G_m^\ominus(T)$ 计算了还原反应①、②、③、⑤、⑥不同温度下的平衡常数，结果绘于图 3－2。计算结果表明，还原反应平衡常数很大，但随着还原温度的升高下降也很快，但考虑到熔盐体系的熔点及还原剂金属的熔化，最佳还原温度应在 900℃～1100℃范围内。

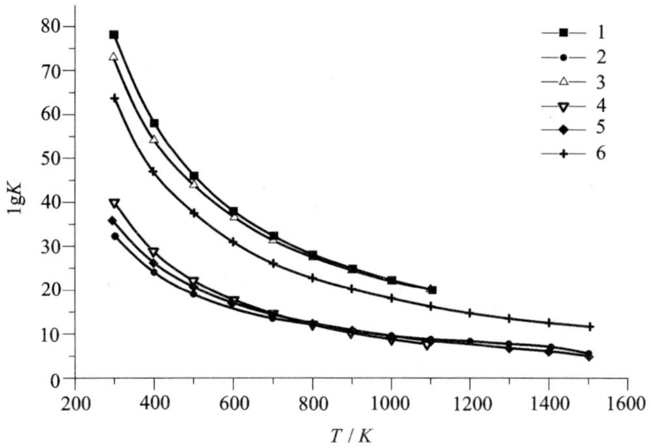

图 3－2　平衡常数随还原反应温度的变化

考虑 Al_3Sc 的生成及活度系数，计算了 1100K 下还原反应的经验平衡常数，结果列于表 3－3。

表 3－3　1100K 下金属热还原反应的经验平衡常数

反应钪原料	还原剂			
	Al	Na	Mg	Ca
Sc_2O_3 固体	3.71	8.12×10^{-13}	1.05×10^{3}	3.76×10
ScF_3 固体	1.77	5.00×10^{7}	1.82×10^{8}	7.77×10^{11}
$ScCl_3$ 固体	1.97	2.19×10^{20}	5.21×10^{8}	6.64×10^{15}

经验平衡常数的计算结果表明，宜采用 ScF_3，$ScCl_3$为原料通过金属热还原反应制备钪中间合金，而在过量 Al 熔体中进行还原可以促进还原反应的进行。

3.3.2 氟化钪铝热还原反应制备钪中间合金

(1)氟化钪真空铝热还原法

这种方法是以氟化钪为原料，以活性铝粉为还原剂真空热还原，反应方程式为：

$ScF_3 + Al \longrightarrow Sc + AlF_3$

Звиададзе 的做法是将 99.8% ScF_3与铝粉在机械混料器中混合 30min，在 400～500MPa 下压实之后放入刚玉或石墨坩埚中，然后置于石英材质制作的反应器中，抽真空到 1.33×10^{-2} Pa，900℃～920℃热还原 30～600min，ScF_3的转化率为 87%～92%。

高温热还原反应进行时，还原产生的钪溶入液态铝中，随着铝中钪浓度的升高，钪向铝中扩散减慢，钪在反应剂的界面上积累，阻碍扩散而减慢还原反应速度。此方法得到的中间合金锭也很不均匀，锭下部钪的含量比上部高出 1.5～5 倍，因此需在氩气保护下重熔。考虑钪的蒸发损失，中间合金中钪的回收率约为 70%。

为提高钪的回收率和改善中间合金质量，Скороварови 等提出了分三段升温的工艺。第一阶段，以 10～15℃/min 的速度升温到 865℃～930℃，保温 25～30min，烧结炉料，使之与坩埚表面分离；第二阶段，以 5℃～10℃/分钟的速度升温到 1000～1100℃，保温 60～120min，随着反应温度的升高，炉料中反应生成的 AlF_3大部分被排除；第三阶段，以 2～5℃/min 的速度升温到 1150℃～1300℃，保温 30～90min，除去中间合金中的氟。加热温度不能超过 1300℃，以防止钪升华及合金熔体与坩埚材料反应。这一工艺加热速度慢，保温时间长，有利于钪的扩散及炉料

中的 AlF_3的挥发，能制得含氟量低的中间合金。该方法主要技术指标见表3－4。Sc 的实收率≥96.4％。据报道此方法已用于半工业规模生产，生产出了500kg 含 Sc1.5％～30％的铝钪中间合金。

表3－4 三级加热法生产铝钪中间合金的技术指标

配料			高加热温度/℃	合金成分/%			Sc 实收率/%
ScF_3	Al 粉	ScF_3/Al 粉		Sc	F	Al	
50	80	1:1.6	1000	23.7	8.5	余量	97.5
50	80	1:1.6	1100	24.6	4.02	余量	96.4
50	80	1:1.6	1150	32.1	0.8	余量	95.3
50	80	1:1.6	1200	33.2	0.35	余量	94.1
50	80	1:1.6	1300	34.0	0.05	余量	90.0
50	150	1:3	1100	16.2	1.3	余量	97.2
50	250	1:5	1000	9.2	1.1	余量	97.8
50	400	1:8	1000	5.8	0.9	余量	97.9

方法的优点是氟化钪较稳定，不吸湿，易制备。但生产氟化钪时要使用腐蚀性和毒性极强的氟化氢或其他氟化剂；还原反应温度高，设备腐蚀严重；最大的不足是渣中的氟化钪不易回收。

（2）氟化钪熔盐铝热还原法

真空热还原法钪收率高，但设备复杂。因此非真空条件下氟化钪熔盐铝热还原法制备钪中间合金有很好的应用前景。

文献报道了在60％nNaF· AlF_3 ＋20％KCl＋20％NaCl 熔盐体系中用 Al 还原 Sc_2O_3制备铝钪合金的方法。熔盐体系中冰晶石除溶解 Sc_2O_3外，同时还能溶解液态铝表面的氧化膜及反应生成的 Al_2O_3，促进界面化学反应的进行。KCl 和 NaCl 既可降低体系熔点，还可降低熔盐与铝液之间的界面张力，改善熔盐对铝液的润湿性，有利于反应的进行和钪的扩散。将混合盐在高纯石墨坩埚中熔化，加入工业纯铝，铝液熔化后在搅拌下分批加入 Sc_2O_3，反应一定时间后浇铸，得到铝钪合金。制备工艺的最佳反应温度为 1093K，反应时间 120min 左右，合金中的 Sc 最高含量可达 1%，Sc 的回收率可达 80%。方法工艺操作简单，不需特殊设备。但制备的中间合金钪含量偏低。

(3) 氧化钪直接铝热还原法

氧化钪－铝热直接还原法制备钪中间合金的工艺流程见图 1－16。方法要点是将粉状氧化钪与活性铝粉混合后在加热下压成小球，之后将其浸入熔融的铝液中还原得到铝钪中间合金。

发明者 Gary 认为铝粉粒度、铝粉与氧化钪的摩尔比、小球的压制压力、还原温度等实验条件对还原反应产率有很大的影响。选择最佳的反应物浓度、扩散距离和熔剂比例，可以使还原率接近 100%。值得注意的是，尽管热力学计算表明常压下 Sc_2O_3 难被 Al 还原成金属钪，上述条件下还原反应事实上的确发生了。发明者提出，为使小球与铝熔体更易润湿，在配料时需加入适量的氟化物和氯化物，这也许正是本发明的关键。一旦小球被铝熔体润湿时，会反应形成一系列铝钪金属间化合物：Sc_2Al，$ScAl$，$ScAl_2$，最后形成 $ScAl_3$。反应式为：

$$8Al + Sc_2O_3 \longrightarrow 2ScAl_3 + Al_2O_3$$

随着还原反应的进行，$ScAl_3$ 逐渐分散在铝熔体里，形成钪中间合金。均匀混合和搅拌可以加强这种分散过程。氧化钪－铝热直接还原法工艺技术路线简单，但还没有大规模实验的报道。据本发明者介绍，方法的不足之处是，如果混料时小球没有被充分压实，其中包藏的空气能与 Sc，Al 反应形成 Sc_2O_3，Al_3O_3N，$\eta-Al_2O_3$ 等杂质，使中间合金纯度下降。另外，本法钪的实收率尚需进一步提高。

3.3.3　氯化钪铝镁热还原反应制备钪中间合金

1. 氯化钪熔盐体系铝镁热还原热力学计算

(1)氯化钪熔盐体系中各组分的活度系数的估算

活度系数随温度和浓度变化，为简化计算，假定还原反应平衡常数较大，钪的转化率较高，平衡时熔盐体系中钪化合物的平衡浓度将非常低，因此，计算时可采用极限活度系数。

熔盐体系中钪化合物活度系数的数据报道较少，只能从其他稀土卤化物(卤化钇、镧、铈等)的相关数据进行估算。为方便计算，仅考虑 $ScCl_3$ 与 NaCl，KCl 及 NaCl－KCl 熔盐的相互作用。

设反应方程式(3－1)，(3－2)，(3－3)对应的平衡常数分别为 K_{a1}，K_{a2} 和 K_{a3}，ScL_n，ML_m，M，Sc 的活度及活度系数分别为 a_{ScL_n}，a_{ML_m}，a_{Sc}，a_M，γ_{ScL_n}，γ_{ML_m}，γ_{Sc}，γ_M，经验平衡常数 K_x 可按下式进行计算：

$$\begin{aligned}K_{a3} &= K_{a1} \times K_{a2} \\ &= \frac{a_{ML_m}^{\frac{n}{m}}}{a_{ScL_n} \cdot a_{Me}^{\frac{n}{m}}} \\ &= \frac{x_{ML_m}^{\frac{n}{m}}}{x_{ScL_n} \cdot x_{Me}^{\frac{n}{m}}} \times \frac{\gamma_{ML_m}^{\frac{n}{m}}}{\gamma_{ScL_n} \cdot \gamma_{Me}^{\frac{n}{m}}} \\ &= K_x \times K_\gamma\end{aligned}$$

$$K_x = K_{a3} \times \frac{1}{K_\gamma};\ \frac{1}{K_\gamma} = \frac{\gamma_{ScL_n} \cdot \gamma_M^{\frac{n}{m}}}{\gamma_{ML_m}^{\frac{n}{m}}}$$

根据钇、镧、铈、钕和镨的卤化物体系热力学数据，估算了 $ScCl_3$ 在 NaCl，KCl 或 NaCl－KCl(等摩尔)熔盐中的活度系数，分别为 5×10^{-5}、4×10^{-8} 及 1×10^{-6}。

氯化钠－氯化钾熔盐是理想熔盐体系，在氯化钠、氯化钾熔盐中，$MgCl_2$的平均活度系数分别为0.25和0.07。根据文献数据按吉布斯－杜亥姆公式计算出$CaCl_2$在氯化钠和氯化钾中的活度系数分别是0.32和0.13。

用Al作还原剂时，$a_{Al}=1$，钠在铝中基本不溶，$a_{Al}\approx1$，镁在铝的稀溶液中活度系数为0.6，根据反应$2Al+3(CaO\cdot6Al_2O_3)=3Ca+19Al_2O_3$中钙的平衡浓度和化合物$CaO\cdot6Al_2O_3$的热力学数据，可以估算出铝熔体中钙的极限活度系数$a_{Ca}=10^{-3}$。

(2) $ScCl_3-NaCl-KCl-Mg(Al)$系还原反应转化率估算

根据估算的氯化钪熔盐体系各组分的活度系数对$ScCl_3-NaCl-KCl-$金属热还原反应的经验平衡常数进行了估算。并计算出$ScCl_3-NaCl-KCl-Mg(Al)$还原反应体系钪原料平衡浓度，估算了还原产率。

假定还原反应采用25% $ScCl_3$－75% NaCl，25% $ScCl_3$－75% KCl或25% $ScCl_3$－37.5% NaCl－37.5% KCl（摩尔分数）熔盐体系，在过量Al熔体中进行。根据钪中间合金的应用要求，镁在铝中间合金中含量<10%，钙在钪中间合金中的含量应低于0.01%，以此为其相应的平衡浓度；钠在铝熔体中基本不溶，其平衡浓度为1。根据表3－5计算出经验平衡常数，可以计算出各熔盐体系中还原反应平衡时熔盐中三氯化钪的残余浓度，结果列于表3－6。

表3－5 1100K下金属热还原反应的经验平衡常数

反应钪原料	还原剂			
	Al	Na	Mg	Ca
$ScCl_3-NaCl$熔盐	9.85×10^{-5}	1.10×10^{16}	2.08×10^{5}	1.83×10^{12}
$ScCl_3-KCl$熔盐	7.88×10^{-8}	8.76×10^{12}	1.13×10^{3}	5.67×10^{9}
$ScCl_3-NaCl-KCl$熔盐	1.97×10^{-6}	2.19×10^{14}	8.14×10^{3}	6.22×10^{10}

表3-6 1100K下还原平衡时熔盐体系中氯化钪的残余浓度(摩尔分数，%)

熔盐组成	还原剂		
	Na	Mg	Ca
25% $ScCl_3$ -75% NaCl	9.09×10^{-17}	8.15×10^{-5}	1.04×10^{-7}
25% $ScCl_3$ -75% KCl	1.43×10^{-14}	1.50×10^{-2}	3.34×10^{-5}
25% $ScCl_3$ -37.5% NaCl -37.5% KCl	1.93×10^{-15}	2.08×10^{-3}	3.05×10^{-6}

表3-6结果表明，$ScCl_3$ - NaCl/KCl - Mg(Al)还原反应达到平衡时，残余的氯化钪浓度仅10^{-3}(摩尔分数，%)数量级，还原反应平衡转化率非常高。

2. 无水氯化钪熔盐的制备

$ScCl_3$ - NaCl - KCl熔盐是熔盐金属热还原法制备金属钪及钪中间合金工艺的关键原料，其制备方法是首先制备出无水$ScCl_3$，再与NaCl及KCl在氩气箱中混匀后经高温熔融制备。但无水$ScCl_3$的制备很困难，由于$ScCl_3$水合物加热脱水时严重水解转变为Sc_2O_3，因此不能通过$ScCl_3$水合物直接加热脱水制备。无水$ScCl_3$的制备一般采用Sc_2O_3为原料，用$SOCl_2$，CCl_4或CCl_4/Cl_2气相氯化，或者将Sc_2O_3用盐酸溶解制备成$ScCl_3$水合物后在HCl，$Cl_2/SOCl_2$，Cl_2/CCl_4气流中脱水制备，工艺复杂，设备要求高。Robert W.等研究氨水中和$ScCl_3$盐酸溶液或添加NH_4Cl后制备无水$ScCl_3$及$ScBr_3$的方法。

$ScCl_3$熔盐金属热还原制备金属钪及钪中间合金工艺具有钪收率高、还原温度低、工装设备简单等优点，但如果$ScCl_3$熔盐制备工艺复杂，则该工艺很难以投入实际应用。作者研究了$ScCl_3$ - NaCl - KCl熔盐制备新工艺，该工艺流程与设备简单，能制备出脱水完全、水不溶性钪含量很低的$ScCl_3$ - NaCl - KCl熔盐，促进了$ScCl_3$ - NaCl - KCl熔盐金属热还原制备金属钪及钪中间合金工艺的实际应用。

$ScCl_3-NaCl-KCl$ 熔盐制备工艺流程参见图 3－3。首先将 Sc_2O_3 用浓盐酸加热回流溶解，再将 NH_4Cl，KCl，NaCl 的溶液与之混合，过滤弃去残渣，滤液在水浴上加热、减压蒸发、浓缩后倒入石英盘或搪瓷盘中结晶，然后将结晶物在 120℃～140℃真空干燥箱中干燥几小时，预先脱去部分结晶水。取出熔盐块在氩气箱中破碎后转入石英质熔盐脱水装置中进行最终脱水处理，升华除去过量的 NH_4Cl，制备成水不溶性钪含量很低、脱水完全的 $ScCl_3-NaCl-KCl$ 熔盐。

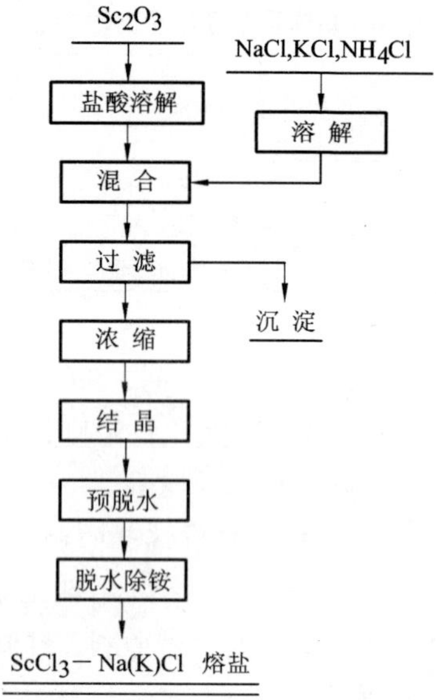

图 3－3 $ScCl_3-NaCl-KCl$ 熔盐制备工艺

3. NH_4Cl 对 $ScCl_3\cdot nH_2O$ 水解的抑制作用

与其他稀土氯化物类似，氯化钪从溶液中以结晶水合物形式结晶析出，加热脱除结晶水时会发生严重水解，生成氯氧化钪等中间产物，最终转化为氧化钪。因此，不能通过直接加热脱去结晶水制备无水氯化钪。脱水不完全的氯化钪在进行金属热还原时，大部分的水合氯化钪会转变为氧化钪，还原反应产率非常低，因此，氯化钪熔盐脱水是制备钪中间合金的关键。

氯化钪－盐酸平衡图表明，氯化钪溶液结晶时，$ScCl_3\cdot 6H_2O$是更稳定的固相。在$ScCl_3$水溶液中按一定的化学计量添加几种含共同阴离子(Cl^-)的无机盐：NH_4Cl，KCl(NaCl)，结晶时析出相应的水合氯化钪－无机物复盐：$ScCl_3\cdot 6H_2O$，$ScCl_3\cdot 3KCl\cdot 6H_2O$，$ScCl_3\cdot 3NH_4Cl\cdot 6H_2O$，$ScCl_3\cdot 3KCl\cdot 3NaCl\cdot 3NH_4Cl\cdot 6H_2O$，这些水合氯化钪

复盐在加热过程中，可能出现的分解反应是脱水、脱铵、脱氯化氢及氯化钪的气相水解这几类反应。样品的热分析结果（TG，DTG，DTA）见图 3-4。

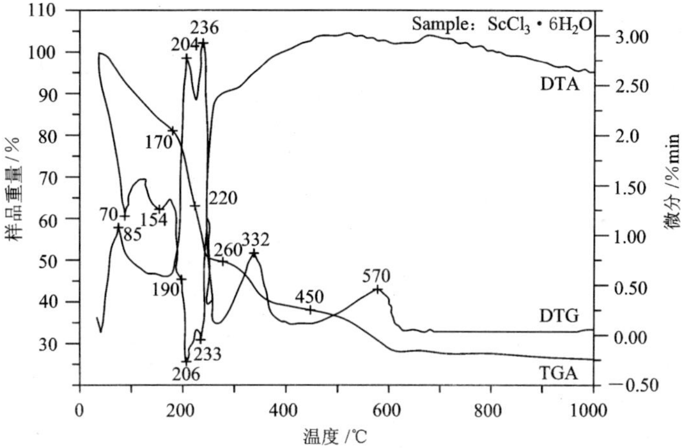

(a) $ScCl_3\cdot 6H_2O$

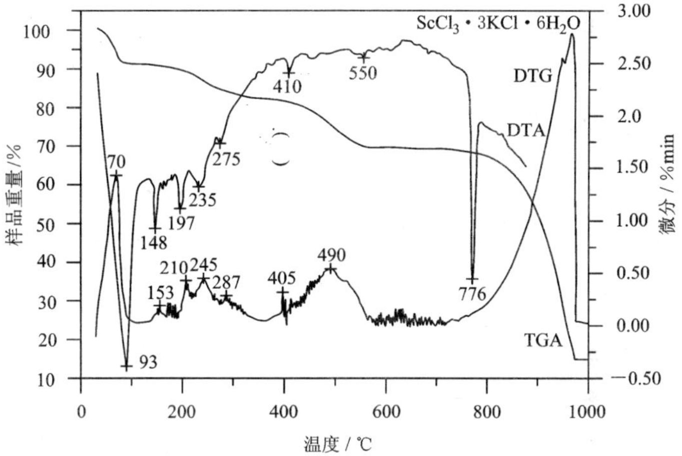

(b) $ScCl_3\cdot 3KCl-6H_2O$

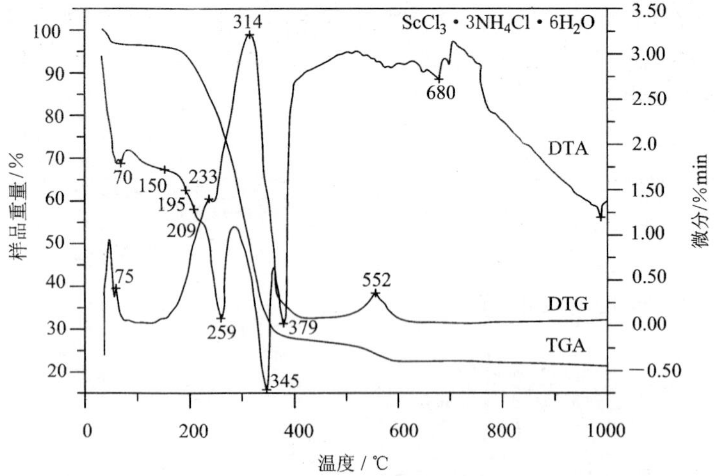

(c) $ScCl_3 \cdot 3NH_4Cl \cdot 6H_2O$

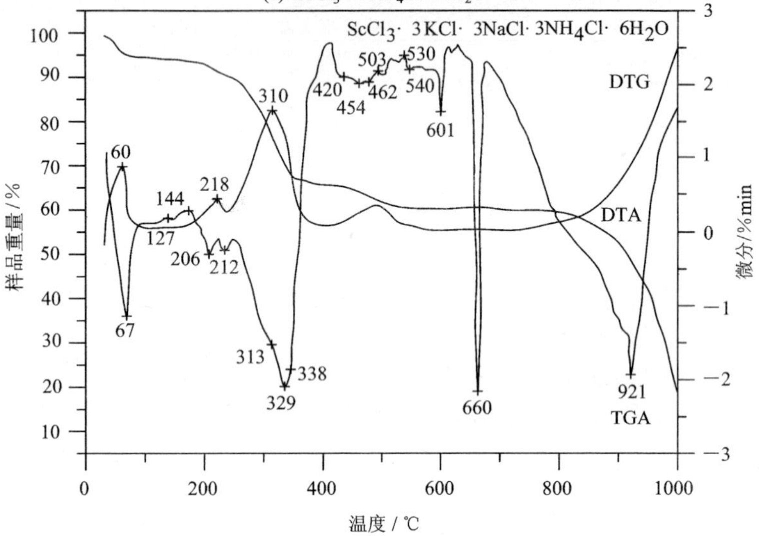

(d) $ScCl_3 \cdot 3KCl \cdot 3NaCl \cdot 3NH_4Cl \cdot 6H_2O$

图 3－4　水合氯化钪复盐热分析结果(TG, DTG, DTA)

根据实验和理论失重数据的对比分析，发现添加不同种类的无机盐、氯化钪及其复盐水合物加热脱水的最终产物类型有下面几种情况：

(1)氯化钪水合物加热脱水，最终生成氧化钪。失水和气相水解是在不同温度下分别进行的，氯化钪水合物样品在750℃时灼烧2h后的X衍射分析结果表明氯化钪已经全部转化为氧化钪，这个结果与文献资料的报道一致，氯化钪水合物为庞大分子胶状体，需要在较高温度较长时间脱水，才能使其完全转化为氧化钪。

(2)氯化钪水溶液中添加KCl，NaCl蒸发时，得到结晶状复盐样品，复盐样品TG曲线的最大失重率表明这种复盐加热脱水时主要形成氯氧化钪(ScOCl)，可能是由于KCl，NaCl的存在避免了氯化钪胶体水合物的形成，脱水过程中水分更易挥发，可适当避免ScOCl的进一步气相水解。氯化钪添加NaCl，KCl后的样品在750℃恒温加热2h后，取样进行X衍射分析，结果表明样品中氯化钪已转变为ScOCl和Sc_2O_3。因此，添加NaCl及KCl不能抑制氯化钪水合物脱水过程的气相水解。

(3)样品中添加氯化铵时，氯化钪及其KCl，NaCl复盐样品的分析结果表明，TG曲线上的最大失重率与完全脱水和脱氨时样品的理论失重率相符，因此可以认为在有氯化铵存在时，氯化钪加热时的气相水解得到了有效抑制，添加NH_4Cl后的$ScCl_3$-NaCl-KCl水合复盐样品750℃恒温30min后，取样进行X衍射分析，衍射谱中没有出现NH_4Cl，ScOCl，Sc_2O_3衍射峰(图3-4)，表明氯化铵能有效抑制氯化钪的水解，这与文献结果一致。

无水氯化钪的吸湿性极强，置于空气中时能很快吸水溶解，氯化钪中加入氯化钾或氯化钠后，吸湿性降低，DTA分析结果表明，加热过程中氯化钪与氯化钾、氯化钠能形成某种结构熔盐，在低于NaCl或KCl熔点温度下，DTA曲线上的复杂吸热峰可能是这类熔盐熔化、相变或化合物的生成等造成的。

根据上述热分析结果，可以提出 $ScCl_3 \cdot nH_2O - MCl(M = Na, K$ 或 $NH_4Cl)$ 脱水机理

①$ScCl_3 \cdot 6H_2O$ 脱水机理

从 TG 曲线上看，$ScCl_3 \cdot 6H_2O$ 加热分解过程可分为 100℃ ~ 260℃，260℃ ~600℃两个阶段，第一阶段失重率为 38.6%，第二阶段失重率为 24.5%，从理论上来讲，$ScCl_3 \cdot 6H_2O$ 的热分解应该伴随着失去小分子物质如 H_2O，HCl 等，导致样品失重，根据理论计算估计，第一阶段对应于失去 $5H_2O$，第二阶段对应失去 H_2O 及 HCl。

DTA 分析也表明热分解过程分为两部分，<250℃时，出现 4 个吸热峰，250℃ ~600℃范围内是漫散的放热峰。

根据 TG，DTG 及 DTA 分析结果的对比，DTA 曲线上的 85℃吸热峰对应于样品中吸附水和微量盐酸的挥发，154℃、190℃、206℃及 233℃分别对应于失去 $5H_2O$ 的过程，可能的反应式为

$$ScCl_3 \cdot 6H_2O = ScCl_3 \cdot 5H_2O + H_2O\uparrow \quad 154℃$$

$$ScCl_3 \cdot 5H_2O = ScCl_3 \cdot 4H_2O + H_2O\uparrow \quad 190℃$$

$$ScCl_3 \cdot 4H_2O = ScCl_3 \cdot 3H_2O + H_2O\uparrow \quad 206℃$$

$$ScCl_3 \cdot 3H_2O \longrightarrow ScCl_3 \cdot H_2O + 2H_2O\uparrow \quad 233℃$$

DTA 曲线表明样品在 230℃ ~600℃这段温度范围内出现了其他的热解反应，根据 TG 曲线失重数据分析，对应于失去 H_2O 和 HCl，即对应着 $ScCl_3 \cdot H_2O$ 失去最后一个结晶水和部分 $ScCl_3$ 的气相水解。

$$ScCl_3 \cdot H_2O \begin{cases} \nearrow ScCl_3 + H_2O\uparrow \\ \searrow ScOCl + 2HCl\uparrow \end{cases} \quad 332℃$$

$$2ScOCl + H_2O = Sc_2O_3 + 2HCl\uparrow \quad 570℃$$

DTA 曲线表明样品失去最后一个结晶水及 $ScCl_3$ 的气相水解不是完全分开的两个过程，从 TG 曲线上看，最后一个结晶水的

脱去进行得比较慢，这可能是脱水后的 $ScCl_3$ 又很快在水蒸气中水解形成难溶于水的 ScOCl，包覆在样品表面，使脱水和水解进程减慢。由于热分析是在氩气保护下进行的，ScOCl 转化为 Sc_2O_3 的气相水解反应进行得不很明显，$ScCl_3 \cdot 6H_2O$ 样品在空气中加热时，最终可得到 Sc_2O_3。

②$ScCl_3 \cdot 6H_2O$ – KCl 脱水机理

在 $ScCl_3$ 溶液中分别加入 NaCl，KCl 后蒸发结晶时，可以形成比较完整的晶体，有利于样品制备。在 DTA 曲线上分别能观察到 NaCl 及 KCl 的熔化吸热峰（NaCl 熔点 800℃，KCl 熔点 774℃），在温度高于 850℃ 时 TG 曲线上出现了很大失重，这是由于 KCl 及 NaCl 的高温烧灼造成的，综合 TG，DTA 分析结果可以认为添加 NaCl 或 KCl 后，样品脱水机理如下。

添加 KCl 时：

$$ScCl_3 \cdot 3KCl \cdot 6H_2O = ScCl_3 \cdot 3KCl \cdot 4H_2O + 2H_2O\uparrow \qquad 148℃$$

$$ScCl_4 \cdot 3KCl \cdot 4H_2O = ScCl_3 \cdot 3KCl \cdot 3H_2O + H_2O\uparrow \qquad 197℃$$

$$ScCl_2 \cdot 3KCl \cdot 3H_2O = ScCl_3 \cdot 3KCl \cdot 2H_2O + H_2O\uparrow \qquad 235℃$$

$$ScCl_3 \cdot 3KCl \cdot 2H_2O = ScCl_3 \cdot 3KCl \cdot H_2O + H_2O\uparrow \qquad 275℃$$

$$ScCl_3 \cdot 3KCl \cdot H_2O \begin{cases} \rightarrow ScCl_3 \cdot 3KCl + H_2O\uparrow \\ \rightarrow ScOCl \cdot 3KCl + 2HCl\uparrow \end{cases} \qquad 410℃$$

$$3ScOCl + H_2O = Sc_2O_3 + 2HCl \qquad 490℃$$

添加 NaCl 时：

$$ScCl_3 \cdot 3NaCl \cdot 6H_2O = ScCl_3 \cdot 3NaCl \cdot 4H_2O + 2H_2O\uparrow \qquad 162℃$$

$$ScCl_3 \cdot 3NaCl \cdot 4H_2O = ScCl_3 \cdot 3NaCl \cdot 3H_2O + H_2O\uparrow \qquad 210℃$$

$$ScCl_3 \cdot 3NaCl \cdot 3H_2O = ScCl_3 \cdot 3NaCl \cdot 2H_2O + H_2O\uparrow \qquad 242℃$$

$$ScCl_3 \cdot 3NaCl \cdot H_2O \begin{cases} \rightarrow ScCl_3 \cdot 3NaCl + H_2O\uparrow \\ \rightarrow ScOCl \cdot 3NaCl + 2HCl\uparrow \end{cases}$$

$$2ScOCl + 2HO = Sc_2O_3 + 2HCl\uparrow \qquad 525℃$$

添加 KCl 或 NaCl 后的样品在 300℃ ~700℃ 范围内有几个小

的无失重吸热峰，这些峰可能对应着 KCl，NaCl 与 $ScCl_3$熔盐共晶点或化合物熔点。

③$ScCl_3 \cdot 6H_2O - NH_4Cl$ 脱水机理

添加 NH_4Cl 的样品 TG 曲线上有一个大的失重平台，DTG 曲线有两个大的吸热峰(233℃，324℃)，表明这个失重平台由两段失重组成，失重数据计算表明第一个失重平台对应于失去 $6H_2O$，第二个失重平台对应于失去 $3NH_4Cl$。DTA 曲线上 150℃ ~210℃之间的三个拐点表明失水是分步进行的，DTA 曲线上 259℃、345℃、379℃三个峰分别对应于失去 NH_4Cl。因此可以推定样品的分解过程为：

$$ScCl_3 \cdot 3NH_4Cl \cdot 6H_2O = ScCl_3 \cdot 3NH_4Cl \cdot 4H_2O + 2H_2O\uparrow \quad 150℃$$

$$ScCl_3 \cdot 3NH_4Cl \cdot 4H_2O = ScCl_3 \cdot 3NH_4Cl \cdot 2H_2O + 2H_2O\uparrow \quad 159℃$$

$$ScCl_3 \cdot 3NH_4Cl \cdot 2H_2O = ScCl_3 \cdot 3NH_4Cl + 2H_2O\uparrow \quad 209℃$$

$$ScCl_3 \cdot 3NH_4Cl = ScCl_3 \cdot 2NH_4Cl + NH_4Cl\uparrow \quad 259℃$$

$$ScCl_3 \cdot 2NH_4Cl = ScCl_3 \cdot NH_4Cl + NH_4Cl\uparrow \quad 345℃$$

$$ScCl_3 \cdot NH_4Cl = ScCl_3 + NH_4Cl\uparrow \quad 379℃$$

680℃时小的吸热峰对应着 $ScCl_3$的升华，980℃的吸热峰对应 $ScCl_3$的熔化。

④$ScCl_3 \cdot 6H_2O - NaCl - KCl - NH_4Cl$ 脱水机理

根据样品的 TG，DTA 曲线分析，样品的分解仍分为脱除H_2O和脱除 NH_4Cl 两个阶段，NaCl 及 KCl 对热分解过程的影响略有不同，复合添加 NH_4Cl 及 KCl 时，完全脱水温度降至 226℃，完全脱铵温度降至 330℃，热分解反应为：

$$ScCl_3 \cdot 3KCl \cdot 3NH_4Cl \cdot 6H_2O = ScCl_3 \cdot 3KCl \cdot 3NH_4Cl \cdot 4H_2O + 2H_2O\uparrow \quad 125℃$$

$$ScCl_3 \cdot 3KCl \cdot 3NH_4Cl \cdot 4H_2O = ScCl_3 \cdot 3KCl \cdot 3NH_4Cl \cdot 3H_2O +$$

$H_2O\uparrow$　153℃

$ScCl_3\cdot3KCl\cdot3NH_4Cl\cdot3H_2O = ScCl_3\cdot3KCl\cdot3NH_4Cl\cdot H_2O + 2H_2O\uparrow$　208℃

$ScCl_3\cdot3KCl\cdot3NH_4Cl\cdot H_2O = ScCl_3\cdot3KCl\cdot3NH_4Cl + 2H_2O\uparrow$　226℃

$ScCl_3\cdot3KCl\cdot3NH_4Cl = ScCl_3\cdot3KCl\cdot2NH_4Cl + NH_4Cl\uparrow$　320℃

$ScCl_3\cdot3KCl\cdot2NH_4Cl = ScCl_3\cdot3KCl + 2NH_4Cl\uparrow$　330℃

DTA 曲线上 350℃ ~750℃之间的一系列小峰应分别对应 $ScCl_3$ – KCl 体系中的共晶化合物熔点及 $ScCl_3$的升华与一系列相变过程，在 960℃时还观察到了 $ScCl_3$的熔化峰及 KCl 的烧灼。

复合添加 NH_4Cl 及 NaCl 时，完全脱水温度为 283℃，完全脱铵温度为 368℃，热分解反应为：

$ScCl_3\cdot3NaCl\cdot3NH_4Cl\cdot6H_2O = ScCl_3\cdot3NaCl\cdot3NH_4Cl\cdot4H_2O + 2H_2O\uparrow$　120℃

$ScCl_3\cdot3NaCl\cdot3NH_4Cl\cdot4H_2O = ScCl_3\cdot3NaCl\cdot3NH_4Cl\cdot3H_2O + H_2O\uparrow$　197℃

$ScCl_3\cdot3NaCl\cdot3NH_4Cl\cdot3H_2O = ScCl_3\cdot3NaCl\cdot3NH_4Cl\cdot H_2O + 2H_2O\uparrow$　236℃

$ScCl_3\cdot3NaCl\cdot3NH_4Cl\cdot H_2O = ScCl_3\cdot3NaCl\cdot3NH_4Cl + H_2O\uparrow$　283℃

$ScCl_3\cdot3NaCl\cdot3NH_4Cl = ScCl_3\cdot3NaCl\cdot2NH_4Cl + NH_4Cl\uparrow$　301℃

$ScCl_3\cdot3NaCl\cdot2NH_4Cl = ScCl_3\cdot3NaCl\cdot NH_4Cl + NH_4Cl\uparrow$　331℃

$ScCl_3\cdot3NaCl\cdot NH_4Cl = ScCl_3\cdot3NaCl + NH_4Cl\uparrow$　368℃

400℃ ~800℃之间出现的小峰对应于 $ScCl_3$ – NaCl 熔盐系的一系列相变，806℃为 NaCl 的熔点，900℃开始出现熔盐灼烧。

复合添加 NH_4Cl，KCl，NaCl 时，完全脱水温度为 206℃，完全脱铵温度为 338℃，400℃ ~600℃间的小吸热峰对应于 KCl - NaCl - $ScCl_3$体系的一系列相变，660℃的大吸热峰为 KCl - NaCl 共晶点，920℃吸热峰对应于 KCl，NaCl 熔盐的烧灼。热分解反应为(M = KCl + NaCl)：

$$ScCl_3 \cdot 3NH_4Cl \cdot 3MCl \cdot 6H_2O = ScCl_3 \cdot 3NH_4Cl \cdot 3MCl \cdot 4H_2O + 2H_2O\uparrow \quad 127℃$$

$$ScCl_3 \cdot 3NH_4Cl \cdot 3MCl \cdot 4H_2O = ScCl_3 \cdot 3NH_4Cl \cdot 3MCl \cdot 3H_2O + H_2O\uparrow \quad 144℃$$

$$ScCl_3 \cdot 3NH_4Cl \cdot 3MCl \cdot 3H_2O = ScCl_3 \cdot 3NH_4Cl \cdot 3MCl \cdot 2H_2O + H_2O\uparrow \quad 206℃$$

$$ScCl_3 \cdot 3NH_4Cl \cdot 3MCl \cdot 2H_2O = ScCl_3 \cdot 3NH_4Cl \cdot 3MCl + 2H_2O\uparrow \quad 232℃$$

$$ScCl_3 \cdot 3NH_4Cl \cdot 3MCl = ScCl_3 \cdot 2NH_4Cl \cdot 3MCl + NH_4Cl\uparrow \quad 313℃$$

$$ScCl_3 \cdot 2NH_4Cl \cdot 3MCl = ScCl_3 \cdot NH_4Cl \cdot 3MCl + NH_4Cl\uparrow \quad 329℃$$

$$ScCl_3 \cdot NH_4Cl \cdot 3MCl = ScCl_3 \cdot 3MCl + NH_4Cl\uparrow \quad 338℃$$

4. $ScCl_3$ - NaCl - KCl - Mg(Al)还原制备铝镁钪中间合金

(1)还原设备与工艺

还原反应在不锈钢密封反应罐中进行，电炉加热。不锈钢密封反应罐由盖板和罐体两部分组成，盖板上钻有 6 个孔，分别为氩气进口、出口、加料口、取样口及用于安装搅拌棒和热电偶，盖板上带冷却水套，罐体上端附加紫铜冷却管。在罐体中加入适量镁砂，然后将适当尺寸的刚玉坩埚(或石墨坩埚)安放其中。罐体和盖板用螺丝拧紧，进行还原反应实验时，不锈钢密封反应罐整体安放在井式炉炉膛内，熔体温度计由安装在盖板上的热电偶指示，炉膛温度由安装在井式炉上的另一支热电偶指示，反应罐通氩气和抽真空时由三通阀转换气路，抽真空时关闭氩气出口，将三通阀旋向真空系统，同时切断氩气气路。通氩气时应打开氩气出口，将三通阀旋向氩气气路，关闭真空系统。检查仪表及气路正常后，打开冷却水，然后开始升温。

将计量的金属铝放在不锈钢密封反应罐的刚玉坩埚中，盖上盖板，将反应罐整体放入井式炉中，升温至250℃～300℃，开启真空泵抽罐内空气达一定真空度后，再打开氩气阀门，向罐内通入氩气，并保持一定的氩气流量，将反应罐升温至还原温度，Al熔化后加入金属Mg，并搅拌均匀，再通过加料口加入$ScCl_3$-NaCl-KCl熔盐颗粒，搅拌，还原反应完全后，将搅拌棒和罐内热电偶提升至金属熔体上方，将反应罐整体从井式炉中取出，在水中冷却至100℃左右后，关闭氩气，打开反应罐取出中间合金锭。

(2)钪中间合金显微组织分析

图3-5是Al-Mg-Sc中间合金产品的金相显微图、扫描电镜图。由图发现在(Al)固溶体基体中分布有一些10～20μm大小的正方形、矩形、三角形的金属间化合物颗粒，这些金属间化合物颗粒按几个正方形、矩形、三角形等按共边、共顶点等组合形式聚集。能谱分析结果表明这些晶粒仅由Al，Sc两种元素组成，其中的Al∶Sc原子比为1∶3。

与对掺法制备的Al-Sc中间合金对比，金属热还原法制备的中间合金中金属间化合物颗粒小，分布较均匀，而对掺法制备的中间合金中基体Al中夹杂着许多粗大的条块金属间合物，其长度为50～70μm，铸锭偏析严重，并形成了树枝状结构。

(3)Al-Mg-Sc中间合金中Sc的存在形式

Al-Sc，Mg-Sc及Al-Mg-Sc相图资料表明，Al能与Sc形成Al_3Sc，Al_2Sc，AlSc，$AlSc_2$四种化合物；Mg能与Sc互溶，不

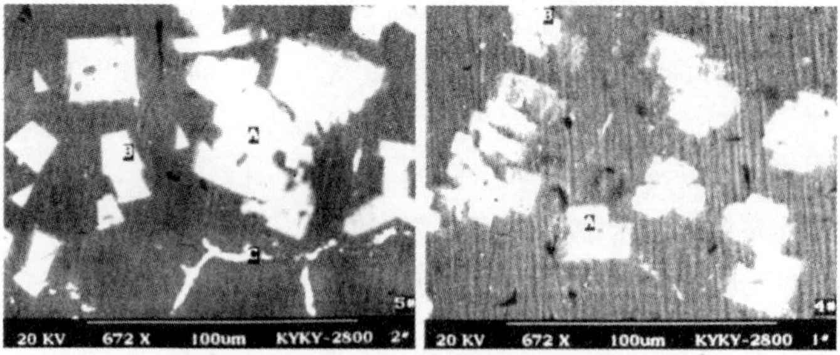

(a) (b)

图3-5 中间合金显微组织对比

(a)对掺法制备;(b)氯化钪铝镁热还原反应制备

形成金属间化合物，Al，Mg，Sc之间不形成三元化合物。在实验制备的中间合金组成范围(Mg 10%，Sc 2%)内，Sc应该以Al_3Sc形式存在。

由Al-Mg-Sc中间合金金相显微照片(图3-5)中可以看见许多正方形、长方形及三角形的小晶粒，能谱分析结果表明这种晶粒中Al，Sc原子比为1:3。X射线衍射图中在基体Al的(111)、(200)、(220)衍射峰的右边能清楚地看到Al_3Sc的(111)、(200)、(220)、(311)晶面衍射峰，表明Sc在Al-Mg-Sc中间合金是以Al_3Sc形式存在的。Al-Mg-Sc中间合金金相照片中看到的正方形、长方形、三角形是中间合金样品中不同取向的Al_3Sc立方晶体经过砂纸磨削后露出的几何晶面。那些正方形、矩形、三角形等共边、共顶点等组合的几何图形表明它们是几个晶粒的组合，可能是几个后析出的Al_3Sc金属间化合物沿先析出的Al_3Sc晶粒的某个棱边或原子萌芽生长，这样有利于降低析出界面能。SEM照片上还能观察到Al_3Sc晶面内出现了规则的矩形刻痕面，这是几个重叠的晶粒经砂纸磨削后留下的。这说明Al_3Sc晶粒长大过程中某些晶面具有较快的生长速度。据 Jackson 的观点，原子密度较高的晶面生长速度较慢。Al_3Sc 是面心立方晶体结构，刻痕面形成的趋势按(111) > (100) > (110)顺序递减。

相图资料表明，在所研究的中间合金成分范围内，Al 基体中也能固溶少量的 Sc，但由于 Sc 含量太低，能谱分析没有检测出。

(4) Mg 及 Mg(Al)热还原制备反应机理

在 $ScCl_3-NaCl-KCl-Mg$ 系还原过程中，熔化后的熔盐与 Mg 熔体直接接触，在两相的液－液界面上发生还原反应，还原产生的钪溶解在镁熔体并不断向 Mg 熔体本体扩散，而还原产生的 $MgCl_2$ 则向熔盐本体扩散。这种非均相还原反应过程可以表示为：

$$2ScCl_{3(\text{熔盐})}+3Mg_{(\text{Mg熔体})}=\!=\!=3MgCl_{2(\text{熔盐})}+2Sc_{(\text{Mg熔体})}$$

在没有搅动的情况下，随着还原反应的进行 $MgCl_2$ 不断生成，在熔盐和镁熔体之间会形成氯化镁的熔盐过渡层，由于 Mg 在 $ScCl_3$ 中有一定的溶解度[7]，$ScCl_3$ 在 $MgCl_2$ 中也有一定的溶解[8]，Mg 和 $ScCl_3$ 在 $MgCl_2$ 过渡层中逆向扩散，这时在熔盐过渡层中发生均相还原反应。均相还原反应可表示为：

$$2ScCl_{3(MgCl_2\text{熔体})}+3Mg_{(MgCl_2\text{熔体})}=\!=\!=2Sc_{(\text{固})}+3MgCl_{2(MgCl_2\text{熔体})}$$

均相还原反应在还原新生成的金属 Sc 表面继续进行，金属 Sc 沿 $ScCl_3$ 浓度梯度方向长大，金属 Sc 进入 Mg 熔体后溶解在熔体中。Sc 与 Mg 熔体互溶，室温下 Sc 在 Mg 中的固溶度也较高，故铸锭冷却后得到 Mg－Sc 固溶体。

在 $ScCl_3-NaCl-KCl-Mg(Al)$ 还原过程中，熔化后的熔盐与 Mg(Al)熔体直接接触，在两相液界面上发生还原反应。金属热还原时，新还原产生的 Sc 溶于 Mg(Al)熔体，随着还原反应的进行，熔体中 Sc 浓度不断增加，当超过该温度下的液相限时，熔体中开始析出 Al_3Sc 晶体并不断长大。合金冷凝过程中，由于 Sc 在 Al 熔体中的溶解度急剧下降，Sc 不断以 Al_3Sc 形式析出。

还原反应表示为：

$$2ScCl_{3(熔盐)} + 3Mg_{(Al-Mg熔体)} = 3MgCl_{2(熔盐)} + 2Sc_{(Al-Mg熔体)}$$

$$Sc_{(Al-Mg熔体)} + 3Al_{(Al-Mg熔体)} = Al_3Sc_{(固)}$$

在没有搅动的情况下，随着还原反应的进行，$MgCl_2$不断生成，在熔盐和Mg(Al)熔体间形成了$MgCl_2$过渡层，Mg和$ScCl_3$向$MgCl_2$过渡层中逆向扩散，发生均相还原反应：

$$2ScCl_{3(MgCl_2熔体)} + 3Mg_{(MgCl_2熔体)} = 2Sc_{(MgCl_2熔体)} + 3MgCl_{2(MgCl_2熔体)}$$

均相反应产生的Sc向Al－Mg熔体扩散，形成金属间化物Al_3Sc：

$$Sc_{(Al-Mg熔体)} + 3Al_{(Al-Mg熔体)} = Al_3Sc_{(固)}$$

3.4 熔盐电解法制取钪中间合金

3.4.1 氯化钪熔盐电解法制备钪中间合金

孙本良等研究了NaCl－KCl(1∶1)－$ScCl_3$熔盐体系的物理化学性质及电解法制取钪中间合金的工艺。

1. NaCl－KCl(1∶1)－$ScCl_3$熔盐体系的性质

(1)NaCl－KCl(1∶1)－$ScCl_3$熔盐体系的密度和表面张力

孙本良等采用气泡最大压力法实验测定了不同温度下NaCl－KCl(1∶1)－$ScCl_3$体系的密度和表面张力，并采用最小二乘法对实验数据进行数学处理，得到同一组成条件下密度与温度的回归方程$\rho = a + bT$。

NaCl－KC1(1∶1)－$ScCl_3$体系的密度在$ScCl_3$含量相同时随温度的增加而减小，在同一温度下密度随$ScCl_3$含量的增大而增加，但最大为$1.6536g\cdot cm^{-3}$，远比铝的密度($2.7g\cdot cm^{-3}$)小，故在电解铝钪合金时可以满足电解对密度的要求。密度随温度增加而降低是因为温度增加时，粒子的动能增加，粒子间的作用力减小，这些因素使熔体的体积受热膨胀。这是由于 $ScCl_3$ 对密度贡献的份额增加所致。而表面张力则在 $ScC1_3$ 含量相同时随温度的增加而减小，在同一温度下则随着浓度的增加而降低，这是由于温度增加时，表面粒子的动能增加，粒子间的作用力减小，从而使表面张力降低；而表面张力随着 $ScCl_3$ 浓度增加而降低则是由于 Sc^{3+} 离子半径较大，作用力则相对减弱所致。

表 3－7　NaCl－KCl(1∶1)－$ScCl_3$ 体系的密度

x_{ScCl_3} /%	$\rho/(g \cdot cm^{-3})$				$\rho = a + bT$		
	750℃	800℃	850℃	900℃	a	b	γ
10	1.5872	1.5593	1.5286	1.4956	2.2136	－0.000611	0.9993
20	1.6123	1.5795	1.5465	1.5113	2.3003	－0.000672	0.9998
30	1.6315	1.5974	1.5638	1.5303	2.3212	－0.000674	0.9999
40	1.6536	1.6211	1.5878	1.5549	2.3277	0.000659	0.9998

表 3－8　NaCl－KCl(1∶1)－$ScCl_3$ 体系的表面张力

x_{ScCl_3} /%	$\sigma/(N \cdot cm^{-1})$				$\rho = a + bT$		
	750℃	800℃	850℃	900℃	a	$b/10^5$	γ
10	0.1080	0.1038	0.0998	0.0955	0.1929	－8.30	0.9998
20	0.1063	0.1024	0.0983	0.0939	0.1909	－8.26	0.9996
30	0.1049	0.1002	0.0965	0.0915	0.1947	－8.78	0.9985
40	0.1023	0.0980	0.0935	0.0894	0.1907	－8.64	0.9998

(2)孙本良等采用惠斯顿电桥法测定了 NaCl－KCl(1∶1)－$ScCl_3$ 熔盐体系的电导率，采用差热分析法测定了 NaCl－KCl(1∶

1) $-ScCl_3$熔盐体系的初晶温度。初晶温度是熔盐电解质的重要性质之一，一般熔盐电解需在初晶温度50°C以上才能顺利进行，因此熔盐电解质体系的初晶温度也是制定熔盐电解工艺的重要依据。

表3-9 NaCl-KCl(1∶1)-$ScCl_3$体系的电导率

组成质量分数/%	电导率 /($\Omega\cdot cm^{-1}$)				$k=a+b/T$			活化能 E /($J\cdot mol^{-1}$)
$ScCl_3$	1023K	1073K	1123K	1173K	a	b	r	
10	2.335	2.654	2.912	3.223	3.3406	-2546	0.9991	21168
20	2.243	2.579	2.825	3.131	3.3807	-2625	0.9980	21825
30	2.158	2.488	2.739	3.042	3.4225	-2708	0.9983	22515
40	2.079	2.396	2.654	2.957	3.4604	-2786	0.9989	23164

表3-10 NaCl-KCl(1∶1)-$ScCl_3$体系的初晶温度

[$ScCl_3$]/%	0	10	20	30	40
初晶温度/℃	661	658	655	651	645

NaCl-KCl(1∶1)-$ScCl_3$ 体系的电导率随温度的升高而增大，随ScCl含量的增加而减小。温度升高，粒子的热运动增强，即粒子的动能超过活化能时，粒子将离开其平衡位置而移动。粒子的这种运动将使电导率有所降低，但是由于熔盐体系是由正负离子组成的离子体系，在熔盐体系中，这种粒子动能的增加将使离子与异号离子之间的键能减弱，从而使离子的定向迁移易于进行。此外，高温时，络合离子的解离度也将增大，体系中的自由离子将增多。这些因素都会对电导率有较大的贡献。因此高温条件下，电导率将比低温时有所增大。$ScCl_3$含量增加时电导率减小的原因可能是由于当

$ScCl_3$含量增加时，形成的络合离子也将增加，从而使可迁移的自由离子数量减少，这种减少就会使电导率有所降低。

(3) NaCl－KCl(1∶1)－$ScCl_3$熔盐体系的热失重率

高温下，氯化物的蒸气压将会增大，熔盐体系可能会产生严重的挥发损失。挥发量较大时会造成熔盐的损失及使熔盐的组成变化，见表3－11。

表3－11　NaCl－KCl(1∶1)－$ScCl_3$熔盐体系的热失重率

[$ScCl_3$]/%	750℃	800℃	850℃	900℃
10	0.31	0.57	0.87	1.22
20	0.48	0.69	1.05	1.45
30	0.60	0.91	1.36	1.76
40	0.85	1.05	1.47	2.05

热失重率随温度的升高而增加，随$ScCl_3$含量的增加而增大。在850℃时熔盐挥发较严重，比750°C增加1倍以上；$ScCl_3$含量越低挥发损失越小，$ScCl_3$含量为40%的熔盐比10%的熔盐挥发损失要高1倍以上。为减少熔盐挥发损失，应适当降低熔盐电解温度及熔盐中$ScCl_3$的浓度。

2. NaCl－KCl(1∶1)－$ScCl_3$熔盐电解制备铝钪合金

孙本良等采用等摩尔NaCl－KCl熔盐体系添加不同量的$ScCl_3$作为熔盐电解质，考察了电解温度、电流密度、熔盐组成对合金钪含量和电流效率的影响。

实验采用内径ϕ40mm、外径ϕ50mm、高80mm的高纯石墨坩埚(兼作阴极)，内衬一个内径ϕ38mm、外径ϕ40mm、高50mm的刚玉坩埚，并将两极绝缘，刚玉坩埚底部正中心钻一直径$1cm^2$的小孔作为两极的通路，刚玉坩埚内装熔盐电解质。在石墨坩埚底部的正中心钻一直径为 $1cm^3$ 盛装铝液的小阴极室。电解采用三电极体系：石墨坩埚兼作阴极，阳极采用 ϕ6mm 的光谱纯石墨棒。用 Ag/AgCl + NaCl – KCl(等摩尔)作为参比电极，电极引线采用镍铬丝。用美国 Princedon Applied Research 公司生产的 M173 恒电位/恒电流仪(Model 173 Potenstat/Galvostat)作直流电源。试验装置由工作炉、温度控制及测量系统、气体净化系统等组成。加热设备是以碳化硅双螺旋管作加热元件的电阻炉。炉管为内径 55mm 的刚玉管，底部用高压橡胶垫密封，顶部用橡胶塞密封。橡胶塞上留有插电极的小孔，电极引线外套刚玉保护管。炉管两端均装有冷却水套进行冷却。所有试验均在氩气保护下进行。氩气经过铜屑脱氧，硅胶、5A 分子筛、五氧化二磷脱水处理后由炉底引入炉内。炉温由 DWK702 精密温度控温仪控制，控温精度达 ±0.5℃。反应区温度由铂铑 – 铂热电偶连接 UJ31 电位差计监测。

试验时按比例配制好熔盐电解质，装入内衬坩埚中，每次熔盐电解质的装料量为 40g。铝装入石墨坩埚底部的小阴极室内，每次装入 2.12g。装好后将坩埚放人炉内恒温区，在真空下于 120℃保温 1 h、400℃恒温 3 h，再在氩气下将炉温升至试验温度进行电解。电解后取出铝锭，取样分析钪含量计算电流效率。

(1)电解温度对合金中钪含量和电流效率的影响

合金中钪含量与电解温度的关系式为：

$$\eta_{Sc} = -84.156 + 0.232T - 0.000146TD^2$$

电流效率与电解温度的关系式为：

$$\eta_i = -532.692 + 1.568T - 0.000992T^2$$

实验结果表明电解温度控制在 800℃左右合金中钪含量和电流效率都达到了较大值，而在 750℃和 900℃左右进行电解时，合金钪含量和电流效率较 800℃时低。在较低温度下电解质粘度较大，熔体流动性差，电解质离子定向迁移受阻，电解还原产生的钪在铝熔体中的扩散速度较慢，影响了电解的正常进行，使电流效率降低，且不利于制备组成均匀的铝钪合金。但电解温度太高时 $ScCl_3$ 的挥发损失增加，影响了电解的稳定进行，同时也不利于电流效率的提高。

(2)电流密度对合金中钪含量和电流效率的影响

合金中钪含量与电流密度的关系式为：

$\eta_{Sc} = -3.835 + 24.873i - 12.847i^2$

电流效率与电流密度的关系式为：

$\eta_i = -93.537 + 437.586i - 265.903i^2$

阴极电流密度影响金属电沉积的速度，也决定铝钪合金化过程。钪离子获得电子在液态铝阴极表面上沉积为钪原子的同时，钪原子向液态铝阴极内部扩散，这两个动力学过程匹配是提高电流效率、改善合金均匀性的重要条件。在电流密度过高的条件下进行电解时，阴极电位较负，金属钪的沉积速度加快，而钪在铝中的扩散速度相对较慢，阴极上沉积的部分钪原子来不及扩散进入铝液内部而溶入熔盐中，使电流效率降低。另外，阴极电位较负达到碱金属离子沉积电位时可能会导致钠、钾等金属离子在阴极沉积使电流效率降低。而在电流密度较低条件下进行电解时，阴极电位较正，金属钪的沉积速度减小，沉积的金属量相应减少，不利于电流效率的提高。电解时电流密度控制在 $0.85A/cm^2$，电流效率可达到85%以上，制得的合金钪含量达7.9%。

(3)[$ScCl_3$]对合金中钪含量和电流效率的影响

合金中钪含量与[$ScCl_3$]的关系式为：

$\eta_{Sc} = 8.358 - 0.0182[ScCl_3]$

电流效率与电流密度的关系式为：

$\eta_i = 51.744 + 2.635[ScCl_3] - 0.0494[ScCl_3]^2$

$ScCl_3$ 浓度过低时，碱金属离子有可能与钪离子电解共析造成电流效率降低，同时也降低了铝钪合金的纯度。$ScCl_3$ 浓度过高时，熔盐粘度、电解质电阻及 $ScCl_3$ 热挥发率增加，这些都不利于电流效率的提高。[$ScCl_3$]控制在20% ~40%范围内，合金钪含量与之呈直线关系，$ScCl_3$浓度越低钪含量越高。[$ScCl_3$]为27%时电流效率最大，制得的合金钪含量达7.9%。

3.4.2 氟盐介质熔盐电解法制备铝钪中间合金

孙本良、杨昇等研究者探索了氟化钪、氧化钪熔盐电解法制取铝钪中间合金工艺。报道的熔盐体系为$NaF-ScF_3-Sc_2O_3$，$LiF-ScF_3-Sc_2O_3$，$nNaF\cdot AlF_3-LiF-Sc_2O_3$等。电极反应过程是$ScF_3$在阴极还原析出金属钪。由于$ScF_3$制备需用到HF，$NaHF_2$等有毒化学药品，许多研究者采用碱金属氟化物为基，添加Sc_2O_3组成熔盐体系，还原机制可能是Sc_2O_3在高温氟盐介质中氟化后电解还原。这种方法采用氧化钪为原料，具有非常诱人的前景，但由于氧化钪在熔盐体系中溶解度较小，电解时必须及时补充原料。

1. 热力学分析

电解过程理论分析，通常是计算反应物的分解电压，通过分解电压的差值来计算反应的平衡常数。对于在电解槽中直接电解铝钪合金的工艺流程，主要考虑下述反应：

$$Sc_2O_{3(S)} + Al_{(l)} \xrightarrow{(1223K)} 2Sc_{(S)} + Al_2O_{3(S)} \quad (3-4)$$

上述反应又可以写成下面两个反应的差：

$$Sc_2O_{3(S)} \xrightarrow{(1223K)} 2Sc_{(S)} + 1.5O_{2(g)} \quad (3-5)$$

$$Al_2O_{3(S)} \xrightarrow{(1223K)} 2Al_{(l)} + 1.5O_{2(g)} \quad (3-6)$$

(1)铝钪共析时的理论分解电压及平衡常数的计算

设电解在950℃即1 223K条件进行，计算所需基本物理化学数据见表3-12。

表3-12　所需基本物理化学数据

	$\Delta H^{\ominus}_{298}$ /(J·mol^{-1})	$\Delta S^{\ominus}_{298}$ /(J·mol^{-1}·K^{-1})	C_p /(J·mol^{-1}·K^{-1})
Sc_2O_3	-1721716	77.11	$97.07+23.60\times10^{-3}T$
Sc	0	34.31	$2221.46+12.55\times10^{-3}T$
O_2	0	205.04	$29.96+4.18\times10^{-3}T$ $-1.67\times10^{5}T^{-2}$
	反应(3)的 $\Delta G^{\ominus}_{(3)}$		$\Delta G^{\ominus}_{(3)}=1676000-320T$

对于惰性电极，Sc_2O_3的分解服从反应(3-5)：

$$\Delta G^{\ominus}_{r}=\Delta H^{\ominus}_{r}-T\Delta S^{\ominus}=\Delta H^{\ominus}_{298}+\int_{298}^{r}\Delta G_p-T(\Delta S^{\ominus}_{298}+\int_{298}^{r}\frac{\Delta G_p}{T}\mathrm{d}T)$$

$\Delta G^{\ominus}_{(2)}=1723273-357.02T-3.885\times10^{-3}T^2+9.21T\ln T+1.255\times10^{5}T^{-1}$

$\Delta G^{\ominus}_{(1223)}=1361015(\mathrm{J/mol})$

$T=1223\mathrm{K}$ 时，Sc_2O_3的理论分解电压：

$\Delta E^{\ominus}_{(2)}=\Delta G^{\ominus}/ZF=2.351\mathrm{V}$

对于惰性电极，Al_2O_3的分解服从反应(3-6)：

$\Delta G^{\ominus}_{(3)}=1676000-320T$；$\Delta G^{\ominus}_{(1223)}=1284640(\mathrm{J/mol})$

$T=1223\mathrm{K}$ 时，Al_2O_3的理论分解电压：

$\Delta E^{\ominus}_{(2)}=2.219\mathrm{V}$

要使钪与铝共同析出，则：

$$\Delta E^{\ominus}_{(2)}-\Delta E^{\ominus}_{(3)}=-\frac{RT}{ZR}\ln K$$

$\ln K=-7.516$

$K=5.45\times10^{-4}$

设 Al_2O_3，Sc_2O_3都达到饱和，活度为1；合金中 Al 的活度近似看做1，则有

$K=\alpha_{Sc}^2$，$\alpha_{Sc}=\sqrt{K}=0.0233$

即在电解条件下(1223K)，钪与铝共同析出时，在铝液中钪的平衡活度最大可以达到2.33%。

(2)活度系数的计算

钪和其他稀土金属在铝中大多可生成难溶的金属间化合物，可大大降低其在铝液中的活度系数，因而可在平衡常数不太大时得到浓度更大的铝基合金。由于高温熔体的活度测量难度较大，因而对铝钪系这样昂贵而又尚未在工业中广泛应用的体系，现在很少研究。杨昇利用 Miedema 模型并结合一些基本热力学关系式，对铝钪二元系中钪的活度系数进行估算。

热力学分析结果表明，在电解温度下(1223K)，钪与铝共同析出时，在铝液中的平衡活度最大可以达到2.33%。加之钪与铝生成稳定的高熔点化合物，使钪在铝中的活度系数远小于1，从而使得在电解槽中直接生产含钪在2%左右的铝钪合金成为可能。

2. nNaF·$AlF_3-Al_2O_3-Sc_2O_3$系电解质的性质

(1)Sc_2O_3在nNaF·$AlF_3-Al_2O_3$体系中的溶解性能

路贵民等研究了Sc_2O_3在nNaF·AlF_3-ScF_3体系中的溶解度，杨昇等研究了Sc_2O_3在nNaF·$AlF_3-Al_2O_3-3\%MgF_2-3\%CaF_2$体系中的溶解度及影响因素，见图3-6～图3-8。

摩尔比、氧化铝浓度对氧化钪溶解性能的影响，可以从以下几方面进行分析。氧化钪在冰晶石中的溶解反应为：

$$2Na_3AlF_6+Sc_2O_3=\!=\!=2ScF_3+6NaF+Al_2O_3$$

可见，电解质中氧化铝活度的增加会降低氧化钪的溶解度，同时 NaF 活度高的高分子比电解质同样也不利于氧化钪的溶解。同时，氧化铝在冰晶石中溶解，主要发生以下反应：

$$4Na_3AlF_6+Al_2O_3=\!=\!=3Na_4AlOF_5+3AlF_3$$

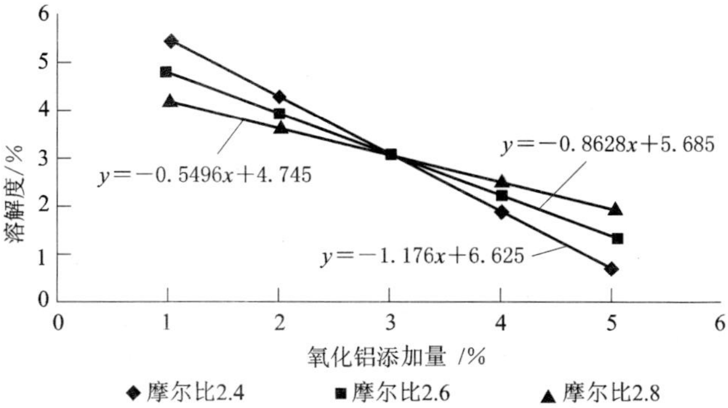

图3-6　氧化铝添加量与氧化钪溶解度关系

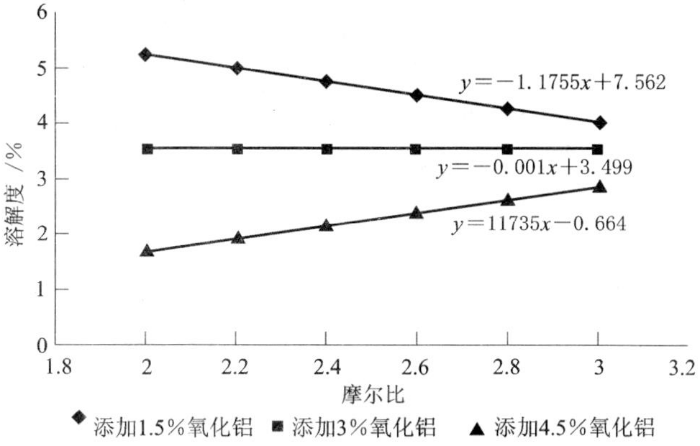

图3-7　摩尔比与氧化钪溶解度的关系

$$2Na_3AlF_6 + Al_2O_3 = 3Na_2AlOF_3 + AlF_3$$

因而分子比升高，AlF_3活度降低，有利于氧化铝的溶解，也就是在氧化铝浓度不变的前提下，降低了氧化铝的活度，减轻了氧化铝对氧化钪溶解性能的影响，有利于氧化钪的溶解。这样就使得分子比对氧化钪溶解性能的影响，主要表现为与氧化铝含量

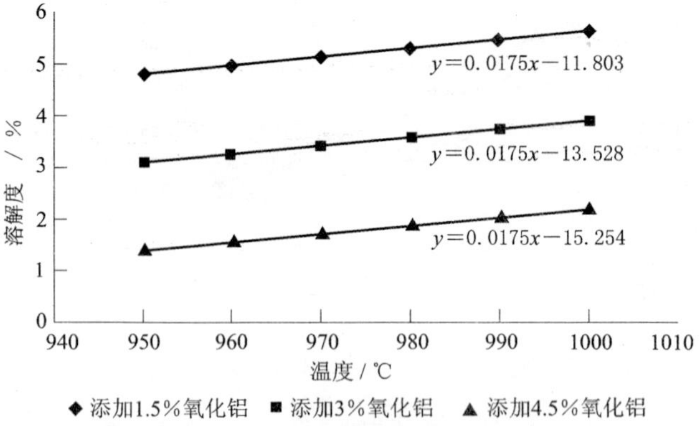

图3－8　温度与氧化钪溶解度的关系

的交互作用。当氧化铝含量高时，氧化铝活度对氧化钪溶解性能的影响起主导作用，因而分子比的影响表现为分子比提高，氧化钪溶解度提高；当氧化铝含量低时，NaF 活度对氧化钪溶解度的影响起主导作用，因而分子比的影响表现为分子比提高，氧化钪溶解度降低。

氧化钪在熔盐中的溶解度与温度呈线性关系。

(2) nNaF·AlF_3 － Al_2O_3 － Sc_2O_3系电解质的电导率

杨昇等研究了温度及 Sc_2O_3添加量对冰晶石－氧化铝－氧化钪系电解质电导率的影响，见图3－9、图3－10。

提高温度有助于电导率增加；添加氧化钪电导率有所降低，但这种影响并不十分显著，而且随着氧化钪含量的增加，其对电导率的影响进一步减弱。氧化钪对电解质电导率的影响与氧化铝对电导率的影响规律相近，在通常铝电解控制的氧化物添加范围内，氧化钪对电解质电导率的影响有限，不会影响电解过程的稳定运行。

(3) nNaF·AlF_3 － Al_2O_3 － Sc_2O_3系电解质的密度与热失重率

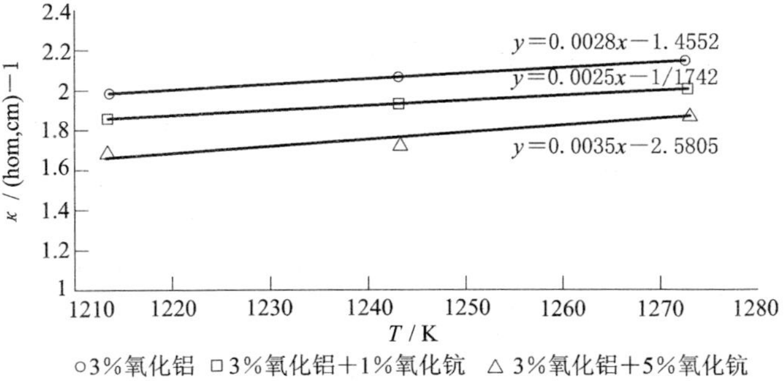

图 3－9　温度对电导率的影响

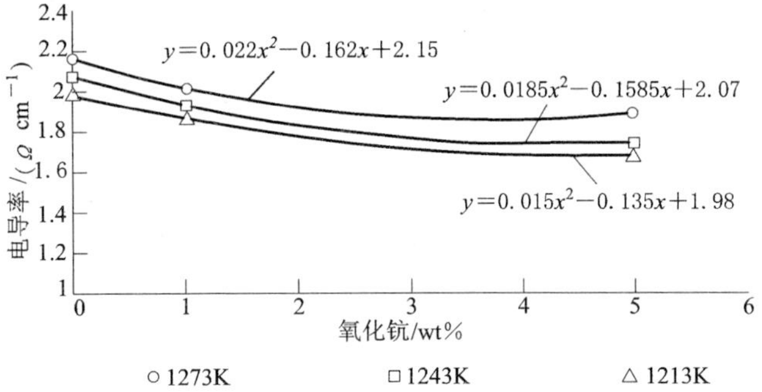

图 3－10　氧化钪添加量对电导率的影响

杨昇等采用阿基米得法测试了熔盐的密度，采用梅特勒电子天平测量了熔盐的热失重率。

氧化钪添加量对电解质密度的影响不十分显著。在温度较低时，添加氧化钪将使电解质的密度有所增加；而温度较高时，添加氧化钪又会使电解质的密度降低。其原因可能是在温度较低时，部分氧化钪会与电解质中的氧化铝以及氟化物反应，生成分子质量很大的氟氧络合物，使电解质密度升高，其可能的反应式为：

$$4AlF_6^{3-} + Sc_2O_3 = (3-n)AlOF_5^{4-} + nScOF_5^{4-} + (2-n)ScF_3 + (1+n)AlF_3$$

当温度升高时，这种络合物开始分解，并生成纯的氟化物，使电解质密度降低。可能的反应式为：

$$ScOF_5^{4-} + AlF_3 = AlOF_5^{4-} + ScF_3$$

失重率随温度的升高而增加，氧化钪添加量对热失重率的影响，在高温时表现为随氧化钪添加量的增加，失重率降低，在低温时趋势不明显。说明氧化钪不会同电解质反应生成易挥发的物质而损失，因而降低了金属的回收率。

添加氧化钪可显著降低电解质的热失重率，而且其效果比添加氧化铝更明显。综合研究添加氧化钪对电解质初晶温度和热失重率的影响，可以发现，添加氧化钪不但会降低电解质在同一过热度下的蒸气压，使电解质热失重率降低；同时也会降低电解质的初晶温度，从而在同一温度下，提高电解质的过热度，使电解质失重率升高。在温度接近初晶温度时，两种趋势相互抵消，使添加氧化钪对失重率影响的趋势不明显。过热度很高时，因添加氧化钪使过热度增加，从而使电解质热失重率增加的作用不明显，添加氧化钪对电解质蒸气压的影响，将起主导作用，表现为氧化钪含量增加，热失重率降低。

3. $nNaF \cdot AlF_3 - Al_2O_3 - Sc_2O_3$系熔盐电解工艺

张明杰等研究了$nNaF/AlF_3 - 2ScF_3 - 2Sc_2O_3$体系熔盐电解工艺，冰晶石分子比为2.17，$Sc_2O_3$质量分数为3%，电解温度为950℃。

研究发现电解时即使电流密度为零也可以得到$w(Sc) = 0.4\% \sim 0.8\%$的Al - Sc合金，这说明在电解之初热还原反应就已经发生了：$Sc_2O_3 + Al \longrightarrow [Sc] + Al_2O_3$。这一研究结果与前文提到的熔体热还原条件相同，当然结果也相近。

研究发现随着分子比 MR(n = NaF/AlF_3)的增加，合金中 Sc 的质量分数有所减少。作者认为可能是因为 AlF_3 是冰晶石中 Sc_2O_3 的氟化剂：$2AlF_3 + Sc_2O_3 \longrightarrow 2ScF_3 + Al_2O_3$ 反应的进行减少了 Sc_2O_3 的活度，进而影响了合金中 Sc 的质量分数。

孙本良等研究了 2.7 $Na_3AlF_6 - LiF - Sc_2O_3$ 体系熔盐电解工艺，电解采用纯度为 99.99% 的铝。试验时按比例配制好的熔盐电解质然后装入内衬坩埚中，每次熔盐电解质的装料量为 40g。铝装入石墨坩埚底部的小阴极室内，每次装入 2.12 g。装好后将坩埚放人炉内恒温区，在真空下于 120℃ 保温 1 h、400℃ 恒温 3 h，再在氩气下将炉温升至试验温度进行电解。在 980°C、阴极电流密度为 0.8 A/cm^2 的条件下电解，可以制取钪含量 >7% 的铝钪合金，其电流效率最高可达 68%。孙本良等研究了 Sc 离子在 LiF，NaF 氟盐体系中的电化学行为。采用循环伏安法和计时电位法研究了温度为 1043 K 时 LiF，NaF 氟盐体系中 Sc 离子在银电极上电化学沉积为 Sc 的还原机理。实验结果表明：Sc^{3+} 离子被还原为 Sc 的过程是一步获得 3 个电子的可逆过程，该过程受扩散控制。

杨昇等研究了 nNaF·$AlF_3 - Al_2O_3 - Sc_2O_3$ 系熔盐电解工艺，采用分子比 CR = 2.4 的冰晶石，添加 4% 氟化镁和 2% 氟化钙为基本电解质，采用间歇式工艺，实验规模约为 50g 铝。工艺参数为：氧化钪含量为 0% ~ 6.6%；氧化铝含量为 0% ~ 8.6%；电解温度 945℃ ~ 970℃；电极距离 3.0 ~ 4.5cm；阴极电流密度 0.7 ~ 1.3 A/cm^2。

实验装置见图 3 - 11，采用内径为 ϕ60mm、外径为 ϕ80mm，高为 110mm、深为 100mm 的高纯石墨坩埚作盛装电解质及合金的容器(兼作阴极)，内衬一个内径为 ϕ50mm、外径为 ϕ60mm、高为 80mm 的刚玉管将坩埚侧壁绝缘，石墨坩埚放在内径为 ϕ80mm、深度为 120mm 的铁坩埚中，阴极用钢棒由铁坩埚导出，钢棒外套有刚玉保护管。用直径为 ϕ20mm，高为 60mm 的高纯石墨棒接直径为 ϕ6mm 钢棒作阳极，钢棒外套有刚玉保护管。

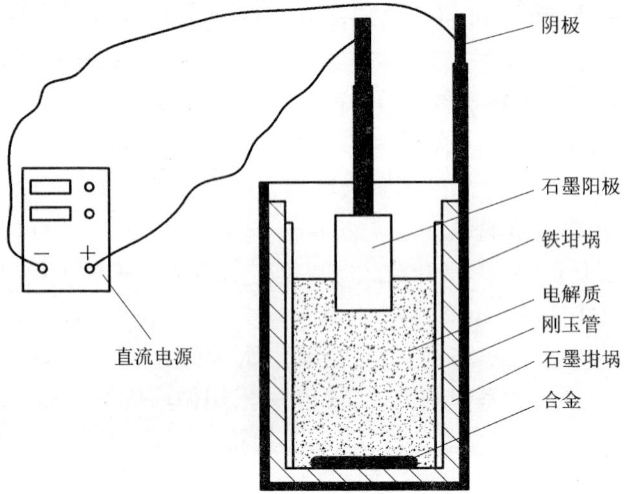

图 3 – 11　熔盐电解系统

第4章　铝钪合金物理冶金基础

4.1　含钪合金相图

4.1.1　含钪二元合金相图

与工业含钪合金有关的二元合金相图有 Al - Sc，Mg - Sc，Cu - Sc，Zn - Sc，Mn - Sc，Ti - Sc，Sc - Zr 和 V - Sc 等。

(1) Al - Sc 系

至今为止，文献上可查到 7 个 Al - Sc 二元合金相图，其中较有代表性的相图见图 4 - 1 和图 4 - 2。

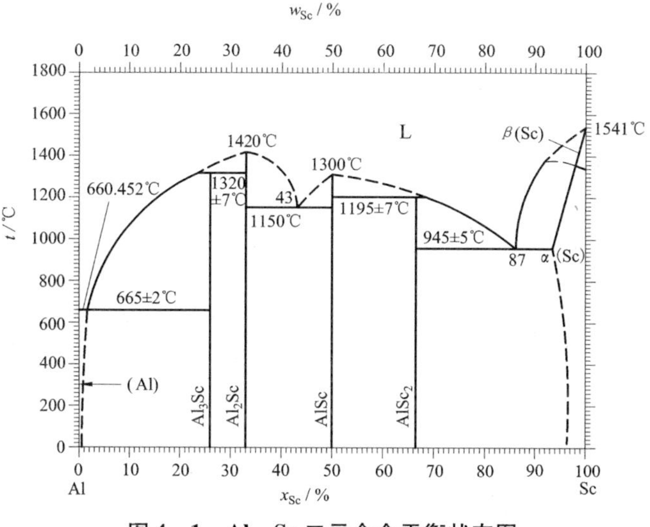

图 4 - 1　Al - Sc 二元合金平衡状态图

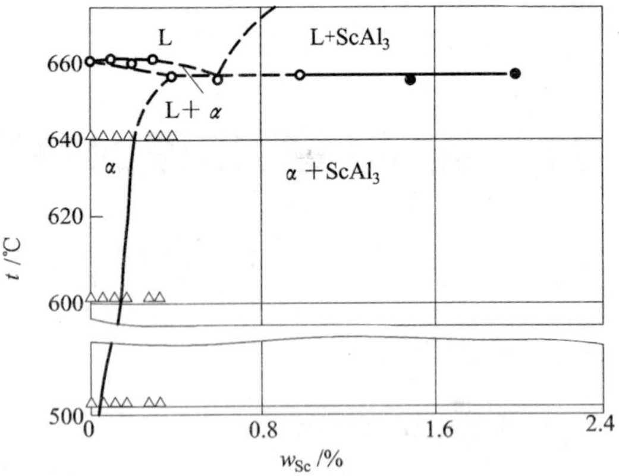

图 4-2 Al-Sc 二元合金状态图的富铝端

由图4-1可见，铝在钪中能显著溶解，而钪在铝中的溶解度却不大，钪与铝一起可形成四种化合物，它们分别是立方结构的 Al_3Sc，Al_2Sc，AlSc 和六方结构的 $AlSc_2$。

图4-2是 Al-Sc 平衡相图的富铝端。钪与铝能形成有限溶解度的共晶体图，共晶转变温度比铝的熔点低5℃，为655℃。钪在铝中的最大溶解度为0.35%，共晶点处成分为0.55%。温度降低时，钪在铝中的溶解度随之降低。表4-1列出了不同温度下钪在铝中的溶解度，表4-2则给出了 Al-Sc 二元系过共晶合金液相线的温度。

表4-1 不同温度下钪在铝中的溶解度

温度/℃	钪在铝中的溶解度	
	质量分数/%	原子分数/%
640	0.31	0.186
620	0.27	0.160

续表 4－1

温度/℃	钪在铝中的溶解度	
	质量分数/%	原子分数/%
600	0.22	0.134
590	0.19	0.117
580	0.17	0.104
560	0.14	0.086
540	0.11	0.068
520	0.096	0.058
500	0.075	0.045
470	0.054	0.033

表 4－2　Al－Sc 二元系过共晶合金液相线温度

钪含量(质量分数)/%	0.85	1.09	1.24	1.51	2.01	2.43	2.52	3.03	3.56
液相线温度/℃	750	775	785	800	825	870	875	900	951

仔细观察 Al－Sc 二元系平衡状态图会发现如下特点：第一，亚共晶合金凝固范围只有几度，很窄，液相线相对于相图横轴的斜率很小；第二，共晶转变温度下，钪在铝中的溶解度相对较大，温度降低时，溶解度急剧减小；其次，含钪量增加时，过共晶合金的液相线温度急剧增加。

(2) Mg－Sc 系

Mg－Sc 二元合金相图见图 4－3。

由图 4－3 可知，体系在 710℃发生的反应是包晶反应，生成镁基 α－固溶体。钪在镁中的溶解度随温度的降低而减少，由 710℃的 25.9%减少到 300℃的 12.8%。

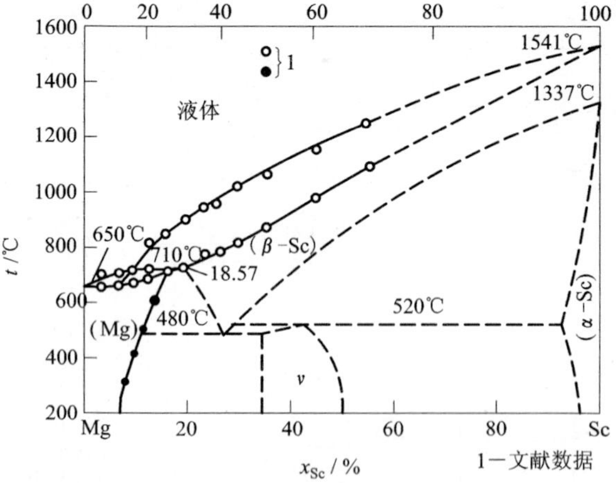

图 4-3　Mg-Sc 二元合金状态图

(3) Zn-Sc 系

Zn-Sc 二元合金相图见图 4-4。

由图 4-4 可见，在富钪角没有反应发生，当 Zn∶Sc=1∶1 时形成金属间化合物 ScZn。随着 Zn 含量的增加，ScZn 与过量的锌发生包晶反应，在富锌角生成 $ScZn_2$ 等多种金属间化合物。

(4) Cu-Sc 系

Cu-Sc 系二元相图见图 4-5。结果表明，在富铜角钪与铜形成有限溶解的共晶相，共晶转变温度为 865℃ ±5℃。钪在铜中的最大溶解度为 0.5%。温度降低时，钪在铜中的溶解度随之降低。随着钪含量的增加，Cu 与 Sc 形成三种化合物，它们分别是立方结构的 CuSc，四方结构的 Cu_2Sc 和 Cu_4Sc。在 Cu-Sc 系二元相图富钪角 1337℃时发生 β-Sc 向 α-Sc 的晶型转变。

(5) Mn-Sc 系

Mn-Sc 系二元相图见图 4-6。Sc 与 Mn 之间不形成化合物，先析出的 δ-Mn 固溶体在 1127℃发生共析反应生成 β-Mn 和 γ-Mn。

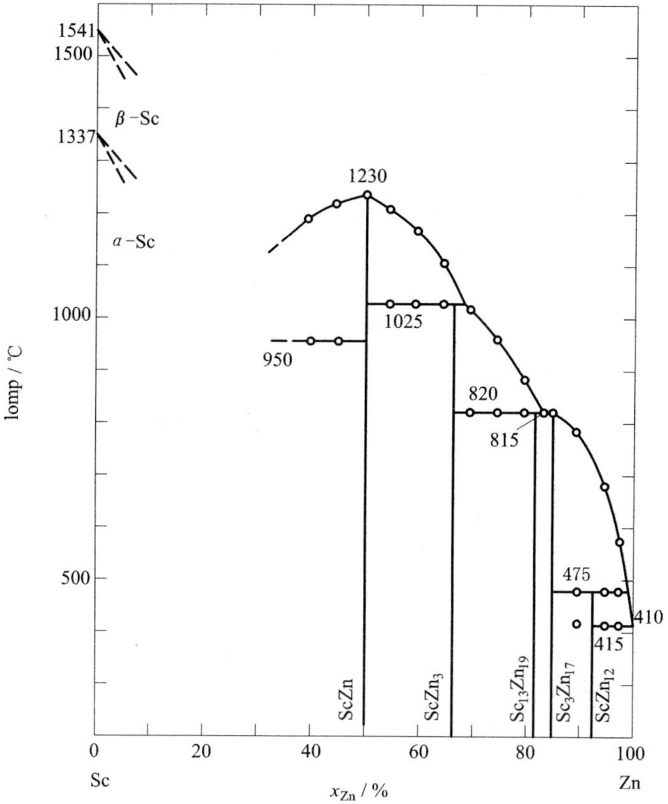

图 4－4　Zn－Sc 二元合金相图

(6) Sc－Zr 系

Sc－Zr 系二元合金相图见图 4－7。Sc－Zr 二元合金相图的特点是液态和固态下连续互溶。$\alpha \rightleftharpoons \beta$ 相互转化的反应在 Sc－30% Zr(at)的成分处和 1415℃条件下有一个最大值，高温固溶体 β 具有体心立方晶体结构，低温固溶体 α 则具有密排六方晶体结构。

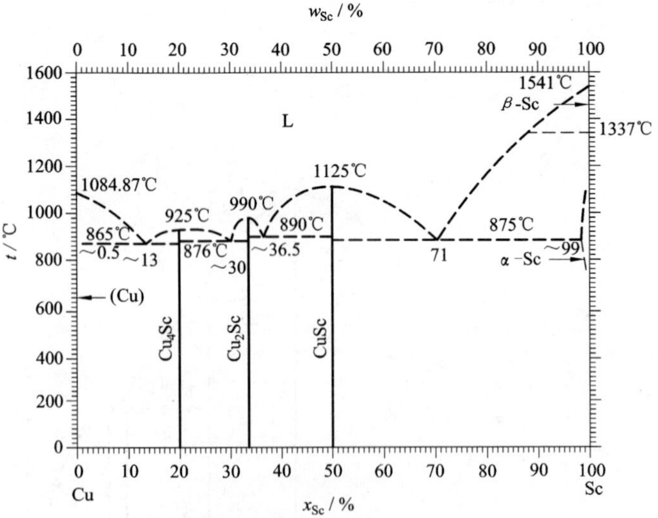

图 4－5 Cu－Sc 二元合金相图

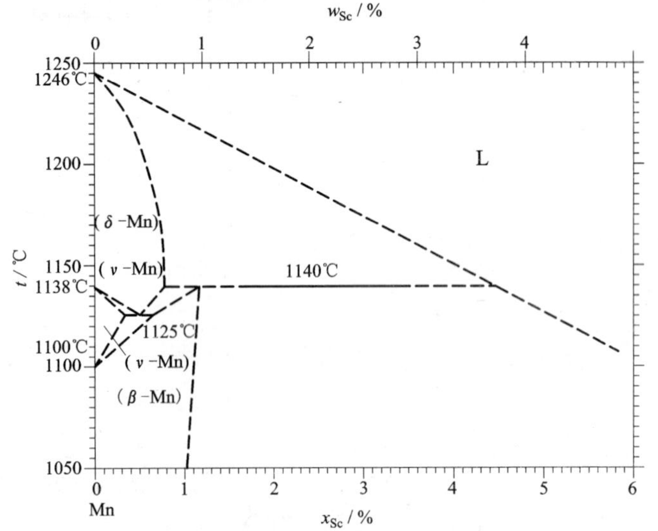

图 4－6 Mn－Sc 系二元相图

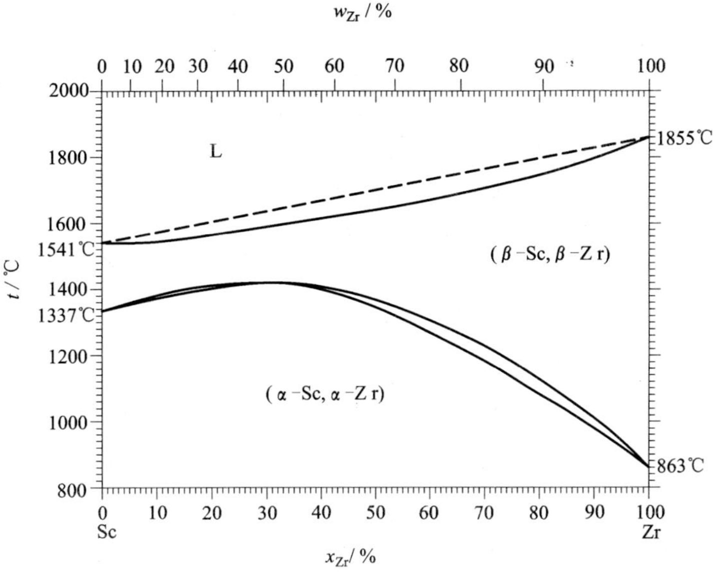

图 4 -7　Sc - Zr 系二元合金相图

4.1.2　含钪三元合金相图

工业铝合金中主要合金元素有 Mg，Zn，Cu，Li 等，除主合金元素外，还存在微量铁、硅等杂质。为了改善合金的性能，通常还添加微量过渡族元素，如 Mn，Zr，Ti 等。与工业含钪合金有关的三元合金系有 Al - Mg - Sc，Al - Cu - Sc，Al - Li - Sc，Al - Fe - Sc，Al - Si - Sc，Al - Sc - Zr，Al - Sc - Cr 等。

(1) Al - Mg - Sc 系

图 4 -8 为 Al - Mg - Sc 系相图，图 4 -9 为 Al - Mg - Sc 系相图富铝角液相面投影。液相面投影上的数字为温度，单位为 K。Al - Mg - Sc 系富铝角液相线面投影图上转变点的热力学数据列于表 4 -3。

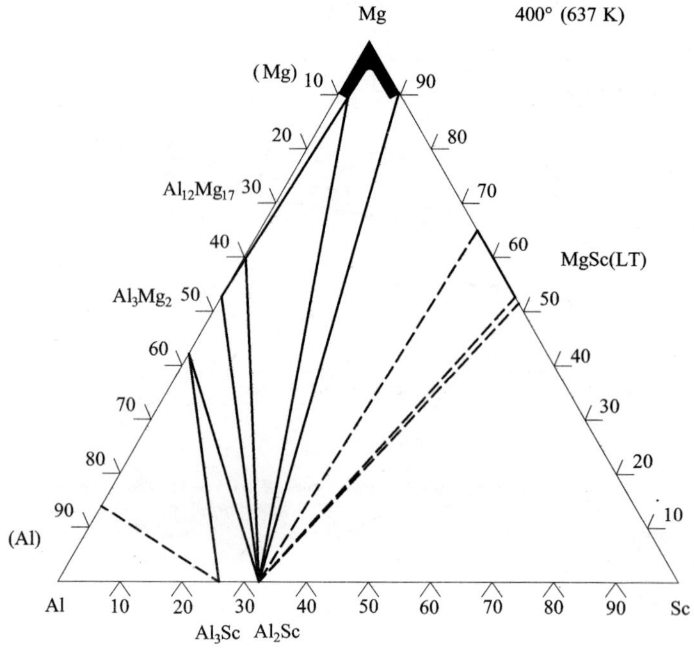

图 4 –8 **Al – Mg – Sc** 系相图

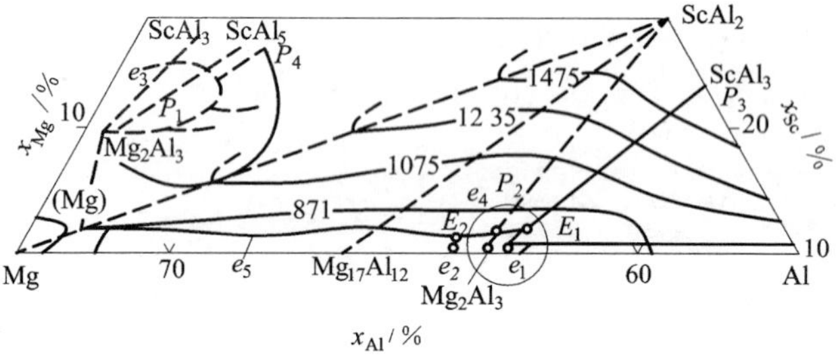

图 4 –9 **Al – Mg – Sc** 系相图富铝角液相线面投影

表4-3　Al-Mg-Sc系富铝区液相面投影上转变点的热力学数据

液相面投影上转变点	合金组成(原子分数/%)			结晶温度/K	平衡
	Al	Mg	Sc		
e_1	62.6	37.4	—	723	液↔$Al+Mg_2Al_3$
e_2	58.5	41.5	—	723	液↔$Mg_{17}Al_{12}+Mg_2Al_3$
e_3	30.0	70.0	—	711	液↔$Mg_{17}Al_{12}+Mg$
e_4	99.64	—	0.36	927	液↔$ScAl_3+Al$
e_5	60.6	37.5	1.9	716	液↔$ScAl_2+Mg_2Al_3$
e_6	44.6	52.4	3.0	726	液↔$ScAl_2+Mg_{17}Al_{12}$
e_7	6.5	90.0	3.5	908	液↔$ScAl_2+Mg$
E_1	62.5	36.6	0.9	708	液↔$ScAl_3+Al+Mg_2Al_3$
E_2	55.9	43.0	1.1	711	液↔$ScAl_2+Mg_{17}Al_{12}+Mg_2Al_3$
E_3	29.5	68.3	2.2	707	液↔$ScAl_2+Mg+Mg_{17}Al_{12}$
P_1	76.0	—	24.0	1603	液$+ScAl_2$↔$ScAl_3$
P_2	62.0	36.5	2.5	713	液$+ScAl_2$↔$ScAl_3+Mg_2Al_3$

利用三角剖分法可以将图4-9分成三个伪三元子系：$Al-Mg_2Al_3-ScAl_2$，$Mg_2Al_3-Mg_{17}Al_{12}-ScAl_2$和$Mg-Mg_{17}Al_{12}-ScAl_2$。在$Mg_2Al_3-Mg_{17}Al_{12}-ScAl_2$子系中合金的结晶在721 K结束。结晶温度区间由贴近边界的伪二元系$Mg_{17}Al_{12}-Mg_2Al_3$，$Mg_2Al_3-ScAl_2$和$Mg_{17}Al_{12}-Sc\ Al_2$合金组成向相应于点E_2且不具有结晶温度区间的合金组成垂降。在这个点上进行冷却时，熔体直接按熔体$\longleftrightarrow Mg_{17}Al_{12}+Mg_2Al_3+ScAl_2$析出共晶混合物。平衡转变的热效应值在40.5% Mg(at)和0.9% Sc(at)时达到最大值。在这个子系中，液相面由$Mg_{17}Al_{12}e_6E_2e_2$，$e_2E_2e_5Mg_2Al_3$和$e_6E_2e_5ScAl_2$组成，它们沿单变线E_1e_6，e_2E_2和e_5E_2相交并分别代表下列共晶平衡：熔体$\longleftrightarrow Mg_{17}Al_{12}+ScAl_2$，熔体$\longleftrightarrow Mg_{17}Al_{12}+Mg_2Al_3$和熔体$\longleftrightarrow Mg_2Al_3+ScAl_2$。在子系$Mg-Mg_{17}Al_{12}-ScAl_2$中，合金

在恒定温度 707 K 下按熔体$\longleftrightarrow$$ScAl_2$ + Mg + $Mg_{17}Al_{12}$完成共晶结晶过程。这个子系的液相面由三个表面 $e_6E_3e_7$Mg，$e_7E_3e_6ScAl_2$，$e_3E_3e_6Mg_{17}Al_{12}$组成。这些表面沿单变线 e_3E_3，e_6E_3，e_7E_3 相交，相应于下列共晶平衡：熔体$\longleftrightarrow$Mg + $Mg_{17}Al_{12}$，熔体$\longleftrightarrow$$Mg_{17}Al_{12}$ + ScA_{12}和 熔体$\longleftrightarrow$Mg + $ScAl_2$。在子系 Mg_2Al_3 - $ScAl_2$ - Al 中在 713 K 下按四相共晶平衡方式，即：熔体$\longleftrightarrow$$Mg_2Al_3$ + Al + $ScAl_2$完成结晶过程。液相面由表面 $Mg_2Al_3e_5p_1E_1e_1$，$e_1E_1e_4$Al，$e_4p_1P_1E_1$ 和 $p_1P_1e_5ScAl_2$组成。这些表面沿单变线 p_1P_1，e_4E_1，p_1E_1，e_1E_1 和 e_5P_1 相交，相应于两个包晶反应和三个共晶反应：熔体 + $ScAl_2$$\longleftrightarrow$$ScAl_3$，熔体 + $ScAl_2$$\longleftrightarrow$$ScAl_3$ + Mg_2Al_3，熔体$\longleftrightarrow$Al + $ScAl_3$，熔液 Mg_2Al_3 + $ScAl_2$和熔体$\longleftrightarrow$$Mg_2Al_3$ + Al。单变量线在共晶点 E_1 和包晶点 P_1 会合。

图 4 - 10 是 Al - Mg - Sc 系 430℃ 等温截面。由图可知，430℃条件下铝溶体与 Al_3Mg_2 和 Al_3Sc 处于平衡状态，在含镁 24% 和含钪 3% 以内的浓度范围内已发现有以下相区：Mg 和 Sc 在铝中形成的固溶体 α 单相区；α + Mg_2Al_3和 α + Al_3Sc 两个两相

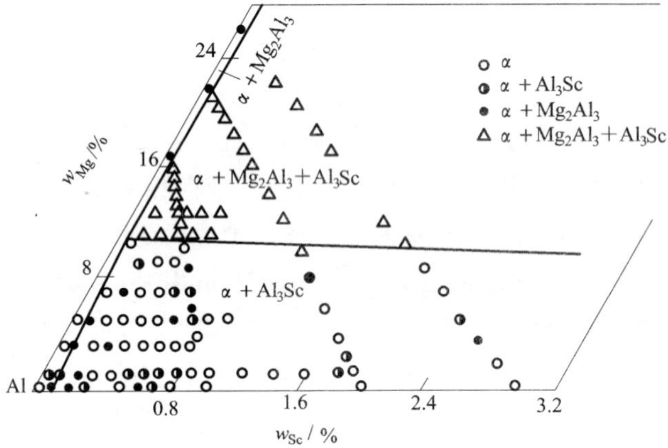

图 4 - 10 430℃时 Al - Mg - Sc 系等温截面

区；一个 $\alpha + Mg_2Al_3 + Al_3Sc$ 三相区。钪的添加会急剧减小镁在铝中的溶解度，铝、镁、钪三者的饱和浓度为 10.5% 和 0.007% Sc。两相区 $\alpha + Mg_2Al_3$ 很窄，且和 Al－Mg 边相邻，两相区 $\alpha + Al_3Sc$ 却相对较宽，两相区 $\alpha + Al_3Sc$ 与三相区的边界实际上正好通过镁含量约为 10.5% 的那条线。

(2) Al－Cu－Sc 系

图 4－11 是 Al－Cu－Sc 系富铝角液相面投影。合金的相平衡参数见表 4－4。450℃和 500℃时 Al－Cu－Sc 三元系的等温截面见图 4－12。在 450℃和 500℃温度下铜和钪在铝中的溶解度列于表4－4。

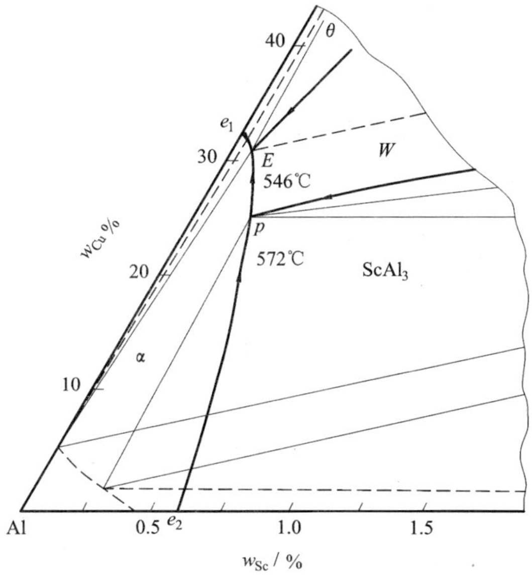

图 4－11　Al－Cu－Sc 系富铝角液相面投影

从图 4－12 可见，温度为 450℃和 500℃时，Al－Cu－Sc 系等

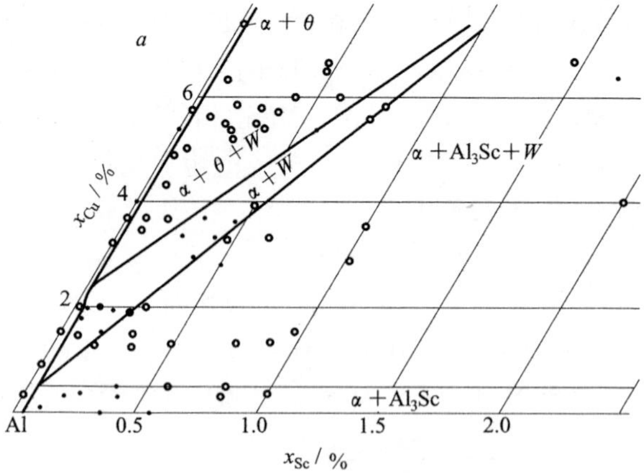

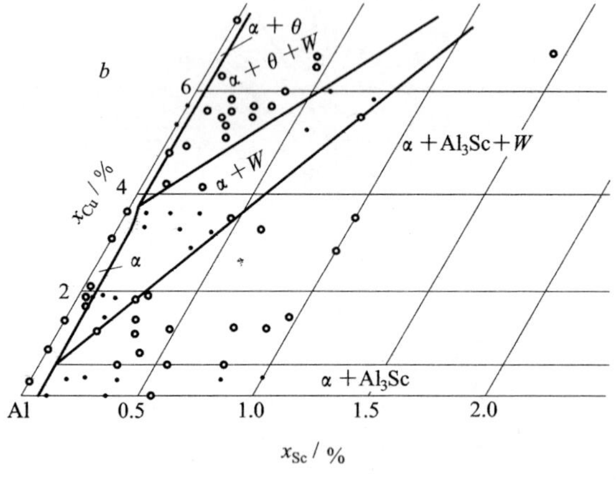

图 4-12 Al-Cu-Sc 系富铝角等温截面

(a)450℃;(b)500℃

温截面截过以下六个相区：铝基固溶体区 α，三个两相区($\alpha+\theta$)、($\alpha+W$)、($\alpha+Al_3Sc$)及两个三相区($\alpha+Al_3Sc+W$)、($\alpha+\theta+W$)。铜含量的增加对钪在铝中的溶解度影响不大，但是铜与钪结合却降低了钪在铝中的含量。两相区 $\alpha+Al_2Cu$ 的边界与二元系 Al-Cu

非常接近。在 450℃和 500℃时铝基固溶体溶解度曲线上存在钪和铜饱和的两个点，为 $\alpha_1 = Al_2Cu + W$ 和 $\alpha_2 = Al_3Sc + W$。

表 4－4　Al－Cu－Sc 合金的相平衡参数

相变点	等温反应	t/℃	成分质量分数/%	
			Cu	Sc
e_1	$L \to \alpha(Al) + \theta$	548	33.0	—
E	$L \to \alpha(Al) + \theta + W$	546	31.2	0.07
p	$L + Al_3Sc \to \alpha(Al) + W$	572	25.0	0.22
e_2	$L \to \alpha(Al) + Al_3Sc$	655	—	0.60

表 4－5　铜和钪在铝中的溶解度(%)

溶解度曲线上的点	Cu		Sc	
	450℃	500℃	450℃	500℃
α_1	2.40	3.75	0.02	0.025
α_2	0.45	0.5	0.04	0.07

(3) Al－Li－Sc 系

文献中还没有关于这个体系完整相图的资料。但文献给出了 Al－Mg－Li－Sc 合金 400℃时富铝区(含 Mg 至 7%，含 Li 至 5%，含 Sc 恒为 0.2%)的等温四面体部分。可以发现有以下相区：$\alpha + Al_3Sc$，$\alpha + Al_3Sc$，$\alpha + Al_3Sc + Al_2MgLi$ 及 $\alpha + Al_3Sc + MgLi$。没有发现与铝基固溶体相平衡的三元或四元相，由已有的资料可推知：Al－Li－Sc 系中 Al_3Sc 和 $\delta(AlLi)$ 相可与 α 固溶体相平衡。

(4) Al－Fe－Sc 系

图 4－13 是 Al－Sc－Fe 系三元合金相图。这个系中有两个二元化合物 Fe_4Al_{13} 和 Al_3Sc，没有发现有与铝基固溶体相平衡的

钪和铁的二元或三元化合物。

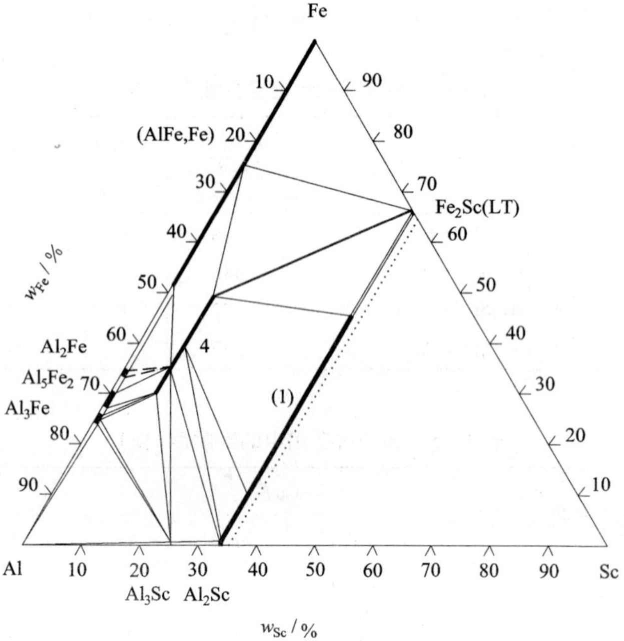

图 4-13　Al-Sc-Fe 系三元合金相图

(5) Al-Sc-Si 系

图 4-14 为 Al-Sc-Si 系合金在 770K 时的等温截面。这个系中有三个相与铝固溶体相平衡，它们是 Si，Al_3Sc 和含 Si，Al，Sc 的三元相。

图 4-15 给出了硅含量为 2% 时 Al-Sc-Si 系的变温截面，发现了与铝基固溶体相平衡的三元化合物 $AlSc_2Si_2$，文献作者将这个三元相标示为 V。

(6) Al-Sc-Mn 系

Al-Sc-Mn 系 500℃等温截面见图 4-16。由图可知，有两

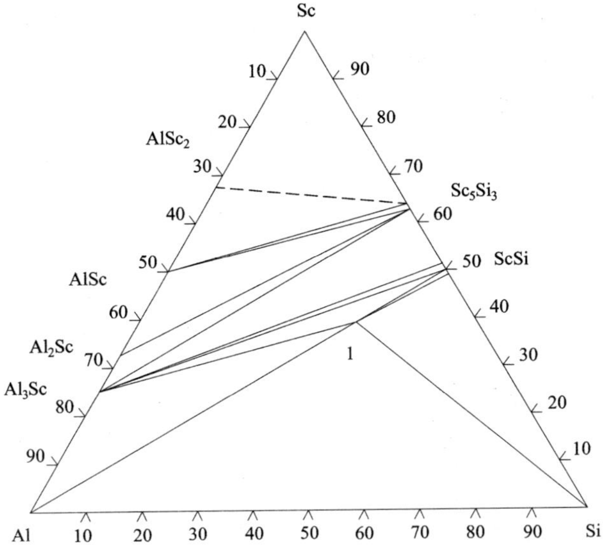

图 4－14　Al－Sc－Si 系合金在 770K 时的等温截面

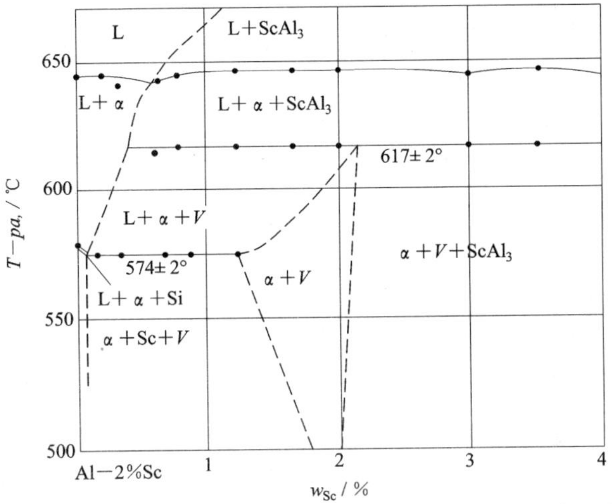

图 4－15　硅含量为 2%时 Al－Sc－Si 系的变温截面

个二元化合物 Al_3Sc，Al_6Mn 与铝基固溶体相平衡。没有发现三元化合物。锰对钪在固态铝中的溶解度实际上没有影响，但钪却显著降低了锰的溶解度。

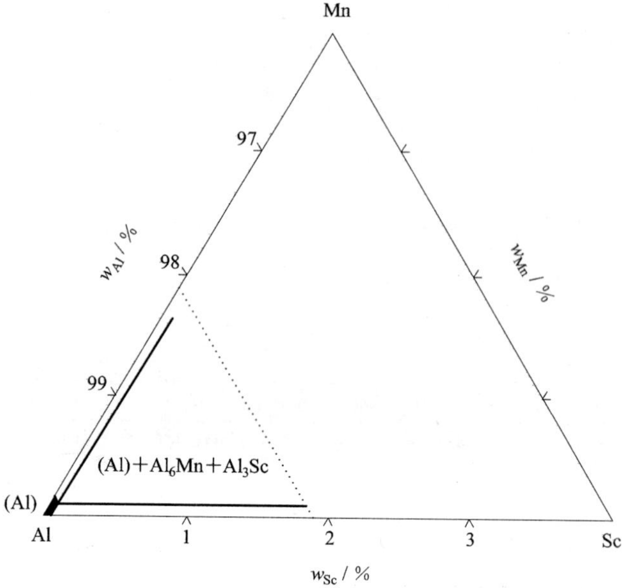

图 4－16 Al－Mn－Sc 系 500℃等温截面

(7) Al－Sc－Zr 系

Al－Sc－Zr 系 550℃等温截面见图 4－17。

由图可以看出，有 Al_3Sc 和 Al_3Zr 两个二元化合物和铝基固溶体相平衡。最多有 0.35% 的 Sc 和 0.25% 的 Zr 溶于铝基固溶体。锆通过取代钪原子的位置而溶解于 Al_3Sc 相中，锆在合金中的含量越多，它在 Al_3Sc 相中的含量也越多，锆在 Al_3Sc 相中的最大溶解度可达 40%，此时，Al_3Sc 相可写为 $Al_3(Sc_{1-0.4}, Zr_{0.4})$。后文将会看到，锆在 Al_3Sc 相中的溶解度具有很大的实际意义。

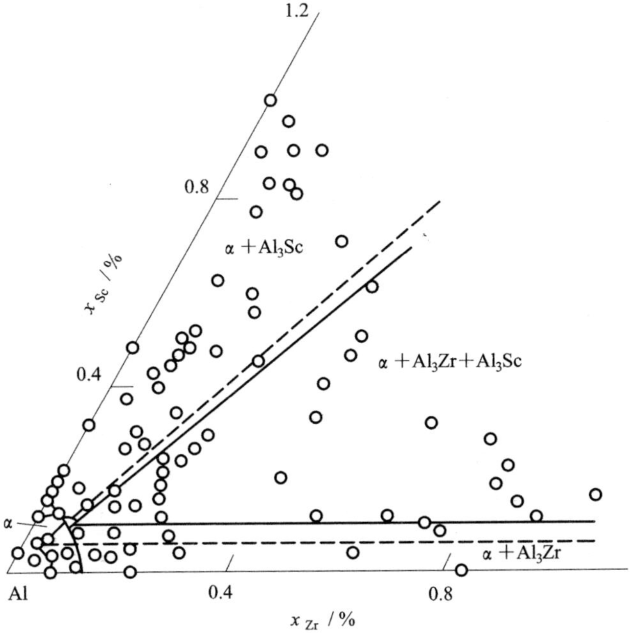

图4-17　Al-Sc-Zr系富铝区在550℃等温截面

钪溶于Al_3Zr中的程度相对较小，溶解度可达20%，此时，Al_3Zr可写作$Al_3(Zr_{1-0.2}, Sc_{0.2})$。

(8) Al-Sc-Cr系

Al-Sc-Cr系500℃时的等温截面见图4-18。只有二元化合物Al_3Sc和Al_7Cr与铝基固溶体相平衡，铬在Al_3Sc中的溶解度可达11%。

(9) Al-Sc-RE

RE指稀土金属，即钆、钬、镝、钇、铽、铥、铒。文献给出了铝、钪和这些稀土元素构成的相图。作为例子，图4-19给出了文献作者描绘的Al-Sc-Y三元相图轮廓。

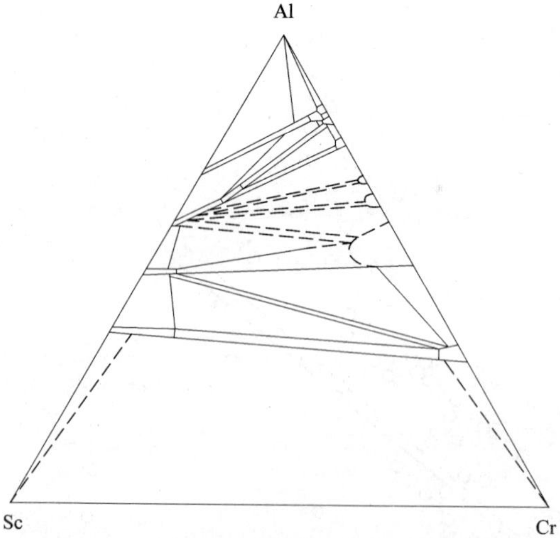

图 4-18 Al-Sc-Cr 系在 500℃时的等温截面

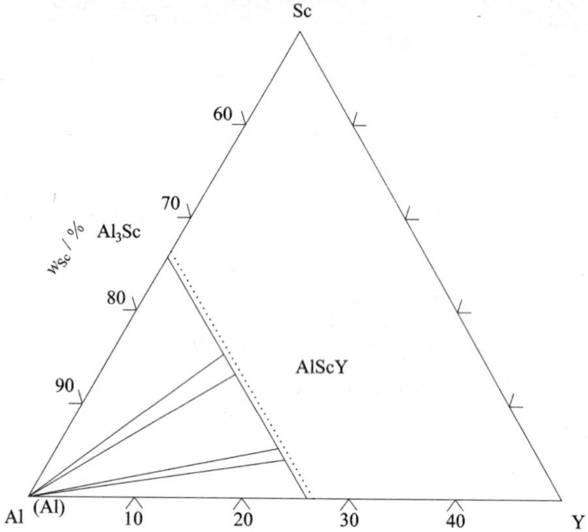

图 4-19 Al-Sc-Y 三元相图

4.1.3 Al – Mg – Sc – Zr 系和 Al – Zn – Mg – Sc – Zr 系热力学性能评估

(1) Al – Mg – Sc – Zr 四元系富铝角 430℃等温截面

1992 年，ФРИДМАН A. C. 等发表的文章给出了 Al – Mg – Sc – Zr 系 500℃富铝角等温截面，其他关于 Al – Mg – Sc – Zr 四元系相图报道还很少。考虑到四元系中二元、三元化合物的成分范围不确切，研究含钪小于 2% (at)，温度低于 500℃部分相图的测定尤为重要，它对于确定钪、锆添加后的相成分、相结构和热处理制度具有很大的应用价值。夏长清等在 1.2% Sc，1.9% Zr，4% Mg(摩尔分数)成分范围内配制了一系列合金，利用金相法、电子探针、X 射线衍射分析研究了 Al – Mg – Sc – Zr 系的相关系。他们根据金相、能谱及 X 射线衍射物相分析，画出了 Al – Mg – Sc – Zr 四元系富铝角 430℃等温截面(图 4 – 20)。

Al – Mg – Sc – Zr 系 430℃等温截面图中包括有 α(Al)，Al_3Sc(Zr)，Al_3Zr(Sc) 三个单相区，α(Al) + Al_3Sc，α(Al) + Al_3Zr 两个两相区，α(Al) + Al_3Sc(Zr) + Al_3Zr(Sc) 一个三相区。Al_3Sc，Al_3Zr 中分别固溶了 Zr 和 Sc，化学式也可以写成 $Al_3Sc_{1-0.5}Zr_{0-0.5}$，$Al_3Zr_{1-0.8}Sc_{0-0.2}$，其中 $Al_3Sc_{1-0.5}Zr_{0-0.5}$ 表示该化合物是 Al_3Sc 结构，Zr 可以置换 0 ~ 50% (at)的 Sc 原子；$Al_3Zr_{1-0.8}Sc_{0-0.2}$ 表示该化合物是 Al_3Zr 结构，Sc 可以置换 0 ~ 20% (at)的 Zr 原子。和文献资料给出的 Al – Mg – Sc – Zr 500℃等温截面相比，430℃下 α(Al) + Al_3Sc(Zr) + Al_3Zr(Sc) 三相区有所扩大，而 α(Al) + Al_3Sc(Zr) 相区变化不大，而 α(Al) + Al_3Zr(Sc) 相区扩大很明显。430℃下 Al – Mg – Sc – Zr 富铝角相图中没有发现新的三元化合物，文献资料报道的 T($Al_xMg_yZr_{1-x-y}$) 相没有找到，可能是由于第三组元 Sc 的加入，使得合金优先形成 Al_3Sc、而 Mg 全部固溶进 α(Al) 中的缘故。

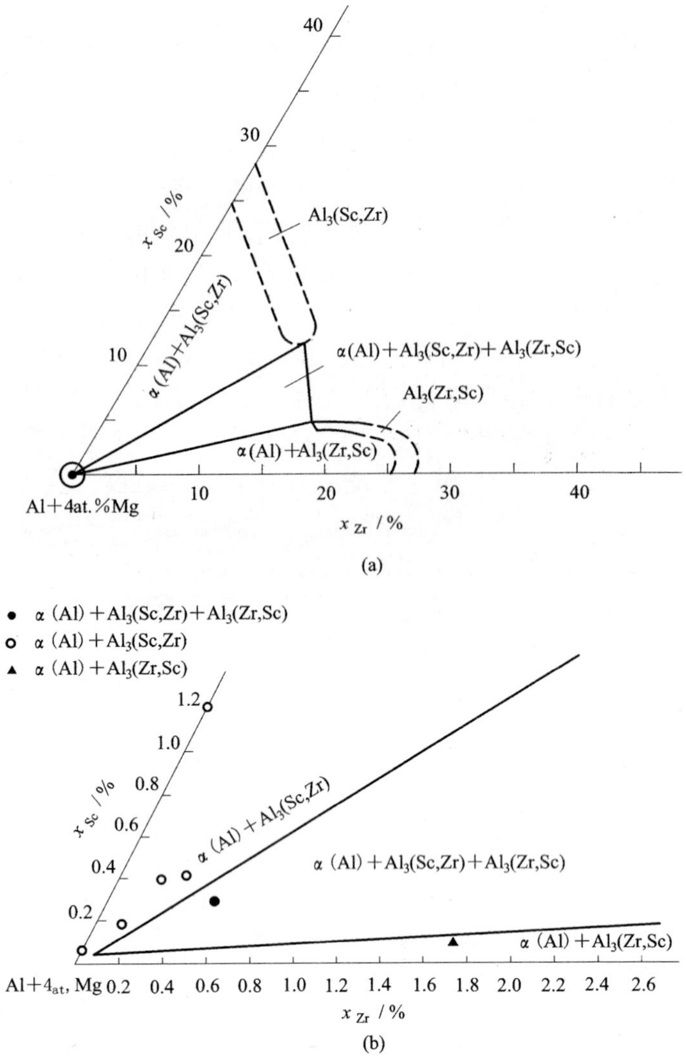

图 4－20 Al－4Mg－Sc－Zr 富铝角 430℃等温截面

(a)430℃等温截面图；(b)图(a)中富铝角圆圈部分的放大

(2) Al - Zn - Mg - Cu - Zr - Sc 系变温截面

夏长清等还用金相、扫描电镜、X 射线衍射分析以及差热分析探索了不同镁含量 Al - 8Zn - 2Cu - 0.3Zr - 0.3Sc - (0 ~ 8) Mg 合金的变温截面(图 4 - 21)。结果表明，合金中存在 α(Al)，*M* 相[包括 $MgZn_2$，Mg (Zn，Cu，Al)$_2$，Mg (CuAl)$_2$]，*T* 相($Mg_3Zn_3Al_2$)，*W* 相($ScCu_{6.6-4}Al_{5.4-8}$)，Al_3(Sc，Zr)以及 Al_3(Zr，Sc)相。$Al_3Sc_{1-x}Zr_x$相内最多能溶解 14% Zr(at)，而在 $Al_3Zr_{1-x}Sc_x$ 相内最多能溶解 5% Sc(at)。

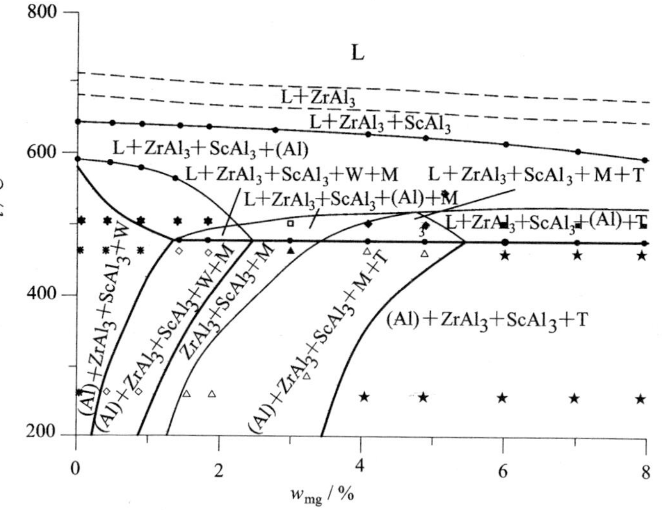

图 4 - 21　Al - Zn - Mg - Cu - Zr - Sc 系变温截面相图

4.2　钪在铝合金凝固过程中的作用

对直径为 60mm 到 1000mm 的铝合金铸锭而言，连续铸造条件下，凝固温度范围内的平均冷却速度大约在 200℃/s 至 1℃/s

间变化，图4－22是基于V. A. Livanor，V. I. Dobatkin，V. Z. Zakharov发表的一些实验数据作出的。连续浇铸凝固条件与平衡凝固有很大差别，对于过共晶Al－Sc系合金，部分钪以初生的Al_3Sc粒子的形式从熔体析出，成为铝固溶体晶粒的结晶核心，余下的钪留在过饱和或超过饱和固溶体中。根据钪在铝中的上述行

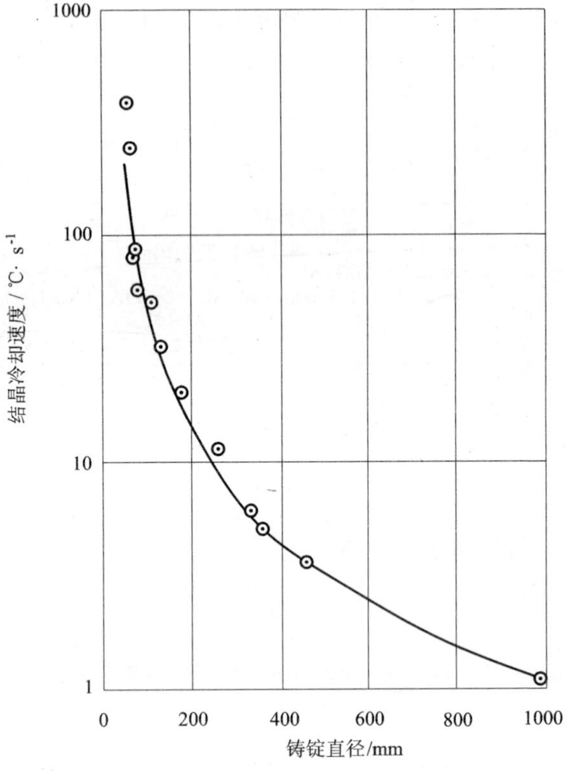

图4－22 连续铸造时铸锭中心结晶冷却速度与直径的关系曲线

为，本节分为两部分进行分析和讨论。第一部分介绍熔体温度低

于液相线时析出的 Al_3Sc 初生粒子对铸锭晶粒组织的变质处理和晶粒细化作用；第二部分讨论熔体凝固及随后冷却时铝钪合金过饱和及超过饱和固溶体的形成。

4.2.1　钪对铸造晶粒组织的变质和细化作用

早在 1960 年，俄国科学家 L. K. Lamikhov 和 G. V. Samsonov 就注意到了钪是铝合金强烈的变质剂，它能显著细化铝合金铸锭晶粒，同时又能消除晶内枝晶组织，并且认为是迄今为止唯一能生产出具有非枝晶组织半连续铸锭的变质剂(图 4－23)。

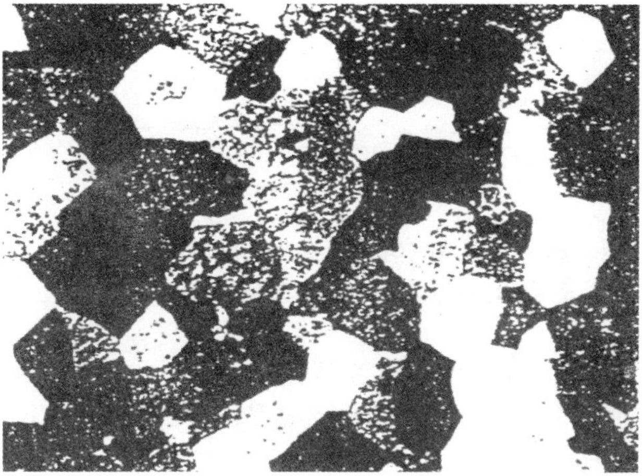

图 4－23　直径为 134 mm 的 Al－0.55%Sc 合金连续铸锭的非枝晶组织(×100)

下面以高纯铝为例说明钪作为变质剂和细化剂的强烈作用。众所周知，要对高纯度的铝锭进行变质处理是很困难的，在连续浇铸纯度为 99.995% 和直径为 134mm 的铝锭时，一些研究者曾试图采用锆、钛或使用钛与硼来细化晶粒，但没有取得成功，而采用钪可以使高纯铝的铸锭晶粒组织变质和细化。

在高纯铝中引入钪且将其含量增至共晶浓度时(0.55% Sc)，铸锭晶粒组织变化不大。只有钪的浓度超过过共晶成分时，凝固过程中才开始有剧烈的晶粒细化作用(图 4－24)。

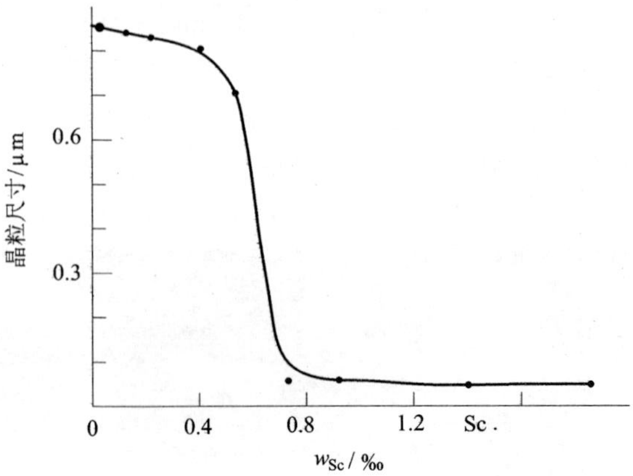

图 4－24 Al－Sc 二元合金中铸态晶粒尺寸与钪含量的关系(凝固冷却速度为 100℃/s)

钪含量与晶粒尺寸这种关系是由于亚共晶和共晶 Al－Sc 合金中未形成初生 Al_3Sc 粒子，因而铝的铸造晶粒不可能得到细化。在过共晶 Al－Sc 合金中，凝固开始时先析出初生 Al_3Sc 粒子。由于 Al_3Sc 相与铝固溶体两者点阵的结构几乎完全一致，当铝固溶体从熔体中结晶时，初生的 Al_3Sc 相粒子成为铝固溶体理想的结晶核心。因此，当钪含量稍高于 Al－Sc 二元合金共晶含量，甚至于当钪含量仅高于共晶含量的万分之几时，也会导致剧烈的晶粒细化作用并形成非枝晶组织。进一步提高钪含量，晶粒细化作用没有太大变化。

上述钪含量增加引起晶粒细化作用仅是对高纯度铝而言的。对于低等级的铝(铝含量小于 99.99%)及铝合金，钪含量增加引起晶粒细化的作用方式会有所改变(图 4 – 25)。添加极少量的钪时，会引起相对较弱的晶粒细化作用。为了说明钪的这种作用，文献提出了钪对铝合金变质处理的新理论。该理论是建立在过渡族金属和铝的电子结构特点上。这种理论认为，各周期开始处的元素 d 层电子填充最少，这些元素具有最好的变质效果。

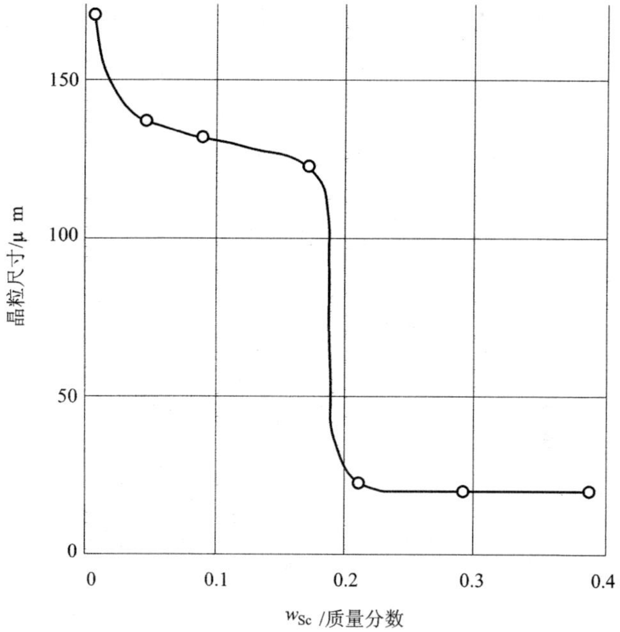

图 4 – 25　直径为 134mm 的 01970 合金晶粒尺寸与钪含量的关系曲线

铸造温度降低时，熔体中会形成稳定的含钪铝化物晶坯，它们是铝固溶体凝固时的形核中心，黏滞学和熔体电导率研究间接证明了这些晶坯的存在。

二元 Al – Sc 合金中引入锆或钛对钪的变质作用有较大的影

响，它会使与钪含量有关的浓度边界向钪含量减小的方向移动。越过此边界，钪将表现很强的变质作用。对于较复杂的铝钪合金，加锆或钛也有类似作用。例如，商业 Al - Zn - Mg - Cu - Sc - Zr (01970 合金)中0.17% ~0.18%钪含量即为这样的边界。含钪低于0.17%时，连续铸锭具有通常的枝晶组织，但钪含量高于0.18%时，晶粒组织会强烈细化，形成清晰的非枝晶组织(图4-26)。

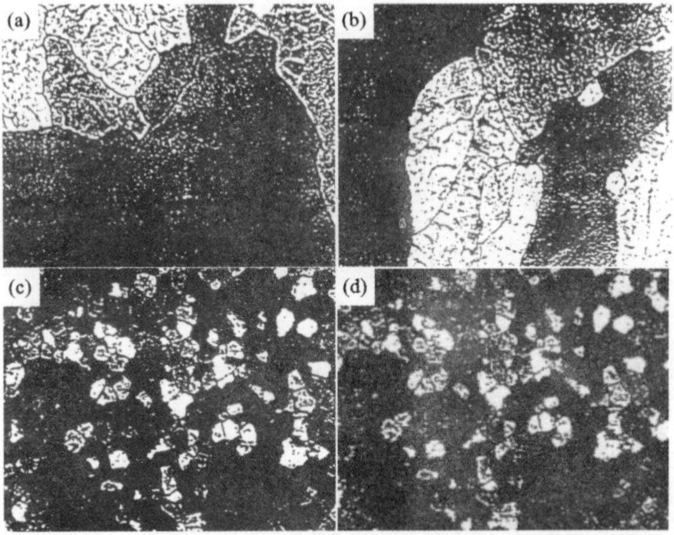

图4-26 134mm 直径的01970 合金连续铸锭组织与钪含量的关系

(a)0% Sc；(b)0.16% Sc；(c)0.2% Sc；(d)0.4% Sc

对含锆、钛及钪的01970 合金及其他合金铸锭的初生金属间化合物 Al_3Sc 粒子进行显微 X 射线分析，发现除铝、钪外还存在锆(含量可达 35%)及钛(含量可达 5%)。锆和钛实际上溶于 Al_3Sc相中，可写作 $Al_3(Sc_{1-x-y}Zr_xTi_y)$。Al_3Sc 相中的锆、钛原子取代了钪原子的位置。钪、锆、钛原子的几何结构和电子结构非常相似，锆、钛在 Al_3Sc 相中溶解时并不改变这种相的点阵类型，对其点阵参数也只有很小的影响，因此也不改变 Al_3Sc 相的独特作用。Al_3Sc 相保持了与铝点阵尺寸、结构几乎完全一致的点阵，所以 $Al_3(Sc_{1-x}Zr_x)$，$Al_3(Sc_{1-y}Ti_y)$，$Al_3(Sc_{1-x-y}Zr_xTi_y)$ 粒子具有与 Al_3Sc 粒子同样强烈的变质和细化作用。

图 4－27 给出了 Sc，Zr 和 Sc，Ti 复合添加对 Al－Mg－Li－Be 合金铸态晶粒的影响。可以看出，一是复合添加比单独添加效果好，二是钪、锆复合添加比钪、钛复合添加效果好。

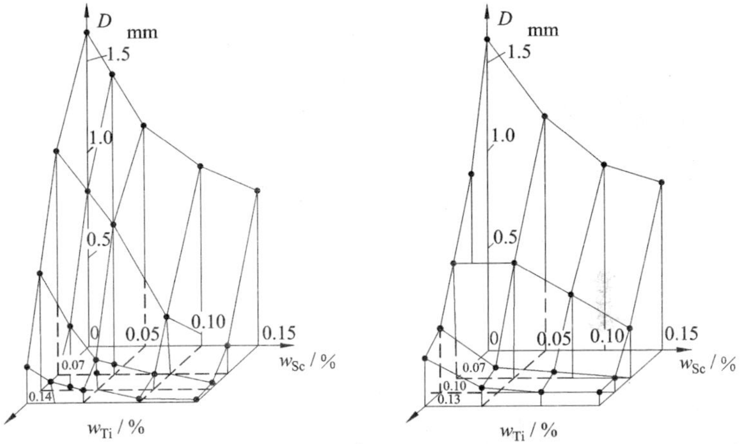

图 4－27　Sc，Zr 含量(a)和 Sc，Ti 含量(b)对 1420 合金铸态晶粒尺寸的影响

B. I. Boqadafev、I. A. Vanchskg 和 V. I. Naplkov 等人的研究结果指出，除钪的含量外，钪的变质效果还取决于铝合金中的合金成分，常用的 Zn，Cu，Mg，它们可能提高或降低钪的变质效果（图 4－28）。

钪的变质效果与浇铸温度的关系见图 4－29。铝钪合金的浇

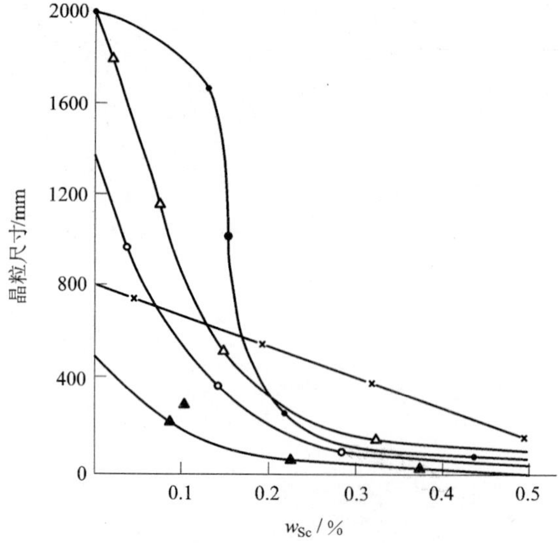

图 4－28　钪含量对直径为 134mm 合金铸锭晶粒尺寸的影响

▲—Al－6% Zn；×—Al－5% Cu；○—Al－6% Mg；

△—Al－0.05% Ti；●—Al－6% Mg－0.12% Zn

铸温度升高时，晶粒尺寸增加，钪的变质作用降低。除此之外，晶粒组织也发生变化。浇铸温度低于 720℃ 时，铸锭中形成了非枝晶组织。升高浇铸温度，除晶粒尺寸增加外，晶粒内部组织也发生了变化，形成了枝晶组织。然而，在添加锆和钛的情况下，铝钪合金铸态组织对温度的这种依赖关系将不复存在。

4.2.2　过饱和及超过饱和固溶体的形成

前面介绍 Al－Sc 二元合金相图富铝角特征时曾经指出，共晶温度下 Sc 在铝中有一定的溶解度(0.35% Sc)、亚共晶合金的凝固范围窄(大约只有 5℃)、液相线相对于水平轴的斜率小。运用上述特点，可以推知过饱和和超过饱和固溶体形成的可能性，

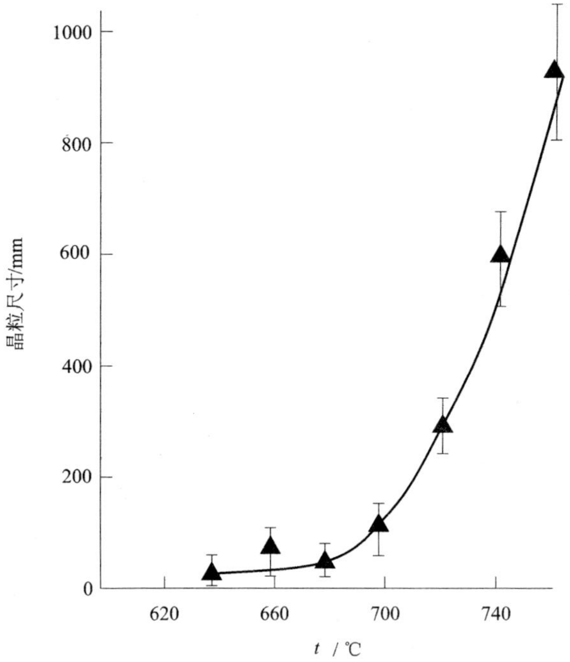

图 4 – 29　浇铸温度对 Al – 6%Mg – 0.2%Sc 合金铸态晶粒尺寸的影响

商用含钪铝合金的实验结果证实了这种推测。图 4 – 30 作出了冷却速度为 10^2℃/s 时富铝区角的 Al – Sc 合金非平衡相图。

与平衡相图的相关区域比较，该图的固溶体区域扩大了。钪在铝中的最大溶解度由 0.35% 增至 0.6%。结晶冷却速度继续增加到 10^3℃/s 和 10^5℃/s，相应的最大溶解度增加到 1.1% 和 3.1%。当冷却速度为 10^7℃/s 时，Sc 在固溶体中的溶解度可达 3.2%。连续铸锭条件下，熔体结晶后铸锭冷却时，由于冷却速度比较快，钪在铝中形成的固溶体来不及分解，钪就固溶在过饱和铝固溶体中。在一些情况下，凝固后会发生固溶体非连续分解，这种现象在以后的章节中将要进行专门的讨论。

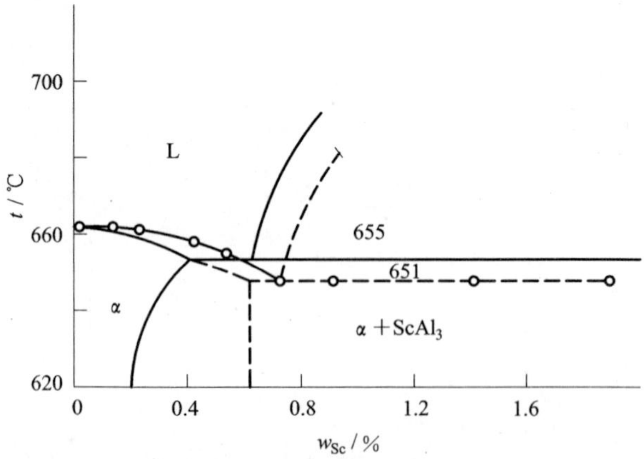

图 4 – 30 结晶冷却速度升高时 Al – Sc 系富铝角平衡态(实线)及非平衡态(虚线)相图

Zakharov 等人的研究结果表明，Al – Sc – Zr 三元合金形成过饱和固溶体的趋势与 Sc，Zr 含量比有关，图 4 – 31 示意地给出了这种关系。提高结晶冷却速度时，三元合金 Al – Sc – Zr 形成过饱和固溶体的趋势远大于二元合金 Al – Sc 和 Al – Zr。此外，Sc，Zr 含量相同的合金形成过饱和固溶体的倾向最大。

图 4 – 31 所示的该规律具有实用价值。选择商用铝合金中的 Sc，Zr 含量时应当考虑这种关系。

4.3 铝钪合金固溶体分解特征

4.3.1 分解动力学

先介绍一下文献中关于等温转变 C 曲线的绘制方法。以 Al – Sc合金为例，文献作者将直径为 134mm 的 Al – 0.4% Sc – 0.01% Fe – 0.01% Si 连铸铸锭截成短条，在 250℃ ~500℃范围内退

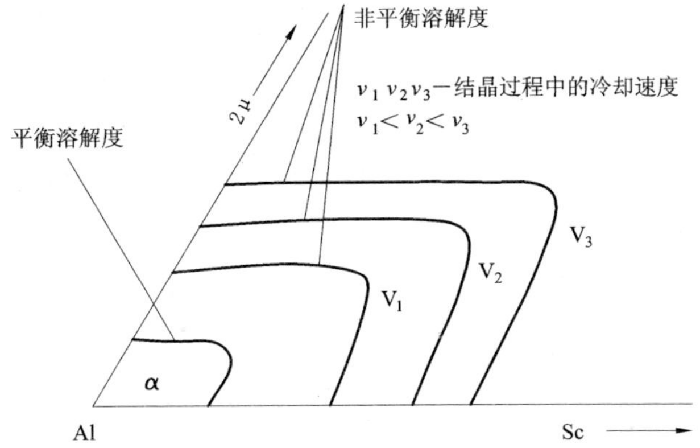

图 4－31　结晶冷却速度升高时 Sc 与 Zr 在铝中的溶解度变化趋势

火并保温不同时间，随后将样品进行水冷。退火时铸锭结晶过程中形成的过饱和固溶体会发生分解，测量短条的电导率，绘制不同退火温度下电导率与退火时间的关系曲线(图 4－32)。将初始条件(铸态)下的电导率 27MSm/m 看做零分解，合金的电导率 37MSm/m 对应于完全分解，将不同退火温度下相应于 5%，10%，20%，40%，60% 及 80% 分解程度的电导率值联结即可作出 C 曲线(图 4－33)。作为比较，图 4－33 还给出了以类似方法作出的 Al－0.62% Mn－0.01% Si 和 Al－0.31% Zr－0.01% Fe－0.01% Si合金的 C 曲线。

图 4－33 中 C 曲线的结果表明，经过很短的孕育期后，退火过程中铝钪固溶体就开始以极快的速度进行分解。例如，450℃～500℃退火时，Al－Sc 固溶体分解的孕育期为 10s，与之相比，Al－Mn 和 Al－Zr 合金分别为 14000s 和 120000s，分解速度分别高出 3～4个数量级。图 4－33 的结果还表明，退火温度降低时，钪固溶体的分解速度急剧降低，孕育期迅速增长。250℃时的孕育期比 450℃～500℃时长 60 倍，平均分解速度降低了 6 个数量级。

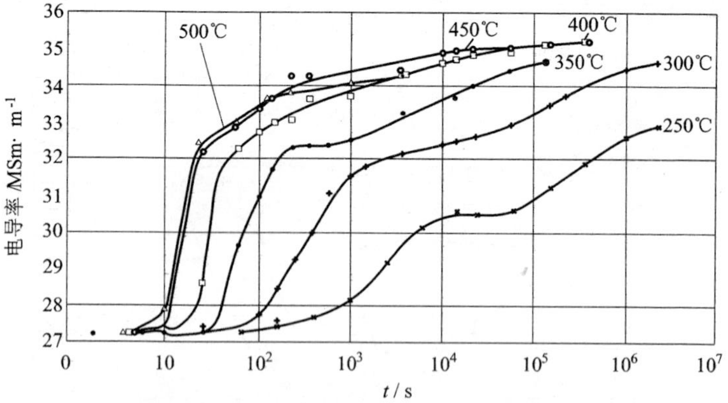

图 4-32　不同温度等温保温时 Al-0.41%Sc 铸锭的电导率变化

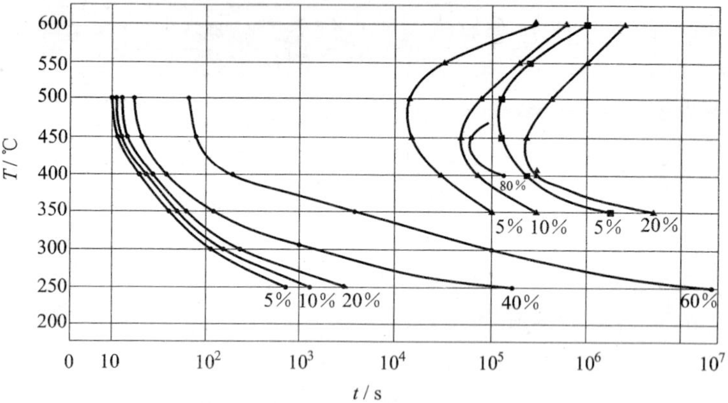

图 4-33　半连续铸锭制备的铝固溶体分解 C 曲线

Al-0.4%Sc(●)，Al-0.62%Mn(▲)和 Al-0.31%Zr(■)

不同钪含量二元 Al-Sc 合金过饱和固溶体分解 C 曲线见图 4-34。可以看出，固溶体分解的动力学很大程度上取决于过饱和固溶体中的含钪量。含钪量增加，分解速度加快。二元 Al-Sc

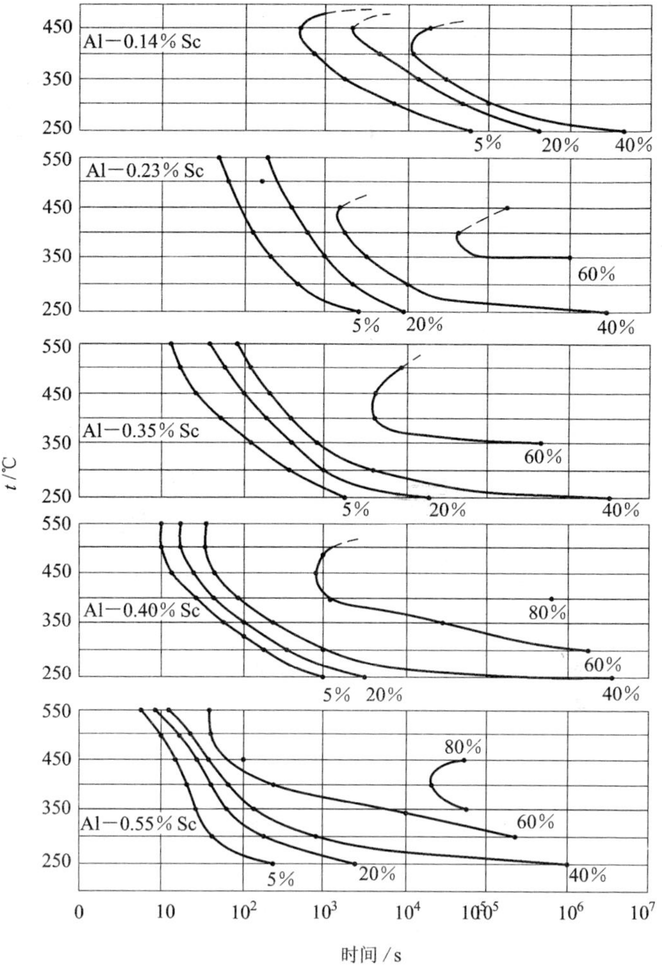

图 4-34　不同钪含量二元 Al-Sc 合金过饱和固溶体分解 C 曲线

合金中，当钪含量由 0.14% 增至 0.55% 时，孕育期缩短两个数量级，分解速度增快两个数量级。

Al－Sc 二元合金中添加过渡族金属元素，如 Mn，Cr 和 Zr，对铝固溶体分解动力学影响不大(图 4－35)。

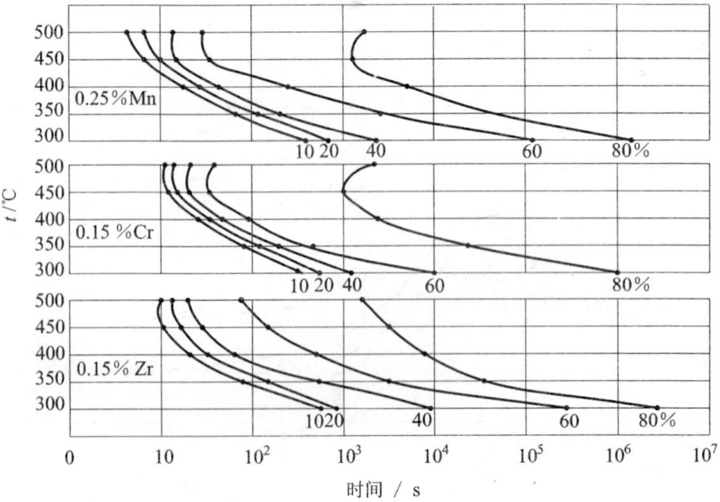

图 4－35　加 0.25%Mn，0.15%Cr 和 0.15%Zr 的 Al－0.4%Sc 合金过饱和固溶体分解 C 曲线

4.3.2　分解过程中的强化效应

铝钪合金固溶体分解会导致合金剧烈的强化，这种强化远远超过含其他过渡金属的铝固溶体分解引起的强化。图 4－36 给出了直径为 134mm 的 Al－0.41% Sc 合金铸锭在不同温度下保温时间与显微硬度的关系。合金铸锭的显微硬度很低，大约为 340MPa，因为钪仍处于过饱和固溶体中。这种铸锭在 300℃～500℃下退火，含钪的过饱和铝固溶体发生分解，铸锭的显微硬度迅速增加到 850～930MPa，也就是说，钪固溶体的分解使显微硬度提高了约 2.5 倍。退火温度越高，达到最高硬度值的时间越短。例如，500℃退火，25s 即达到最大值，450℃时为 40s，400℃

时为 2.6min，350℃时为 25min，300℃时为 8.2h。降低退火温度，硬度峰值会升高，曲线峰处由尖转平。Al - Sc 二元合金退火达到硬度峰值后硬度降低的速度一般很快，退火温度对该速度影响也很大。

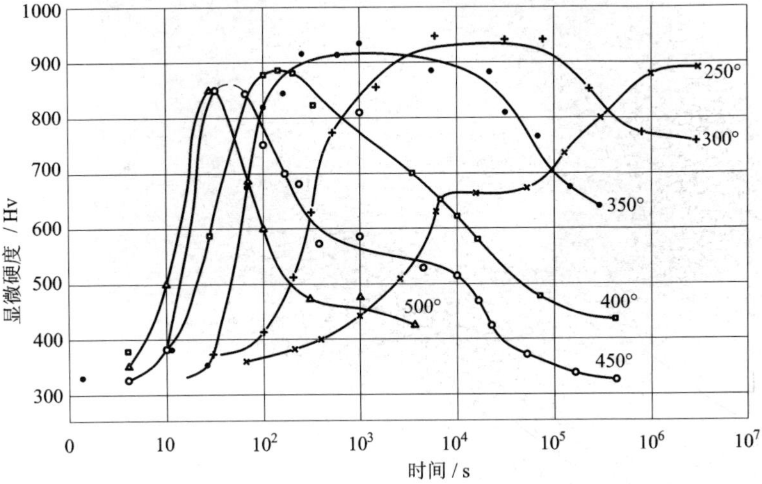

图 4 - 36　Al - 0.41%Sc 合金铸锭

在不同温度下保温时显微硬度与保温时间的关系

含钪的铝固溶体分解时，不经过亚稳相阶段而形成极其分散的和稳定的 Al_3Sc 球形粒子，这种粒子与基体完全共格。由于脱溶的稳定相 Al_3Sc 与铝固溶体结构和点阵参数几乎完全一致，这样就确保了 Al_3Sc 相成核核心的临界值很小，容易发生均匀成核现象。而且 Al_3Sc 相粒子可以在基体内各处脱溶，因此析出粒子极为分散，即便峰值强化条件下 Al_3Sc 粒子依然极为细小和分散，以至于电镜下也无法观察到析出粒子。延长保温时间或提高退火温度，Al_3Sc 析出粒子会变粗，电镜下可以清晰地观察到这种粒子呈球形并与铝基体共格(图 4 – 37)。还可以看到，尽管退火时粒子发生明显粗化，粒子与基体的共格关系仍长时间保持不变。

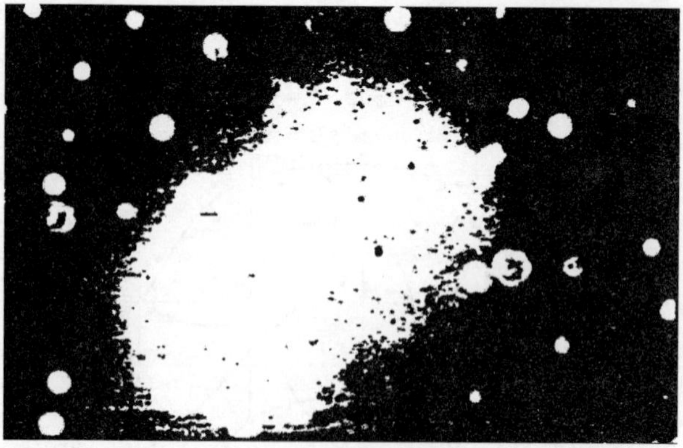

图 4 – 37 Al – 0.41%Sc 合金固溶体分解形成的 Al_3Sc 粒子(×72000)

Al – 0.14% Sc 和 Al – 0.55% Sc 合金铸锭不同退火温度下显微硬度与保温时间的关系曲线见图 4 – 38。文献详细讨论了铝钪固溶体的分解机制，铝钪合金固溶体分解时，硬度峰值和时效动力学取决于钪含量和退火温度。例如，钪含量由 0.14% 增至 0.55% 时，合金的硬度明显升高，到达最大显微硬度值的时间也大大缩短(图 4 – 39)。电子显微镜和电导性研究结果表明，发生这种现象的原因是钪在铝中形成的固溶体过饱和程度增加了，Al_3Sc 析出粒子的体积分数和分散性均增加。

4.3.3 不同添加元素对强化效应的影响

前面已经提到，铝钪二元合金过饱和固溶体分解速度极快，比 Al – Mn 合金和 Al – Zr 合金中的相应分解速度高 3 ~ 4 个数量级。Al – 0.4% Sc 合金在 400℃ 和 500℃ 时效，数十秒钟内硬度会

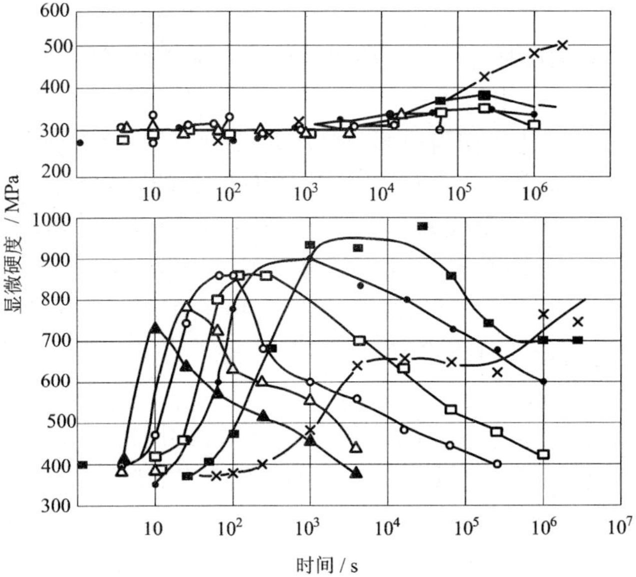

图 4－38　合金铸锭不同退火温度下显微硬度与保温时间的关系曲线

(a) Al－0.14% Sc; (b) Al－0.55% Sc

×—250℃；■—300℃；●—350℃；□—400℃；○—450℃；▲—500℃

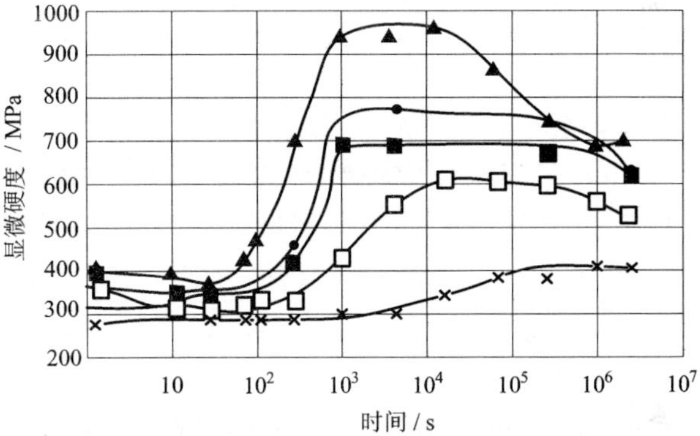

图 4－39　300℃等温保温时，Al－Sc 二元合金的显微硬度与钪含量的关系

0.14% (×)；0.23% (□)；0.35% (■)；0.40% (●)；0.55% (▲)

达到最大值。继续时效，由于析出相 Al_3Sc 颗粒粗化，硬度又迅速降低。在实际应用中，生产铝制品时通常要对铸锭和半制品进行工艺加热，析出粒子会有充分的粗化时间，这样一来，Al_3Sc 析出所获得的强化有相当一部分会丧失。下面讨论一下商用铝合金中不同添加元素对铝钪合金固溶体分解过程的影响。商用铝合金中通常添加 Mn，Cr 或 Zr，还会有一定含量的杂质 Fe 和 Si。加 Mn 和 Cr 对 Al－0.40% Sc 合金固溶体分解时的显微硬度变化影响不大，但是加锆却有明显的影响。图 4－40 给出了 Al－0.40% Sc 和 Al－0.40% Sc－0.15% Zr 合金铸锭不同温度下退火显微硬度与退火时间的关系。

比较含 Zr 和不含 Zr 合金的显微硬度变化曲线，发现两者的硬度峰值是相同的，但含 Zr 合金的硬化速率要低一些。两种合金显微硬度变化最重要、最本质的区别是含 Zr 合金的硬度以较慢的速度降低。对于 Al－Sc－Zr 合金，电子显微分析和能谱成分分析表明，退火时的硬度的降低速率度与强化相粒子的粗化减慢有关。溶入 Zr 原子后的 $Al_3(Sc_{1-x}Zr_x)$ 具有 $L1_2$ 型点阵结构，其点阵参数与 Al_3Sc 稍有不同，结果导致粒子粗化速度变慢。图 4－41 的结果还表明，Al－Sc 合金中添加 Zr，$Al_3(Sc_{1-x}Zr_x)$ 析出相的粒度比 Al_3Sc 要少得多。

通过对不同合金系进行的实验表明，加锆后的铝钪合金中次生 $Al_3(Sc，Zr)$ 粒子凝结速度降低了，这种现象有很大的实用价值，因为大部分商用铝合金都含有微量锆。

关于 Fe 和 Si 对 Al－Sc 合金固溶体分解的影响，图 4－42 给出了不同硅含量的 Al－0.4% Sc 合金 300℃ 退火时退火时间与铸锭显微硬度的关系。

研究发现 Al－0.40% Sc 合金中的铁含量达到 0.7% 时对固溶体发生分解产生的强化特点没有太大影响，硅含量的影响要大一些。铸态时显微硬度随硅含量的增加而升高，但固溶体分解得到

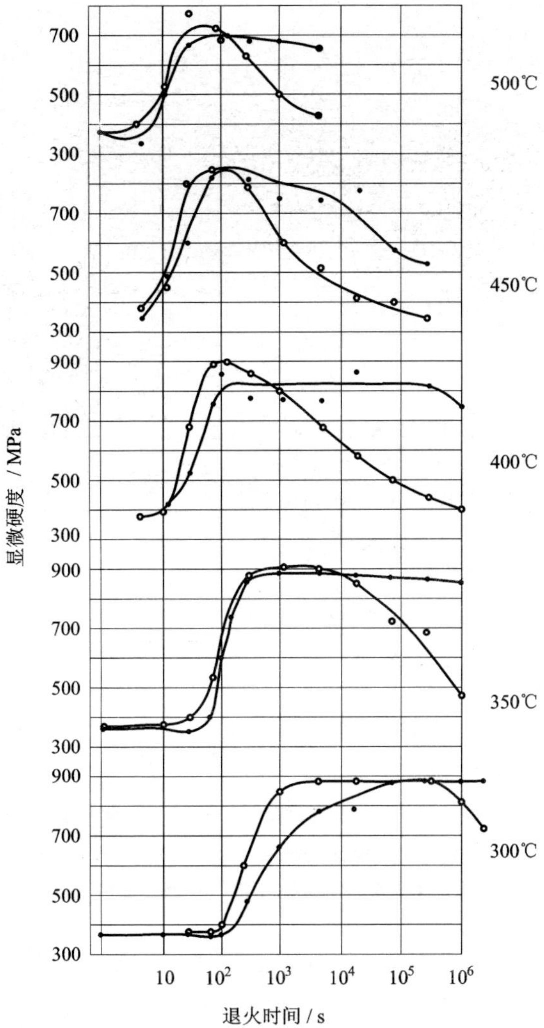

图 4－40　合金铸锭不同温度下退火显微硬度与退火时间的关系

Al－0.40% Sc(○)；Al－0.40% Sc－0.15% Zr(●)

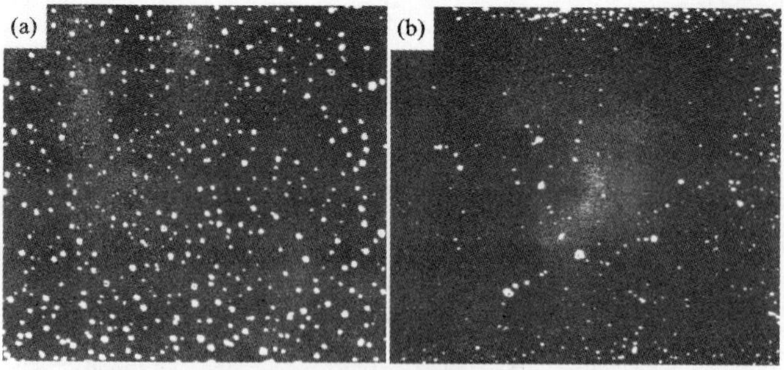

图 4－41　合金析出相粒子的暗场象(×22000)

(a)Al－0.40%Sc;(b)Al－0.40%Sc－0.15%Zr

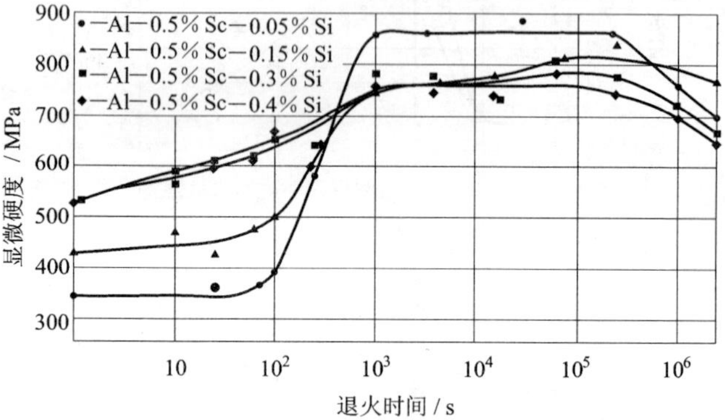

图 4－42　不同硅含量的 Al－0.4%Sc 合金

300℃退火时退火时间与铸锭显微硬度的关系

●—0.05% Si; ▲—0.15% Si; ■—0.3% Si; ◆—0.4% Si

的硬度峰值却降低，固溶体分解引起的强化作用也相应减弱。铸锭由铸造温度冷却时，含硅合金的非连续分解会发生并加剧，非连续分解的产物会导致铸态时显微硬度的增加，硅可将钪束缚于化合物(Al, Sc, Si)中，即降低了钪在固溶体中的含量，由于钪在固溶体中的含量降低，等温保温时的强化作用也相应减弱。同时提高铁、硅在 Al－0.40% Sc 合金中的含量时，在开始时效阶段，硅的作用占主导地位(图 4－43)。由于硅被缚入 Al(Fe, Si)相中，铁可部分抵消硅对合金强化动力学的影响。和硅的影响相同，铜添加到 Al－0.4% Sc 合金中会形成含 Cu 和 Sc 的化合物，这种化合物的出现降低了钪的强化作用(图 4－44)。

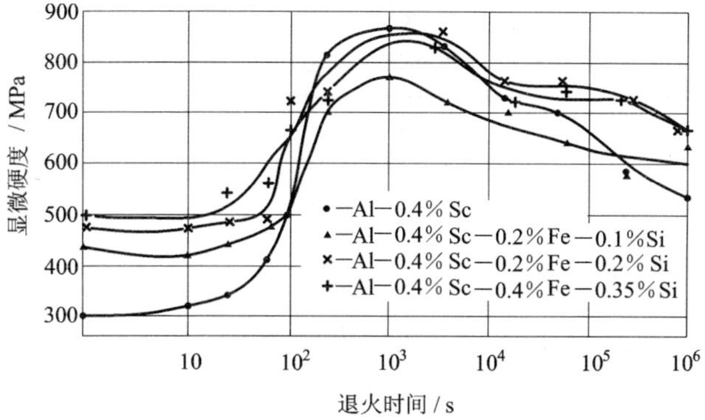

图 4－43　Al－0.4%Sc 合金铸锭 350℃保温时，显微硬度与 Fe, Si 含量的关系

○—Fe, Si 少于 0.01%；▲—0.2% Fe 和 0.1% Si；×—0.2% Fe 和 0.2% S；+—0.4% Fe

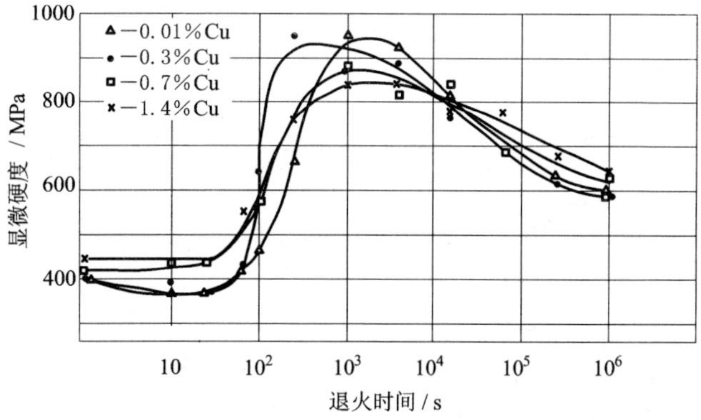

图 4－44　铸锭显微硬度与不同铜含量的关系曲线

△—含 Cu 量少于 0.01%；●—0.3% Cu；□—0.7% Cu；×—1.4% Cu

与 Al－0.4%Sc 合金相比，当商用合金中钪含量为 0.2% 时，不同的添加剂对固溶体析出动力学的影响更大，以下实验数据很清楚地说明了这一点。

添加不同的过渡族金属元素的 Al－0.2%Sc 合金进行连续铸造，得到直径为 92mm 的合金铸锭，合金的化学成分见表 4－6。

表 4－6　合金的化学组成（质量分数） %

合金号	Sc	Zr	Hf	Ti	V	Co	Al
1	0.2	—	—	—	—	—	99.8
2	0.2	0.15	—	—	—	—	99.65
3	0.2	—	0.15	—	—	—	99.65
4	0.2	0.08	0.08	—	—	—	99.64
5	0.2	—	—	0.05	—	—	99.75
6	0.2	—	—	—	0.03	—	99.77
7	0.2	—	—	0.025	0.015	—	99.76
8	0.2	0.15	—	0.03	0.02	—	99.6
9	0.2	0.15	—	—	—	0.15	99.5

图 4－45 给出了添加过渡族元素的 Al－0.2%Sc 合金铸锭 400℃和 450℃退火时显微硬度与保温时间的关系曲线。

400℃退火时的显微硬度变化曲线取决于保温时间，对该曲线的分析结果表明，所有合金可象征性地分为三组：最大硬度为 440～480MPa 的无锆合金；最大硬度为 650～680MPa 的含 0.15%Zr 的合金；具有中等硬度值的含 0.08%Zr 的合金。Al－Sc－V 地位特殊，其最大显微硬度仅为 380MPa。400℃时，含 0.15%Zr 合金铸锭的峰值硬度可保持长达 277h。其他合金在保温 10h 强度也有类似的规律。

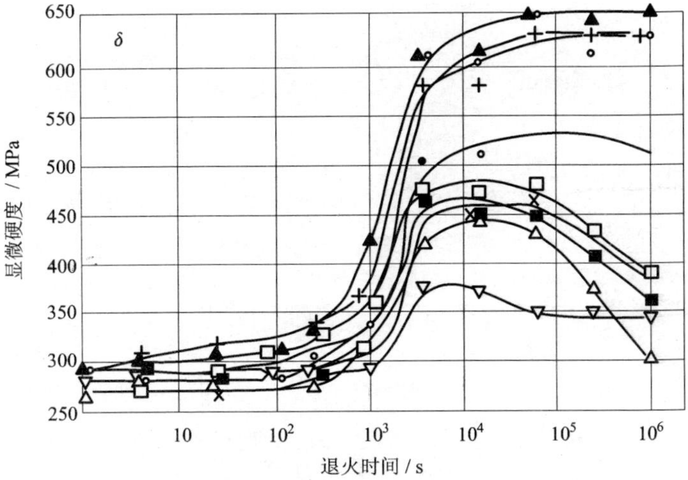

图 4-45　添加过渡族元素的 Al-0.2%Sc 合金铸锭 500℃退火时显微硬度与保温时间的关系

△—未添加(1)；○—Zr(2)；×—Hf(3)；●—Zr + Hf(4)；
□—Ti(5)；▽—V(6)；■—Ti + V(7)；▲—Zr + Ti + V(8)；+—Zr + Co(9)
（括号中数字与表 4-5 中合金序号一致）

图 4-46 为 Al-0.2% Sc 合金中添加不同类型过渡族元素后形成的 Al_3Sc 类型粒子的暗场像。在 450℃时效 17.5h 后，Al_3Sc 型相从过饱和固溶体中脱溶，产生最大的强化，可以观察到 Al-0.2% Sc 合金铸锭中存在相对较大的稀散分布的 Al_3Sc 粒子，粒子平均尺寸为 40nm，粒子间距为 570nm。

合金中添加 0.15% Zr 后 Al_3Sc 类型粒子的平均尺寸降至 10nm，粒子间距减少到 160nm。Al-Sc-Hf 合金和 Al-Sc-Zr-Hf 合金具有中等尺寸的粒子，尺寸分别为 14nm 和 16.5nm。

含钛和钒的 Al-0.2% Sc 合金中，粒子的分布是不均匀的，枝晶粒子中央部分的特点是粒子很细，约为 10nm，边缘部分粒子却很粗，约为 50nm。

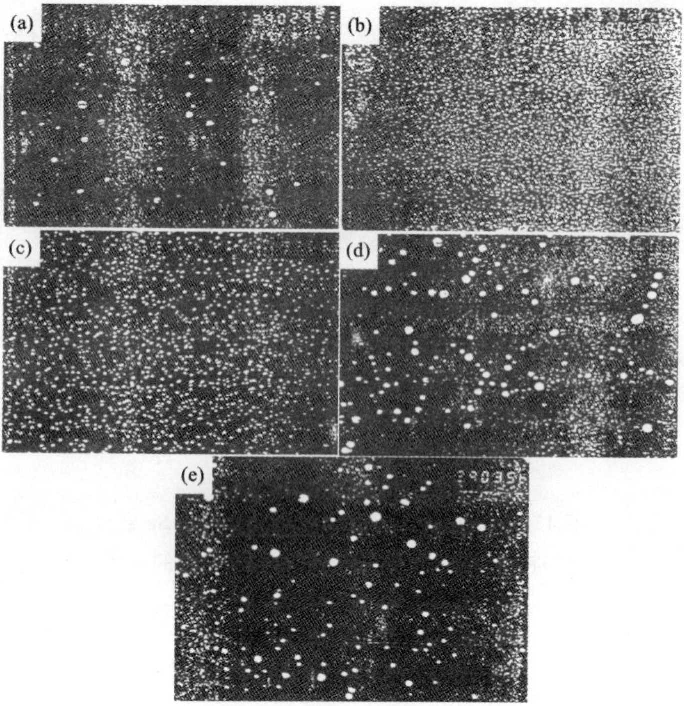

图 4-46　添加过渡族金属的 Al-0.2%Sc 合金铸锭中 Al_3Sc 类型粒子的暗场像(×29000)

(a)未添加(1)；(b)Zr(2)；(c)Hf(3)；(d)Ti(5)；(e)V(6)

(括号中的数字与表 4-5 中的合金序号一致)

综合以上实验结果可以得到如下几点结论：

(1)在 Al-0.2% Sc 合金中加 0.15% Zr 时，由于有更多的 $Al_3(Sc_{1-x}Zr_x)$ 粒子脱溶，合金的强化效果显著增加。

(2)在 Al-0.2% Sc 合金中加 Hf 时，会形成 $Al_3(Sc_{1-x}Hf_x)$ 相，该相粒子的分散度高于 Al_3Sc，但低于 $Al_3(Sc_{1-x}Zr_x)$。分解后合金的硬度值与粒子的分散度密切相关。

(3) Al－0.2% Sc 合金中添加钛也会提高强化效果，该强化产生于固溶体分解时，在这种情况下很可能形成 $Al_3(Sc_{1-x}Ti_x)$。

(4) 增加少量钒会降低钪的强化效果。可以认为，这与钒的强烈熔析有关，也与固溶体分解产物形貌有关。

上述研究的重要结论还有：复合添加 0.2% Sc 和 0.15% Zr 确保了合金很大程度的强化，几乎与 Al－0.4% Sc－0.5% Zr 相当。与 Al－0.4% Sc－0.5% Zr 合金不同，Al－0.2% Sc－0.15% Zr 合金可以在较高温度下保温较长时间来取得强化，这就使人们可以在通常的温度与时间条件下进行铝钪合金半成品的制造。

4.3.4　非连续分解

前面曾经提到，在进行连续浇铸铸锭时，含钪的铝固溶体很不稳定，它的分解速度比 Al－Mn，Al－Zr 合金高 3～4 个数量级。因此，铸锭自结晶温度开始冷却时，有时会发生钪在铝固溶体的非连续分解现象。下面介绍的是铸锭冷却过程中的非连续分解的例子。

图 4－47 是直径为 134mm 的 Al－0.4% Sc－0.01% Fe－0.01% Si的连续铸锭显微组织，样品拍摄前进行了电解抛光和腐蚀。

从图 4－47 中可以观察到亮的粗晶粒和暗的细晶粒，后者处于亮的粗晶粒的边界或内部，其体积百分数约为 15%。在一些情况下，位于大晶粒中的细小晶粒的中心可以观察到附加粒子。在偏振光下观察上述小晶粒[图 4－47(c)]，其颜色与基体大晶粒相差很大，说明两者的结晶方向存在很大的区别。铸态下小晶粒的显微硬度为 390MPa，粗晶粒为 350MPa。在 350℃ 经 17min 退火后，它们的显微硬度则分别提高到 680MPa 和 910MPa。

图 4－47 所示的细小晶粒就是非连续分解区，分解发生在铸锭从铸造高温区(为 640℃～650℃)冷却时。含钪的铝固溶体浓

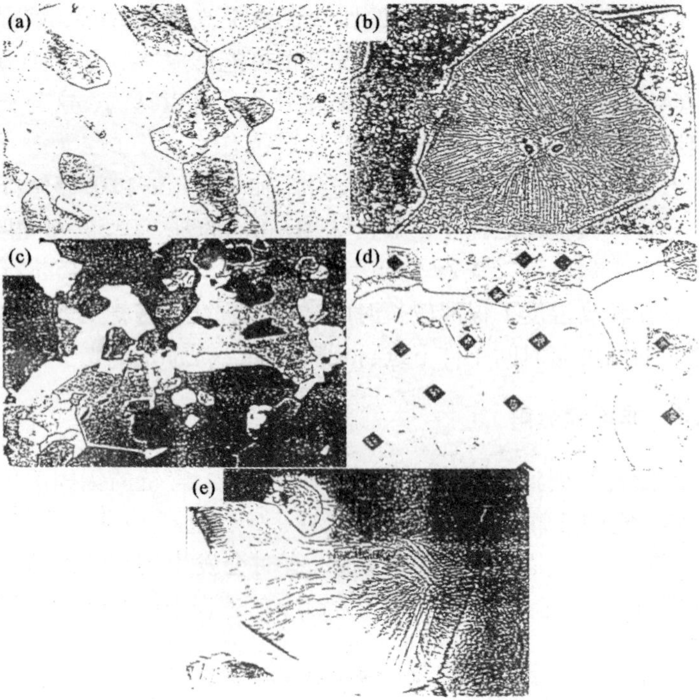

图 4-47　直径为134mm铸锭的显微组织，非连续分解区清晰可见

(a) ×200；(b) ×1000；(c) ×100；(d) ×200；(e) ×9000

度由0.40%降到约0.35%。继续冷却时，钪留在过饱和固溶体中（浓度约为0.35%）。铸锭在350℃下进行17min的热处理后，由于过饱和固溶体的分解和析出，铸锭显微硬度由390MPa增至680MPa。由于枝晶偏析，铸锭中富钪的微小体积内发生非连续分解。非连续分解开始于任何已有的界面，如Al_3Sc附加相粒子或铸造晶界附近。

合金薄膜的电镜分析表明，细晶粒中析出粒子呈扇形分布[图4-47(e)]。而大晶粒中没有这样的析出物。电子衍射分析结果证明，上述扇形组织具有 $L1_2$ 型结构，其点阵参数和 Al_3Sc 相是一致的。

对金相样品进行显微X射线成分分析表明(图4－48)，钪在细晶粒中的含量比在粗晶粒中的高，附加相富钪，为 Al_3Sc 粒子。

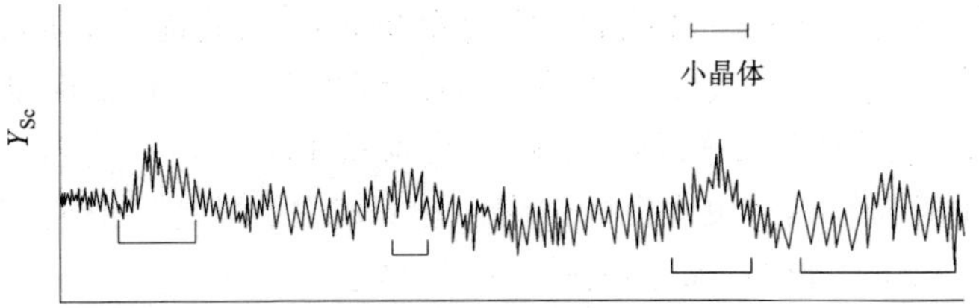

图4－48　X射线显微分析能谱探头穿过细晶粒(实线部分)和粗晶粒时钪含量的变化

上述系列实验结果表明，铝钪固溶体发生了非连续分解。非连续分解过程中，形成了该温度下的平衡浓度局部区域，与原来的过饱和固溶体以大角度晶界相邻。平衡浓度区增大，过饱和区域就减小。大角晶界处，固溶体浓度不规则地由过饱和变为平衡浓度。非连续分解开始于初始大角晶界或附加相粒子处，这些地方的浓度较高。分解过程中，附加相以细长片或棒状形式脱溶。

大量铝钪合金研究结果表明，非连续分解是这类合金的常有现象。钪含量增加时，这种分解趋势增强，加Si，Zn，Mg有利于这种趋势的发展，加Cu和Ti却有阻碍作用。值得指出的是，仅在铸锭从铸造温度开始冷却时，才会观察到非连续分解过程，在250℃～500℃之间等温退火时，并不发生这种分解。

显然，固溶体的非连续分解现象对合金的性能不利。因为此时的脱溶粒子远不如通常连续分解时产生的粒子那样细小和分散，它们不具备强化和抗再结晶的能力。

4.4 铝钪合金的再结晶

铝合金中添加微量钪的一个主要目的是要提高铝合金加工半成品的强度。添加微量钪后，铝合金抗再结晶的能力急剧升高，这就为生产具有稳定的完全非再晶组织的各类半成品提供了条件。最终热处理后，这种组织就一直保持下来，非再结晶组织的存在使半成品具有更优良的强度性能；其次，加钪后形成了分散的次生铝钪化合物，直接增强了铝基体。在加工半成品中，尤其是在发生了强烈变形的加工半成品中，引入钪后取得的强化效应主要来自于非再结晶组织的保留，含钪粒子在这种情况下的作用是第二位的。因为 Al_3Sc 粒子在铸锭均匀化、热加工前的加热、冷加工后的退火以及固溶处理前的加热中会有所粗化。应当指出，Al_3Sc 粒子分散性减弱时，合金的强化和抗再结晶效应会减弱。为了保持粒子的最佳抗再结晶效果，建议控制工艺加热的温度和时间，这样可保证生产出的各类热处理制品以及大变形量的冷加工半成品具有非再结晶组织，强化性能也会相应得到提高。

关于铝钪合金半成品强化的机制还有一种观点，认为强化主要来自于分散次生粒子 Al_3Sc 的直接作用，非再结晶组织的作用（亚晶强化作用）并不大。然而，这种观点很难解释为何铝钪合金的强度性能在很大程度上取决于变形条件（温度、热变形速度、冷变形速度范围）。例如，01570 合金（Al - 6% Mg - 0.3% Sc 加 Zr，Mn，Ti）大型加工半成品在退火态时的屈服强度约为 240MPa，但同种合金薄板在退火态时的屈服强度为 350MPa。比较这两种合金的显微组织结构后发现，次生 Al_3Sc 粒子也具有同样的分散性。这些半成品均有完全非再结晶组织，其差别仅在于亚晶的大小。比较而言，大型加工半成品冷变形程度较小，退火后形成的亚晶尺寸较大，薄板承受的冷加工变形量大，退火后形成的亚晶较细小。

铝合金中的钪能强烈抑制再结晶，其半成品中细小的亚晶粒造成显著的亚晶强化，合金的这种特性是铝合金中添加钪的最重要效应，它决定了这些合金半成品的许多独特性能。与 Mn，Cr，Ti，V 等其他过渡族金属元素相比，钪能显著提高铝合金的再结晶温度。添加钪，特别是钪和锆复合添加后合金的抗再结晶效应非常强烈，再结晶温度很高以至再结晶终了合金就开始熔化。这种现象的本质是 Al_3Sc 类型的粒子具有比其他铝合金中弥散相高得多的分散度。再结晶温度与 Al_3Sc 粒子的分散度之间存在直接联系，单位体积中的铝钪化物粒子数越多，再结晶温度就越高。因此，在选择一种合金的化学成分和产品制造的工艺参数时，重要的是要了解合金化学成分和工艺参数的变化对 Al_3Sc 型粒子分散度及其对再结晶温度的影响。

下面重点介绍钪含量以及添加元素对铝钪合金热加工和冷加工半成品再结晶的影响。铸锭均匀化退火的温度和时间很重要，因为它决定了固溶体的分解程度及 Al_3Sc 类型粒子的分散度。首先，让我们考查分解程度对再结晶过程的影响。

4.4.1　铝钪合金过饱和固溶体分解程度对再结晶的影响

仍以直径为 134mm 的 Al - 0.4% Sc 合金半连续铸锭为例进行讨论。金相显微分析及铸锭的电导率测试结果表明，结晶过程中所有的钪都凝固在过饱和固溶体中。金相分析表明，不存在初生的含钪的金属间化合物，铸态时的电导率为 29.2 MSm/m。

铸锭分别在 250℃、300℃、350℃、400℃、450℃、500℃、550℃、590℃下退火 5h，退火时，发生了过饱和固溶体的分解。由于铸锭的电导率取决于铝固溶体中的钪含量，因此电导率可表征固溶体分解的完全性，即可以测量到不同的固溶体分解程度。过饱和固溶体分解产物为次生 Al_3Sc 相粒子，其分解的完全程度很大程度取决于退火温度。在450℃～500℃范围内，随退火温度的升高，可清楚地观察到电导率经过最大值(图4－49)。

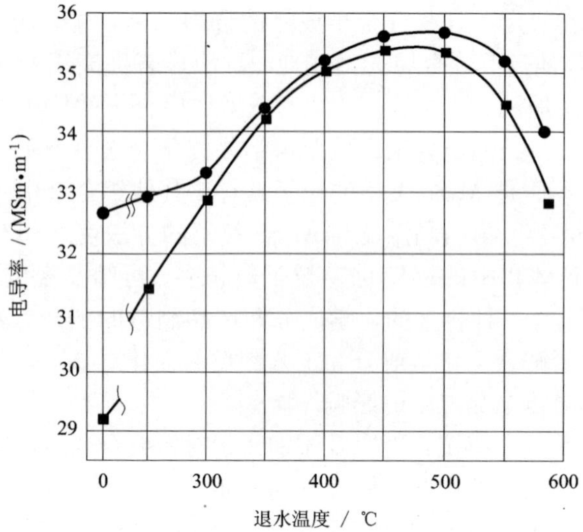

图4－49 Al－0.4%Sc合金铸锭(■)和挤压棒(●)的电导率与铸锭退火温度的关系(退火时间为5h)

图中曲线的上升部分表示钪在铝中的过饱和固溶体的分解(从0℃至450℃)，下降部分表示钪在铝中平衡溶解度的增加(从450℃到590℃)。退火温度升高时，Al_3Sc粒子的凝聚作用加剧。

铸锭挤压到直径为32mm的棒材，之后在不同温度下退火。对棒材电导率的测量结果表明，挤压前铸锭坯在350℃加热，会导致铝钪固溶体的进一步分解。锭坯加热前固溶体的浓度越高，加热和挤压时的进一步分解就更彻底。

挤压空冷后，棒的整个横截面都具有非再结晶组织。这种对再结晶组织的抑制作用取决于铸锭预先退火时的温度。随温度升高，非再结晶组织的稳定性经过最大值。由 400℃退火后的铸锭生产的棒，其非再结晶组织的热稳定性最高，棒的最终再结晶温度是 630℃。铸锭经 400℃预先退火，钪以分散粒子的形式从固溶体中完全脱落，但仍未发生聚集现象(图 4 – 50)。

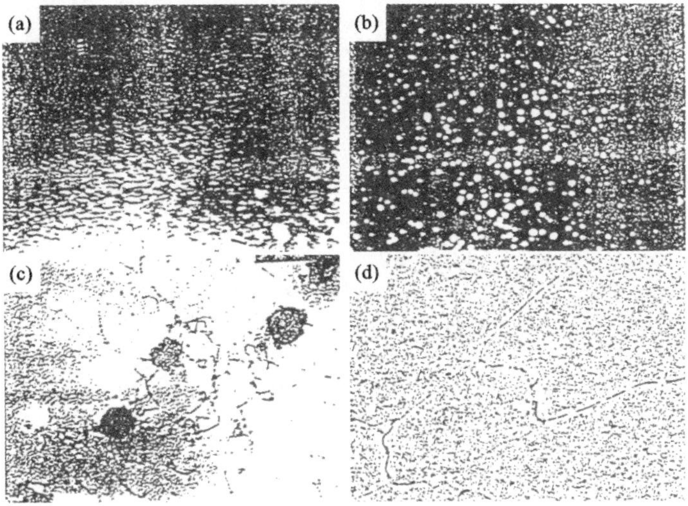

图 4 – 50　Al – 0.4%Sc 合金不同退火温度下的显微组织

(a)300℃(×100000)；(b)400℃(×72000)；
(c)590℃(×24000)；(d)590℃(×250)

总之，钪在铝中过饱和固溶体的分解程度极大地影响了形变半成品非再结晶组织的热稳定性。要使添加钪得到最佳抗再结晶效果，必须严格规范挤压前铸锭的加热条件。

4.4.2　钪含量与加工半成品再结晶的关系

将直径为 92mm、钪含量不同的 Al – Sc 合金铸锭在 300℃下退火，并在同一温度下挤压成 5mm × 60mm 的带，然后又将热挤压带进行冷轧，得到厚度分别为 3mm（40% 的压下量）、2mm（60% 的压下量）、1mm（80% 的压下量）的薄板。可以用 X 射线法找到这些半成品再结晶的开始和终了温度（图 4－51）。

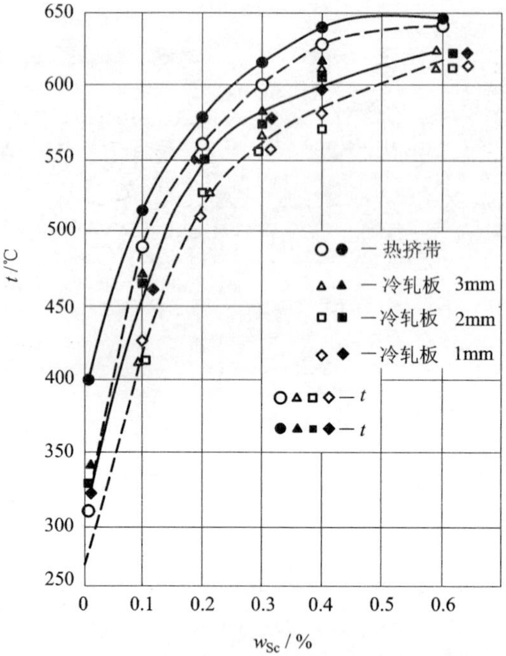

图 4－51　Al－Sc 合金热挤压带与冷轧板的再结晶开始温度（白色标记）和终了温度（黑色标记）与钪含量的关系

结果表明，钪含量从 0 增至 0.6% 时，热变形和冷变形后的半成品再结晶温度急剧升高。热挤压带的再结晶温度由 330℃ 升到 635℃，冷轧板（压下量为 40% 时）则由 295℃ 升到 615℃。冷变形程度的增加对含钪合金的再结晶温度只有轻微的影响。钪含量为 0.3% ～0.4% 时，再结晶温度的升高比较显著。

4.4.3 Fe、Si 含量的影响

按上节所述材料制备方法，得到不同 Fe、Si 含量和冷变形程度的挤压带冷轧板。图 4－52 给出了 Al－0.4% Sc 合金热挤压带、冷轧板的再结晶开始温度和终了温度与铁、硅含量的关系。

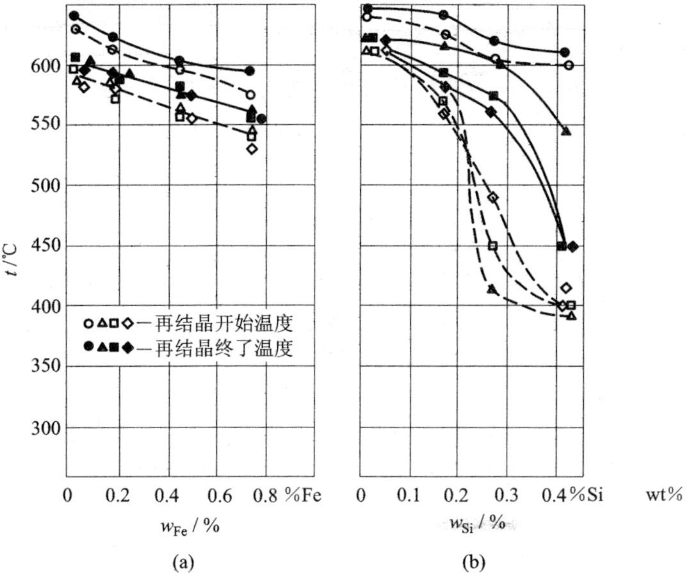

图 4－52 Al－0.4%Sc 合金再结晶开始(空心标记)和终了(实心标记)温度与铁硅含量的关系

(a) Al－0.4% Sc－x% Fe；(b) Al－0.4% Sc－x% Si

由图可以看出，铁含量从万分之几升高至 0.7% 时，冷、热加工的半成品再结晶温度降低大约 50℃。这是因为，含铁时原始金属间化合物体积分数增加了。这种化合物尺寸相对较大，加工时，变形位于这些粒子和粒子团的周围。由于这些地方再结晶趋势增强，在接下来的热处理中，形变集中处会变成再结晶的成核

中心。铁含量越高，这种粒子数越多，合金再结晶的趋势就越大。

和铁一样，增加硅含量也会降低再结晶温度，其程度取决于开始的变形值，变形值越大，硅对再结晶的影响也越大。这样，当硅含量由万分之几增至0.4%时，热挤压的再结晶温度降低近30℃～40℃，3mm厚的板降低70℃～220℃，2mm和1mm的板降低为170℃～220℃。硅对含钪合金再结晶温度的影响是由于熔体结晶时形成了Al(Sc，Si)相粒子，导致形变更加不均匀。此外，由于钪在铝中的过饱和固溶体分解特点发生了变化，由连续分解变为非连续分解(图4-54)，分解产物很粗，不能阻碍、甚至还促进了再结晶。

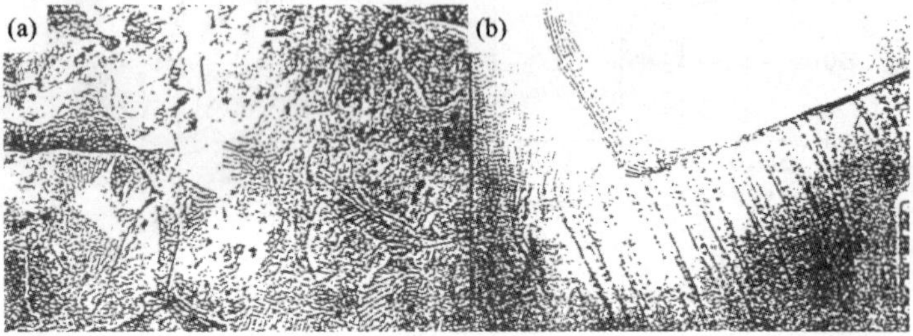

图4-53 Al-0.5%Sc-0.3%Si合金铸锭过饱和固溶体非连续分解现象

(a)光学显微相(×500)；(b)电子显微相(×9000)

合金中铁和硅的含量增加，再结晶温度会降低。与此同时，生产半成品时的应变速率越高，温度下降就越快。因此，必须严格规定铝钪合金中的硅含量，否则，硅会抵消钪的抗再结晶效应。

4.4.4 Mg、Zn含量的影响

仍以热挤压带和冷轧板为例来研究Mg、Zn含量对Al-0.4%Sc再结晶的影响，表4-7给出了不同镁含量对Al-0.4%Sc合金挤压棒再结晶起始温度和终了温度的影响。可以看出，镁

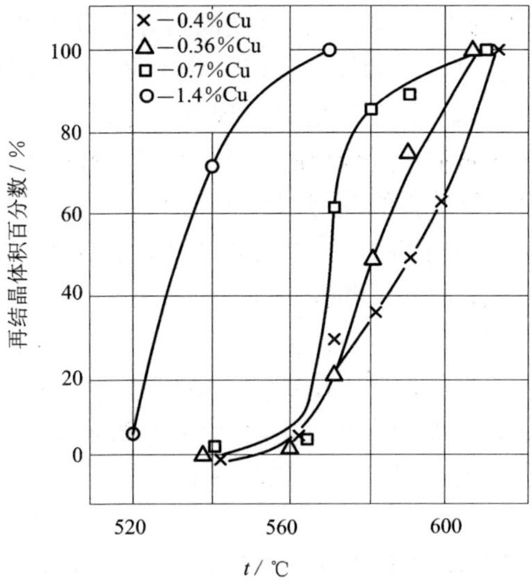

图 4－54　含铜量与 Al－0.4%Sc 合金
冷轧板再结晶体积分数与退火温度的关系

×—Al－0.4% Sc；△—Al－0.4% Sc－0.36% Cu；
□—Al－0.4% Sc－0.7% Cu；○—Al－0.4% Sc－1.4% Cu

含量的增加，Al－0.4% Sc 合金热挤压带的起始再结晶温度会升高，而终了再结晶温度会降低。

表 4－7　不同 Mg 含量对 Al－0.4%Sc 合金挤压棒
再结晶起始温度（T_r^s）和终了（T_r^e）温度的影响

温 度/℃	0% Mg	1% Mg	2% Mg	4% Mg
T_r^s	580	580	590	600
T_r^e	645	640	630	610
T_{sol}	655	—	630	—

Mg 溶于铝的固溶体中时可以使固溶体点阵参数增大，Al_3Sc 相和固溶体的点阵尺寸会接近一致，Al_3Sc 的分散度因此会增加，由此可以解释引入 Mg 时 T_r^s 的升高现象。表 4－7 的结果表明，T_r^e 值很高，其值已非常接近合金的固相线温度。Mg 含量增加时，固相线温度下降，导致再结晶终了温度也下降。与此同时，合金的再结晶温度范围也急剧变窄。从热加工半成品得到的这种规律同样也适于冷轧板，冷加工和提高冷变形程度会使再结晶温度范围移向低温区。

在 Al－0.4%Sc 合金中添加锌，随锌含量增加，冷加工半成品的再结晶起始温度(T_r^s)和终了温度(T_r^e)会降低，但对热加工半成品的 T_r^s，T_r^e 值几乎没有影响(表 4－8)。

表 4－8　不同 Zn 含量对 Al－0.4%Sc 合金冷轧板(60%压下量)的再结晶起始温度(T_r^s)和终了温度(T_r^e)

半成品	温度/℃	0% Zn	2% Zn	4% Zn	5% Zn
热加工带	T_r^s	580	590	600	590
	T_r^e	645	640	640	630
冷轧板	T_r^s	540	540	530	520
	T_r^e	620	610	590	580

4.4.5　Cu 含量的影响

合金中铜含量由万分之几增至 1.4% 时，不会改变挤压带材非再结晶组织热稳定性，但会降低冷轧带材的抗再结晶能力(图 4－55)。加入 0.36% 和 0.7% Cu 时，对应于 50% 的再结晶体积分数，再结晶温度分别降低 10℃ 和 20℃。铜含量增加时，再结晶温度会较快地降低，引入 1.7% 的 Cu 时再结晶温度降低 60℃。

添加 Cu 使 Al－0.4%Sc 合金板再结晶温度下降与合金凝固时 Al(Cu, Sc)粒子的形成有关。冷轧时变形集中在该粒子附近，冷轧板加热，这些粒子周围的变形区容易发生再结晶。另一方面，熔体结晶时钪与铜形成化合物，会使钪在铝固溶体中的含量降低，减少分散的次生 Al_3Sc 粒子的数目，从而减弱了抑制再结晶的能力。

4.4.6　Mn，Cr 和 Zr 含量的影响

Al－0.4%Sc 合金半成品的再结晶温度相当高，进一步添加过渡金属(Mn, Zr)会使合金的再结晶温度更高(图 4－55)。添加铬对合金热加工和冷加工半成品的影响较小，只是稍微提高了再结晶终了温度。添加锆使合金的再结晶温度提高很多，

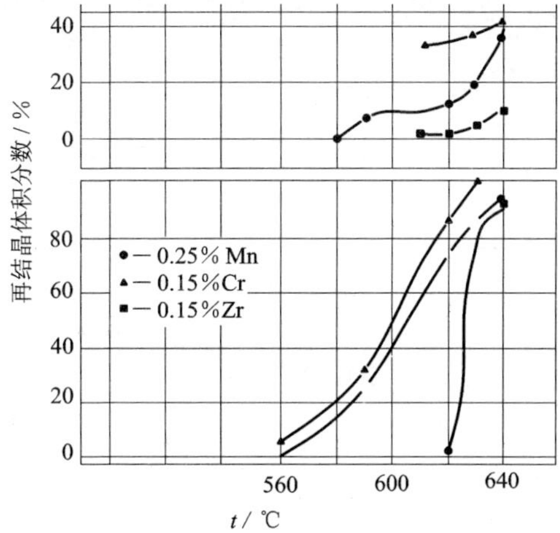

图 4－55　添加 Mn，Cr，Zr 的 Al－0.4%Sc 合金热挤压带(a)和冷轧板(b)的再结晶体积分数与温度的关系

●—Al－0.4%Sc－0.25%Mn；▲—Al－0.4%Sc－0.15%Cr；

■—Al－0.4%Sc－0.15%Zr

Al－0.4% Sc－0.15% Zr 合金的热挤压带和冷轧板的再结晶起始温度分别达到了620℃和560℃。在640℃下退火，热挤压带中再结晶体积分数为14%，但冷轧板中再结晶体积分数可达90%。迄今为止，含钪和锆的铝合金的再结晶温度是所有铝合金中最高的。

图4－56为Al－0.4% Sc－0.15% Zr 合金630℃下退火后热挤压带的组织。

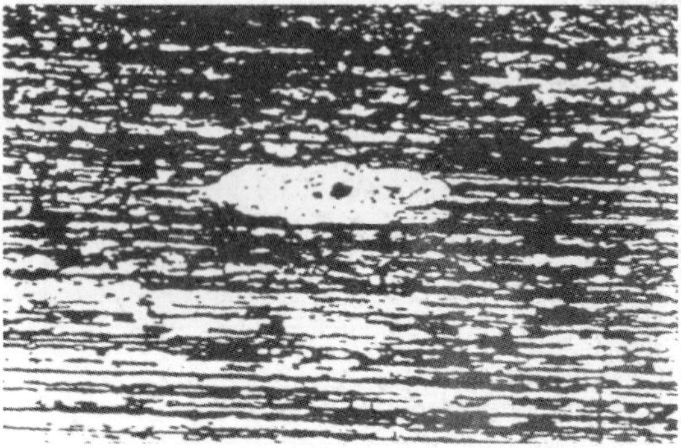

图4－56　630℃下退火后Al－0.4%Sc－0.15%Zr 的挤压带的组织(×100)

可以看出，挤压后完全保留了非再结晶组织，再结晶仅出现在较大的原始金属间化合物周围。出现这种现象的原因是固溶体发生分解时，分散 $Al_3Sc(Sc_{1-x}Zr_x)$ 相粒子发生了脱溶。加热时，$Al_3(Sc_{1-x}Zr_x)$ 粒子的凝聚率远低于 Al_3Sc 粒子，因此更分散。此外，由于存在0.15% Zr，Al－0.4% Sc－0.15% Zr 合金中 $Al_3(Sc_{1-x}Zr_x)$ 相粒子的体积分数也比较高。可见，为了提高铝钪合金的抗再结晶能力，有必要在加钪的同时添加锆。

4.5　铝钪合金板材的各向异性

4.5.1　铝钪合金板材力学性能平面各向异性

板材力学性能的平面各向异性给合金板材的使用带来了局限性，工程设计时只能以性能较低的方向作为设计依据，同时还会增加材料成型加工时的难度，所以多晶材料平面各向异性越来越受到人们的关注，也是研制高性能铝钪合金板材时需要考虑的一个重要性能指标。

著者采用半连续铸锭冶金造技术制备了成分为 Al－5.8Mg－0.4Mn－0.25Sc－0.1Zr 的两种板材，一种是厚为6.0mm 的热轧板，另一种是厚为2.0mm 的冷轧－退火板(340℃稳定化退火处理1h)。在板材轧面内分别与轧向成0°、30°、45°、60°和90°截取拉伸试样进行拉伸力学性能试验，取样方向如图4－57所示。

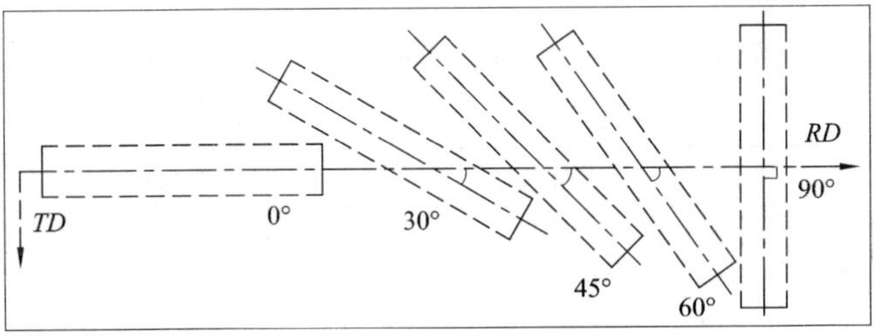

图4－57　板材轧面内不同取向的拉伸试样

按(4－1)式计算该合金板材力学性能的平面各向异性指标 IPA(In－Plane Anisotropy)：

$$IPA = \frac{4X_{max} - X_{mid1} - X_{mid2} - X_{mid3} - X_{min}}{4X_{max}} \times 100\% \qquad (4-1)$$

式中X_{max}、X_{min}分别表示5个取样方向上σ_b、$\sigma_{0.2}$、δ_5的最大值和最小值，X_{mid1}、X_{mid2}、X_{mid3}分别对应3个中间值。

不同取向条件下两种板材的拉伸力学性能及平面各向异性指标见表4-9。

表4-9结果表明，三项力学性能指标的IPA值都比较大，这表明含钪和锆的合金板材有较明显的平面各向异性，而且$\sigma_{0.2}$和δ_5的平面各向异性程度比σ_b要大；其次，这种合金表现出反常各向异性，即横向($\alpha=90°$)强度超过纵向($\alpha=0°$)强度；此外，与热轧态相比，冷轧-退火态板材力学性能各向异性指标IPA值更高，变化也更加明显。对于Al-5.8Mg-0.4Mn-0.25Sc-0.1Zr热轧板和冷轧退火板，拉伸力学性能总的变化趋势是30°取向和90°取向的强度较高，45°取向的抗拉强度较低，延伸率的变化规律则相反，0°取向和30°取向低，45°取向高。

表4-9　Al-5.8Mg-0.4Mn-0.25Sc-0.1Zr合金板材不同取向的拉伸力学性能

合金 / 试样取向	热轧板			冷轧-退火板		
	σ_b/MPa	$\sigma_{0.2}$/MPa	δ_5/%	σ_b/MPa	$\sigma_{0.2}$/MPa	δ_5/%
0°	390	259	13.3	411	306	11.7
30°	396	275	17.8	434	347	17.4
45°	365	239	24.4	378	271	22.4
60°	357	267	23.5	398	314	20.2
90°	389	277	20.8	423	314	19.1
IPA	4.1	7.8	22.7	7.3	14.9	23.6

4.5.2　铝钪合金板材的晶体学取向

在理学 D/max 2500 型 18kW 转靶 X 射线衍射仪上，选用 CuKα 辐射测定了合金板材轧面、横截面和纵截面的 X 射线衍射图谱。采用经 Horta 校正的 Harris 方法[式(4－2)]，算出织构轴密度参量 P_{HKL}，绘出轧面、横截面和纵截面的反极图(图 4－58)。

$$P_{\mathrm{HKL}}=\frac{I_{\mathrm{HKL}}}{I_{标\mathrm{HKL}}}\Bigg/\frac{\sum_{1}^{n}\left(N_{\mathrm{HKL}}\frac{I_{\mathrm{HKL}}}{I_{标\mathrm{HKL}}}\right)}{\sum_{1}^{n}N_{\mathrm{HKL}}} \tag{4-2}$$

图 4－58 的结果表明，Al－5.8Mg－0.4Mn－0.25Sc－0.1Zr 合金热轧板主要织构为{110} <112>，次要织构为{311} <112>；冷轧后退火，合金板材主要织构变为{110} <112>，还出现了次要织构{311} <112>和更弱的{211} <111>织构。

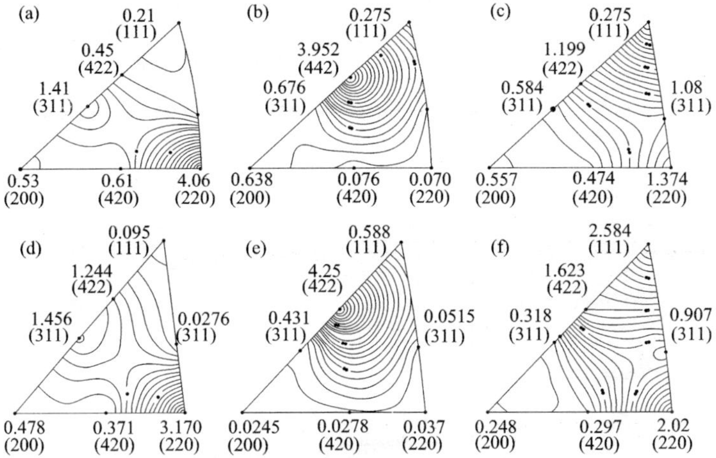

图 4－58　Al－5.8Mg－0.4Mn－0.25Sc－0.1Zr 合金板材的反极图

(a)～(c)热轧板：(a)轧面；(b)横截面；(c)纵截面；

(d)～(f)冷轧板：(d)轧面；(e)横截面；(f)纵截面

4.5.3 铝钪合金板材的显微组织特点

Al－5.8Mg－0.4Mn－0.25Sc－0.1Zr 合金板材的金相组织和 TEM 电子显微组织如图 4－59～图 4－60 所示。

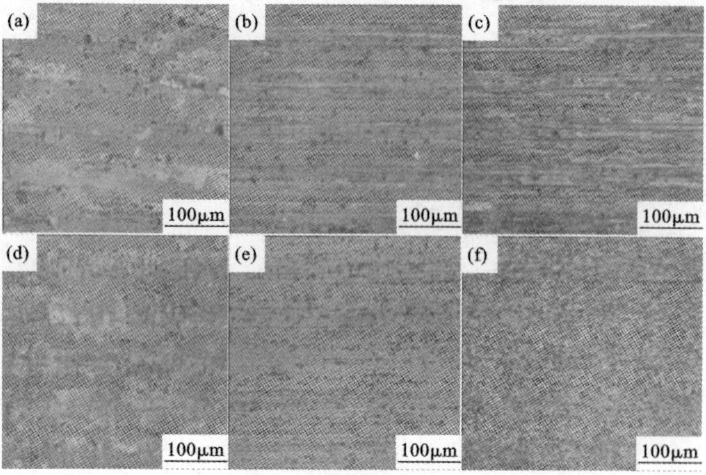

图 4－59 Al－5.8Mg－0.4Mn－0.25Sc－0.1Zr 合金金相组织

(a)～(c)热轧板：(a)轧面；(b)纵截面；(c)横截面；
(d)～(f)冷轧退火板：(d)轧面；(e)纵截面；(f)横截面

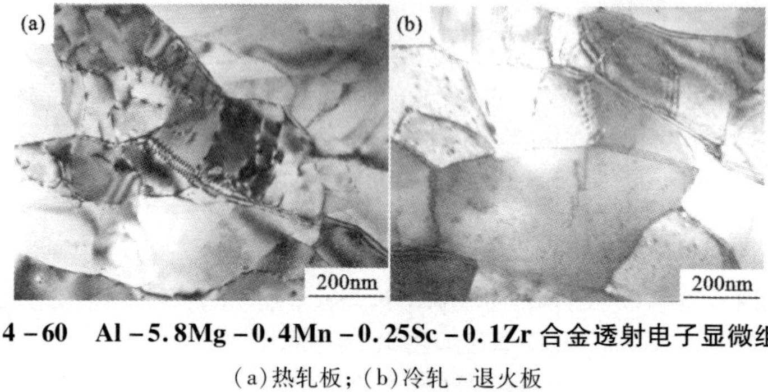

图 4－60 Al－5.8Mg－0.4Mn－0.25Sc－0.1Zr 合金透射电子显微组织

(a)热轧板；(b)冷轧－退火板

由图可知，热轧板和冷轧后退火的合金板材的晶粒组织仍然保留了沿轧制方向延展的纤维状非再结晶晶粒组织，这是由于合金中的 $Al_3(Sc_{1-x}Zr_x)$ 粒子钉扎位错和亚结构导致强烈抑制合金再结晶的缘故。

4.5.4　铝钪合金板材平面各向异性的起因

(1)纤维状晶粒组织对合金板材力学性能各向异性的影响

图 4－59 表明铝钪合金有典型的纤维状晶粒组织，这是由于合金中微量元素 Sc，Zr 形成了次生的 Al_3(Sc，Zr)粒子，这种粒子具有强烈的抑制加工和热处理过程中再结晶的作用，使得合金热轧板材和冷轧－退火板材仍然保留了沿轧制方向延展的煎饼状非再结晶晶粒组织。正是这种煎饼状的纤维组织使得轧向试样($\alpha=0°$)对应拉伸断面上的晶界较稀，而横向试样($\alpha=90°$)对应拉伸断面上的晶界则较密(图 4－61)。这就意味着轧向试样断面上的晶粒平均直径大于横向试样断面上的晶粒平均直径，也就是说晶粒度对轧向试样强度的贡献可能会低于晶粒度对横向试样强度的贡献。

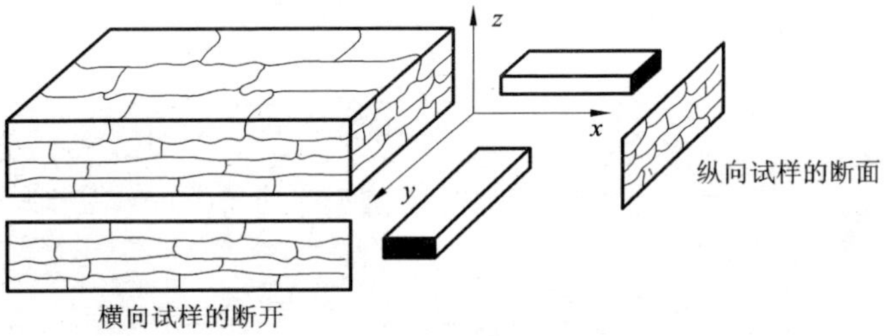

图 4－61　纵向与横向拉伸试样断面的晶粒结构示意图

关于纤维状晶粒组织对合金强度的影响还有一些其他解释。K. K. Cho 等人的研究认为，当晶内最大切应力的方向与晶界的方向一致时，材料具有较低的屈服强度。当材料中存在延展拉长的非等轴晶粒时，从不同的方向对材料施加外应力时，晶内最大切应力方向与晶界之间的夹角也将随之变化，集中于晶界处的位错向晶内运动的难易程度将会不同，从而在宏观上造成材料沿不同方向的变形阻力、变形程度及变形方式的差异，这便导致了力学性能的各向异性。

(2)密集形变带对铝钪合金板材力学性能各向异性的影响

铝钪合金在铸锭均匀化和加工热处理过程中，过饱和固溶体会析出 $Al_3(Sc, Zr)$ 弥散相。在合金板材变形时，与基体共格的析出相粒子 $Al_3(Sc, Zr)$ 被运动位错从同一晶面切过时，会导致较高的形变局部化倾向，这将会形成许多形变量大大超过平均值的微体积，这就是所谓的形变滑移带(图 4 - 62)。

铝钪合金加工变形后的组织中有两种类型的密集带，即热轧板材的形变滑移带和冷轧板材的形变滑移带。轧制过程中形成的形变密集带在断裂试验后，能在合金板材垂直断面的侧面上以分层形式显现出来(图 4 - 63)。这些分层密集带和沿轧制平面拉长的非再结晶晶粒的纵向边界重合。但这种形变局部化并不是沿所有的晶粒纵向边界，而只是沿它们中的某些边界产生。这些特别

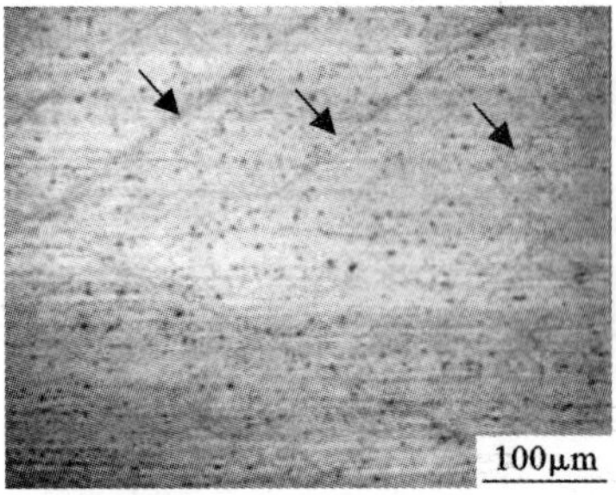

图 4 - 62　Al - Mg - Sc - Zr 合金冷轧板材中的形变密集带(箭头)

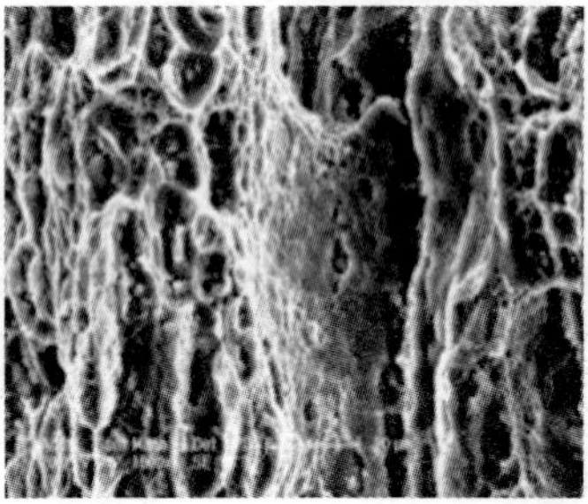

图 4 - 63　Al - Mg - Sc - Zr 合金冷轧 - 退火板板材的断口形貌

的晶粒边界和局部化形变带之间的距离在有限的范围内波动，这是由于在轧制板材内滑移应力的逐步累积及其后续的沿纵向边界以局部化滑移形变方式释放的结果。密集形变带减少滑移系数目，导致合金产生非均匀性形变，从而使得合金的变形与性能出现各向异性。

(3)织构对铝钪合金板材力学性能各向异性的影响

从反极图的分析得出，铝钪合金板材中主要的织构组分都为{110}<112>织构。为了便于分析织构对铝钪合金板材力学性能各向异性的影响，此时可将板材视为单晶。铝合金为面心立方结构，主要滑移系为{111}<110>，四个可能的{111}滑移面与织构$(110)[1\bar{1}2]$的空间关系如图 4-64 所示。其中两个{111}面与轧制面垂直，另外两个{111}面与轧制面成 35.27°的夹角。图 4-64同时给出了合金板材取向宏观坐标系(轧向、横向和法向)和晶体取向坐标系($(110)[1\bar{1}2]$)之间的关系。

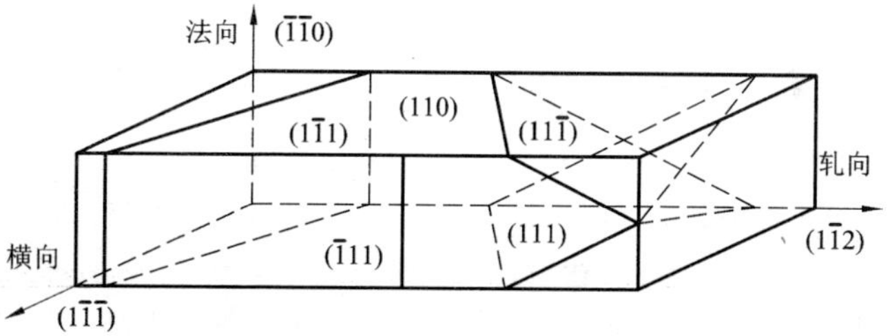

图 4-64　{111}面与$(110)[1\bar{1}2]$织构的空间关系

依据金属单晶体拉伸变形机制和变形临界分切应力定律，屈服强度为

$$\sigma_s = \tau_k / \cos\Phi\cos\lambda \qquad (4-3)$$

式中，τ_k为临界分切应力，由板材的本性决定，与外力取向无关；Φ

为滑移面法线与外力中心轴之间的夹角；λ 为滑移方向与外力中心轴之间的夹角；cosΦcosλ 为施密特因子。依据立方系晶向之间的关系，运用矢量运算法则首先计算出试样拉伸方向的晶体学取向指数，然后计算出不同拉伸轴晶体学取向在每个滑移系上的夹角 Φ 和夹角 λ，结果见表 4-10 和表 4-11。在此基础上，再进一步算出不同拉伸轴晶体学取向在每个滑移系上的施密特因子和每个取向的施密特因子最大值的倒数，结果见表 4-12。

表 4-10　试样拉伸取向的晶体学指数

拉伸方向	0°	30°	45°	60°	90°
方向指数	$[1\bar{1}2]$	$[1\bar{1}(8-3\sqrt{6})]$	$[1\bar{1}(3\sqrt{2}-4)]$	$[1\bar{1}(3\sqrt{6}-8)/5]$	$[1\bar{1}\bar{1}]$

表 4-11　不同取向条件下试样拉伸方向与滑移面法向间的夹角 Φ

滑移系	拉伸样品取向及相应的 Φ 和 λ 值									
	0°		30°		45°		60°		90°	
	Φ/(°)	λ/(°)	Φ/(°)	λ/(°)	Φ/(°)	λ/(°)	Φ/(°)	λ/(°)	Φ/(°)	λ/(°)
$(1\bar{1}1)[110]$	19.47	90	10.53	90	25.53	90	40.53	90	70.53	90
$(1\bar{1}1)[011]$	19.47	73.22	10.53	80.89	25.53	68.09	40.53	55.75	70.53	35.26
$(1\bar{1}1)[\bar{1}01]$	19.47	73.22	10.53	80.89	25.53	68.09	40.53	55.75	70.53	35.26
$(\bar{1}11)[110]$	90	90	60	90	45	90	30	90	0	90
$(\bar{1}11)[0\bar{1}1]$	90	30	60	41.41	45	52.24	30	64.34	0	90
$(\bar{1}11)[101]$	90	30	60	41.41	45	52.24	30	64.34	0	90
$(111)[1\bar{1}0]$	61.87	54.74	76.02	24.74	84.40	9.74	86.96	5.26	70.53	35.26
$(111)[0\bar{1}1]$	61.87	30	76.02	41.41	84.40	52.24	86.96	64.34	70.53	90
$(111)[\bar{1}01]$	61.87	73.22	76.02	80.89	84.40	68.09	86.96	55.75	70.53	35.26
$(111)[1\bar{1}0]$	61.87	54.74	76.02	24.74	84.40	9.74	86.96	5.26	70.53	35.26
$(11\bar{1})[011]$	61.87	73.22	76.02	80.89	84.40	68.09	86.96	55.75	70.53	35.26
$(11\bar{1})[101]$	61.87	30	76.02	41.41	84.40	52.24	86.96	64.34	70.53	90

表4-12　不同拉伸轴方向的施密特因子和每个取向施密特因子最大值的倒数

滑移系	样品拉伸方向及对应的施密特因子($\cos\Phi\cos\lambda$)				
	0°	30°	45°	60°	90°
$(1\bar{1}1)[110]$	0	0	0	0	0
$(1\bar{1}1)[011]$	0.2722	0.1556	0.3368	0.4277	0.2722
$(1\bar{1}1)[\bar{1}01]$	0.2722	0.1556	0.3368	0.4277	0.2722
$(\bar{1}11)[110]$	0	0	0	0	0
$(\bar{1}11)[0\bar{1}1]$	0	0.3750	0.4330	0.3750	0
$(\bar{1}11)[101]$	0	0.3750	0.4330	0.3750	0
$(111)[1\bar{1}0]$	0.2722	0.2194	0.0962	0.0528	0.2722
$(111)[0\bar{1}1]$	0.4082	0.1812	0.0598	0.0229	0
$(111)[\bar{1}01]$	0.1361	0.0382	0.0364	0.0229	0.2722
$(11\bar{1})[1\bar{1}0]$	0.2722	0.2194	0.0962	0.0528	0.2722
$(11\bar{1})[011]$	0.1361	0.0382	0.0364	0.0298	0.2722
$(11\bar{1})[101]$	0.4082	0.1812	0.0598	0.0229	0
$1/(\cos\Phi\cos\lambda)_{max}$	2.4498	2.6667	2.3095	2.3381	3.6738

表4-12结果表明，沿与板材成0°、30°和90°取向的试样拉伸时，施密特因子最大值的倒数值比较大，合金板材的强度会较高，而沿与板材成45°、60°取向的试样拉伸时，施密特因子最大值的倒数值比较小，合金板材的强度会较低。可以发现，理论分析结果和试验结果基本一致，也说明晶体学织构是造成铝钪合金板材平面各向异性的主要原因。

4.6　铝钪合金的超塑特性

4.6.1　铝钪合金超塑变形行为

RALPHR 等研究了 Al-Mg-Sc 合金的超塑性，Al-Mg-Sc

合金有优良的超塑性能，但不像其他他超塑铝合金需要实施复杂而苛刻的超塑预处理工艺，容易实现工业生产和应用。因此，用此种材料成型一些特殊部件应用于航天航空工业，有很好的应用前景。

图 4－65 为 Al－Mg－Sc 合金超塑拉伸延伸率(δ)与初始应变速率 ε 和变形温度(t)之间的关系曲线。可以看出，延伸率与变形工艺参数($\dot{\varepsilon}$, t)有较强的依赖关系，变形温度越高，合金塑性越好。变形温度为 520℃，初始应变速率为 $1.67\times10^{-3}s^{-1}$时，合金的延伸率，$\delta_{max}=396\%$。

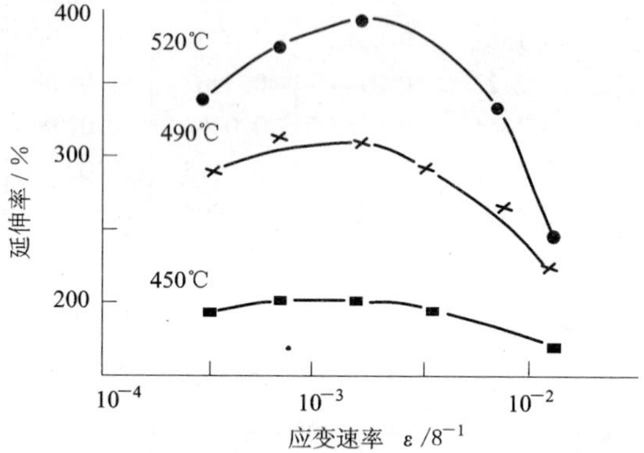

图 4－65 合金延伸率(δ)与形变参数(ε, t)之间的关系

表 4－13 为几种合金在不同变形温度和应变速率条件下得到的延伸率。表 4－14 为 Al－4Mg－0.5Sc 合金在应变速率 $0.01s^{-1}$时各种变形温度下的流变应力值。可以看出，微量 Sc 和 Zr 添加到 Al－Mg 合金中能够显著提高超塑变形能力，Al－4Mg－0.5Sc 合金在 399℃、应变速率为 0.01% 的条件下，延伸率从 194% 提高到 1020%，增加了 5 倍。

表 4 – 13　几种合金在不同变形温度和应变速率条件下得到的延伸率

合金	温度 T/℃	应变速率 ε/%	延伸率 δ/%
Al – 4Mg	399	0.010	194
	538	0.010	183
	538	0.002	210
Al – 4Mg – 0.5Sc	316	0.010	351
	316	0.002	511
	399	0.100	440
	399	0.010	> 1020
	538	0.010	883
	538	0.002	> 1020
Al – 6Mg – 0.5Sc	399	0.010	340
	538	0.002	> 1020

表 4 – 14　Al – 4Mg – 0.5Sc 合金在应变速率 0.01 s^{-1} 时不同温度下的流变应力值

温度 T/℃	流变应力 σ_f/MPa
316	85
399	33
482	18
538	11

4.6.2　合金超塑变形机制

Al – Mg – Sc 合金在 520℃、初始应变速率为 $1.67 \times 10^{-3} s^{-1}$ 条件下的真应力 – 真应变($\sigma - \varepsilon$)曲线见图 4 – 66。

由图可以看出，合金超塑变形过程可划分为三个阶段：第Ⅰ阶段，ε 为 0 ~ 0.56 范围内，合金在应变硬化达到峰值后出现明显的应变软化现象，为典型的动态再结晶曲线形式；第Ⅱ阶段，ε 为 0.56

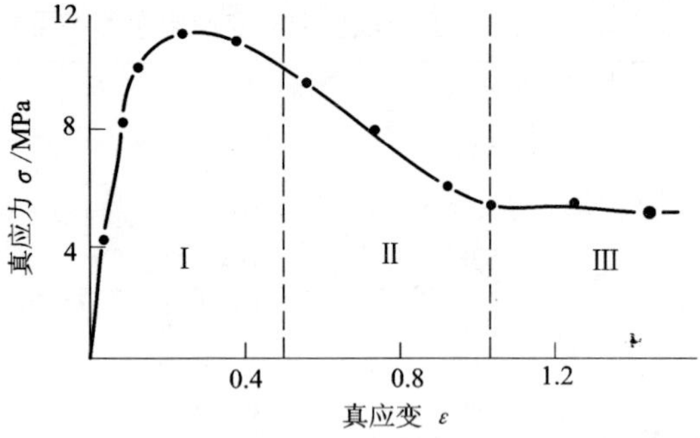

图 4-66　合金超塑变形中的真应力-真应变曲线

~1.09 范围内，合金的应变软化趋势逐渐降低；第Ⅲ阶段，当 $\varepsilon>1.09$ 时，出现一个无应变硬化的稳态流动。

图 4-67 为合金在超塑变形样品中所观察到的透射电子显微显微组织的变化。

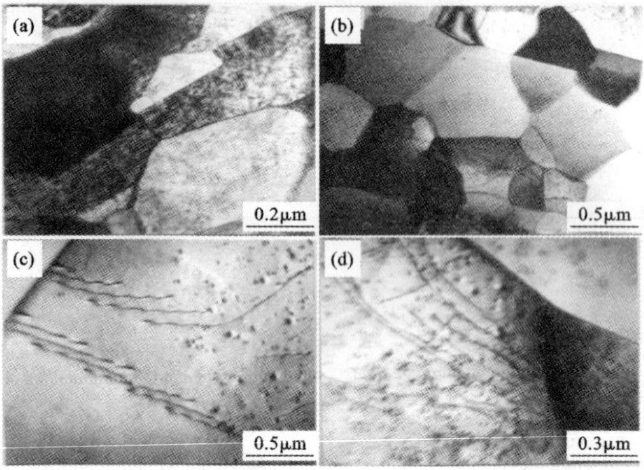

图 4-67　合金在超塑变形过程中显微组织的变化

(a) $\varepsilon=6\%$；(b) $\varepsilon=75\%$；(c) $\varepsilon=120\%$；(d) $\varepsilon=305\%$

在超塑变形初期，合金具有小角度亚晶结构，由于在三叉晶界处变形的不协调而堆积大量位错，造成应变集中，当变形进一步增加，应变能达到再结晶所需要的能量时，将形成新的晶粒，即发生动态再结晶，使位错密度大大降低，松弛了变形不协调所造成的应力集中；另一方面又提供了新的可供滑动的大角度晶界，从而有利于超塑变形中晶界滑动的顺利进行。再结晶晶粒形成以后，弥散分布的 Al_3Sc 粒子对位错和晶界的钉扎作用，有效地抑制了再结晶晶粒的长大，使超塑效应得以充分发挥。显然，这一阶段变形机制是以位错运动为主，晶界滑动为辅。

随着变形程度的增大，动态再结晶不断进行，大角度晶界数量不断增多，晶界滑动在总变形中所占比重增大。动态再结晶完成之后，合金已形成均匀细小的等轴晶粒，位错密度降至很低，这时变形进入以晶界滑动为主的微细晶超塑性阶段。晶界滑动在遇到三叉晶界、晶界台阶和第二相 Al_3Sc 粒子时受阻，这样会在局部地方产生应力集中。要使晶界滑动得以继续进行，就必须松弛应力集中，因此，此时晶界上多余位错开始向晶内发射，但是由于受 Al_3Sc 的阻碍作用，位错不能顺利通过晶内达到对面晶界并消失，只有以攀移方式越过 Al_3Sc 质点，之后位错进入晶界并与晶界反应形成了非本征晶界位错。这种非本征位错的柏氏矢量在平行于晶界方向和垂直于晶界方向分解，非本征位错沿晶界的滑动导致了晶界滑移，而垂直于晶界的攀移运动导致调节晶界滑移的扩散蠕变。

综上所述，含 Sc 铝镁合金在超塑变形过程中会发生以下四个过程：动态再结晶；晶界向晶内激发位错；位错在晶内运动并且通过攀移越过 Al_3Sc 弥散质点；位错向晶界密集并在晶界处消失。这种超塑变形的主要机制为晶界滑动伴随晶内位错运动。动态再结晶是该合金在超塑变形中伴生的组织效应，起到了细化晶粒、诱发微细晶超塑性的作用。

4.6.3 超塑变形过程中空洞的形成与断裂

在超塑变形过程中空洞常形核于晶界上的第二相和三叉晶界处。在超塑变形的前期，均匀细小的微空洞分布在晶界上，这些微空洞能协调晶界的滑移，松弛了由于变形在晶界不平整处产生的应力集中，于是超塑材料即能缓慢地延伸而不产生断裂。或者说即使产生了少量微空洞，经扩散调节之后可将这些微空洞弥合，又在另一处产生新的微空洞，再经过扩散协调、晶粒转动和换位、晶界滑移和弥合致使超塑延伸继续进行。但随着变形量的增加，晶界滑动逐渐增大，调节越来越困难，从而导致空洞的扩展、连接和聚集(图 4－68)。

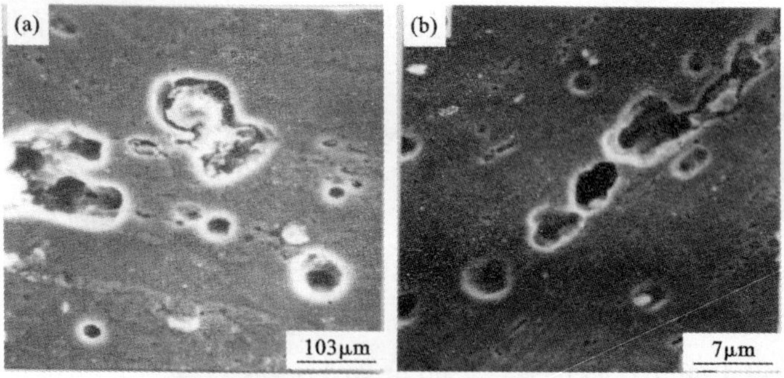

图 4－68　合金超塑变形过程中空洞的连接与扩展(520℃, $1.67\times10^{-3}s^{-1}$)

(a)$\varepsilon=305\%$；(b)$\varepsilon=396\%$

图 4－69 是 Al－Mg－Sc 合金在 520℃，初始应变速率为 $1.67\times10^{-3}s^{-1}$拉伸至 $\varepsilon=396\%$ 时的透射电子显微组织。由图可见，晶界上的质点尺寸为 0.13μm 左右，这些质点一方面阻碍晶界迁移，稳定晶粒尺寸；另一方面由于该质点与周围组织的硬度相差悬殊，第二相质点不能通过自身的变形来协调其对周围组织的超塑变

形，必然在第二相质点的周围引起应力集中，从而导致空洞的形核和长大[图 4－69（a）]。大空洞连接之前，两空洞或者沿晶界形成微裂纹，或者当沿晶界扩展所需能量大于将晶粒拉断所需能量时，晶粒沿受力方向被拉长。随着变形量的增加，导致微裂纹扩展而发生断裂。与此同时，三叉晶界处也往往由于变形的不协调而堆积大量位错，造成局部应变集中，当应力集中得不到足够快的松弛时，空洞就在三叉晶界处形核[图 4－69（b）]。

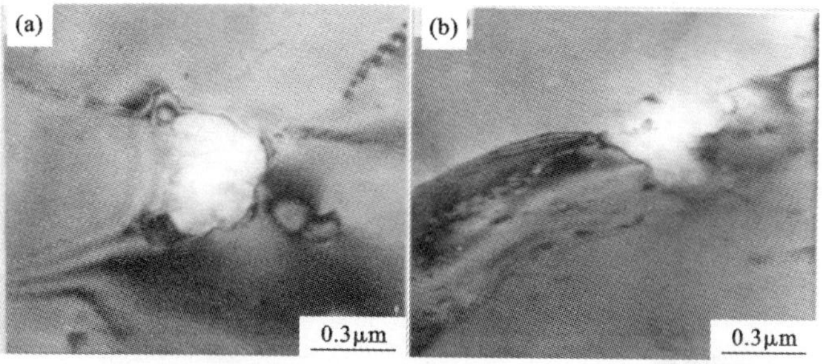

图 4－69　合金在超塑变形中空洞的形核地点（520℃，$1.67\times10^{-3}s^{-1}$）

（a）空洞在三叉晶界处形核；（b）第二相质点导致空洞形核

超塑变形样品的显微组织观测表明，超塑变形过程中，空洞形成后空洞尺寸和体积分数会随应变而增加（图 4－70）。

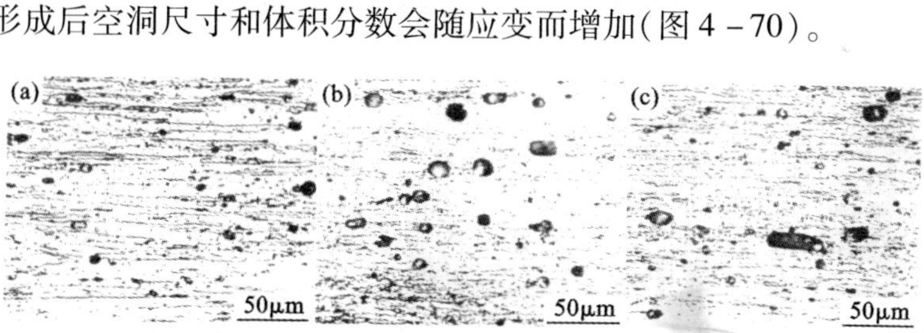

图 4－70　合金空洞随应变量变化的情况

（a）$\varepsilon=76\%$；（b）$\varepsilon=198\%$；（c）$\varepsilon=305\%$

超塑样品断口附近的空洞体积分数也随应变速率的变化而变化，图 4－71 为两种不同初始应变速率拉伸时拉伸断口附近的空洞分布情况。图 4－72 为断口附近空洞体积分数 C_V 随应变速率的变化。

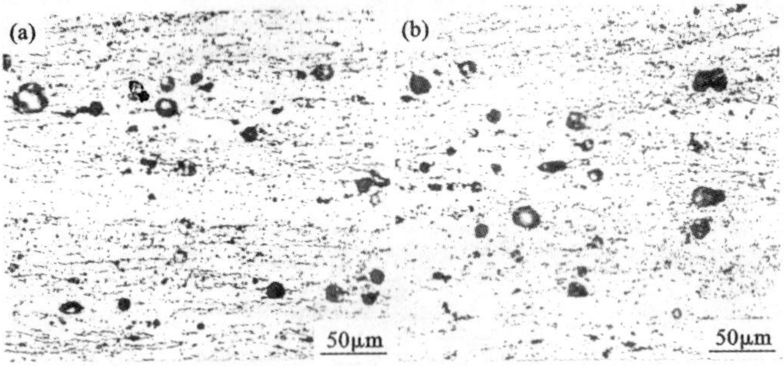

图 4－71 合金超塑拉伸断口附近的空洞分布

(a) $T=520℃$，$\varepsilon=5\times10^{-4}s^{-1}$；(b) $T=520℃$，$\varepsilon=8.33\times10^{-3}s^{-1}$

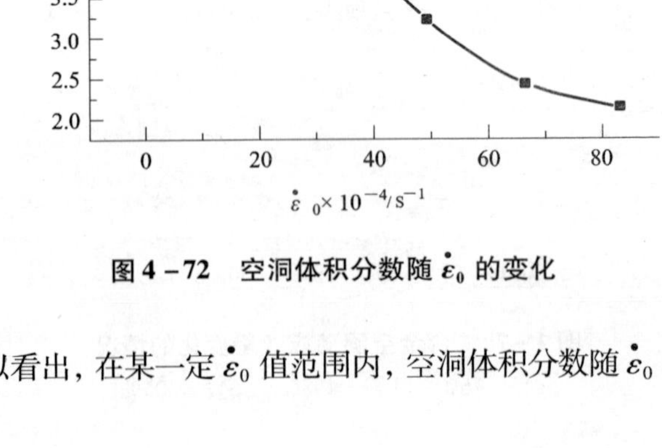

图 4－72 空洞体积分数随 $\dot{\varepsilon}_0$ 的变化

可以看出，在某一定 $\dot{\varepsilon}_0$ 值范围内，空洞体积分数随 $\dot{\varepsilon}_0$ 值的增大

而增加，随后则随 $\dot{\varepsilon}_0$ 值增大而减小。最佳超塑性条件下，空洞体积分数可达5.8%，而在其他应变速率下，空洞体积分数为2%～5%。

超塑拉伸典型断口形貌如图4-73所示。可以看出：合金断口处存在许多空洞，空洞边缘为严重变形后被撕裂的基体，同时晶粒发生了较大的塑性变形。可见，该合金的超塑变形断裂为典型的沿晶韧性断裂。

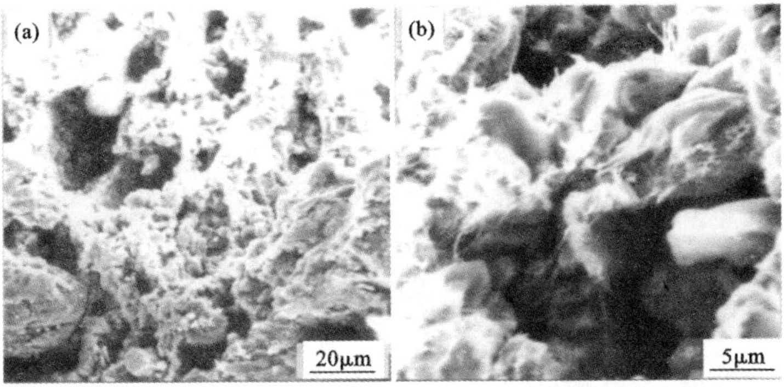

图4-73 合金超塑拉伸试样的扫描断口形貌

(a)520℃，$5\times10^{-4}s^{-1}$；(b)520℃，$1.67\times10^{-3}s^{-1}$

4.7 铝钪合金的耐蚀特性

4.7.1 铝钪合金抗剥落腐蚀特性

剥落腐蚀是变形铝合金的一种特殊腐蚀形态。腐蚀沿着板材轧制方向由表面开始，并沿平行于表面的晶界扩展，当腐蚀穿过整个扁平晶粒结构，腐蚀产物使表层未腐蚀的金属锲开鼓起，致使其从基体金属剥落，产生连续或不连续的鼓泡、碎末、裂片。下面以Al-6Mg-Zr和Al-6Mg-Sc-Zr合金为例，比较Sc对

Al－Mg 合金板材剥蚀敏感性的影响。

合金经热轧－冷轧成板材，之后在340℃/1h 稳定化退火，未添加钪的 Al－6Mg－Zr 合金经过 6h 剥蚀敏感性腐蚀实验后，试样的表面出现零星分散的微小点蚀坑，12h 后点蚀坑数目有所增多，此时金属表面已经发灰；随着腐蚀周期的延长，点蚀数目逐渐增加，孔径也有所增大。到 48h 后，个别蚀孔附近已开始起泡、鼓突。而添加钪的 Al－6Mg－Zr－Sc 合金，在 48h 腐蚀实验周期内表面都没有点蚀发生，只是金属色泽有些变暗(图 4－74)。参照相关腐蚀标准，表 4－15 给出了两种合金的剥蚀等级评定结果。

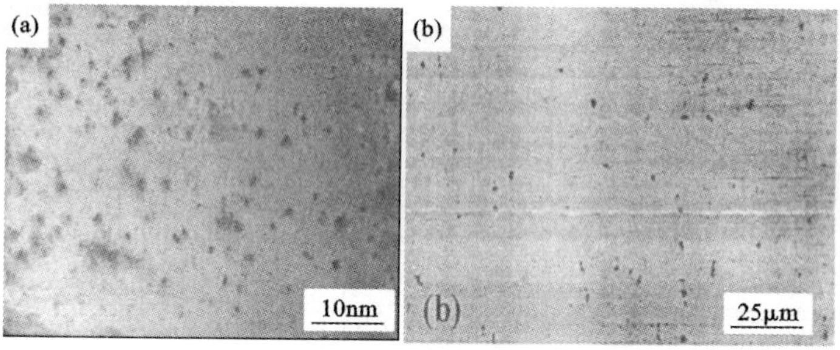

图 4－74　两合金剥蚀敏感性腐蚀实验后的表面形貌

(a) Al－Mg－Zr；(b) Al－Mg－Sc－Zr

表 4－15　Al－Mg－Zr 和 Al－Mg－Sc－Zr 合金剥蚀等级评定结果

合 金	腐 蚀 程 度				
试验时间/h	3	6	12	24	48
Al－Mg－Zr	N	P	P	P	P
Al－Mg－Zr－Sc	N	N	N	N	N

注：N—表面发灰或侵蚀但没有明显的点蚀或剥落，P—明显的点蚀。

尽管两种合金有较高的 Mg 含量，但仍然表现出较好抗剥蚀性能，只有 Al－6Mg－Zr 合金发生了点蚀。晶界上 β 相(Mg_5Al_8)的数量和连续性直接影响高 Mg 含量的 Al－Mg 合金的剥蚀性能。两种铝合金都有 β 相析出，但 Al－6Mg－Zr 中的 β 相分布比较集中，析出量比较大，而添加了 Sc 元素的 Al－6Mg－Zr－Sc 铝合金中形成了 Al_3(Sc，Zr)第二相，它能细化晶粒，阻止亚晶结构和位错的运动，有效地抑制 β 相在晶界处的析出和聚集，β 相析出量也就相对较少，在整个合金基体中呈不连续分布，且更离散，更细小。从而使 Mg 含量很高的 Al－6Mg－Zr 合金仍然保持均匀的组织，减少了结构缺陷，使氧化膜较难破裂并且容易得到修复，因而增强了铝合金的耐腐蚀性能。

M. J. Robinson 等认为，剥蚀是一个从点蚀发展到晶间腐蚀，然后在应力协同作用下发生破坏的过程。从沿剥蚀试样的轧向切割样品，观察腐蚀向纵深发展的情况，图 4－75 为两种合金表层剥蚀敏感性实验后的微观形貌。可见未添加 Sc 的合金表层腐蚀裂纹比较明显，裂纹从点蚀坑底部发源，发展方向与轧向表面平行。而添加 Sc 的 Al－6Mg－Zr－Sc 的合金表层平整完全，耐蚀性较好。

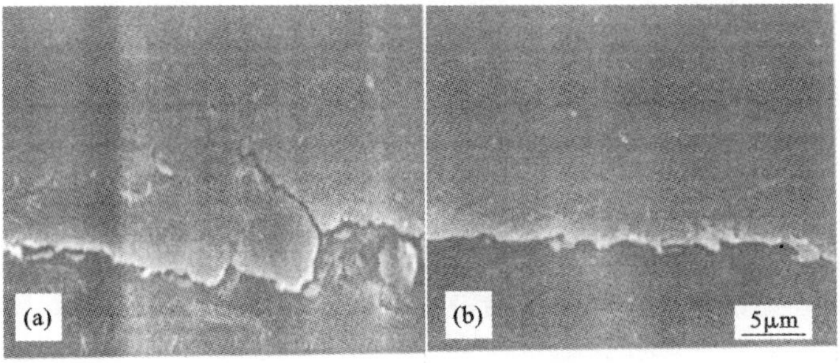

图 4－75　两合金表层腐蚀后电子扫描形貌

(a) Al－Mg－Zr；(b) Al－Mg－Sc－Zr

沿垂直于轧向的方向加工的力学拉伸试样，试样的工作段尺寸为50mm×15mm，之后进行不同周期的剥蚀试验。试验结束后去除腐蚀产物，然后在材料试验机上测试试样的剩余断裂强度，结果见图4－76。

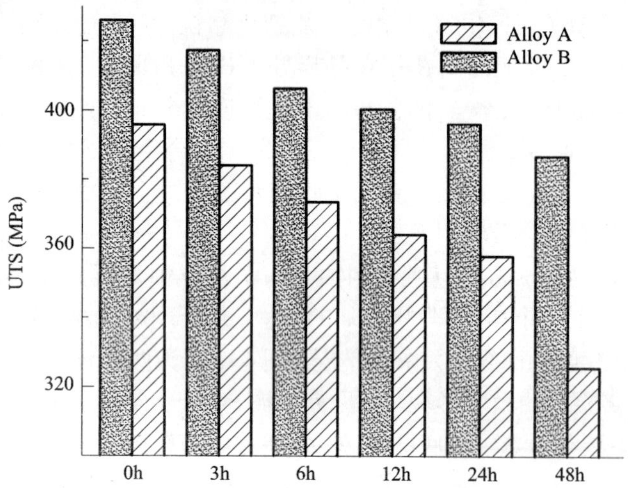

图4－76 剥蚀实验后合金的拉伸力学性能

可见两种合金在进行剥蚀试验后，抗拉强度都有不同程度的降低。Al－6Mg－Zr合金在6h后抗拉强度降低7%，24h后降低约11%，48h后达20%。虽然Al－6Mg－Zr－Sc在进行剥蚀试验后并没有见到腐蚀现象，但它的抗拉强度也有一定程度的损失。

4.7.2 铝钪合金抗应力腐蚀特性

表4－16给出了Al－4.8%Zn－2.3%Mg合金的挤压带材经人工时效（120℃×48h）后在恒载拉伸应力（σ_v＝315 MPa）腐蚀条件下的试验结果。原始基础合金材料抗应力腐蚀寿命（SCL）只有

1 天，加入过渡元素 Mn 和 Zr 后，SCL 平均延长到 17 天，而加入 Sc 或 Sc 和 Mn 一起添加的合金，五个试样均超过 90 天未断。

表 4 - 16　Al - 4.8%Zn - 2.3%Mg 合金五个试样抗应力腐蚀寿命(SCL)

合金	Mn/%	Zr/%	Sc/%	SCL/d
1	—	—	—	1、1、1、1、1
2	0. 29	0. 16	—	7、9、10、15、34
3	—	—	0. 38	5 个试样 >90
4	0. 37	—	0. 38	5 个试样 >90

7XXX 系的铝合金微观特征对 SCL 有很大的影响。晶粒细化能提高合金的机械性能，T. C. Tsai 和 T. H. Chuang 研究认为，晶粒细化能减少强滑移而增大均值滑移模式，能有效地减轻沿晶界开裂和 SCC 敏感性。Mn 和 Sc 的添加，大大细化了合金晶粒组织，从而提高了合金的 SCL，且均值滑移模式能有效地减少氢向晶界的迁移，从而提高了抗 SCC 性。另一方面，对于 7XXX 系列铝合金，晶界处较大的 η 相沉淀可作为氢原子形成氢气泡的捕捉场所，于是将氢浓度降低到临界浓度值以下，阻止氢脆，从而提高抗应力腐蚀的能力。

4.8　铝钪合金的焊接特性

4.8.1　铝钪合金配用焊丝材料的选择

铝钪合金焊接时，首先要选择的是配用焊丝，传统铝合金焊接时选用焊丝的原则在这里仍然适用，即以高镁焊丝焊 Al - Mg 系合金，以高铜焊丝焊 Al - Cu 系合金。在基材确定的情况下，焊丝成分的设计和焊接工艺的选择决定了焊接接头性能的好坏。焊丝成分的设计时，需要同时考虑抗裂性和焊缝强度等因素。

对于 Al – Mg – Sc 系合金，通常采用含 Sc 量与基材相当或略高于基材的铝合金焊丝来焊接，这样利用了基材和焊丝之间良好的相容性，以提高焊缝的强度和抗裂性。俄罗斯为 Al – Mg – Sc 系合金匹配了成分为 Al – 6. 3Mg – 0. 35Sc – 0. 1Zr – 0. 1Cr 的 01571 焊丝，取得了较好的焊接效果。由于 Sc 和 Zr 对铝合金有强烈变质作用，能细化焊缝和焊缝熔化区的晶粒组织，焊接时不易出现凝固结晶引起的裂纹，显著地降低了焊接裂纹倾向性，含 Sc 铝合金的热裂纹形成的倾向几乎接近于零。

对于 Al – Mg – Li – Sc 系合金，通常也是采用含 Sc 量与基材相当或略高于基材的铝合金焊丝来焊接，这样基材和焊丝之间相容性好，焊缝的强度高、抗裂性也好。

对于传统的 Al – Zn – Mg 系合金，5000 系铝合金焊丝通常认为是不可焊的，但是 5000 系铝合金焊丝加入 Sc 后，Al – Zn – Mg 系合金焊接热裂纹得到消除。如果再把 Sc 加入 7000 系的铝合金基体材料后，即使采用不含 Sc 的 5000 系铝合金焊丝焊接，焊接热裂纹也大大减少。

4.8.2 钪对铝合金焊接接头性能的影响

目前，发展较成熟的 Al – Mg – Sc 系合金主要有 01570(Al – 6Mg – Sc – Zr)，01535(Al – 4. 5Mg – Sc – Zr)，01523(Al – 2Mg – Sc – Zr)和 01515(Al – 1Mg – Sc – Zr)，其中应用最广泛的是 01570 和 01545K 合金，它们是焊后不需热处理强化的铝合金，主要用作卫星等航天飞行器中的焊接构件。

01570 合金能用氩弧焊和电子束焊进行焊接，裂纹形成系数接近于零。焊接接头具有微米级的细晶组织，金属间化合物相分布均匀。01570 合金焊接接头性能见表 4 – 17，退火状态的 01570 合金及其焊接接头，在 3% 的 NaCl 溶液中，对应力腐蚀也不敏感。

表 4 - 17　01570 合金焊接接头性能

$\sigma_b^{焊}$ /MPa	$K_{CV}^{焊}$ /(kJ·m^{-2})	弯曲角 /(°)	$\sigma_b^{焊}$/MPa	
			焊接开始时不加热	焊接开始时加热
410	23	102	300	250

注：$\sigma_b^{焊}$ 为焊接接头抗应力腐蚀试验的安全应力

全俄航空材料研究所研究 Sc 对 Al - 6.5Mg 系合金影响时发现，随着 Sc 含量的增加，板材焊接时抗热裂纹稳定性线性增加、焊接接头形成的单位时间内承受的临界变形(AKP)从 5.2mm/min 增加到 16.4mm/min。这是因为 Sc 加入到 Al - Mg 系合金中减少了有效结晶温度区间，焊缝金属经过变质处理后在凝固后冷却的温度区间塑性得到提高的缘故。采用成分为 Al - 6.3Mg - 0.35Sc - 0.2Mn - 0.1Zr - 0.1Cr的焊丝对 2 ~ 6mm 厚的热轧板和冷轧 - 退火板进行氩弧焊焊接，接头强度均不低于基体金属强度的 80%。拉伸实验表明，含钪的 01545K、01570 合金焊接接头热影响区的强度比基材稍低，它们的焊接系数分别达到了 0.88、0.93，说明采用 01571 焊丝焊接的铝钪合金，其焊接效果是很理想的。

用 01571 焊丝焊接的含钪 01545 合金板材焊接接头硬度分布如图 4 - 77 所示。

从图 4 - 77 中可以看出，焊接接头的硬度以焊缝为中心，呈近似对称。焊缝的硬度比基材的硬度低，随着距焊缝中心距离的增大，硬度逐渐增高，在热影响区的某个位置硬度会出现一个低值，随后硬度又逐渐增高，直至达到基材的硬度。

含镁量较低的 01523 具有更好的耐蚀性能和成形性能，它和 AMg2 性能比较见表 4 - 18。对于 Al - Zn - Mg 系合金，不含钪的 Al - Zn - Mg 系合金尽管含有多种过渡金属元素锆和钛，合金的可焊性增强，但由于铜的加入，使合金焊接时生成裂纹的倾向增

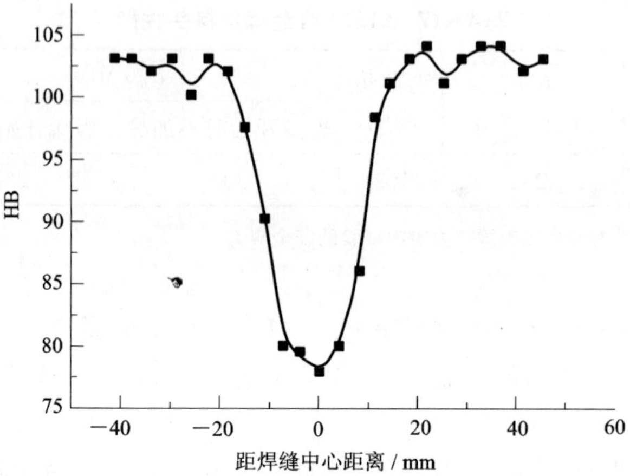

图 4－77　01545 铝钪合金板材焊接接头硬度分布图

大。合金中添加钪后，晶粒进一步细化，保证了该合金系即使在铜含量处于高位时，也具有较高的抗焊接热裂纹特性。

表 4－18　01523 合金与 AMg2 性能比较

合金牌号	基 板			焊接接头	
	σ_b/MPa	$\sigma_{0.2}$/MPa	δ/%	σ_b/MPa	弯曲角/(°)
AMg2	190	80	23	180	120
01523	310	250	13	270	120

表 4－19 和表 4－20 列举了含钪和不含钪的 Al－Zn－Mg 系合金挤压带材焊接接头的力学性能。合金经 400℃24h 均匀化，之后挤压成 3mm×100mm 带材，再在 450℃固溶 30min 水淬，2% 拉伸矫直，焊后经 120℃×48h 时效。可以看出，含 Sc 合金的焊接接头强度最高（σ_b＝515MPa），沿基材断裂，焊接热处理后焊接

强度系数高达0.97～1.0，而不含Sc的Al－Zn－Mg合金焊接强度系数一般小于0.70。

表4－19　Sc对Al－Zn－Mg系焊接接头力学性能的影响

合金系	主要元素及平均含量/%	焊接接头性能	
		σ_b/MPa	断裂位置
Al－Zn－Mg	Al－4.94Zn－2.42Mg	410	焊缝
Al－Zn－Mg－Sc	Al－4.78Zn－2.15Mg－0.38Sc	515	基体

表4－20　几种Al－Zn－Mg系合金焊接性能比较

合金牌号	$\sigma_b^{焊}$/MPa	弯曲角/°	K_{CT}/MPa $\sqrt{m}$	$\sigma_{cr}^{焊}$/MPa
01970	440	150	30	200
1911	360	143	28	175
1903	420	93	26	100

注：K_{CT}—断裂韧性；$\sigma_{cr}^{焊}$—腐蚀应力。

对于Al－Mg－Li系合金，1420铝锂合金基材在焊接热循环作用下软化，强度下降，采用AMr4和AMr63焊丝焊接的焊接接头不能保证在产品中使用。但是在这两种焊丝中加入适量的Sc后，再用来焊接4mm厚的1420合金，$\sigma_{b,CE}$（焊接接头结构强度）、$\sigma_{b,MШ}$（焊缝金属强度）、σ_P（名义破坏应力）、Y_{PPT}（裂纹扩展比功）和α_H（冲击韧性）测试结果见表4－21。可见含Sc的AMr4焊丝焊接测得的$\sigma_{b,CE}$比AMr4焊丝焊接的提高10%～15%，σ_P也相应增加；含Sc的AMr63焊丝焊接测得的σ_P比不含Sc的AMr63提高5%～7%，Y_{PPT}也提高了，这都是由于在焊接热循环作用下焊缝中形成稳定的细晶粒组织和弥散的第二相粒子Al_3Sc的原因。

表 4－21　焊丝化学成分对 1420 合金焊接性能的影响

焊丝牌号	$\sigma_{b.CE}$/MPa	$\sigma_{b.MШ}$/MPa	σ_P/MPa		$Y_{PPT}/(J \cdot cm^{-2})$		$\alpha_H/(J \cdot cm^{-2})$	
			焊缝	熔化区	焊缝	熔化区	焊缝	熔化区
AMг4	(280～296)/285	(262～279)/268	(300～310)/307	(260～292)/268	(5.4～5.9)/5.5	(4.5～5.3)/4.9	(14～18)/16	(6～10)/8
AMг63	(309～323)/317	(285～302)/293	(310～319)/314	(301～309)/306	(2.5～3.5)/3.1	(2.3～3.9)/2.9	(7～10)/8	6/6
AMг4 + 0.5% Sc	(318～321)/319	(306～309)/304	(322～330)/326	(315～317)/315	(4.8～5.1)/4.9	(4.3～4.9)/4.6	(6～8)/7	(5～7)/6
AMг63 + 0.5% Sc	(288～304)/294	(281～296)/289	(336～342)/339	(319～327)/323	(3.0～3.5)/3.1	(2.4～3.5)/2.7	(8～10)/9	6/6

注：分母为 5 个试样的平均值，分子为最小至最大值。

Ряннев 进一步的研究发现在去余高并焊透的情况下，含 0.36% Sc焊丝比不含 Sc 的 C_B – AMг63 焊丝焊接 3mm 厚的 1420 合金的焊缝强度 σ_b提高了 8% ~10%（表 4 – 22）。采用氩弧焊焊接 1421 和 1423 铝锂合金时，去掉焊缝余高的焊接接头效果也是好的。Лукин 采用含大于 0.2% Sc 的焊丝焊接时，观察到这些合金组织能完全抑制柱状晶粒的形成，改善了焊缝的组织，晶粒尺寸下降到 10μm。用 C_B –01597 焊丝焊接 1420、1421 和 1423 合金时提高了抗热裂纹的稳定性，与不含 Sc 的 AMг63 焊丝相比，A_{KP} 从 9.1mm/min 提高到 14.5mm/min，σ_b明显地提高，焊后退火热处理效果会更好（表 4 – 23）。所以在焊接大型复杂的刚性结构中，采用含钪的焊丝是合适的。不过，也有人认为含 Sc 的焊丝会使焊接接头的塑性和冲击韧性有所下降。

表 4 –22　含 Sc 焊丝对 1420 合金性能的影响

焊丝	抗拉强度 σ_b/MPa	弯曲角/(°)	冲击韧性 α_H/(J·cm^{-2})
C_B – AMг63	315	82	17.6
No27	338	65	19.2

注：3mm 厚 1420 合金自动焊时，三个试样平均值，试样去余高并焊透。No 27 焊丝成分：6.1% Mg，0.1% Ti，0.15% Zr，0.35% Sc，0.4% Mn，Al 余量。

表 4 –23　含 Sc 焊丝焊接铝和铝锂合金力学性能的变化

合金	焊丝	焊后热处理	抗拉强度 σ_b/MPa	弯曲角 /(°)	冲击韧性 α_H/(J·cm^{-2})
1420	C_B – AMг63	不热处理	310	70	17
		热处理	350	47	4.5
	C_B –01597	不热处理	340	65	19
		400℃，20min 稳定热处理	400	40	9.5

续表 2 - 23

合金	焊丝	焊后热处理	抗拉强度 σ_b/MPa	弯曲角 /(°)	冲击韧性 α_H/(J·cm^{-2})
1421	C_B - AMr63	不热处理	330	65	15
		热处理	360	40	5.5
	C_B - 01597	不热处理	340	65	17
		热处理	390	45	10

注：焊接接头去余高并焊透进行试验。

4.8.3 钪对铝合金焊接接头显微组织结构的影响

1. 铝钪合金焊接接头显微组织总体特征

铝合金焊接加热时，基材受焊接热的影响，从焊缝边缘往基材方向会依次发生局部熔化、固溶处理和过时效处理等过程，之后过渡到冷轧 - 退火态的基材区。焊接冷却时，焊接热则沿着基材方向和沿焊件下面的钢制平台方向传导，铝合金的导热系数非常高，沿散热方向受焊接热影响的区域可能依次出现快速凝固、淬火和过时效等过程。因此，焊接接头焊缝两边依次会形成如图 4 - 78 所示的半熔化区、淬火区和过时效区。

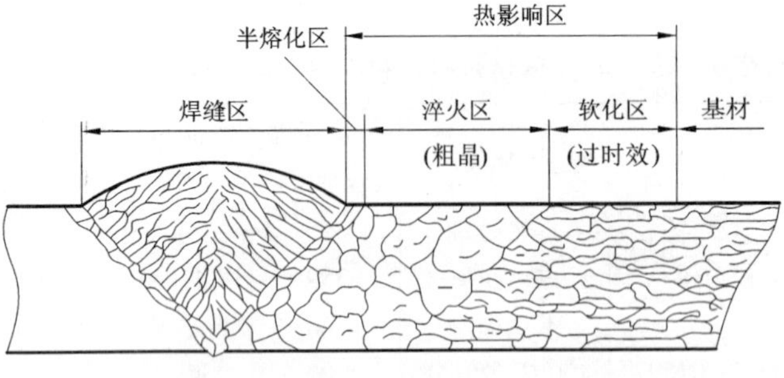

图 4 - 78 铝合金焊接接头组织演变示意图

铝钪合金的焊接接头通常也包括焊缝、热影响区和基材三部分，其中焊缝和热影响区的软化区是铝钪合金焊接接头比较薄弱的部位。采用 01571 焊丝焊接 01570 合金板材的焊接接头金相显微组织结果见图 4 – 79。

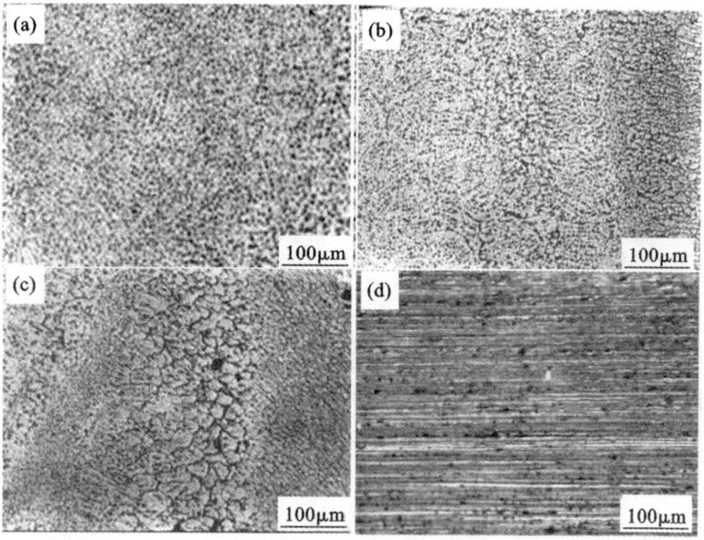

图 4 – 79　01570 合金焊接接头不同部位的金相显微组织

(a)焊缝中心处；(b)焊缝与热影响区的交界处；(c)热影响区；(d)基材区

由图 4 – 79 可见，01570 合金焊接接头焊缝中心处呈等轴晶组织，并能看到明显的树枝晶结构，而焊缝区靠近熔合线的部分为细小的等轴晶组织，焊缝和熔合区结合得较好，未观察到焊接热裂纹倾向。比较热影响区和基材的晶粒组织，可以看出，基材为未再结晶的纤维状组织，热影响区的晶粒则发生了明显的长大，热影响区内靠近熔合线的部分还发生了再结晶。

2. 焊缝凝固组织特征

(1)焊缝边缘细晶层组织的形成

传统的焊缝金属凝固理论指出，联生结晶是焊缝金属凝固的一个重要特征。按照这一理论，焊缝金属的凝固过程首先从熔池边界开始，并以母材晶粒外延生长的方式形成柱状晶层组织。然而，图4-79中的焊接接头金相显微组织表明，采用含微量Sc，Zr的Al-Mg合金焊丝焊接01570合金，发现焊缝区边缘存在一层细等轴晶组织，晶粒尺寸为5~10μm，沿熔合线附近无明显的联生结晶特征。

按照传统合金凝固理论，凝固组织形态与液态合金凝固过程中的组分过冷度有关。产生组分过冷的临界条件可以近似地表达为：

$$\frac{G}{R} \leqslant \frac{mC_0}{D} \cdot \frac{1-k_0}{k_0} \tag{4-4}$$

式中，G为液相中的温度梯度；R为结晶速度；C_0为合金中溶质浓度；k_0为平衡分配系数；D为溶质在液相中的扩散系数；m为液相线斜率。由(4-4)式可知，在溶质浓度C_0一定时，G/R越小，组分过冷度越大，且随着G/R减小，焊缝凝固组织形态将按照胞状晶—胞状枝晶—柱状枝晶—等轴枝晶的顺序变化。在焊接冷却下，熔池结晶是从熔合线先开始的，由于熔合线附近温度梯度G最大，而结晶速度R又最小，不易满足组分过冷的形成的条件。因此，新相晶核主要是以母材晶粒作为现成表面，以联生结晶的方式向熔合线附近将首先形成粗大的柱状晶组织。

假定联生结晶形成柱状晶从焊缝底部生长至顶部所需要的时间为t_g，通过非均匀形核方式形成一个新晶体的形核时间为t_n，成分过冷度为ΔT。焊缝金属结晶过程可以看做是连续生长与形核—长大两种生长方式的竞争过程，当形核产生新晶粒的时间t_n小于连续生长贯穿整个熔池所需时间t_g时，形核发生并形成新晶粒。对于给定的焊缝金属，时间 t_n 和 t_g 都是成分过冷度 ΔT 的函数(图 4 -80)。

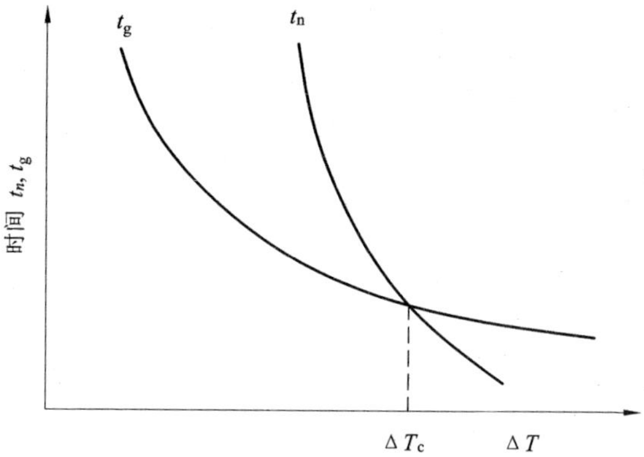

图 4 -80　t_n和 t_g与 ΔT 的关系

曲线 t_n 和 t_g 的交点 ΔT_c 为临界过冷度，ΔT_w 为焊缝熔合区的实际过冷度。当 $\Delta T_w < \Delta T_c$ 时，由于 $t_g < t_n$，新晶体来不及形核，柱状晶就已充满了整个焊缝，这时熔合区的凝固由柱状晶所控制。当 $\Delta T_w > \Delta T_c$ 时，由于 $t_n < t_g$，柱状晶生长前沿有新晶体形核和生长，焊缝熔合区为柱状晶和等轴树枝晶组织。当 $\Delta T_w \gg \Delta T_c$，由于 $t_n \ll t_g$，以联生结晶形式形成的柱状晶生长就有可能被抑制，这时熔合区的凝固就完全由新晶体的形核生长所控制。

(2) Sc，Zr 和 Ti 对焊缝凝固组织形态的影响

熔池金属异质形核的临界形核功表达式为：

$$\Delta G = \left(\frac{16\pi\sigma_{L-S}^2}{3\Delta G_v}\right)\cdot\left(\frac{2-3\cos\theta+\cos^3\theta}{4}\right) \qquad (4-5)$$

式中，σ_{L-S}为固相/液相的界面能；ΔG_v为单位体积的液相与固相的自由能差；θ 为晶核与现成基体的润湿角(图 4 -81)，而且

$$\cos\theta = \frac{\sigma_{LC} - \sigma_{SC}}{\sigma_{LS}} \tag{4-6}$$

式中，σ_{LC}、σ_{SC}分别为基底/液相、固相/基底的界面能，而形核表达式为

$$\eta = A\exp\left[-\frac{B\sigma_{LS}^{3}}{(\Delta T)2T}\right] \tag{4-7}$$

式中，A、B 为材料有关常数；ΔT 为过冷度；T 为相变绝对温度。可见，固液相界面张力 σ_{LS}的大小对异质形核过程有着显著的影响，σ_{LS}越小，ΔG 越小，而 η 越大，使得形核可以在较小的过冷度实现。

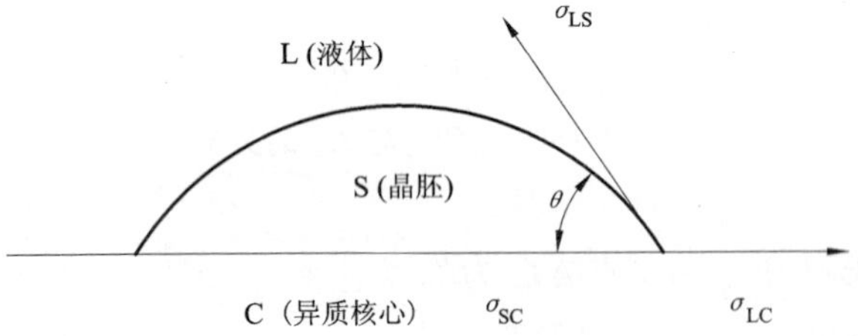

图 4－81　异质形核润湿角 θ

由式(4－5)、(4－6)、(4－7)可知，润湿角 θ 的大小直接影响异质形核的难易程度。θ 越小，则形核所需的过冷度也越小，即形核能力越强。而 θ 的大小与晶核和异质核心间的界面张力 σ_{SC}有关，σ_{SC}愈小，愈有利于异质形核。当晶核与异质核心的晶面结构愈近似，即符合“界面共格对应原则”时，它们之间的界面能也就愈小。

为了抑制基材在焊接热循环过程中再结晶、提高合金的焊接性能和提高焊接接头焊缝的性能，在焊丝和基材都加入了微量的 Sc，Zr 和 Ti 元素，它们能和 Al 形成高熔点化合物 Al_3Sc，Al_3Zr

和 $TiAl_3$。由表4－24可知，Al_3Sc，Al_3Zr 和 $TiAl_3$ 均为符合“界面共格对应原则”的难熔质点，能够作为铝液中异质形核所需的现成界面，促进异质形核。

表4－24　Al_3Sc，Al_3Zr 和 $TiAl_3$ 及 Al 的晶格常数和错配度

物质	熔点/℃	晶体结构	晶格常数/nm		错配度/%	
			a	c	δ_a	δ_c
Al	660	fcc	0.405			
Al_3Sc	1320	LI_2	0.4103	0.4103	1.5	1.5
Al_3Zr	1577	LI_2	0.408	0.408	0.99	0.99
$TiAl_3$	1377	DO23	0.3875	3.3873	4.3	4.55

另外，在熔池开始凝固时，Sc将富集在固液界面前沿的液相中阻碍其他元素原子的迁移而使溶质浓度梯度增加，使成分过冷度 ΔT_w 也进一步增大。Al_3Sc，Al_3Zr 的熔点高，焊缝凝固过程中，除了初始凝固析出的 Al_3Sc，Al_3Zr 外，还有来自母材的未熔化的 $Al_3(Sc, Zr)$ 固态质点也促进了熔合区中新晶体的形核，使得图4－80中的曲线 t_n 左移，临界过冷度 ΔT_c 减小。

还应当注意，焊接热循环过程中熔池边缘被加热的温度略高于母材的熔点，且存在一层运动速度很低的附面层。在该附面层中，聚集着大量由母材和焊丝带来的未熔 Al_3Sc，Al_3Zr 和 $TiAl_3$ 质点，使得在这一区域中形核率和形核速度均极高，即形成了晶粒数量极多且尺寸细小的细晶层组织，与此同时，联生结晶过程受到抑制。

4.8.4　钪对铝合金焊接接头焊缝强度的影响

带余高的焊接接头拉伸试验结果表明，01570合金焊接接头

强度 $\sigma_b=393MPa$，$\sigma_{0.2}=245MPa$，焊接系数可达到0.93，说明焊接效果是非常理想的。拉伸试验结果同时也表明这类合金焊接接头断裂部位并不是在焊缝处，而是在焊接热影响区，这说明采用含微量 Sc，Zr 的 01571 焊丝焊接时，该类合金焊接接头焊缝区有比较高的强度。焊缝的高强度主要来源于以下几个方面：

（1）基材与焊丝合金之间良好的相容性

由非均匀形核公式 $\cos\theta=(\sigma_{LC}-\sigma_{SC})/\sigma_{LS}$ 可知，以 Al－Mg 合金焊丝焊接 Al－Mg 系金属时，$\sigma_{SC}\to 0$，且 $\sigma_{LC}\to\sigma_{LS}$，可知 $\theta\to 0$，这说明形核的自由能障碍基本消失，临界形核自由能接近于 0，熔体只要冷却至液相线温度，凝固就能发生。同时，也说明两种合金之间润湿性非常好，半熔化区焊后不易产生热裂纹倾向，有助于提高该区的强度和塑性。

（2）微量 Sc，Zr 对焊缝凝固组织的晶粒细化强化作用

焊丝合金成分设计时，微量 Sc，Zr 等晶粒细化剂元素的加入，使合金在凝固过程中从熔体中析出初生 Al_3Sc，Al_3Zr 相，这些相质点在合金凝固结晶时起到了很好的非均质晶核作用，从而造成了焊缝凝固组织强烈的细化效果和晶粒细化强化作用。

（3）微量 Sc，Zr 产生的析出强化作用

采用 Sc，Zr 复合微合金化强韧化设计的焊丝填料，除焊缝凝固组织显著细化外，在焊缝快速凝固过程中还会生成 Al_3Sc，Al_3Zr 等微米级的弥散强化相粒子，焊缝区透射电子显微组织如图 4－82 所示。这些相的存在使得焊缝合金不经焊后热处理就有强化相粒子析出，也显著地提高了铸态焊缝的强度。

4.8.5 钪对铝合金焊接接头热影响区组织与性能的影响

基材上焊接热影响区的透射电子显微组织如图 4－83 所示。可以看出，在焊接热的作用下，基材中的亚结构消失，$Al_3(Sc, Zr)$ 粒子密度显著降低，发生了明显的再结晶，部分晶粒发生了

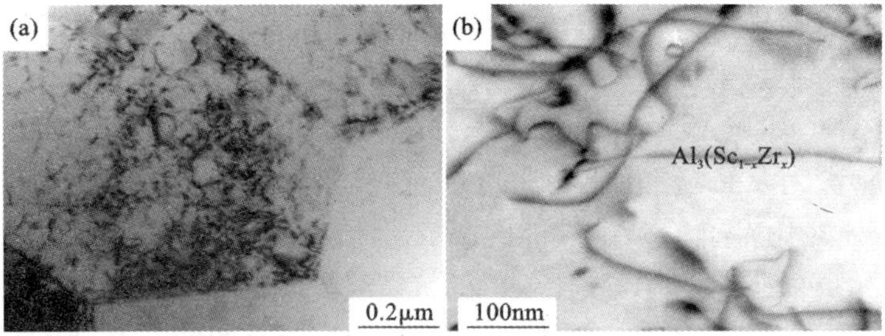

图 4－82　焊接接头焊缝区的透射电子显微组织

长大和粗化。这是由于焊接热循环温度远高于铝镁钪合金的稳定化退火温度，热影响区中强化相会发生了聚集长大，基体中强化相数量减少，尺寸增大，间距拉长。其结果减弱了强化相对位错移动的抗力，导致热影响区强度有所下降，发生所谓的过时效软化现象。只是由于 Al_3(Sc，Zr)粒子比较稳定，过时效软化现象相对于传统的铝镁合金来说不是很严重。

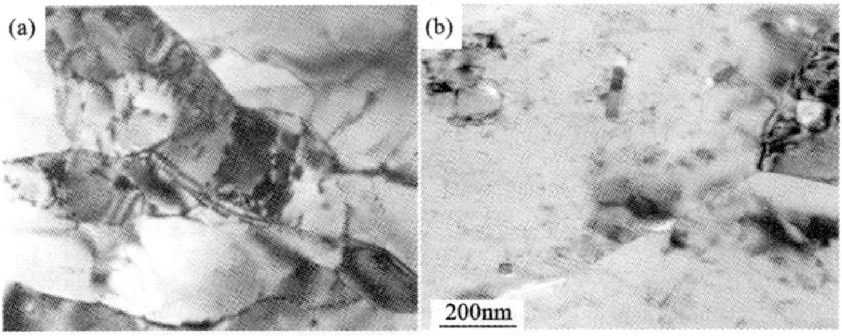

图 4－83　基材上焊接热影响区的透射电子显微组织

(a)焊接前；(b)焊接后

4.9 铝钪合金的疲劳断裂特性

Christian 和 Krause 等人认为显微组织对疲劳性能影响的大小依次为亚晶界、析出相和晶界。Desmukh 和 Pandey 等人研究了 Sc 对 7010 铝合金疲劳性能的影响，研究表明 Sc 的添加虽然细化了晶粒，但有可能导致比较低的抗裂纹扩展能力和低的疲劳门槛值。微量 Sc 和 Zr 如何影响 Al – Mg – Sc 合金的疲劳性能的报道还很少。著者采用对比法研究探索了 Sc 和 Zr 对 Al – Mg – Mn 合金疲劳性能的影响，在此基础上讨论了显微组织和疲劳性能的关系。

4.9.1 钪对 Al – Mg – Mn 合金疲劳寿命的影响

两种试验合金的化学成分见表 4 – 25。

表 4 – 25 试验用铝合金板材的化学成分(质量分数)/%

合金编号	Mg	Mn	Sc	Zr	Al
1 号	6.2	0.4	0.25	0.12	余量
2 号	6.2	0.4	—	—	余量

合金依次经半连续铸造、均匀化、热轧、冷轧成 2.3mm 厚板材，最后经过 350℃稳定化退火处理 1h。光滑疲劳试样取自板材纵向，光滑样尺寸为 206 mm × 40 mm × 2.3 mm，两个圆弧的半径是 120 mm，两个圆弧最小间距是 15mm，样品规格和尺寸符合国标 GB 3075—1982。疲劳实验在室温空气中进行，采用频率为 30Hz 正弦波信号，加载比 R 为 0.1，疲劳试验在 Instron 8032 电液伺服疲劳试验机上进行，加载轴方向平行于轧向。

两种 Al－Mg－Mn 合金的 *S*－*N*（应力幅－寿命）曲线见图4－84。

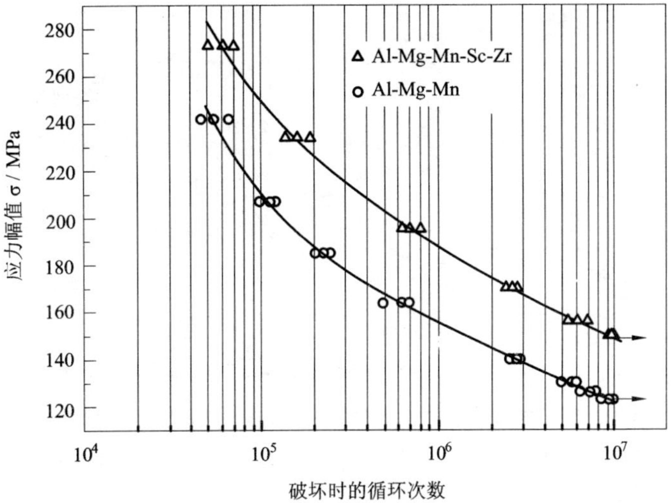

图4－84　Al－Mg－Mn－Sc－Zr 和 Al－Mg－Mn 合金的 *S*－*N* 曲线

结果表明，在整个加载应力幅值范围内，含 Sc 和 Zr 的 Al－Mg－Mn 合金疲劳寿命均大于 Al－Mg－Mn 的疲劳寿命。在 10^7 次循环条件下，Al－Mg－Mn 合金的疲劳强度是 123MPa，而 Al－Mg－Mn－Sc－Zr 的疲劳强度是 156MPa，可见 Sc 和 Zr 的添加能显著提高 Al－Mg－Mn 合金的疲劳寿命。

两种合金的典型宏观断口形貌见图4－85。

Al－Mg－Mn 合金是正断型断口，而 Al－Mg－Mn－Sc－Zr 合金的疲劳断口是剪切型断口，每个断口上可看到有放射状条纹。另外 Al－Mg－Mn－Sc－Zr 合金断口上还有清晰的人字纹。裂纹源的位置和裂纹扩展方向分别以白色和黑色箭头标示。裂纹大都起源于试样边缘和边角处，有些样品具有多个裂纹源。

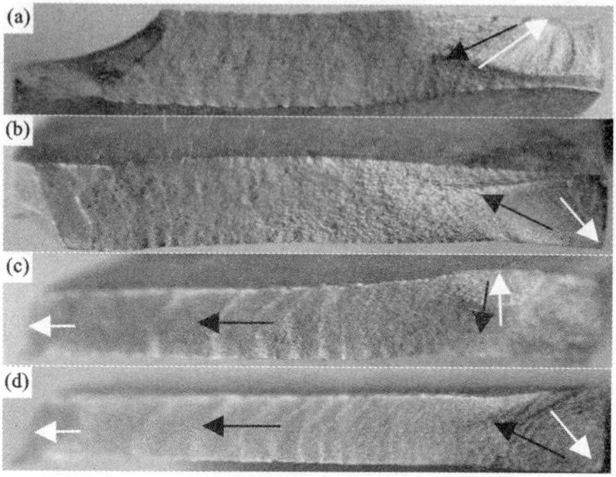

图 4-85　不同加载应力幅值条件下两种合金断口的宏观形貌

(a)~(b) Al-Mg-Mn 合金，(a) σ_{max} = 234 MPa；(b) σ_{max} = 148 MPa；
(c)~(d) Al-Mg-Mn-Sc-Zr 合金，(c) σ_{max} = 242 MPa；(d) σ_{max} = 207 MPa

图 4-86 给出了相近应力幅值条件下两种合金疲劳裂纹扩展区的扫描电子显微形貌。从图 4-86(a) 和图 4-86(b) 可知断口上有明显的疲劳台阶和放射条纹。图 4-86(e) 和图 4-86(f) 分别是图 4-86(c) 和图 4-86(d) 矩形区域的放大图像。在高倍下可以发现疲劳台阶和放射条纹包含有许多疲劳辉纹。Al-Mg-Mn-Sc-Zr 合金的疲劳辉纹间距较窄，而 Al-Mg-Mn 合金具有间距宽而平直的疲劳辉纹。可以看出，Al-Mg-Mn-Sc-Zr 合金具有较高的抗疲劳裂纹萌生与扩展的特性。

4.9.2　晶粒结构对疲劳性能的影响

两种合金的金相显微组织如图 4-87 所示。Al-Mg-Mn-Sc-Zr 合金在退火后仍保持细小的煎饼状晶粒组织，但 Al-Mg-Mn 合金板材退火后是粗大的等轴再结晶组织。当微裂纹遇到细小的煎

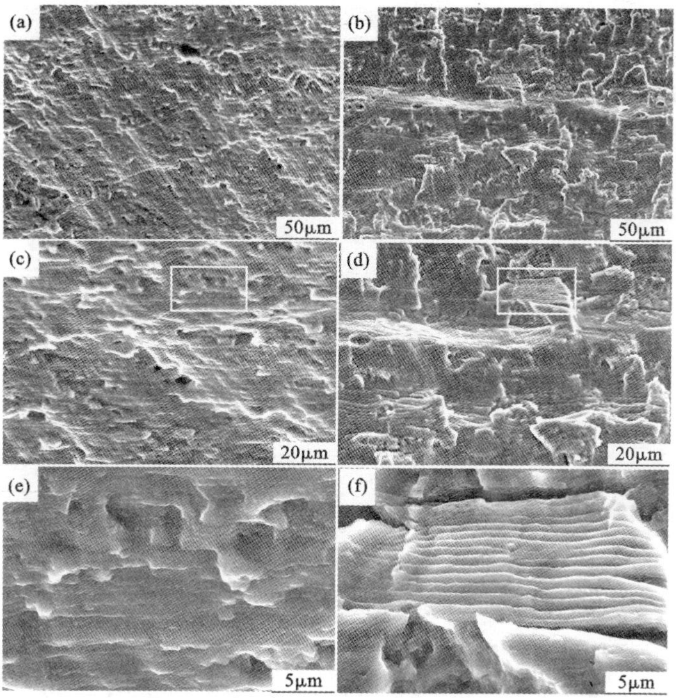

图 4-86　疲劳断口的 SEM 显微图像

(a),(c),(e): Al-Mg-Mn-Sc-Zr, σ_{max} =234 MPa;

(b),(d),(f): Al-Mg-Mn, σ_{max} =242 MPa

饼状晶粒时，它的扩展方向将发生许多次的转变，有时必须转向 90°，这将消耗更大的能量，因此，微裂纹不易在细小的煎饼状晶粒组织中扩展，导致合金疲劳强度和疲劳寿命的增加。另外细晶结构增加了滑移形变阻力，抑制了滑移带的形成与发展，来自晶界对微裂纹扩展的阻力也增加了。而等轴晶粒组织容易造成位错堆积，裂纹形核和扩展也就容易发生。因此，Al-Mg-Mn-Sc-Zr 合金的疲劳寿命比 Al-Mg-Mn 合金的疲劳寿命长。

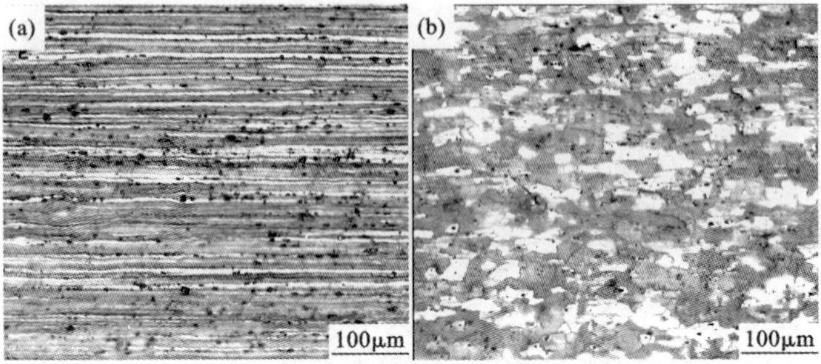

图 4-87　两种合金的金相显微组织

(a) Al-Mg-Mn-Sc-Zr 合金；(b) Al-Mg-Mn 合金

4.9.3　亚结构和析出相对疲劳性能的影响

研究合金冷轧板经过 350℃稳定化退火处理 1h 后的 TEM 电子显微组织如图 4-88 所示。结果表明，Al-Mg-Mn-Sc-Zr 合金具有大量细小的亚晶组织和大小约 10nm 的$Al_3(Sc, Zr)$粒子(如黑色箭头所示)。$Al_3(Sc, Zr)$粒子弥散均匀分布并且和基体共格，它们强烈钉扎位错和亚晶界。大量细小的亚晶组织和$Al_3(Sc_{1-x}Zr_x)$粒子是微裂纹扩展的有效障碍。因此，也说明 Al-Mg-Mn-Sc-Zr 合金比 Al-Mg-Mn 合金具有更高的疲劳寿命。

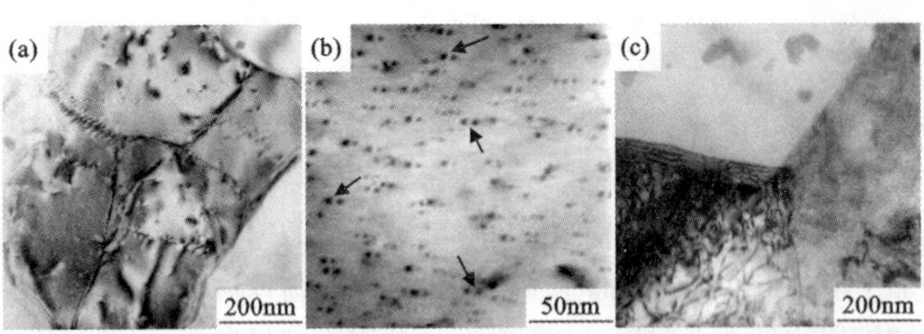

图 4-88　研究合金的 TEM 图像

(a)、(b) Al-Mg-Mn-Sc-Zr 合金；(c) Al-Mg-Mn 合金

第 5 章　铝镁钪系合金

用微量钪(0.07% ~0.35%，质量分数)合金化的铝合金称为铝钪合金或含钪铝合金。与不含钪的同类合金相比，铝钪合金强度高、塑韧性好、耐蚀性能特别是焊接性能优异，是继铝锂合金之后新一代航天、航空、舰船用轻质高强耐蚀可焊结构材料。

20 世纪 70 年代以后，俄罗斯科学院巴依科夫冶金研究院和全俄轻合金研究院相继对钪在铝合金中的存在形式和作用机制进行了系统的研究，之后开发了 Al – Mg – Sc，Al – Zn – Mg – Sc，Al – Zn – Mg – Cu – Sc，Al – Mg – Li – Sc 和 Al – Cu – Li – Sc 五个系列 17 个牌号的铝钪合金，产品主要瞄准航天、航空、舰船的焊接荷重结构件以及在碱性腐蚀介质环境中使用的铝合金管材、铁路油罐、高速列车关键结构件等。据报道，俄罗斯已将有关含钪铝合金用于航天器在液氧、液氢介质中工作的荷重结构件、卫星焊接结构件和抗中子辐照损伤的热核反应堆部件等。

近十多年来，在国际材料界掀起了铝钪合金研究热潮，除俄罗斯外，美国、西欧、日本和加拿大等国相继开展了研究。美国航天局兰利研究中心开发的牌号有 C557 的 Al – Mg – Sc 合金，利用 Sc 和 Zr 的协同强化作用，通过 Al_3Sc 和 Al_3Zr 共格弥散相的形成及晶粒细化导致附加强化作用，提高了合金的热稳定性，同时还把该合金扩展到可在深冷的温度(甚至液氢)下使用，从而拓宽了这种与俄罗斯 1535 合金相当的含 Sc 铝合金在机身结构与飞船结构上的应用范围。

我国铝钪合金的研究起于 20 世纪 90 年代中期。东北大学林肇琦教授最早对这类合金的国外研究动态进行了报道。1994 年在莫斯科召开了首届“钪及其应用”国际会议，中南大学李汉广教授带回一本论文摘要集。接着，中南大学、东北轻合金有限责任公司、西南铝加工集团有限责任公司等单位相继开展了铝钪合金的实验研究。这些研究先后得到了国家自然科学基金、国家重点基础研究发展规划项目(973)、国家 863 计划、国家十五攻关项目、国防科工委民口配套项目、总装预研项目的支持。目前，研究工作已经从实验室研究向半工业规模生产研究过渡并开始向航天、航空和舰船部门供货。但是，总体来说，我国铝钪合金的研究还处于研制开发阶段。

下面将按合金系对铝钪合金分别进行论述，包括各个合金系的研究背景、国内外铝钪合金的研究进展、著者的实验研究以及工业铝钪合金研究与开发应用情况。

5.1 铝镁系和铝镁钪系合金研究概况

5.1.1 传统 Al – Mg – Mn 合金

5××× 系的 Al – Mg – Mn 系合金具有良好的耐蚀性、导电性、导热性，并能长时间保持光亮的表面，具有较高的塑性和比强度，焊接性能也好。Al – Mg – Mn 系合金是目前铝焊接结构中应用最广的铝合金，主要用来制造与液体相接触的容器、管道、零件、日用品、铆钉及装饰品等，在航空、航天、石油、化工、电子、汽车和机械制造中也得到了广泛应用。

(1) Al – Mg – Mn 系三元相图

图 5 –1 为 Al – Mg – Mn 系三元相图。

(2)合金元素在 Al – Mg – Mn 系合金中的作用

镁：镁是 Al – Mg – Mn 系合金中的主要合金元素，镁在铝中

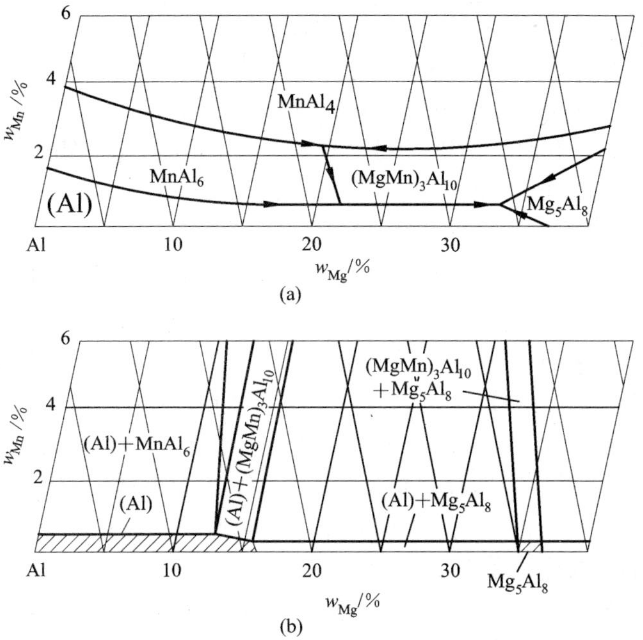

图 5－1　Al－Mg－Mn 系三元相图

(a)液相面投影；(b)Al－Mg－Mn 系三元相图富铝角

的最大固溶度可达 17.4%，但是常用的工业 Al－Mg－Mn 合金中，Mg 的含量一般不超过6.3%。镁含量超过6%，Mg_2Al_8或 Mg_5Al_3将优先呈阳极相在晶界沉淀，合金有产生晶间裂纹及应力腐蚀的倾向。退火状态 Al－Mg－Mn 系合金在加工变形时可能产生吕德斯线(Luder’s lines)。随着镁含量的提高，Al－Mg－Mn 系合金强度升高而塑性下降。

锰：锰除少量固溶在铝基体中外，大部分形成 $MnAl_6$。加入适量锰可使含镁相沉淀均匀，提高合金的抗腐蚀性，特别是能提高抗应力腐蚀开裂的能力，锰提高铝合金强度的效果比镁大，而且能确保合金具有更高的稳定性。向铝中每添加 1% 的 Mg，可使强度提高约 35MPa，而加入同量锰的效果则几乎大 1 倍。锰能显著提高合金的再结晶温度，抑制晶粒长大。但锰含量继续增加，合金强度提高不多而塑性则显著降低。尤其是在有微量钠存在的情况下，热轧时会产生“钠脆”现象，所以 Al－Mg－Mn 系合金中的锰含量都小于 1%。

(3) Al－Mg－Mn 系合金的组织与性能

Al－Mg－Mn 系合金中相的组成是铝镁固溶体、$MnAl_6$ 和 β 相(Mg_2Al_8 或 Mg_5Al_3)。镁在铝中的固溶度虽然随温度的降低变化很大，但基本上没有沉淀硬化效果。其原因是沉淀相形核困难，核心少，颗粒大，不与母相共格。而且 β 相在晶界滑移带上析出，呈网状，可引起晶间腐蚀和应力腐蚀开裂。冷变形后的合金，在室温长期停放，β 相会缓慢沉淀，使固溶强化效果降低，强度下降。因此 Al－Mg－Mn 系合金一般不进行强化热处理，而是在热加工及退火状态下使用。工业上常用的 Al－Mg 系合金的牌号及成分见表 5－1。其退火状态的机械性能列于表 5－2.

表 5－1　常用 Al－Mg 系合金牌号及成分

合金代号	主要成分/%						杂质含量(不大于)/%					
	Mg	Mn	Cr	Ti	Be	Al	Cu	Fe	Si	Ti	Zn	Fe + Si
5A02	2.0 ~2.8	0.15 ~0.4	—	—	—	余量	0.1	0.4	0.4	0.15	—	0.60
5A03	3.2 ~3.8	0.3 ~0.6	Si0.5 ~0.8	—	—	余量	0.1	0.5	—	0.15	0.20	—
5A04	4.0 ~4.8	0.3 ~0.6	—	—	—	余量	0.1	0.5	0.5	—	0.20	—
5A05	5.0 ~5.8	0.3 ~0.6	—	—	—	余量	0.1	0.5	0.5	—	0.20	—
5A06	5.8 ~6.8	0.5 ~0.8	—	0.1	0.0005	余量	0.1	0.4	0.4	—	0.20	—

表 5－2　Al－Mg 系合金退火状态的机械性能

合金牌号	5A02	5A03	5A04	5A05	5A06
σ_b/MPa	190	240	270	280	325
$\sigma_{0.2}$/MPa	80	120	140	140	170
δ/%	23	20	20	20	23

Al－Mg－Mn 系合金具有高的耐蚀性，只有当 β 相沿晶内或晶界均匀分布时才能显示出来。若 β 相沿晶界呈连续网状分布，则合金呈现明显的晶间腐蚀和应力腐蚀倾向。β 相的分布状态与镁含量关系很大，含镁量低时，β 相不形成沿晶界的连续网膜，而含镁量高(6%～7% Mg)的合金，即使在 315℃～330℃充分退火，α 相固溶体也不能完全分解。在长期使用过程中，β 相仍会继续沿晶界析出从而降低合金的耐蚀性能。解决这一问题的途径之一是调整生产工艺和热处理规范，例如退火后进行一定量的冷变形(增加 β 相的形核点)，并在 200℃以上进行沉淀处理，以促使 α 相彻底分解和 β 相均匀分布。

5.1.2　新型铝镁钪系合金

铝镁钪合金是俄罗斯在铝镁锰合金基础上发展起来的新一代中强可焊耐蚀铝合金，依镁含量的不同，抗拉强度比传统铝镁合金强度高 20%～120%，屈服强度高 30%～220%，抗焊接软化性能好，能采用传统铝镁合金的生产设备和主要工艺进行生产。

(1)钪与 Al－Mg－Mn 系的合金元素的交互作用

Sc 与 Mg：由 Al－Mg－Sc 三元相图可知，在富铝角处，Mg 与 Sc 不发生反应，其相组成为 α(Al)，$MnAl_6$，β 相和 Al_3Sc 相。

Al－Mg－Sc 系合金中通常还添加微量的 Zr，Ti，Mn 等过渡族元素。过渡族元素不同，Sc 和它们的相互作用以及对铝合金组织性能的影响也不同。

Sc 与 Mn：锰与钪不起作用，不形成金属间化合物。在 Al－Mg－Sc 系合金中加锰，像在其他工业铝合金中一样，能提高强度性能和改善合金的抗腐蚀稳定性。不过，过量的 Mn 会降低 Sc 的溶解度和减少金属间化合物的形成，一般用量在 0.2%～0.5% 之间。在需要获得超塑性、导热性的情况下，锰的含量应当加以控制。

Sc 与 Ti：钛同锆一样，能溶解于 Al_3Sc 相内，但它在 Al_3Sc 相内的溶解度相当小。钛的加入，与锆一样会增强 Sc 的变质效果，并从其出现变质作用开始，减少 Sc 的临界浓度。但是，在含钪的过饱和固溶体分解时，加 Ti 会恶化合金的强度性能、加速软化过程。不过，在铝合金中 Zr 的存在可以充分中和 Ti 的不良作用，作为和 Zr 一起使用的综合变质剂，Ti 的加入量为 0.02%～0.06%。

Sc 与 Zr：Zr 能较多地溶于 Al_3Sc 相中，并形成 $Al_3(Sc_{1-x}Zr_x)$ 相，这种相的晶格类型、点阵参数与 Al_3Sc 相差甚小，因此不仅保持了 Al_3Sc 的全部有益作用，而且在高温加热下聚集倾向比 Al_3Sc 相小得多。因此，钪锆同时加入，一方面可提高铝合金的有益性能，另一方面还可以减少钪的加入量，降低铝钪合金的生产成本。

试验表明，具有 Zr 溶解量最大的 $Al_3(Sc, Zr)$ 相质点具有最小的聚集倾向，当分析性能最佳的合金成分时，发现其中的 $Al_3(Sc, Zr)$ 相内有 50% 的 Sc 原子被 Zr 原子置换。因此，在工业铝合金中 Sc 和 Zr 的含量之比接近 1∶1。然而，实践表明在高合金化和中合金化的铝合金中，特别是在浇铸大铸锭时，Zr 含量超过 0.10% 时会形成粗大的初生金属间化合物 Al_3Zr。因此用 Zr 合金化的含钪铝合金，Zr 含量取 0.08%～0.12%。Sc 的含量理论上应与之相同，但考虑到，并非全部加入的钪都被利用上了，因此

Sc 的含量应该提高到 0.15% ~0.3%。

(2) Al - Mg - Sc 系合金的组织与性能

20 世纪 70 年代，全俄轻合金研究所开始了在铝镁合金中添加钪的研究工作。现已研制开发出了系列的可加工成形 Al - Mg - Sc 合金并得到实际的应用，其热加工或退火态的拉伸力学性能见表 5 - 3。

表 5 - 3　新型 Al - Mg - Sc 和传统 Al - Mg 合金半成品化学成分和拉伸力学性能

合金系	牌号	主要合金元素平均含量（质量分数）/%	热加工或退火态拉伸力学性能		
			UTS/MPa	2% YS/MPa	El/%
Al - Mg	AMg1	Al - 1.15Mg	120	50	28
Al - Mg - Sc	01515	Al - 1.15Mg - 0.3Sc - 0.1Zr	250	160	16
Al - Mg	AMg2	Al - 2.2Mg	190	90	23
Al - Mg - Sc	01523	Al - 2.1Mg - 0.3Sc - 0.1Zr	270	200	16
Al - Mg	AMg4	Al - 4.2Mg	270	140	23
Al - Mg - Sc	01545	Al - 4.2Mg - 0.3Sc - 0.1Zr	360	280	20
Al - Mg	AMg6	Al - 6.3Mg	340	180	20
Al - Mg - Sc	01570	Al - 5.8Mg - 0.3Sc - 0.1Zr	400	300	15

含钪的铝镁系合金中，含镁量约 6% 并添加有锰、钪、锆及其他元素的 01570 合金应用最广泛。据报道，俄罗斯乌拉尔铝加工厂已生产出下列各种类型和规格的 01570 合金半成品：

- 宽度达 2100mm 的冷轧板；
- 宽度达 1700mm 的热轧板；
- 直径达 300mm 的挤压棒和型材(外接圆直径达 250mm)；
- 重达 200kg 的模锻件；
- 直径达 3600mm 的轧环。

5.2 Al－Mg－Sc 系合金的实验研究

著者在 Al－Mg－Sc 系合金的实验研究方面进行了 Al－Mg－Sc 和 Al－Mg－Mn－Sc－Zr 两类合金的研究，前者主要考察单独添加 Sc 以及 Sc 添加量对 Al－Mg 合金组织和性能的影响，后者则是以工业 Al－Mg－Sc 合金为目标，研究添加 Sc 和 Zr 对传统 Al－Mg－Mn 合金组织和性能的影响。

5.2.1 Al－Mg－Sc 系合金的制备

研究合金为三种，它们分别是 Al－5Mg 基础合金(合金 A)、不同钪添加量的 Al－5Mg－0.2Sc(合金 B)和和 Al－5Mg－0.4Sc 合金(合金 C)。合金在石墨坩埚中熔化和精炼，用铁模浇注成扁锭。铸锭经均匀化后热轧成板材，板材冷轧之后再进行稳定化退火。

5.2.2 微量 Sc 对 Al－Mg 合金拉伸性能的影响

合金铸态、热轧态、冷轧态和 340℃/1h 稳定化退火态的拉伸性能见表 5－4。

表 5－4 实验合金在不同状态下的拉伸性能

合金状态	σ_b/MPa			$\sigma_{0.2}$/MPa			δ/%		
	合金 A	合金 B	合金 C	合金 A	合金 B	合金 C	合金 A	合金 B	合金 C
铸 态	207	222	294	107	119	202	16.8	15.4	14.7
热轧态	261	296	424	115	182	293	25.8	18.1	16.0
冷轧态	345	381	483	286	336	426	12.6	9.5	7.6
退火态	282	304	358	124	152	224	25.4	21.0	18.9

可以看出，在 Al－5Mg 合金中添加 0.2% Sc，合金的屈服强度提高幅度不大，增幅仅为 12～67MPa，而添加 0.4% Sc 后合金的屈服强度显著提高，增幅为 95～178MPa。

5.2.3　微量 Sc 对不同处理态 Al－Mg 合金显微组织的影响

研究合金铸态下的晶粒组织见图 5－2。由图 5－2 可以看出，在 Al－5Mg 合金中添加 0.2% Sc 后铸态合金晶粒细化效果不明显，但枝晶结构基本消除，添加 0.4% Sc 后的合金不仅枝晶组织完全消除，而且晶粒大大细化，晶粒组织为细小均匀的等轴晶。

图 5－2　三种合金的铸态晶粒组织

(a) Al－5Mg; (b) Al－5Mg－0.2Sc; (c) Al－5Mg－0.4Sc

图 5－3 为研究合金经热轧变形后的晶粒组织。可见没有添加 Sc 的合金热轧后就发生了再结晶，而添加 Sc 的合金热轧后晶粒仍然保持变形的纤维状组织，而且 Sc 含量越高，纤维组织越细密，表明添加 Sc 在细化晶粒的同时抑制了 Al－Mg 合金热轧变形过程中的动态再结晶。

图 5－4 为三种合金冷轧板材经 340℃ 退火 1h 后的晶粒组织。由图 5－4 可知：没有添加 Sc 的合金已发生完全再结晶，并且晶粒稍有长大，而添加 Sc 的合金仍为典型的纤维状组织，表明

图 5－3　实验合金热轧态的晶粒组织

(a) Al－5Mg; (b) Al－5Mg－0.2Sc; (c) Al－5Mg－0.4Sc

添加 Sc 能抑制 Al－Mg 合金冷轧后退火过程中的静态再结晶。

图 5－4　研究合金冷轧后经 340℃退火 1h 的晶粒组织

(a) Al－5Mg; (b) Al－5Mg－0.2Sc; (c) Al－5Mg－0.4Sc

研究合金在铸态和均匀化处理态下的典型电子显微组织见图 5－5。

图 5－5 结果表明，Al－5Mg－0.2Sc 合金，铸态没有发现 Al_3Sc 第二相粒子的存在，但是经 470℃/13h 均匀化处理后在电镜下可以很清晰地见到弥散细小的 Al_3Sc 粒子。Al－5Mg－0.4Sc 合金，铸态可见到弥散细小的 Al_3Sc 质点，其尺寸为 12～25nm，

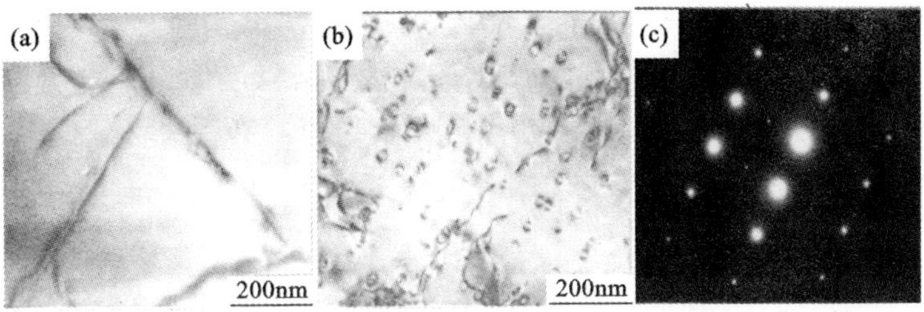

图5-5 Al-5Mg-0.2Sc 合金铸态和均匀化态的典型电子显微组织

(a)铸态；(b)均匀化处理态；(c)图(b)中第二相的衍射花样

间距为110~140nm，并且与基体共格。均匀化退火处理后，过饱和固溶于合金中的Sc进一步以Al_3Sc质点形式析出。

添加Sc的Al-5Mg合金在热轧态下透射电子显微组织结构见图5-6。可以看出，热轧态形变组织中有大量位错缠结，第二相Al_3Sc质点对合金形变组织的亚结构起到了强烈的稳定化作用。

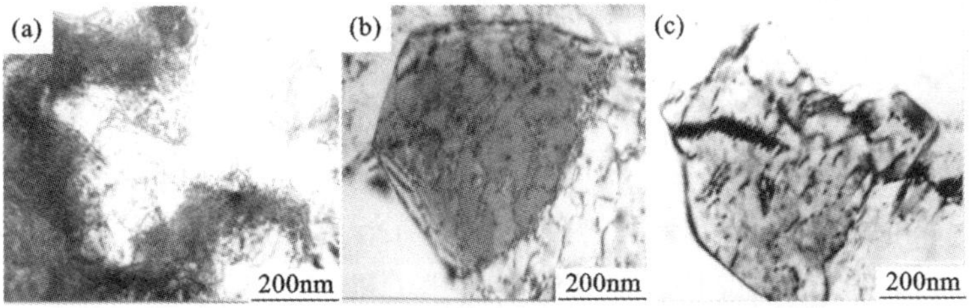

图5-6 Al-5Mg-0.4Sc 合金热轧态电子显微组织

(a)位错缠结；(b)第二相粒子钉扎位错；(c)位错墙

添加Sc的Al-5Mg合金冷轧态透射电子显微组织见图5-7。与热轧态相比基本形态相近，不同的是冷轧后由于合金变形量的进一步加大，使得合金组织中形成了更多的位错缠结和胞状亚结构组织[图5－7(a)]，同时，晶界衬度被应变场衬度掩盖变得难以分辨，甚至第二相质点的双叶花瓣状共格衬度像也不再出现，但电子衍射图谱表明 Al_3Sc 超点阵衍射斑点存在[图5－7(b)]，暗场条件下可以看到一些中间不带有无衬度带的 Al_3Sc 球形非共格衬度像。

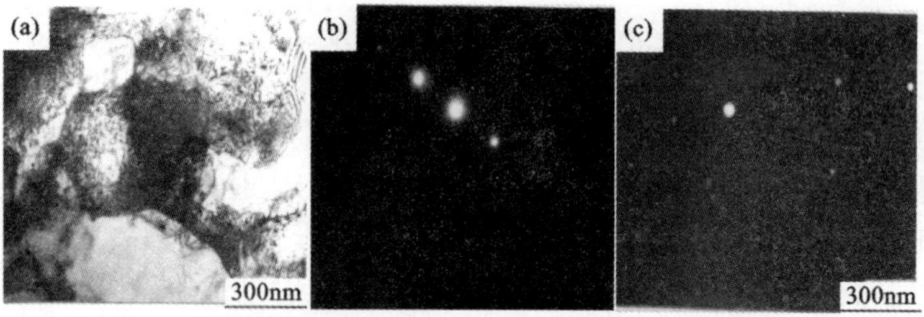

图5－7　Al－5Mg－0.2Sc 合金冷轧态典型电子显微组织

(a)位错缠结；(b)与(a)对应的选区衍射谱；

(c)以第二相超点阵斑点为操作矢量的暗场相

添加Sc的Al－5Mg合金冷轧板经340℃/1h退火后的电子显微组织见图5－8。可以看出，经340℃/1h退火处理后，位错缠结消失，出现了较多的小角度亚晶界和亚晶，亚晶尺寸为1～1.5μm。退火过程中所形成的亚晶界仍被第二相质点牢牢钉扎。第二相粒子所对应的选区衍射表明在340℃/1h退火后次生 Al_3Sc 第二相质点仍然保持着和基体的共格关系。

5.2.4　Al－Mg－Sc 合金的再结晶

图5－9为合金冷轧态试样硬度与退火温度的关系曲线。采用硬度法和金相法相结合，确定了合金的起始再结晶温度(T_r^s)为375℃，终了再结晶温度(T_r^f)为520℃。结果表明，添加微量Sc能

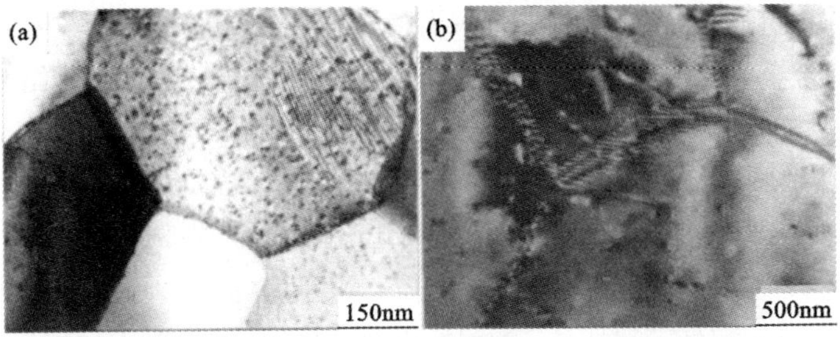

图 5-8　340℃/1h 退火态的典型电子显微组织(Al-5Mg-0.2Sc 合金)

(a)亚晶晶粒；(b)亚晶界

大幅度提高 Al-Mg 合金的再结晶温度，特别是再结晶终了温度。

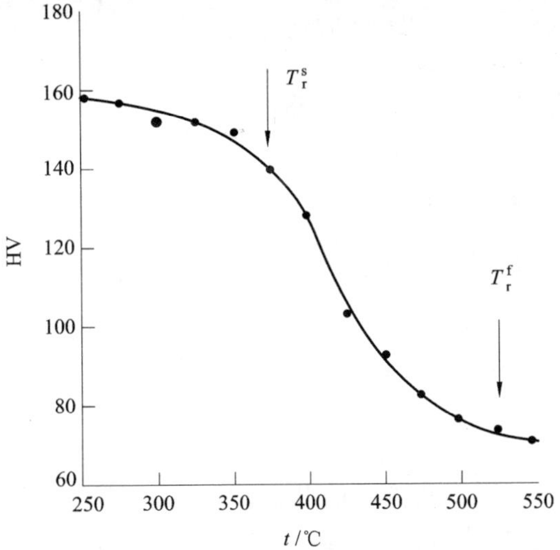

图 5-9　Al-5Mg-0.2Sc 合金的硬度与退火温度的关系

对应于图 5-9，冷轧态和不同退火态合金金相组织见图

5－10。可以看出，冷轧态合金为典型的纤维状组织，375℃退火1h后合金开始发生再结晶。随退火温度的升高，合金的再结晶程度增大，470℃时为部分再结晶组织。当温度升至520℃时合金的纤维状组织完全消失，已发生完全再结晶，为细小的等轴晶。金相显微组织观察结果与硬度法测量的结果是一致的。

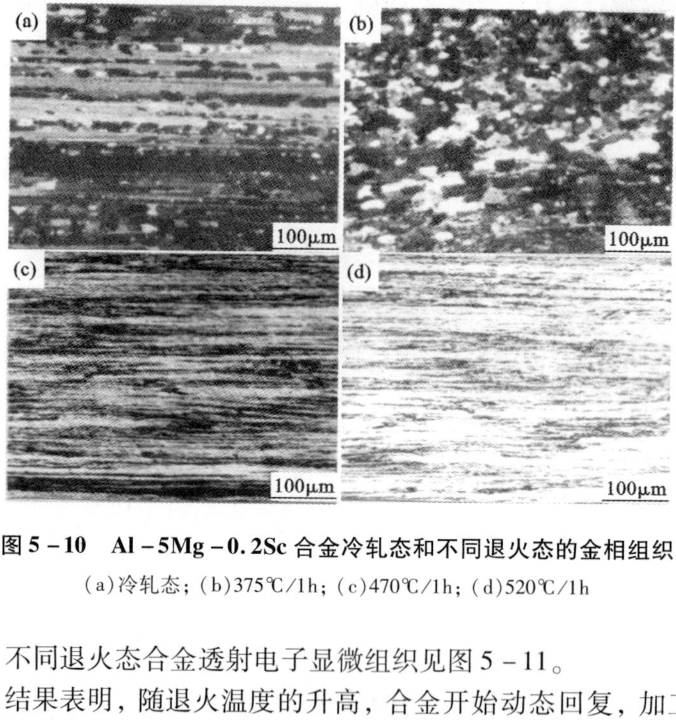

图5－10　Al－5Mg－0.2Sc合金冷轧态和不同退火态的金相组织

(a)冷轧态；(b)375℃/1h；(c)470℃/1h；(d)520℃/1h

不同退火态合金透射电子显微组织见图5－11。

结果表明，随退火温度的升高，合金开始动态回复，加工造成的大量位错缠结重新排列组合，出现较多的亚晶粒。375℃退火处理的样品中可看到大量亚晶组织，亚晶尺寸为1～1.5μm，还可以看到局部已开始发生再结晶；470℃退火处理，再结晶有所加剧，再结晶晶粒大小与375℃退火处理得到的亚晶尺寸基本相当，说明还未发生再结晶晶粒长大；520℃退火处理，合金已发

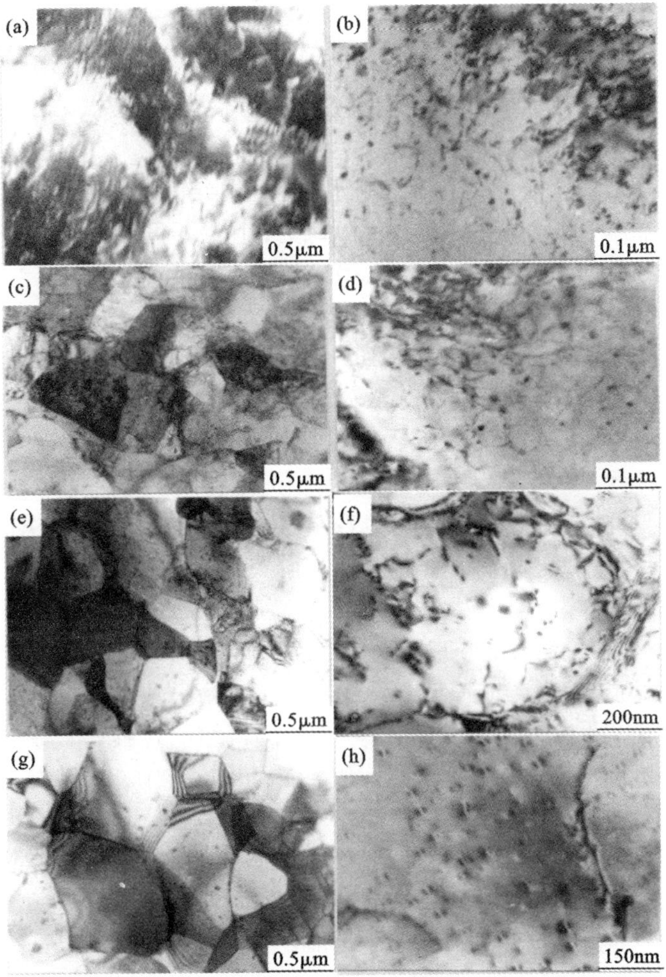

图5－11　不同退火温度下合金透射电子显微组织

(a)～(b)190℃/1h；(c)～(d)340℃/1h；
(e)～(f)375℃/1h；(g)～(h)470℃/1h

生完全再结晶，某些再结晶晶粒已发生长大。与此同时，当退火温度升高到340℃以上时，还可以看到合金中的 Al_3Sc 粒子又恢复为具有共格特征的豆瓣状衬度。这是由于合金中变形引入的内应力被消除，球形粒子的共格应变场逐渐得到恢复，第二相粒子重新呈现出共格粒子的衬度。

第二相粒子是促进再结晶还是阻碍再结晶，主要取决于其粒子在基体中的分布和大小。文献认为，在粒子间距 λ 和粒子直径 d 较大的情况下（$\lambda \geqslant 1\mu m$，$d \geqslant 0.3\mu m$），第二相粒子促进再结晶，而在粒子间距和直径较小的情况下（$\lambda < 1\mu m$，$d < 0.3\mu m$），第二相粒子阻碍再结晶。在 Al – Mg – Sc 合金中，Al_3Sc 质点与基体共格，非常弥散细小，这些弥散分布的 Al_3Sc 质点阻碍了加热时位错重新排列成亚晶界及随后发展成大角度晶界的过程即再结晶的成核过程，也将阻碍大角晶界的迁移即再结晶核心的长大过程，从而使再结晶受到抑制。可以看出 Al_3Sc 质点是一种有效的再结晶抑制剂。

通常认为，亚晶合并、亚晶长大和晶界凸出是再结晶形核的三种典型机制。图 5 – 12 显示了 Al – 5Mg – 0.2Sc 合金再结晶过程中的显微组织变化。

可以看出，在 Al – Mg – Sc 合金的再结晶过程中，存在着亚晶合并和亚晶长大双重机制。合金在冷轧过程中，位错发生交滑移产生大量的位错缠结[图 5 – 12(a)]，在冷变形后的退火过程中，回复使过剩位错消失，逐渐转化为亚晶；在开始再结晶时发现在试样的某些区域亚晶界正在合并[图 5 – 12(b)]。一组亚晶粒的公共边界上两列位错发生反应后合二为一，这可以认为是亚晶合并成核机制在起作用，而图 5 – 12(c)中一组亚晶粒的公共边界在发生合并的同时，部分边界成为大角度晶界，这表明该区域的成核过程是亚晶合并与亚晶长大两种机制在同时起作用。还可以看到相邻亚晶粒某些公共边界上的位错通过攀移和滑移，转移到周围晶界或角度较大的亚晶界上，导致中间亚晶界消失后即完成再结晶的成核。之后通过原子扩散和位置调整，最终使一组亚晶取向一致，合并成为一个大晶粒，其中残留的亚晶界也说明，亚晶长大的同时，发生亚晶聚合现象。由于大角亚晶界上吸收了更多的位错，使相邻亚晶粒的位向差增大，小角度晶界逐渐转化成大角度晶界，而大角度晶界具有更高的迁移率，可以迅速移动，清除其移动路程中存在的位错，而在其后留下无畸变的完全再结晶组织[图 5 – 12(d)]，完成整个再结晶过程。

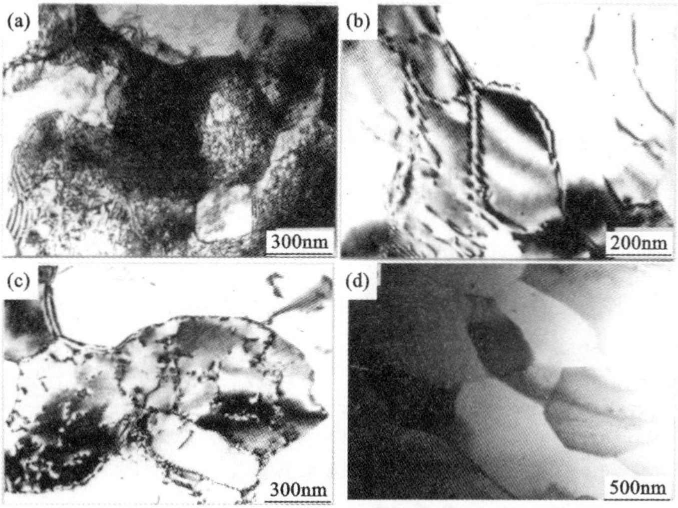

图 5 – 12　Al – 5Mg – 0.2Sc 合金再结晶过程中亚晶合并与亚晶长大

(a)冷轧，大量位错缠结；

(b) ~ (c)亚晶合并和亚晶长大(375℃，1h 退火)；

(d)完全再结晶组织(520℃，1h 退火)

5.3 Al－Mg－Mn－Sc－Zr 合金实验研究

5.3.1 研究合金的制备

采用500kg 电阻熔化炉熔化和半连续铸锭技术制备了一系列含钪和不含钪的 Al－Mg－Mn 合金，研究合金名义成分见表5－5。

表5－5 研究合金名义成分(质量分数)/%

编号	Mg	Mn	Sc	Zr	Al
1#	2.2	0.4		－	余量
2#	2.2	0.4	0.25	0.10	余量
3#	4.2	0.4		－	余量
4#	4.2	0.4	0.25	0.10	余量
5#	5.2	0.4		－	余量
6#	5.2	0.4	0.25	0.10	余量
7#	6.2	0.4		－	余量
8#	6.2	0.4	0.25	0.10	余量
9#	6.2	0.4	0.25	0.6(Ti＋Cr＋Be)	余量

铸锭规格为320mm×80mm×3000mm，为了探索最佳铸锭均匀化处理工艺，均匀化处理试验温度为250℃、300℃、350℃、400℃、450℃，时间为0～12 h。采用硬度和电导率对铸态合金的均匀化效果进行初步的评估，以板材热轧态的最佳性能来最终评判铸态合金的均匀化效果。最佳均匀化处理后的铸锭经热轧—冷轧成材，热轧变形率为90%，冷轧变形率为70%，冷轧板经300℃～350℃稳定化退火1h。

9#合金为与8#合金板材配用的焊丝合金，合金熔炼后半连续

铸锭成 ϕ142 mm 的圆锭，之后挤压成 ϕ10 mm 的杆坯，经9道拉伸—中间退火—得到 ϕ3mm 的丝坯。丝坯经5道拉伸和特别的表面处理制成 ϕ1.6 mm 的焊丝。

5.3.2 微量 Sc，Zr 对 Al – Mg 合金铸造组织的影响

微量 Sc 和 Zr 对 Al – Mg – Mn 合金铸态组织晶粒度影响的典型例子见图 5 – 13。结果表明，不添加 Sc 和 Zr 的 Al – Mg – Mn 合金晶粒粗大，平均晶粒度为 370μm，晶内枝晶组织非常明显；添加0.15%的 Zr，合金铸态晶粒细化，平均晶粒度减小到 196μm；添加 0.2% Sc 的合金，晶粒没有明显的细化，但晶内枝晶组织消失；同时添加 0.4% (Sc + Zr) 的合金，晶粒显著细化，平均晶粒度为 42μm。

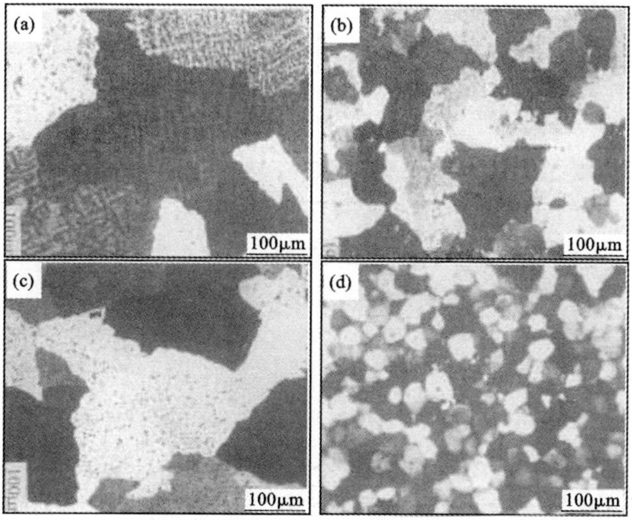

图 5 – 13　微量 Sc 和 Zr 对 Al – Mg – Mn 合金铸态晶粒度的影响

(a) Al – 5.2Mg – 0.4Mn；(b) Al – 5.2Mg – 0.4Mn – 0.15Zr；
(c) Al – 5.2Mg – 0.4Mn – 0.2Sc；(d) Al – 5.2Mg – 0.4Mn – 0.35(Sc + Zr)

为了进一步研究 Sc，Zr 复合微合金细化铸态合金的机理，对金相样品进行特殊的浸蚀处理，在金相样品上可见到一些晶粒内有很小的三角形、长方形和正方形的质点［图 5－14(a)］。扫描电镜能谱微区成分分析表明，这些质点是一种含 Sc 和 Zr 的铝化物，核心部分富 Zr，外围部分富 Sc，较大电子束斑下，铝化物中 Al 与(Sc＋Zr)的原子比约为 3∶1［图 5－14(b)］。可初步判定这种复合铝化物粒子为 Al_3(Sc，Zr)，或记作 Al_3Zr/Al_3Sc。

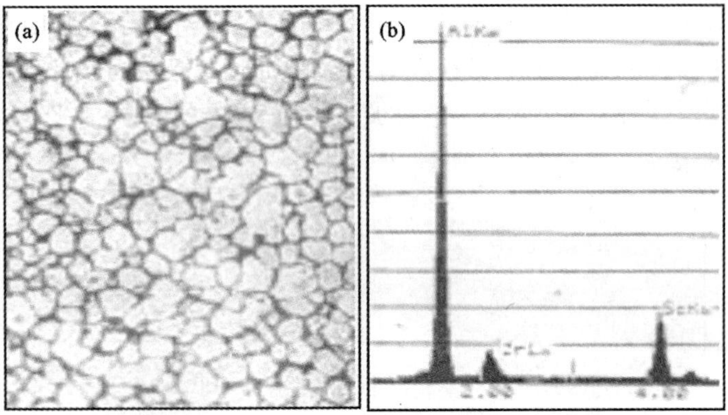

图 5－14　微量 Sc，Zr 细化研究合金铸态晶粒机制分析

(a) Al－5.2Mg－0.4Mn－0.35(Sc＋Zr)；(b)图(a)中晶粒内形核质点能谱成分分析

有关微量 Sc 对铝合金的晶粒细化机理，目前只有推论性的说法，还未见到有说明细化晶粒机制的具体实验证据。大部分文献认为，在铝合金中，Sc 能与 Al 发生反应，会从熔体中优先析出一次 Al_3Sc 相不熔性质点。从已有的 X 射线衍射卡片数据知道，该质点为 $AuCu_3$ 型立方结构，点阵常数 $a = 0.410$nm，无论晶体结构还是晶格常数均与基体 Al(面心立方结构，$a = 0.405$ nm)极为相近，合金凝固时，这种质点是 α(Al)结晶时的理想晶核，可以起到非均质晶核的作用。

关于为什么添加0.2 %的Sc未能对Al_5Mg合金产生晶粒细化作用，而复合添加0.4%(Sc + Zr)的合金晶粒获得显著细化的问题，著者认为可以根据Al - Mg - Sc和Al - Sc - Zr三元合金相图进行解释。

从Al - Mg - Sc三元合金相图富铝端可知，Al5Mg0.2Sc合金的成分点落在α(Al)相区内，说明非平衡结晶条件下Sc主要是以固溶体的形式存在于α(Al)中，在合金体系中没有Al_3Sc质点的存在，所以也就不会有晶粒细化作用。在复合添加0.35%(Sc + Zr)的情况下，由于在Al - Mg - Sc - Zr四元合金中，Mg不与Al，Sc及Zr形成化合物，Mg主要是固溶在α(Al)中，所以讨论这四种元素之间形成中间相时，可以参考Al - Sc - Zr三元合金相图(图4 - 18)。可以看出，Al - 0.25Sc - 0.10 Zr合金体系的成分点落在α(Al) + Al_3 Sc + Al_3 Zr三相区域内，合金凝固时从熔体中会析出Al_3Sc和Al_3Zr复合粒子，该粒子是α(Al)固溶体结晶时理想的非均质晶核。

理论研究表明，在合金熔体中可起非均质晶核作用的细化剂，一般应具备以下三个条件：第一，细化剂(B)或细化剂与熔体(M)的反应产物B_nM_m应与被细化相有界面共格性，两者的点阵错配度$\delta \leqslant 5\%$，具有界面共格性的两相晶格结构可以相同，也可以不同，但要求两者在相应界面上的原子排列方式相似，并且原子间距相近或互成比例；第二，细化剂或其产物B_nM_m应稳定、熔点高，在金属液内分布均匀，且不易被污染；第三，细化剂或其产物B_nM_m应构成先析出相，并最好能与金属熔体发生包晶反应生成先析出相，而Sc，Zr与铝熔体形成的初生Al_3Sc/Al_3Zr复合粒子相正好满足这三个条件，因为Al_3Sc/Al_3Zr复合粒子相无论晶格类型还是晶格尺寸(点阵常数a = 0.4106nm)均与基体Al极为相近，错配度只有1.5%，与基体α(Al)完全共格，熔点高

(1320℃)、稳定、分布均匀。上述这些特点保证了 Al_3Sc/Al_3Zr 相质点可以成为良好的非均质晶核。

5.3.3 均匀化退火对 Al－Mg－Mn－Sc－Zr 合金组织性能的影响

1. 不同均匀化退火温度对铸态和热轧态合金力学性能的影响

(1)不同均匀化退火处理对铸态合金硬度的影响

下面以 Al－6Mg－0.4Mn－0.4(Sc＋Zr)(6#)为例，说明不同均匀化退火处理对铸态合金硬度的影响。6#合金经过激冷铸造后，铸态合金在250℃、300℃、350℃、400℃和450℃下进行均匀化退火后，其硬度变化曲线如图5－15所示。

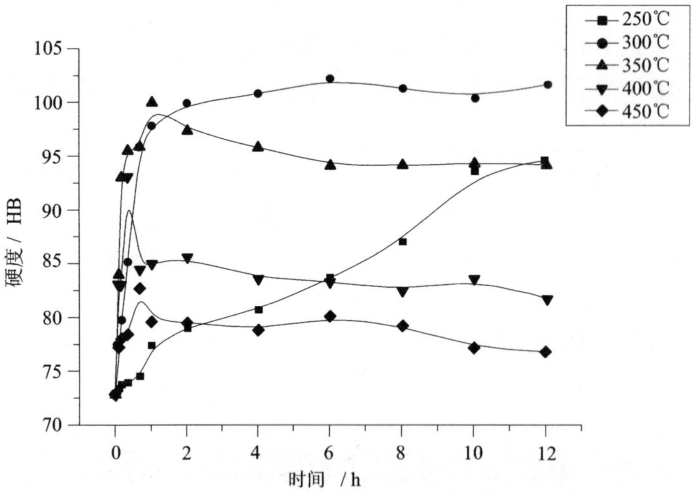

图5－15 不同退火温度下合金硬度与退火时间的关系

结果表明，Al－Mg－Mn－Sc－Zr 合金铸锭均匀化处理过程中有类似于传统铝合金固溶后时效过程中的时效硬化特性。300℃以上均匀化处理，合金的硬度随退火温度升高和退火时间的延长而增加；300℃以上均匀化处理时，合金硬度在1h达到峰值，随着退火时间的延长，硬度下降。与此同时，硬度峰值随退火温度的升高而降低，达到硬度峰值的时间随着退火温度的升高而缩短。

(2)不同均匀化退火温度对铸态合金电导率的影响

不同均匀化退火温度对铸态6#合金电导率的影响如图5－16所示。结果表明，与硬度变化不同，均匀化处理过程中，合金的电导率随均匀化处理温度的提高和保温时间增加而单调上升。

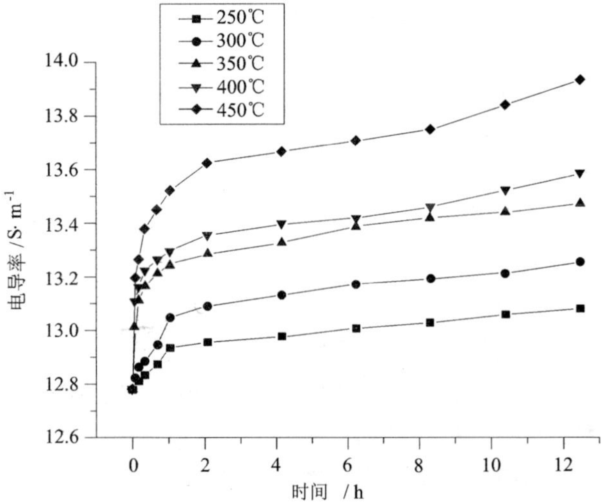

图5－16　不同退火温度下合金电导率与退火时间的关系

(3)不同均匀化退火温度对热轧态合金拉伸力学性能的影响

均匀化退火温度对热轧态合金拉伸力学性能的影响见图

5－17。可以看出，经300℃～350℃均匀化退火处理的铸锭热轧后的板材综合力学性能较好。

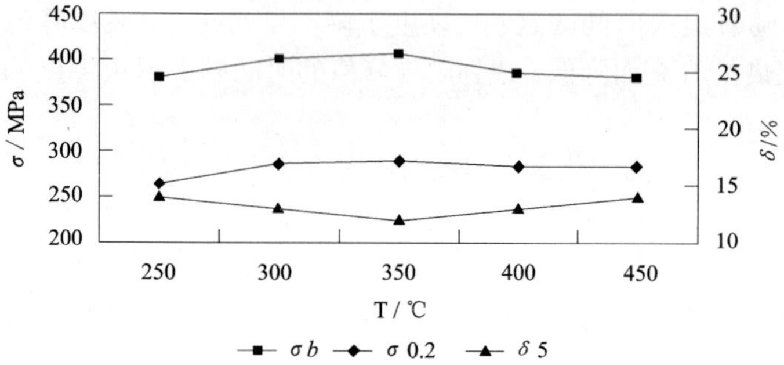

图5－17 均匀化退火温度与热轧态合金拉伸力学性能的关系

2. 合金的显微组织

(1)不同均匀化处理温度下合金的金相组织

对铸态和不同均匀化处理态合金显微组织进行了观察和分析，下面仍以6#合金[Al－6Mg－0.4Mn－0.35(Sc＋Zr)]为例进行说明。从图5－18可以看出，6#合金铸态晶粒尺寸为20～40μm，450℃/6h均匀化退火后晶粒尺寸为30～50μm，说明均匀化退火温度对晶粒尺寸影响不大。

(2)不同均匀化处理温度下合金透射电子显微组织

图5－19为6#合金铸态和250℃、300℃和450℃下保温6h条件下的透射电子显微组织。结果表明，铸态合金显示为单相固溶体组织，晶粒内部未见明显的第二相粒子；250℃/6h均匀化后，合金基体上开始有第二相粒子析出，双束条件下第二相粒子特有的双叶花瓣状及电子衍射分析表明粒子与基体共格，析出相是$Al_3(Sc, Zr)$；300℃/6h均匀化后，$Al_3(Sc, Zr)$粒子更加均匀弥散分布在基体中，此外，还可观察到有片状的Al_6Mn初晶相析

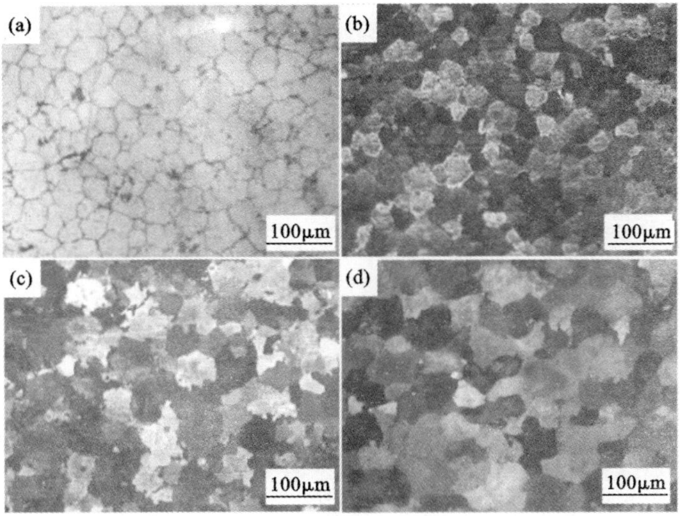

图 5－18　Al－6Mg－0.4Mn－0.4(Sc＋Zr)
合金不同均匀化温度保温 6h 的金相组织
(a)铸态；(b)250℃；(c)300℃；(d)450℃

出；均匀化处理温度升高到 450℃时，Al_3(Sc，Zr)粒子的分布密度降低。

3. 含钪和锆的 Al－Mg－Mn 合金铸锭均匀化的特点

高镁含量的 Al－Mg－Mn 合金铸锭均匀化通常有三个目的：第一，消除凝固过程中的枝晶偏析，使合金成分分布均匀；第二，半连续激冷铸造条件下形成的过饱和固溶体分解析出初晶相 Al_6Mn；第三，消除铸锭内部的宏观应力。枝晶偏析和宏观应力的消除以及过饱和固溶体的分解析出为热加工过程做好了组织准备，可大大降低铸锭热加工过程中的变形抗力，是高镁合金必不可少的工艺过程。为了消除枝晶偏析，通常均匀化退火温度较高，时间比较长。以 Al－6Mg－0.4Mn 合金为例，铸锭均匀化温

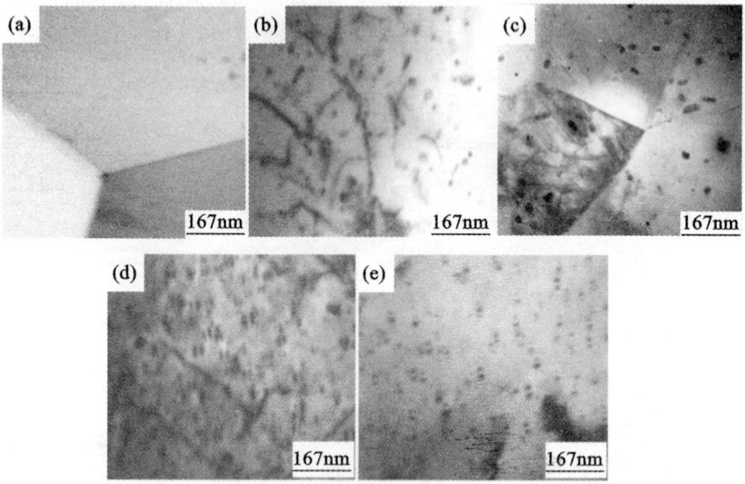

图5-19　铸态和均匀化处理态合金的透射电子显微组织

(a)铸态；(b)250℃/6 h；(c)~(d)300℃/6 h；(e)450℃/6 h

度为430℃~460℃，保温时间为16~24h。但是，在含钪和锆的Al-Mg-Mn合金中，合金铸锭不存在枝晶偏析，均匀化的目的只是使过饱和固溶体分解析出初晶相Al_6Mn、$Al_3(Sc, Zr)$以及消除铸锭的宏观应力。因此，这种合金的最佳均匀化工艺比传统高镁含量的Al-Mg-Mn合金温度低、时间短。在本实验条件下，无论从粒子析出特性还是从热轧态合金拉伸力学性能看，300℃~350℃退火6~8h即可达到目的。

4．均匀化处理过程中合金硬度变化的原因

Al-6Mg-Mn-Sc-Zr合金在半连续激冷铸造的条件下，铸锭中形成含Sc和Zr的过饱和固溶体，这些过饱和固溶体很不稳定，在随后的均匀化处理过程中会分解，析出大量的$Al_3(Sc, Zr)_{II}$第二相粒子。文献也表明，含钪的铝固溶体保温过程中，经过很短的孕育期后，就开始以极快的速度进行分解，由于脱溶的

Al_3Sc 和 $Al_3(Sc, Zr)_{Ⅱ}$ 与铝固溶体结构和点阵参数几乎完全一致，脱溶相成核核心的临界尺寸很小，容易在晶内发生均匀成核。在退火过程的开始阶段，析出相与基体共格，变形过程中位错切割析出相粒子，屈服应力的大小取决于切割析出相所需的应力，随退火过程的进行，脱溶相体积分数及尺寸均匀性增加，切割所需的应力也增大，合金硬度进一步增加。提高均匀化处理温度和延长均匀化处理时间，过饱和固溶体分解析出过程加剧，达到硬度峰值的时间随之缩短。与此同时，粒子粗化，$Al_3(Sc, Zr)_{Ⅱ}$ 析出相的体积分数减小，硬度峰值会下降。

5. 均匀化处理过程中电导率变化的原因

均匀化处理过程中，半连续激冷铸造的 Al－Mg－Mn－Sc－Zr 合金过饱和固溶体分解，从基体中析出弥散 $Al_3(Sc, Zr)_{Ⅱ}$ 第二相粒子，按 Mathiessen 的电导理论，合金的电阻率可表示如下：

$$\rho = \rho_0 + \Delta\rho_{固溶} + \Delta\rho_{析出} + \Delta\rho_{空位} + \Delta\rho_{位错} + \Delta\rho_{晶界} \tag{5-1}$$

文献研究表明，对电阻率影响最大的是 $\Delta\rho_{固溶}$，其次为 $\Delta\rho_{析出}$、$\Delta\rho_{晶界}$、$\Delta\rho_{空位}$、$\Delta\rho_{位错}$。固溶在铝基体中的原子引起的点阵畸变对电子的散射作用比沉淀析出的第二相引起的散射作用强得多。半连续激冷铸造过程中 Mg，Mn，Sc 和 Zr 大部分固溶到 Al 基体中，使 $\Delta\rho_{固溶}$ 项增大，且此时 $\Delta\rho_{空位}$ 项也较大，合金电导率低。均匀化处理过程中，过饱和固溶体发生分解析出 $Al_3(Sc, Zr)_{Ⅱ}$，一方面固溶体贫化，$\Delta\rho_{固溶}$ 减小；另一方面，析出的 $Al_3(Sc, Zr)_{Ⅱ}$ 粒子对电子运动产生附加散射，形成 $\Delta\rho_{析出}$，相比之下，$\Delta\rho_{固溶}$ 的下降比 $\Delta\rho_{析出}$ 要大。总体而言，随 $Al_3(Sc, Zr)_{Ⅱ}$ 的析出，合金的电导率上升。提高均匀化退火的温度和延长均匀化处理的时间，过饱和固溶体分解析出就愈充分，基体的过饱和程度降低也愈彻底，合金的电导率提高也越大。

5.3.4 微量钪和锆对热轧和冷轧态合金组织性能的影响

1. 热轧态和冷轧态研究合金的拉伸力学性能

热轧态和冷轧态研究合金拉伸性能见图 5 - 20，从左至右依次为 1# ~ 6#合金。

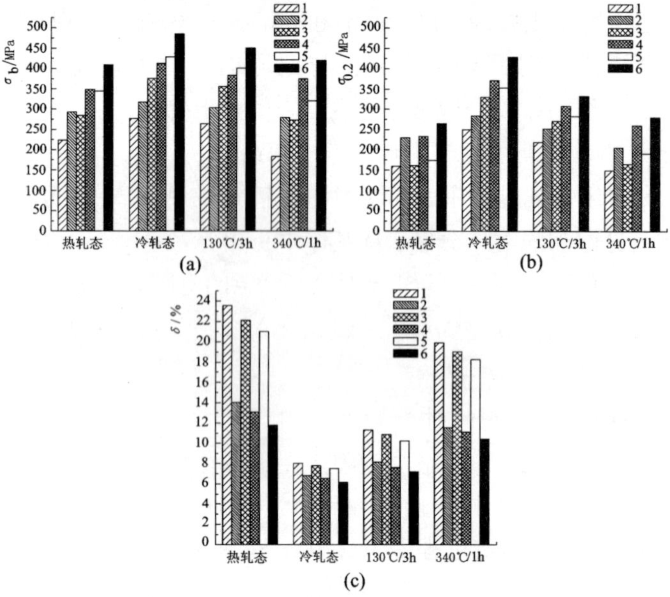

图 5 - 20 不同处理态合金的拉伸性能

(a)抗拉强度；(b)屈服强度；(c)延伸率

结果表明，热轧态合金经过冷轧后强度升高，塑性降低，冷轧后稳定化退火，合金的强度下降，塑性增加；温度越高，强度下降越多，塑性则越好；其次，随 Mg 含量的增加，合金的抗拉强度和屈服强度明显升高，例如，Mg 含量从 2% 增加到 6%，冷轧态340℃/1h退火，抗拉强度从175MPa增加到330MPa，屈服强度从142MPa增加到220MPa；此外，在Mg含量相同的合金中加入微量的Sc和Zr，合金的强度显著增加，塑性仍保持在较好的水平。例如，将0.35%的(Sc+Zr)添加到Al-6Mg-0.4Mn合金中，在热轧态情况下，合金的抗拉强度和屈服强度分别增加了90MPa和94MPa，冷轧后340℃/1h退火，合金的抗拉强度和屈服强度分别增加了95MPa和98MPa。而延伸率仍保持在11%水平。

2. 研究合金热轧态和冷轧态的金相组织

(1)合金热轧态金相组织

1#~6#合金热轧态金相显微组织见图5-21。

结果表明，未添加Sc和Zr的1#、3#、5#合金，热轧后出现部分再结晶组织。添加微量Sc和Zr的2#、4#、6#合金热轧态金相组织是纤维状加工态组织。

(2)合金的冷轧态显微组织

1#~6#合金冷轧态金相显微组织见图5-22。可以看出，研究合金冷轧后，晶粒沿轧制方向拉长，呈纤维组织。添加Sc，Zr的2#、4#、6#合金与未添加Sc，Zr的1#、3#、5#合金相比，纤维组织更为细小。

(3)微量Sc，Zr对合金热轧过程中动态回复和再结晶的影响

热变形过程中由温度和外力联合作用下发生的回复和再结晶称为动态回复和动态再结晶。热加工对金属组织和性能的主要影响是消除某些铸造缺陷、形成带状组织和加工流线以及细化铸态显微组织。Al-Mg-Mn合金热轧态的板材就可直接使用。因此，研究添加微量钪和锆对Al-Mg-Mn合金的热加工过程的动态回复与再结晶的影响有实际的意义。

铝和铝合金热加工时，动态回复是它们的主要软化机制。因为铝合金的层错能很高，其扩展位错宽度窄，容易发生交滑移和攀移，特别是位错的攀移在动态回复中起了主要的作用，通过攀

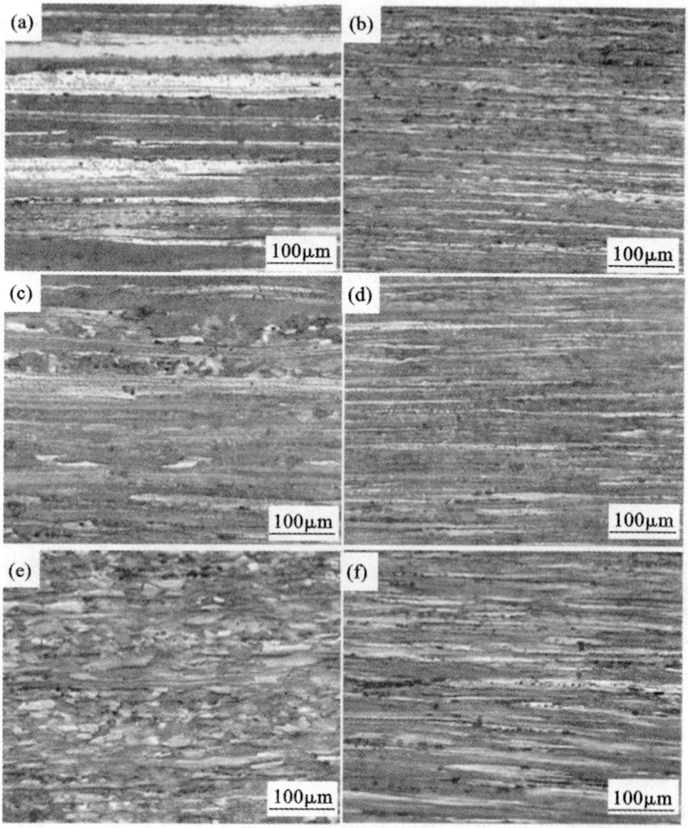

图 5－21　热轧态合金的显微组织

(a)1#合金；(b)2#合金；(c)3#合金；(d)4#合金；(e)5#合金；(f)6#合金

移促使异号位错在同一滑移面上相互抵消，使位错密度降低，所以层错能高是决定动态回复进行得充分的关键。由于动态回复进行得充分，剩余储能已不足以引起动态再结晶。加入溶质原子能降低层错能，使扩展位错变宽，交滑移和攀移变得困难，使动态

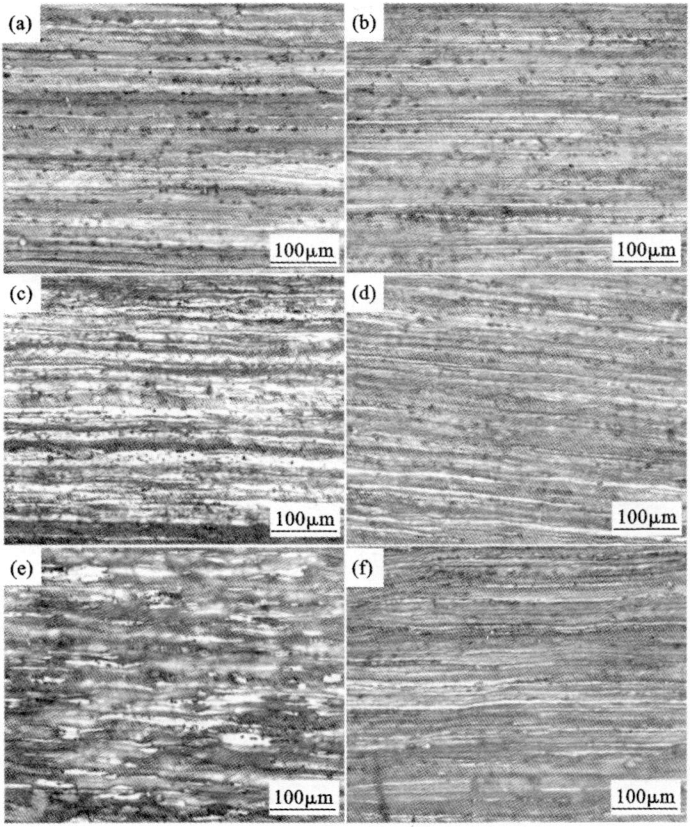

图5-22　冷轧态合金的显微组织

(a)1#合金；(b)2#合金；(c)3#合金；(d)4#合金；(e)5#合金；(f)6#合金

回复过程受到阻碍，动态再结晶倾向增加。热加工完成时将有动态再结晶的核心或正在长大的晶粒留下来，如果此时金属的温度仍高于再结晶温度，而且冷却很缓慢，则遗留下来的晶核和晶粒都会继续长大，而且不需要孕育期，这种静态再结晶进行非常迅速，称为“亚动态再结晶”。

图5－21显示，1#合金是近纤维状组织，随着Mg含量的增加，降低了Al－Mg－Mn合金的层错能，动态再结晶的倾向增加，因此，3#和5#合金经过热轧后出现细小等轴晶，发生了部分再结晶组织，添加微量Sc和Zr的2#、4#、6#合金热轧态金相组织为纤维状加工态组织。其主要原因是，均匀化退火过程中析出的Al_3Sc和$Al_3(Sc, Zr)$相质点，这第二相质点细小弥散分布在基体中，并与基体共格，且具有较高的热稳定性，高温下不长大，不回溶，在随后的热轧过程，能够强烈地钉扎位错和晶界，有效阻止热轧过程中因位错和亚晶界的迁移而导致的亚晶形成、合并和长大，从而起到稳定合金亚结构并抑制合金动态再结晶的作用。

5.3.5 稳定化退火对含钪和不含钪 Al－Mg－Mn 合金的组织和性能的影响

1. 研究合金再结晶温度的确定

合金冷轧后稳定化退火后的硬度与退火温度的关系见图5－23。合金冷轧后再结晶起始温度和终了温度见表5－6。结果表明，研究合金的硬度随退火温度的升高而降低。随着退火温度的升高，合金硬度开始平缓下降，达到再结晶开始温度时，硬度急剧下降，达到再结晶终了温度时，硬度下降又趋于平缓。再结晶起始温度和终了温度分别为硬度急剧下降的起点和终点。2#、4#和6#合金在实验温度范围内还没有测得明显的再结晶终了温度。合金的硬度随Mg含量增加而相应提高；此外，Mg含量对合金的再结晶温度有一定的影响，但影响不大，Mg含量从2%增加到6%，再结晶起始温度仅增加50℃左右。当Mg含量相同时，添加Sc和Zr使Al－Mg－Mn合金的再结晶开始温度提高了125℃～150℃。

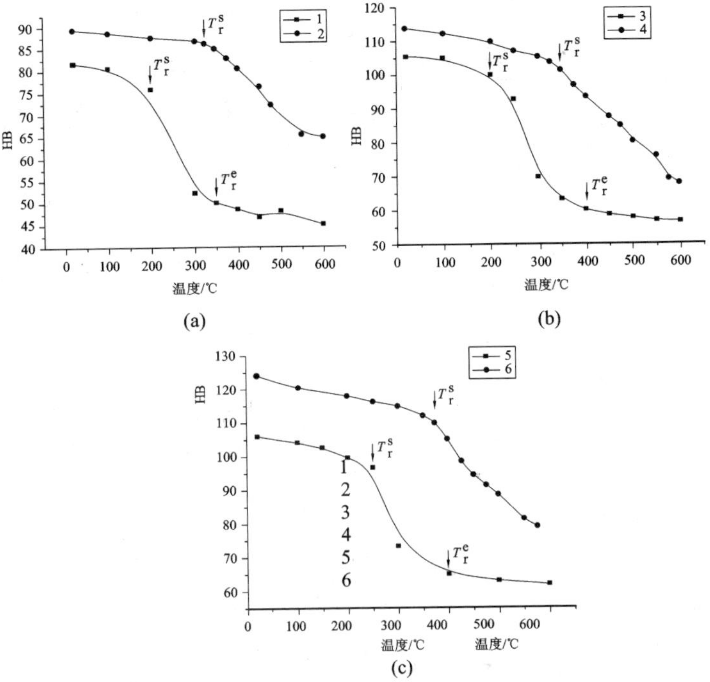

图5-23　退火温度对Al-6Mg-0.4Mn与

Al-6Mg-0.4Mn-0.35(Sc+Zr)合金冷轧板硬度的影响

(a)1#和2#合金；(b)3#和4#合金；(c)5#和6#合金

表5-6　合金冷轧后的再结晶起始温度 T_r^s 和终了温度 T_r^e

	1#	2#	3#	4#	5#	6#
T_r^s/℃	200	325	200	350	250	375
T_r^e/℃	350	—	400	—	400	—

注："—"表示在实验范围内没有明显再结晶终了温度。

2. 稳定化退火温度对冷轧态合金拉伸力学性能的影响

不同退火温度下冷轧态合金的拉伸力学性能分别见表5-7~表5-9。

表 5-7　不同温度退火后 Al-2Mg-0.4Mn 与 Al-2Mg-0.4Mn-0.35(Sc+Zr)合金板材的拉伸力学性能

处理状态	Al-2Mg-0.4Mn			Al-2Mg-0.4Mn-0.35(Sc+Zr)		
	σ_b/MPa	$\sigma_{0.2}$/MPa	δ/%	σ_b/MPa/	$\sigma_{0.2}$/MPa	δ/%
冷轧态	274	269	4.0	314	303	4.0
130℃/1h	261	236	7.9	300	282	7.1
250℃/1h	242	205	8.1	291	246	7.9
350℃/1h	182	82	19.3	274	222	8.6
500℃/1h	181	70	19.5	252	184	11.2

表 5-8　不同温度退火后 Al-4Mg-0.4Mn 与 Al-4Mg-0.4Mn-0.35(Sc+Zr)合金板材的拉伸力学性能

处理状态	Al-2Mg-0.4Mn			Al-2Mg-0.4Mn-0.35(Sc+Zr)		
	σ_b/MPa	$\sigma_{0.2}$/MPa	δ/%	σ_b/MPa	$\sigma_{0.2}$/MPa	δ/%
冷轧态	371	351	3.9	409	394	3.0
130℃/1h	346	297	7.4	396	346	5.6
250℃/1h	333	263	8.7	389	326	8.0
350℃/1h	268	130	21.4	371	280	10.5
500℃/1h	262	122	20.5	334	217	15

表 5-9　不同温度退火后 Al-6Mg-0.4Mn 与 Al-6Mg-0.4Mn-0.35(Sc+Zr)合金板材的拉伸力学性能

处理状态	Al-2Mg-0.4Mn			Al-2Mg-0.4Mn-0.35(Sc+Zr)		
	σ_b/MPa	$\sigma_{0.2}$/MPa	δ/%	σ_b/MPa	$\sigma_{0.2}$/MPa	δ/%
冷轧态	423	375	5.2	480	455	4.6
130℃/1h	387	303	8.8	449	370	8.8
250℃/1h	374	262	12.2	436	326	9.2
350℃/1h	312	147	22.4	415	299	13.5
500℃/1h	306	145	23.6	396	245	14.3

实验结果表明，合金冷轧后进行稳定化退火处理，随着退火温度的升高，抗拉强度和屈服强度逐渐减小，而延伸率升高。其次，随着Mg含量的增加，合金的抗拉强度和屈服强度明显提高，例如，350℃/1h退火态2#和6#合金，Mg含量从2%增加到6%，抗拉强度从274MPa增加到415MPa，屈服强度从222MPa增加到299MPa；此外，在Mg含量相同的情况下，合金中加入微量的Sc和Zr，合金在较高的退火温度下仍保持较高的强度，而未添加Sc和Zr的合金则有很大幅度的下降。由此可见，添加微量Sc和Zr抑制了Al－Mg－Mn合金的再结晶，在较高退火温度下仍能保持较高的强度。

3. 冷轧态合金在不同退火温度后的显微组织

(1)金相组织

1#～6#合金在不同温度退火1h的金相显微组织见图5－24～图5－26。

从图5－24可见，未添加Sc和Zr的1#、3#和5#合金显微组织中，部分晶界边缘处出现细小的等轴晶，表明经250℃/1h退火，合金已开始发生再结晶。而添加Sc和Zr的2#、4#和6#合金的纤维组织没有发生明显变化。

图5－25是研究合金350℃/1h退火后的金相显微组织。

从图5－25可以看出，经过350℃/1h退火，未添加Sc和Zr的1#、3#和5#合金晶粒全部转变为细小的等轴晶，表明合金已发生完全再结晶，与硬度法测得的1#、3#和5#合金再结晶终了温度为350℃左右相符。添加Sc和Zr的2#、4#和6#合金仍为纤维组织，没有发生再结晶的迹象

图5－26是研究合金550℃/1h退火后的金相显微组织。

图5－26表明，未添加Sc和Zr的1#、3#和5#合金的晶粒已明显长大，部分晶粒出现反常长大的二次再结晶现象。添加Sc和Zr的2#、4#和6#合金中部分区域出现细小的等轴晶粒，但基本上仍然保持纤维组织。添加Sc和Zr的Al－Mg－Mn合金在

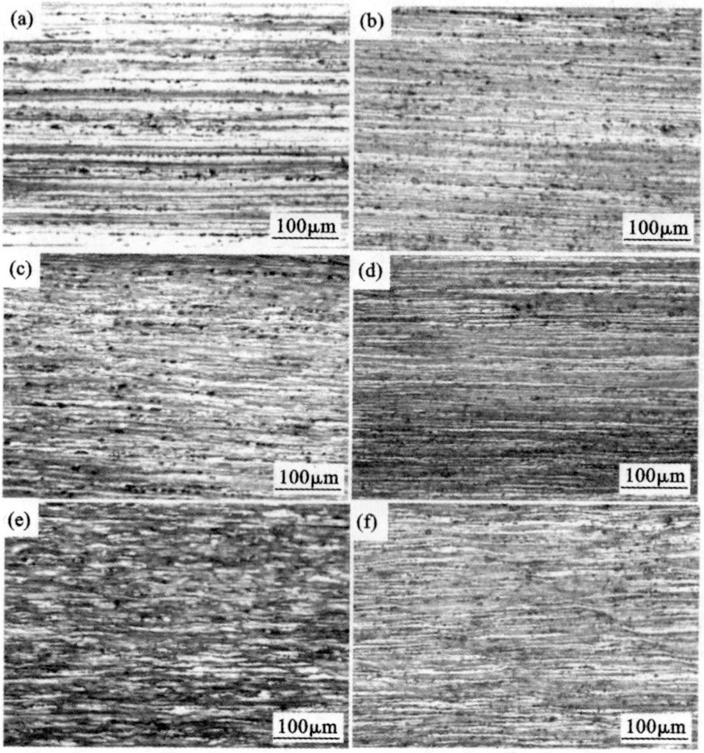

图 5－24　250℃/1h 退火后合金的显微组织

(a)1#合金；(b)2#合金；(c)3#合金；(d)4#合金；(e)5#合金；(f)6#合金

550℃～600℃时仍保持纤维组织与硬度法测得的在实验温度范围内再结晶曲线没有明显的终了温度是一致的。

(2)电子显微组织

图 5－27 显示了含钪和不含钪的合金在冷轧和冷轧后不同温度退火条件下合金电子显微组织。

可以看出，合金冷轧后晶粒内部位错密度增高，产生了大量的位错缠结。未添加 Sc 和 Zr 的 5#合金，250℃/1h 退火后晶内位

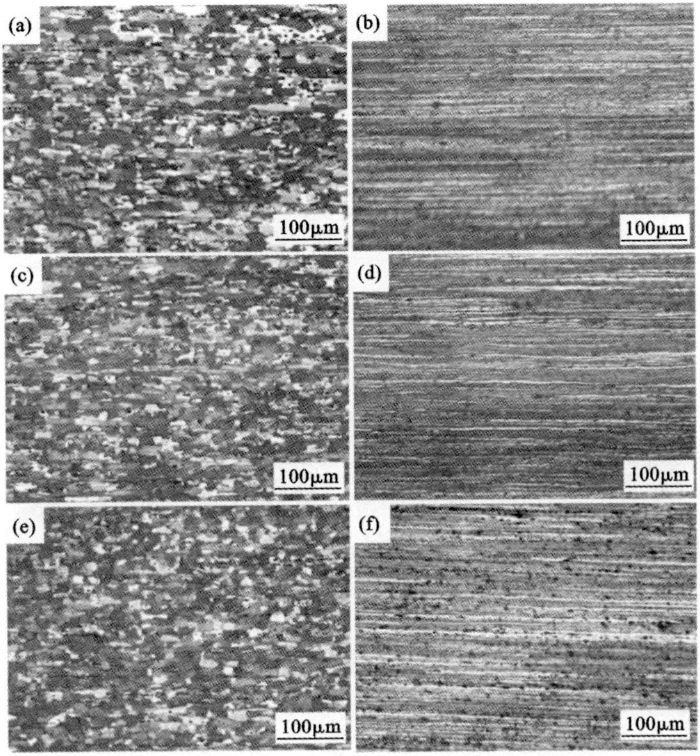

图 5－25　350℃/1h 退火后合金的显微组织

(a)1#合金；(b)2#合金；(c)3#合金；(d)4#合金；(e)5#合金；(f)6#合金

错密度大大降低，位错移到胞壁处形成低能态的亚晶界，是合金再结晶开始后的中间阶段；350℃/1h 退火时，晶粒内部位错消失，再结晶过程完成，晶界上还出现平衡的第二相。添加微量 Sc 和 Zr 的 6#合金，350℃/1h 退火后晶粒内部位错密度减少，位错向胞壁处运动形成明显的胞状组织；550℃/1h 退火时，亚晶界被弥散分布的第二相粒子钉扎，难以运动，合金在高温退火时只发生回复和部分再结晶。

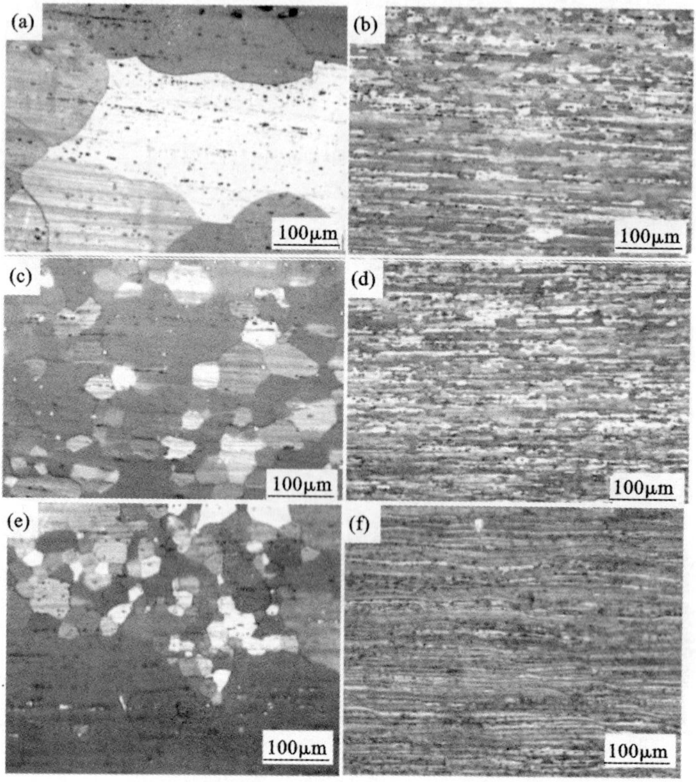

图 5-26 550℃/1h 退火后合金的显微组织

(a)1#合金；(b)2#合金；(c)3#合金；(d)4#合金；(e)5#合金；(f)6#合金

5.3.6 微量 Sc, Zr 在 Al-Mg-Mn-Sc-Zr 合金中的存在形式和强化机制

1. 微量 Sc, Zr 在合金中的存在形式

由合金化原理可知，合金元素在铝合金中可以两种形式存在，即固溶体和金属间化合物。合金元素在这两种形式之间的分

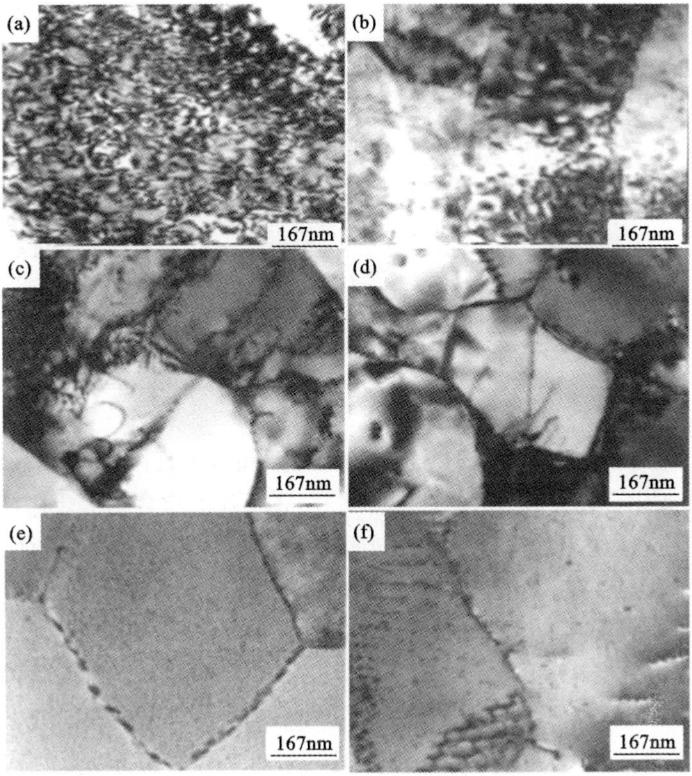

图 5－27　微量 Sc 和 Zr 对合金冷轧后经不同温度退火的电子显微组织的影响

(a)，(c)，(e)5#合金：(a)冷轧态；(c)250℃/1h 退火；(e)350℃/1h 退火；
(b)，(d)，(f)6#合金：(b)冷轧态；(d)350℃/1h 退火；(f)550℃/1h 退火

配主要取决于溶质和溶剂本身的性质。当溶质元素加入量低于相应温度下的固溶度时，以固溶状态存在；当加入量高于固溶度时，在动力学因素允许的条件下会形成过饱和固溶体或者新相(金属间化合物)。固溶度的大小受多种因素影响，其中主要的是尺寸因素和化学亲和力因素(用电负性差表示)。根据 Hume－

Rothery 规则，当溶质和溶剂的原子尺寸差$[(D_{溶质}-D_{溶剂})/D_{溶剂}]\times100\%$超过14%时，合金体系只能形成固溶度很小的固溶体，当两者电负性差$\Delta X>0.4$时有利于形成化合物。表5－10为铝和钪的原子半径和电负性。

表5－10　铝和钪的原子半径和电负性

元素	原子半径/nm	半径相对差	电负性	电负性差
Al	0.14290	14.7%	1.5	0.2
Sc	0.16406		1.3	

由表5－10可见，Sc和Al的尺寸差和电负性因素介于形成固溶体或化合物之间，由此判断，Sc在Al中除以化合物形式存在外，也少量能以固溶体形式存在。实验研究表明，在实际的非平衡凝固中，即使在结晶冷却速度不大的情况下，Sc亦极为倾向于固溶在α(Al)中形成非平衡态的过饱和固溶体。第4章中已经提到Sc的过饱和固溶体极不稳定，分解速度非常快。例如，在250℃下时效，其孕育期仅有5×10^2s。所以，对于非平衡凝固的亚共晶Al－Sc合金，在铸态下，绝大部分的Sc都过饱和地固溶在α(Al)基体中，仅有极微量的Sc以中间化合物初生Al_3Sc的形式存在。在随后的工艺加热过程中，过饱和固溶体中的Sc又绝大部分以次生Al_3Sc相的形式析出，只有少量的Sc留在了α(Al)固溶体中。采用Sc，Zr复合添加可以使Sc含量低于0.55% Sc共晶点的合金析出初生的$Al_3(Sc_{1-x}Zr_x)$，对铸态晶粒产生强烈的细化作用。

2. 微量Sc，Zr在合金中的强化机制

(1)细晶强化

添加微量的钪和锆能够显著细化合金晶粒，依据hall－petch公式：

$$\sigma = \sigma_0 + kd^{-1/2} \tag{5-2}$$

式中，σ_0为位错在晶粒内运动的摩擦阻力。为单独计算晶粒细化产生的强度，令 $\sigma_0 = 0$，k 为常数，取 0.17 $MN/m^{3/2}$，由此可以估算出合金的细晶强化效果。在本研究条件下，5 号合金的铸态晶粒大小为 100μm，6 号合金的铸态晶粒大小为 40μm，利用这个关系图可以估算出 5 号和 6 号合金由细晶强化所产生的屈服强度增量分别为 17MPa 和 27MPa。5 号合金热轧时发生动态再结晶和冷轧退火过程发生静态再结晶产生细小的等轴晶，晶粒大小为 10μm，由晶粒细化产生的屈服强度增量为 54MPa。

（2）亚结构强化

合金在冷加工后稳定化退火的过程中，由于次生的 Al_3(Sc，Zr)粒子的存在，使位错在退火过程中运动困难，减缓了回复、再结晶过程，保留了合金的亚结构强化。其屈服强度 σ_y与亚晶尺寸 d_s之间存在类似 hall－petch 公式的关系：

$$\sigma = \sigma'_0 + k'_y d_s^{-1/2} \tag{5-3}$$

式中，σ'_0 为无亚晶界的单晶或粗晶粒的屈服强度；k'_y为常数，对于同一种多晶体材料，k'_y比式(5－2)中的 k 值小，而且对取向差别不敏感。添加微量钪和锆到 Al－Mg－Mn 合金形成细小弥散的第二相粒子，在随后的冷轧—退火过程中阻碍晶界的运动，保留合金加工过程中产生的亚结构。图 4－9 显示冷轧后 340℃/1h 退火的亚晶尺寸为 3μm，估算亚结构强化增量为 96MPa。

（3）Al_3(Sc，Zr)质点的析出强化

添加微量钪锆的合金，均匀化退火过程中，过饱和固溶体分解，析出细小弥散的次生 Al_3(Sc，Zr)质点。由于这些粒子与基体共格，而且其共格性可以保持到 550℃以上，因此，合金变形时，这些质点与位错间的交互作用有两种，当第二相粒子较小且与基体共格时，粒子可以产生变形，位错线可以切割粒子，交互作用按切割机制进行时，引起的强度增量可用式(5－4)式表示，当第

二相粒子较大时，粒子不变形，位错线难以切过粒子，位错绕过粒子形成位错环，使随后的位错的通过更为困难，从而使合金强化。次生 $Al_3(Sc, Zr)$ 质点对铝镁合金强度的贡献可通过下式确定：

$$\sigma_{APB} = (3.1)\frac{\gamma^{3/2}}{b^2}\left(\frac{rf}{G}\right)^{1/2} \tag{5-4}$$

$$\sigma_{Orowan} = (3.1)(0.84)\frac{Gb}{\lambda} \tag{5-5}$$

式 5 - 4 中，γ 为切割第二相粒子所需的能量，b 为位错的伯格斯矢量，r 为第二相粒子的半径，f 是第二相粒子所占的面积百分数，G 为 Al 基体的剪切模量，式(5 - 5)中 G 为 Al 基体的剪切模量 27GPa，b 为位错的伯克斯矢量，λ 为颗间半径。参照文献可估算出第二相粒子的析出强化为 100MPa。

表 5 - 11 比较了 5#和 6#合金在冷轧—340℃/1h 稳定化退火条件下的理论和实验屈服强度，可以看出，屈服强度的理论计算值与实验值比较接近。

表 5 - 11 5#和 6#合金在冷轧—340℃/1h 稳定化退火条件下的理论和实验屈服强度的比较

合金	$\sigma_{单晶}$ /MPa	$\sigma_{固溶}$ /MPa	$\sigma_{晶界}$ /MPa	$\sigma_{亚晶}$ /MPa	$\sigma_{析出}$ /MPa	$\sigma_{0.2理论}$ /MPa	$\sigma_{0.2实测}$ /MPa
5#	10	107	54	—	—	171	205
6#	10	107	27	96	100	340	300

5.4 铝镁钪系合金配用焊丝

铝合金焊丝生产的传统方法分为三个工段，即熔炼铸造制成铸锭、挤压成丝坯和拉拔成丝材。

5.4.1　焊丝合金成分设计

焊丝合金成分设计的原则有三个，第一，焊丝合金主成分应保证与基材有相容性；第二，添加微合金化元素细化焊缝晶粒产生细晶强化，提高焊接接头强度和塑性并有效降低热裂纹敏感性；第三，添加微合金化元素使焊缝金属在凝固条件下形成初晶平衡相和纳米级析出相等多重弥散强化相，造成显著的析出强化。

依据基材与配用焊丝相容性原理，对于基材为 Al - Mg - Sc 系和 Al - Zn - Mg - Sc 系的合金，配用焊丝可以选用 Al - Mg 系基础合金，考虑在焊接过程中 Mg 的烧损比较大，焊丝合金中的 Mg 含量比基材合金要高一点。与此同时，添加 Sc，Zr，Ti 等稀土及过渡族元素作为复合微合金化的添加元素，保证焊缝金属获得最大程度的细晶强化和 Al_3Sc，Al_3Zr 等初晶相的弥散相强化效应，增加焊缝的强度和减少焊接过程中热裂纹的形成。铁和硅是焊丝合金中的有害杂质元素，粗大的铁硅化合物使得线坯加工困难，同时降低焊缝的强度，铁和硅的含量分别控制在 0.2% 和 0.1% 以下。应当特别强调的是焊丝合金中的氢含量必须严格控制，因为氢的存在使得焊缝中出现气孔，显著降低焊缝的强度，通常氢含量控制在 0.20mL/100g 以下。

Al - Mg - Sc 系合金基材及其配用焊丝的化学成分见表 5 - 12。

表 5 - 12　焊丝合金的化学成分(质量分数)/%

合金	Mg	Sc	Zr	Ti	Mn	Fe	Si	Zn	Al
基材	5.9 ~6.3	0.2 ~0.3	0.05 ~0.15	0.01 ~0.05	0.3 ~0.4	0.10	0.20	0.05	余量
焊丝	5.8 ~6.8	0.2 ~0.4	0.05 ~0.15	0.01 ~0.05	0.3 ~0.4	0.10	0.20	0.05	余量

5.4.2 焊丝合金熔炼和铸造

本研究中 Al－Mg－Mn－Sc－Zr 合金配用焊丝熔炼用的原料采用 A00 工业纯铝、2#工业镁，钪和锆则分别以 Al－4Zr 和 Al－2Sc中间合金形式加入。合金熔炼在 500kg 电阻熔化炉中进行，之后采用半连续激冷铸造工艺铸造。在熔体中还需添加少量 Al－Be中间合金以增加熔体表面的致密性，采用熔体覆盖剂减少表面氧化夹渣，对熔体进行二次氩气去气精炼，陶瓷片过滤后浇铸，保证获得高质量的半连续铸锭。著者研制的配用焊丝合金铸锭及其金相组织见图 5－28。可以看出，焊丝合金中添加微量钪、锆后，铸态晶粒组织得到强烈的细化，晶粒尺寸为 30～50μm。

图 5－28 配用焊丝合金铸锭及其金相组织

(a)配用焊丝合金铸锭；(b)铸锭金相组织

5.4.3 铸锭均匀化处理

焊丝合金中合金元素含量比较高，在非平衡凝固的冷却过程中，溶质元素在晶界处发生偏聚，往往不利于后续加工，因此铸锭需要经过均匀化处理。参照著者先前的研究结果，配用焊丝的均匀化采用 470℃/24h 退火处理。均匀化处理前后铸锭的 Al，

Mg，Sc元素的面扫描见图5－29。

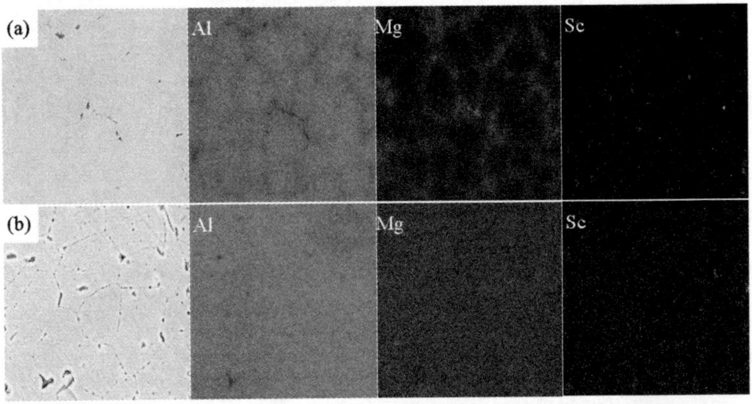

图5－29　配用焊丝铸态合金均匀化热处理前后的成分面扫描

(a)铸态；(b)470℃/24h退火

可以看出均匀化前后元素的分布情况，均匀化处理前，Mg在晶界处发生偏聚，经过470℃，24h的均匀化热处理，晶界偏聚消除，Mg元素均匀地分布在基体中，Sc则是均匀地分布在基体之中。

铸锭均匀化处理前后电子显微组织见图5－30。由图5－30可见，铸态组织Al基体中有极少量的Al_3(Sc，Zr)粒子分布，呈现双叶花瓣状，粒子中间有无衬度线，表明粒子与基体是共格的。350℃/4h均匀化处理后，基体上可观察到大量的细小、弥散的Al_3(Sc，Zr)相，470℃/4h均匀化处理后Al_3(Sc，Zr)粒子分布密度有所下降。470℃/24h均匀化处理，Al_3(Sc，Zr)粒子仍然均匀地分布在基体中。

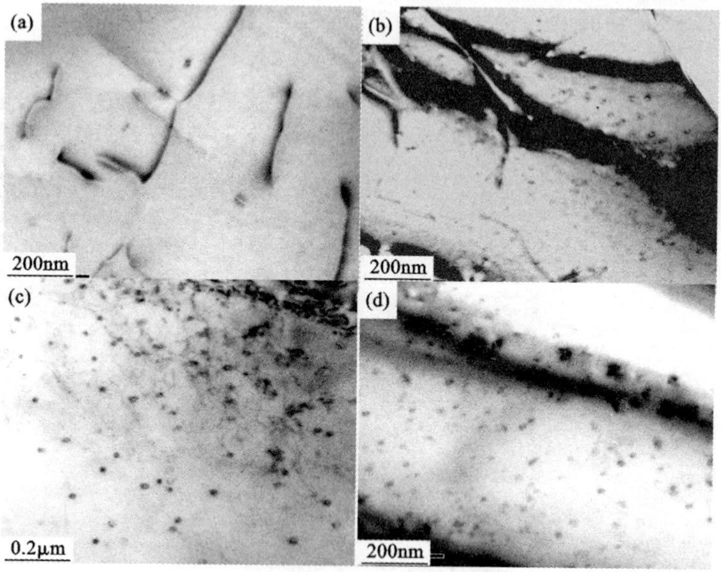

图 5-30　不同处理态合金的透射电镜组织

(a)铸态；(b)350℃/4h；(c)470℃/4h；(d)470℃/24h

5.4.4　焊丝合金挤压和拉拔

1. 挤压参数的确定

含 Sc 和 Zr 的 Al-6Mg 焊丝合金由于第二相 $Al_3(Sc, Zr)$ 粒子的强化作用，变形抗力高于传统 Al-6Mg 合金，挤压过程中挤压温度应当适当提高些，挤压速度要适当降低。传统 Al-6Mg 合金的挤压温度为 380℃～450℃，含 Sc 和 Zr 的 Al-6Mg 焊丝合金铸锭的挤压温度应为 420℃～480℃，挤压比为 50～60，挤压速度为 2mm/min。

2. 拉拔参数的确定

(1)拉拔道次及变形量的确定

拉拔道次 n 根据总延伸系数 λ_{Σ} 和道次的平均系数 λ 确定：

$$n = \frac{\ln\lambda_{\Sigma}}{\ln\lambda} \tag{5-1}$$

设第一次拉拔延伸系数（从 10.5 拉至 8.6）为平均系数，即 $\lambda_1 = \lambda = 1.5$；又 $\lambda_{\Sigma} = 12.25$；代入式(5-1)，可知 $n=7$，即拉伸道次为7，每道次变形量的确定见表5-13。

表5-13　拉拔工艺

丝材直径/mm	断面收缩率/%	冷拔
10.5	32.9	顺利
	40.4	断丝
8.6	33.7	顺利
	54.5	断丝
	72.6	断丝
7.0	31.3	顺利
	42.6	断丝
5.8	39.8	顺利
	57.0	断丝
4.5	20.9	顺利
	24.8	顺利
3.9	19.4	顺利
3.5	16.4	顺利

从表5-13可以看出，焊丝线坯拉拔时断面收缩率大于40%时容易断丝，因此每道次断面收缩率应当控制在30%以下，并且随丝径的减小，断面收缩率也应该随之减小。表5-14列出了各道次丝材的拉伸力学性能表，可以看出丝材越细强度越高，延伸率则下降。

表 5-14 焊丝工艺中各道次丝材拉伸力学性能

试样状态	Φ/mm	抗拉强度/MPa	屈服强度/MPa	延伸率/%
挤压	10.5	322	215	10
冷拉	8.6	423	315	9.3
冷拉	7.0	410	344	11.2
冷拉	5.8	470	443	4.8
冷拉	4.5	495	444	5.7
冷拉	3.9	495	398	5.3

5.4.5 中间退火温度、时间及次数的确定

前面的讨论表明，$Al_3(Sc_xZr_{1-x})$粒子有很高的热稳定性，这种粒子在合金处于接近熔点的温度时仍然存在，能强烈地抑制退火过程中的再结晶。为了使拉拔过程中产生的加工硬化消除以利于下道次的加工，选择了 420℃ ~480℃/90min 作为中间退火的温度和时间。在这一的退火条件下，丝材为部分再结晶组织，但软化的程度足够进行下一道次的拉丝。实践表明，从 10.5 mm 的丝坯拉拔到 3.0 mm 的丝材，中间退火 3 ~4 次。

图 5-31 为不同状态焊丝合金的金相组织。由图 5-31 可见，挤压态为细小的再结晶组织，冷拔后为纤维组织，冷拔—退火态的组织已经开始发生再结晶；退火后的成品焊丝为部分再结晶组织。

5.4.6 焊丝表面的处理

焊丝拉拔过程中，为了降低拉拔阻力，需要用石墨-机油作润滑剂，从 3.0 mm 的丝拉拔到 1.6 mm 或者 1.2 mm 的成品丝拉拔过程则完全泡在油箱中。成品焊丝表面的油污必须完全去除，否则焊丝在 TIG 和 MIG 焊焊接过程中，油污汽化会在焊缝中形成

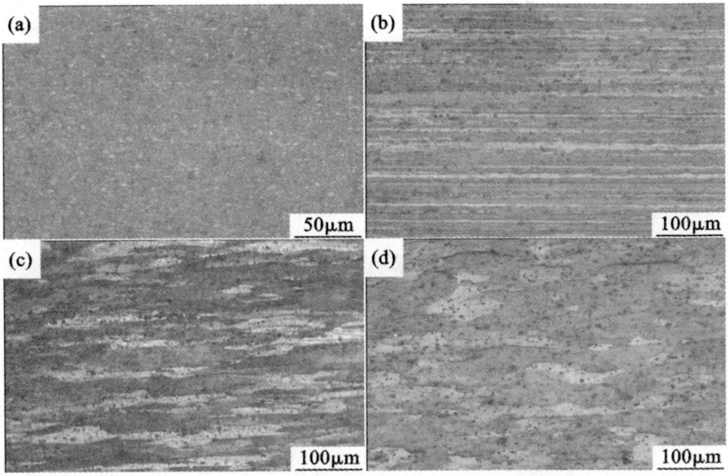

图 5－31　焊丝制备过程中的组织演变

(a)10mm 挤压态；(b)5.8mm 丝冷拔态；
(c)3.9mm 丝冷拔—退火态；(d)成品焊丝退火态

气孔，焊件会由于焊缝质量不合格而报废。

传统的焊丝表面处理工艺是成卷的焊丝松卷后，进行在线表面处理。化学法工艺流程是：焊丝进入碱液并清洗油污—进入酸液中和—热水清洗—焊丝进入热烘箱烘干—卷取。这种工艺制备的焊丝表面仍然存有油迹和潮气，由于经过烘烤，氧化膜也比较厚。

20 世纪 90 年代，意大利 GIMAX 公司发明了焊丝在线表面微刮削处理技术。其要点是在拉拔生产线的后部加装一套表面微刮削装置，表面有油污的焊丝通过 2～3 道刮削模，焊丝表面的油污、氧化膜和其他表面缺陷被去除。控制刮削速度可以控制焊丝表面氧化膜的厚度，理想的刮削速度是使焊丝表面氧化膜的厚度控制在 2～3nm，这样既去除了焊丝表面的油污、氧化膜和其他表面缺陷，又有一层纳米氧化膜保护使得焊丝不会进一步氧化，大大提高了焊丝的质量。

微刮削前后焊丝表面形貌见图 5 – 32。可见未经刮削的焊丝表面残留了一些凹坑和疏松，刮削后的焊丝表面平整光滑、无异物。

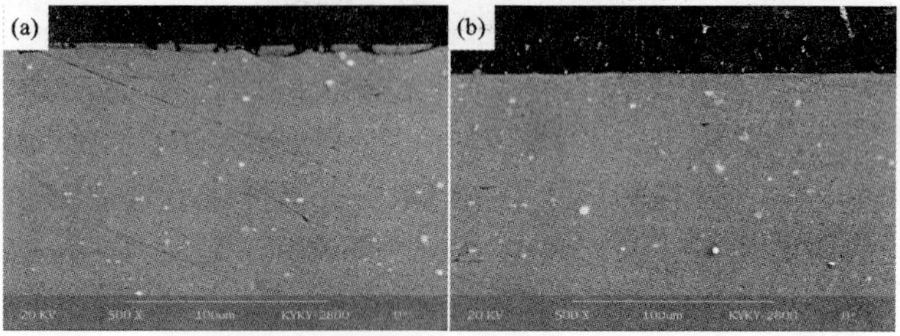

图 5 – 32 刮削前后焊丝表层微观形貌

(a)刮削前焊丝；(b)刮削后焊丝

5.4.7 成品焊丝

成品焊丝分为两种，一种是直径为 3mm 的直条型焊丝，一种是直径为 1.6mm 和 1.2mm 的 焊丝。著者研制的铝镁钪系合金配用焊丝见图 5 – 33。

5.5 工业铝镁钪系合金及其应用

在俄罗斯，这个系的合金有以下 8 个牌号：01570、01570c、01571、01545、01545K、01535、01523 和 01515。这些合金除 Mg 含量不同外，都是用 Sc 和 Zr 微合金化的铝镁系合金。此外，合金中还添加有微量的 Mn 和 Ti 等。表 5 – 3 列出了 Al – Mg – Sc 系合金热加工态或退火态的拉伸力学性能。在我国，航天和舰船用

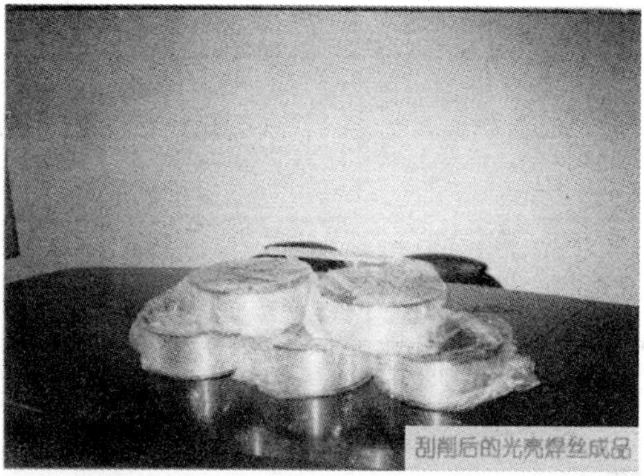

图5-33 直径为1.6mm的铝镁钪系合金配用焊丝

铝镁钪系合金板材和焊丝已经列入“十五”攻关计划，研制的板材和焊丝的成分、性能类似于01570和01571合金。

5.5.1 01570合金

这种合金Mg含量为5.3%~6.3%，Mn含量为0.2%~0.6%，Sc含量为0.17%~0.35%，Zr含量为0.05%~0.15%，Ti含量为0.01%~0.05%，Cu<0.1%，Zn<0.1%，Fe<0.3%，Si<0.2%，其他杂质<0.1%。为了改善合金熔体的特性，还加入了微量的铍。

采用300mm×1600mm扁锭和直径达800 mm的圆锭来生产01570合金半成品。表5-15列出了01570合金半成品的机械性能。可以看出，01575合金半成品的强度性能取决于其产品类型，更确切地说，是取决于塑性加工的变形程度。变形程度越高，半成品强度越大。压下量大的薄板、高挤压比的产品的强度最大。变形程度较小、尺寸较大热加工半成品的强度最小。其他Al-Mg-Sc合金也是如此。

表 5－15 01570 合金半成品的机械性能

半成品类型	热处理	方 向	UTS	0.2% YS	El/%
			MPa		
32mm 厚热轧板	—	L	410～420	265～270	18～21
		T	390～420	250～265	19～23
6～10mm 厚热轧薄板	—	T	390～420	270～300	15～20
冷轧薄板厚度：8～2.3mm	350℃退火	T	410～450	280～330	11～16
2.5～5.0mm		T	390～420	260～290	15～20
挤压棒直径：55mm	—	L	430～445	305～345	15～18
120mm	—	L	420～425	290～300	16～19
180mm	—	L	380～390	230～240	20～22
重 100Kg 模锻件	350℃退火	L,T,ST	350～380	230～260	13～21
外径为 3600mm、壁厚为 120mm、高为 300mm 轧环	无	Ch	395～410	250～265	20～25
		A	365～395	240～260	18～22
		R	345～360	225～240	8～13

注：Ch—弦向；A—轴向；R—径向。

01570 合金冷轧板在 350℃退火后呈现很高的延伸率。提高退火温度会导致强度降低，但使塑性增强。即使在 475℃退火开始出现再结晶时，板的强度依然很高，但是要注意延伸率有明显的各向异性。表 5－16 给出了不同温度下退火 1h 后 1.5mm 厚 01570 合金冷轧板的机械性能，可以看出提高退火温度可以减小这种各向异性，但并不能完全使之消除。

合金很容易进行热加工，但是这种材料屈服强度很高，室温下加工成型比相应的铝镁合金要困难一些。01570 合金不是一种高温合金，测试温度提高，强度迅速下降，表 5－17 给出了 2mm 厚冷轧退火态 01570 合金薄板在不同测试温度下的力学性能。

表 5－16　退火温度对 1.5mm 厚 01570 合金冷轧板机械性能的影响

（原始铸锭尺寸：165mm×550mm）

退火温度/℃	方 向	UTS	0.2% YS	El/%
		/MPa		
325	L T	445 450	330 355	13 20
375	L T	435 440	325 330	15 20
425	LT	415 420	275 290	16 22
475	L T	400 400	250 255	17 21
525	LT	385 400	210 220	17 22

表 5－17　温度升高时，2mm 厚冷轧退火态 01570 合金薄板的机械性能

测试温度/℃	方向	UTS/MPa	0.2% YS/MPa	El/%
20	L T	450 450	310 310	12 18
100	L T	410 410	310 310	19 26
200	L T	220 220	190 170	25 30
300	L T	50 60	30 50	90 62

与传统的 Al－6Mg 类合金相似，01570 合金的抗蚀力也很

高。150℃或更高温度下长时间加热(大于50h)后，对剥落腐蚀和应力腐蚀开裂表现出一定程度的敏感。适当选择退火条件，特别是某一退火温度下的冷却速率，可适当降低这种敏感性。

同时还发现，01570 合金具有天然的超塑性，也就是说，无需事先进行组织结构调整，这种合金生产的半成品就具有超塑性。在475℃，变形速率$6\times10^{-3}s^{-1}$时，1mm 厚 01570 合金薄板试样测得的超塑值为：流变应力 11MPa；延伸率600%。这些数值比大多数超塑性铝合金的都要高。表5－18 和表5－19 分别列举了 01570 合金在不同试验温度下的超塑性指标和焊接接头的力学性能。

表5－18 01570 合金板材的超塑性(板厚0.8mm)

试验温度(℃)	$\varepsilon'=7.2\times10^{-3}s^{-1}$时的超塑性指标		
	$\delta/\%$	σ_s/MPa	m
400	320	21	0.33
425	380	17.5	0.38
450	480	12.5	0.47
475	730	10	0.6
500	850	8	0.53
525	670	6	—

01570 合金的焊接性能非常好，可以用氩弧焊焊接，也可以用电子束进行熔焊。用 01571 焊丝焊接 01570 薄板时，所得焊接接头在有余高时，试验温度为－196℃～250℃范围内，焊接接头强度与基体金属相同；无余高时，焊接接头的强度由焊缝铸造金属的强度决定，约为基体金属强度的85%，在不需热处理强化的

铝合金中焊接系数是最高的，航天工业中已用这种合金作焊接承载结构件。

表 5-19　不同试验温度下 01570 合金焊接接头的力学性能

试验温度/℃	焊接接头的拉伸强度		焊接接头的强度系数		弯角 α/(°)	冲击韧性 α_k/(kg·m·cm^{-2})	
	σ_{b1}/MPa	σ_{b2}/MPa	σ_{b1}/σ_B	σ_{b2}/σ_B		焊缝	半熔合区
-253	458	458	0.72	0.72	—	1.7	0.96
-196	492	479	0.95	0.93	66	2.2	1.4
20	402	334	1.0	0.83	180	3.4	2.2
150	319	271	1.0	0.85	180	2.8	2.0
250	146	144	1.0	0.99	180	2.2	1.6

注：σ_{b1}—带余高，σ_{b2}—不带余高。

01570 合金最适宜的应用场合是工作温度在 -196℃ ~ +70℃范围内，形状简单的荷载焊接构架。这些构架包括太空飞行器焊接机体、水翼船和气垫船船身等。01570 合金薄板也可用来超塑成型。

5.5.2　01570c 合金

随着现代航空业的发展，飞机上将出现更多的焊接结构件，俄罗斯在 01570 合金的基础上研制成功了一种称之为 01570c 的合金，这个合金已申请专利，具体成分和性能尚未公开。这种合金可用于大型客机的下机身，也可用于高级轿车及船舶制造业。

5.5.3　01571 合金

01571 合金的成分为 5.5% ~6.5% Mg，0.30% ~0.40% Sc，0.1% ~0.2% Zr，0.02% ~0.05% Ti 以及微量的稀土和硼。这种

合金可以以板材、型材和锻件形式使用，强度比01570稍低，但塑性比01570合金要高。此外，01571合金还可以焊丝形式供应用户，用于氩弧焊焊接Al－Mg－Sc和Al－Zn－Mg－Sc系合金。由于合金中加入了Sc，Zr，Ti等微量元素，它们显著细化了焊缝的铸态组织，减弱了焊缝的热裂纹形成倾向。同时，由于焊缝结晶速度很高，微量Sc，Zr最大程度地溶入了Al－Mg合金固溶体中，后续处理过程中，Sc和Zr以纳米级的Al(Sc，Zr)粒子析出，显著地提高了Al－Mg－Sc和Al－Zn－Mg－Sc合金焊接接头的强度。用01571焊丝，氩钨弧焊焊接2～6mm厚退火或热轧01570合金薄板，无余高时接头强度不低于基体金属强度的85%。

5.5.4 01545合金

该合金含4.0%～4.5%Mg以及微量Sc和Zr。由于Mg含量较01570合金低，加工成型性能比01570合金好。在此基础上，俄罗斯又研制出了01545K合金，合金的镁含量为4.2%～4.8%。这种合金在液氢温度下(20K)有很高的强度和塑性，拉伸力学性能为$\sigma_b \geqslant 600$MPa，$\sigma_{0.2} \geqslant 430$MPa，$\delta \geqslant 35\%$，可用于液氢－液氧燃料航天器储箱和相应介质条件下的焊接构件。

5.5.5 01535合金

该合金含3.5%～4.5%的Mg以及微量的Sc，Zr。与01570和01545合金比，Mg含量低，合金的强度也要低一些，但合金的塑性好，有利于半成品的后续加工，也减少了分层脱落腐蚀和应力腐蚀的倾向。拉伸力学性能为$\sigma_b \geqslant 360$MPa，$\sigma_{0.2} \geqslant 290$MPa，$\delta \geqslant 16\%$。这种合金主要应用于低温条件下的焊接构件，如用于液化气罐等。

5.5.6　01523 合金

这种合金含 2% 左右的 Mg 和少量的 Sc 和 Zr。由于 Mg 含量低，合金有很好的抗蚀性、成型性和抗中子辐照性。但强度要比不含 Sc 的 AlMg2 合金高得多。表 5－20 列举了 01523 合金板材及焊接接头的力学性能。其低温拉伸力学性能见表 5－21。

表 5－20　AlMg2 和 01523 合金板材退火态和焊接接头力学性能

合金牌号	板材			焊接接头		
	σ_b/MPa	$\sigma_{0.2}$/MPa	δ/%	σ_b/MPa	$\sigma_{0.2}$/MPa	δ/%
AlMg2	190	80	23	180	120	0.94
01523	310	250	13	270	120	0.87

表 5－21　退火态 01535 合金薄板低温拉伸力学性能

测试温度/℃	σ_b/MPa	$\sigma_{0.2}$/MPa	δ/%
－196	470	340	37
－253	620	360	39

01535 合金拥有 Al－4% Mg 类合金产品本身所具备的优良性能，如优良的加工性能、焊接性能和抗蚀性能，因此它是具有广泛用途的通用结构材料。例如，新一代轿车锻接的后悬挂短支架，前后悬挂锻接的承重部分。其主要优点是生产简单，不需热处理强化。这种合金可用于高腐蚀介质中工作的焊接构件，包括运送 H_2S 含量高的原油的容器管道以及有中子辐照场合的焊接构件。

5.5.7 01515 合金

这种合金含1%左右的Mg以及少量Sc和Zr。合金有较高的热导率和较高的屈服强度，可用于航天和航空工业生产焊接或钎焊的散热器及各种导电和导热元件。表5－22列出了这种合金退火态的力学性能。

表5－22 01515合金退火态力学性能

半成品	σ_b/MPa	$\sigma_{0.2}$/MPa	δ/%
板材（2mm厚）	280	230	12
型材	260	230	15

第 6 章　铝锌镁钪系合金

6.1　铝锌镁钪系合金研究概况

6.1.1　传统的 Al－Zn－Mg 合金

1. Al－Zn－Mg 系合金牌号

工业 Al－Zn－Mg 系合金牌号见表 6－1。

2. Al－Zn－Mg 系合金组织结构特点

该系合金包括 Al－Zn－Mg 和 Al－Zn－Mg－Cu 系合金，前者俗称硬铝，后者俗称超硬铝。图 6－1 为 Al－Zn－Mg 系三元相图。

(1) Al－Zn－Mg 系合金

由 Al－Zn－Mg 相图可知，锌和镁除了和铝分别形成 $\beta(Mg_5Al_8)$ 和 $\eta(MgZn_2)$ 两个二元相外，还形成 $T(Al_2Mg_3Zn_3)$ 三元化合物。工业生产的 Al－Zn－Mg 系 7003 和 7005 合金，其成分处于 Al－Zn－Mg 合金相图的 $a+T+\eta(MgZn_2)$ 相区内。即使在快速冷却的半连续铸造条件下，含镁量大于 3%，锌、镁比大于 2.2 时，也出现 η 相。这种合金的铸态组织中，除 η 外，还有 T 相。铁、硅杂质在合金中以 AlFeMnSi 相存在，硅还和镁生成 Mg_2Si 相。为了改善合金焊接性能，7003 和 7005 合金中还同时加入铬、钛、锆等过渡元素。这些元素除部分溶入 $\alpha(Al)$ 中外，还会溶入 AlFeMnSi 相中或生成 Al_3Zr 初晶。因此这类合金的铸态相组成应为 η，T，Mg_2Si，AlFeMnSi，可能还有 Al_3Zr 初晶相。

表 6-1 工业 Al-Zn-Mg 系合金牌号和合金成分

牌号	化学成分/%												
	Si	Fe	Cu	Mn	Mg	Cr	Zn	备注	Ti	Zr	其他		Al
											单个	合计	
7A03	0.20	0.20	1.8~2.4	0.10	1.2~1.6	0.05	6.0~6.7	—	0.02~0.08	—	0.05	0.10	余量
7A04	0.50	0.50	1.4~2.0	0.20~0.6	1.8~2.8	0.10~0.25	5.0~7.0	—	0.10	—	0.05	0.10	余量
7A05	0.25	0.25	0.20	0.15~0.40	1.1~1.7	0.05~0.15	4.4~5.0	—	0.02~0.06	0.10~0.25	0.05	0.15	余量
7A09	0.50	0.50	1.2~2.0	0.15	2.0~3.0	0.16~0.30	5.1~6.1	—	0.10	—	0.05	0.10	余量
7A10	0.30	0.30	0.50~1.0	0.20~0.35	3.0~4.0	0.10~0.20	3.2~4.2	—	0.10	—	0.05	0.10	余量
7A15	0.50	0.50	0.50~1.0	0.10~0.40	2.4~3.0	0.10~0.30	4.4~5.4	Be:0.005~0.01	0.05~0.15	—	0.05	0.15	余量
7A19	0.30	0.40	0.08~0.03	0.30~0.50	1.3~1.9	0.10~0.20	4.5~5.3	Be:0.0001~0.0004②	—	0.08~0.20	0.05	0.15	余量
7A31	0.30	0.6	0.10~0.40	0.20~0.40	2.5~3.3	0.10~0.20	3.6~4.5	Be:0.0001~0.001②	0.02~0.10	0.08~0.25	0.05	0.15	余量
7A33	0.25	0.30	0.25~0.55	0.05	2.2~2.7	0.10~0.20	4.6~5.4	—	0.05	—	0.05	0.10	余量

续表 6-1

牌号	化学成分/%											
	Si	Fe	Cu	Mn	Mg	Cr	Zn	备注	Ti	Zr	其他 单个	其他 合计	Al
7A52	0.30	0.30	0.05~0.20	0.20~0.50	2.0~2.8	0.15~0.25	4.0~4.8	—	0.05~0.18	0.05~0.15	0.05	0.15	余量
7003	0.30	0.35	0.20	0.30	0.50~1.0	0.20	5.0~6.5	—	0.20	0.05~0.25	0.05	0.15	余量
7005	0.35	0.40	0.10	0.20~0.7	1.0~1.8	0.06~0.20	4.0~5.0	—	0.01~0.06	0.08~0.20	0.05	0.15	余量
7020	0.50	0.40	0.20	0.05~0.50	1.0~1.4	0.10~0.35	4.0~5.0	Zr+Ti:0.08~0.25	—	0.08~0.20	0.05	0.15	余量
7022	0.12	0.50	0.50~1.0	0.10~0.40	2.6~3.7	0.10~0.30	4.3~5.2	Zr+Ti:0.20	—	—	0.05	0.15	余量
7050	0.40	0.15	2.0~2.6	0.10	1.9~2.6	0.04	5.7~6.7	—	0.06	0.08~0.15	0.05	0.15	余量
7075	0.10	0.50	1.2~2.0	0.30	2.1~2.9	0.18~0.28	5.1~6.1	⑤	0.20	—	0.05	0.15	余量
7475	0.55	0.12	1.21.9	0.06	1.9~2.6	0.18~0.25	5.2~6.2	—	0.06	—	0.05	0.15	余量

注：①用于电焊和堆焊时，铍含量不大于0.0008%。

②铍含量均按规定量加入，可不作分析。

③仅在供需双方商定时，对挤压和锻造产品限定 Ti+Zr 含量不大于0.20%。

④作铆钉线材的3A21合金的锌含量应不大于0.03%。

⑤仅在供需双方商定时，对挤压和锻造产品限定 Ti+Zr 含量不大于0.25%。

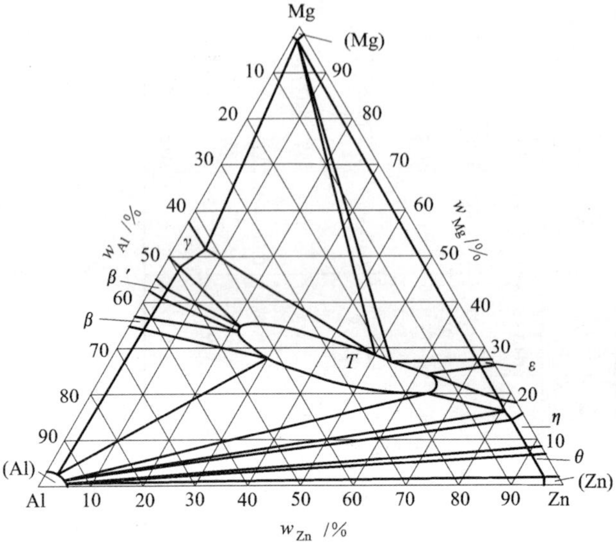

图 6-1 Al-Zn-Mg 三元合金相图

(2) Al-Zn-Mg-Cu 系合金

从 Al-Zn-Mg-Cu 系四元相图可知，铝和锌、镁、铜之间形成二元的 $\alpha(Al_2Cu)$，$\beta(Mg_5Al_8)$，$\eta(MgZn_2)$ 相和三元的 $S(Al_2CuMg)$，$T(Al_6CuMg_4)$ 和 $T(Al_2Mg_3Zn_3)$ 相。$T(Al_6CuMg_4)$ 和 $T(Al_2Mg_3Zn_3)$ 为同晶型，可连续互溶形成 T(AlZnMgCu) 相。工业生产的 Al-Zn-Mg-Cu 系合金成分，常处在 α(Al) + T(AlZnMnCu)，η + T(AlZnMgCu) + S，α(Al) + η + S + T(AlZnMnCu) 四个相区的交界附近，因此随铸造时的冷却速度不同，或合金成分的变化，常出现不同的组织。半连续铸造 Al-Zn-Mg-Cu 系合金中，锌含量大于 3%，铜和镁含量各大于 1%，且铜大于镁时，生成 S 相，锌、镁比大于 2.2 时，出现 η 化合物。若合金中铜含量小于镁，锌/镁比小于 2.2 时，组织中只有 α(Al) + T(AlZnMgCu) 共晶体。

Al - Zn - Mg - Cu 系合金除主要合金元素锌、镁和铜外，还有锰、铬、钛等微量添加元素以及铁、硅杂质。杂质硅与镁生成 Mg_2Si 相，铁和锰生成 AlFeMnSi 相，钛和铬除溶入 α(Al) 和化合物 AlFeMnSi 外，生成铝化物 Al_3Ti 和 Al_7Cr。

工业生产的 Al - Zn - Mg - Cu 系合金中有 7A03(LC3)、7A04(LC4)、7A09(LC9) 和 7A10(LC10)。7A03 合金中锌、镁比为 4.5，且铜含量大于镁，合金铸态组织为 η、*T*(AlZnMgCu) 和 *S* 相，另外微量的铁、硅、锰在 7A03 合金中可能生成 Mg_2Si 和 AlMnFeSi 相。7A04 合金铜含量小于镁，锌、镁比为 2.6，铸态合金组织主要为 α(Al) + *T*(AlZnMgCu) 共晶体，η 相较少，一般不出现 *S* 相，当然也有 Mg_2Si 和 AlMnFeSi。7A09 合金铜含量小于镁，锌、镁比小于 2.2，合金中含有 0.16% ~ 0.3% Cr，可能出现 $CrAl_7$ 初晶。7A10 合金中含锌较少，组织中 *T*(AlZnMgCu) 相数也较少，没有 *S* 和 η 相，存在一定量 AlMnFeSi 和 Mg_2Si 相。

6.1.2 含钪的 Al - Zn - Mg 合金

在中强可焊 Al - Zn - Mg 合金基础上，俄罗斯全俄轻合金研究院与全俄复合材料研究院合作，用钪、锆作添加剂，开发了一种新型的、牌号为 01970 的可焊 Al - Zn - Mg 合金。在这种合金中，钪和锆能形成均匀分布的、弥散的 $Al_3(Sc, Zr)$ 相，从而改善了合金的力学性能、焊接性能和抗应力腐蚀性能。之后又陆续研究开发了称之为 01970、01981 的合金。这种合金在添加钪、锆的同时将锌、镁总含量提高到 8% 以上，与此同时合金中还添加了少量的铜。锌、镁总含量的提高以及铜的加入，大大提高了合金的强度。添加少量的铜可能会降低合金的可焊性，但是可以弥补锌、镁总含量提高带来的耐蚀力的下降。微量钪、锆的添加一方面可以弥补由于锌、镁含量提高而导致的耐蚀力下降，另一方面还能显著改善合金的可焊性。

6.2 铝锌镁钪系合金实验研究

6.2.1 Al – Zn – Mg – Sc – Zr 合金

1. 材料与实验方法

著者以纯铝(99.98%)、纯镁(99.92%)、纯锌(99.8%)、Al – Sc 和 Al – Zr 中间合金为原料，采用 500kg 电阻熔化炉熔化和半连续铸锭技术制备了一系列含钪和不含钪的 Al – 6.2Zn – 2.0Mg和 Al – 6.2Zn – 2.0Mg – 0.20Sc – 0.10Zr 合金，铸锭规格为 320mm × 80mm × 3000mm。铸锭均匀化后经热轧、冷轧制成 2mm 厚度薄板，总变形量达 92%。沿轧向截取拉伸试样，样品经 465℃固溶，水淬，在 120℃时效处理 0 ~ 24h。拉伸在 Instron – 8032 上进行，拉伸速度为 2mm/min。晶粒组织观察用金相样品经氟硼酸水溶液电解抛光复覆后，在 POLYVER – MET 偏光显微镜下观察。结晶核心观察用金相样品采用混合酸腐蚀后直接在光学显微镜下和扫描电子显微镜下观察。透射电镜样品经机械减薄后双喷电解减薄，电解液为 4% 高氯酸酒精溶液，温度为 –25℃，透射电子显微组织观察在 H – 800 分析电镜上进行。

2. 微量 Sc 和 Zr 对 Al – Zn – Mg 合金力学性能的影响

含 Sc，Zr 和不含 Sc，Zr 的 Al – Zn – Mg 合金不同处理状态的力学性能见表 6 – 2。结果表明，在热轧状态下，添加 Sc，Zr 的合金 σ_b和 $\sigma_{0.2}$比未添加 Sc，Zr 的合金分别高 30 MPa 和 40 MPa；对于固溶态，两者的抗拉强度和屈服强度差别分别高达 113MPa 和 129MPa；120℃时效 24h 后，抗拉强度和屈服强度的增量分别为 93MPa 和 104MPa。可见，添加微量 Sc，Zr 可大大提高 Al – Zn – Mg 合金的强度，而延伸率仍保持在 10%左右的高水平。与此同时，比较两种合金固溶态和时效态强度的增量值，可见微量 Sc 和 Zr 的添加主要是强化了固溶体基体，对时效过程没有太大的影响。

表6-2　含Sc，Zr和不含Sc，Zr的Al-Zn-Mg合金的拉伸力学性能

合金状态	Al-6.2Zn-2Mg			Al-6.2Zn-2Mg-0.25Sc-0.1Zr		
	σ_b/MPa	$\sigma_{0.2}$/MPa	δ/%	σ_b/MPa	$\sigma_{0.2}$/MPa	δ/%
热轧态	357	254	15.2	387	294	12.9
465℃/30min，水淬	332	170	26.0	445	299	17.4
465℃/30min +120℃/3h	416	357	15.0	490	447	13.0
465℃/30min +120℃/12h	439	376	13.0	494	458	10.7
465℃/30min +120℃/24h	450	405	10.0	543	509	10.6

3. 微量Sc和Zr对Al-Zn-Mg合金晶粒组织的影响

不同处理态两种合金的金相组织见图6-2。可以看出，微量钪和锆显著细化了铸态晶粒组织和抑制了后续热加工和热处理过程中的再结晶。

4. 研究合金的透射电子显微组织

不同处理态两种合金透射电子显微组织见图6-3。

结果表明，两种合金热轧态透射电子显微组织中都可以看到沿晶界和晶内弥散分布的呈针状和棒状的析出相，在Al-Mg-Sc-Zr合金中还可看到一些呈蹄印状且与基体共格的Al_3(Sc，Zr)粒子。从固溶态组织来看，热轧态存在的针状和棒状物消失，说明大部分析出相已固溶到合金中，而Al-Zn-Mg-Sc-Zr合金中仍存在蹄印状共格的Al_3(Sc，Zr)粒子，可以看到这些粒子对亚晶界具有强烈的钉扎作用，正是它们阻碍了晶界的迁移，使得固溶处理后合金仍然保持纤维状组织。固溶后时效，基体中析

图 6－2 微量 Sc 和 Zr 对 Al－Zn－Mg 合金晶粒组织的影响

(a)～(c) Al－Zn－Mg 合金：(a) 铸态；(b) 热轧态；(c) 固溶态；
(d)～(g) Al－Zn－Mg－Sc－Zr 合金：(d) 铸态；(e) 热轧态；(f) 固溶态；
(g) 铸态；(a)～(f) 样品经阳极复膜；(g) 混合酸腐蚀后的铸态金相组织

出亚稳的 η'($MgZn_2$)第二相粒子，随着时效时间的延长，η'相析出物会粗化，晶界会析出不连续的平衡的第二相 η($MgZn_2$)质点。图 6－3(f)～(h)显示了两种合金固溶后 120℃时效 12h 后的显微组织，其析出相尺寸约为 10nm。比较图 6－3(f)～(g)，除基体中有 Al_3(Sc，Zr)粒子外，η'($MgZn_2$)析出相的形貌和分布没有什么多大的区别，也从另一个方面表明微量 Sc 和 Zr 对合金的时效析出过程似乎影响不大。

5. Al－Zn－Mg－Sc－Zr 合金的强化机制

前面第 5 章的研究表明，微量 Sc 和 Zr 在 Al－Mg 合金中除少量固溶在 α(Al) 中外，大部分以两种 Al_3(Sc，Zr) 金属间化合物粒子的形式存在，一种是合金凝固过程中析出的初生 Al_3(Sc，Zr)粒子，这种粒子为面心立方结构，与基体 α(Al) 相同，点阵常

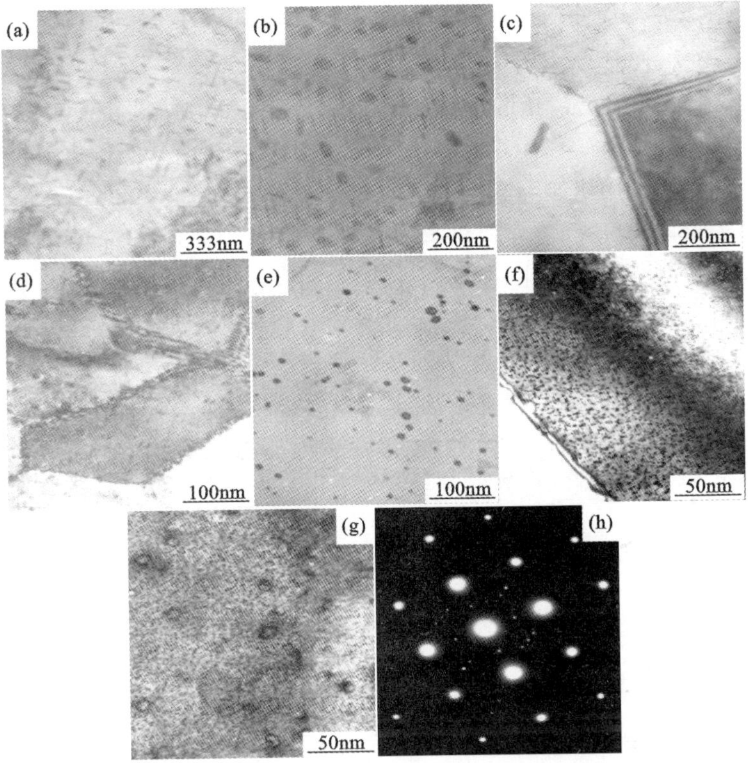

图 6－3　固溶时效态合金的透射电子显微组织

(a)1#合金热轧态；(b)2#合金热轧态；(c)1#合金固溶态；
(d)2#合金固溶态；(e)Al3(Sc，Zr)的(001)暗场像；
(f)1#合金 120℃/12h 时效态；(g)2#合金 120℃/12h 时效态；
(h)图(e)中的电子衍射，除基体[001]衍射外，显示出 Al_3(Sc，Zr)
有序共格相的衍射斑和主要析出相 $MgZn_2$ 的衍射斑

数与基体也极为相近，这种粒子在合金凝固时优先析出，具有熔点高、稳定性好、分布均匀的特点，是理想的非均质晶核，显著细化合金的铸态晶粒组织，造成细晶强化，提高了合金的强度；

另一种为合金均匀化处理过程中大量析出的次生 Al_3(Sc, Zr)粒子，细小弥散，呈蹄印状且与基体共格。这种粒子强烈钉扎位错和亚晶界，阻碍位错的运动和晶界迁移，有析出强化和抑制合金变形后再结晶的作用。微量 Sc 和 Zr 在 Al – Zn – Mg 合金中的存在形式和作用机制与它们在 Al – Mg 合金中的基本相同。添加 Sc 和 Zr 的合金在固溶时效处理后依然保持加工态的纤维组织，使合金获得亚结构强化，提高了合金的强度，而未添加 Sc，Zr 的合金固溶处理后已发生完全再结晶。可以看出，添加微量 Sc，Zr 对合金造成了细晶强化、亚结构强化和析出强化，合金的强度增量达到了 100MPa 以上。微合金化使铝合金强度增量达到这样高的水平，在铝合金研究历史上也是很少见的，它为高强、高韧、可焊铝合金的研制开发开辟了新的途径。

6.2.2 Al – Zn – Mg – Mn – Sc – Zr 合金

著者在 Al –6.2Zn –2.0Mg –0.25Sc –0.12Zr 合金（合金 A）中添加微量的 Mn，制备了 Al –6.2Zn –2.0Mg –0.3Mn –0.25Sc –0.12Zr 合金（合金 B），探索了微量 Mn 对 Al – Zn – Mg – Sc – Zr 合金组织和性能的影响。两种合金在不同时效状态下的力学性能对比见表 6 –3。

表 6 –3 研究合金的拉伸力学性能

合金状态	合金 A			合金 B		
	σ_b/MPa	$\sigma_{0.2}$/MPa	δ/%	σ_b/MPa	$\sigma_{0.2}$/MPa	δ/%
465℃/40min 固溶	445	299	17.4	468	353	16.8
465℃/40min +120℃/3h	490	447	13.0	533	476	12.1
465℃/40min +120℃/12h	494	458	10.7	562	530	9.5

续表 6－3

合金状态	合金 A			合金 B		
	σ_b/MPa	$\sigma_{0.2}$/MPa	δ/%	σ_b/MPa	$\sigma_{0.2}$/MPa	δ/%
465℃/40min +120℃/24h	543	509	10.6	566	548	9.0
465℃/40min +120℃/32h	550	500	9.5	564	539	8.3
465℃/40min +120℃/48h	528	483	9.6	548	526	7.9

从表6－3中数据可以看出，对于固溶态，添加微量Mn的合金B的σ_b和$\sigma_{0.2}$比未添加Mn的合金A分别高出23MPa和54MPa，伸长率减小0.6%；120℃时效，随时效时间的延长，强度先升后降而伸长率呈单调下降的趋势；峰值时效条件下，添加微量Mn的合金B的σ_b和$\sigma_{0.2}$比未添加Mn的合金A分别高出16MPa和48MPa，伸长率则低0.5%。

图6－4为实验合金不同状态下的金相组织。

可以看出，添加Mn和未添加Mn的铸态合金均为细小均匀的无枝晶的等轴晶组织，但添加Mn的合金晶粒要比未添加Mn的稍大一些，平均晶粒尺寸约为50μm[图6－4(a)，(d)]；两种合金的热轧态组织均为未再结晶的纤维状组织[图6－4(b)，(e)]。合金经465℃固溶后，两种合金仍为未发生再结晶的显微组织[图6－4(c)，(f)]。

两种合金热轧态的透射电子显微组织如图6－5所示。图6－5的结果表明，合金经热加工变形后，大量位错在晶界处塞积形成位错墙和位错胞[图6－5(a)，(c)]；在晶内和晶界上，析出了大量的针状棒状的第二相粒子η'粒子[图6－5(b)，(d)]。两种合金中还可以看到$Al_3(Sc, Zr)$粒子。此外，合金B中还弥散析出了大量的方块状的第二相粒子[图6－5(e)，(f)]，分析相图

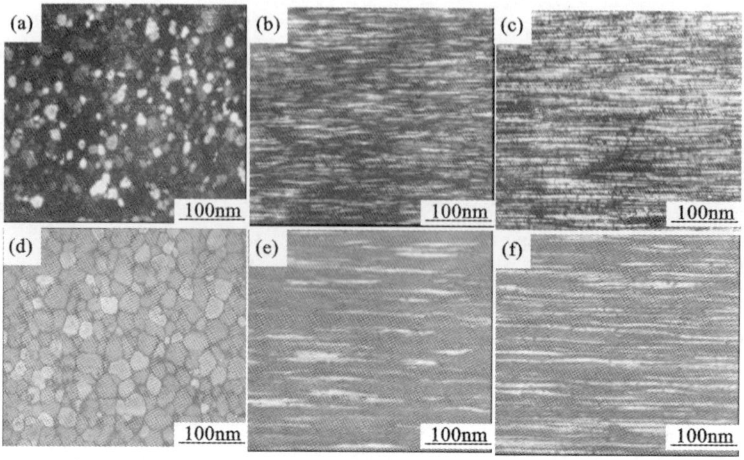

图 6－4 实验合金不同状态下的金相组织

(a)～(c)合金 A，(a)铸态；(b)热轧态；(c)固溶态；
(d)～(f)合金 B，(d)铸态；(e)热轧态；(f)固溶态

和相关资料可知该相为 Al_6Mn 相。

两种合金固溶态的透射电子显微组织如图 6－6 所示。可以看出，合金中的大部分位错经固溶后消失了，针状和棒状的第二相粒子也基本上固溶到基体中[图 6－6(a)，(d)]。但两种合金中都还存在大量的马蹄状的 Al_3(Sc，Zr)粒子[图 6－6(b)，(c)，(e)，(f)]。

两种合金时效态的透射电子显微组织如图 6－7 所示。

可以看出，基体中除次生的 Al_3(Sc，Zr)和 Al_6Mn 相外，晶内析出了大量细小弥散针状的 η' 相[图 6－7(c)，(d)，(e)]，晶界上则析出了链状的 η 相，还可看出在晶界上形成了无沉淀析出带[图 6－7(a)，(h)]。合金内还存在大量的亚结构[图 6－7(f)－(g)]，说明在时效过程中，合金中的亚晶界并没有通过迁移合并成大角度晶界。这主要是因为 Al_3(Sc，Zr)和 Al_6Mn 的钉扎作用。

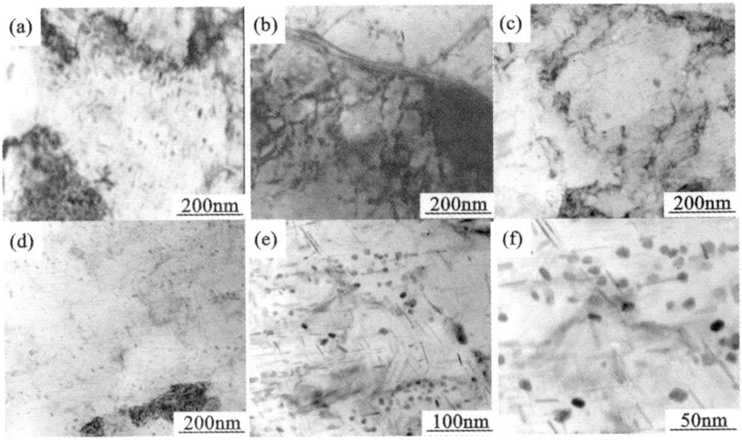

图 6-5　两种合金热轧态的透射电子显微组织

(a) ~ (b) 合金 A；(c) ~ (f) 合金 B

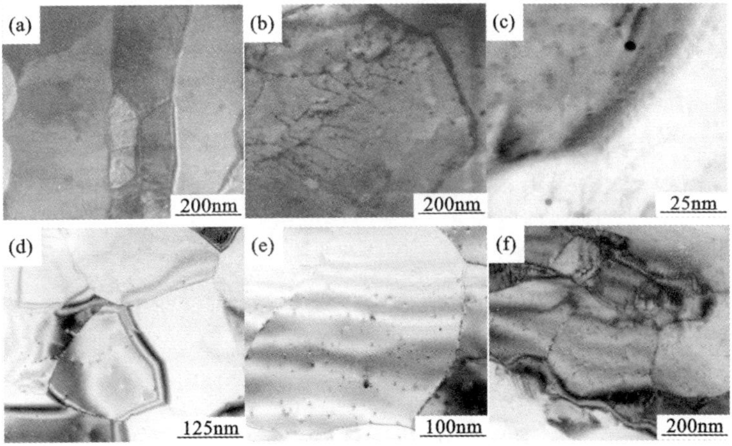

图 6-6　两种合金固溶态的透射电子显微组织

(a) ~ (b) 合金 A；(c) ~ (f) 合金 B

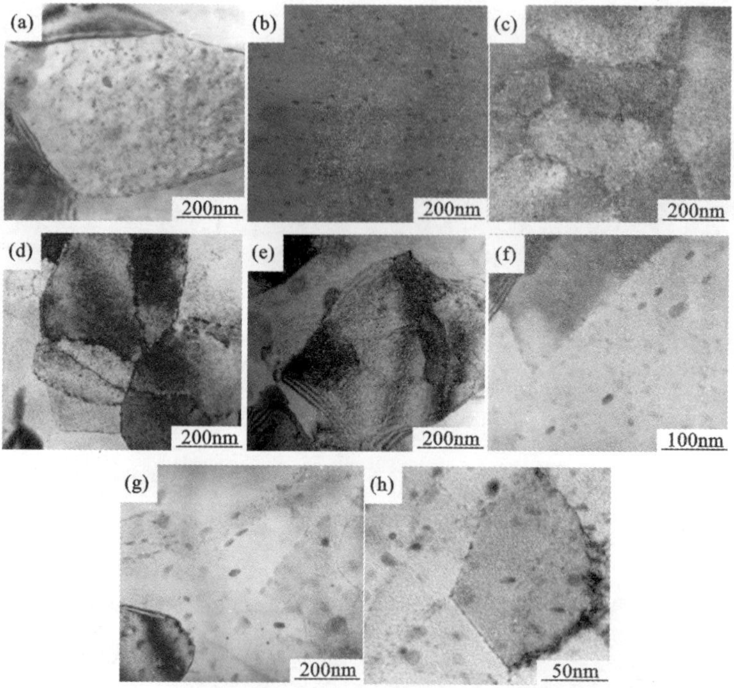

图 6－7　合金在 120℃时效不同时间的透射电子显微组织

(a)～(d)合金 A：(a)3h；(b)12h；(c)24h；(d)48h；
(e)～(h)合金 B：(e)3h；(f)24h；(g)24h；(h)48h

次生的Al_3(Sc，Zr)和 Al_6Mn 相能强烈阻碍位错的运动和亚晶界的迁移，提高了合金的强度。

6.2.3　Al－Zn－Mg－Cu－Sc－Zr 合金

1．材料制备

著者以纯 Al，纯 Mg，纯 Zn 和 Al－Cu，Al－Sc，Al－Zr 中间合金为原料，采用活性熔剂保护熔炼，水冷铜模激冷铸造技术制备出五种不同 Sc 含量的 Al－8.1Zn－2.3Cu－2.05Mg－0.12Zr 合金铸锭，合金化学成分见表6－4。

表6－4　实验合金的化学成分(质量分数)/%

合金	Zn	Cu	Mg	Zr	Sc	Al
A	8.09	2.32	2.06	0.12	—	Bal44
B	8.11	2.31	2.03	0.11	0.11	Bal
C	8.13	2.36	2.08	0.14	0.21	Bal
D	8.07	2.32	2.04	0.13	0.29	Bal
E	8.10	2.33	2.06	0.11	0.49	Bal

合金铸锭经460℃/24h 均匀化处理后，热轧、冷轧成2.5mm厚的薄板。拉伸试样沿轧制方向截取，475℃固溶40 min，水淬，之后120℃/24h 时效。

2. Al－Zn－Mg－Cu－Sc－Zr 合金的组织与性能

(1)合金拉伸力学性能

图6－8为实验合金冷轧板材经475℃固溶40min，水淬，于120℃/24h 时效后的拉伸性能随 Sc 含量变化曲线。由图可知，在基础合金 A 中添加微量的 Sc，合金的强度显著提高，对比未添加 Sc 的合金，加 Sc 后的合金抗拉强度及屈服强度分别提高94～26 MPa 和110～31 MPa。随 Sc 含量的增加，合金强度逐渐升高，当达到0.21% Sc 时，合金抗拉强度和屈服强度分别达到696 MPa 和654 MPa，当 Sc 含量超过0.21%时，合金强度又逐渐下降。添加 Sc 的合金伸长率稍有降低，但仍保持在9.1%～12.3%。

(2)合金的金相组织

研究合金铸态金相组织示于图6－9(a)～(c)。可以看出，未添加 Sc 的合金铸态晶粒较为粗大，存在明显的枝晶组织，而且偏析比较严重[图6－9(a)]，而添加了微量 Sc 的合金铸态晶粒

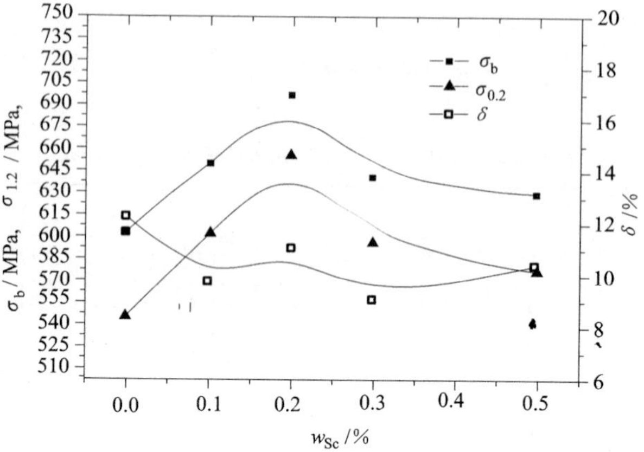

图 6-8　实验合金的拉伸力学性能与 Sc 含量的关系

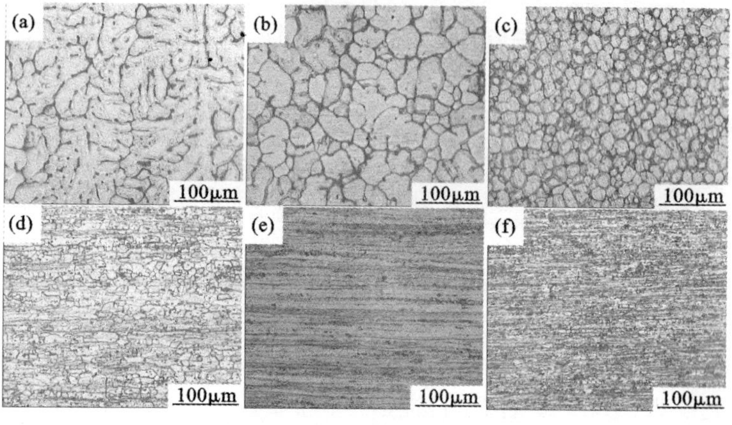

图 6-9　实验合金不同处理态的金相组织

(a)合金 A—铸态;(b)合金 C—铸态;(c)合金 E—铸态

(d)合金 A—固溶态;(e)合金 C—固溶态;(f)合金 E—固溶态

显著细化，枝晶组织完全消除。添加 0.49% Sc 的合金中，晶粒细化效果更为显著，平均晶粒尺寸约为 10μm[图 6-9(c)]。

合金经475℃/40 min固溶处理后的金相组织示于图6－9(d)～(f)。从图中可以看出，未添加Sc的合金经固溶处理后已发生完全再结晶，有些晶粒已发生明显长大[图6－9(d)]，而添加了Sc的合金则仍然保持轧制态的纤维组织图[6－9(e)～(f)]。值得注意的是，在Sc含量较高的合金E中观察到轻微的再结晶现象[图6－9(f)]。

(3)合金的透射电子显微组织

实验合金固溶时效态的透射电子显微组织见图6－10。

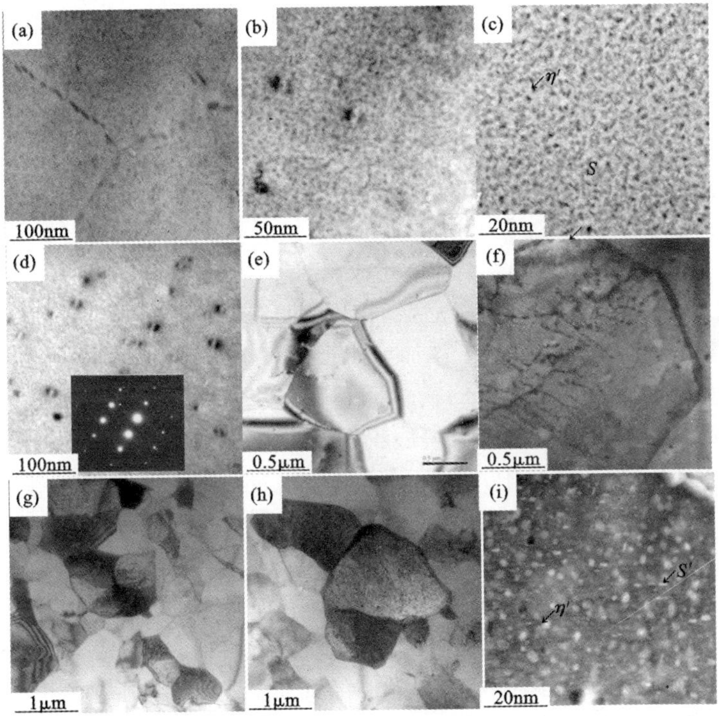

图6－10 实验合金T6态的透射电子显微组织组织

(a)合金A；(b)合金B；(c)～(g)合金C；(h)合金E；(i)合金E；中心暗场像

可以看出，未添加 Sc 的合金 A 中析出了大量细小且分布均匀的 $\eta'(MgZn_2)$ 相，晶界处可见明显的粗大平衡相 η[图 6－10(a)]。添加微量 Sc 后，合金中 η' 相的弥散程度和体积分数显著增加[图 6－10(b)，(c)，(i)]。除主要析出相 η' 外，还有 Al_3Sc，$Al_3(Sc, Zr)$ 相和少量针状或短棒状 $S'(Al_2CuMg)$ 相。Al_3Sc 或 $Al_3(Sc, Zr)$ 相的电子衍射花样存在共格衍射斑点，表明该粒子与基体共格，粒子衬度呈双叶花瓣状，粒子中间的无衬度带也表明该粒子与α(Al)基体共格[图 6－10(d)]；这种粒子强烈钉扎亚结构与位错[图 6－10(e)～(f)]，抑制亚晶的合并长大及阻碍位错运动。添加 0.21% Sc 的合金中亚晶粒的尺寸保持在 1μm 左右[图 6－10(g)]，而当 Sc 含量达到 0.49% 时，合金中亚晶粒的尺寸明显增大，为 2～3μm[图 6－10(h)]。添加 0.49% Sc 后，合金中 η' 相及 S' 相的中心暗场像示于[图 6－10(i)]。

(4)合金的断口形貌

图 6－11 为实验合金冷轧板材经 475℃/40min 固溶，水淬，于 120℃时效 24h 后，在室温下的拉伸扫描断口形貌。

由图 6－11 可知，未添加 Sc 的合金 A 断口呈现出大量分布均匀的等轴韧窝，为典型的韧性断口[图 6－11(a)]。添加微量 Sc 后，合金断口出现层状断裂形貌特征[图 6－11(b)～(d)]。添加 0.21% Sc 的合金 C 中，主要以韧窝断口为主并伴随着少量层状断口[图6－11(b)]，随着钪含量的增加，层状断口所占比例增加。当添加0.49% Sc时，合金 E 中层状断口减少而韧窝断口增加。

3. 微量 Sc 在 Al－Zn－Cu－Mg－Sc－Zr 合金中的作用

上述实验结果表明，微量 Sc 的添加使得合金铸态晶粒组织显著细化，枝晶偏析完全消除，合金固溶时效态组织保持纤维状，抗再结晶能力显著增强。合金强度得到较大的提高，与微量 Sc 在 Al－Mg 系和 Al－Zn－Mg 系中的作用相同，微量 Sc 在 Al－Zn－Cu－Mg－Sc－Zr 合金中的强化作用主要源于初生 $Al_3(Sc,$

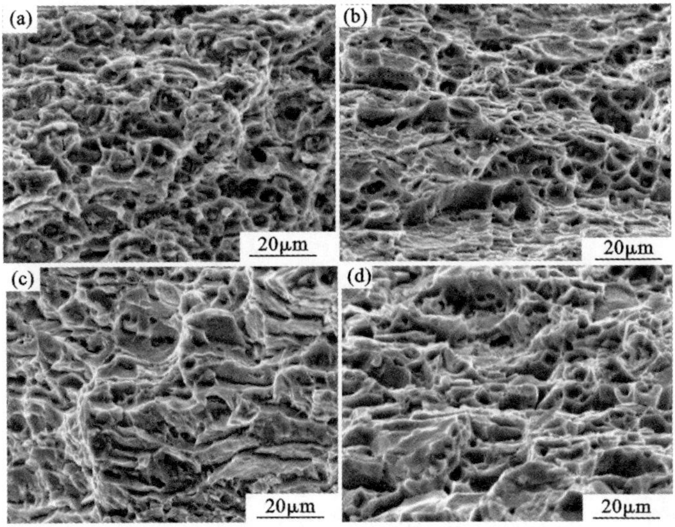

图 6－11　实验合金的拉伸断口形貌

(a)合金 A;(b)合金 C;(c)合金 D;(d)合金 E

Zr)相所产生的细晶强化、次生 Al_3(Sc, Zr)相所产生的亚结构强化和沉淀强化。

应当指出的是，随 Sc 含量的增加，合金铸态晶粒组织进一步细化，添加 0.49% Sc 的合金晶粒最细，但是其拉伸强度却反而下降。著者认为，一方面可能是由于亚结构强化作用随 Sc 含量增加而减弱所引起的，因为透射电镜观察表明添加 0.21% Sc 的合金 C 中亚晶的尺寸明显小于添加 0.49% Sc 的合金 E 中的亚晶尺寸[图 6－20(g)～(h)]。另一方面，由 Al－Cu－Sc 三元相图可知，在 Cu 含量大于 1.5% 且 Sc 含量大于 0.2% 的条件下，Cu 与 Sc 可能形成 *W*($ScCu_{6.6-4}Al_{5.4-8}$)相，这种相在随后的热处理工艺中不回溶，*W* 相中的 Cu 与 Sc 不参与合金强化，它会降低合金的强度性能，因此，当 Sc 含量超过 0.21% 时，表现为合金强度反而降低。

6.3 工业铝锌镁钪系合金

在俄罗斯，这个系的合金有01970、01975 和01981 三个牌号。其中 Zn 含量为4.5% ~5.5%，Mg 含量约为2%。此外，还有0.3% ~0.5%的 Cu 以及总量为0.30%左右的 Sc 和 Zr 等。

6.3.1 01970 合金

01970 合金约含 8%的(Zn + Mg)、复合添加钪、锆和锰及0.2%的 Cu。这种合金有很高的抵抗再结晶的能力。即使进行了很大的冷变形，合金的起始再结晶温度仍比淬火加热温度高。例如，冷变形量为83%的冷轧板，450℃固溶处理后水淬仍然保留了完整的非再结晶组织。01970 合金的所有半成品，包括冷轧薄板，淬火后仍具有完全的非再结晶结构。尽管这种合金有纤维状的非再结晶结构，但是力学性能的各向异性很低(表6 –5)。这种合金的亚结构强化与亚晶大小有关，亚晶尺寸越小强度愈高。电镜检测发现32 mm 厚板中亚晶平均尺寸为2μm，而1 mm 薄板中亚晶平均尺寸约为0.6μm。因此，同样是150mm 厚的铸锭，轧制半成品越薄，强度越高(表6 –5)。

表6 –5 淬火及人工时效后的2.5mm 厚01970 合金薄板试样在不同取向上的机械性能

试样取向	UTS/MPa	0.2% YS/MPa	El/%
L	501	446	13
T	486	440	15.7
相对 L 方向 45°	449	402	16.7

表 6－6　淬火及人工时效后不同厚度 01970 合金(薄)板横向机械性能

半成品	厚度/mm	UTS/MPa	0.2% YS/MPa	El/%
厚板	32	475	429	12.8
薄板	2.5	515	490	13.0
薄板	2.0	521	492	12.4
薄板	1.0	540	515	10.5

表 6－7 列出了 01970 合金与商用 2024 合金薄板机械性能。可以看出，01970 合金静拉强度比 2024 合金提高了很多，而抗断裂性能与之相当。

表 6－7　淬火及人工时效后 2.8mm 厚 01970 合金典型机械性能与商用 2024T3 合金薄板典型机械性能对比

合金	UTS /MPa	0.2% YS /MPa	El /%	LCF，kcycle atσ_{max} = 160MPa	K_{CO}/ MPa $\sqrt{m}$，W = 200mm	FCPR，mm/kcycle ΔK = 22MPa $\sqrt{m}$	FCPR，mm/kcycle ΔK = 31MPa $\sqrt{m}$
01970	500	446	13	96	97	1.5	3～4
2024T3	450	300	18	90	80	1.5	3～4

与其他结构铝合金相比，01970 的一个重要优点是它具有天然的超塑性。01970 合金在进行超塑形变时，组织上并不需要特殊的预处理。由于 01970 合金临界冷却速率较低，由超塑成型工艺生产的工件可在空气中冷却，而不必淬火，工件只需进行时效处理。经时效处理的材料性能与按常规热处理制度处理的材料性能几乎没有什么不同(表 6－8)。

表 6-8 01970 合金薄板在 475℃，$6\times10^{-3}s^{-1}$ 变形速率时的超塑性

板厚/mm	试样取向	超塑变形时的流变应力/MPa	El/%
2	纵向	13.9	635
2	横向	14.9	576
1	纵向	—	762

淬火及人工时效后的 01970 合金薄板对腐蚀断裂和剥落腐蚀不敏感，暴露 45 天后 σ_{cr} 仍有 400MPa。

01970 合金的氩弧焊接性能与最好的可焊合金相当。“鱼骨”法测定的断裂系数不大于 26%。焊接接头熔合区是细小的晶粒与母体金属的变形结构（多边形化结构）直接接触，不存在过渡带。2.5mm 厚薄板的焊接接头淬火及时效后性能更好，焊接后未经热处理的焊接接头在焊接 1 个月后的性能数据如下：UTS^{weld} = 440MPa，屈服角 = 150°，KCU = 30J/cm^2，σ_{cr}^{weld}（45 天）= 200MPa。

俄罗斯 Belaya 冶金厂利用 290mm 及 396mm 扁锭采用模锻、预锻、锻平及整形多道工序，生产了许多不同壁厚的商用筒形锻件。变形温度范围为 400℃ ~310℃。加工过程中，锻件没有出现裂纹。所有的锻件都是均匀的非再晶和完整的亚晶组织，亚晶平均尺寸为 2μm。淬火及人工时效后试样测试结果表明，机械性能几乎与取样位置（筒高方向区域）和试样截取方向无关（表 6-9）。沿锻件的弦向（横截面）、径向（短横截面）方向截取的试样，之后在一定载荷下的估算锻件抗腐蚀开裂能力，锻件抗腐蚀开裂能力见表 6-10。

表 6－9　01970 合金锻件淬火及人工时效后机械性能（5 个试样平均值）

锻造次数	纵向						弦向						径向		
	区域 1			区域 2			区域 1			区域 2			区域 3		
	UTS (MPa)	YS (MPa)	El (%)	UTS (MPa)	YS (MPa)	El (%)	UTS (MPa)	YS (MPa)	El (%)	UTS (MPa)	YS (MPa)	El (%)	UTS (MPa)	0.2% YS (MPa)	El (%)
2	490	445	12.0	488	435	12.1	487	438	14.7	489	438	14.1	475	425	9.7
4	494	447	13.7	492	443	11.1	495	446	15.6	488	438	14.3	488	449	11.5
11	455	447	14.9	487	446	13.2	484	427	14.8	480	428	14.5	462	432	10.0

表 6－10 01970 合金锻件淬火及人工时效后腐蚀开裂测定结果

强度/MPa	失效时间,1 天	
	弦向试样	径向试样
300	>45	16,21,22 16,16,22 14,16,35
250	>45	
175	>90	>45

01970 合金静拉强度比 2024 高得多，而抗断裂性能与之相当，并具有很好的焊接性能和令人满意的耐蚀能力。根据其综合性能，可以认为 01970 合金是航天器生产中的一种有发展前景的焊接材料。表 6－11 列举了时效态 01970 合金板材的力学性能。表 6－12 给出了这种合金的超塑性测试结果。表 6－13 给出了板厚为 2.5mm 的 01970 合金焊接接头力学性能。表 6－14 和表 6－15分别列出了这种合金的锻造性能和挤压件的性能。01970 合金的加工性能很好，利用现有设备可以生产几乎所有这种合金的锻造半成品。研究表明，01970 合金可以和已经用于航空工业的最好的合金相媲美，在航空工业上，它可以用作航空工业中常用的焊接结构，此外，也可用作舰船、舟桥、地翼船等的装甲板。

表 6－11 01970，1911 和 1903 合金薄板淬火和人工时效态合金的拉伸力学性能

合金	σ_b/MPa	$\sigma_{0.2}$/MPa	δ/%	K_{IC}/(MPa·$m^{1/2}$)
01970	520	490	12	97
1911	416	356	11	77
1903	475	430	11	89

表6-12　01970合金在475℃和应变速率为$6\times10^{-3}s^{-1}$条件下的超塑性

板厚/mm	样品取向	σ_b/MPa	δ/%
2	平行于轧向	13.9	635
2	垂直于轧向	14.7	576

表6-13　01970合金板材焊接接头力学性能

合金	σ_b/MPa	冷弯角α/°	K_{CT}/(MPa·$m^{1/2}$)	σ_{crW}/MPa
01970	440	150	30	200
1911	360	143	28	175
1903	420	93	26	100

注：K_{CT}—断裂韧性，σ_{cr}^{W}—腐蚀应力。

表6-14　01970合金模锻件淬火和人工时效后的力学性能

样品取向	σ_b/MPa	$\sigma_{0.2}$/MPa	δ/%	K_{IC}/(MPa·$m^{1/2}$)
径向	490	440	14	51
纵向	490	440	14	38
短纵向	480	430	10	—

表6-15　01970合金挤压材淬火和人工时效后的力学性能

半成品	样品取向	σ_b/MPa	$\sigma_{0.2}$/MPa	δ/%	K_{IC}/(MPa·$m^{1/2}$)
大型挤压材	纵向	480	440	11	70
	径向	450	420	12	39
型 材	纵向	500	450	10	

6.3.2 01975 合金

这种合金与01970合金的化学成分很相近，唯一的区别在于合金中的含钪量较低，约为0.07%，因此不显示超塑性，但这两种合金的其他性能基本相似。这种合金的塑性好，挤压后空冷就可以进行淬火处理。时效后的合金有高的强度、高的抗分层腐蚀能力、抗应力腐蚀的能力以及优异的可焊性。表6－16、表6－17和表6－18分别列举了这种合金人工时效态的力学性能。

表6－16 01975合金薄板时效态的力学性能

板厚/mm	σ_b/MPa	$\sigma_{0.2}$/MPa	δ/%
3	505	455	11.0
2	515	455	11.8
1	535	500	11.7

表6－17 01975合金中厚板时效态的力学性能

样品取向	σ_b/MPa	$\sigma_{0.2}$/MPa	δ/%	ψ/%	K_{IC}/(MPa·$m^{1/2}$)
纵向	440	395	17	52	67.5
横向	450	390	15	44	51.5
短横向	460	395	11	28	—

表6－18 01975合金挤压型材时效态力学性能

厚度/mm	σ_b/MPa	$\sigma_{0.2}$/MPa	δ/%	K_{IC}/(MPa·$m^{1/2}$)
30	550	510	13	77
3	530	490	10	—

鉴于01975合金挤压制品有上述优异的综合性能，俄罗斯已建议将这种合金用于高速列车、地铁列车、桥梁等焊接负重结构。

6.3.3　01981合金

该合金为俄罗斯研制的一种新的含铜的Al－Zn－Mg－Sc合金。这种合金有高的强度、高的弹性、低的各向异性和高的断裂抗力，除厚板、锻件和挤压件外，还可做成薄板，其他性能与7055合金相当，该合金已申请专利，具体数据还未公开。

第 7 章 铝铜钪系和铝铜锂钪系合金

7.1 铝铜系和铝铜钪系合金研究概况

Al－Cu 二元合金的研究已相当全面和深入。图 7－1 是 Al－Cu 二元合金相图，铜在铝中的固溶度见表 7－1。可以看出，在 548℃，体系发生共晶反应 L→α(Al)＋θ($CuAl_2$)，此时铜在铝中的固溶度最大达到 5.65%（质量分数），而室温下铜在铝中的固溶度只有 0.05%（质量分数）。显然，随着温度的降低铜在铝中的固溶度显著减少，铜将以 θ($CuAl_2$) 相沉淀析出从而产生强化。这种高的沉淀强化效果，使铜成为 2XXX 系和 7XXX 系结构铝合金最有效的强化合金元素之一。

表 7－1 Cu 在 Al 中的固溶度

温度/℃	548	527	504	477	452	427	402	377
C_{Cu}(质量分数)/%	5.65	5.1	4.05	3.5	2.5	2.0	1.4	1.1
C_{Cu}(摩尔分数)/%	2.53	2.45	1.80	1.50	1.07	0.86	0.80	0.47
温度/℃	352	327	302	277	252	227	22	
C_{Cu}(质量分数)/%	0.85	0.70	0.45	0.35	0.2	0.18	0.05*	
C_{Cu}(摩尔分数)/%	0.3	0.3	0.2	0.15	0.08	0.07	0.02	

注：* 外推法结果。

前苏联学者（Kharaketova and Dobatkina 1988，Kharakterova

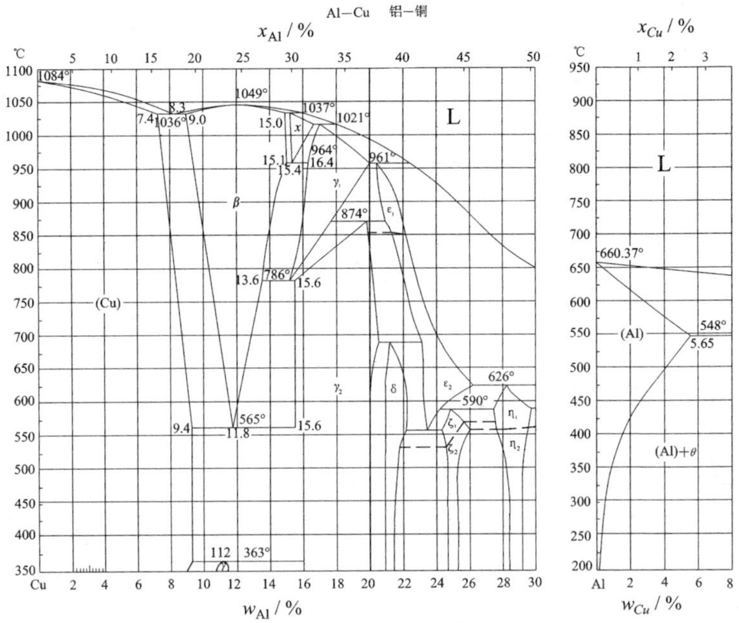

图7-1　Al-Cu二元合金相图

1991, Toropova 等 1992）利用金相、X 射线衍射和电子探针研究了 Al-Cu-Sc 三元合金相图的富 Al 角（图 4-11～图 4-12）。研究表明，与 Al 固溶体平衡的有三个相：θ（$CuAl_2$），Al_3Sc 和一个新的三元 *W* 相。$CuAl_2$化合物以圆形或骨骼状沉淀物出现在 Al+θ 二元或 Al+θ+*W* 三元共晶中。Al_3Sc 相粒子呈亮灰色，它是在 Al+Al_3Sc 共晶时形成，或 L+Al_3Sc→Al+*W* 四元包晶反应中沉淀析出。*W* 相未侵蚀时呈灰色，侵蚀后呈暗色，从而可以清晰地与别的相区别开来。这个相形成 Al+*W* 和 *W*+θ 二元共晶，并参与 546℃下的 L→Al+θ+*W* 共晶反应和 572℃下的 L+Al_3Sc→Al+*W* 包晶反应。

一些研究表明，在含 Cu 量大于 1.5% 的合金中，加入大于 0.20% 的钪，会形成 W(AlCuSc)相，该相在熔体结晶时形成，在随后的工艺加热时也不溶解，使得进入 W(AlCuSc)相的 Sc 和 Cu 不参与合金的强化，因此，不利于发挥添加钪在 Al－Cu 合金中应当起的作用。也有文献报道指出，Al－Cu－Sc 合金形成 W(AlCuSc)相的临界条件是含铜 3.5%(质量分数)、含钪 0.10%(质量分数)。但是，俄罗斯学者 Kharakterova 认为，Cu 含量为 2%～4%、Sc 含量小于 0.5% 时，凝固组织中不会有 W 相，只有当 Sc 含量高于 0.5% 时，依据不同的 Cu 含量可能形成 LI_2 型 Al_3Sc 与 W。英国学者 Norman 教授等人把 0.3% 和 0.8% 的 Sc 加入到 Al－4.5Cu 合金中，并没有发现 AlCuSc 三元相的形成。他们在 2024 铝合金(4.5% Cu，1.5% Mg) 和 7475 铝合金(5.5% Zn，1.5% Cu，2.2% Mg)中加入 0～0.8% 的 Sc，合金凝固后经 XRD 分析发现在 2024 铝合金中只有当 Sc 含量大于 0.6% 时才能有 W 相的形成，而 7475 铝合金中即使 Sc 含量达到 0.8% 也没有发现 W 相。由此可见，Al－Cu－Sc 系合金中形成 W(AlCuSc)相的临界条件仍然有待进一步研究。

7.2 铝铜钪系合金实验研究

7.2.1 实验合金的化学成分

为了探索微量 Sc 在 Al－Cu 合金中不形成三元 AlCuSc(W)相的临界条件，徐国富等针对工业 Al－Cu 系中 Cu 含量的取值范围设计了一系列 Al－Cu－Sc 合金，Cu 含量分别取 1%、2%、3% 和 4%，Sc 含量分别取 0、0.1%、0.3% 和 0.5%。研究用合金的设计成分和实际分析成分见表 7－2。

表 7-2　研究用 Al-Cu 系合金的化学成分(质量分数)/%

合金	设计成分			分析成分			
	Cu	Sc	Al	Cu	Sc	Al	杂质
A	1.0	—	Bal.	0.90	—	Bal.	0.013
A1	1.0	0.1	Bal.	0.87	0.08	Bal.	0.013
A2	1.0	0.3	Bal.	0.96	0.26	Bal.	0.024
A3	1.0	0.5	Bal.	0.85	0.43	Bal.	0.025
B	2.0	—	Bal.	1.89	—	Bal.	0.009
B1	2.0	0.1	Bal.	1.76	0.07	Bal.	0.015
B2	2.0	0.3	Bal.	1.86	0.29	Bal.	0.019
B3	2.0	0.5	Bal.	2.10	0.44	Bal.	0.028
C	3.0	—	Bal.	2.82	—	Bal.	0.009
C1	3.0	0.1	Bal.	3.01	0.08	Bal.	0.017
C2	3.0	0.3	Bal.	2.83	0.25	Bal.	0.018
C3	3.0	0.5	Bal.	2.93	0.52	Bal.	0.015
D	4.0	—	Bal.	3.03	—	Bal.	0.011
D1	4.0	0.1	Bal.	4.01	0.08	Bal.	0.013
D2	4.0	0.3	Bal.	3.92	0.24	Bal.	0.022
D3	4.0	0.5	Bal.	3.97	0.44	Bal.	0.027

7.2.2　微量钪对铸态和均匀化处理态 Al-Cu 合金组织和性能的影响

1. 铸态和均匀化处理态合金的硬度(HBS)

(1)A、A1、A2、A3 合金

在 Al-1% Cu 基础合金中分别加入 0.08%、0.26%、0.43% 的 Sc 后，铸态和均匀化处理态合金的硬度如图 7-2 所示。结果表明，加入 0.08% Sc(A1)，铸态和均匀化处理状态下的 Al-1% Cu合金的硬度变化不大；加入 0.26% Sc(A2)和 0.43% Sc

(A3)，铸态和均匀化处理状态下的 Al－1% Cu 合金的硬度增加，硬度增幅为 32～35 HBS。

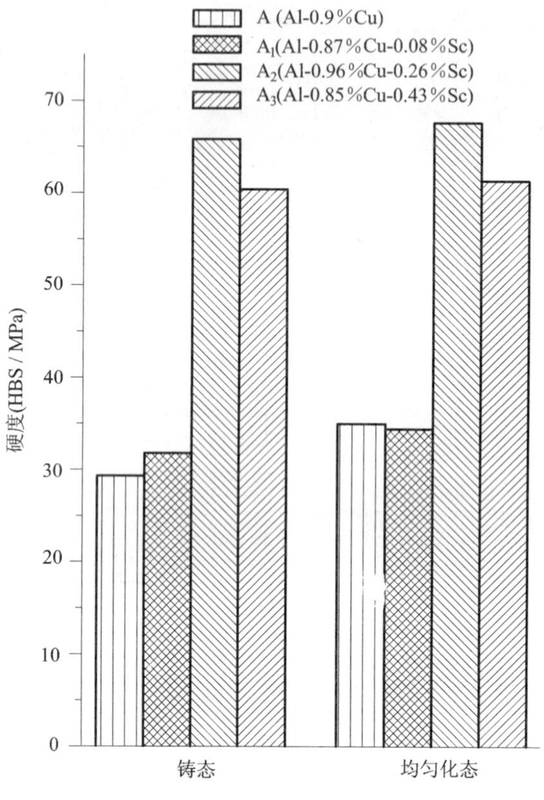

图 7－2　实验合金在不同状态下的硬度值(A、A1、A2、A3 合金)

(2)B、B1、B2、B3 合金

在 Al－2% Cu 基础合金中分别加入 0.08%、0.26%、0.43% 的 Sc 后，铸态和均匀化处理态 B、B1、B2、B3 合金的硬度如图 7－3所示。

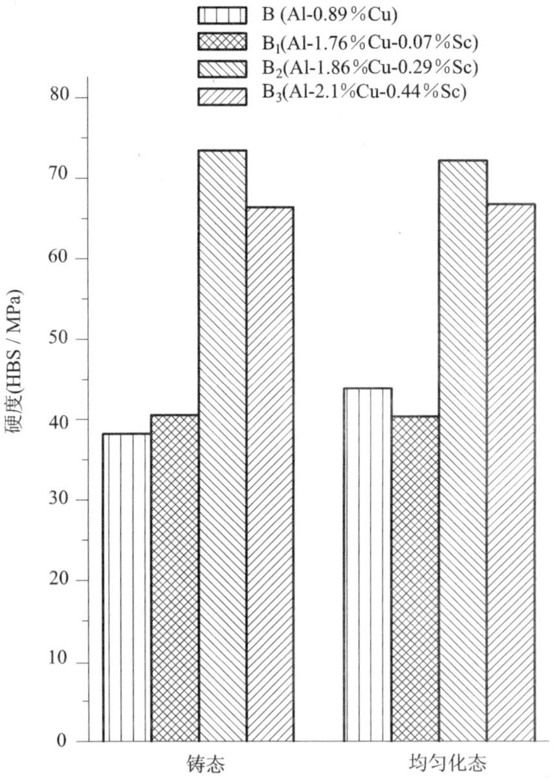

图 7－3　实验合金在不同状态下的硬度值(B、B1、B2、B3 合金)

图 7－3 的结果表明，加入 0.07% Sc(B1)，铸态和均匀化处理态下的 Al－2% Cu 合金的硬度变化不大；加入 0.29% Sc(B2)的合金铸态和均匀化处理态下硬度增加，硬度增幅为 35 HBS；值得指出的是，添加 0.44% Sc(B3)的 Al－2% Cu 合金的硬度反而比添加 0.29% Sc(B3)的合金低。

(3) C、C1、C2、C3 合金

在 Al－3% Cu 合金中分别加入 0.08%、0.28%、0.52% 的 Sc

后，铸态和均匀化处理态 C、C1、C2、C3 合金的硬度变化见图 7-4。结果表明，加入 0.08%%Sc 时(C1)，合金的硬度稍有增加；加入 0.28%Sc(C2)，合金硬度增加，增幅为 30HBS；但是当 Sc 含量添加到 0.52%(C3)时，合金的硬度比添加 0.28%Sc(C2)的合金还低。

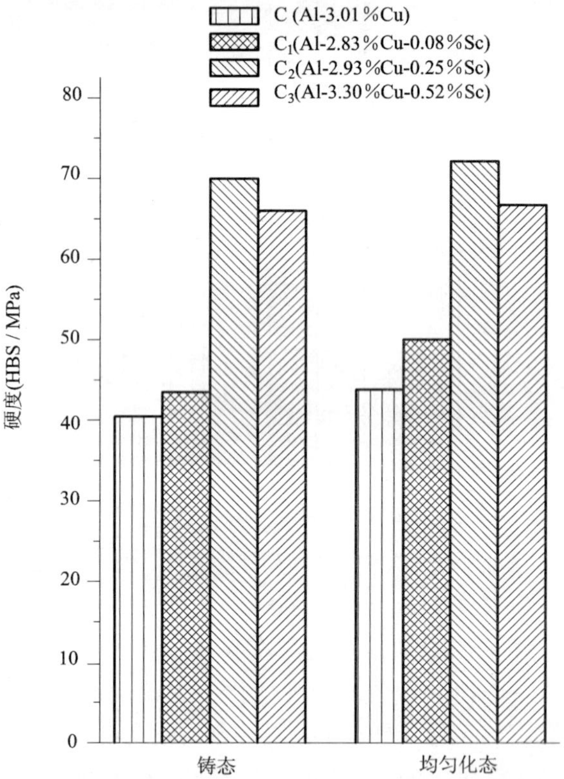

图 7-4 实验合金在不同状态下的硬度值(C、C1、C2、C3 合金)

(4)D、D1、D2、D3 合金

在 Al –4% Cu 合金中分别加入 0.08%、0.24%、0.44% 的 Sc 后，铸态和均匀化处理态 D、D1、D2、D3 合金的硬度变化见图7 –5。

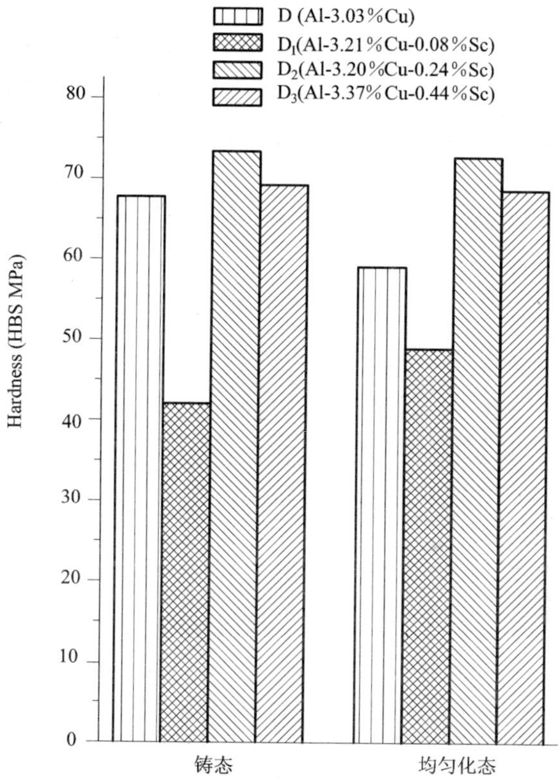

图 7 –5　实验合金在不同状态下的硬度值(D、D1、D2、D3 合金)

图 7 –5 的结果表明，加入 0.08% 的 Sc(D1)后，铸态和均匀化处理态下的 Al –4% Cu 合金的硬度降低；加入 0.24%、0.44% Sc 后，与不加 Sc 的基础合金相比，合金硬度没有明显的变化。

2. 铸态合金的显微组织

(1)A、A1、A2、A3 合金

图 7-6 为 A、A1、A2、A3 合金的铸态金相组织。结果表明，在 Al-1.0% Cu 为基础的合金中，随着 Sc 含量的增加，铸态组织中的树枝状偏析逐渐减轻，铸态晶粒度变化不大。

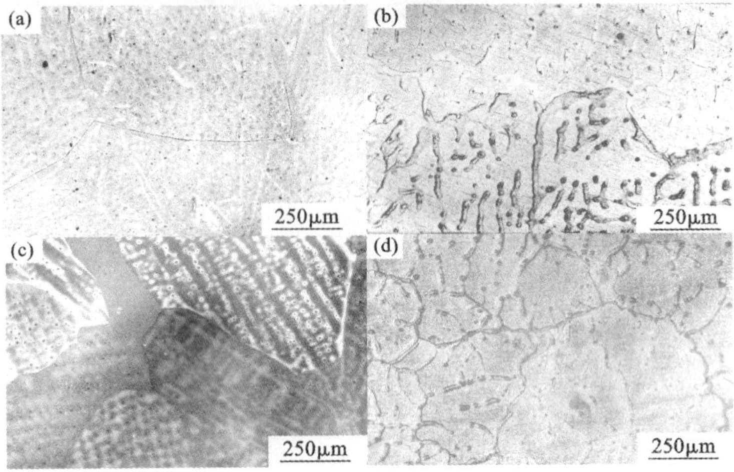

图 7-6 铸态合金(A、A1、A2、A3)的金相组织

(a) Al-1.0% Cu; (b) Al-1.0% Cu-0.1% Sc;

(c) Al-1.0% Cu-0.3% Sc; (d) Al-1.0% Cu-0.5% Sc

(2)B、B1、B2、B3 合金

图 7-7 为 B、B1、B2、B3 合金的铸态组织，结果表明，在 Al-2.0% Cu(B#样)合金中，加入 0.1% Sc 时合金的铸态晶粒变化不大但是树枝状偏析减轻了；随着 Sc 含量的增加，这一特征更加明显，加入 0.5% Sc 后(B3)，晶粒非常细小，晶粒尺寸只有 20～30μm，树枝状偏析完全消失。

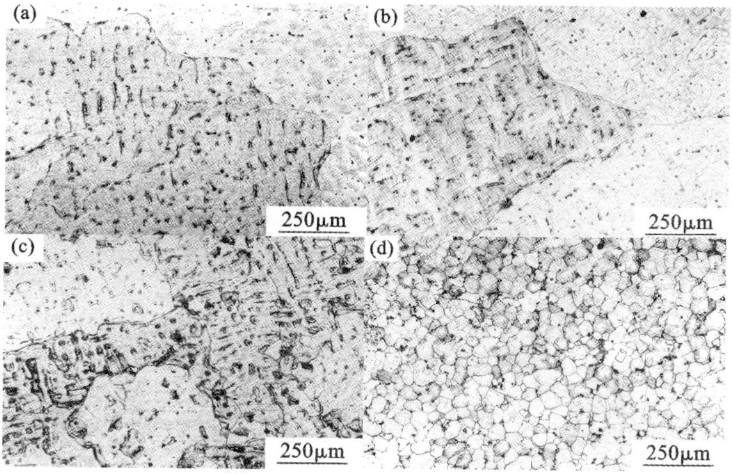

图 7-7　铸态合金(B、B1、B2、B3)的金相组织

(a) Al-2% Cu; (b) Al-2% Cu-0.1% Sc;
(c) Al-2% Cu-0.3% Sc; (d) Al-2% Cu-0.5% Sc

(3) C、C1、C2、C3 合金

图 7-8 为 C、C1、C2、C3 合金的铸态组织。由图可以看出，Al-3% Cu(合金 C)的铸态晶粒粗大，呈现出明显的枝晶组织，而且枝晶网胞尺寸较大，这是由于固溶体合金在浇铸过程中，前后结晶出的固溶体成分不同，先结晶的部分含高熔点的元素比较多，后结晶的部分含低熔点的元素比较多，凝固过程中合金元素来不及扩散形成了枝晶偏析。微区成分分析表明，树枝状偏析主要是富 Cu 相的偏析。随着合金中 Sc 含量的逐步增加，合金的铸态枝晶网胞逐渐消失；当 Sc 含量达到 0.52% 以后，晶粒明显细化并成等轴状。

(4) D、D1、D2、D3 合金

图 7-9 为 D、D1、D2、D3 合金的铸态组织。结果表明，添加微量钪对 Al-4% Cu(D) 合金铸态晶粒组织的影响与在 Al-3%

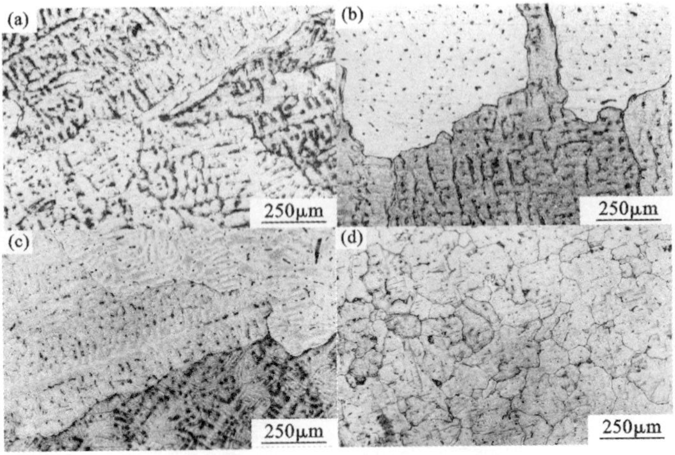

图 7-8 实验合金(C、C1、C2、C3)的铸态金相组织

(a) Al-3.0% Cu; (b) Al-3.0% Cu-0.1% Sc;

(c) Al-3.0% Cu-0.3% Sc; (d) Al-3.0% Cu-0.5% Sc

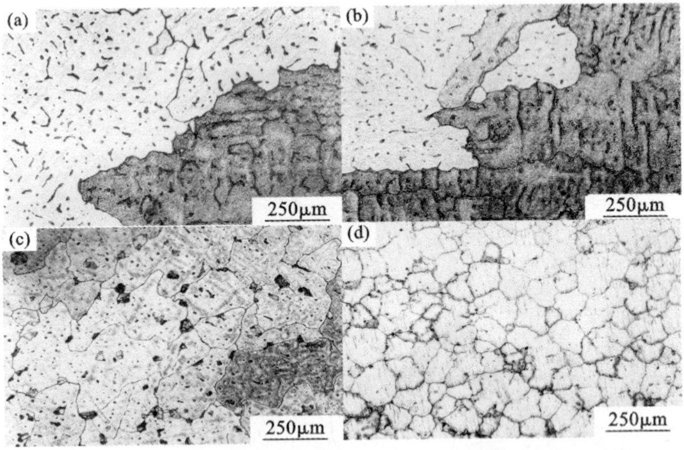

图 7-9 实验合金(D、D1、D2、D3)的铸态金相组织

(a) Al-4% Cu; (b) Al-4% Cu-0.1% Sc;

(c) Al-4% Cu-0.3% Sc; (d) Al-4% Cu-0.5% Sc

Cu 合金中的相近。当 Sc 含量达到 0.52% 以后，晶粒细化效果比较明显，晶粒形貌成等轴状。

3. 均匀化处理态合金的显微组织

研究了实验合金的退火态金相组织，典型例子见图 7 - 10。结果表明，与铸态相比，不加 Sc 的合金枝晶基本消失，分布在枝晶网胞处的第二相化合物在高温下溶解，只残留少量枝晶网胞痕迹及一些难熔化合物，晶粒在均匀化退火后有所粗化；添加 Sc 的合金均匀化退火后晶粒变化不明显，只是在晶内发现多了一些细小的方块状相，能谱定点成分分析表明这些细小的方块状相是含 Al，Cu，Sc 的相。

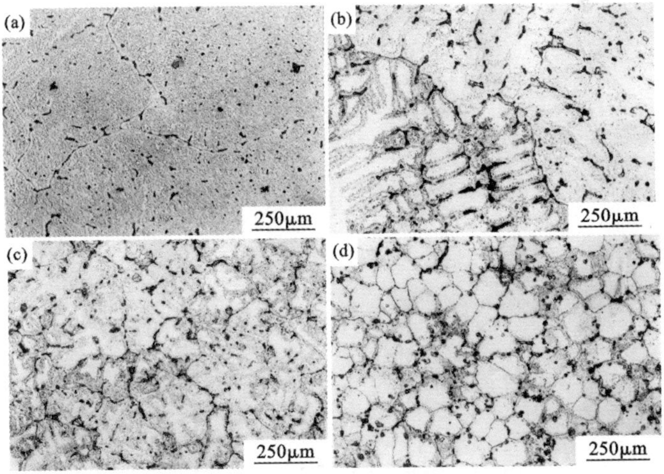

图 7 - 10　实验合金的退火态金相组织

(a) Al - 4% Cu；(b) Al - 4% Cu - 0.1% Sc；
(c) Al - 4% Cu - 0.3% Sc；(d) Al - 4% Cu - 0.5% Sc

4. 铸态和均匀化处理态合金的 X 射线衍射物相分析

研究了实验合金铸态和均匀化处理态的物相结构，典型例子见图 7 - 11 ~ 图 7 - 14。

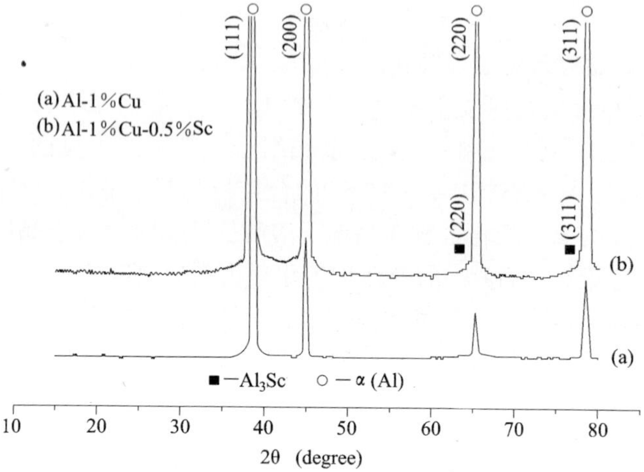

图 7－11 A 组铸态合金(Al－1.0%Cu 和 Al－1.0%Cu－0.5%Sc)的 XRD 图谱

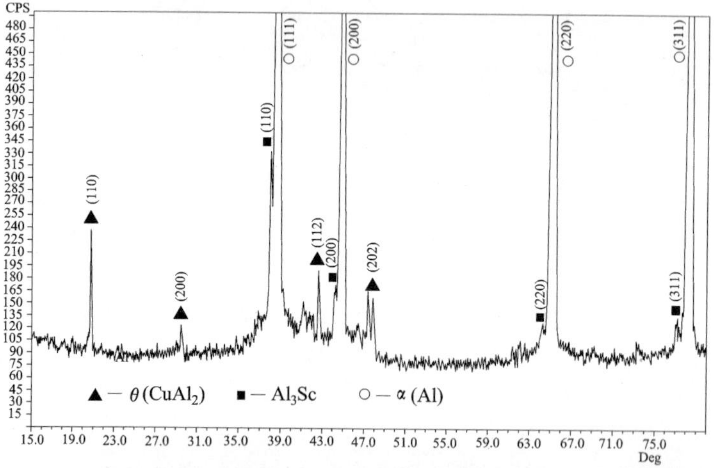

图 7－12 B 组铸态合金(Al－2%Cu－0.5%Sc)的 XRD 图谱

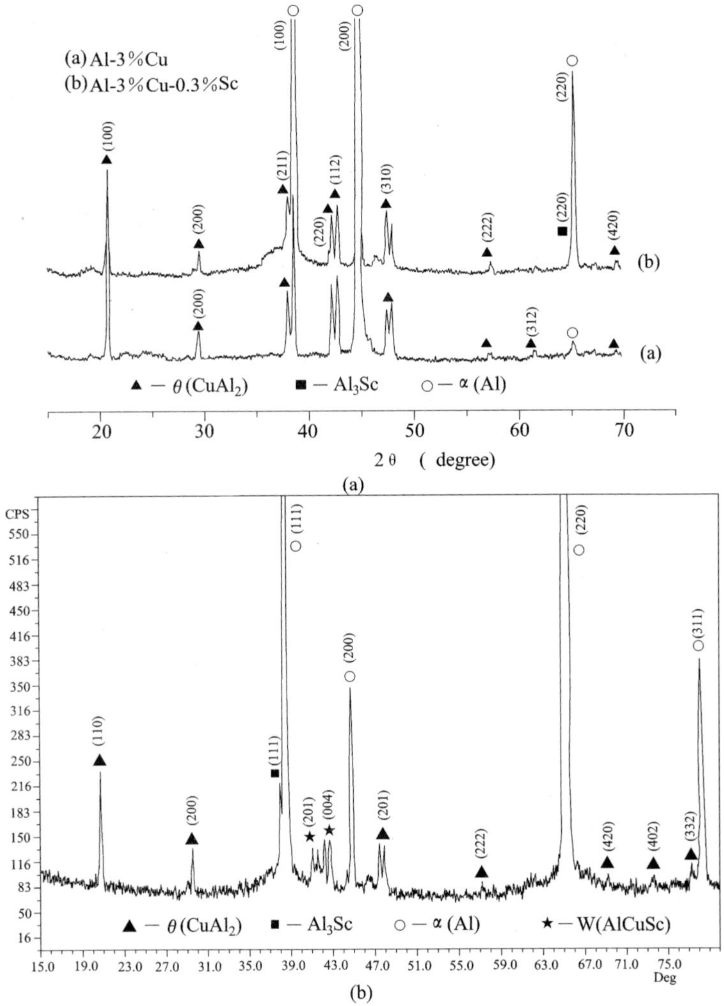

图 7－13　C 组铸态合金的 XRD 图谱

(a) Al－3% Cu 和 Al－3% Cu－0.3% Sc；(b) Al－3% Cu－0.5% Sc

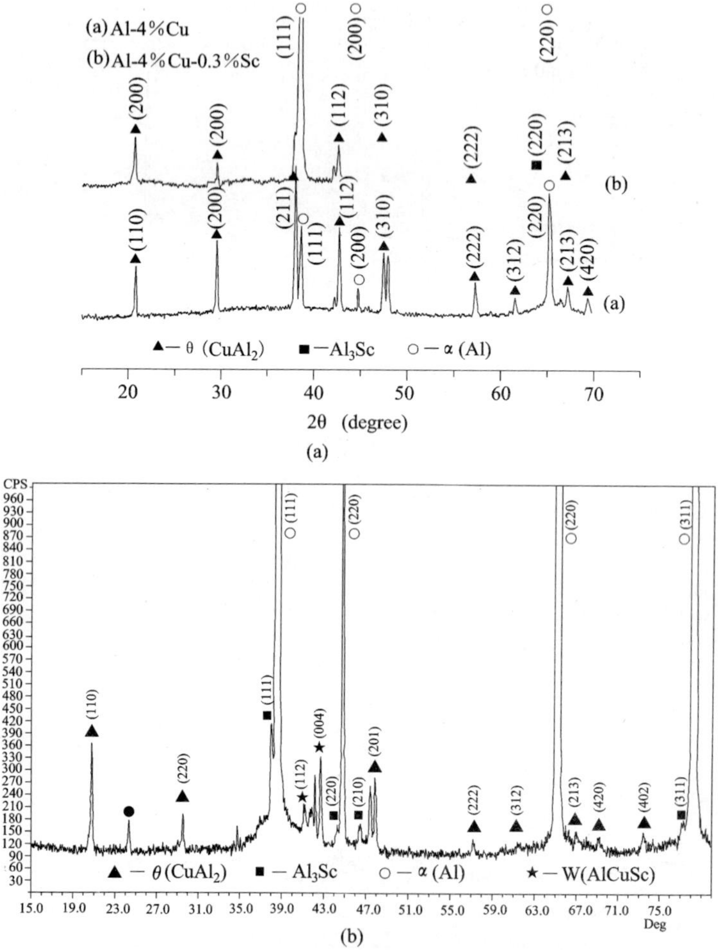

图 7-14 D 组铸态合金的 XRD 图谱

(a) Al-4% Cu 和 Al-4% Cu-0.3% Sc；(b) Al-4% Cu-0.5% Sc

图 7 - 11 ~ 图 7 - 14 的结果表明，在 Al - 1% Cu 和 Al - 1% Cu - 0.5% Sc 铸态合金中，分别只观察到 α(Al) 和 α(Al) + Al_3Sc，没有发现 *W*(AlCuSc) 相；在 Al - 2% Cu 和 Al - 2% Cu - 0.5% Sc铸态合金中，分别观察到 α(Al) + θ($CuAl_2$) 相和 α(Al) + θ($CuAl_2$) + Al_3Sc 相，也没有发现 *W*(AlCuSc) 相；在 Al - 3% Cu和 Al - 3% Cu - 0.3% Sc 铸态合金中，分别观察到 α(Al) + θ($CuAl_2$) 相和 α(Al) + θ($CuAl_2$) + Al_3Sc 相；在 Al - 3% Cu - 0.5% Sc铸态合金中，除观察到 α(Al) + θ($CuAl_2$) 和 α(Al) 相外，还观察到 *W*(AlCuSc)；在 Al - 4% Cu 和 Al - 4% Cu - 0.3% Sc 铸态合金中，分别观察到 α(Al) + θ($CuAl_2$) 相和 α(Al) + θ($CuAl_2$) + Al_3Sc 相，在 Al - 4% Cu - 0.5% Sc 铸态合金中，除观察到 α(Al)，Al_3Sc 相和 θ($CuAl_2$) 相外，还观察到 *W*(AlCuSc) 相。

7.2.3　微量钪对热轧和冷轧处理态 Al - Cu 合金硬度的影响

(1) A、A1、A2、A3 合金

热轧和冷轧处理态 A、A1、A2、A3 合金的硬度(HBS) 如图 7 - 15所示。结果表明，热轧状态下，与不加 Sc 的基础合金(A) 相比，加入 0.08% Sc(A1) 的合金硬度基本没有变化，加入 0.26% Sc(A2) 和 0.43% Sc(A3) 的合金的硬度增加，增幅为 25 ~ 20 HBS；冷轧后合金的硬度增加，但是增加的幅度不大。

(2) B、B1、B2、B3 合金

热轧和冷轧处理态 B、B1、B2、B3 合金的硬度如图 7 - 16 所示。结果表明，B 系列的合金热轧和冷轧状态硬度与 Sc 含量的关系与 A 系列的合金相似，只是硬度的绝对值比 A 系列的合金高。具体来说，与不加 Sc 的 B 态合金相比，加入 0.07% Sc(B1) 的合金热轧态硬度基本上没有变化，但是冷轧态下硬度提高了 25HBS；加入 0.29% Sc(B2) 和 0.44% Sc(B3) 的合金在热轧和冷轧状态下的硬度都有所提高，硬度增幅为 25 ~ 20 HBS。

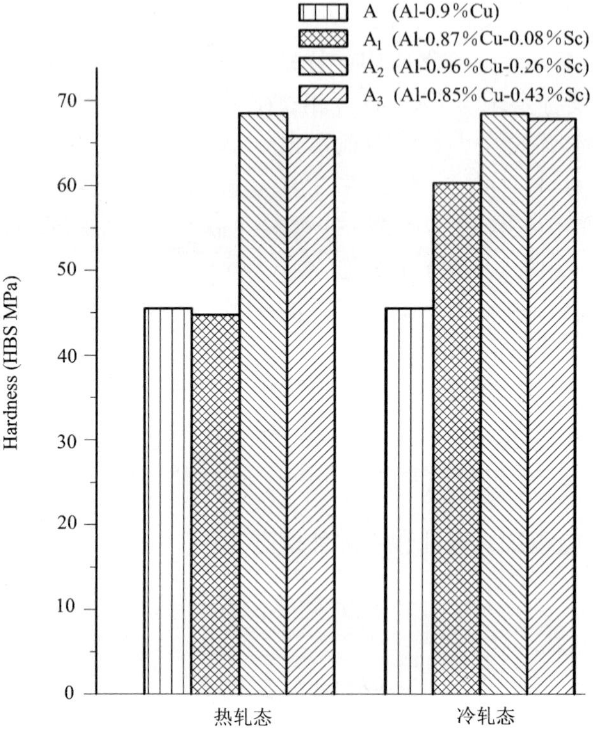

图 7-15 实验合金在不同状态下的硬度值(A、A1、A2、A3 合金)

(3)C、C1、C2、C3 合金

热轧和冷轧处理态 C、C1、C2、C3 合金的硬度如图 7-17 所示。结果表明，C 系列的合金热轧和冷轧态硬度与 Sc 含量的关系与 B 系列的合金相似，只是硬度的绝对值比 B 系列的合金稍微高一点。值得指出的是，当 Sc 含量达到 0.52% 时，硬度反而比 0.28% Sc 的合金低。

(4)D、D1、D2、D3 合金

热轧和冷轧处理态 D、D1、D2、D3 合金的硬度如图 7-18 所

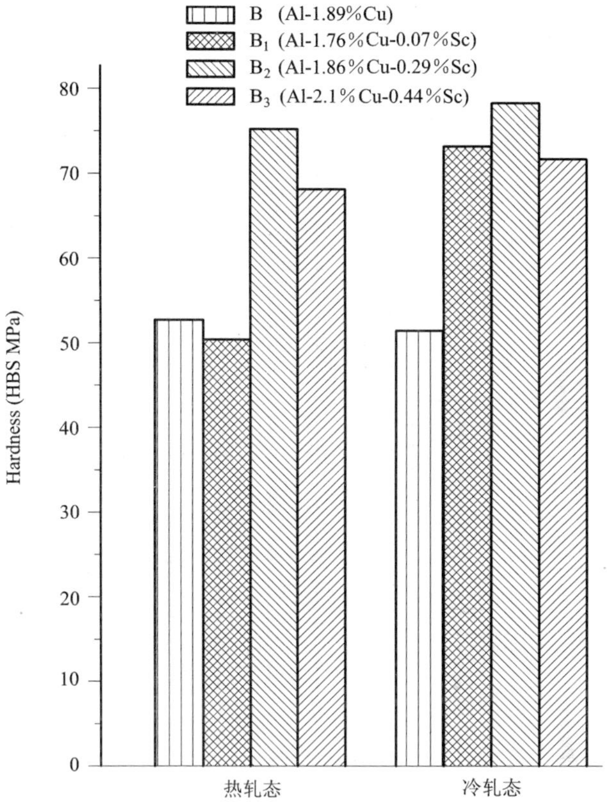

图7-16　实验合金在不同状态下的硬度值(B、B1、B2、B3合金)

示。由图可以看出，D系列的合金热轧和冷轧态硬度与Sc含量的关系与前面三个系列合金有所不同。加入0.08%Sc(D1)合金热轧和冷轧态的硬度明显低于未加Sc的基础合金(D)，最大差值达30 HBS；与D态相比，加入0.24%、0.44%Sc的D2、D3合金热轧和冷轧态下硬度几乎没有变化。

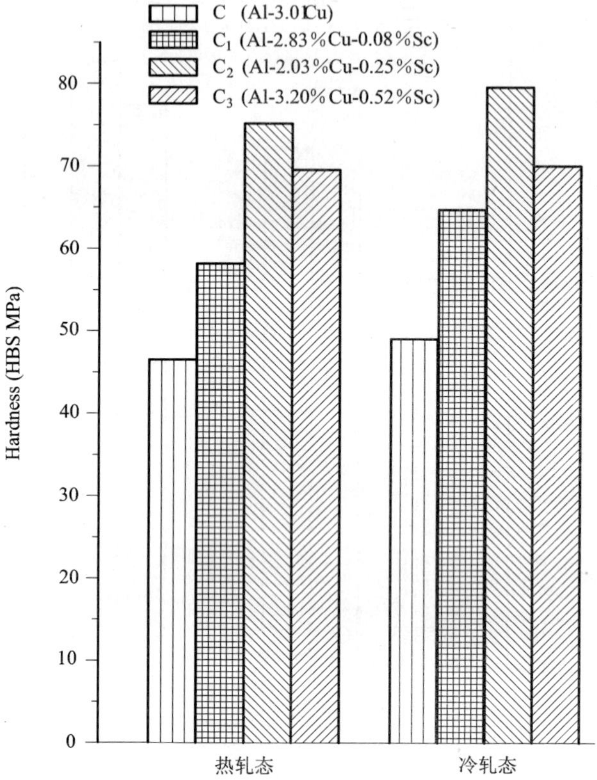

图 7－17 实验合金在不同状态下的硬度值(C、C1、C2、C3 合金)

7.2.4 微量钪对固溶－时效处理态 Al－Cu－Sc 合金组织性能的影响

1. Sc 含量对 Al－Cu 合金时效硬化的影响

研究了 Sc 含量对 Al－Cu 合金时效硬化的影响，作为例子，图 7－19 给出了 Sc 含量对 Al－3Cu 合金经 550℃/2h 固溶后在 200℃下时效硬化的影响。

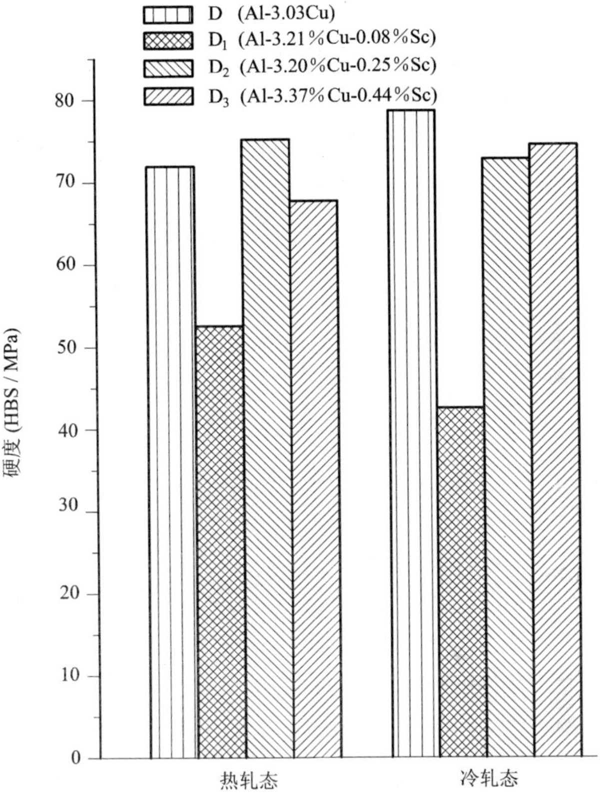

图 7-18　实验合金在不同状态下的硬度值(D、D1、D2、D3 合金)

图 7-19 表明：第一，Al-Cu 二元基础合金有明显的时效硬化行为，时效 5h 左右硬度达到峰值；第二，添加微量 Sc 能够显著提高 Al-3Cu 二元基础合金的时效硬度，固溶条件下(时效时间为 0 的点)，合金的硬度从 57 增加到 74，峰值时效条件下，合金的维氏硬度从 83 增加到 110，相对而言，Al-3Cu-0.3Sc合金

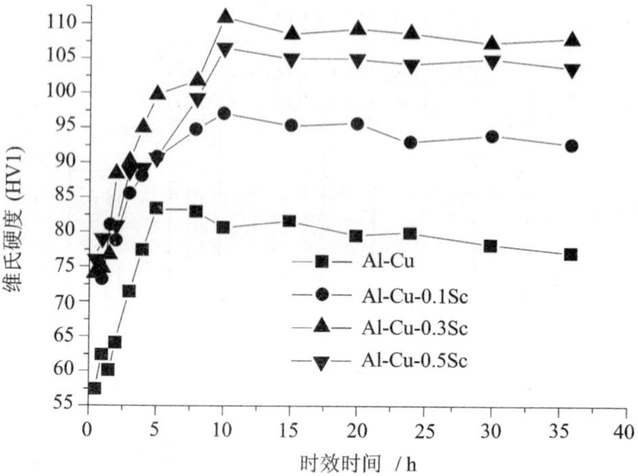

图 7－19 不同 Sc 含量的 Al－3Cu 合金 200℃时效硬化曲线

(a)硬度；(b)拉伸力学性能

有较好的时效硬化特性；第三，有三个现象值得引起特别的注意：首先是添加微量 Sc 没有缩短合金达到硬度峰值所用的时间，反而延长了达到峰值时效的时间，例如，Al－3Cu 二元基础合金 200℃峰值时效时间是 5h，而添加微量 Sc 后，合金达到硬度峰值所需的时间延长到 10h；其次，含 Sc 的合金峰值时效后继续时效，硬度变化不大，说明合金抗时效软化的能力增强；还有一个特点是时效条件下合金的硬度随 Sc 含量的变化规律，添加 0.1% Sc的合金比未加 Sc 的 Al－3Cu 的合金提高约 17%，Sc 含量增加到 0.3% 时，合金的硬度值达 110MPa，提高约 40%；Sc 含量继续增加时，达到硬度峰值时效所需要的时间几乎没有变化，但是硬度值比含 0.3% Sc 的合金的硬度值还低 4% 左右，说明合金中 Sc 含量存在一个临界值，超过这个临界浓度，添加 Sc 反而会降低合金的硬度和强度。

2. 研究合金时效过程中显微组织结构的变化

(1) Al - Cu 基础合金的时效析出特性

1) 200℃/5h 峰值时效

图7-20是 Al-3Cu 合金在200℃峰值时效5h的显微组织。可以看出，峰值时效条件下，铝基体中分布着与基体成不同位相关系的条状或圆片状析出相，[100]晶带电子衍射谱分析表明，这些析出相是 Al-Cu 合金的主要强化相 θ″和 θ′($CuAl_2$)相。其中 θ″过渡相在基体(001)面上呈圆片状，θ′过渡相在{100}面呈片状并且与基体共格。可能是由于时效温度为200℃的关系，没有观察到 G.P.(Ⅰ)区的存在，平衡相的 θ($CuAl_2$)也尚未出现，而只观察到对合金起主要强化作用的过渡相 θ″和 θ′($CuAl_2$)。

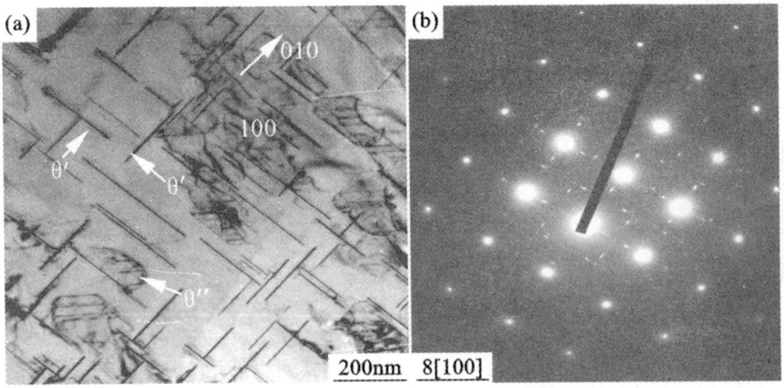

图7-20　Al-3Cu 合金200℃峰值时效5h的析出相形貌

(a)析出相形貌；(b)相应于图(a)的衍射花样，$[100]_{Al}$

2) 200℃/15h 过时效

图7-21为 Al-3Cu 合金200℃/15h 过时效后析出相形貌。可以看出，合金过时效后，过渡相 θ″已转变成 θ′相(($CuAl_2$)，与此同时，θ′相已长得比较粗大并且与基体失去部分共格关系而趋

于向平衡相 $\theta(CuAl_2)$ 转变，此外在晶界附近出现了较为明显的无沉淀析出带(PFZ)。

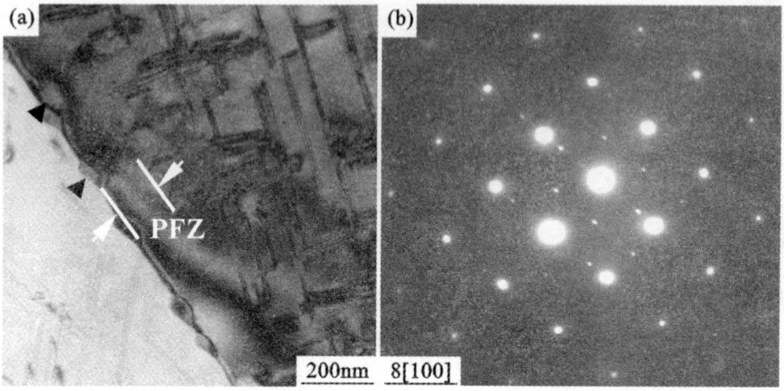

图 7-21 Al-3Cu 合金经 200℃/15h 过时效后析出相形貌

(a)明场像 (b)与图(a)对应的电子衍射花样，$[100]_{Al}$

(2) Al-Cu-Sc 合金的时效析出特性

1) 200℃欠时效

图 7-22 是 Al-3Cu-0.3Sc 合金 200℃ 5min~2h 欠时效的透射电子显微组织。可以看出，随时效时间的延长，基体中也有一定数量的线状的 θ' 相析出，而且第二相析出数量逐渐增多。

2) 200℃峰值时效

图 7-23 是 Al-3Cu-0.3Sc 合金在 200℃峰值时效 10h 的透射电子显微组织。图 7-23(a)是合金在 200℃时效 10h 的明场像，图 7-23(b)则是图 7-23(a)相应的暗场像。可以看出，随时间的增加，基体中析出的第二相 θ' 和 Al_3Sc 的数量不断增多，尺寸也增大，但仍和基体保持着共格的晶体学位向关系。还可以看到，第二相粒子的周围缠绕着许多位错。另一方面，因为共格而在基体中引起较大的衬度，明场像中不易分辨出 Al_3Sc 相，但

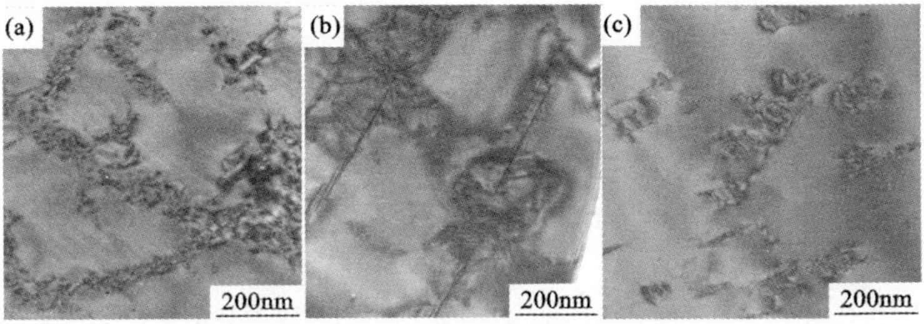

图7－22　Al－3Cu－0.3Sc 合金200℃欠时效的透射电子显微组织

(a)200℃/5min；(b)200℃/30min；(c)200℃/2h

暗场像[图7－23(b)]可明显看出 Al_3Sc 相形貌呈球形的粒子，尺寸仍保持在20～30nm，说明在时效过程中，Al_3Sc 粒子有较好的热稳定性。

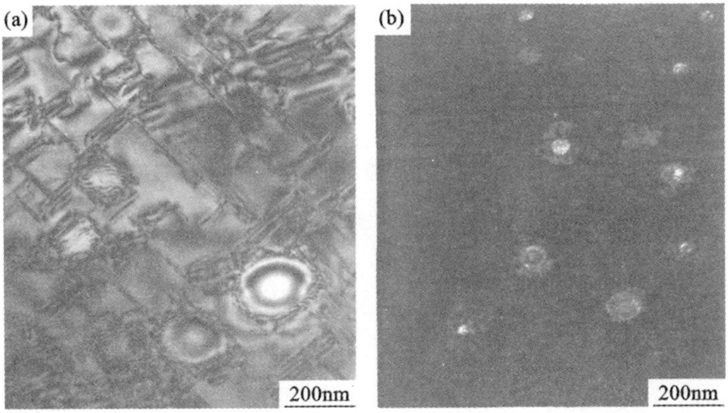

图7－23　Al－3Cu－0.3Sc 合金200℃/10h 峰值时效的透射电子显微组织

(a)明场像；(b)暗场像

3)200℃过时效

图7－24是 Al－3Cu－0.3Sc 合金在200℃/36h 过时效的透

射电子显微组织。

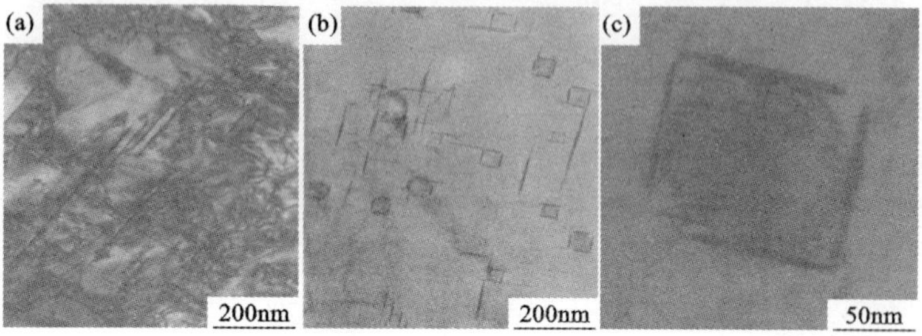

图 7-24 Al-3Cu-0.3Sc 合金 200℃/36h 过时效的透射电子显微组织

(a)~(b)合金中的 θ′和方块状相；(c)图(b)中方块状粒子的放大像

图 7-24 表明，随时效时间的增加，合金中第二相 θ′的尺寸有长大的趋势，但不是很显著，与未添加 Sc 的二元 Al-3Cu 合金相比而言，θ′相的粗化明显变缓，这个结果与前面力学性能结果所表现出来的较高的抗时效软化能力特性是一致的。另外，还可以看到一种方块状的析出相。

3. 微量 Sc 对 Al-Cu 合金固溶-时效态硬度和强度的影响

文献指出，Al-Cu 二元合金的时效脱溶顺序为过饱和固溶体(SS)→$G.P._{I}$→$G.P_{II}(\theta'')$→θ'→$\theta(CuAl_2)$。实验结果也表明，Al-Cu 二元合金在 200℃时效，时效初期，过饱和固溶体会分解依次析出 $G.P._{I}$、$G.P._{II}(\theta'')$、$G.P._{II}$、(θ'')区的析出导致合金在初始时效阶段显微硬度急剧增加。随时效时间延长，亚稳的 θ′($CuAl_2$)相开始形成并析出，合金的硬度和强度急剧上升。时效 5h 后，合金中 θ′的数量最多，对合金的强度贡献也最大，因而合金的硬度达到最大值。继续时效，主要析出相 θ′逐渐长大和粗化，与基体失去共格关系，合金的硬度随之下降。

合金中添加微量钪，如前所述，微量钪在合金中主要以两种含 Sc 的铝化物形式存在，一种是熔体中析出的 Al_3Sc_{I}，另一种是铸锭均匀化过程中 α(Al) 基体中析出的 Al_3Sc_{II}。前者是 α(Al) 基体最有效的晶粒细化剂，后者与基体共格，强烈钉扎位错和亚晶界，强烈抑制合金热变形过程的再结晶和延滞冷轧板材退火过程及随后固溶时效过程中的再结晶。微量钪使合金产生晶粒细化强化、亚结构强化和铝钪锆化合物粒子引起的析出强化。Al - Cu 合金中添加 0.1% Sc，虽然晶粒大小没有什么变化，但是 Al_3Sc_{II} 的作用仍存在，因此合金强度有所提高。之后随 Sc 含量的增加，晶粒细化强化、亚结构强化和铝钪锆化合物粒子引起的析出强化都出现。因此，在不出现有害 *W* 相的钪含量范围内，合金强度随 Sc 含量的增加而增大。

4. 微量 Sc 对 Al - Cu 合金时效过程动力学的影响

(1)添加微量钪使 Al - Cu 合金峰值时效时间延迟的原因

铝合金时效过程动力学与合金中原子的扩散有关，Sc 与空位的结合能(0.5eV)比 Cu(0.1eV)的高很多，并且 Sc 在 Al 中的扩散系数($3.80\times10^{-2}m^2/s$)是 Cu 的扩散系数($5.2\times10^{-6}m^2/s$)的 10^5 倍，所以，在 Al - Cu - Sc 合金中，Sc 优先与空位结合，使基体中自由扩散的空位数量减少，Cu 原子的扩散受到限制，θ′相的生长就缓慢。因此，添加微量 Sc 的 Al - Cu 合金硬度和强度达到峰值时效的时间(10h)要比不加 Sc 的 Al - Cu 合金的峰值时效时间(5h)长。

(2)微量 Sc 添加到 Al - Cu 合金中提高了合金抗时效软化的能力

图 7 - 18 的结果表明，添加微量钪后的 Al - Cu 合金硬度达到峰值后，继续延长时效时间，合金的硬度没有明显下降，表现出微量 Sc 添加到 Al - Cu 合金中能显著提高合金抗时效软化能力。实验结果表明，时效过程中 Al_3Sc 析出相尺寸变化不大，未见显著粗化的现象。文献认为，Sc 原子与空位的结合能很大，Sc

原子需一起带动空位移动，因此抑制了 Al－Cu－Sc 合金中 Al_3Sc 相的长大与粗化。与此同时，还可以看到随时效时间的增加，Al－Cu－Sc 合金中第二相 θ'的尺寸有长大的趋势，但不是很显著，与不添加 Sc 的二元 Al－Cu 合金相比，θ'相的粗化明显变缓。可能正是由于这些原因，所以 Al－Cu－Sc 合金达到硬度峰值后合金的硬度和强度没有明显下降。

5. Al_3Sc、θ'析出相和基体的取向关系

(1)θ'在 Al_3Sc 上析出

图 7－25 为 Al－Cu－0.3Sc 合金在 200℃时效 0.5h 的透射电子显微组织。从图 7－25(a)可以看出基体中镶嵌着许多球形的粒子，但没有发现有 θ'相的析出。中心暗场像表明这些粒子较亮，尺寸较小，在 20～50nm[图 7－25(b)]。从这些粒子和基体的复合衍射谱可以看到超点阵衍射斑的存在，电子衍射分析指出这些粒子为 Al_3Sc 析出相，与基体呈共格关系。图 7－25(c)的结果表明，在 Al/Al_3Sc 界面处形成复杂的、类似三维形态的位错网胞。

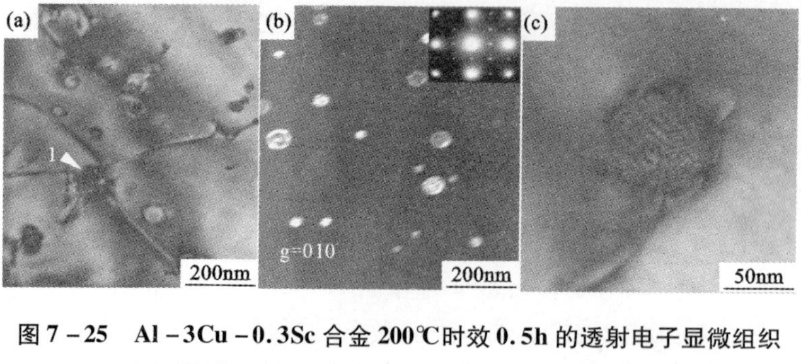

图 7－25 Al－3Cu－0.3Sc 合金 200℃时效 0.5h 的透射电子显微组织

(a)明场像；(b)中心暗场像；(c)图(a)中“1”的放大像

图 7－26 为 Al－Cu－0.3Sc 合金 200℃时效 2h 的透射电子显微组织。可以看出在 Al_3Sc 相上有 θ'相析出，而在 Al_3Sc 相附近

没有发现有θ′相的析出[图7－26(a)]。在Al_3Sc上可以看到几个等间距的平行的MOLL条纹[图7－26(b)中箭头所指]，平行的MOLL条纹显示出Al_3Sc和基体之间具有$(001)_{Al_3Sc} \parallel (001)_{基体}$，$[001]_{Al_3Sc} \parallel [001]_{基体}$的晶体学位向关系。随着$Al_3Sc$的长大，$Al_3Sc$/基体界面丧失完全共格关系，变成了半共格或非共格界面。为缓和θ′和Al_3Sc在长大过程中的共格畸变，在Al_3Sc/基体界面上就形成了界面位错[图7－26(a)中箭头所指]。由于位错应力场的作用，溶质原子被吸引至界面位错区形成了析出物。由此可知，在Al_3Sc界面上越是形成界面位错，时效过程中θ′在Al_3Sc上面不均匀析出的机会也就越多[图7－26(c)]。

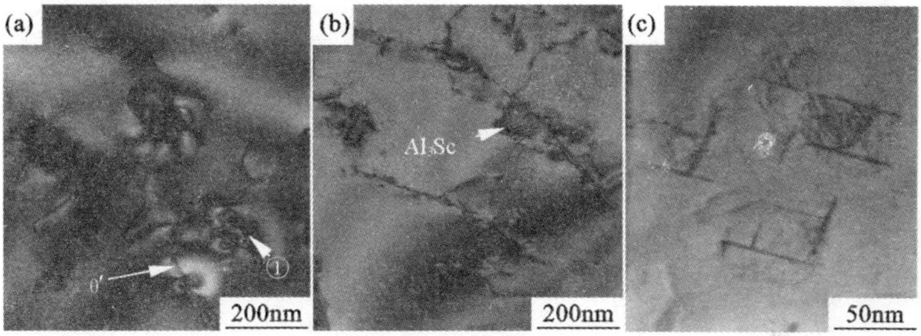

图7－26 Al－3Cu－0.3Sc合金200℃时效2h的TEM照片

(a)～(b)明场像；(c)界面位错上的不均匀析出

(2)Al_3Sc相、θ′相和固溶体基体的取向关系分析

图7－27为Al－Cu－0.3Sc合金在峰值时效状态下的高分辨TEM形貌像。可以看出在球形粒子Al_3Sc的四个方向生长着短棒状的θ′相[图7－27(a)]；图7－27(b)是电子衍射谱，图7－27(c)为析出相θ′、Al_3Sc及α(Al)三者之间界面的高分辨晶格像，图7－27(d)和(e)为θ′、Al_3Sc与α(Al)三者之间界面晶格像的放大像。可以看出，Al_3Sc相的晶格结构与Al基体的相似，均为

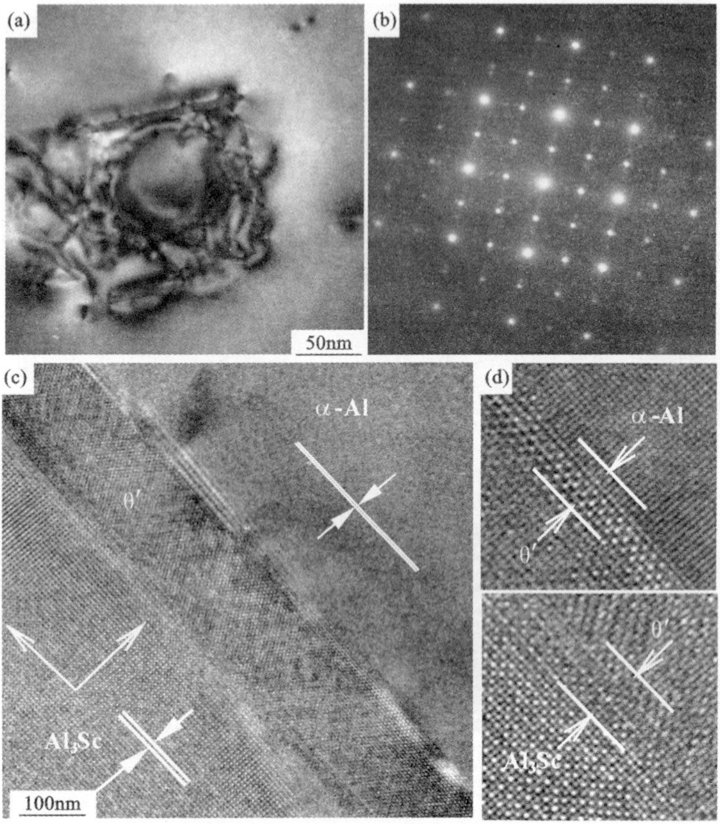

图 7-27　Al-3Cu-0.3Sc 合金峰值时效高分辨电镜照片

(a)明场像；(b)电子衍射谱；(c)θ'、Al_3Sc 及 α(Al)三者之间界面的高分辨晶格像；(d)θ'/Al 之间界面晶格像的放大像；(e)θ'/Al_3Sc 之间界面晶格像的放大像

立方结构，θ'相与基体的位向学关系为$\{100\}\theta' \parallel \{100\}_M$，与基体部分共格。还可以清楚地看到，$\alpha$(Al)/$\theta'$之间的界面处的晶格结构呈平滑过渡(图[7-27(d)]，且共格界面比较明锐，说明两者具有较好的共格关系；同样，在Al_3Sc/θ'的界面处的晶体结构

也具有类似的关系[图7－27(e)]，这也表明两者之间有良好的结构匹配关系，这可能也是θ′在Al_3Sc上析出长大的原因。

7.3　铝铜锂钪系合金实验研究

7.3.1　微量Sc和Zr对Al－Cu－Li合金拉伸性能的影响

为了探索微量Sc和Zr对Al－Cu－Li合金拉伸性能的影响，潘清林等制备了如下4种实验合金：

合金A：Al－3.5Cu－1.5Li－0.5Mg

合金B：Al－3.5Cu－1.5Li－0.5Mg－0.12Zr－0.10Sc

合金C：Al－3.5Cu－1.5Li－0.5Mg－0.12Zr－0.15Sc

合金D：Al－3.5Cu－1.5Li－0.5Mg－0.12Zr－0.25Sc

铸锭经均匀化后热轧成板坯，板坯再冷轧成板材，板材经530℃/1h固溶，水淬＋4.0%预变形＋160℃/24h时效(T8态)的室温拉伸性能如图7－28所示。

由图7－28中可以看出，在Al－3.5Cu－1.5Li－0.5Mg合金中同时添加0.10%～0.15%Sc和0.12%Zr，合金的强度和塑性都有所提高，合金有更好的综合力学性能。添加0.25%Sc和0.12%Zr的合金虽然塑性有较大提高，但合金的强度却大幅度降低，因此在Al－3.5Cu－1.5Li－0.5Mg合金中较适宜的Sc，Zr加入量分别为0.10%～0.15%和0.12%。

7.3.2　微量Sc和Zr对Al－Cu－Li合金显微组织的影响

图7－29为4种实验合金铸态的晶粒组织。可以看出，合金A晶粒粗大、晶内存在明显的枝晶组织[图7－29(a)]，添加0.10%Sc和0.12%Zr的合金B枝晶组织消除而且晶粒有所细化[图7－29(b)]，添加0.15%Sc和0.12%Zr的合金C出现明显

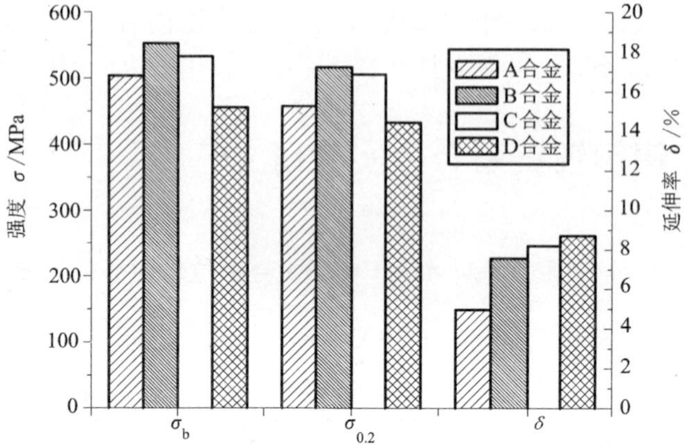

图 7-28 合金 A、合金 B、合金 C、合金 D 在 T8 态室温拉伸性能

的晶粒细化现象[图 7-29(c)]。继续增加 Sc 和 Zr 的添加量，进一步细化的效果不太明显[图 7-29(c)~(d)]。

四种实验合金冷轧板材经 530℃/1h 固溶水淬后的金相组织见图 7-30。

由图 7-30 中可以看出，530℃/1h 固溶水淬后未加 Sc，Zr 的合金 A 已发生部分再结晶[图 7-30(a)]，但添加 0.10% Sc 和 0.12% Zr 的合金 B 没有发生再结晶，形成了未再结晶的纤维状组织[图 7-30(b)]。而添加 0.15% Sc 和 0.12% Zr 的合金 C 发生了部分再结晶[图 7-30(c)]，添加 0.25% Sc 和 0.12% Zr 的合金 D 发生了完全再结晶，形成了细小的类等轴晶组织[图 7-30(d)]。其中合金 C 的再结晶晶粒比合金 A 细小，合金 D 的再结晶晶粒更细小。这表明，在 Al-3.5Cu-1.5Li-0.5Mg 合金中，复合添加 0.10%~0.15% Sc 和 0.12% Zr 可以抑制合金固溶过程中的再结晶，而添加0.25% Sc和 0.12% Zr 反而会促进合金固溶过程中的再结晶。

图 7-31 是合金 A、合金 B、合金 D 冷轧板材经 530℃/1h 固溶淬火后时效 24h 的透射电子显微组织。可以看出，合金 A 析出

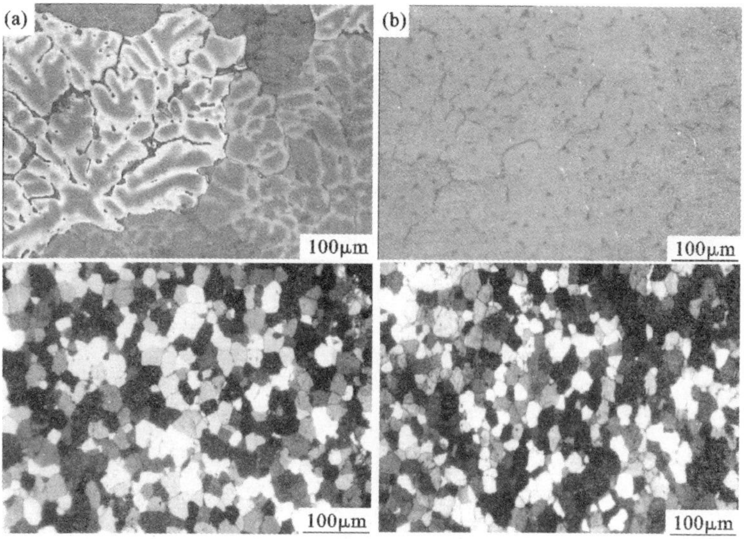

图 7 – 29　Sc 和 Zr 的添加量对 Al – 3.5Cu – 1.5Li – 0.5Mg 合金的铸态晶粒组织的影响

(a)0; (b)0.10Sc – 0.12Zr; (c)0.15Sc – 0.12Zr; (d)0.25Sc – 0.12Zr

了少量的第二相粒子[图 7 – 31(a)]，并且在晶界处还可观察到平衡相的析出[图 7 – 31(b)]；添加 0.10% Sc 和 0.12% Zr 的合金 B 析出了大量弥散细小的第二相粒子[图 7 – 31(c)]，该粒子呈双叶花瓣状，粒子中间的无衬度带表明该粒子与 α(Al) 基体共格，分析表明，该粒子为 Al_3Sc 或 $Al_3(Sc, Zr)$ 相。合金 B 的晶界处没有观察到析出相[图 7 – 31(e)]，但在晶内位错和亚晶界处看到少量短而粗的 T1(Al_2CuLi) 相析出[图 7 – 31(f)]，加 0.25% Sc 和 0.12% Zr 的合金 D 同样析出了大量弥散细小的呈双叶花瓣状与 α(Al) 基体共格的粒子[图 7 – 31(g)]，该粒子为 Al_3Sc 或 $Al_3(Sc, Zr)$ 相。但合金 D 中在晶内析出了一种片状的粗大未知相[图 7 – 31(h)]，根据有关文献，该析出相为 W($Al_{3-8}Cu_{2-4}Sc$)

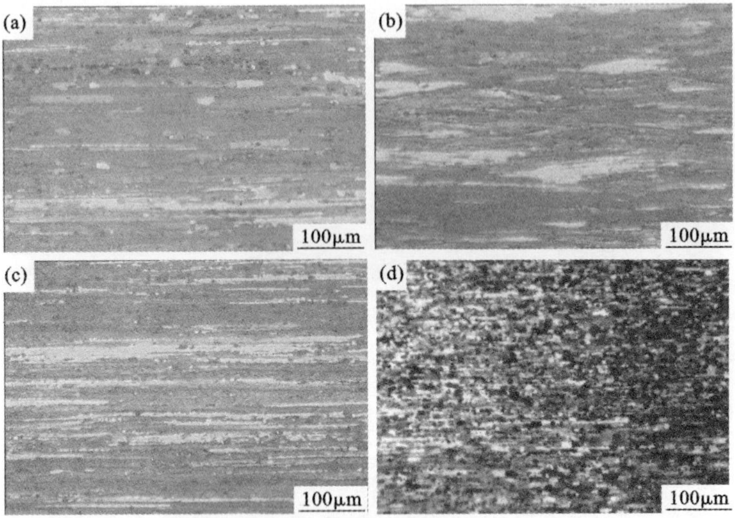

图 7－30 Sc 和 Zr 的添加量对 Al－3.5Cu－1.5Li－0.5Mg 合金的铸态晶粒组织的影响

(a)0；(b)0.10Sc－0.12Zr；(c)0.15Sc－0.12Zr；(d)0.25Sc－0.12Zr

相，对合金性能产生不利影响。以上实验现象表明复合添加微量 Sc 和 Zr 在 Al－3.5Cu－1.5Li－0.5Mg 合金中促进析出弥散、均匀分布、与基体共格的 Al_3Sc 或 Al_3(Sc，Zr)相，抑制晶界平衡相的析出。此外在合金 B 和合金 D 晶内还可以观察到呈鱼眼状的 Al_3(Sc，Zr)复合粒子[图 7－31(c)～(d)]。

7.3.3 Al－3.5Cu－1.5Li－0.5Mg－0.25(Sc＋Zr)合金的热处理

1. 固溶处理

Al－3.5Cu－1.5Li－0.5Mg－0.25(Sc＋Zr)合金冷轧板材在不同固溶温度下固溶 40min，冷水淬火后于 160℃ 时效 24h(T6 态)的拉伸力学性能见图 7－32。

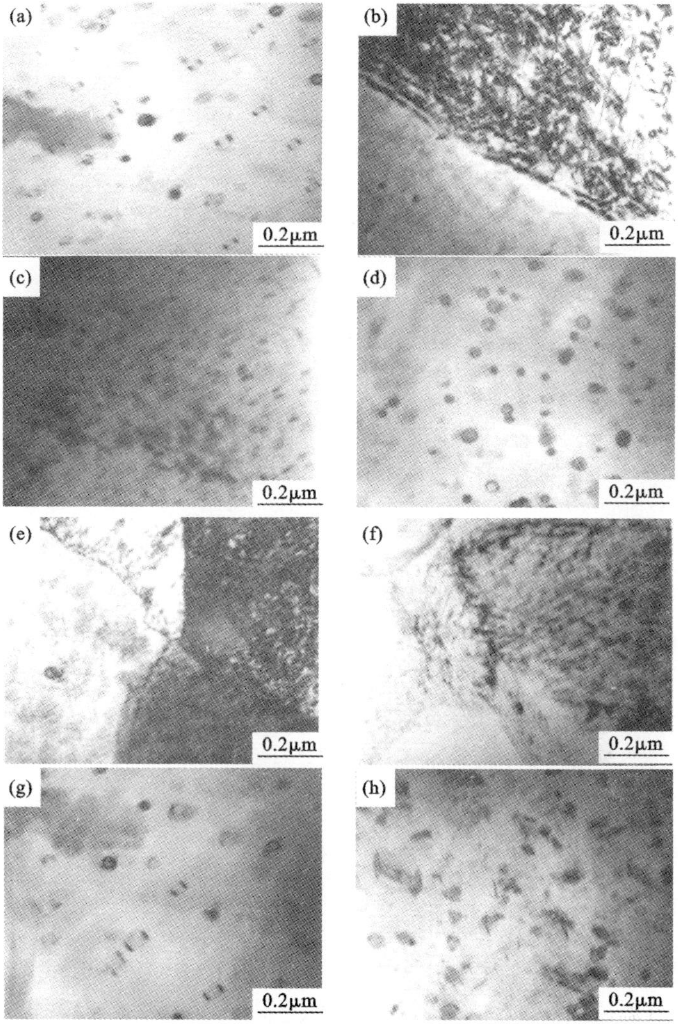

图 7-31　Sc 和 Zr 添加量对 Al-3.5Cu-1.5Li-0.5Mg 合金时效态透射电子显微组织的影响

(a)～(b)0;(c)～(f)0.10Sc-0.12Zr;(g)～(h)0.25Sc-0.12Zr

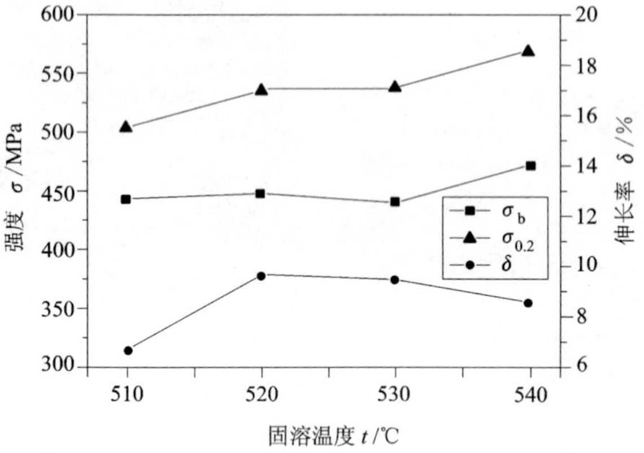

图 7-32 不同固溶温度下合金的拉伸性能

由图 7-32 可以看出，随着固溶温度的升高，抗拉强度逐渐增加，屈服强度增加比较缓慢；延伸率在 510℃～520℃之间迅速增加，固溶温度再升高则伸长率缓慢降低。综合考虑合金的强度和塑性，较合适的固溶温度为 530℃。

合金板材经不同固溶温度处理后的纵向金相组织如图 7-33 所示。

由图可以看出，合金经 510℃固溶，仍有大量粗大的过剩相分布在晶界、晶内处[图 7-33(a)]；随着固溶温度的升高，过剩相逐渐减少，530℃时晶内的过剩相大部分已溶解[图 7-33(b)]；固溶温度升至 540℃，合金基本上保持了轧制态的纤维状组织，基体中过剩相基本消失[图 7-33(c)]。由此可见适当提高固溶温度可以促进过剩相的溶解。

合金在 530℃固溶不同时间，冷水淬火后于 160℃时效 24h (T6 态)的拉伸力学性能见图 7-34。可以看出，随固溶时间的延长，抗拉强度、屈服强度变化不大；延伸率随固溶时间的延长迅

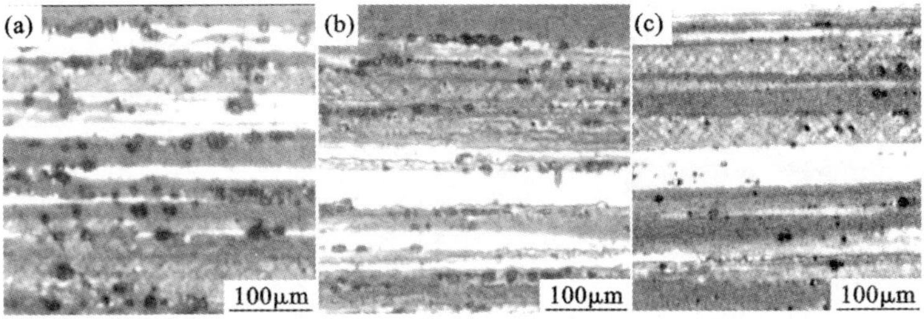

图 7－33　不同固溶温度处理后合金的纵向金相组织

(a)510℃/40min；(b)530℃/40min；(c)540℃/40min

速增加，60min 时达到最高值，继续延长固溶时间，延伸率略有降低。可见，固溶时间为 60min 时合金具有最佳的强塑性配合。

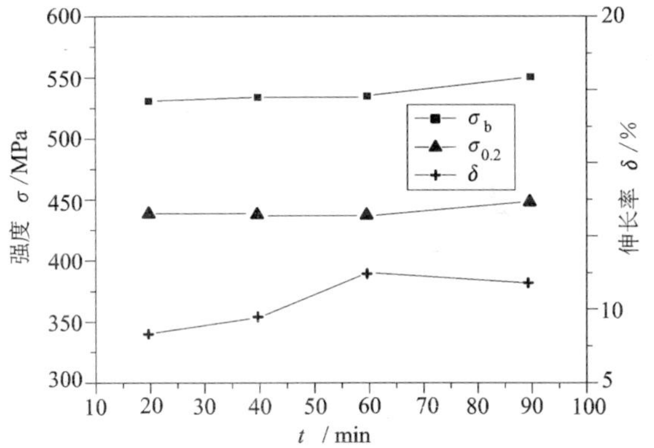

图 7－34　不同固溶时间处理后合金的拉伸力学性能

530℃固溶不同时间的显微组织见图 7－35。可见随着固溶时间的延长，基体组织未见明显变化，但基体中的过剩相稍微有所减少、并且趋于球化。由此表明，延长固溶时间可促进合金中过剩相的溶解。

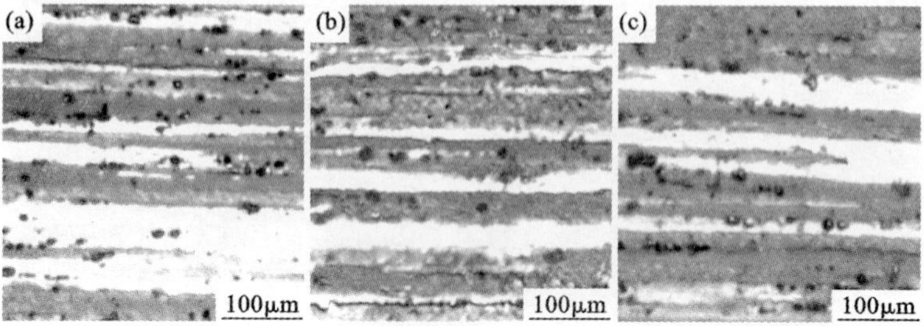

图 7－35　530℃固溶条件下固溶时间对合金金相组织的影响

(a)20min；(b)60min；(c)90min

2．时效处理

(1)单级时效

合金冷轧板材经530℃固溶60min后水淬，分别在130℃、160℃、190℃下时效，其硬化曲线如图7－36所示。

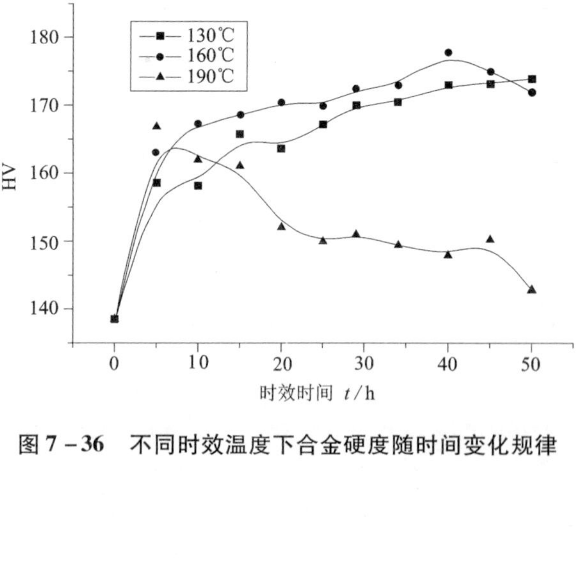

图 7－36　不同时效温度下合金硬度随时间变化规律

可以看出，固溶态下合金的硬度很低。时效初期，硬度迅速升高，分解速度很快。合金在 190℃ 时效硬度增加最快，5h 左右已达到峰值，但峰值硬度偏低。合金在 160℃ 时效，前 10h 硬度增加迅速，10h 以后增加缓慢，40h 达到峰值，随后则缓慢降低。合金在 130℃ 时效，5h 之前硬度值迅速增加，5h 以后增加缓慢，50h 仍未达到峰值。由此可以看出，160℃ 是较合适的时效温度。

合金经 530℃ 固溶 60min 后水淬，在 160℃ 时效不同时间的拉伸力学性能见图 7－37。可以看出，随着时效时间的延长，合金的抗拉强度和屈服强度逐渐增加，40h 达到峰值。继续延长时间，合金强度迅速降低，这与硬度测试结果一致。合金在时效初期有较高的延伸率，并随着时效时间的延长逐渐增加，在 25h 时达到最高值，随后则缓慢降低。由此可见，合金在 160℃ 时效 40h 强度达最高，具有较佳的强塑性配合。

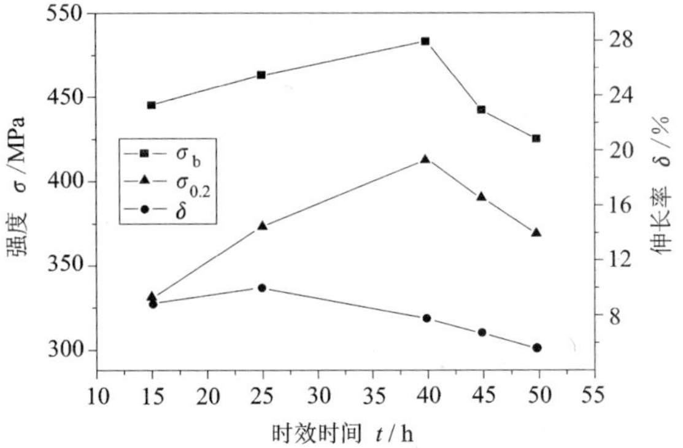

图 7－37 160℃时效不同时间合金的拉伸性能

不同时效处理合金的电子显微组织如图 7－38 所示。可以看出，T1 相是合金主要的沉淀强化相，不同时效制度的合金均有

T1 相析出，但其分布状态及形貌不同。峰值时效状态(160℃/40h)下，合金析出大量细小弥散分布的 T1 相[图 7 -38(e)]，晶界未见平衡相析出[图 7 -38(f)]；时效时间较短(160℃/24h)时，仅在晶界析出少量 T1 相[图 7 -38(c)]，合金无明显晶界无析出带(PFZ)；时效时间较长(160℃/50h)，晶界析出粗大平衡相[图 7 -38(g)]，合金的 PFZ 变宽。低温长时间时效(130℃/50h)的合金，T1 相较峰值时效状态合金的细小[图 7 -38(a) ~ (b)]。高温时效(190℃/5h)的合金，T1 相粗大[图 7 -38(h)]，并且有大量晶界平衡相析出[图 7 -38(i)]。此外，在合金中发现弥散细小、呈双叶花瓣状、与基体共格的第二相 Al_3Sc，$Al_3(Sc, Zr)$粒子[图 7 -38(b) ~ (d)]，在时效制度为 130℃/50h 和 160℃/24h 的合金中，该粒子未见明显变化。

(2)形变时效

图 7 -39 是合金在 T6 态(530℃/60min 固溶水淬 +160℃时效)、T8 态(530℃/60min 固溶水淬 +3.5% 预变形 +160℃时效)下的室温拉伸性能与时效时间的关系曲线。

由图 7 -39 可知，在 T6 态下，随着时效时间的延长，强度逐渐增大，40h 达到峰值，然后下降进入过时效阶段，延伸率则随时效时间的延长而降低。在 T8 态下，可以看出预变形显著提高了合金的时效强化效应，不仅使峰值时间由 T6 态的 40h 提前到 T8 态的 24h，而且显著提高了合金的峰值强度。

图 7 -40 是合金在 530℃/1h 固溶后水淬，然后经不同预变形量在 160℃下时效 24h 的室温拉伸性能与变形量的关系曲线。由图 7 -40 可知，形变时效可显著增加合金的强度，特别是屈服强度，随着变形量的增加，合金的强度不断提高。但预变形量增加到 3.5% 以后，合金的强度增幅趋于平缓，预变形超过 5.6% 以后，合金的强度甚至还有所下降，而合金的延伸率则一直降低。由此表明，过度增加预变形量并不能进一步提高合金的强度，而

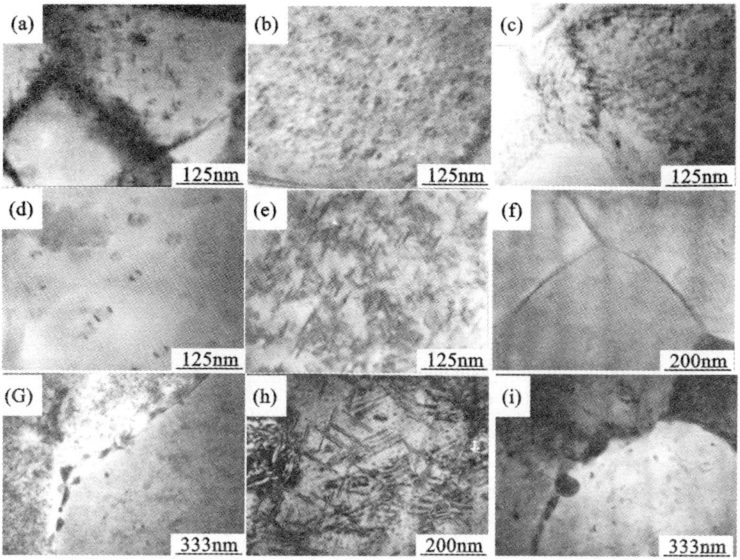

图 7－38　合金不同时效制度的 TEM 组织

(a)～(b)130℃/50h；(c)～(d)160℃/24h；
(e)～(f)160℃/40h；g)160℃/50h；(h)－(i)190℃/5h

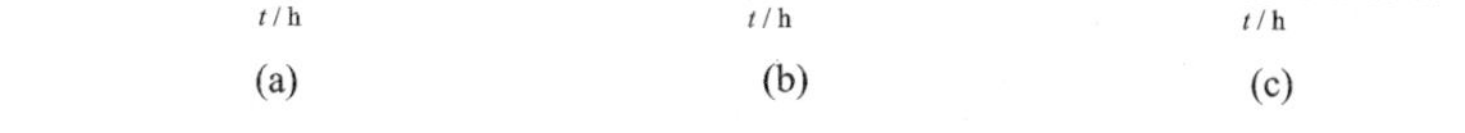

图 7－39　合金 T6、T8 态拉伸性能与时效时间的关系

(a)抗拉强度；(b)屈服强度；(c)伸长率

且会降低合金的延伸率，导致其综合力学性能下降。由图 7－40

可知，合金的预变形量应控制在3.5%～4.5%为宜。

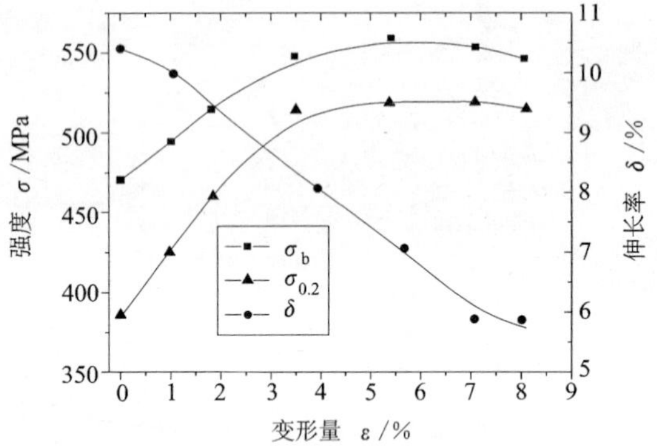

图7－40 合金室温拉伸性能与变形量的关系曲线

图7－41为合金未预变形和经不同预变形量后时效的TEM显微组织。

由图7－41可知，未预变形的合金时效过程中析出相很少，仅在晶界和位错处观察到少量短而粗的T1相析出，随着时效时间的延长，过时效后晶界处析出粗大平衡相[图7－41(b)]。合金经1%预变形时效后，晶内析出大量均匀、细小、弥散分布的T1相[图7－41(c)]，且随预变形量增大，T1相数量显著增多[图7－41(d)～(e)]。在3.5%预变形量下，T1相随时效时间延长不断长大粗化[图7－41(d)～(f)]，时效时间延长到64h，合金晶界处仍没有析出粗大平衡相[图7－41(g)]。可见预变形促进合金时效过程中T1相大量、均匀地析出并抑制合金晶界处粗大平衡相的析出。但预变形较大时(8%)，析出的T1相粗大且分布不均匀[图7－41(e)]，并且在晶界处观察到粗大的平衡相析出[图7－41(h)]。

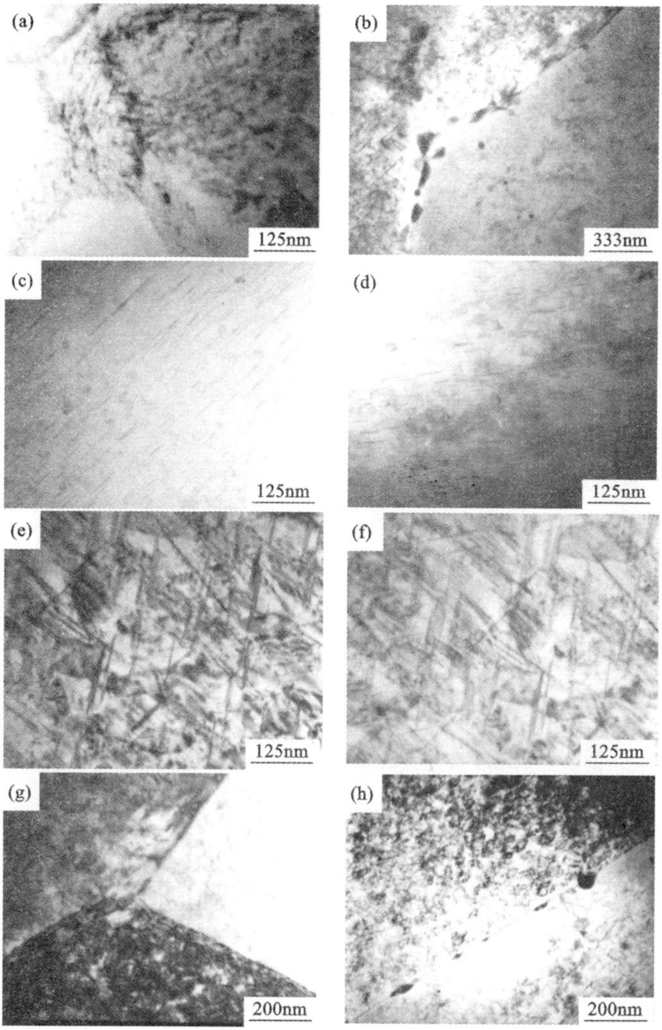

图 7－41　合金未预变形和经不同预变形量后时效的 TEM 组织

(a)160℃/24h；(b)160℃/50h；(c)1% 预变形＋160℃/24h；(d)3.5% 预变形＋160℃/24h；(e)、(h)8.0% 预变形＋160℃/24h；(f)、(g)3.5% 预变形＋160℃/64h

7.4 工业铝铜锂钪系合金

7.4.1 1460 合金

前苏联于 1986 年研制出高强的 1450 铝锂合金，用于 AH－70 运输机的机身，但因为 1450 合金不可焊，而 1420 合金的强度及疲劳性能不够高，不能满足现代飞机的需求。因此，前苏联于 1986 年又研制了高强可焊的含钪 1460 铝锂合金，1996 年开始投入生产。1460 合金成分见表 7－3，力学性能见表 7－4。1450 和 1460 合金都含有少量的 Ce，Ce 的加入可提高合金的热强性和耐热性。在 Cu 含量为 2%～5% 的铝锂合金中，T1(Al_2CuLi)相为主要强化相，它有很强的强化效果。在 Al－Cu－Li－Sc－Zr 系合金中，Al_3Sc 和 Al_3Zr 质点能够增加 T1 相形核位置，影响 T1 相的长大速度，使 T1 相细小均匀分布，从而使合金强韧性提高。1460 合金比 1450 合金强度提高 30～50MPa，焊接性能也显著改善。1460 合金的低温力学性能见表 7－5。这种合金的一个显著特点是低温强度和断裂韧性比常温高，据报道，它已经用作航天飞机的液氢、液氧低温储箱上。

表 7－3 Al－Cu－Li 系铝锂合金的化学成分(质量分数)/%

合金	Cu	Li	Ce	Sc	Mg	Ag	Zr	Al
1450	2.7～3.3	1.8～2.3	0.005～0.15	—	≤0.20	—	0.08～0.14	余量
1460	2.7～3.3	1.8～2.3	0.005～0.15	0.05～0.14	0.20	—	0.08～0.14	余量

表 7－4　1460 和 1450 铝锂合金的典型性能

合金	状态/取向	σ_b /MPa	$\sigma_{0.2}$ /MPa	δ /%	E /GPa	ρ /(g·cm^{-3})	备　注
1460	纵向	530/540	500/485	2.5/6.0	80	2.59～2.6	分子是传统工艺，分母是采用 50% 大变形冷轧薄板的新工艺
	横向	570/560	500/495	9.0/8.0	80	2.59～2.6	
	45°	530/530	460/470	12.0/11	80	2.59～2.6	
	T1*	540	470	7.5	80	2.59～2.6	热轧 6mm 厚板
	T1	570	490	8.0	80	2.59～2.6	20mm 厚板
	T1	490	390	9.0	80	2.59～2.6	圆环锻件
	T1	620	530	8.0	80	2.59～2.6	挤压型材
1450	纵向	580	490	9.0	80	2.6	<30mm 厚挤压件

注：* 在这里 T1 为淬火＋冷变形＋人工时效处理。

表 7－5　含 Sc 的 1460 合金的常温和低温力学性能

加工状态	测试温度/℃	σ_b/MPa	$\sigma_{0.2}$/MPa	δ/%
6mm 热轧板	20	540	470	7.5
	－253	760	560	12.0
20mm 厚板	20	570	490	8.0
	－253	800	570	14.0
锻件，轧制环	20	490	390	9.0
	－253	700	480	16.0
挤压型材	20	620	530	8.0
	－253	860	620	15.0

7.4.2　1464 合金

20 世纪末，俄罗斯在 1460 合金的基础上研制了牌号称之为 1464 的合金，合金密度为 2.65g/cm^3，弹性模量为 70～80MPa，经形变热处理后，合金同时具有高的强度、塑性、耐蚀性、可焊性、抗冲击性和抗裂性。这种合金有高的热稳定性，可用于120℃下长期工作的航天航空构件，表 7 - 6 列出了这种合金的力学性能。

表 7 - 6　1464 合金时效态力学性能

加工状态	取向	σ_b/MPa	$\sigma_{0.2}$/MPa	δ/%	K_{IC}/(MPa·$m^{1/2}$)
厚板	纵向	560	520	9	18
	横向	540	480	10	20
薄板	纵向	530	470	10	—
	横向	520	470	13	—
异型材	纵向	580	540	6	20

第 8 章　铝镁锂钪系和铝锂铜镁钪系合金

8.1　铝镁锂系和铝镁锂钪系合金

8.1.1　研究概况

Al－Mg－Li 系合金是前苏联于 1960～1970 年期间研制而成的，该系合金具有较低的密度、高弹性模量、良好的耐蚀性和焊接性。其典型代表是 1967 年生产的 1420 铝锂合金，这种合金属中强、可焊、耐蚀铝合金，除上述优点外，它还具有较高的比模量、较好的强塑性配合、良好的锻造性能和超塑成型性能。

为了进一步提高合金的强度和可焊性，特别是屈服强度和热循环载荷，前苏联于 20 世纪 70 年代，在 1420 铝锂合金中加入了 0.1%～0.2% Sc，形成了含 Sc 的 1421 与 1423 和 1424 铝锂合金。这 3 种合金的密度为 2.45～2.50g/cm^3，其抗拉强度和屈服强度均优于 1420 合金，并且在超塑成型与低周疲劳强度性能方面有更加明显的优势。国内西南铝业集团和中南大学一道在引进消化俄罗斯熔炼铸造装备的基础上，研制了 1420 铝锂合金并且成功地应用于航天飞行器。与此同时，还开展了含 Sc 的 1421 与 1423 合金的研究。

8.1.2 Al－Mg－Li－Zr－Ag 合金实验研究

(1)材料制备

著者在实验室条件下研究了微量 Ag 对 Al－Mg－Li－Zr 合金组织和性能的影响，研究合金化学成分见表 8－1。

表 8－1 研究合金的化学成分(质量分数)/%

合金	Mg	Li	Zr	Ag	Al
1	4.92	2.10	0.1	0	余量
2	5.14	1.94	0.11	0.46	余量

实验合金用工业纯金属 Al，Mg，Li，Ag 和 Al－4 %Zr 中间合金为原料，在熔剂保护下熔化和精炼，氩气保护下激冷铸造。铸锭经 480℃/20h 均匀化，之后热轧—冷轧成 2mm 的板材。拉伸样品取自板材的纵向，经 520℃/30min 固溶，之后在 170℃时效，时效时间为 0～48h。

(2)微量 Ag 对 Al－Mg－Li－Zr 合金组织和性能的影响

含 Ag 和不含 Ag 的 Al－Mg－Li－Zr 合金在 170℃时效，硬度和拉伸性能随时效时间的变化见图 8－1。结果表明，添加微量 Ag 的合金硬度、强度显著增加。峰值时效条件下，与不含 Ag 的合金相比，含 Ag 合金强度提高了 70MPa，但合金的塑性下降 3%。此外，还可以看出，微量 Ag 的添加大大加速了合金时效硬化的过程，达到硬度峰值的时间从 24h 缩短到 12h。总体来说，含 Ag 合金的综合力学性能优于不含 Ag 的合金。

含 Ag 和不含 Ag 的两种合金不同处理状态的显微组织结构示于图 8－2～图 8－4。

结果表明，微量 Ag 的添加使合金晶粒明显细化；合金固溶

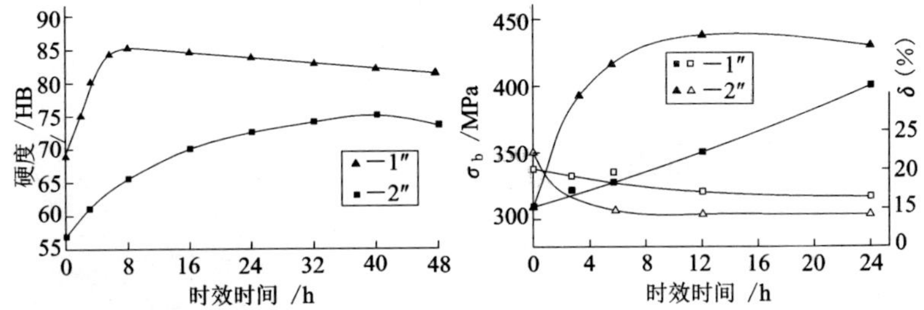

图 8 – 1　微量 Ag 对 Al – Mg – Li – Zr 合金时效特性的影响

(a)硬度；(b)拉伸性能

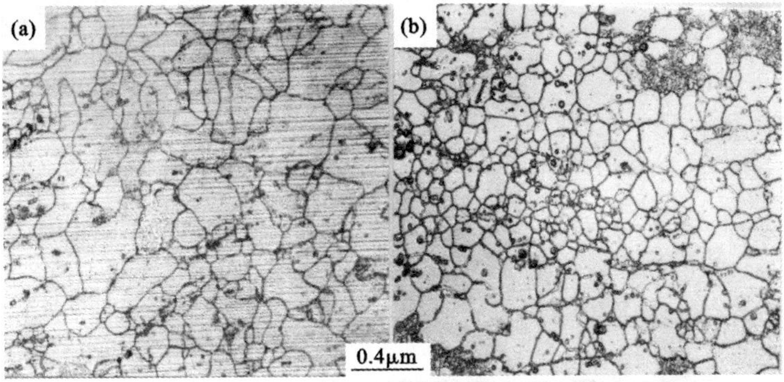

图 8 – 2　微量 Ag 对 Al – Mg – Li – Zr 合金晶粒组织的影响

(a) Al – Mg – Li – Zr 合金；(b) Al – Mg – Li – Zr – Ag 合金

后在 170℃/3h 时效，不含 Ag 的合金电子衍射图谱中已有 δ′(Al_3LI)超点阵斑出现，但晶内还很难观察到 δ′的析出，晶界上未见到析出，而添加微量 Ag 的合金不仅晶内可观察到均匀细小的 δ′析出相，而且晶界上出现了少量平衡相；延长时效时间，不含 Ag 的合金晶内可观察到 δ′相的析出，析出相粒度也随之增大，但总体来说，析出相体积百分数较低，与此同时，晶界上可观察到小块布纹状的平衡相；对应于添加微量 Ag 的合金，随时效时

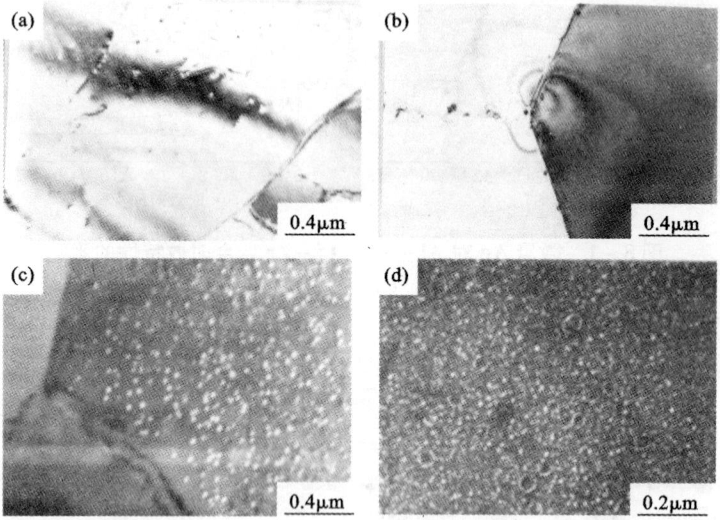

图 8-3 微量 Ag 对 Al-Mg-Li-Zr 合金 170℃时效态电子显微组织的影响

(a)Al-Mg-Li-Zr 合金，170℃/3h；(b)Al-Mg-Li-Zr-Ag 合金，170℃/3h
(c)Al-Mg-Li-Zr 合金，170℃/24h；(d)Al-Mg-Li-Zr-Ag 合金，170℃/24h

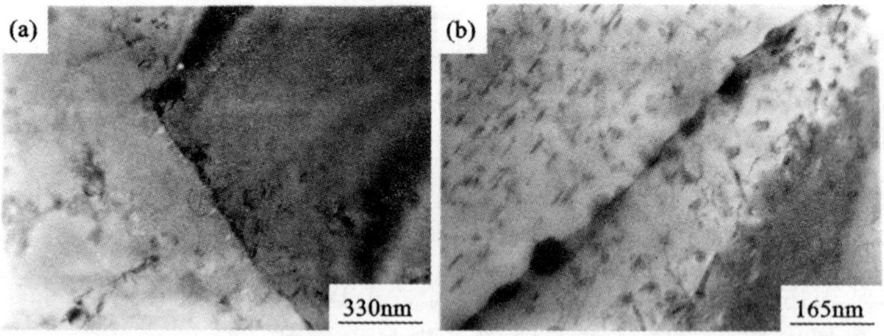

图 8-4 微量 Ag 对 Al-Mg-Li-Zr 合金 230℃时效态电子显微组织的影响

(a)Al-Mg-Li-Zr 合金；(b)Al-Mg-Li-Zr-Ag 合金

间的增加，晶内 δ′析出相的数量增加、粒子粗化，晶界上平衡相 δ 相也明显增多。合金固溶后在 230℃时效，添加 Ag 的合金晶界出现较粗大的平衡相和伴随着晶界无沉淀析出带。

由此可以看出，两种合金时效析出顺序基本相同，只是不含 Ag 的合金时效析出过程比较缓慢，析出相数量相对也较少，而含 Ag 的合金时效析出过程很快，析出相数量相对也较多。除微量 Ag 使合金晶粒细化产生强化外，析出相强化引起的强度增量是相同时效处理条件下含 Ag 合金硬度和强度远高于不含 Ag 合金的主要原因。另一方面，随时效时间增加，含 Ag 的合金晶界平衡相增加，晶界平衡相使晶界弱化，导致含 Ag 的合金时效状态塑性降幅较大。

(3)微量 Ag 在研究合金中的存在形式及其作用机理

从 Al－Ag 二元相图可知，566℃下 Ag 在 Al 中的固溶度可达 55.6%，室温下则很低。在 Al－0.5% Ag 的情况下，除少量固溶外，Ag 将以 Ag_2Al 的形式存在。对于 Mg－Ag 二元合金，471℃下 Ag 在 Mg 中的溶解度为 15.5%，室温下也很低。在 Mg－0.5% Ag 的情况下，除少量固溶外，Ag 将以 Mg_3Ag 形式存在。在 Al－5Mg－2Li－0.1Zr－0.5Ag 的合金中，微量 Ag 究竟以什么形式存在？著者对含 Ag 的合金固溶态样品进行了 STEM－EDS 分析(图 8－5)。发现除基体含有极微量 Ag 外，还有部分 Ag 以含 Ag 和含 Mg 的粒子形式存在(箭头所示)。由于含 Ag 和含 Mg 的粒子很细，STEM－EDS 能谱分析用电子束斑较大，很难对含 Ag 的粒子的成分进行准确的定量分析。这种粒子有可能与晶粒细化有关。著者还认为，固溶在基体中的 Ag，可能降低了 Li 在固溶体中的室温溶解度，增大了 δ′(Al_3Li)的析出动力，促进了含 Ag 合金的时效析出过程并增大 δ′相的析出量，从而造成了含 Ag 合金与不含 Ag 的合金力学性能的显著差异。

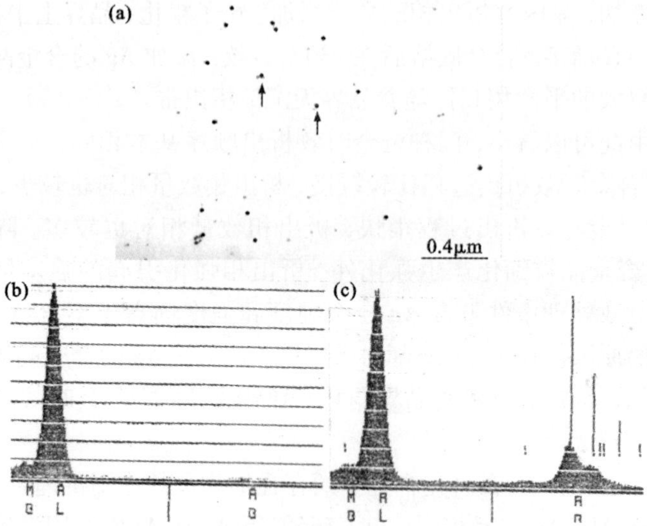

图 8 – 5　固溶态样品 STEM – EDS 分析

(a)基本上分布着含 Ag 的粒子；(b)基体成分；(c)含 Ag 粒子成分

8.1.3　工业铝镁锂钪系合金

俄罗斯在商用 1420 铝锂合金基础上加入微量 Sc 形成了 3 种称之为 1421、1423 和 1424 的工业铝镁锂钪系合金，合金成分见表 8 – 2。

表 8 – 2　Al – Mg – Li – Sc 系合金的化学成分(质量分数)/%

合金	Li	Mg	Zn	Zr	Sc	Fe	Si	ρ/(g·cm^{-3})
1420	1.8 ~ 2.1	4.9 ~ 5.5	—	0.08 ~ 0.15	—	<0.20	<0.25	2.48
1421	1.8 ~ 2.1	4.9 ~ 5.5	—	0.08 ~ 0.15	0.10 ~ 0.20	<0.20	<0.25	2.48
1423	1.8 ~ 2.1	3.2 ~ 4.2	—	0.06 ~ 0.10	0.10 ~ 0.20	0.20	0.25	2.50
1424	1.5 ~ 1.9	4.1 ~ 4.6	0.1 ~ 1.5	微量	微量	<0.15	<0.20	2.50

在 Al－Mg－Li 系合金中，δ′(Al_3Li)相起主要强化作用。δ′相是 Cu_3Au 型超结构形态，在面心立方晶格的固溶体上析出，在晶内呈球形且分布均匀。Sc 的存在延缓了 δ′相的粗化，使其更加均匀弥散分布。Zr 溶于 Al_3Sc 相中形成 $Al_3(Sc, Zr)$质点，该质点多以弥散细小颗粒存在，阻碍位错滑移与攀移，以及亚晶界分解与合并，因而迟滞回复与再结晶过程，即稳定了合金变形过程中获得的亚结构。而 δ′相包覆在 Al_3Sc 或 $Al_3(Sc, Zr)$相上析出，形成 Al_3Li/Al_3Sc 和 $Al_3Li/Al_3(Sc, Zr)$复合相，这些复合相质点有坚硬的核心，能有效地阻碍位错运动，提高合金强度。Mg 固溶在基体中，起固溶强化作用，Mg 的加入使 Li 在基体中的固溶度降低，促进了 δ′相的析出，增加了锂的沉淀强化作用。Mg 还能够促进 $T'(Al_2MgLi)$相的析出，抑制平衡相 δ(AlLi)的析出。T'相多存在于 Mg 含量大于 4% 以及过时效的合金中。T'相在晶界上的析出特征和数量决定着 Al－Mg－Li 系合金的耐蚀性，与以 Al_2CuLi 相为主要强化相的 Al－Cu－Li 系合金相比，Al－Mg－Li 系合金具有较好的耐蚀性，是因为在酸性环境中 Al_2CuLi 相比 T'相更容易分解。此外，Sc 能提高铝锂合金的稳定性及淬透性。Sc 加入到 Al－Mg－Li 系合金中，使 $\beta(Mg_2Al_3)$相及 $\gamma(Mg_{13}Al_{12})$相区的稳定性降低，β 相及 γ 相的析出降低了固溶体中的 Mg/Li 比，使 $T'(Al_2MgLi)$相区的稳定性降低，从而使 1421 和 1423 铝锂合金的淬透性高于 1420 铝锂合金。

与所有铝锂合金一样，含钪铝锂合金均在惰性气体保护下进行熔炼和铸造。铸锭均匀化后再进行热加工、冷加工和固溶—时效处理。3 种合金密度为 2.45～2.5g/cm^3，表 8－3 和表 8－4 列出了 1420 和 1421 合金板材、棒材、锻件的力学性能。含钪铝锂合金的抗拉强度和屈服强度均优于 1420 合金，并且在超塑成型性与低周疲劳极限方面体现出明显的优势，可焊性也很好。

表 8－3 1420 和 1421 合金板材和棒材的典型性能

合金	加工状态	取向	σ_b/MPa	$\sigma_{0.2}$/MPa	δ/%
1420	薄板(2.4mm 厚)	L	492	314	
		L－T	503	318	11
	厚板(12mm 厚)	L	432	274	
		L－T	426	241	18
	棒材	L	500	380	8
1421	薄板(2.4mm 厚)	L	480	362	
		L－T	508	355	14
	棒材	L	530	380	6

注：L—纵向，LT—长横向。

表 8－4 1420 和 1421 合金锻件的典型性能

合金牌号	加工状态	σ_b/MPa	$\sigma_{0.2}$/MPa	δ/%	低周疲劳/kHz
1420	锻件(L)	430	290	11	117000
	锻件(T)	440	290	11	—
	锻件(S－T)	380	270	4	—
1421	锻件(L)	490	330	10	247160
	锻件(T)	440	320	7	—
	锻件(S－T)	390	310	5	—

注：低周疲劳试验条件：σ_{max} = 160MPa；K_t = 2.6；V = 3Hz。

Sc 还可以改善铝镁锂合金的抗热裂性以及焊接接头的力学性能。研究发现用含 Sc 的 C_B－01597 焊丝焊接 1420、1421 和 1423 合金时，抗热裂纹的能力显著提高，与不含 Sc 的 AMr63 合金焊丝相比，A_{kp}(焊接接头在单位时间内承受的临界变形)从 9.1mm/min 提高到 14.5mm/min，σ_b明显地提高，焊后经退火处理效果会更好(表 8－5)。因为 Al_3Sc 相细化了焊缝的晶粒，从而使合金焊接时形成热裂纹的倾向降低，焊接接头室温力学性能显著提高。

表 8－5　含 Sc 铝锂焊丝焊接铝锂合金力学性能的变化

合金牌号	焊丝	焊后热处理	σ_b /MPa	弯曲角 /(°)	冲击韧性 /(J·cm^{-2})
1420	CB－AMr63	不热处理	310	70	17
		400℃/20min 稳定热处理	350	47	4.5
	CB－01597	同上	340	65	19
			400	40	9.5
1421	CB－AMr63	同上	330	65	15
			360	40	5.5
	CB－01597	同上	340	65	17
			390	40	10

可焊的 1424 含 Sc 铝锂合金是用来代替不可焊的 2024－T351 合金而用作大型客机焊接机身的材料。为了满足飞机机身外壳板材对耐蚀性、断裂强度和热稳定性能的需要，对 1424 合金采用了低温三级时效处理，保证了 1424 合金板材的热稳定性，在 85℃ 空气中暴露 3000h 以上仍具有较高的断裂强度和较低的疲劳裂纹扩展速率，但 4000h 后，断裂强度降低 17%，疲劳裂纹扩展速率增加 2 倍，耐蚀性仍保持较高水平。在 300MPa 压力下不产生晶间腐蚀、分层腐蚀以及腐蚀断裂。

1424 合金板材经 0.8%～1.2% 预拉伸，三级时效处理后，形成具有部分再结晶的纤维状组织。1424 合金的各向异性见表 8－6。可见合金的各向异性是反常的，即横向性能超过纵向性能。

表 8-6 1424 合金板材的各向异性值

加工状态	各向异性/%	
板材厚度/mm	最大阻抗	屈服点
热轧,8	9.4	21.2
冷轧,4	9.8	21.8
冷轧,1.6	16.1	21.4

注：各向异性值为取得 45°角方向和纵向性能的差值，以百分比表示，例如最大阻抗的各向异性为($\sigma_{BA}-\sigma_{B45}$)×100%/σ_{BA}。

8.2 铝锂铜镁钪系合金

8.2.1 微量 Sc 对 2195 铝锂合金组织与性能的影响

郑子樵、尹登峰等人研究了在 2195(Al-1.07Li-3.97Cu-0.42Mg-0.43Ag-0.15Zr)铝锂合金中添加 0.15% Sc 对其组织与性能的影响，室温拉伸试验结果见图 8-6。由图可以看出，T8 工艺条件下，随着时效时间的延长，加 Sc 的 2195 合金抗拉强度缓慢上升，36～60 h 内强度值变化很小，时效 50 h 左右达到一个峰值平台，而延伸率则随时效时间的延长而缓慢下降，即使到了 50 h 延伸率还有 11.2%。与 2195 合金 T8 状态相比，其最大抗拉强度、屈服强度相当，而延伸率增加了约 2.4 个百分点，表明添加 Sc 的 2195 合金具有较好的综合力学性能(表 8-7)。值得一提的是加 Sc 的 2195 合金 T8 态达到峰值时效的时间比不含 Sc 的 2195 合金要延迟近 34 h。

表 8-7 T8 条件下 2195 与 2195+Sc 合金的峰值强度和延伸率

合金	时效时间/h	$\sigma_{0.2}$/MPa	σ_b/MPa	δ/%
2195	16	530	570	8.8
2195+Sc	50	534	565	11.2

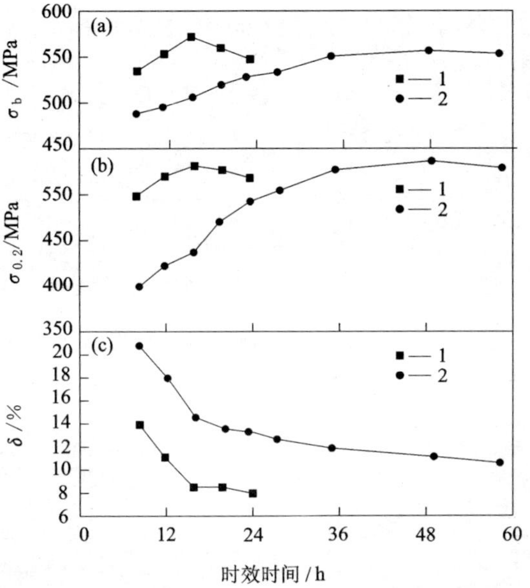

图 8－6　Al－Li－Cu－Mg－Ag－Sc－Zr 合金的时效特性

1—2195 合金；2—加钪的 2195 合金

微量 Sc 对峰值时效态 2195 合金金相组织的影响见图 8－7，由图可知，2195 合金有再结晶晶粒出现，但整体上合金仍显示出加工态组织形貌，加 Sc 的 2195 合金 T8 峰值时效态的显微组织为完全的非再结晶组织。

微量 Sc 对峰值时效态 2195 合金 TEM 显微组织的影响见图 8－8。两种 2195 合金峰值时效状态主要强化相为 T_1 相，与 2195 合金 T8 峰值时效状态相比，加 Sc 的 2195 合金的 T_1 相较为细小，分布也较均匀，而且 T_1 相沿晶界、亚晶界析出非常明显，几乎不出现晶界无析出带(PFZ)。2195 合金也有点状相 Al_3Zr 析出，加 Sc 的 2195 合金有大量豆瓣状 $A1_3(Sc, Zr)$ 复合相析出。

微量 Sc 对 2195 合金断口形貌的影响见图 8－9。T8 峰值时

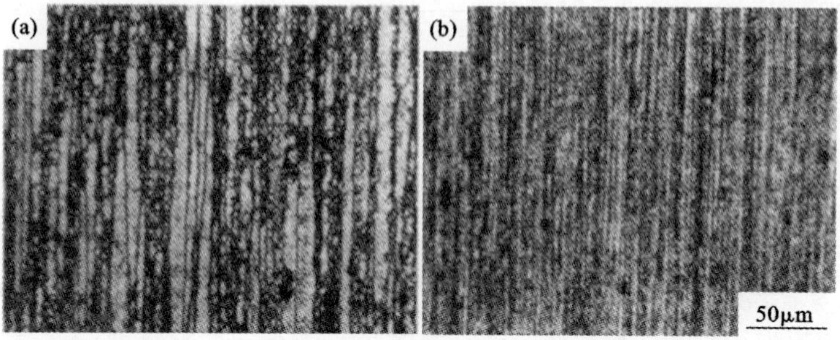

图 8－7　微量 Sc 对 2195 合金金相显微组织的影响(峰值时效状态)

(a)2195 合金；(b)加 Sc 的 2195 合金

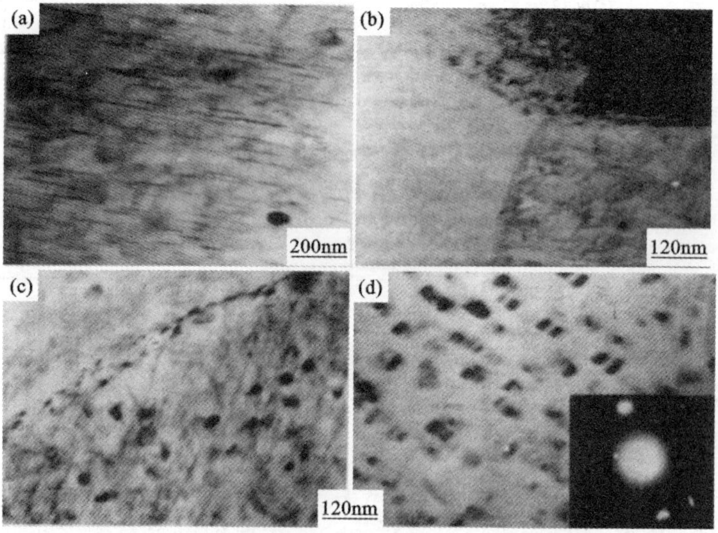

图 8－8　微量 Sc 对峰值时效态 2195 合金 TEM 显微组织的影响

(a)，(c)2195 合金；(b)，(d)加 Sc 的 2195 合金

效态的断口形貌均为层状断口。与 2195 合金的断口形貌相比，加 Sc 的 2195 合金层状细密很多，且存在许多细小韧窝，断裂方式

呈穿晶断裂加短横向沿晶界分层断裂。

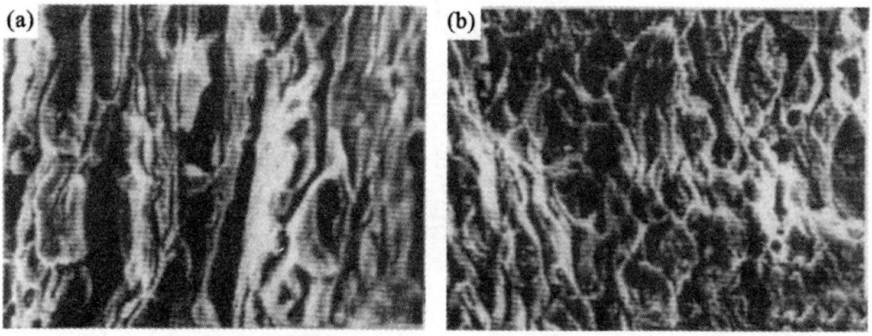

图 8－9　微量 Sc 对峰值时效态 2195 合金 TEM 显微组织的影响

(a)2195 合金；(b)加 Sc 的 2195 合金

关于添加 Sc 显著延缓 2195 合金达到峰值时效时间的问题，论文作者认为可能与钪的加入有关。铝锂合金中添加锆，由于锆原子的空位结合能高[(0.24 ±0.02)eV]，易与空位结合，导致与锂原子结合的空位减少，从而阻止 δ'相在固溶淬火及时效初期析出，钪与锆有类似的作用，能延缓 δ'相和 T_1相的析出和生长，这也许是 T_1相表现出细小、分布均匀、长大缓慢的主要原因。

8.2.2　微量 Sc 对 2197 铝锂合金组织和力学性能的影响

郑子樵、黄兰萍等人研究了在 2197(Al－1.5Li－2.9Cu－0.4Mn－0.15Zr)铝锂合金中添加 0.2% Sc 对其组织与性能的影响。2197、2197＋Sc 合金的 T6 和 T8 状态室温拉伸性能如图 8－10 所示。

由图 8－10 可见，无论是 T6 状态还是 T8 状态，Sc 的添加提高了合金的拉伸强度、屈服强度和延伸率，但是提高的幅度不是很大。

图 8－11 为实验合金分别在 T6 和 T8 状态下的 TEM 明场像。

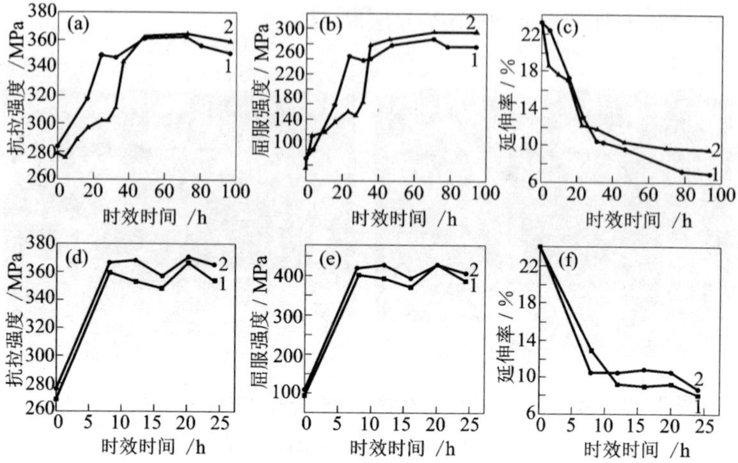

图 8-10 实验合金 T6 状态下室温拉伸性能与时效时间的关系

1—2197 合金；2—2197 + Sc 合金

(a)-(c)T6 态；(d)-(f)T8 态

从图 8-11 可见，2197 合金时效 48 h 后，除尺寸不均匀的球状 $\theta'(Al_3Li)$ 相外，还有大量颜色较深的斜交针状相即 T_1 相(Al_2CuLi)以及颜色较淡、互相垂直的针状相即 θ' 相(Al_2Cu)在晶内及亚晶界析出。图 8-11(b)所示为时效 48 h 后试样中析出的 T_1 相形貌，可见 T_1 相密度较大，较均匀。

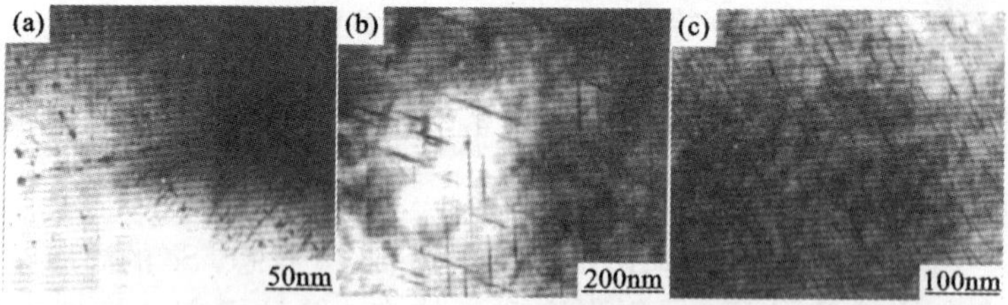

图 8-11 2197 合金在 T6 和 T8 状态下时效时的 TEM 明场像

(a)48h(T6)；(b)48h(T6)，T_1 相；(c)20h(T8)

图 8－12 是 2197＋Sc 合金在 T6 和 T8 状态时效时的 TEM 明场像。

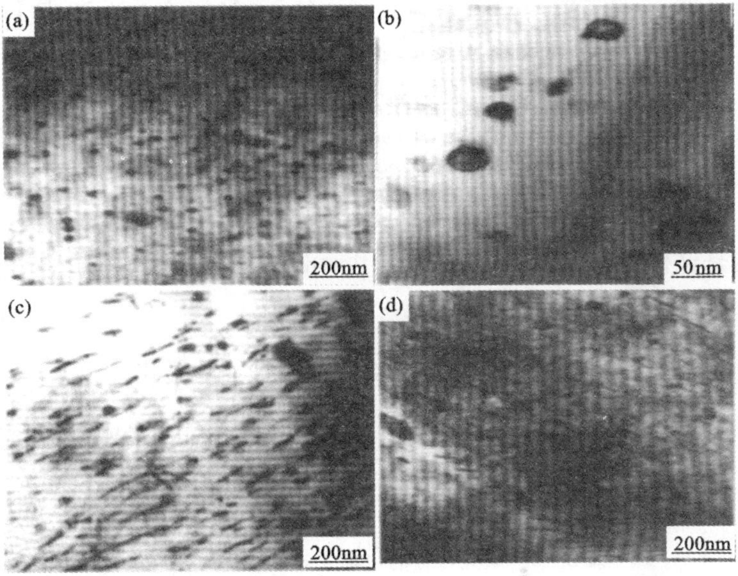

图 8－12　2197＋Sc 合金在 T6 和 T8 状态时效时的 TEM 明场像

(a)4h(T6)；(b)$Al_3Li/Al_3(Sc, Zr)$复合相形貌；(c)48h(T6)；(d)20h(T8)

2197＋Sc 合金在 T6 和 T8 状态时效时的 TEM 明场像见图 8－12。欠时效时[图 8－13(a)]未析出 T_1 相，只有一些细小的 δ' 相以及许多比 δ' 粗的 δ'/Al_3Sc[或 $\delta'/Al_3(Sc, Zr)$]复合相。图 8－12(b)所示为 2197＋Sc 合金高倍率的 δ'/Al_3Sc 复合相形貌，Al_3Sc与 δ'结构相似，在时效过程中可作为 δ'非均匀形核的核心，δ'包覆在其上析出并粗化，形成与 δ'/β'复合相相似的 δ'/Al_3Sc 复合颗粒，该颗粒长大速度很快，因此，随着时效时间延长，合金中出现两种形貌和尺寸不同的 δ'粒子，尺寸细小的和尺寸较大的

复合析出相 $\delta'/Al_3(Sc, Zr)$。不同复合相内层颜色深浅不一，这与 2197 合金中 Zr 含量有关。Al_3Sc 晶格中有部分 Sc 原子被性质相近的 Zr 原子替代形成 $Al_3(Sc_{1-x}, Zr_x)$，Zr 原子替代 Sc 原子数量的不同造成合金成分和颜色的变化。

对比图 8－12 可见，δ'、T_1 和 θ' 仍为 2197＋Sc 合金的主要强化相，Sc 的加入并不改变 2197 合金的主要强化相种类。所不同的是，与 2197 合金相比，2197＋Sc 合金中 T_1 相较短、较粗[图 8－13(b)～(c)]，合金中还存在一些 $\delta'/Al_3(Sc, Zr)$ 复合相。可能是这种复合相中心硬，能抑制共面滑移，因此 2197＋Sc 合金延伸率要稍微高于 2197 合金。

8.2.3 微量 Sc 对 8090 铝锂合金组织与性能的影响

蒋晓军等人研究了在 Al－Li－Cu－Mg－Zr 合金中添加微量 Sc 对其组织与性能的影响。合金成分见表 8－8。

表 8－8 研究合金的化学成分(质量分数)/%

合金	Li	Cu	Mg	Zr	Sc	Fe＋Si	Al
合金 A	2.49	1.22	0.61	0.08	—	<0.4	余量
合金 B	2.59	1.35	0.67	0.09	0.13	<0.4	余量
合金 C	2.56	1.15	0.65	0.11	0.37	<0.4	余量

(1)添加微量 Sc 对合金中的主要强化相 δ' 和 S' 析出的影响

三种合金中的主要强化相仍然是 δ' 和 S'，190℃时效条件下三种合金中 δ' 的平均半径与时效时间的关系及合金 C 中 δ' 的形貌见图 8－13。图 8－13(a)为计算机图像分析系统测定的结果，可以看出，δ' 的平均半径 r 与时效时间 t 的关系为 $r \propto t^{1/3}$，说明时效过程中三种合金的 δ' 相粗化规律都遵循 LSW 理论，但是从曲线的斜率来

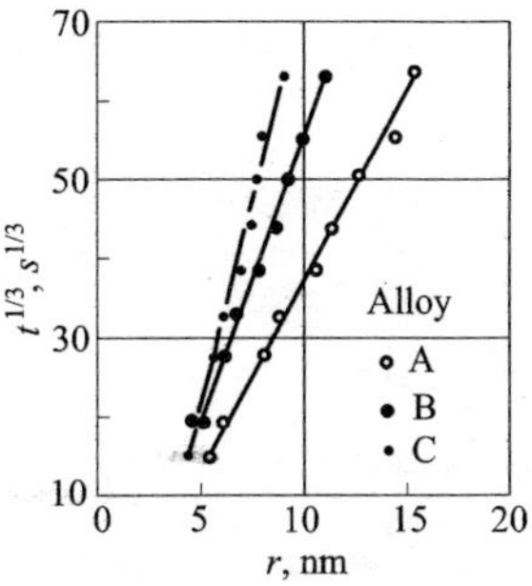

图 8-13　190℃时效时 3 种合金中 δ′的平均半径与时效时间的关系

看，Sc 明显抑制 δ′粒子的长大，Sc 含量越高，δ′长大速度越慢。

δ′相是在固溶处理后的淬火冷却过程中弥散析出的，随后的时效使 δ′继续析出并长大。δ′相的粗化是扩散控制的过程并受很多因素的影响，在 Al-Li 合金中，Li 原子易与空位结合形成 Li-空位复合体，时效过程中这种复合体的扩散比 Li 原子单独扩散要快得多。在含 Sc 合金的淬火过程中，Sc 原子可填充到空位上使淬火后合金中的空位浓度下降，此外，Sc 与空位的结合能很高，Sc 原子还使时效时的空位迁移率降低，从而降低 Li 原子的扩散速度，所以基体中均匀析出的 δ′颗粒的长大被明显抑制。

190℃时效条件下研究合金的 S′相析出特征见图 8-14，结果表明，基础合金 A 在 190℃时效 16h 后亚晶界和位错上才出现 S′相，时效更长时间后 S′相在晶内基体中缓慢析出；在含 Sc 的 8090 合金中，时效初期 S′相即在亚晶界上析出，随后晶内也析出，说明 Sc 促进了 S′相的析出（图 8-14）。

关于 Sc 促进了 S′相的析出，文献作者认为可能是 S′相的形核能较高，在一般 Al-Li 合金的时效过程中的析出十分缓慢且主要在亚晶界和位错等缺陷上优先形核，在含 Sc 合金中 Al_3Sc 颗粒有效地钉扎位错和亚晶界，稳定亚结构，从而抑制时效时的回复过程，并使合金保持较高的缺陷浓度，其结果有助于 S′相的形核与长大，正电子湮没实验能够证实这一点。另外，Al_3Sc 与基体间的界面上有较大的应变能，TEM 观察表明（图 8-15），有一些 S′相是依赖于 Al_3Sc 表面形核并长大的，说明 Al_3Sc 颗粒的表面也

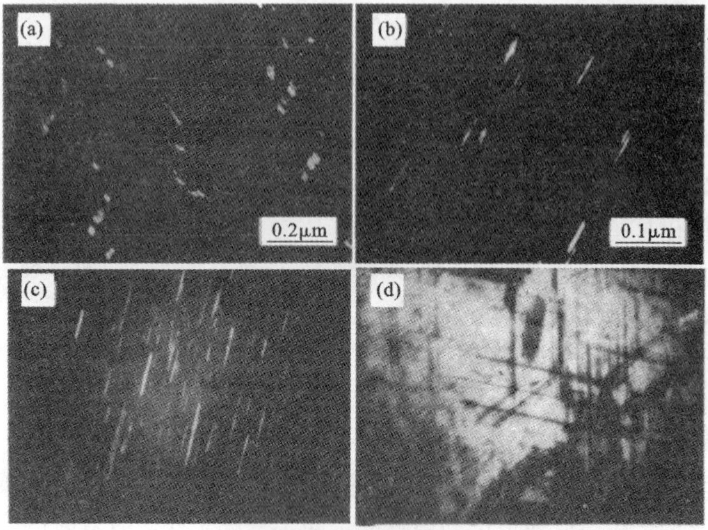

图 8－14　190℃时效条件下研究合金的 S' 相析出特征

(a)合金 A, 20min; (b)合金 A, 2h; (c)合金 B, 16h; (d)合金 B, 72h

可成为 S' 相非均匀形核的场所。

(2)微量 Sc 促进 δ'/Al_3Sc 复合相的形成与析出

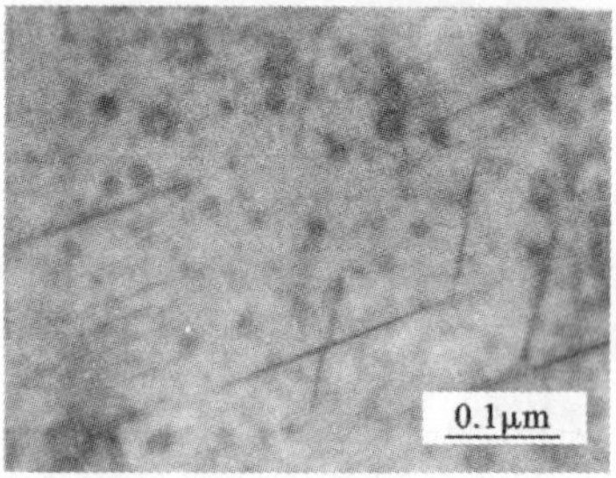

图 8－16　合金 B 在 190℃时效 36h 后析出相的形貌

在合金 B 和 C 中基体中还可以看到有一些与 δ' 和 $\beta'(Al_3Zr)$ 相同的球状颗粒，这些颗粒在固溶态时就已存在，用 EDAX 能谱分析仪检测这种颗粒，结果表明颗粒中富含 Sc，进一步的弱束衍射和 XRD 分析都确定它们为 Al_3Sc 相(图 8－16)。作者认为这是由于 Sc 在 Al 中的固溶度很低，因此大部分 Sc 将与 Al 结合析出高密度的 Al_3Sc

球形颗粒，这些 Al_3 Sc 颗粒是在热加工过程中形成的。与 β'(Al_3Zr)相同，Al_3Sc 与 δ'的结构相似，时效过程中可作为 δ'非均匀形核的核心，包覆在其上析出并粗化，形成与 δ'/β'复合相相似的 δ'/Al_3Sc 复合颗粒(图 8－17)。

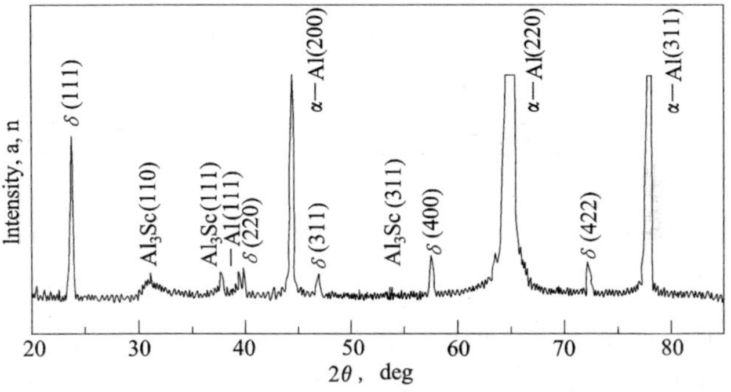

图 8－16　合金 C 的 X 射线衍射图

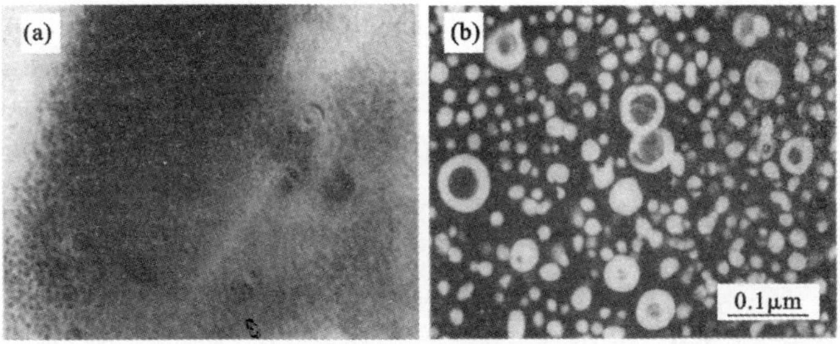

图 8－17　合金 C 中 Al_3Li 粒子及 δ'相，δ'/β'和 Al_3Li/Al_3Sc 复合相的形貌

(a) Al_3Sc 粒子，190 ℃/1h；(b) δ'相，δ'/β'及 190℃/48h

(3) 添加微量 Sc 对合金拉伸力学性能的影响

190℃时效不同时间后三种研究合金的拉伸性能见表 8－9。

表 8-9 研究合金 190℃时效不同时间后的拉伸力学性能

时效时间/h	σ_b/MPa			$\sigma_{0.2}$/MPa			δ/%		
	A	B	C	A	B	C	A	B	C
0	264	397	418	140	307	328	25.4	10.9	11.1
2	387	501	518	267	410	431	14.3	6.9	7.2
10	403	512	562	292	436	457	9.7	8.0	6.9
16	425	491	507	304	401	415	9.4	8.4	7.8
24	416	490	493	313	399	404	8.0	9.2	7.5

可以看出，固溶处理态，含 Sc 合金的强度特别是屈服强度明显高于无 Sc 合金；时效过程中含 Sc 合金表现出强烈的时效强化趋势，时效初期即具有很高的强度，随后强度值缓慢增加，达到峰值后又逐渐下降；还可以看出，无 Sc 合金要在时效 16 h 后强度才达到峰值，而含 Sc 合金只要 10 h 即可达到峰值，可见 Sc 的添加缩短了达到峰值时效的时间。总体来说，Sc 显著提高了 Al - Li - Cu - Mg - Zr 合金的强度并使合金具有良好的强塑性配合。

第 9 章　钛铝钪合金

9.1　TiAl 基合金研究概况

9.1.1　TiAl 基合金的性能

以 TiAl 金属间化合物为基的合金称之为 TiAl 基合金。TiAl 基合金具有较低的密度、较高的弹性模量和高的高温强度以及较好的抗氧化性，被认为是最有潜力的新一代高温结构材料。表 9－1列出了 TiAl 基合金、钛合金、Ti_3Al 合金和目前使用的超合金的一些性能。

表 9－1　几种钛基高温合金的性能

性 能	Ti 基合金	Ti_3Al	TiAl	超合金
密度/($g \cdot cm^{-3}$)	4.5	4.1～4.7	3.7～3.9	8.3
屈服极限/MPa	380～1150	700～990	400～630	—
抗拉强度/MPa	480～1200	800～1140	450～700	—
蠕变极限/℃	600	700	1000	1090
室温模量/GPa	96～115	120～145	160～176	206
氧化/℃	600	650	900～1000	1090
室温延性/%	10～20	2～7	1～4	3～5
高温延性/%	高	10～20	10～90	10～20
晶体结构	hcp/bcc	D019	L10	fcc/$L1_2$
熔点/℃	—	1600	1460	—
无序转变点	—	1125	1460	—

从表9－1可以看出，与普通钛合金相比，TiAl基合金的高温性能非常优越。除了室温延性较低外，TiAl基合金其他性能与超合金相当，但TiAl基合金的密度还不到超合金的一半。TiAl基合金作为高温结构材料的最大优势在于它的高比强和高比模特性。

然而，TiAl基合金仍然存在着室温延性低、冷热加工成形性差和850℃以上抗氧化能力不足等缺陷，高温强度也有待进一步提高，克服这些缺陷是这种材料走向实用化需要解决的问题。

9.1.2 TiAl基合金研究进展

自1956年McAndrew等第一次报道TiAl金属间化合物之后，TiAl金属间化合物的研究经历了几个阶段，20世纪90年代以来TiAl基合金的研究受到广泛重视，获得了较大的进展。

TiAl基合金材料的工程化应用研究，早期是针对γ单相TiAl基合金进行的。γ－TiAl基合金具有$L1_0$型晶体结构，其点阵结构是在[002]方向上由纯Ti原子组成的原子面和Al原子面呈交替重叠排列，如图9－1所示。

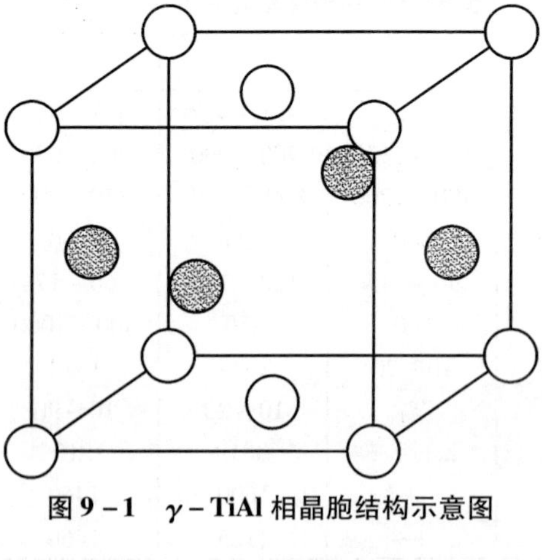

图9－1 γ－TiAl相晶胞结构示意图

由于Ti—Ti，Ti—Al和Al－Al键的键合力存在差别，晶胞的c/a值不等于1，一般情况下，$c/a>1$。Greenberg等人按照Anisimov计算的结果描绘出γ－TiAl相点阵中Ti原子附近的电子云分布图，如图9－2所示。

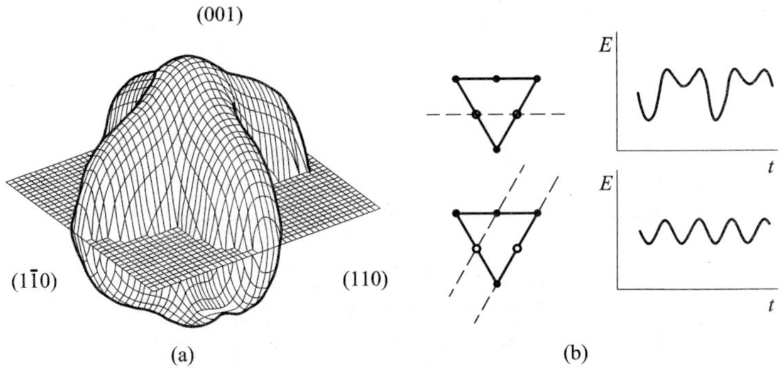

图9－2　γ－TiAl相中Ti原子周围电子云分布

(a)γ－TiAl相点阵中Ti原子附近的电子云分布图；
(b)不同键合方向电子云密度

由图9－2可以看出，在[001]和[110]方向，电子云密度存在差异，因此造成键的结合强度的方向性。此时，受Ti—Ti原子键结合影响的1/2[110]型位错运动的Pererls力很高，难以运动。而Ti－Al原子键间电子云密度低，使得{010}及{110}晶面之间原子键的结合力减弱。这样，在外力作用下，γ－TiAl合金容易沿着这些原子面发生解理断裂。所以，为了提高TiAl合金的室温变形能力，进行合金化以改善Ti原子周围电子云密度分布的不均匀性，是十分有意义的工作。

具有实用化前景的TiAl基合金，是由α_2和γ两相组成的。其中，显微组织中一定体积的 α_2 相（Ti_3Al）以各种形态分布在 γ 相基体上。α_2 相具有 DO_{19} 型结构，其晶体结构示意图如图 9－3 所示。研究发现，在 γ－TiAl 相材料中引入少量 α_2 相，发展成 TiAl 基合金，能够有效地提高材料的室温延性。这是由于在合金中，变形主要由 γ 相基体承担，α_2 相的存在降低了 γ 相中的氧含量，从而使合金室温变形能力提高，材料室温延性得到改善。

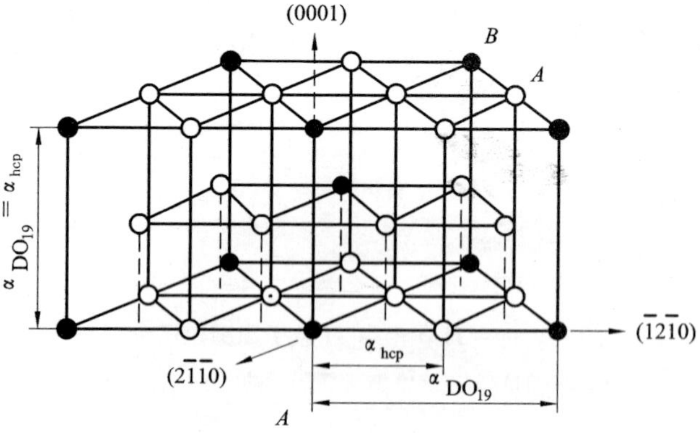

图 9－3　$D0_{19}$ 型晶体结构示意图

此外，采用不同的热处理方式，在 TiAl 基合金中可以得到以下四种类型的典型组织。

（1）全层片组织 FL（Full——lamellar）：合金组织特征全部是层片状组织，由 γ 和 α_2 双相组成，α_2 相的比例为 5%～75%。

（2）近层片组织 NL（Near——lamellar）：$\alpha_2+\gamma$ 层片状组织晶团加上少量细小 γ 晶粒。

（3）近 γ 组织 NG（Near γ－phase）：非均匀粗大 γ 晶粒加上一定体积含量的 $\alpha_2+\gamma$ 层片晶团。

(4)双态组织 DP(Duplex)：由 γ 相晶粒和 α_2/γ 层片状晶团两种组织组成物组成。

图 9－4 是 Ti－Al 二元合金状态图。

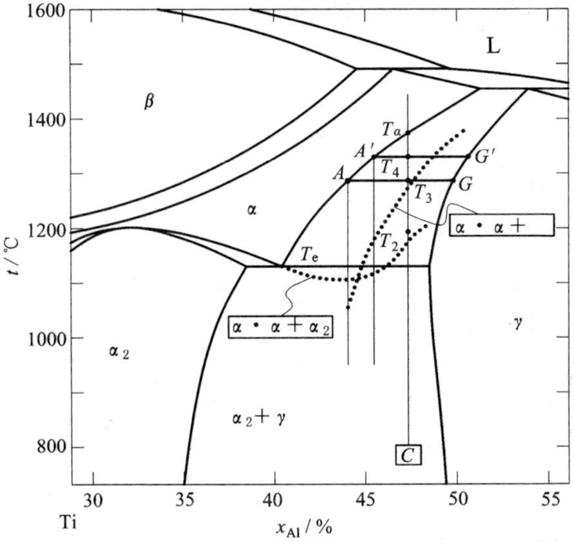

图 9－4　TiAl 二元相图

从图 9－4 中可以看出显微组织类型与热处理温度之间的关系。在 α 相区内进行热处理，得到全层片组织(FL)；在 $\alpha+\gamma$ 两相区进行固溶处理时，若温度接近 $\alpha\rightarrow\gamma$ 转变线内进行热处理，得到近层片组织(FL)；在 $\alpha+\gamma$ 两相区进行固溶处理时，若温度范围处于 $\alpha+\gamma$ 两相区中部，则形成双态组织(DP)；在 $\alpha_2+\gamma$ 两相区进行长时间热处理，得到组织为近 γ 组织(NG)。一般说来，双态组织(DP)具有相对良好的室温延性及中等的强度，但断裂韧性较低；全层片组织(FL)呈现出低的室温延性，但断裂韧性较高；近层片状组织(NL)强度高，但塑性中等。目前绝大多数研究工作集中在DP、NL和FL三类组织的合金上，人们试图通过合金化、热处理和热加工来进一步提高它们的性能。

9.2 钛铝钪合金实验研究

钪的原子序数为21，在元素周期表中是铝、钛的近邻。从外层电子组态来看，钪为3d元素，与外层被4f电子围绕的稀土元素有明显的性能差别，其晶格常数、密度及某些物理、机械性能更近似于铝、钇和钛。前面几章的研究已经表明，在铝合金中钪与铝形成弥散的、高度稳定的 Al_3Sc 金属间化合物，这种相与铝基体结构相同，在铝合金内起晶粒细化剂、沉淀强化剂和再结晶抑制剂的作用，是铝合金中理想的微合金化元素。钪的熔点与钛的熔点相当，同属密集六方金属，密度也相差不大，那么微量的Sc在钛合金中，特别是在含Al的TiAl基合金中会以什么样的形式存在、对合金的性能会起什么样的作用呢？尹松波等带着这个问题在实验室条件下进行了下面的试验研究。

9.2.1 材料与实验方法

1. 合金成分设计

研究微量钪对室温力学性能影响时采用Ti－34 %Al(摩尔分数)(全层片组织)作为基础合金，在此基础上添加0.2%、0.5%、0.8%、1.2%(原子百分数)的钪。研究微量钪对高温力学性能影响时，采用Ti－34%Al(摩尔分数)和Ti－48%Al(摩尔分数)(双态组织)作为基础合金，在此基础上添加0.4%Sc(摩尔分数)。研究合金的名义成分见表9－2。

表 9-2　室温力学性能试样的成分设计(摩尔分数)/%

试样编号	Al	Sc	Ti
1	34	—	余量
2	34	0.2	余量
3	34	0.4	余量
4	34	0.5	余量
5	34	0.8	余量
6	34	1.2	余量
7	48	—	余量
8	48	0.4	余量

2. 合金制备

配制合金时，钛采用纯度为 99.6% 的海绵钛，钪以 Al-2.5Sc(质量分数，%)中间合金的形式加入，铝则采用 99.9% 的高纯铝。熔炼在非自耗钨电极磁控电弧炉内进行，坩埚为水冷铜坩埚。熔炼时炉内先抽真空到 5×10^{-3} Pa，之后充入 0.3~0.4 大气压的氩气，熔炼过程中采用电磁搅拌，为了保证铸锭成分均匀，反复翻转熔炼四遍。

3. 铸锭均匀化

采用均匀化退火以消除铸锭成分偏析，退火工艺为 1060℃/48h。

4. 性能测试

(1)静弯曲试验

三点弯曲试样尺寸为 2mm×4mm×30mm，跨距为 25mm，压头下降速度控制在 0.2mm/min，室温静弯曲试验在 CSS-112 型电子试验机上进行。所得实验数据包括抗弯强度 σ_b 和最大挠度 f_{max}。每个锭取 4 个试样，试验结果取平均值。

(2)高温压缩试验

高温压缩试样为圆柱形，直径为6mm、高为8mm，高温压缩试验在Gleeble－1500热模拟机上进行，试验温度取900℃，升温速度为200℃/min，到温后保温5min开始压缩。压头移动速率为0.5mm/min，试验在无保护气氛中进行。

5. 显微组织与结构分析

金相试样浸蚀剂采用(体积分数)1% HF＋1% HNO_3的水溶液，在Nephot－Ⅱ型光学金相显微镜进行观察分析，之后采用X－650扫描电子显微镜对金相样品进行X射线微区成分分析。透射电镜观察用的薄膜，对于未变形试样，先线切割获得直径为3mm、厚为1mm的圆片，经机械研磨至0.1mm厚以下，采用双喷电解抛光技术减薄制成TEM薄膜试样；对于压缩试样，TEM薄膜取自压缩试样的变形部分，机械研磨减薄之后冲成直径为3 mm的圆片，双喷电解减薄条件为－30℃，30～50mA，25V。双喷电解液为5%(体积分数)高氯酸－甲醇溶液。薄膜观察在H－800分析电镜上进行，操作电压为200kV。

9.2.2 微量钪对室温显微组织和力学性能的影响

1. 微量钪对显微组织的影响

(1)对铸锭宏观形貌和金相组织的影响

铸锭宏观形貌分析表明，随Sc含量的增加，铸锭凝固收缩的特性有明显的变化：不加Sc的合金锭上表面凸出，添加0.2Sc的合金锭上表面变得平坦，添加0.5Sc、0.8Sc和1.2Sc的合金锭上表面可见到明显的凹洼，显示出在TiAl合金中添加微量Sc后，可明显地影响熔体结晶时的收缩。应当说，铸锭上表面的凹洼反映出铸锭中缩孔和疏松的减少，铸锭质量改善。

不同Sc含量合金铸态金相组织见图9－5。可以看出合金中加入微量Sc，柱状晶粒得到了一定程度的细化，较高放大倍数下的金相组织呈现出全层片组织。

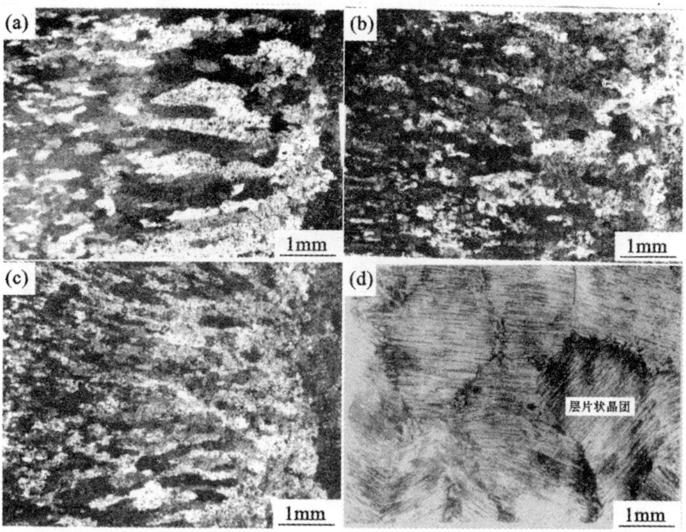

图9-5 不同Sc含量合金铸态显微组织

(a)Ti-34Al；(b)，(d)Ti-34Al-0.5Sc；(c)Ti-34Al-1.2Sc

铸态和退火态合金典型透射电子显微分析结果如图9-6所示。可以看到，添加Sc的TiAl合金铸态和退火态样品中沿层片组织层片界面和层片内部都有析出相分布。这种析出相呈薄片状，平行于层片边界分布，尺寸为0.5~2μm。能谱成分分析表明，这些析出物是一种含Ti，Al，Sc的三元化合物(图9-7)，其化学计量式约为$Ti_3(Al, Sc)$。

经过2%~3%的室温压缩变形，研究合金的变形亚结构如图9-8所示。可以观察到，在层片界面上分布着一定数量的颗粒状或片状的析出物，在其周围存在有位错缠结，并且在界面上有析出物分布的相邻几个层片内观察到孪晶变形情况。孪晶变形在

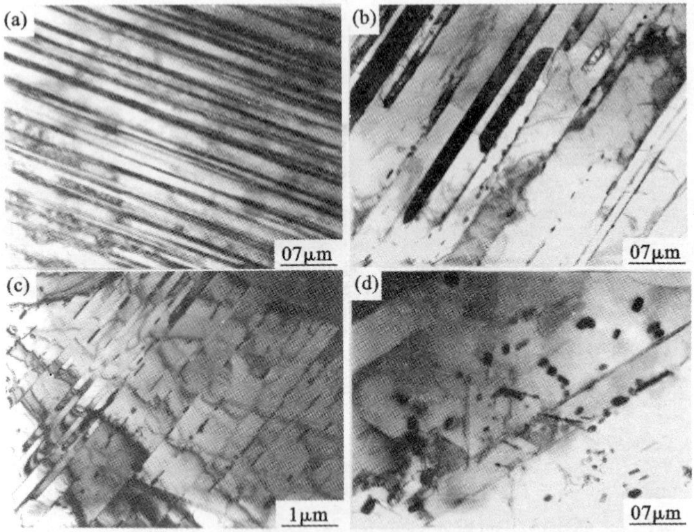

图 9－6　铸态和退火态合金典型透射电子显微组织

(a) Ti－34Al；(b) Ti－34Al－0.4Sc；(c) Ti－34Al－0.8Sc；(d) Ti－34Al－1.2Sc

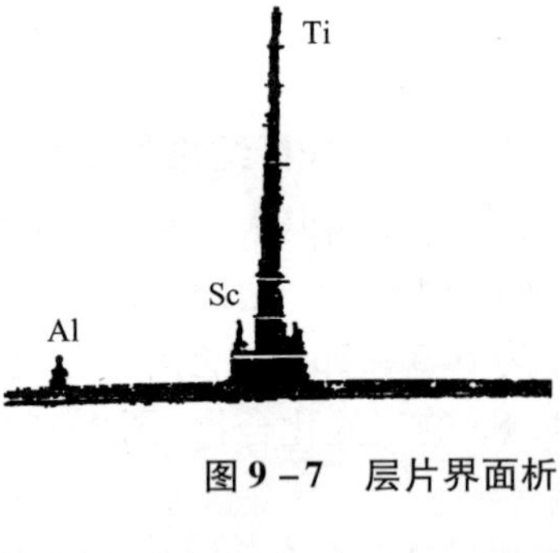

含Sc化合物的能谱分析成份

元素	原子百分比
Ti	77
Al	12
Sc	11

图 9－7　层片界面析出相能谱成分分析

γ/γ 和 α_2/γ 界面并未遇到很大阻力，而是在另一片 TiAl 相诱发新的孪晶变形，使孪晶变形继续进行。不同取向的孪晶相交时可以看到交割的台阶[图 9－8(d)]。值得注意的是，在孪晶系统开动的层片组织区域内未观察到层片界面析出物的分布。

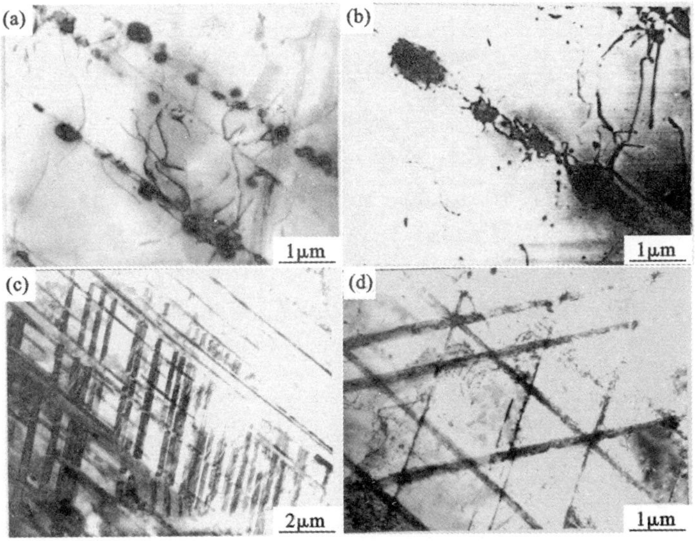

图9－8 室温压缩变形后合金中的变形亚结构

(a)～(b)位错与含钪析出物交互作用；(c)～(d)孪晶变形

(2)均匀化退火后合金的显微组织

金相组织观察表明，铸锭经1060℃/48h均匀化退火处理，合金显微组织没有明显变化，添加微量钪的合金仍然主要由γ(TiAl)，α_2(Ti_3Al)两相组成。

2．微量钪对室温力学性能的影响

合金室温抗弯强度σ_{bb}(MPa)和最大挠度f_{max}(mm)随Sc添加量变化的趋势如图9－9所示。

结果表明，合金室温抗弯强度和最大挠度随Sc含量的增加单调下降，说明微量Sc添加到TiAl基合金中无益于合金的室温抗弯力学性能。

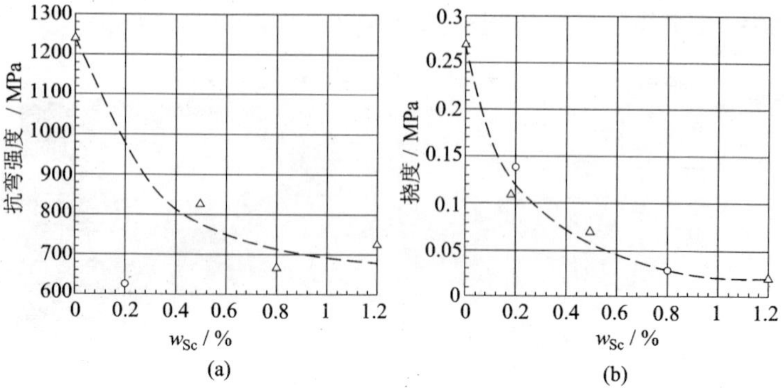

图 9－9　抗弯强度 σ_{bb} 和最大挠度 f_{max} 与 Sc 添加量的关系

(a)抗弯强度(σ_{bb})；(b)最大挠度(f_{max})

3. 微量钪对室温力学性能影响的原因

关于微量钪对室温力学性能影响的原因，论文作者有如下一些粗浅的认识。

众所周知，TiAl 合金的室温脆性是其位错运动受到 TiAl 结构本质因素的影响而造成的。前面已经说过，在 TiAl 合金有序结构中，由于[001]和[110]方向电子云密度不对称，Ti—Ti，Ti—Al 键的键合力存在差别，受 Ti—Ti 原子键结合影响的1/2[110]型位错运动的派纳力很高，难以运动，而 Ti—Al 原子键间电子云密度低，使得{010}、{110}晶面之间结合力减弱，材料容易沿这些原子面发生解理断裂。同时，1/2[112]超点阵位错易分解形成层错偶极子，限制了它的进一步运动。所以，添加合金元素改善其室温力学性能，应该着眼于改善 Ti 原子周围电子云密度分布不均性，以提高其位错可动性。文献认为，要达到这一目的，添加合金元素应满足以下几个条件：①合金元素原子应占据 Al 的亚点阵位置；②添加元素的电负性应大于 Ti 和 Al；③添加元素的原子半径应比 Ti 和 Al 小。表9－3 列举了钪元素与其他几种已被证明可以改善 TiAl 合金的室温延性的元素的性质。

表9-3　钪元素与其他添加合金元素的性质比较

元素	原子半径	电负性
Ti		1.5
Al		1.5
V	<Ti, Al	1.6
Cr	<Ti, Al	1.6
Mn	<Ti, Al	1.5
Si	<Al	1.8
Sc	>Ti, Al	1.3

可以看到，V，C，Mn，Si 四种元素正好满足上述前面两个条件，从而改善了 Ti 原子周围电子云分布不均匀的状况，提高了合金中位错运动的能力，具体表现为降低层错能促进孪晶变形、降低轴比 c/a 减少晶胞体积，因此能改善 TiAl 合金室温延性。然而，添加 Sc 不满足上述改善 TiAl 合金室温延性的两个基本条件，因而不能对 γ 相中 Ti 原子周围电子云分布不均的情况起到改善作用。因此，不能指望它能改善 TiAl 合金的室温延性。

从价键理论的角度也许可以更进一步理解 Sc 元素对于 TiAl 合金室温变形的不利影响。Rice 和 Thomson 等人研究认为，材料的变形断裂行为属于延性还是脆性取决于材料内部裂纹尖端附近的应力分布。换句话说，其变形行为的性质很大程度上取决于裂纹尖端附近拉应力分量与剪应力分量相竞争的结果。当裂尖附近的拉应力达到材料抗拉强度比剪应力达到材料抗剪切强度来得早时，材料的断裂行为呈现为脆性破坏；反之，则呈现为延性的。Eberhart 等人的研究表明，材料的剪切变形同材料内部原子键合的性质密切相关。强方向性的共价键结合会提高材料的剪切强度，增大材料剪切变形的阻力。Morinaga 等人研究指出，在金属间化合物中，d 层电子与 p 层电子之间形成的共价键（以下简称 d－p型共价键）比 d 层电子与 d 层电子之间的共价键（以下简称 d－d型共价键）方向性要强得多。我们知道，Al 原子的价电子集中在 p 亚壳层，而 Sc，Ti，V，Cr，Mn 等过渡族元素的活跃电子则集中在 d 壳层内。TiAl 合金中占主要比例的共价键便是 Ti—Al 原子间的 p－d 型共价键，正是这种强方向性的共价键造成裂尖附近剪切变形困难，换句话说，裂尖附近形成的变形亚结构为难以运动的位错及其组成的网络。这样裂尖前端引发的应力集中，较难通过位错的滑移而发生松弛，因而容易在此诱发新的裂纹成核，加速裂纹扩展，从而使材料表现为脆性破坏。与此相对比，同样是有序结构（LI_2型）的金属化合物如 Ni_3Mn，Co_3Ti 等，由于是过渡族元素之间形成的化合物，价键为 d－d 型共价键，方向性较弱，材料的延性就相对好一些。分析 Sc，V，Cr，Mn，Nb 等合金元素的外层电子结构可以发现，Sc 是过渡族元素中 d 电子数最少的，仅有一个 3d 电子，比 Ti 原子本身的还少，Ti 有 2 个 3d 电子，而 Mn，Cr 等元素则多达 5 个。加入 Mn，V，Cr 等元素，显然从一定程度上增大了 d－d 型共价键的比例，而 Sc 元素的加入则影响微弱，类似于加入了一种非过渡族元素，而加入非过渡族元素一般来说对于合金延性是不利的。

与此同时，论文作者也观察到在合金中加入微量钪元素，引起了相当数量的含钪析出相的析出。这些析出物沿层片界面分布，呈薄片状或颗粒状，在室温变形中与界面上的位错发生了强烈的交互作用，形成了一定数量的位错缠结，这势必对合金室温变形产生阻力，从而降低了含钪 TiAl 基合金的室温变形能力。

9.2.3 微量钪对 TiAl 基合金高温力学性能的影响

（1）含钪和不含钪的 TiAl 基合金的高温压缩力学性能

高温压缩的典型实验曲线示于图 9－10。从图中可以测量计算得到合金的屈服强度 $\sigma_{0.2}$ 和最大抗压强度 σ_b 以及屈强比，四组合金实验值的平均结果列于表 9－4。

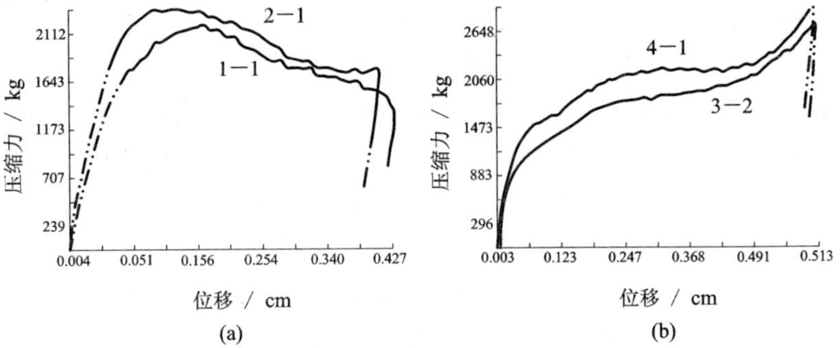

图 9－10　研究合金高温压缩的典型实验曲线

(a) 1－1，Ti－43Al；2－1，Ti－43Al－0.4Sc

(b) 3－2，Ti－48Al；4－1，Ti－48Al－0.4Sc

表 9－4　TiAl 基合金 900℃高温压缩力学性能

合 金	$\sigma_{0.2}$/MPa	σ_b/MPa	$(\sigma_{0.2}/\sigma_b)$/%
Ti－43Al	504	753	0.67
Ti－43Al－0.4Sc	629	863	0.77
Ti－48Al	304	961	0.32
Ti－48Al－0.4Sc	424	1041	0.44

从表 9－4 可以看出，对于具有全层片组织的 Ti－43Al 合金，添加 0.4% Sc 使合金的高温屈服强度由不含钪的 504MPa 提高到 629MPa，增幅为 125MPa；最大抗压强度则提高了 110MPa，屈强比由 0.67 提高到 0.77，说明添加微量钪能提高这类合金的高温屈服强度；对于具有双态组织的 Ti－48Al 合金，添加 0.4% Sc 也

有上述类似的结果。具体来说，合金的屈服强度由不含钪的304MPa提高到424MPa，增加了120MPa；最大抗压强度由961MPa提高到1041MPa，增加了99MPa，屈强比由不含钪合金的0.32增加到了0.41，说明添加微量钪也能显著提高这类合金的高温强度。

(2)合金的显微组织结构

图9－11为两种合金的金相显微组织。可以看出，Ti－43Al－0.4Sc合金为全层片状晶团组织，每个晶团由交叠出现的α_2和γ相板条组成，平均晶团尺寸为150μm。Ti－48Al－0.4Sc合金为双态组织，由γ相晶粒和层片状晶团两种组织组成物组成，γ相晶粒的平均尺寸为10μm。金相观察结果表明，添加Sc元素对合金所得的金相显微组织没有明显的影响。

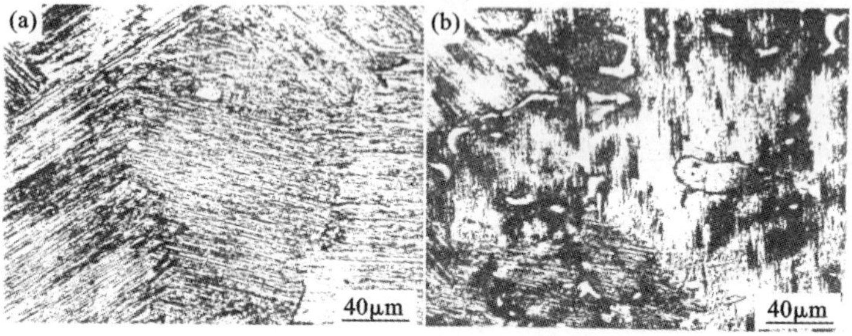

图9－11 两种合金的金相显微组织

(a)Ti－43Al－0.4Sc合金；(b)Ti－48Al－0.4Sc合金

900℃高温压缩变形后合金的低倍扫描电子显微组织(压缩变形量为80%)见图9－12，可以看出，合金在高温变形条件下，由于应力作用促使层片发生了弯曲。

合金经过900℃高温压缩变形后的典型透射电子显微组织见图9－13。

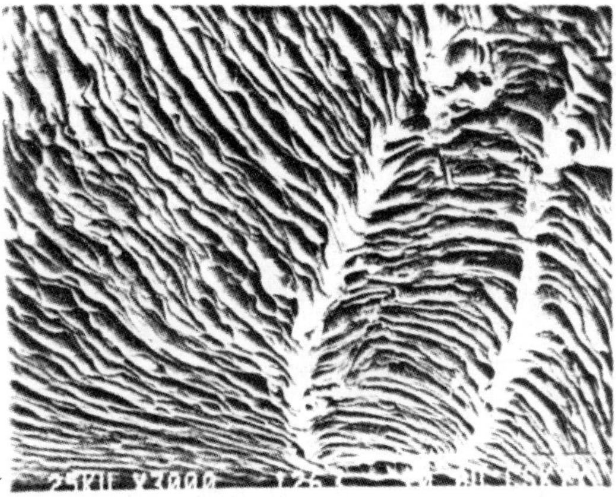

图 9－12　900℃高温压缩变形后合金的扫描电子显微组织

结果表明，900℃下高温变形，Ti_3(Al，Sc)析出物周围有大量位错缠结，说明 Ti_3(Al，Sc)析出物对位错运动造成了阻碍；还可以看到 γ 层片内位错已大量开动，说明高温下合金的变形机制主要是位错机制；值得注意的是，在较窄的 α_2 层片内，位错密度相对较低，进一步比较未变形和经高温变形后合金中 γ 和 α_2 相的宽度比，发现高温变形后 γ 相大大窄化，说明 900℃下 γ 相比 α_2 相容易变形；最后，从图 9－13(e)～(f)可以看出在高温变形条件下，Ti－43Al 及 Ti－48Al 两种合金层片状晶团由于应力的作用层片发生弯曲，层片晶团边界形成了等轴状 γ 相晶粒，据此可以判断，经过 900℃高温压缩之后，层片状晶团边界深度变形的区域发生了动态再结晶。

9.2.4　不同铝含量 TiAl 基合金高温压缩变形屈服应力产生差异的原因

相图和金相实验结果均表明，研究合金室温下的显微组织分

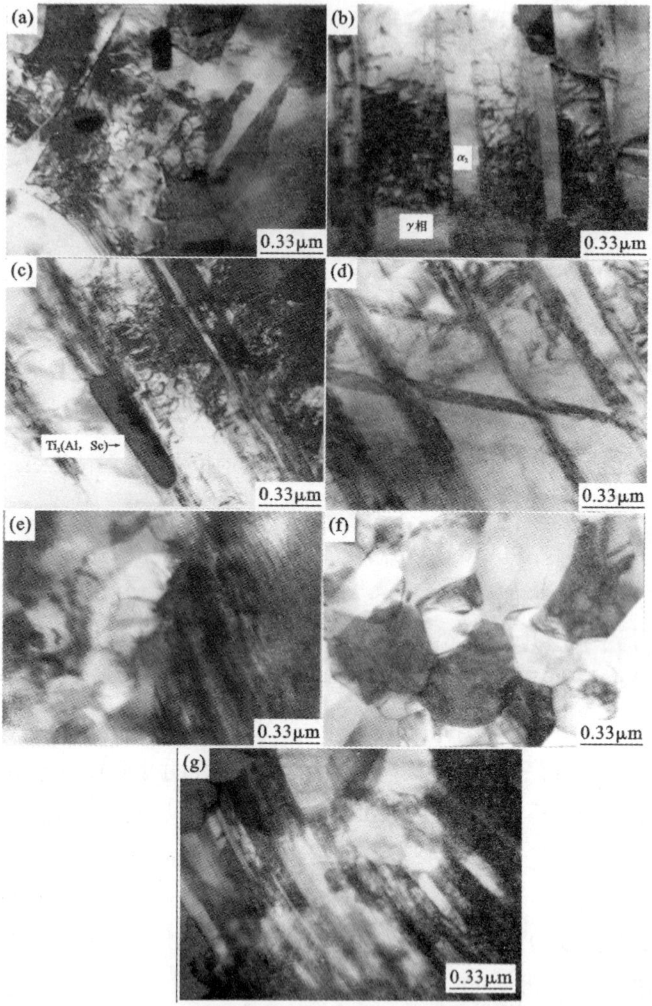

图 9-13 900℃高温压缩变形后合金的典型透射电子显微组织

(a)~(d)变形亚结构；(e)~(g)层片状晶团由于应力的作用发生弯曲以及层片状晶团边界深度变形的区域发生了动态再结晶

为两种，Ti－43Al 基合金为 γ/α_2 全层片状组织，Ti－48Al 为 γ 初晶和 γ/α_2 层片混合的双态组织。透射电镜观察分析的结果表明，900℃高温下 γ 相容易变形，说明变形抗力较低。Ti－48Al 基合金中 γ 相相对体积百分数较多，按照复相合金屈服强度理论，高温下合金的屈服强度会较低，屈服比也较低，而热塑性会较大，这就是表 9－4 所示的结果。

9.2.5　TiAl 基合金高温压缩变形后层片状晶团出现等轴晶的原因

前面已经提到，TiAl 基合金的变形与层片状晶团的取向有关。根据层片方向与外力轴向夹角的不同，可以将层片组织的变形分为两种变形模式：一种是易变形模式，此时层片与外力轴成一定角度（30°～75°），材料变形时表现为流变应力低且塑性好；另一种是难变形模式，此时层片方向与外力轴平行或垂直，材料变形时流变应力高、塑性差。由此可见，当晶团内某些层片晶处于难滑移取向时，在变形过程中很难发生位错滑移。在高的应力作用下，层片通过晶格弯曲变形来调节层片取向，使之接近易滑移取向。另一方面，由于处于不同取向的层片晶团之间存在较大的力学性能差异，必然会造成相当程度的变形不协调性，加上层片晶团的晶界往往呈现为相互啮合状的锯齿状晶界，这种界面结合能力很强的晶界不利于高温下层片晶团之间的晶界滑移和转动，大量的位错被塞积在这个区域内。这样，合金在高温热激活的作用下，容易在晶团的界面上发生动态再结晶以释放界面区域的变形储能。这可能是研究合金高温压缩变形后层片状晶团边界出现等轴晶区的主要原因。

9.2.6 微量钪在 TiAl 基合金中的存在形式及其对合金高温力学性能的影响

在 Ti－43Al 和 Ti－48Al 两种成分的 TiAl 基合金中加入 0.4%的钪，会在 α_2/γ 界面上析出 $Ti_3(Al, Sc)$化合物。这种含钪化合物呈薄片状，在层片组织界面上平行于层片方向分布。大量的研究表明，在双相层片型 TiAl 合金中，α_2/γ 相界面对于合金室温和高温变形均起着重要作用。高温变形时，若层片组织取向有利时，层片组织在切应力作用下将沿层片界面发生滑移。研究合金无论是双态组织还是全层片组织，均存在大量的层片晶团。添加微量的钪，在 α_2/γ 界面上分布着较多的含钪析出物，这势必对于高温下层片之间的相对滑移起到阻碍作用，从而增大合金的高温变形抗力。另一方面，在实验中我们观察到合金中 γ 板条内部及等轴 γ 晶粒内部存在着大量位错，标志着位错运动是合金高温下变形的主要方式。变形亚结构同 γ 相内的含钪析出物之间存在强烈的交互作用，也将对合金 γ 板条内部变形起到阻碍作用。著者认为，以上两个因素是微量钪使 TiAl 基合金高温强度显著提高的主要原因。

第 10 章　其他含钪材料

20 世纪 70 年代前，钪及其化合物的产量少，质量低，用量也少，处于开拓时期。80 年代以后，随着高科技和新材料的飞跃发展，钪的各种制品相应地增加，提高了质量，扩大了产量，用途也扩展了。目前钪的制品已用于国防、冶金、化工、航天、核能、超导体、电光源、电子元器件和医疗等部门，而且它们对钪制品的用量和质量的要求也越来越高。

10.1　钪在其他合金系中的应用

10.1.1　钪在镁合金中的作用

镁合金具有密度小、比强度和比刚度高、切削加工性能良好、电磁屏蔽性能良好和减震性能良好等一系列优良性能。镁资源丰富，易于制取，其应用愈来愈普遍，不仅在航空航天领域，而且在汽车和便携娱乐电子电器领域都得到了应用。但是，镁合金的熔点低，一般在 470℃ ~650℃，其高温性能较差。尤其是变形镁合金，刚性低、活性高、易于腐蚀。如果在 180℃以上的温度环境工作，一般镁合金是不能满足需要的，必须对成分、组织加以改进，以改善其性能。围绕提高镁合金的高温性能，世界各国都纷纷制定研发计划，提高镁合金的高温性能，提高其抗蠕变性能，研制新型镁合金满足不断增长的工业需要。在抗蠕变镁合金研究方面，一方面在 AZ 系、AM 系和 AS 系基础上，适当添加合金元素，以改进其性能；另一方面，还着眼于开发新的合金系，通过提高高温性能来研制新型抗蠕变镁合金。

作为高温抗蠕变镁合金的合金元素，一般应具有以下特性：

(1)合金元素在镁中的固溶度应随温度下降而急剧降低，这样能引起高的过饱和度，合金在时效处理时能产生沉淀硬化；

(2)析出的沉淀物中应有高的镁含量，以便得到大量弥散的沉淀物第二相；

(3)合金元素应具有高的熔点；

(4)采用多元合金化增加沉淀物颗粒数量，或者形成含有不同合金元素的几种沉淀物；

(5)为了防止镁合金过时效的倾向，合金元素在镁中应有低的扩散速度。

含有Y，Nd，Tb，Er，Dy，Gd和Sc等稀土元素的WE牌号系列镁合金具有高的抗蠕变性能，使用温度高达573K，特别是Mg－Sc合金性能最好。金属钪作为镁合金强化元素有以下作用：

(1)与其他稀土元素相比，钪的熔点更高，为1541℃，因此能够提高镁合金的熔点；

(2)在镁合金中的扩散能力相对较低，其强化作用显著，析出相热稳定性高，抗蠕变性能较好；

(3)钪的密度为3$g \cdot cm^{-3}$，比其他合金元素的密度低，作为添加元素更能体现镁合金低密度的特点；

(4)能与其他合金元素一起形成复杂化合物强化相，由此改善合金的室温和高温性能。

Mg－Sc合金相图见图4－10。由图可知，钪在镁中的最大固溶度可达25.9%(质量分数)，但随着温度的降低，钪在镁中的溶解度急剧减小，在470K附近仅为最大固溶度的1/10，因此可以得到非常大的过饱和度。通过制备一定含钪量(质量分数)(6～12%)的镁钪合金，可以避免大量的β－Sc相出现，便于合金的时效强化。德国学者 B. L. Mordike 的研究表明，简单的二元镁钪合金的抗蠕变性能比 WE43(Mg - 4% Y - 2.4% Nd - 0.54% Zr)合金差，必须与其他元素一起产生复合强化。在研究了合金 Mg - Sc - Mn，Mg - Sc - Ce - Mn - Zr 等合金的性能后，发现加入锰以后，可以生成 $Mn_{23}Sc_6$或 Mn_2Sc 强化相，而 Mn_2Sc 化合物具有极强的退火效应，从而使该系合金具有很好的抗蠕变性能。如 MgScMn 合金的抗蠕变性能在 350℃时，比合金 WE43 高两个数量级。这里需要指出的是，金属钪价格高，不利于降低零件成本。F. von Buch 等指出，在Mg - Sc合金中加入适量的 Ag，Cd，Mn，Gd，Y 等元素，可以降低 Sc 的用量，其中合金 $MgMnGd_5Sc_{0.8}$ 和合金 $MgMnY_5Sc_{0.8}$的抗蠕变性能较为理想。前者的强化相为 $Mn_{23}Sc_6$和 $GdMg_5$，后者的强化相则为 $Mn_{23}Sc_6$，$Mg_{24}Y_5$和 $Mn_{12}Y$ 等。

由于镁是活泼金属，其标准电极电位为 -2.37V，比铁、铝、锌、铜等金属的电位都负，是目前实际应用的结构材料中标准电位最低的，而且其表面氧化膜一般都稀疏多孔，因而耐腐蚀性能很差。文献指出，镁合金中加入 0.1% ~1% 的 Sc 时，可提高其抗腐蚀的能力。

10.1.2　钪在铸铁中的作用

铸铁是含碳量在 2% 以上的铁碳合金，工业用铸铁一般含碳量为 2% ~4% 。碳在铸铁中多以石墨形态存在，有时也以渗碳体形态存在。除碳外，铸铁中还含有 1% ~3% 的硅，以及锰、磷、硫等元素，碳、硅是影响铸铁显微组织和性能的主要元素。

铸铁可分为灰口铸铁、白口铸铁、可锻铸铁、球墨铸铁、蠕墨铸铁、合金铸铁等。合金铸铁是由普通铸铁加入适量合金元素镍、铬、钼、铝、铜、硼、钒等获得的。合金元素使铸铁的基体组织发生变化，从而具有相应的耐热、耐磨、耐蚀、耐低温或无磁等特性。在铁水中加入少量的钪，可显著改善铸铁的组织和性能。因为钪能净化铁水，改变石墨形状，细化共晶团，在提高铸铁的铸造性能的同时改善和提高铸铁的常温和高温的机械性能。钪对铸铁的组织和性能的影响包括以下几个方面：

(1)改变铸铁中的石墨形态

钪等稀土元素不仅能使铸铁中的石墨细化，而且能使其变成蠕状或球状。铸铁中的硫、氧等表面活性元素，吸附在石墨的棱面上，降低了石墨与铁水的界面能，能促使石墨沿棱面优先生长，最终长成片状。若在铁水中加入一定量的钪等稀土元素之后，与硫、氧反应，生成稀土化合物，从而清除石墨棱面上的表面活性元素，使石墨基面与铁水的界面能降低，使其低于棱面的界面能，促使石墨以螺旋位错的方式沿基面法向生长，使石墨形成蠕虫状或球状。

(2)细化共晶团

钪等稀土元素与硫、氧反应后，生成高熔点的稀土硫化物和稀土氧化物，这些反应物在铁水状态下，均以固相质点的形式存在，一部分上浮到渣中，使其铁水净化，另一部分留在铁水中以外来核心的形式存在，促进了铁水结晶，使其单位体积的共晶团数量大大增加，共晶团的细化能显著改善铸铁性能。

(3)中和反球化元素

铁水中除氧、硫是常见的反球化元素外，还有一些其他的反球化元素如锡、铅、砷、铝、锇、钛等。这些有害元素大体上分作两类，第一类是消耗型如硫、氧、硒，它们与稀土反应生成的化合物大部分排到渣中，一部分由于尺寸过小，上浮速度慢排不出去，起到外来核心作用，细化了共晶团，第二类是晶界偏析型，如锡、锑、铜、钛、硼、铝等，它们富集到共晶团边界上，促使碳在共晶后期结晶成畸变的枝晶状石墨。如果这些元素浓度大，也可以在共晶中期就促使石墨畸变，形成团块状或厚片石墨，钪等稀土元素和这些反球化元素作用，能生成高熔点的化合物，从而消除或削弱它们因晶间偏析而造成石墨畸变的危害。

(4)对铸铁白口化程度的影响

国内研究结果表明，在铸铁中加入微量钪等稀土时，可大大减轻白口化倾向或消除白口，但如果钪等稀土加入过量，则会增大白口化倾向，在铸铁中微量的钪等稀土元素能起到较好的孕育作用，促使石墨析出并生长，从而抑制了白口的生成，反之，则促使碳和铁之间的亲和力增加，促进渗碳体的生成，明显地增大白口倾向。

(5)改善和提高铸铁常温和高温的机械性能

众所周知，灰铸铁是脆性材料，其抗拉强度为 100 ~ 200 N/mm^2，几乎没有冲击韧性和延性。如果用钪等稀土元素对铸铁进行变质处理，其抗拉强度显著增加，达到 400 ~ 1500 N/mm^2，延伸率达到 7% ~22% 。

(6)提高铸铁高温抗氧化性能

钪等稀土元素富集到铸铁和晶界上，可以阻止氧向基体深层入侵，防止基体氧化，同时由于钪等稀土元素的存在，可使氧化皮和基体的附着力增加。钪等稀土加入以后，使氧化皮和基体的界面变得不规则，成犬牙交错状，扩大了相互接触面积，增大了附着力，防止氧化皮脱落，提高高温抗氧化的能力。

10.1.3　钪在其他合金中的应用

在其他合金系中加入钪，一些合金的性能也有明显的改善，如钪能抑制轻稀土的氧化；与钼一起能抑制锆合金在高压蒸汽中的腐蚀；高铬合金的焊接填料中添加 0.005% ~4.0% 的钪、钇和(或)其他稀土，可使焊缝拉伸强度达到 280 ~ 520MPa，与母体金属相似，延伸率可达到 10% ~33%。此外，80Ni - 20Cr - 1Sc 合金还是制造高速飞行器的理想材料。

10.2 钪在电光源和光学材料工业中的应用

10.2.1 钪在电光源工业中的应用

电光源是指将电能转换为光能的器件或装置，广泛用于日常照明、工农业生产、国防和科研等方面。人类对电光源的研究始于18世纪末。电光源研究先后发明了碳丝白炽灯、钨丝白炽灯、充气白炽灯、低压钠灯、荧光灯、高压汞灯、卤钨灯、金属卤化物灯和高压钠灯。80年代出现了细管径紧凑型节能荧光灯、小功率高压钠灯和小功率金属卤化物灯，使电光源进入了小型化、节能化和电子化的新时期。

用碘化钪(ScI_3)与碘化钠(NaI)制成的钪－钠卤素灯是目前一种最新型的照明灯，属于第三代新光源材料。每只灯用Sc_2O_3(纯度≥99%)0.1～10mg，钪卤素灯在高压放电时，充有NaI/ScI_3的灯管内的钠原子和钪原子受激发，当从高能级的激发态跳回到较低能级时，就辐射出一定波长的光。钠的谱线为589.0～589.6nm的黄色光线，而钪的谱线为361.3～424.7nm的一系列近紫外和蓝色光线，钪、钠两种谱线匹配，恰好接近太阳光。回到基态的钪原子和钠原子又能与碘化合形成碘化物，这样循环可在灯管内保持较高的原子浓度并延长使用寿命。钪灯比白炽灯节电约80%，比汞灯省电50%，使用寿命达5000～25000h(白炽灯为1000h)。钪卤素灯具有光度高、光色好、节能、寿命长、破雾力强等优点。因此，该灯最适用于电视摄像，广场、体育馆、网球场、马路和多雨多雾的场所照明。同时由于灯光接近太阳光，对商场的照明更好，可使购物者更好鉴别物品，色彩鲜明。美国卤化灯的普及率已超过50%，每年产高压钠灯超过1000万只。我国在这方面起步较晚，但也正在实现“大换灯”计划。全球性的卤化灯的发展和普及正在日益扩大，对钪的需求量也将变得更加迫切。

10.2.2　钪在光学材料工业中的应用

激光是“受激发射光放大”的简称，它是在一定波长的光的激励下，某种化学物质中由于某种原因已经大量集居在激发态的电子猝然回到基态时放出光子的过程。因此激光不同于一般的光源，它有极好的单色性(一种确定波长的光)、很高的能量和很好的方向性和相干性。

在激光材料中加入钪是发展第三代激光单晶的关键，例如用钪加入到钆稼石榴石(GGG)中以代替部分稼变为钆钪稼石榴石(GSGG)，其组成为 $Gd_3Sc_2Ga_3O_{12}$，可以改进激光器的性能，提高激光振荡输出功率。在制备单晶时，每炉料 3～5kg 加入 Sc_2O_3 1 kg 左右，Sc_2O_3纯度≥99.9%，所制成的 GSGG 激光器在军工行业有广泛应用，并逐步推向民用工业。目前加钪的激光器的发射功率比同体积其他激光器提高 3 倍，并可获得大功率化和小型化的激光装置。美国将 GSGG 激光器用于反导弹防御系统、军事通讯、潜艇用水下激光器以及工业各领域，在金属加工方面可与 CO_2激光器相竞争。

用 Cr^{3+} 共激活的钆铒钪铝石榴石晶体适合于制造 3μm 的激光器，钇钪铝石榴石 Cr，Nd：$Y_3(Sc_xAl_{3-x})O_{12}$(Cr，Nd：YASG)也是一种新型的激光材料。硼酸镧钪 $LaSc_3(BO_3)_4$(LSB)也是一种新的高效固体激光介质，其激光器效率可分别达到 YSGG 和 YAG 激光器效率的 2 倍和 6 倍。此外，仅用 Nd^{3+} 离子活化的 LSB 晶体可制造高效微激光器，而仅用 Cr^{3+} 离子活化的 LSB 晶体可作为在 0.8～1μm 区调谐的激活介质。

铌酸锂($LiNbO_3$)晶体材料是用于参数频率选择器、波导管和光导开关等的重要光学材料，其缺点是耐光腐蚀性能较低，特别是在激光等高强度光的照射时更低。在 $LiNbO_3$ 中加入(摩尔分数)5%的 MgO，可提高耐光腐蚀性能，但生产高质量的单晶体更加困难，但如再加入氧化钪(摩尔分数)1%后，不但可保持优良的耐光腐蚀性能、降低单晶的二次光折射率，而且可生产出高质量的单晶体材料。

10.3 钪在电子工业中的应用

电子工业也称电子信息产业，是研制和生产电子器件、电子设备及为电子设备专用的各种电子材料和元件、器件、仪器、仪表的工业部门。主要包括电子元件工业(生产电阻器、电容器、电感器、印刷电路板、接插件等的工业部门)，电子器件工业(生产电子管、晶体管、集成电路等的工业部门)，电子设备工业(生产有线电和无线电通讯、雷达、导航、广播、电视、电声、电子计算机、电子控制、电子测量、激光和医用、农用、军用等电子设备的工业部门)和电子专用材料工业(生产高频磁性材料、高频绝缘材料、半导体材料等的工业部门)。在电子材料中加入微量钪可以显著改善材料的性能，从而提高电子器件或电子设备的性能。

10.3.1 钪在各种半导体器件中的应用

钪可应用于各种半导体器件中，碳化钪(ScC)密度为 3.59 $g\cdot cm^{-3}$，呈六方结构，是潜在的高温半导体材料。钪的倍半亚硫酸盐以其熔点高、空气中蒸发压力小的特点，在半导体中的应用已引起了国内外电子工业的注意。具有高导电率和高熔点的含钪亚硝酸盐可用于电子与无线电行业。钪的硒化物、碲化物、氧化物、硫化物等具有较高的熔点和较好的稳定性，而且电性质可在非常大的范围内变化。有人认为，钪很可能作为铁磁石榴石(它在无线电工业中具有很大意义)的组分之一。Sc_2Se_3 和 Sc_2Te_3 是半导体材料，Sc_2S_3可作热敏电阻和热电发生器，ScB_6可作电子管阴极材料，Sc_2O_3单晶用于仪器制造。

用钪酸盐阴极作电子源具有工作温度低、电流密度大、蒸发小、抗中毒能力强、寿命长等特点和优良的工艺性能，这种阴极监控容易、制备简单、成品率高。将钪酸盐阴极作电子源应用到前向波放大器、行波管、磁控管、回旋管等微波器件中，可取得满意的结果。相比氧化物阴极以及 Ba - Ni 阴极，钪酸盐阴极具有抗中毒能力强，暴露大气后能再次激活，逐渐被用于一些可拆卸系统中。如将钪酸盐阴极用于可拆卸的低能电子衍射仪电子枪中，经 20 多次暴露大气后再次激活，仍能正常工作，能获得很长的寿命。研究还发现，往硫化锌、硫化铜等磷光体中添加钪能使辉光更明亮。钪还能增强其他磷光体，特别是氧化镁的辉光。

10.3.2　钪在电子及电磁学材料中的应用

钪作为氧化物阴极的激活剂用于电子管阴极，可大大增加热电子发射，提高电子管阴极寿命。将高纯 Sc_2O_3作为彩色电视显像管阴极电子枪的氧化阴极激活剂，效果就很好。先在彩管阴极上端喷上一层 1mm 厚的 Ba，Sr，Ca 氧化层，上面再弥散一层 0.1mm厚的 Sc_2O_3。氧化层阴极中因 Mg，Si 与 Ba 发生反应，促使 Ba 还原，释放的电子更为活跃，发出大电流的电子，使荧光体发光。在阴极还发生下列反应：

$$Sc_2W_3O_{12} + 3Ba \longrightarrow 2Sc + 3BaWO_4$$

与不用 Sc_2O_3涂层的阴极相比，上述反应产生的钪原子使电流密度提高 4 倍以上，从而使电视画面更明亮，清晰度更高。使用 Sc_2O_3的阴极寿命可以提高 3 倍。生产 200 万只 54cm 显像管阴极只需 6 kg 左右 Sc_2O_3。日本在这方面使用 Sc_2O_3最多，提高了彩电市场的竞争能力。

稀土钪钨基高电流密度电子发射体材料，含有氧化钪、铼和钨，其中氧化钪占电子发射体材料的重量百分比为1% ~10%，铼占0 ~5%，其余为钨。电子发射体材料制备包括以下步骤：在蓝钨中，以硝酸钪水溶液形式加入1% ~10%的氧化钪，同时以铼酸铵水溶液的形式加入0% ~5%的铼，在氢气气氛中，500℃ ~650℃下还原0.5 ~1.5h，800℃ ~1000℃下还原保温1 ~3h，得到掺杂氧化钪的钨粉。将上述钨粉采用常规的粉末冶金方法制备烧结体，浸渍铝酸盐，超声波清洗和退火后，制成电子发射体材料，其发射性能均匀，且耐高温、抗离子轰击能力明显提高。

用氧化钪取代铁氧体中的部分氧化铁，可提高矫顽力，使计算机记忆元件性能提高，因而含钪的铁氧体在计算机磁芯中也颇有前途。少量钪加入到钇铁石榴石中可改进磁性，钪代替铁使其磁矩和磁导增强，并使居里温度降低，有利于在微波技术中的应用。钪和稀土元素可用于制造高质量铁基永磁材料。$Sc_{1-x}Ti_xFe_2$在铁磁转变过程中会产生极强的磁体积效应。用溅射法制备的$(Sc_{1-x}Ti_x)(Fe_{1-y}Co_y)_2$($x=0.3\sim0.8$，$y=0.05\sim0.5$)非晶态薄膜可用作磁光记录介质。

在Ba－Cu－O材料中加入钪生成Sc－Ba－Cu－O超导体，可使其临界转变温度达98K的水平。Sc－Ba－Cu超导材料是具有高导电率和高熔点的合金，前苏联科研人员在进行超导陶瓷研究时发现，在YBaCuO超导陶瓷中，用Sc部分代替Y，用Sr部分代替Ba，形成四方晶系的$(Y_{0.75}Sc_{0.25})(Ba_{0.75}Sr_{0.25})Cu_3O_7$，其超导起始转变温度$T_c$可达110K，并认为$T_c$的提高与构成元素原子质量数的下降和原子半径的减小呈规律性变化。日本学者对钪在Y－Ba－Cu－O中的取代效应也进行了研究，他们参照Y－Sc系和Cu－Sc系合成了$(Y_{1-x}Sc_x)Ba_2Cu_3O_{7-y}$和$YBa_2(Cu_{1-x}Sc_x)O_{7-y}$，结果发现用钪取代钇或铜影响氧的化学配比，使铜离子的平均价产生变化，进而抑制高温超导性。当增加Sc的浓度时会出现高温超导体向半导体转变。因此，钪在钇系超导体中的作用到底如何，目前还不能下定论。

此外，在镁硫化物中加入钪的阴极射线管，用于办公室自动化机器，可以提高办公效率。钪的化合物可用作荧光粉的基质或激活离子。Sc_2O_3，$ScVO_4$，Sc_2O_2S 是典型的基质材料，而用银和钪共激活的 $ZnCdS_2$ 是一种适用于彩电的红色荧光粉，只是由于成本方面的原因，还没有得到工程应用。

10.4　钪在特种陶瓷中的应用

氧化钪比其他具有类似特性的金属氧化物的价格要高得多，因此，在陶瓷中的应用并不十分普遍。然而，氧化钪以其独特的性质在一些高级陶瓷中具有特殊用途，使陶瓷的电导率、抗热冲出性能、稳定性和密度等得到改善，其中最突出的是作为氧化锆的稳定剂和氮化硅的致密助剂以及合成特定铁电陶瓷。此外，钪也可用于对碳化硅和氮化铝进行改性。含 Sc_2O_3 的 ZrO_2 和 HfO_2 基陶瓷，能耐高温。实验室天平的刀刃如用 Sc_2O_3 制造甚至比用蓝宝石更好。

10.4.1　钪作为氧化锆的稳定剂

氧化锆基电解质用作许多电化学器件。氧化锆中加入一些特定氧化物可以稳定其立方相或四方相而形成氧离子空穴。在一定温度和氧气分压范围内，这种电解质的氧离子电导有很大增加，可用来开发氧传感器。这种氧传感器件可用于冶金工业燃烧过程的监控以及用作固体氧化物燃料电池（SOFC）。燃料电池是一种直接将燃料能转化为电能的新型电池，具有很高的能量转化率，被认为是 21 世纪的新能源之一，对克服人类所面临的能源危机具有重大意义。SOFC 是继磷酸盐燃料电池和熔融碳酸盐型燃料电池后发展起来的第三代全固态化电池，具有高可靠性、高的能量质量比和能量体积比、构造简单和污染少等优点，已成为各国竞相发展的重点对象。

目前的固体电解质多采用8% Y_2O_3(摩尔分数)作稳定剂的ZrO_2(YSZ)，1000℃时的电导率为0.16S/cm。6% ~10%的氧化钪(摩尔分数)可以稳定氧化锆的立方相，在800℃ ~1000℃产生很高的离子电导率。与氧化钇相比，氧化钪能更好地稳定氧化锆晶体结构，有效地防止晶型转变时产生裂纹，同时能促进离子传输，还具有机械强度高、热膨胀系数匹配等优点。Sc_2O_3作稳定剂的ZrO_2(SSZ)电解质中，含8% Sc_2O_3(摩尔分数)时具有最大的氧离子浓度，1000℃时的电导率为0.38S/cm。四方相Sc_2O_3稳定的ZrO_2[2.9% Sc_2O_3(摩尔分数)]的电导率也比氧化钇或YSZ的要高。有人对SSZ[11% Sc_2O_3(摩尔分数)]在1000℃进行了2000h的测试，发现这种电解质的电导率稳定在0.31S/cm。氧化铝颗粒在SSZ表面的分散会降低其离子电导，却使其弯曲强度增加了40% ~50%，从而更适合于开发SOFC。日本研制的平板SOFC，以SSZ[8% Sc_2O_3(摩尔分数)]替代YSZ[8% Y_2O_3(摩尔分数)]，使SOFC的功率密度提高到1.6 W/cm^2，为后者的1.5 ~2倍，明显提高了SOFC的可用性。SSZ很少在高于1100℃的温度下使用，此温度下它的电导率和力学性能会随时间而降低。

基于四方氧化钪稳定的氧化锆氧传感器已实现商业化，应用于一些现场控制，但尚未得到广泛使用。SSZ[4.5% Sc_2O_3(摩尔分数)]用于气体涡轮机和柴油发动机的热绝缘涂层时，表现出良好的抗腐蚀性。SSZ以其相对密度低、蒸气压低以及固相稳定性好等特点而成为一种很有前途的结构材料。

Ta_2O_5有两种变体，其中$\beta-Ta_2O_5$称为低温变体，主要用作电容器材料，而$\alpha-Ta_2O_5$中加入Sc_2O_3或MgO作稳定剂，其氧离子导电率与PSZ(partially stabilized zirconia，部分稳定氧化锆)相当，有可能在燃料电池和固态传感器中获得重要应用。

10.4.2　钪作为氮化硅的致密助剂

在氮化硅中可以添加氧化钪作为增密剂，与添加其他氧化物相比，可以提高其高温机械性能。这种氧化钪致密的氮化硅（$Sc_2O_3-Si_3N_4$），在干燥或潮湿环境还具有很高的抗氧化性。氧化钪还是氮化硅的良好烧结助剂，它不易生成四价金属和硅的氮氧化物，从而避免了因氧化膨胀而导致的开裂。这种优异的高温抗变形性，可归结于在细小颗粒的边缘生成了难熔相 $Sc_2Si_2O_7$。在室温和1370℃下进行快速断裂抗扰试验，$Sc_2O_3-Si_3N_4$的折断强度分别为748MPa和496MPa，比其他稀土致密的氮化硅的快折断强度高得多。而且，$Sc_2O_3-Si_3N_4$的抗蠕变性的数值比 $MgO-Si_3N_4$高1~2个数量级。$Sc_2O_3-Si_3N_4$在1300℃的空气中氧化100h的增重为0.1mg/cm^3，仅为相同条件下 $Y_2O_3-Si_3N_4$的一半。含钪的 SiAlON[β'-(Sc-Si-Al-O-N)]陶瓷也具有良好的抗氧化性。

10.4.3　钪在铁电陶瓷中的应用

铁电陶瓷，特别是多晶陶瓷有极其广泛的应用领域，如高介电容器、热释电探测器、压电/电致伸缩换能器、电光器件及 PTC 正温度系数热敏电阻。弛豫型铁电陶瓷，具有介电常数高、电致伸缩效应大、理论上无滞后、无老化、响应快、回零性好、驱动功率小、低膨胀等优点，是制造多层陶瓷电容器、微位移驱动器、致动器以及电光学器件的理想材料。

氧化钪可用于制造基于张弛振荡器的弛豫型铁电陶瓷，如钽酸铅钪 $PbSc_{0.5}Ta_{0.5}O_3$（PST）和铌酸铅钪 $PbSc_{0.5}Nb_{0.5}O_3$（PSN）。PST 在偏压作用下呈现反热电效应，可用于热量的探测器。PSN 具有大的机电耦合指数和高的介电常数，是一种可用于转换器的很有前途的材料。

PST 的热释电系数高达 230×10^{-8} C/(cm^2·K)，但其居里点较低，根据钽钪离子的有序度的不同，其居里点大致在 -5℃ ~ 25℃，且需要在相当高的温度下(~1500℃)才能合成制备致密的具有钙钛矿结构的性能良好的陶瓷材料。但如在 PST 中加入钛酸铅(简称 PT，其居里点约为 490℃)，则形成具有复合钙钛矿结构的(1 - x)PST - xPT[简称 PSTT(100x)]固溶体，可提高 PST 材料体系的居里点，降低其制备温度(低于 1300℃)，从而扩大 PST 材料体系的应用范围。

10.4.4 钪在 TiC 陶瓷中的应用

在 TiC 中加入少量的钪可明显提高其硬度。TiCNO 体系的硬度可通过改变组分使其结构更精细。当向 TiCNO 系添加元素钪时，特别是用磁控管从 Ti 和 Sc 靶上溅射涂层时，体系的硬度由 22 ~ 32GPa 增加至 45GPa。这种物质可看成是仅次于金刚石和氮化硼之后第三或第四的最硬材料。(Ti，Sc)(C，N，O)的抗氧化温度较金刚石或类金刚石涂层高数百度。

10.4.5 钪在涂层材料中的应用

将氧化钪以火焰喷涂方法涂在各种材料表面上，耐热及抗热冲击性能优于喷涂氧化锆、氧化铝和氧化镁。如在小型坩埚、热偶套管、铸模和搅拌棒等小型耐高温部件上涂以 Sc_2O_3 涂层，在室温到 2000K 的温度范围内，都比涂以氧化铝稳定。氧化钪在热力学上虽不如氧化钇稳定，但从化学性能和核性能方面考虑，在高温应用中使用氧化钪还是比使用氧化钇好。

加入 Sc 后的 Ga - Sc 合金是一种优异的金属 - 陶瓷粘结剂和高新技术用的涂层材料。

ScN 的密度为 3.6 g·cm^{-3}，呈面心立方(NaCl 型)结构，由于密度小，熔点高达 2700℃，已成为宇航工业感兴趣的材料之一，

ScN 坩埚还用来制备 GaAs 和 GaP 单晶。

10.5　钪在玻璃工业中的应用

在现代社会中，玻璃与每个人的生活都密切相关，现代化的建筑、家庭中的各类摆设等，都要用到大量玻璃材料。玻璃是通过折射、反射、透过方式传递光线或通过吸收改变光的强度或光谱分布的一种无机材料，具有稳定的光学性质和高度光学均匀性。玻璃组分中的 Sc_2O_3起网络形成剂的作用，既能使密度降低，又能使组织形成网状结构，降低玻璃的脆性。在光学玻璃、硅酸盐玻璃和硼玻璃中加入钪，可提高玻璃折射指数，改善反射性能。美国用氧化钪制成一种磷酸铅钪光学玻璃，这种玻璃折射指数高($n=1.75\sim1.83$)，透射范围宽(300 ~ 2800 nm)，色散适中(阿贝数为 30)，并且抗化学腐蚀、气候和 γ 射线辐照，在透镜、棱镜、窗口以及光纤中具有多种用途。由于对可见光无色透明且含铅量高，也可用于作辐射屏蔽窗口及核医学设备的元件。

氟化钪玻璃具有一系列光导纤维性能，可以制作光谱中红外区光导纤维。

金属玻璃是一种具有优良的力学、电学、磁学以及化学性质的玻璃，如在 Zr – Cu 玻璃中加入钪后，其热稳定性更易于控制。

10.6　钪在能源和放射化学工业中的应用

金属钪热稳定性好，吸氚性能强，已成为原子能工业不可缺少的材料。用钪片制成的氚钪靶装在加速器中，可进行各种核物理实验；装在中子发生器中可产生高能中子，是活化分析、地质探矿等的中子源；钪的氘化物(ScD_3)和氚化物(ScT_3)可用于制造铀矿体探测器的元件。由于钪原子半径与钚相似，可作富 δ 相的稳定剂，加钪到钚中作核燃料和将核能转变成电能的交流器，中子高温减速剂等。含钪的合金是耐高温的结构材料，因而钪可用作原子能电站的热电交换器发射体材料。使用 UO_2 高温反应堆核燃料时，由于 UO_2 在氧化介质中会变成 U_3O_8，产生晶格转变，体积增大，出现裂纹，如果在 UO_2 中加入少量 Sc_2O_3，则可使结构稳定，氧化时不产生相变和裂纹。碳化钪是高温中子阻抑剂，在轻便的硬性反应源中，钪用作活化剂。钪和它的化合物还可用来制备有实际意义的钾、钙、钛的放射性元素。钪的氢化物是现代核反应堆的高温减速剂，因为钪经过照射产生放射性同位素 ^{46}Sc，可作为 γ 射线源和示踪原子而用于科研和生产各个方面。

在金属－绝缘体－半导体硅光电池和太阳能电池中，钪是最好的阻挡金属，其效率为10%～15%，AgO 碱性蓄电池的 AgO 阴极中加入 Sc_2O_3 时，可防止高温蓄电时 AgO 分解释放出氧并可提高电池的效率。

10.7 钪在催化剂工业方面的应用

在化工领域，钪、氢化钪、氧化钪、碳化钪和氯化钪均能用作化学反应的催化剂。用 Sc_2O_3 作催化剂或助催化剂具有较好的活性，能加速许多有机反应的进行。如在 Cu－ZnO－Al_2O_3 催化剂中加入少量 Sc_2O_3，通过催化氢化可将 CO 转化为甲醇，显著地增强 CO 的化学吸附力和催化活性。Sc_2O_3 也可用于将甲烷转化成高级碳氢化合物、将乙烷－乙烯氧化成乙酸、使乙醇或异丙醇脱水和脱氧、乙酸分解、由 CO 和 H_2 制乙烯、由废盐酸生产氯气、以及 CO 和 N_2O 氧化等的催化剂。2－乙基已醇在 220℃ 下酯化反应，用 Sc_2O_3 催化时，可提高其转化率。经 3h 催化的转化率为 94.97%，6h 可达 99.73%，比其他催化剂的活性强，无副作用，三废量小，产品质量好。

石油工业是目前工业上应用钪较多的部门之一。含 Sc_2O_3 的 Pt－Al 催化剂用于重油氢化提纯，精炼石油，也可用醇为原料制造汽油。

活性氧化铝浸渍 $ZrO(NO_3)_2$，$Sc(NO_3)_3$，H_2PtCl_6 和 $RhCl_3$ 后煅烧所制得催化剂，可用于净化汽车尾气等高温废气。

在异丙基苯裂化时，ScY 沸石催化剂比硅酸铝的活性大 1000 倍。

10.8　钪在分析化学方面的应用

钪能与多种氨羧络合剂生成稳定的螯合物；钪能与茜素和苯胂酸等有机试剂生成有色配合物，这个性质被用于钪的比色分析和光谱分析。

10.9　钪在医学方面的应用

尽管 Sc 在新陈代谢过程中的作用人们了解得很少，然而对于近二十年来 Sc 的稳定放射性同位素在各种医学、生物工程和工业技术领域中的应用已经积累了大量资料。钪经过照射可以产生 9 种放射性同位素：$^{40\sim44}Sc$ 和 $^{46\sim49}Sc$，其中，^{46}Sc 作为示踪剂，在营养学研究和其他新陈代谢过程研究，如血液流动研究、微球疗法、抗体和其他化合物的放射性同位素示踪等方面得到了广泛应用；钪也可以作为探测钙、镁、铝、镓以及与生物化学分子相关的其他金属的示踪器；医疗上用 ^{46}Sc 来医治癌症，而用 ^{48}Sc 来治疗深部恶性癌肿瘤。此外，钪还用于钆稼石榴石型荧光粉，供放射医学作 X 射线转换屏使用，碳酸钪可以用来制药；总之，钪在人类生活中的应用必将与日俱增。

10.10 钪在农业方面的应用

用硫酸钪处理玉米、甜菜、豌豆、小麦和向日葵的种子，是改善这些种子发育(发芽)状况的一种很经济的手段。玉米种子经最佳浓度的 $Sc_2(SO_4)_3$ 溶液处理 8 天后，萌发根的干重可增加 37%，地上部分鲜重可增加 78%，其他植物也可以增加 9% ~ 25%，小麦种子的出苗率可从 37% 提高到 54%。$Sc_2(SO_4)_3$ 的选用浓度为 10^{-3}mol/L 到 10^{-6}mol/L，依不同的植物而异。

10.11 钪在环境保护方面的应用

在环境保护工程中，钪也有用武之地。例如，塑料、农药和某些溶剂的生产中都会析出大量氯化氢气体，排入大气造成公害。传统方法是用氯化铜催化剂催化分解氯化氢的方法，但过程要在 430℃ ~475℃才能进行，在这种温度下催化剂氯化铜会挥发，而氯化铜是有毒品，经口、鼻吸入会使人中毒。研究发现，如使用添加微量氯化钪(也可以添加氯化钇、氯化钍、氯化铀)的氯化铜催化剂，则此过程的温度可降低到 330℃ ~400℃，从而大大减少氯化铜的挥发。这种新型催化剂的出现，减少了化工厂上空的有害氯化氢气体。

参 考 文 献

[1] Коршунов Б Г, Резник А М, Семенов С А. Скандий. Москва: Металлургия, 1987

[2]易宪武等. 无机化学丛书:第七卷,钪 稀土元素. 北京:科学出版社,1992

[3] Horovitz C T, Schock H H, Gschneidner, Jr K A et al. Scandium, Its Occurrence, Chemistry, Physics, Metallurgy, Biology and Technology. Academic Press, 1975

[4] Скандий и перспективы его использования, Тезисы докладов международной научно - практической конференции, Москва, 1994

[5]中国科学院贵阳地球化学研究所编. 简明地球化学手册. 北京:科学出版社,1977

[6] Jean - Claude Champarnaud - Mesjard, Bernard Frit, J. Less - common Met, 1991, 167(2): 319 - 327

[7] Федоров П П, Кочерба Г И, Соболев Б П и др. Неорг Хим, 1989, 34 (7):1912 - 1913

[8] Белорукова Л П, Кожина И И, Ефимов А И и др. Вестник Ленинградского Университета, с 4, Физ и хим, 1975, 100(16):80 - 83

[9] Василькова И В, Кожина И И, Ефимов А И и др. Вестник Ленинградского Университета, с. 4, Физ и хим, 1975, 100(16):84 - 86

[10] 刘世友. 稀有金属与硬质合金. 1995(2):57 - 61

[11]陆庆桃, 倪福生,陈寅初. 钪的应用及其提取冶金进展. 上海有色金属, 1995, 16(3):160 - 165

[12] Petzel T, Schneider F, Hormann B. Thermochemical Acta, 1996, 276:1 - 6

[13] Александровский С В. Ж Прикл Хим, 1997, 70(11):1761 - 1766

[14] Гуцол А Ф, Тихомирова Б Л. Ж. Прикл. Хим., 1998, 71(7):1062 –1066
[15] Леонидов В Я, Фуркалюк М Ю. Доклады АН, 1997, 355(5):638 –640
[16] Леонидов В Я, Фуркалюк М Ю. Ж. Физ. Хим, 1998, 72(11):1960 –1963
[17] Гурвич Л В, Ежов Ю С, Осина Е Л. Ж. Физ Хим, 1999, 73(3):401 –414
[18] 廖春生，徐刚，贾江涛等. 中国稀土学报,2001,19(4):289 –297
[19] 杨遇春，汪丽都. 稀土应用开发的新趋向,有色金属，1997，49(4):93 –98
[20] 李汉广,尹志民,刘静安. 含钪铝合金的开发应用前景. 铝加工,1996,19(1):45 –48
[21] 李汉广,尹志民. 钪的发展动态和发展战略. 稀有金属与硬质合金,1996(1):47 –51
[22] 杨世杰,杨明,尹志民. 平果铝厂赤泥物相分析. 中南工业大学学报,1996，27(5):569 –572
[23] Семенов С А, Резник А М, Юрченко Л Д. Цвет. Металлы, 1983,(12):43 –47
[24] Xu Shao – quan, Li Su – qing. Hydrometallurgy, 1996, 42(3):337 –343
[25] Листопадов А А, Никитина Г П, Егорова В П и др. Радиохимия, 1995, 37(1):75 –78
[26] Коровин В Ю, Рандаревич С Б, Бодарацкий С В, и др. Ж. Неорг. Хим., 1990, 35(9):2404 –2408
[27] Коровин В Ю, Погорелов Ю Н, Чикодачов А И. и др. Ж Прикл Хим, 1992, 66(8):1744 –1750
[28] Никитина Г П, Листопадов А А, Шпунт Л Б, и др. Ж Прикл Хим, 1996, 69(8):1290 –1295
[29] Zajnetdinov K I, Andresov V A, Kichigin D F, et al. RU 2048565, 1995
[30] Degtev M I, Melnikov P V, Toropov L I, et al. RU 2049728, 1995
[31] Петрова В А, Палант А А. Ж Неорг Хим, 1995, 40(7):1225 –1228

[32] Туранов А Н, Евсеева Н К, Баулин В Е, и др. Ж Неорг Хим, 1995, 40(5):861 - 865
[33] Chun Wang, Deqian Li, Solvent Extr. Ion Exch. ,1995,13(3):503 - 523
[34] Петрова В А, и др. Ж. Неорг Хим, 1993, 38(8):1373 - 1376
[35] Коровин В Ю, Рандаревич С Б, Бодарацкий С В, и др. Коорд Химия, 1991, 17(4):561 - 567
[36] Палант А А, Резниченко В А, Петрова В А, и др. Ж. Неорг Хим, 1990, 35(8):2114 - 2116
[37] Куликова А В, Курдюмов Г М, Клименко М А. Цвет Металлы, 1994, (12):43 - 45
[38] 张平伟,张 力,尤曙彤等. 稀土,1991,12(4):18 - 21
[39] 赵云玲,李德谦. 核化学与放射化学,1992, 14(2):79 - 85
[40] 薛理珍,李德谦. 核化学与放射化学,1991, 13(3):163 - 168
[41] 谢丽娜. 稀土,1991,12(5):68 - 69
[42] 许绍权,李强远. 化学通报,1991,(4):23 - 24
[43] Zebreva A I, Andreeva M N, Romanchuk S A, et al. RU 2031168,1995
[44] 王应玮,刘萱念,杨学群等. 湘潭大学自然科学学报,1986(1):74 - 79
[45] 乐少明,李德谦,倪嘉缵. 核化学与放射化学,1987, 9(3):163 - 167
[46] 汤惠民,刘慧中. 同济大学学报,1991,19(1):103 - 108
[47] 汤惠民,刘慧中. 应用化学, 1991, 8(6):57 - 60
[48] 李琼清,金尚德, 李德谦等. 暨南大学学报, 1993, 14(1):52 - 56
[49] 吴成龙,周永益,王伯华等. 上海有色金属,1987, 15(1):21 - 26;1987, 15(2):42 - 46
[50] 周春山,徐卫红,熊兴安等. 中南工业大学学报, 1997, 28(3):294 - 297
[51] 尤曙彤,张平伟,张 力等. 稀有金属, 1991, 15(5):330 - 332
[52] 张平伟,蒋蕴华,张 力等. 稀土, 1990(2):12 - 16
[53] 龚冶湘,宋金如,周丽彬等. 离子交换与吸附, 1998, 14(3):197 - 203
[54] 林维明,曾俊卿. 冶金分析, 1989, 9(2):21 - 24
[55] Соколова Ю В, Кудрюмов Г М, Смирнов А В, и др. Ж ПриклХим, 1991, 64(8):1766 - 1768
[56] Kudrjiavskii Ju P, Volkov V V, Kolesnikov V A et al. RU 2048564,1995

[57] Кудрявский Ю П, Волков В В, Рымкович А А, и др. SU 1424174, 1991
[58] Басаргин Н Н, Зибарова Ю Ф, Розовский Ю Г. RU 2010876, 1994
[59] Юрлов С А, Смирнов А Л, Вольдман Г М, и др. Ж Физ Хим, 1989, 63(11):3092－3094
[60] Kudrjavskij Ju P , Djatlov V V , Volkov V V et al. RU 2062810, 1996
[61] 许绍权. 稀土,1984,49(1):39－42
[62] 刘慧中,汤惠民. 上海环境科学,1990,9(3):11－14
[63] 赵 杰,马国杰,李义辉. 化学世界,1990,(10):472－475
[64] 程瑞学,孙隆熙,宋素华等. 稀有金属,1981,(6):20－24
[65] Tai K Kim, Robert P. McClintic, US 4751061, 1988
[66] D'jakov V E. RU 2061077, 1996
[67] Вишкаров А Ф, Зеликман А Н, Ракова Н Н, и др. RU 2020175, 1994
[68] 柯家骏,陆正亚,李希明等. 化工冶金,1981(2):73－86
[69] 何锦林,谭 红,蔡汝义等. 稀土,1989 (6):59－61
[70] 李勇明,陈建军. 稀有金属与硬质合金,1997(1):1－4
[71] 张宗华,庄故章. 稀土,1999,20(3):23－36
[72] 何锦林,谭红,蔡汝义等. 稀有金属,1990,14(4):256－259
[73] Кудрявский Ю П, Казанцев Е А. Цвет Металлы, 1999, (10) :60－65
[74] Кудрявский Ю П. Ж Прикл Хим, 1994, 67(11):1780－1786
[75] Кудрявский Ю П, Волков В В, Чуб А В. SU 1452144, 1991
[76] Смирнов Д И, Молчанова Т В, Водолазов Л И. Цвет Металлы, 1995, (10):44－46; 1997 (9):45－47
[77] Diev V N, Jatsenko S P, Anashkin V S et al. RU 2040587, 1995
[78] Pauker V I,Zubarev V I, Mukhlaev O T et al. RU 2041279, 1995
[79] Калужский А Н, Анашкин В О, Клименко Г Н, и др. SU 1715874, 1992.
[80] Komissarova L N, Melnikov P P, Pushkina G Ja. et al. RU 2036148, 1995
[81] Яценко С П, и др. RU 2247788, 2005
[82] 徐进修. 广西冶金,1994(2):22;1995 (1):22－36
[83] 张江娟,段战荣. 湿法冶金,2004,23(4):195－198

[84]张江娟,邓佑国,徐延华. 轻金属,2005,(2):13 – 15
[85]张江娟,邓佑国. 轻金属,2003,(10):18 – 22
[86]李久成. CN 85106255,1987
[87]张桂芳,张宗华,李先祥. 稀有金属,2005,29(2):219 – 222
[88]Lu Shixin et al. CN 7101034, 1989
[89]William J. Rourke, US 4968504, 1990
[90]Смирнов Д И, Шаталов С В. Цвет Металлы, 1999, (1):66 – 69
[91]Kimur, Akira. EP 0775753, 1997
[92]Stepanov S I , Illenok A A , Chizhevskaja S K et al. RU 2094374, 1997
[93]Cmol ´ naja T A, Smirnov I P, Shatalov V V et al. RU 2034074, 1995
[94]Раков И Э, Горячева Т В, Раков Э Г, и др. Цвет. Металлы, 1997, (8):53 – 56
[95]Sokolova Ju V, Korjakov VB, Per kov P G et al. RU 2083710, 1997
[96]Bezrodnyi S A, Krasnoramenskij I V, Per ´ kov P G et al. RU 2037548, 1995; RU 2040471, 1995
[97]Гуцол А Ф , Кузнецов В Я, Рыськина М П, и др. Ж. Прикл Хим, 1998, 71(4):543 – 546
[98]Danilov VV, Zrjachev A N, Kachur L I et al. RU2034073, 1995
[99]Frederick A S, Oscar N C, US 3846121, 1974
[100] Gotovchikov V T, Danilov V V, Zrjachev A N et al. RU, 2034071, 1995; RU 2034072, 1995; RU 2034073, 1995; RU 2034076, 1995; RU 2034078, 1995
[101] Aleksandrovskij S V , Gejlikman M B, Bazheev V E et al. RU 2048566, 1995
[102] Kamissarova L N, Tsirel nikov V I , Lavut Eh G et al. RU 2038397, 1995
[103] Фаворский Л В, Химия технологии скандия, Москва, Металлургия, 1990, стр:153 – 182
[104] Fort D. J of Less Common Metals, 1987, 134(1):54 – 56
[105] Михайличенко А И. Редкоземельные металлы, Москва: Металлургия, 1987
[106] Тихинский Т Ф, Получение сверхчистых редких металлов, Москва:

Металлургия, 1987
[107] Gotorchikov V T, Danilov V V, Zrjachev A N et al. RU 2034075, 1995; RU 2034079,1995; RU 2034080,1995
[108] Зеленский В Ф. Высокочистые вещества, 1994, (3):68 – 75
[109] Ажажа В М. Высокочистые вещества, 1994, (3):76 – 83
[110] Чистяков О Д. Высокочистые вещества, 1994, (3):57 – 65
[111] Ковалев Ф В, Тюрин В С, Карцев В Е. Цвет Металлы, 1995, (12): 37 – 39
[112] 胡华业, 李汉广. 稀土, 1999, 20(4):70 – 71
[113] 李国栋, 刘永林. 中国稀土学报, 2000,18(2):183 – 185.
[114] 颜世宏, 李作顺. 李宗安等, 稀土, 1995, 16 (4):64 – 65.
[115] 张康年. 稀有金属, 1982, (6):20 – 23.
[116] J L Murray. Journal of Phase Equilibria, 1998, 19(4):380 – 384
[117] Blake N, Hopkins M A. J Mater Sci, 1985 (20):2861 – 2867
[118] Masaru Nakayama, Akira Furuta, Yasuhiro Miura. Materials Transactions JIM, 1997, 38(10):852 – 857
[119] Fukunaga K, Shouji T, Miura Y. Materials Science and Engineering, 1997, A239 – 240:200 – 205
[120] R W Hyland Jr. Materials Transactions A, 1992, 23A:1992 – 1947
[121] Hyung – Ho Jo, Shin – Itiroh Fujikawa. Materials Science and Engineering, 1993, A171:151 – 161
[122] Gschneidner Jr K A, Calderwood F W. Bulletin of alloy phase diagrams, 1989, 19(1):34
[123] Fujikawa S I, Sugary M S, et al. J Less – Common Metals, 1979, (63): 87
[124] Дрен. М Е. Изв АН СССР, Металлы, 1982, (1):173
[125] Florenz. US Patent 2,911,297, 1959
[126] Faunce. US Patent 3,935,004, 1976
[127] Dremann. US Patent 3,941,588,1976
[128] Brown et al. US Patent 3,592,637,1971
[129] Dremann. US Patent 4,171,215,1979

[130] Fedorw N. Ya., Petrov E. S.. U. S. S. R. 197,979(cl. c 22d). June 9, 1967

[131] Ратнер А Х, Гейликман М Б, Александровский С В. Научные исследования в металлургии легких металлов. СПБ, ВАМИ, 2000, 239 - 248

[132] Barin I, Knacke O, 1973, 1977 supplemnt, Spring - verlag

[133] Papatheodorow G, Wernes O, Ostwold T. Acta Chem, Scand, 1979, 33 (3):173 - 178

[134] Марков Б Ф, Волклв С В, Присяжкный В Д, и др. Наукова Дцмка, 1985, 172

[135] M Gaune - Escard, Rycerz L, Szezepanial W, BogaezA., Thermochim Acta. 1994, 236:51 - 58, 236:59 - 80.

[136] M Gaune - Escard, Bogaez A, Rycerz L, Szezepanial W. Thermochim Acta. 1996, 279(1):11 - 25

[137] Ратнер А Х, Дисс канд хим наук: Ленинградский технологический институт, 1990, 149

[138] Лякишев Н П, Диаграммы состояния двойных металлическмх систем. Москва: Машиностроение, 1996

[139] Петрашкеаич С Е, Дис Канд Хим: Краснодар, 1977

[140] Заиададзе Г И, Петров А А., Казенас Е К. Тезисы докл IX всес конф по калориметрии и химической термолинамике Тбилиси, 1982, 356 - 357

[141] Д. Каптаи, С Н, Ахмедов Ю В, Борисоглебский и др. Изв ВУЗаов Цветная металлургия, 1988, 6:70 - 76

[142] Баталин Г И, Белобородова Е А, Казимиров В П. Термодинамика и строение жидких сплавов на основе алюминия. Москва: Металлургия, 1983

[143] S Srikanth, V S Srinivasan, K T Jacob, M Allibert. Rev Int Hautes Temper Refract, 1991, 27(3):131 - 139

[144] S Srikanth, V S Srinivasan, K T Jacob, M Allibert. Rev Int Hautes Temper Refract, 1991, 27(3):131 - 139

[145] C Rog, A Kozlowska - Rog, K. Zakula - Sokol, G Borchardt, J Chem Thermodyn. 1993, 25(7): 807 - 810
[146] Махов С В. Исследование и разработка технология алюминотермического производства алюминиево - скандиевой лигатуры из фторидного и оксидного сырья. Автореф. Канд. Дис. Москва: Металлургия, 1999
[147] Александровский С В, Захаревич А А, Колесников В А, и др. Способ получения лигатуры алюминия со скандием. RU1812810, 1996
[148] Александровский С В. Способ обезвоживания скандийсодержащего хлоридного расплава, RU95100619, 1996
[149] Александровский С В, Сизяков В М, Способ получения скандийсодержащей лигатуры, RU2162112, 2001
[150] Махов С В, Москвитин В И, Способ получения лигатуры алюминий - скандий (варианты), RU2213795, 2003
[151] 杨昇. 电解法生产铝钪合金的研究:[学位论文]. 郑州:郑州大学,2003
[152] 杨昇,顾松青,刘凤琴. 一种电解生产铝钪合金的方法. 中国, 02153736.4, 2002
[153] 杨昇,顾松青,刘凤琴等. 一种高纯铝钪合金的生产方法. 中国, 03153785.5, 2003
[154] 杨昇,顾松青,刘凤琴等. 一种电解生产铝钪锆多元合金的方法. 中国, 03153786.3,2003
[155] 路贵民,马贺利. Al - Mg - Sc 合金中组元活度及活度相互作用系数. 稀土, 2000(2):43 - 45
[156] 路贵民. Al - Sc 合金热力学性质的研究. 有色金属, 1999, 51(2):76 - 78
[157] 路贵民,刘学山. 氧化钪在 nNaF·AlF3 - ScF3 熔盐化系中的熔解. 中国有色金属学报,1999, 9(3): 624 - 626
[158] 孙本良, 翟玉春, 田彦文. 氟盐体系中电解制取铝钪合金的研究. 稀有金属, 1998, 22(3):191 - 193
[159] 路贵明,刘学山. 冰晶石熔体中熔体 Al 热还原法制备 Al - Sc 合金. 中

国有色金属学报, 1999, 9(1):171 - 174
[160] 路贵民, 刘学山, 蒋冬梅, 邱竹贤. Al - Mg 合金热力学性质的计算. 中国有色金属学报, 1999, 9(2):381 - 384
[161] 孙本良, 李成威, 翟玉春, 田彦文. Reduction Mechanism of Scandium Ion in Fluoride Salt Melt. 中国稀土学报, 2004, 22(4):521 - 523
[162] Tian Yan - wen, Sun Ben - liang, Zhai Yu - chun. Preparation of Al - Sc alloy in chloride system with molten salt electrolysis. Trans. Nonferrous Met Soc China, 1998, 8(4): 626 - 631
[163] Sun Benliang, Zhai Yuchun, Tian Yanwe. Measurement of Densities and Surface Tensions of NaCl - KCl - ScCl_3 System. Journal of Rare Earths, 1999, 17(4):316 - 319
[164] 孙本良, 翟玉春, 田彦文. NaCl - KCl(1: 1) - ScCl3 体系电导率及初晶温度的测定, 稀土, 1999(4):26 - 28
[165] 孙本良, 翟玉春, 田彦文. NaCl - KCl - ScCl3 体系密度及表面张力的测定. 中国稀土学报,1999, 17(1):90 - 93
[166] 孙本良,翟玉春, 田彦文, 赵延昌. 氟盐体系中 Sc3 + 在 Ag 电极上的阴极还原过程. 中国有色金属学报, 1997, 7(4):35 - 37
[167] 杨少华, 邱竹贤, 张明杰. 铝钪合金的应用及生产. 轻金属, 2006(4): 55 - 57
[168] 张明杰,李金丽,梁家骁. 熔盐电解法生产 Al - Sc 合金. 东北大学学报(自然科学版), 2003, 24(4):358 - 360
[169] 张明杰,梁家骁. 铝钪合金的性质及生产. 材料与冶金学报, 2002, 1(2):110 - 114
[170] 杨昇,李强, 顾松青. nNaF·AlF3 - 2Al2O3 - 2Sc2O3 系电解质初晶温度数学模型的研究. 有色金属(冶炼部分), 2003(5):27 - 29
[171] 杨昇,李强, 顾松青. 电解铝钪合金的热力学. 有色金属(冶炼部分), 2003(2):26 - 29
[172] 杨昇,李强, 顾松青. 氧化钪在冰晶石氧化铝体系中的溶解性能研究. 稀有金属, 2003, 27(3):418 - 420
[173] 胡华业. 高纯金属钪的制备. 稀土, 1999, 20(4):70 - 71
[174] 徐进修. 高新技术用材料钪的提取冶金. 广西冶金, 1993, 12(3 - 4):

12 – 19

[175]Звиададзе Г Н. Изучение кинетики взаимодействия в симтеме ScF3 – Al. Всесоюзный смпозиум по химии неорганических фторидов. Тезисы Докладов, Moscow: Наука, 1978

[176]Самоделов А П. Растворимость хлорида скандия в солялой кислоте при 25°C. Ж Неорг Химии, 1965, (7):1735 – 1737

[177]Москвин В И, Махов С В, О возможности получения алюминиево – скандиевой лигатуры в алюминиевом электролизере. Изв ВУЗ Цвет Металлургия, 1998, (7):43 – 36

[178]Василькова И В, Кожина И И, Ефимов А И, Белорукова Л П. Диаграмма состояния системы ScCl3 – NaCl – KCl. Вестник Ленинградского Университета, 1975, (16):84 – 86

[179]Белорукова Л П, Донская И Д, Ефимов А И, Трунина М Ю. Диаграмма плавкости Троинои системы MgCl2 – KCl – ScCl3 Ⅰ. Вестн. СПБГУ, 1992, (2):88 – 89

[180]Александровский С В. Исследование дегидратации кристаллогидрадов хлоридов скандия (Ⅲ). Ж Прикл Химии, 1997, (11):1761 – 1766

[181]Белорукова Л П, Кожина И И, Ефимов А И, Взаимодействие трихлорида скандия с расплавленным хлоридом натрия или калия. Вестник Ленинградского Университета, 1975, (16):80 – 83

[182]Белорукова Л П, Василькова И В, Ефимов А. И, Иванова Е. Е. Взаимодействие трихлорида скандия с хлоридами щелочных металлов Ⅱ. Вестник Ленинградского Университета, 1996, (4):41 – 46

[183]姜锋. Al – Mg – Sc 中间合金制备及其应用研究:[学位论文]. 长沙:中南工业大学,2000

[184]姜锋,白兰,尹志民. Al – Mg – Sc 中间合金的制备. 中国有色金属学报, 2003, 13(3):584 – 587

[185]A H Ratner, Jiang Feng, Yin Zhimin et al. Thermodynamic calculation on metallic thermoreduction during preparation of aluminum – rare master al-

loys. Trans Nonferrous Met Soc China, 2001, 11(1):18 -21
[186] Jiang Feng, Bai Lan, Yin Zhimin. Preparation of Sc - bearing master alloy by Al - Mg thermoreduction. Journal of Rare Earth, 2002, 20(5):507 - 511
[187] 姜锋，李汉广，尹志民等. 铝镁热还原制备含钪中间合金. 中国学术期刊, 2000, 11(6):1424 -1426
[188] 姜锋，尹志民，李汉广. 将我国钪资源优势转变为钪产品深加工技术优势. 中国稀土科技进展，北京:冶金工业出版社，2000
[189] 尹志民，李汉广，潘青林，彭志辉，姜锋. 氧化钪 - 氯化镁热还原法制备钪中间合金. 中国，00114848.6,2003
[190] 姜锋,尹志民,雷学锋,李周,宋练鹏，陈苏里. 无氢光亮铝镁钪合金焊丝制造工艺，20051000447.9，2005
[191] 姜锋,尹志民，黄伯云，宋练鹏. 铝镁钪锆中间合金及其制备方法，20051000477.2，2005
[192] 白兰. 氟化钪熔盐 - 铝镁热还原反应机理及铝镁钪中间合金制备新工艺研究:[学位论文]. 长沙:中南大学,2003
[193] Jiang Feng, Bai Lan, Yin Zhi - min. Preparation of scandium - bearing master alloys by aluminum - magnesium thermoreduction. Journal of Rare Earths, 2002, 20(5): 507 -511
[194] Ocko M, Babic E, Krsmik R, Girt E, Leonticf B . J Phys F Metal Phys, 1976, 6(5): 703
[195] Stepanov J, Butova M, Torma T, Kovacs E. Rare Metals, 1996, 23 (9): 313
[196] Levell A W. Aluminum - Scandium All US Patent. No. 3619181, 1971
[197] Наумкин О П, Терехова В Т, Савицкий Е М. Изв. АН СССР, Металлы, 1965, (4):176
[198] Елакин В И, Захаров В В, Павленко С Г, Ростова Т Д. Физ метал и металловед, 1985, 60(1):88
[199] Gschneidner K A, Calderwood F W. Bulletin of Alloy Phase Diagrams, 1989, 10(1): 34
[200] Дриц М Е, Быков Ю Г, Торопова Л С. МиТОМ, 1985, (4):48

[201]Дриц М Е, Торопова Л С, Быков Ю Г. МиТОМ, 1980, (10): P35
[202]Ikromov A Z, Ganiyev I N, Kinzhibalo V V. Doklady AN Tadzh SSSR, 1990, (6):391
[203]Дриц А М, Копелиович Б А. Изв. АН СССР, Металлы, 1985, (4): 150
[204]Filatov Yu A, Yelagin V I, Zakharov V V, Patent RU No. 2082809, Jun 27, 1997
[205]Характероба М Л, Добаткина Т В, Изв. АН СССР, Металлы, 1988, (6):180
[206]Lantsman P Sh, Rootman M M, Dudkina S I, Metallovedeniye i Termicheskaya Obrabotka Metallov, 1990, (4): 40 – 43
[207]Diskin A M., Portnoy V. K., Drits A M, Alalykin A A. Izvestiya Vuzov. Trvetnayya Metallurgia, 1986, (6): 79 – 82
[208]Zarechnyuk O S, Vivchar O I, Ryabov V R. Dan Ursr, 1970, Series A, (10): 943 – 945
[209]Tyvanchuk A T, Yanson T I, Kotyr B Ya, Zarechnyuk O S, Kharakterova M L. Izvestiya AN SSSR Metally, 1988, (4): 187 – 188
[210]Drits M Ye, Toropoval L S, Guchshina F L. Izvestiya AN SSSR Metally, 1984, (4): 221 – 224
[211]Toropoval L S, Kamardinkin A N, Kinzhibalo V V, Tyvanchuk A T. Physika Metallov i Metallovedeniye, 1990, (12): 108 – 111
[212]Kamardinkin A N, Dobatkina T V, Rostova T D. Izvestiya AN SSSR Metally, 1991, (2): 214 – 216
[213]曾凡浩, 夏长清, 古一. Al – Mg – Sc – Zr 系富 Al 角相图评估. 材料导报, 2002, 16(6):16 – 20
[214]戴晓元, 夏长清, 古一. Al – Mg – S – Zr 系富 Al 角相图评估. 材料导报, 2006, 20(11):77 – 79
[215]Toropoval L S, Dobatkina T V, Kamardinkin A N. Izvestiya AN SSSR Metally, 1992, (5): 140 – 143
[216]Sokolovskaya Ye M, Kazzkova Ye F, Poddyakova Ye I. Metallovedeniyei Termicheskaya Obrabotka Metallov, 1989, (11): 29 – 31

[217]Елакин В И, Захаров В В, Петрова А А. Вышегородцеваз Е В. Изв АН СССР, Металлы, 1983,(4):180
[218]Lamikhov L K, Samsonov G V. Izvestiya AN SSSR OTN Metallurgia i Gornoye Delo, 1963 (2): 96 –98
[219]Dobatikina T V, Freedman A S, Muratova Ye V. RAN. Metally, 1992, (5): 137 –139
[220]Lamikhov L K, Samsonov G V. Tsvetnye Metally, 1964, (8): 79 –82
[221]Yelagin V I, Zakharov V V, Rostova T D. Tsvetnye Metally, 1982, (12): 96 –99
[222]Zakharov V V. New non – ferrous alloys. Moscow Znaniye Society RSFSR, 1990: 23 –31
[223]Inkin S V, Kurdyumov A V, Napalkov V I, Pankratov D M, Semenchenkov A A. Tkhnologiya Liogkikh Splavov, 1990, (4): 52 –58
[224]Toropoval L S, Kamardinkin A N, Tsvetnye Metally, 1989 (5): 104 –106
[225]Bazin Yu A, Popel P S, Domashnikov B P, Zamyatin V M, Baum BA. Izvestiya Vysshikh Uchebnykh Zavedeni Tsvetnaya Metallurgia, 1984 (5): 101 –104
[226]Golubev S V, Korzhavina O A, Popel P S, Kononenko Y L, Brodova I G, Polenz I V, Shublna T B. Izvestiya AN SSSR Metally, 1991 (1): 46 –51
[227]Batalin G I, Sudavlsova V S, Maryanchik N N. Ukrainsky Chemichesky Journal, 1985, 51(8): 817 –819
[228]Drits M Ye, Pavlenko S G, Toropoval L S. DAN SSSR Metally, 1981, 257 (2): 353 –356
[229]Drits M. Ye, Toropoval L S, Bykov YU G. Homogenizing of Al – Mg – Sc alloys. Metallovedeniye i Termiclteskaya Obrabotka Metallov, 1983(7): 60 –63
[230]Drits M Ye, Ber L B, Bykov Yu G, Toropoval L S. Physics of Metals and Physical Metallurgy, 1984, 57(6): 1172 –1179
[231]王祝堂，田荣璋主编. 铝合金及其加工手册. 中南大学出版社，2005
[232]肖亚庆主编. 铝加工技术实用手册. 冶金工业出版社，2005
[233]林肇琦，马宏声，赵刚. 铝 – 钪合金的发展概况(一). 轻金属，1992

(1):54 - 58

[234]林肇琦，马宏声，赵刚. 铝 - 钪合金的发展概况(二). 轻金属，1992 (2):53 - 60

[235]В. И. ЕЛАГИН，В. В. ЗАРХОВ 等. 用钪合金化的铝合金. 轻金属，1993

[236]张明杰，梁家桡. 铝钪合金的性质及生产. 材料与冶金学报，2002 (6):110 - 114

[237]高彩茹，孝云祯，李英龙. 中国有色金属学报，1999，10(2)

[238]杨志强，尹志民. 俄罗斯铝 - 钪合金的研究与开发. 轻合金加工技术，2003，31(11)：34

[239]蒋大鸣，张雨平. 微量元素在铝合金中的作用. 轻合金加工技术，2001，29(3):1 - 5

[240]刘慧，高英俊. Al - Mg - Sc 合金的价电子结构计算. 广西大学学报，2002(3):256 - 259

[241]谭澄宇等. Al - Sc 合金的时效行为和拉伸性能. 中南矿冶学院学报，1993(2):86 - 90

[242]柏振海，刘黄，罗兵辉，范云强，周华. 退火温度对 Al6MgSc 合金和 2101 合金剥落腐蚀性能的影响. 材料保护，2004，37(11):12 - 14

[243]柏振海，罗宾辉，范云强，谢绍俊，周华. Al - Mg - Sc 合金的剥落腐蚀性能. 材料保护，2003，36(3):15 - 17

[244]高彩茹，孝去祯，李英龙. Al - Sc 合金高温力学性能研究. 轻金属，2001 (2)：53 - 55

[245]Willey L A. United States Parents，No. 771669，1971

[246]高拥政. 含钪铝镁合金的研究. 中南工业大学硕士学位论文，湖南长沙，1997

[247]高拥政，尹志民等. 微量锆对 Al - Mg - Sc 合金力学性能与显微组织的影响. 稀有金属，22(3)，1998

[248]尹志民，高拥政，潘青林，张永红，尹松波. 中国有色金属学报，1997，7(4)：75

[249]张永红. 铝镁钪锆合金的组织与性能. 微量 Sc 和 Zr 对 Al - Mg 合金铸态组织的晶粒细化作用. 中南工业大学硕士论文，中南工业大学，1997

[250]Zhang Yong - hong, Yin Zhi - min et al. Recrystallization of Al - Mg - Sc - Zr Alloys. 稀有金属材料科学与工程, 2003, 31(3):167 - 170

[251]张永红, 尹志民. 微量 Sc、Zr 对铝镁合金组织和力学性能的影响. 稀土, 2002, 23(3): 29 - 32

[252]Yin Zhi - min, Pan Qing - lin, Jiang Feng. Effect of minor Sc and Zr on the microstructure and mechanical properties of Al - Mg based alloys. Materials Science and Engineering 2000, A280: 151 - 153

[253]潘青林. Al - Mg - Sc 和 Al - Mg - Sc - Zr 合金的性能与组织结构研究. 中南工业大学博士学位论文, 湖南长沙, 2000

[254]潘青林, 尹志民等. 微量 Sc 在 Al - Mg 合金中的作用. 金属学报, 2001, 37(7):749 - 753

[255]潘青林,尹志民等. Sc 和 Zr 复合微合金化在 Al - Mg 合金中的存在形式与作用, 航空材料学报. 2002, 22(1): 6 - 10

[256]潘青林,尹志民,高拥政,张永红,左铁镛. Al - Mg - Sc 合金的再结晶. 中国有色金属学报, 1998,8(3):82

[257]潘青林,尹志民,左铁镛. 含钪铝合金的研究进展. 材料科学与工程, 1998,16(3)

[258]潘青林, 尹志民, 杨磊, 左铁镛. 含 Sc 铝镁合金超塑变形中力学特性与显微组织的变化. 中南工业大学学报, 1998, 29(6)

[259]陈显明. Sc 和 Mn、Ti 复合微合金化对 Al - Mg 合金组织与性能的影响. 中南大学硕士学位论文, 2004

[260]Chen Xian - ming, Luo Cheng - ping, Pan Qing - lin, YIN Zhi - min et al. Effects of microalloying with Sc and Mn on microstructure and mechanical properties of Al - Mg based alloys. Transactions of Nonferrous Metals Society of China, 2005, 15(5):1108 - 1112

[261]朱大鹏. 微量钪,锆对 Al - Mg - Mn 合金组织性能的影响. 中南大学硕士学位论文, 湖南长沙, 2004

[262]朱大鹏, 尹志民, 滕浩, 潘青林等. 微量 Sc 和 Zr 对 Al - Mg - Mn 合金组织和性能的影响. 宇航材料与工艺, 2004, 34(5): 45 - 49

[263]尹志民,朱大鹏, 姜锋等. Al - Mg - Mn 和 Al - Mg - Mn - Sc - Zr 合金的再结晶. 材料工程, 2004, (6): 3 - 6

[264]朱大鹏，尹志民，滕浩，潘青林等. 微量 Sc 和 Zr 对 Al - Mg - Mn 合金组织和性能的影响. 宇航材料工艺，2004，34(6)：45 - 49

[265]杨进. Al - Mg - Mn - Sc - Zr 合金板材平面力学各向异性研究. 中南大学硕士学位论文，湖南长沙，2005

[266]杨进，尹志民，杨国涛等. 用双晶近似 Schmid 因子法处理铝合金板材的各向异性. 理化检测 - 物理分册，2005，41(7)：348 - 350

[267]何振波. 中强可焊铝镁钪合金板材制备及焊接性能研究. 中南大学硕士学位论文，湖南长沙，2007

[268]尹志民，何振波，杨 进，聂 波. 铝镁钪合金板材晶粒结构、织构和力学性能平面各向异性. 轻合金加工技术，2007，35(5)：48 - 52

[269]何振波. Al - Mg(Sc，Zr)合金焊接接头组织与性能试验研究. 轻合金加工技术，2006，34(8)：34 - 39

[270]彭勇宜. 中强可焊铝镁钪合金应用性能研究. 中南大学博士学位论文，湖南长沙，2007

[271]Peng Yong - yi, Yin Zhi - min, Yang Jin, Du Yu - xuan et al. Inplane anisotropy of 1545 aluminum alloy sheet. Transactions of Nonferrous Metals Society of China, February 2005, 15(1): 87 - 92

[272]Peng Yong - Yi, Yin Zhi - min, Li San - hua. Evaluation of pitting corrosion of Al - Mg - Mn - Sc - Zr alloy in EXCO solution by EIS. Transactions of Nonferrous Metals Society of China, 2005 , 15(6): 1226 - 1230

[273]Peng Yongyi, Yin Zhimin, Yang Jin, Du Yuxuan. Effect of Sc and Zr on the inplane anisotropy of Al - Mg - Mn alloy sheets. Rare Metals, 2005, 24(3): 229 - 234

[274]彭勇宜，尹志民. Sc 和 Zr 对 Al - Mg - Mn 合金力学性能和剥落腐蚀性能的影响. 中国稀土学报，2006，24(2)：217 - 222

[275]Peng Yongyi, Yin Zhimin, WANG Tao, NIE Bo. Effect of minor Sc and Zr on the fatigue properties of Al - Mg - Mn alloys. Materials Seience Forum, 2006

[276]Peng Yong - yi, Yin Zhi - min, Nie Bo, Zhong Li. Effect of minor Sc and Zr on superplasticity of Al - Mg - Mn alloys. Transactions of Nonferrous Metals Society of China, 2007;17(6)

[277]聂波. 铝镁钪合金热加工和热处理工艺基础研究. 中南大学博士学位论文，湖南长沙，2007

[278]Nie Bo, Yin Zhimin, Zhu Dapeng, Peng Yongyi, Jiang Feng. Effect of homogenization Treatment on microstructure and properties of Al – Mg – Mn – Sc – Zr alloy. Journal of Central South University, 2007 ,24(3)

[279]聂波，尹志民，朱大鹏，姜锋，黄志其. 铝镁钪合金铸锭均匀化过程中的析出特性. 稀有金属，2005，30(2)：197 – 202

[280]聂波，尹志民，徐国富，牟申周，将蓉蓉，丛福官. 铝镁钪合金热塑性及热加工工艺研究. 热加工工艺，2007,24(6)

[281]聂波，尹志民，姜锋，蒋春丽，丛福官. 稳定化退火工艺对铝镁钪合金组织和性能的影响. 材料热处理学报，2007，27(6)

[282]Vladivoj Ocenasek, et al, Resistance to recrystallization due to Sc and Zr addition to Al – Mg alloys, Materials Characterization, 2001 (47):157 – 162

[283]Y Harada et al. Thermal expansion of Al3Sc and Al3(Sc0. 75X0. 25). Scripta Materialia , 2003 (48):219 – 222

[284]杨磊. 铝锌镁钪锆合金的组织与性能. 中南工业大学硕士论文，中南工业大学，1997

[285]杨磊，潘青林，尹志民等. 微量 Sc 和 Zr 对 Al – Zn – Mg 合金组织与性能的影响. 材料工程，2001(7)

[286]Yin Zhi – min, Jiang Feng, Pan Qing – lin, et al. Microstructures and mechanical properties of Al – Mg and Al – Zn – Mg based alloys containing minor scandium zirconium. Trans Nonferrous Met Soc China, 2003, 13(3):515 – 520

[287]Yin Zhi – min, Yang Lei, Pan Qing – lin, et. al. Effect of minor Sc and Zr on microstructure and mechanical properties of Al – Zn – Mg based alloys. Trans Nonferrous Met Soc China, 2001,11(6)

[288]何运斌. 含钪 Al – Zn – Mg – Mn – Zr 合金组织与性能的研究. 中南大学硕士学位论文，2006

[289]刘元斐. 热处理对含 Sc 的 Al – Zn – Mg – Mn – Zr 合金组织与性能的影响. 中南大学硕士学位论文，2006

[290]何运斌，潘青林,刘元斐,朱朝明,梁文杰,尹志民. Sc 和 Zr 复合微合金化对 Al - Zn - Mg - Cu 合金组织与性能的影响. 轻合金加工技术，2005，33(9):41 -43

[291]邹亮. 含 Sc 超高强 Al - Zn - Mg - Zr 合金组织与性能研究. 中南大学硕士学位论文，湖南长沙，2007

[292]Zou Liang , Pan Qing - Lin, He Yun - bin, Wang Chang - Zhen, Liang Wen - Jie. Effect of minor Sc and Zr addition on microstructures and tensile properties of Al - Zn - Mg - Cu alloys. Trans Nonferrous Metals Society of China, 2007,17(2):340 -345

[293]戴晓元，夏长清，李杨勇，孙振起. 含钪 Al - Zn - Mg - Cu - Zr 合金组织性能研究. 中国稀土学报，2006，24(5):599 -604

[294]戴晓元，夏长清，刘昌斌. 钪对 Al - Zn - Mg - Cu - Zr 合金组织性能的影响. 稀有金属材料与工程，2006，35(6):913 -916

[295]戴晓元，夏长清. 热处理对 Al - Zn - Mg - Cu - Zr 合金组织性能的影响. 热加工工艺，2005 (11):1 -4

[296]李海,杨迎新,郑子樵，王芝秀. 少量 Sc 对 7055 铝合金组织与性能的影响. 材料科学与工艺，2006;14(1):46 -49

[297]贺永东，张新明，陈健美，唐建国. 微量 Sc 和 Zr 对 7A55 合金铸锭组织的细化机理. 中南大学学报(自然科学版)，2005，36(6):919 -923

[298]David N Seidman et al, Precipitation strengthening at ambient and elevated temperatures of heat - treatable Al(Sc) alloys. acta materialia , 2002 (50): 4021 -4035

[299]Fukunaga K, Shouji T, Miura Y, Temperature dependence of dislocation structure of L12 - Al3Sc, Materials science and engineering, 1997(A239 -240):181 -184

[300]John S Vetrana, Steve M Bruemer. Influence of the particle size on recrystallization and grain growth in Al - Mg - X alloys. Materials science and engineering, 1997 (A238):101 -107

[301]Riddle Y W, Hallem H, Ryum N. Highly recrystallization resistant Al - Mn - Mg Alloys using Sc and Zr. Materials Science Forum Vols, 2002 (396 -402): 563 -568

[302]Kentaro Ihara , Yasuhiro Miura. High temperature Deformation of Al – Mg and Al – Mg – Sc alloys. Materials Science Forum, 2002, 396 – 402:1377 – 1382

[303]Hyland P W et al. Homogeneous nucleation kinetics of Al3Sc in a dilute Al – Sc. Metall Trans A,1992, 23(7):1947

[304]Domack M S, Dicus D L. Evaluation of Sc – bearing aluminum alloy C557 for aerospace applications. Materials Science Forum ,2002, 396 – 402: 839 – 844

[305]Tadashi Aiura et al. The effect of scandium on the as – homogenized microstructure of 5083 alloy for extrusion. Materials Science and Engineering, 2000,A280:139

[306]Kendig K L, Miracle D B. Strengthening mechanisms of an Al – Mg – Sc – Zr alloy. acta materialia,2002, (50): 4165 – 4175

[307]Filatov Yu A, Yelagin V I, Zakharov V V. New Al – Mg – Sc Alloys. Materials Science and Engineering, 2000, A280, 97 – 101

[308]徐国富. Al – Cu – Sc 系合金显微组织结构研究. 中南大学博士学位论文. 湖南长沙, 2007

[309]徐国富, 牟申周, 尹志民. 微量 Sc 对 Al – 3.0% Cu 合金时效硬化及析出行为的影响. 矿冶工程, 2006, 26(2): 92 – 95

[310]徐国富, 尹志民. 微量 Sc 对 Al – 3.0% Cu 合金组织与性能的影响. 金属热处理, 2004, 25(3):92 – 95

[311]徐国富. 微量 Sc 元素对 Al – Cu 合金组织与性能的影响. 材料热处理学报, 2004, 25(2):15 – 18

[312]Xu Guo – fu, Nie Zuo – ren, Jin Tou – nan, Rong Li, Ruan Hai – qiong, Yin Zhi – min. Microstructrue and properties of Al – 4Cu alloy containing Sc. Trans. Nonferrous Met Soc China, 2004, 14(2): 63 – 66

[313]何代惠, 蒋呐. 俄罗斯的铝锂合金工业. 铝加工, 1999:22(2): 48

[314]Lathabai S, Lloyd P G. The effect of scandium on the microstructure, mechanical properties and weldability of a cast Al – Mg alloy. Acta Materialia, 2002,50: 4275 – 4292

[315]Kendig K L, Miracle D B. Strengthening mechanisms of an Al – Mg – Sc –

Zr alloy. Acta materialia, 2002,50: 4165 – 4175

[316] M L Kharakterova. Phase composition of Al – Cu – Sc alloys at temperatures of 450℃ and 500℃. Izvestya Akademii Nauk SSSR Metally, 1991 (4):191 – 194

[317] Davydov V G, Rostova T D, Zakharov V V, Filatov Y A, Yelagin V I. Scientific principles of making an alloying addition of scandium to aluminum alloys. Materials Science and Engineering, A, 2000, 280(1):30 – 36

[318] Blake N, Hopkins M A. Constitution and hardening of Al – Sc alloys. Journal of Materials Science, 1985, 20:2861 – 2867

[319] Hyung ho Jo, Shin Itiroh F. Kinetics of precipitation in Al – Sc alloys and low temperature solid solubility of scandium in aluminium studied by electrical resistary measurements. Materials science and engineering, 1993, A171:151 – 161

[320] Shin ichiro F, Mitsuo S, Hajime T and Ken – ichi H. Solid solubility and residual resistivity of scandium in aluminium. Journal of the less – common metals, 1979,63:87 – 97

[321] Aluminum – scandium Alloy [P]. US: 5597529, Jan. 28, 1997

[322] Weldable anti – corrosive aluminum – magnesium alloy containing a high amount of magnesium, especially for use in aviation [P]. US: 65310047 B1, Mar. 11, 2003

[323] Leevell A W, Aluminum – scandium alloy [P]. US Patent No, 3619181, Nov. 1971

[324] Toropova L S, Bykov, Yu G, Lazorenko, V M. Platov, Yu M. Determination of elastic strain of the matrix due to particles of phase ScAl3 in an Al – Mg – c Alloy . Physics of Metals and Metallography, 1982,54(1):189 – 191

[325] Toropova L S. Eskin D G , khara M L, Dobatkina T V. Advanced aluminum alloys containing scandium – structure and properties. Moscow: Gordon and Brech Science Publishers, 1998

[326] Parker B A et al. The effect of small additions of scandium on the properties

of aluminum alloys. Journal of Materials Science, 1995,30:452 - 458

[327] Berezina A L et al. Structural state and decomposition kinetics in rapidly quenched Al - Sc, Al - Mg - Sc alloys. Materials Science Forum 2002,396 - 402:763 - 768

[328] Marquies E A et al. Nanoscale structural evolution of Al3Sc precipitates in Al(Sc) alloys. acta materiaL1a 2001,49:1909 - 1919

[329] Alexander Pisch et al. Application of computational thermochemistry to Al and Mg alloy processing with Sc additions. Materials Science and Engineering, 2000, A289:123 - 129

[330] IKromov A Z, Ganiyev I N. Kinzhibalo V V. Equilibrium phase diagram of Al - Zn - Sc system at 573 and 773K. Doklady An Tadzh SSSR, 1990 (6): 391

[331] Tyvanchuk A T, Yanson T I, Kotyr B Ya, Zarechnyuk O S, Kharakterova M L. Isothermal section of Sc - Al - Si system at 770℃. Izvestiya AN SSSR, Metally, 1988(4): 187 - 188

[332] Drits M Ye, Toropova L S, Guchshina FL. On nature of physicochemical interaction in high Al region of Al - Sc - Mn system. Izvestiya AN SSSR, Metally, 1984 (4): 221 - 224

[333] Kamardinkin A N, Dobatkina T V, Rostova T D. Isothermal sections of Al - Sc - Zr system at 550 and 600℃ in high Al region. Izvestiya AN SSSR, Metally, 1991 (2): 214 - 216

[334] Toropoval L S, Dobatkina T V, Kamardinkin AN. Polythermic sections of Al - Sc - Zr system. Izvestiya AN SSSR. Metally, 1992(5):140 - 143

[335] Zarechnyuk O S, Vivchar O I, Ryabov V R. Investigations of Al - Sc - Fe alloys. DANURSR, 1970 (10): 943 - 945

[336] Sokolovskaya Ye M, Kazzkova Ye F, Poddyakova Ye I. Reaction of aluminum with scandium and chromium. Metallovede - niye i Termicheskaya Obrabotka Metallov, 1989(11): 29 - 31

[337] Drits M Ye, Toropova L S, Bykov Yu G, Guchshina F L, Yelagin V I, Filatov Yu A. Metastable Al - Sc State Diagram in High Al Region Izvestiya AN SSSR. Metally, 1983(1):179 - 182

[338]Popel P S, Zamyatin V M, Domashnikov, Bazin Yu A, Konovalov V A. Pavlov V A, Nasyirov Ya A. The Effect of Scandium on Liquid Aluminum Properties. Izvestiya of AN SSSR, Metally, 1983 (3): 38 -43

[339]Bazin Yu A, Popel P S, Domashnikov B P,Zamyatin V M, Baum BA. On possible cause for modification and strengthening of Aluminum with scandium. Izvestiya Vysshikh Uchebnykh Zavedeni. Tsvetnaya Metallurgia, 1984(5): 101 -104

[340]Golubev S V, Korzhavina O A, Popel P S, Kononenko y,Brodova IG,Polenz I V,Shublna T B. The effect of toughness and electrical resistance on structure state of Al - Sc melts and on structure of the cast metal. Izvestiya AN SSSR. Metally, 1991(1):. 46 -51

[341]Batalin G I, Sudavlsova V S, Maryanchik N. N. Thermodynamic Properties of Liquid Binary Alloys of Al - Sc, Al - V, Al - Ti Systems. Ukrainsky Chemichesky Zhournal,1985, 51(8): 817 -819

[342]Inkin S V, Kurdyumov A V, Napalkov V I, Pankratov D M., Semenchenkov A A. The Effect of Modification on Susceptibility of Al - Mg - Li alloys to solidification cracking. Tkhnologiya Liogkikh Splavov, 1990(4): 52 -58

[343]Toropova L S, Kamardinkin A N. Al - Sc alloys solidification at high cooling rates. Tsvetnye Metally,1989(5):104 -106

[344]Balic E, Zlatic V. Changes of the lattice parameter in Al - Sc alloy due to the virtual bound state. Solid State Communications,1976, 18:705

[345]Yelagin V I, Zekharov V V, Rostova T D. Some features of scandium solid solution decomposition in aluminum. Metallove - deniye i Ternlicheskaya Obrabotka Metallov, 1983 (7): 57 -60

[346]Yelagin V I, Zakharov V V, Rostova T D. The effect of scandium content on aluminum structure and properties. Tekhnologiya Liogkikh Splavov, 1984 (4): 5 -11

[347]Drits M Ye, Toropova L S, Bykov YU G. Homogenizing of Al - Mg - Sc Alloys. Metallovedeniye i Termiclteskaya Obrabotka Metallov, 1983(7): 60 -63

[348] Drits M Ye, Ber L B, Bykov Yu G, Toropova L S. Aging of Al - 0.3 at % Sc. Physics of Metals and Physical Metallurgy, 1984, 57 (6): 1172 - 1179

[349] Berezina A L, Volkov VA, Domashnikov B P, Chuistov K V. Some features of supersatu - rated solid solution decomposition inherent to Al - Sc Alloys. Metallo - Zika. 1987,9(5).43 - 47

[350] Berezina A L, Volkov V A, Domashnikov B P, Ivanov S V, Chuistov K V. Kinetics and morphology of Al - Sc alloy decomposition metalllofizika. 1990,(12): 72 - 78

[351] Drits M Ye, DuIKievwicz J, Toropova L S, Salowa J. The effect of solution treatment on the aging processes of Al - Sc alloys. Crystal Res and Technology, 1984, 19(10): 1325 - 1330

[352] Toropova L S, Bykov Yu G, Lazorenko V M, Platov Yu M. Determination of matrix elastic deformation caused by phase particles in Al - Mg - Sc. Physics of Metals and Physical Metallurgy, 1982, 54(1): 201 - 203

[353] Yelagin V I, Zakharov V V, Pavlenko S G, Rostova T D. The effect of Zr additions on Al - Sc alloys aging. Physics of Metals and Physical Metallurgy. 1985, 60(1): 97 - 100

[354] Zedails M., Fine M E. Lattice parameter variation of Al3(Ti, V, Zr, Hf) in Al - 2at% (Ti, V, Zr, Hf) alloys. Scripta Metallurggica, 1983, 17 (10): 1247 - 1251

[355] Zakharov A M. Multicomponts metallic systems with intermediate phase. Moscow, Metallurgia Publishers, 1985: 131

[356] Yelagin V I, Zakharov V V, Rostova T D. On some features of cast structure of Al - Sc alloys. Metalloedeniye i Termicheskaya Obrabotka Metallov, 1983 (6) 1971

[357] Willey L A. Aluminum Scandium Alloy United States Parents. N771669, 1971

[358] Lantsman P Sh, Rootman M M, Dudkina SI. The effect of alloying with rare - earth metals on recrystallization temperature and properties of aluminum and Al - Cu - Mn alloys. Metallovedeniye i Termicheskaya Obrabotka

Metallov, 1990 (4): 40 – 43

[359] Drits M Ye, Toropova L S, Bykov Yu G, Ber L B, Pavlenko S G. Recrystallization of Al – Sc alloys izvestiya . AN SSSR. Metally, 1982(1): 173 – 178

[360] Drits M Ye, Bykov Yu G, Toropova L s. The effect of scandium on structure and properties of Al – Mn alloys. Physical Metallurgy of Aluminum alloys, 1985, 172 – 176

[361] Drits M Ye, Toropoval L S. Bykov Yu G. The effect of disepersivity of ScAl3 percipitations on recrystallization of Al – Sc alloys. Izvestiya Vysshikh Uchebhykh Zavetnaya Metallurgia, 1985 (4): 80 – 84

[362] Bondarev B I, Yelagin V I. New aluminum alloys alloyed with scandium. Tekhnologiya Liogkikh Solavov ,1992 (5): 80 – 84

[363] Diskin A M, Portnoy V K, Drits A M, Alalykin A A. Superplacticity of Al – Cu – Mg Alloy with Transition Metals Additives Izvestiya VUZov. Trvetnayya Metallurgia 1986, (6): 79 – 82

[364] Khan G M, Nikiforov A O, Zakharov V V, Novikov I I. The effect of scandium content on the structure and superplacticity characteristics of Al – Zn – Mg – Sc – Zr alloys. Tsvetnye Metally, 1993 (11): 55 – 57

[365] Yelagin V I, Zakharov V V, Rostova T D, Filatov Yu A. Structure and properties of wrought semis in aluminum alloys with scandium additives. Tekhnologiya Liogkikh Splavov, 1991 (12): 21 – 28

[366] Sawtell Ralph R, Bretz Philip E, Jensen Graig L. Superplastic Aluminum Alloys Containing Scandium. Aluminum . US Parent 4689090, Co. of America

[367] Platov Yu M. , Votinov S N, Drits M Ye et al. Investigation of mechanical properties of Al – based alloys after neutron irradiation. Physical i Khimiya Obrabotki Materialov, 1981(1): 53 – 55

[368] Repnikova Ye A, Malinenko I A, Chudinova S A, Toropova L S, Ustinovchshikov V M. The effect of electron irradiation on Al – Mg – Sc alloy decomposition. Metal Physics ad Metal Science, 1984, 57(3): 531 – 534

[369] Ivanov L I, Lazorenko V M, Platov Yu M, Tovtin B I. Radiation resistance

of Al – Mg – Sc alloys. Physical i Khimiya Obrabotki Materialov, 1989 (6): 9 – 11

[370] Ivanov L I, Krasnosiolov V A, Platov Yu M, Tovtin B I, Toropova L S, Shamardin V K. The effect of neutron irradiation on mechanical properties of Al – based low – activated alloys. Physical i Khimiya Obrabotki Materialov, 1990 (4): 5 – 8

[371] Yelagin V I, Zakharov V V, Petrova A A, Vyshegorodtseva Ye V. The effect of scandium on structure and properties of Al – Zn – Mg. Izvestiya AN SSSR Metally, 1983 (4): 180 – 183

[372] Yelagin V I, Zakharov V V, Rostova T D, Features of structure and properties of 01970 alloy sheets. Tekhnologiya Liogkikh Splavov, 1991 (2): 17 – 20

[373] Chernshov Ye M, Bakanova L N, Zakharov V V, Rostova T D. The experience in the field of full – scale ingot casting and production of forgings from new 01970 high strength alloy. Tekhnologiya Liogkikh Splavov, 1991 (2): 21 – 25

[374] Zakharov V V, Rostova T D, Fisenko I A et al. The effect of Cu additives on 01970 alloy properties. Metallovedeniye i Termcheskaya Obrabotka Metallov, 1991 (9): 12 – 13

[375] Drits M Ye, Toropova L S, Nagornichnykh G L. The alloying of 01420 alloy with scandium. Izvestiya Vysshykh Uchebnykh Zavedeni. Tsvetnaya Metallurgiya, 1983(3): 111 – 112

[376] Labur T M, Ilyushenko R V, Tretyak N G. The effect of scandium on fracture resistance properties of welded joints in 1420 and 1421 alloys. Tekhnologiya Liogkikh Splavov, 1993(4 – 5): 37 – 34

[377] Bratukhin A G, Tretyak N G, Ilyushenko R V, Krymova TV. Cryogenic properties of 1460 alloy and welded joints made from It. Tekhnologiya Liogkikh Splavov, 1993(4 – 5): 31 – 34

[378] Berezina A L et al. Structural state and decomposition kinetics in rapidly quenched Al – Sc, Al – Mg – Sc alloys. Materials Science Forum 2002, 396 – 402: 763 – 768

[379] Kraner L S , Tack W T, Fernankes M T. Scandium in aluminum alloys. Adv Mater Process, 1997(10): 23

[380] Berzina A L, AVolkov V, VIvanov S, Kolobnev N I, Chuistov K V. The influence of scandium on the kinetics and morphology of decomposition of alloys of the AL – Li system. Phys Met Metall, 1991, 71(2): 167

[381] Kharakterova M L , Eskin D G and Toropora L S. Precipitation hardening in ternary alloys of the Al – Sc – Cu and Al – Sc – Si systems. Acta metal mater, 1994, 42(7):2285

[382] 周自强. 苏联的铝锂合金现状与发展趋向. 材料导报, 1991 (7): 7

[383] 邱惠中, 吴志红. 国外航天材料的新进展. 宇航材料工艺, 1997, 27 (4): 5

[384] И Н Фридляндер 等. 顾景诚译. Al – Mg – Li 系 1420. 轻金属, 1990 (2): 60

[385] 夏德顺. 高强度可焊 1460 铝锂合金. 航天工艺, 1999 (5): 49 – 54

[386] 夏德顺. 航天运载贮箱结构材料工艺研究. 导弹与航天运载技术, 1999 (3): 32 – 41

[387] 张荻, 司鹏程. 高比强低密度的 Al – Li 合金. 宇航材料工艺, 1990 (3): 9

[388] 刘可群. 前苏联变形铝合金在液体火箭上的应用发展情况. 宇航材料工艺, 1992(3): 58

[389] Khokhlatora L B, Ber L B, A A Alekseev, KolobnebN I, Ukolova O G, Lukina E A. Phase transformation during long – term low temperature exposure of 1424 Al – Li – Mg alloy. Mater Sci Forum, 2002, 396 – 402: 1273

[390] Fridlyander J N, Jhokhlatoba L B, Kolobnev N I, Shvechkov E I, Zhegina I P, Katimova S A, Rendigs K H. Influence of environment and load frequency on fatigue crack propagation of 1424 Al – Mg – Li alloy. Mater Sci Forum, 2002, 396 – 402: 1395

[391] Chung Hyung Joh, Kazuhivo Yamada , Yasuhiro Minre. Effect of Sc – addition on the coarsening behavior of Al3Li precipitates in Al – Li alloys. Mater Tran Science, 1999 ,40(51): 439

[392]Toropora L S, Kkamardinkin A N, Kindxhibalo V V, T yvanchukA T. Investigation of alloys of the Al – Sc – Zr system in the aluminum – rich range. Phys Met Metall, 1990,70(6): 106

[393]Beresina A L, Kolobney N I, Chuistor K V, Kotko A V, Molebny O A. Coherent composite phases formation in aged Al – Li base alloys. Mater Sci Forum, 2002, 396 –402: 977

[394]Enrique J Lavernia, Nicholas J Grant. Review aluminum – lithium alloys. J Mate Sci, 1987,22: 1521

[395]Kramer L S, Langan T J, Pickens J R. Development of Al – Mg – Li alloys for marine applications. J Mater Sci, 1994, 29: 5826

[396]Milmm Yu V, LotskoDV , SikoO L. Materials Sc Effect´of improving mechanical properties in aluminum alloy. Mater. Sci. Forum, 2000, 331 – 337:1107

[397]R V Ilyushemko, Kiev. Weldability of commercial aluminum – lithium alloys. Aluminum, 1993, 69(4): 364

[398] Alexey Sverdlin. Aluminum – lithium alloys for aerospace. Adv Mater Process, 1998 (6): 49

[399]Tack et al. Aluminum alloys containing scandium with zirconium additions. US patent, 5620652, 1997

[400]郭飞跃. 2195 铝锂合金焊接接头组织与性能. 中南大学硕士学位论文, 湖南长沙, 2004

[401]Yin Zhi – min, Guo Fei – yue, Pan Qing – lin et al, Al – Cu based welding wire with minor Sc – Zr alloying and its application. Trans Nonferrous Met Soc China, 2003, 13(4): 781 –784

[402]朱朝明. 含钪 Al – Cu – Li – Zr 合金时效制度与腐蚀性能的研究. 中南大学硕士学位论文, 2006

[403]朱朝明,潘青林,王新宇,梁文杰,何运斌,刘元斐. 含钪 Al – Cu – Li – Zr 合金的热处理. 轻合金加工技术, 2005, 33(12):41 –44

[404]王新宇. 热处理对含 Sc 的 Al – Cu – Li – Zr 合金组织与性能的影响. 中南大学硕士学位论文, 2005

[405]王新宇, 潘青林,周昌荣,梁文杰,尹志民. 含钪铝锂合金的研究与发

展. 稀土,2005,26(6):71－74
[406]周昌荣. 含钪 Al－Cu－Li－Mg－Zr 合金组织与性能的研究. 中南大学硕士学位论文,中南大学, 2004
[407]周昌荣,潘青林,王新宇,梁文杰,尹志民. 含钪 Al－Cu－Li 合金的形变时效研究, 金属热处理, 2004, 29(10):1－4
[408]梁文杰, 潘青林, 朱朝明, 何运斌, 刘元斐, 尹志民. 微量 Sc 对 Al－Cu－Li－Zr 合金的微观组织和拉伸性能的影响. 稀有金属材料与工程, 2006, 35(4): 550－553
[409]尹登峰. 添加 Ce、Zn、Sc 对 2195 铝锂合金显微组织和力学性能的影响. 硕士学位论文, 2002
[410]尹登峰, 郑子樵, 余志明. 微量 Sc 对 2195 铝锂合金应变时效态的显微组织和力学性能的影响. 中国有色金属学报, 2003, 13(3): 611
[411]尹登峰, 郑子樵, 余志明. Sc 对 Al－Li－Cu－Mg－Ag－Zr 合金组织和性能的影响. 稀有金属材料与工程, 2003,32(9):736－739
[412]黄兰萍, 郑子樵, 陈康华, 刘红卫. 微量 Sc 对 Al－Li－Cu 合金组织和性能的影响. 粉末冶金材料科学与工程, 2003, 8(3): 265
[413]陈志国, 郑子樵, 王芝秀, 李世晨. Al－4.0Mg－1.5Cu－1.0Li 合金中 Sc 的微合金化行为. 中国有色金属学报, 2004,14(3):372－377
[414]陈志国, 郑子樵. S P Ringer. Al2Ag2(Sc) 合金的时效析出行为. 中国有色金属学报, 2004,14(1):280－284
[415]魏修宇, 郑子樵, 李锡武, 王京海. 添加 Sc 对 Al2Li2Cu 系合金组织及性能的影响. 矿冶工程, 2005,25(6):87－89
[416]黄兰萍,郑子樵,黄永平,钟莉萍. 微量 Sc 对 2197 铝锂合金组织和力学性能的影响. 中南大学学报(自然科学版), 2005,36(1):20－24
[417]陈志国, 郑子樵, Simon P Ringer. 微量钪对 Al－1.5Ag 合金时效特性与微观组织的影响. 稀有金属材料与工程, 2004,33(9):928－932
[418]陈志国, 郑子樵, Ringer S P. 微量钪对 Al－2.5Cu－1.5Mg 合金时效特性与微观组织的影响. 稀有金属材料与工程, 2004,33(8):811－814
[419]陈志国, 郑子樵, 王芝秀. 微量钪对低 Cu/ Mg 比 Al2Cu2Mg2Li 合金微观组织及性能的影响. 矿冶工程, 2003,23(5):70－73

[420]蒋晓军，李依依，桂全红，马禄铭，梁国军，师昌绪. Sc 对 Al－Li－Cu－Mg－Zr 合金组织与性能的影响. 金属学报，1994，30(8)：355
[421]肖代红. 微合金化对 Al－Cu－Mg 基耐热铝合金的显微组织和力学性能的影响. 上海交通大学博士学位论文，上海，2004
[422]A F norman，P B Prangnell，RA Mcewen. The solidification behaviour of dilute aluminum－scandium alloys. Acta Mater，1998，46(16)：5715
[423]Masaru Nakayama，Yasuhiro Miura. Effect of Sc addition of the age－hardening and precipitation behavior of Al－2. 5mass% Cu alloy. 軽金属，1996，46(6)：275
[424]Jiang X J，Gui Q H，Li Y Y，L M Ma，Liang G J，Shi C X. Effects of minor additions on precipitation and properties of Al－Li－Cu－Mg－Zr alloy. Scr Matall Mater，1993，29：211
[425]梁文杰，潘青林，朱朝明，何运斌，刘元斐，尹志民. 微量 Sc 对 Al－Cu－Li－Zr 合金的微观组织和拉伸性能的影响. 稀有金属材料与工程，2006，35(4)：550－553
[426]周科朝，黄伯云，曲选辉. 细晶 TiAl 基合金的高温拉伸力学性能. 矿冶工程，1999，19(1)：67－72
[427]贺跃辉，黄伯云，欧文沛，陈小群. TiAl 基合金高温拉伸力学性能的研究. 热加工工艺，1996，4：7－10
[428]陈小群，黄伯云，贺跃辉. TiAl 基合金高温变形行为研究. 稀有金属材料与工程. 1996，25 (5)，21－27
[429]彭超群，黄伯云，贺跃辉. 合金化对 TiAl 基合金性能的影响及机理. 中国有色金属学报，1998，8(suppl 1)：11－17
[430]尹松波. 微量钪对 TiAl 基合金高温力学性能的影响. 中南工业大学硕士学位论文，湖南长沙，1998
[431]Yin Song－bo，Huang Bo－yun，Yin Zhi－min. Effect of minor Sc on high temperature mechanical properties of TiAl base alloys. Materials Science and Engineering，2000，A280：204－207
[432]金头男，尹志民，李斗星. 一种新的 Ti－Al－Sc 化合物晶体结构测定. 金属学报，2001，37(3)
[433]金头男，尹志民，李斗星. 微量 Sc 对 TiAl 基合金显微组织和力学性能

的影响. 航空材料学报, 2000, 4
[434] Mordike B L, Kainer K U. Magnesium alloys and their applications, Werkstoff – informationsgesellschaft, Frankfurt, 1998
[435] VON Buch F, LIETZAU J, MORDIKE BL et al. Development of Mg – Sc – Mn alloys . Mater Sci Eng A, 1999, 263:1 – 7
[436] F von Buch, J Lietzau, B L Mordike. Development of Mg – Sc – Mn alloys. Journal of Alloys and Compounds, 2001 ,320:296 – 301
[437] HE Yong – dong, Zhang Xin – ming, You Jiang – hai. Effect of minor Sc and Zr on microstructure and mechanical properties of Al – Zn – Mg – Cu alloy. Nonferrous Met Soc, 2006 ,16:1228 – 1236
[438] 陈健美, 张新明, 熊创贤, 蒋浩, 邓桢桢. 添加 Mn 、Sc 元素对 Mg29Gd24Y 合金组织和力学性能的影响. 材料热处理学报,2006,27(2):42 – 47
[439] 晓哲. 稀土元素钪及其应用. 稀土信息, 2006(4): 28 – 30
[440] 刘崇志. 趣谈化学元素(四)钾、钙、钪、钛、钒、铬、锰、铁、钴. 化学工业出版社, 1992
[441] D C Fromm. New development in Na – Sc metal halide lamps. Journal of the IES, 1994, 23(1), 108 – 112
[442] 林河成. 钪的工业及其市场. 有色金属设计, 1995(1): 35 – 39
[443] 张庆礼, 邵淑芳, 苏静等. 含钪石榴石 Nd:GSGG 晶体的原料制备、晶体生长及结构研究. 量子电子学报, 2005,22(4): 559 – 564
[444] 陶斯武, 王金淑, 王亦曼等. 钪系阴极的发展概况. 稀有金属, 2003,27(2):268 – 272
[445] Kwestroo W, Van Hal H A M, Langereis C. Compounds in the System BaO – Sc2O3. Mat Res Bull, 9, 1974
[446] Saito M et al. Investigation of Sc2O3 – Behavior in Sc2O3 – dispersed oxide cathodes. Ieee Ed, 37(12), 1990
[447] 李朝明, 姚宗熙, 王昌铧. 含钪大电流密度氧化物阴极工作机理研究. 真空科学与技术, 1999, 19(3): 213 – 218
[448] 覃少雄. 钪在高新技术领域中的应用. 高科技与产业开发, 1992(6):10 – 13

[449]曹健，唐宾华，张文等. 钽钪酸铅—钛酸铅制备工艺研究. 电子元件与材料，2003，22(3):4 -6

[450]张明福,杨立见，王靖等. 机械力化学法制备 Pb(Sc0. 5Ta0. 5)O3 弛豫铁电陶瓷微粉. 2002,24(5):378 -381

[451]江一杭，蓝德均，陈强等. (1 - x)PST - xPZT 陶瓷的热释电性能研究. 四川大学学报(自然科学版)，2005,42(增刊2):401 -404

[452]刘宏，王矜奉等. 具有超高压电电压常数的镧掺杂 0. 55Pb(Sc1/2Ta1/2)O3 -0. 45PbTiO3 陶瓷材料. 功能材料，1998，29(6):629 -631

[453]冯武焕. 稀土在农业上的应用. 陕西农业科学，1989:44 -45

图书在版编目(CIP)数据

钪和含钪合金/尹志民等著. —长沙:中南大学出版社,2007.12
ISBN 978-7-81105-372-2

Ⅰ.钪... Ⅱ.尹... Ⅲ.①钪②钪合金 Ⅳ.TG146.4

中国版本图书馆 CIP 数据核字(2007)第 186645 号

钪和含钪合金

尹志民 潘清林 姜 锋 李汉广 著

□责任编辑 周兴武
□责任印制 汤庶平
□出版发行 中南大学出版社
社址:长沙市麓山南路 邮编:410083
发行科电话:0731-8876770 传真:0731-8710482
□印 装 长沙市华中印刷厂

□开 本 880×1230 1/32 □印张 19 □字数 486 千字
□版 次 2007 年 12 月第 1 版 □2007 年 12 月第 1 次印刷
□书 号 **ISBN 978-7-81105-372-2**
□定 价 **58.00 元**